Herbert Schneider-Obermann

Basiswissen der Elektro-, Digital- und Informationstechnik

Herbert Schneider-Obermann

Basiswissen der Elektro-, Digital- und Informationstechnik

Für Informatiker, Elektrotechniker und Maschinenbauer

herausgegeben von Otto Mildenberger

Mit 104 Abbildungen und 16 Tabellen

Studium Technik

Bibliografische Information Der Deutschen Nationalbibliothek
Die Deutsche Nationalbibliothek verzeichnet diese Publikation in der
Deutschen Nationalbibliografie; detaillierte bibliografische Daten sind im Internet über
<http://dnb.d-nb.de> abrufbar.

1. Auflage Oktober 2006

Lektorat: Reinhard Dapper

Der Vieweg Verlag ist ein Unternehmen von Springer Science+Business Media.
www.vieweg.de

Umschlaggestaltung: Ulrike Weigel, www.CorporateDesignGroup.de
Druck und buchbinderische Verarbeitung: Wilhelm & Adam, Heusenstamm
Gedruckt auf säurefreiem und chlorfrei gebleichtem Papier.
Printed in Germany

ISBN-10 3-528-03979-5
ISBN-13 978-3-528-03979-0

Vorwort

Aus vielen Bereichen des naturwissenschaftlich technischen Studiums ist heute das *Basiswissen der modernen Informationstechnik* nicht mehr wegzudenken. Ingenieure der Informationstechnik, der Informatik, des Maschinenbaus sowie Studierende artverwandter Studiengänge benötigen Grundkenntnisse dieses Wissensgebietes. Es gliedert sich in Elektro- und Digitaltechnik und in System-, Informations- und Codierungstheorie.

Ein Buch, das unterschiedlichen Zielgruppen gerecht wird, ist aus verschiedenen Gründen nicht einfach zu konzipieren. Eine sehr gründliche Behandlung des Lehrstoffes ist für die Studierenden oft nicht motivierend, weil dabei kaum Zeit für die Behandlung von Anwendungen übrigbleibt. Umgekehrt setzt aber die Behandlung von Anwendungen ausreichende Kenntnisse der Grundlagen voraus. Dieses Buch wählt einen Weg, bei dem Grundkenntnisse der Mathematik und der Physik nicht behandelt und somit vorausgesetzt werden. Beispielsweise werden das elektrische und das magnetische Feld nur kurz besprochen. Weiterhin wird in der Regel auf Beweise verzichtet. Statt dessen werden die Verfahren anhand einfacher Beispiele veranschaulicht. Jedes Kapitel schließt mit einer kleinen Aufgabensammlung ab, die auch Lösungen beinhaltet. Die Gegenüberstellung von Aufgaben und Lösungen in zwei Spalten ermöglicht den Leserinnen und Lesern eigene Lösungsversuche mit abgedeckten Lösungen und, im Erfolgsfall, ein rasches Rückversichern ohne langes Umblättern.

Das Buch enthält fünf Kapitel, die eine inhaltlich begründete, leicht unterschiedliche Gestaltung aufweisen. Im 1. Kapitel werden die Grundlagen der Elektrotechnik vom Gleichstrom- und Wechselstromkreis bis hin zu einfachen Transistorschaltungen ausführlich behandelt. Die wichtigsten Analyseverfahren von Netzwerken wie Knoten- und Maschenanalyse fehlen ebenso wenig wie grundlegende Schaltungen von Vierpolen, Übertragern, Leitungen und Halbleiterbauelementen. Der Übergang zur Digitaltechnik wird mit den letzten Abschnitten zur UND- und ODER-Logik und der D/A- und A/D-Wandlung eingeleitet.

Anschließend folgt ein etwas kürzeres Kapitel zur Digitaltechnik, das ausgehend von der Schaltalgebra häufig benötigte digitale Schaltungen und Schaltwerke beinhaltet. Die Grundfunktionen: UND, ODER und NICHT, die Normal- und Minimalformen und die KV-Tafeln werden zur Schaltungssynthese verwendet. Es werden einfache Rechenschaltungen wie Addierer, Multiplizierer, Multiplexer und Demultiplexer ebenso wie Zähler und Automaten entwickelt.

Die Systemtheorie, die das 3. Kapitel bildet, vermittelt im Stile eines Arbeitsbuches die notwendigen praktischen Fähigkeiten, um anwendungsbezogene Aufgaben lösen zu können. Besonderer Wert wird hierbei auf die wechselweise Behandlung von zeitkontinuierlichen und zeitdiskreten Signalen und Systemen gelegt, so dass die Gemeinsamkeiten des theoretischen Konzeptes hervorgehoben werden. Einen breiten Raum nehmen die Transformationen ein, die für ein grunglegendes Verständnis der spektralen Zusammensetzung von Zeitsignalen und deren verzerrungsfreier Übertragung wichtig sind. Die notwendigen Kriterien für eine zuverlässige Übertragung zeitdiskreter Signale schließen diesen Abschnitt ab.

Information gehört zu den zentralen Begriffen moderner Kommunikation. Dieser Begriff wird in der Informationstheorie im 4. Kapitel erläutert. Der Abschnitt startet mit einer kleinen Einführung in die Wahrscheinlichkeitsrechnung, die häufig nicht Bestandteil der studienplanmäßigen Mathematik ist. Im Vordergrund steht hierbei der Zusammenhang des Informationsgehaltes von Informationsquellen mit der möglichen Optimierung des Informationsflusses von der Quelle zur Senke. Zentrale Begriffe dieses Abschnitts sind Entropie, Redundanz, Kanalkapazität und Quellencodierung. An zahlreichen Beispielen werden die Methoden von Shannon, Fano und Huffman zur Quellcodierung erläutert.

Das letzte Kapitel behandelt Methoden der Kanalcodierung, die die Information durch Hinzufügen von gezielter Redundanz gegen Übertragungsfehler unempfindlich macht. Ausgehend von einfachen Beispielen werden die wichtigen Eigenschaften fehlerkorrigierender Codes wie Distanz, Gewicht, Codeerzeugung und Fehlerkorrektur eingeführt. Einen Schwerpunkt in diesem Abschnitt bilden die zyklischen Codes, die durch rückgekoppelte Schieberegister codiert und decodiert werden können. Auf die Darstellung der diskreten Mathematik auf endlichen Zahlenkörpern wird in diesem Abschnitt zugunsten von vielen Beispielen verzichtet. So wird versucht, den Schwierigkeiten, die den Studierenden durch die ungewohnte Art des Lehrstoffes entstehen können, zu begegnen.

Der Autor bedankt sich ganz herzlich beim Herausgeber, Otto Mildenberger, für die inhaltliche Unterstützung und konstruktive Begleitung dieses Buchprojektes und wünscht allen Leserinnen und Lesern viel Freude, Erfolg und das Entdecken neuer Zusammenhänge beim Studium des Basiswissens der Informationstechnik.

Wiesbaden, Juli 2006   Herbert Schneider-Obermann

Inhaltsverzeichnis

1 Grundlagen der Elektrotechnik und Elektronik   **1**

  1.1 Physikalische Größen 1

      1.1.1 Die Schreibweise von Gleichungen 2

      1.1.2 Ursachen und Wirkungen der Elektrizität 3

      1.1.3 Wirkungen der Elektrizität 5

  1.2 Grundlagen der Gleichstromtechnik 5

      1.2.1 Der elektrische Stromkreis 5

      1.2.2 Spannung und Potential 6

      1.2.3 Elektrischer Widerstand und Leitwert 6

      1.2.4 Die Kirchhoff'schen Sätze 7

      1.2.5 Die Zusammenschaltung von Widerständen 10

      1.2.6 Zweipolquellen 11

  1.3 Leistung und Arbeit bei Gleichstrom 13

      1.3.1 Der Wirkungsgrad 14

      1.3.2 Die Leistungsanpassung 14

  1.4 Die Berechnung einfacher Gleichstromkreise 15

      1.4.1 Messung von Strom und Spannung 15

      1.4.2 Der Spannungsteiler 16

      1.4.3 Die Stromteilung 17

      1.4.4 Die Wheatstone'sche Brücke 18

      1.4.5 Die Stern-Dreieck-Transformation 18

      1.4.6 Analysemethoden für Gleichstromnetzwerke 20

      1.4.7 Einfache nichtlineare Netzwerke 26

1.5   Grundlagen der Wechselstromtechnik   27

    1.5.1   Einführung in die Wechselgrößen   27

    1.5.2   Das Bauelement Kondensator   28

    1.5.3   Das Bauelement Spule   33

1.6   Die komplexe Rechnung in der Wechselstromtechnik   34

    1.6.1   Komplexe Zahlen   34

    1.6.2   Effektivwerte   36

    1.6.3   Komplexe Wechselstromgrößen   37

    1.6.4   Der komplexe Widerstand   40

1.7   Schaltungen in der Wechselstromtechnik   41

    1.7.1   Zusammenschaltungen komplexer Widerstände   41

    1.7.2   Übertragungsfunktion und Dämpfung von Filterschaltungen   46

1.8   Die Leistung bei Wechselstrom   52

    1.8.1   Wirk- Blind- und Scheinleistung   52

    1.8.2   Leistungsanpassung bei Wechselstrom   55

1.9   Zweitorschaltungen   56

    1.9.1   Das Zweitor   56

    1.9.2   Die Impedanzmatrix   57

    1.9.3   Die Kettenmatrix   58

1.10 Beispiele wichtiger Zweitore   62

    1.10.1 Der Übertrager   62

    1.10.2 Die Leitung   66

    1.10.3 Schaltungen mit Verstärkern   68

1.11 Elektronische Bauelemente   75

    1.11.1 Halbleiter   75

    1.11.2 Die Diode   76

    1.11.3 Der Transistor   77

1.12 Elektronische Schaltungen   79

    1.12.1 Kleinsignal-Transistorverstärker   80

    1.12.2 UND-Schaltung bei positiver Logik   83

    1.12.3 ODER-Schaltung bei positiver Logik   84

1.12.4 Addierschaltung 85

1.12.5 D/A-Umsetzer mit gestaffelten Widerständen 85

1.12.6 D/A-Umsetzer mit einem R/2R Abzweignetzwerk 86

1.13 Aufgaben und Lösungen 88

1.13.1 Aufgaben und Lösungen zur Gleichstromtechnik 88

1.13.2 Aufgaben und Lösungen zur Wechselstromtechnik 91

2 Grundlagen der Digitaltechnik 99

2.1 Analoge und digitale Darstellung 99

2.1.1 Zahlensysteme und Zahlencodes 100

2.1.2 Polyadische Zahlensysteme 101

2.1.3 Umwandlung von Zahlen bei unterschiedlichen Basen 102

2.1.4 Rechnen im Dualsystem 104

2.1.5 Darstellung negativer Zahlen im Dualsystem 105

2.1.6 Binäre Codes zur Zahlendarstellung 106

2.1.7 Der ASCII-Code 107

2.2 Schaltalgebra 108

2.2.1 Grundfunktionen 109

2.2.2 Das De Morgan'sche Theorem 110

2.2.3 Vereinfachungsregeln 110

2.2.4 Verknüpfungstabellen und Schaltsymbole der Grundfunktionen 111

2.2.5 Kaskadieren der Grundfunktionen 112

2.2.6 Vorrangregeln 114

2.2.7 Normal- und Minimalformen 114

2.2.8 Minimierung der Schaltfunktion – KV-Tafeln für DMF 116

2.2.9 KV-Tafeln mit mehreren Variablen 117

2.2.10 Redundanzen und Schaltungen mit Multioutput 120

2.3 Häufig benötigte Schaltwerke 123

2.3.1 Komparatoren $\Longleftrightarrow$ $A = B$, $A < B$, $A > B$ 123

2.3.2 Code-Umsetzer 124

2.3.3 Multiplexer 124

2.3.4 Demultiplexer 126

       2.3.5   Der Halbaddierer 127

       2.3.6   Der Volladdierer 128

2.4   Schaltungssynthese 131

       2.4.1   Multiplexer 131

       2.4.2   Read Only Memorys 132

       2.4.3   Schaltnetze und Schaltwerke 133

2.5   Die Flipflops 136

       2.5.1   Das Basis-Flipflop 137

       2.5.2   RS-Flipflop mit Setzvorrang 139

       2.5.3   Taktzustandsgesteuerte Einspeicherflipflops 140

       2.5.4   D-Flipflops 141

       2.5.5   Taktzustandsgesteuerte Zweispeicher-FF 142

       2.5.6   JK-Flipflops 143

       2.5.7   Taktflankengesteuerte Flipflops 143

       2.5.8   Tabelle der wichtigsten Flipflops 145

       2.5.9   Anwendungen von Flipflops – Synchrone Zähler 146

       2.5.10 Puffer- und Schieberegister 150

       2.5.11 Rückgekoppelte Schieberegister 153

2.6   Abhängigkeitsnotation 154

       2.6.1   G-Abhängigkeit 154

       2.6.2   V-Abhängigkeit 154

       2.6.3   N-Abhängigkeit 155

       2.6.4   Z-Abhängigkeit 155

       2.6.5   C-Abhängigkeit 155

       2.6.6   S- und R-Abhängigkeit 156

       2.6.7   EN-Abhängigkeit 156

       2.6.8   A-Abhängigkeit 157

       2.6.9   M-Abhängigkeit 157

       2.6.10 Übersicht 158

2.7   Aufgaben zur Digitaltechnik 159

       2.7.1   Grundlagen - Zahlensysteme - Schaltalgebra 159

       2.7.2   Analyse von Schaltnetzen und Minimierung 163

       2.7.3   Synthese von Schaltungen 165

       2.7.4   Flipflops und synchrone Zähler 170

       2.7.5   Register und Schieberegister 175

3 Einführung in die Systemtheorie **177**

3.1 Klassifizierung von Signalen im Zeitbereich 177

3.2 Die Einteilung der Signale 178

   3.2.1 Zeitkontinuierliche und zeitdiskrete Signale 179

   3.2.2 Signale mit endlicher Energie 180

   3.2.3 Signale mit endlicher Leistung 183

3.3 Elementarsignale 185

   3.3.1 Dirac- und Einheitsimpuls 185

   3.3.2 Die Sprungfunktion und die Sprungfolge 187

   3.3.3 Sinusförmige Signale 190

3.4 Grundlagen zeitkontinuierlicher Systeme 191

   3.4.1 Systemeigenschaften 191

   3.4.2 Das Faltungsintegral 193

   3.4.3 Beispiele zur Auswertung des Faltungsintegrals 194

   3.4.4 Die Übertragungs- und Systemfunktion 197

3.5 Grundlagen zeitdiskreter Systeme 199

   3.5.1 Systemeigenschaften und die Faltungssumme 200

   3.5.2 Die Übertragungs- und die Systemfunktion 201

   3.5.3 Die Beschreibung zeitdiskreter Systeme durch Differenzengleichungen . 204

3.6 Beschreibung von Signalen im Frequenzbereich 206

   3.6.1 Die Fourier-Transformation 206

   3.6.2 Die Grundgleichungen der Fourier-Transformation 207

   3.6.3 Darstellungsarten für Fourier-Transformierte 208

   3.6.4 Wichtige Eigenschaften der Fourier-Transformation 209

3.7 Fourier-Transformierte einiger Leistungs- und Energiesignale 212

   3.7.1 Der Dirac-Impuls und das Gleichsignal 213

   3.7.2 Der Zusammenhang von Fourier-Reihen und dem Spektrum 214

   3.7.3 Rechteck- und die Spaltfunktion 217

   3.7.4 Der Gaußimpuls 218

3.8 Bandbegrenzte Signale 218

   3.8.1 Impuls- und Bandbreite 219

3.8.2   Abtasttheorem für bandbegrenzte Signale   220

3.9   Die Laplace-Transformation   222

3.9.1   Die Grundgleichungen und einführende Beispiele   223

3.9.2   Zusammenstellung von Eigenschaften der Laplace-Transformation   225

3.9.3   Rationale Laplace-Transformierte   226

3.9.4   Die Rücktransformation bei einfachen Polstellen   226

3.9.5   Die Rücktransformation bei mehrfachen Polen   227

3.10 Diskrete Transformationen   229

3.10.1   Die Grundgleichungen der zeitdiskreten Fourier-Transformation   229

3.10.2   Der Zusammenhang zu den Spektren kontinuierlicher Signale   231

3.10.3   Eigenschaften der zeitdiskreten Fourier-Transformation   233

3.10.4   Grundgleichungen der diskreten Fourier-Transformation (DFT)   234

3.10.5   Einige Eigenschaften der diskreten Fourier-Transformation   236

3.10.6   Die Grundgleichungen der z-Transformation   237

3.10.7   Zusammenstellung von Eigenschaften der z-Transformation   238

3.10.8   Rationale z-Transformierte   239

3.11 Die Beschreibung der Systeme im Frequenzbereich   240

3.11.1   Berechnung von Systemreaktionen im Frequenzbereich   240

3.11.2   Die Übertragungs- und die Systemfunktion zeitdiskreter Systeme   243

3.11.3   Berechnung der Systemreaktion mit der z-Transformation   244

3.11.4   Verzerrungsfreie Übertragung   245

3.11.5   Der ideale Tiefpass   246

3.11.6   Der ideale Bandpass   250

3.11.7   Gruppen- und Phasenlaufzeit   251

3.11.8   Allgemeine Bandpasssysteme   253

3.11.9   Bandpassreaktionen auf amplitudenmodulierte Eingangssignale   257

3.11.10 Das äquivalente Tiefpasssystem   258

3.12 Die Übertragung zeitdiskreter Signale   259

3.12.1   Die Übertragungsbedingungen   259

3.12.2   Die 1. Nyquistbedingung im Zeitbereich   261

3.12.3   Augendiagramme und das 2. Nyquistkriterium   263

3.13 Aufgaben zur Systemtheorie 266

      3.13.1 Einführende Aufgaben in die Systemtheorie 266

      3.13.2 Elementare Signale 268

      3.13.3 Zeitkontinuierliche Systeme 269

      3.13.4 Zeitdiskrete Systeme 273

      3.13.5 Tiefpasssysteme 275

3.14 Korrespondenzen der Transformationen 276

4 Informationstheorie und Quellencodierung   **279**

4.1 Grundbegriffe der Wahrscheinlichkeitsrechnung 281

      4.1.1 Annahmen und Voraussetzungen 281

      4.1.2 Die axiomatische Definition der Wahrscheinlichkeit 282

      4.1.3 Relative Häufigkeit und Wahrscheinlichkeit 283

      4.1.4 Das Additionsgesetz 285

      4.1.5 Das Multiplikationsgesetz 286

      4.1.6 Bedingte Wahrscheinlichkeiten 286

      4.1.7 Verteilungs- und Dichtefunktion diskreter Zufallsgrößen 288

      4.1.8 Verteilungs- und Dichtefunktion kontinuierlicher Zufallsgrößen 290

      4.1.9 Erwartungswerte – Mittelwert und Streuung 292

4.2 Grundmodell einer Informationsübertragung 293

      4.2.1 Diskrete Informationsquellen 294

      4.2.2 Der Entscheidungsgehalt 295

      4.2.3 Der mittlere Informationsgehalt – die Entropie 298

      4.2.4 Eigenschaften der Entropie 300

4.3 Verbundquellen 301

      4.3.1 Bedingte Entropien 303

      4.3.2 Die Markhoff'sche Entropie 305

4.4 Diskretes Informationsübertragungsmodell 308

      4.4.1 Entropien diskreter Übertragungskanäle 309

      4.4.2 Transinformation und Informationsfluss 310

      4.4.3 Die Kanalkapazität 312

4.5 Übertragungskanäle 313

4.5.1   Der symmetrische Binärkanal 313

4.5.2   Der symmetrische Kanal mit n Zeichen 315

4.5.3   Die Transinformation bei unsymmetrischer Störung 318

4.5.4   Beispiele von Übertragungskanälen 319

4.6   Quellcodierung mit Optimalcodes 323

4.6.1   Problematik der Codierverfahren 323

4.6.2   Konstruktionsverfahren für Optimalcodes 326

4.6.3   Quellcodierung nach Shannon 327

4.6.4   Quellcodierung nach der Methode von Fano 329

4.6.5   Quellcodierung nach Huffman 332

4.7   Aufgaben zur Informationstheorie und Quellencodierung 335

4.7.1   Diskrete Informationsquellen 335

4.7.2   Diskrete Übertragungskanäle 339

4.7.3   Quellcodierung und Optimalcodes 343

5   Codierung für zuverlässige digitale Übertragung   347

5.1   Grundbegriffe und Codebeispiele 348

5.1.1   Aufbau eines Codewortes 349

5.1.2   Fehlervektor und Empfangsvektor 349

5.1.3   Der Repetition Code 350

5.1.4   Ein Parity-Check Bit 350

5.1.5   Prüfsummencodes – ein einfacher Blockcode 351

5.1.6   Generatormatrix und Prüfmatrix 355

5.1.7   Korrekturfähigkeit linearer Blockcodes 356

5.1.8   Berechnung der Fehlerwahrscheinlichkeit 357

5.2   Lineare Codes 360

5.2.1   Mindestdistanz und Mindestgewicht eines Codes 360

5.2.2   Fehlererkennnungs- und Fehlerkorrekturfähigkeit 363

5.2.3   Gewichtsverteilung linearer Codes 364

5.2.4   Schranken für lineare Codes 366

5.2.5   Perfekte Codes 367

5.2.6   Der Duale Code 368

　　　　5.2.7　　Längenänderungen linearer Codes 369

　　　　5.2.8　　Syndrom und Fehlerkorrektur 370

　　　　5.2.9　　Hamming-Codes 372

　　　　5.2.10　Prüfmatrix und Generatormatrix 373

　　　　5.2.11　Der Simplex-Code 376

　　　　5.2.12　MacWilliams-Identität 377

　　5.3　Zyklische Codes 379

　　　　5.3.1　　Das Generatorpolynom zyklischer Codes 381

　　　　5.3.2　　Unsystematische Codierung 382

　　　　5.3.3　　Systematische Codierung 383

　　　　5.3.4　　Generatormatrix und Prüfmatrix zyklischer Codes 384

　　　　5.3.5　　Distanz in Generatormatrix und Prüfmatrix 388

　　　　5.3.6　　Rechenoperationen mit Schieberegistern 389

　　5.4　Codierung und Decodierung von zyklischen Codes 393

　　　　5.4.1　　Syndromberechnung bei zyklischen Codes 394

　　　　5.4.2　　Decodierung von zyklischen Codes 396

　　　　5.4.3　　Decodierung eines zweifehlerkorrigierenden Codes 399

　　　　5.4.4　　Kürzen von zyklischen Codes 401

　　　　5.4.5　　Generatormatrix und Prüfmatrix verkürzter Codes 402

　　　　5.4.6　　Decodierung verkürzter Codes 403

　　　　5.4.7　　Decodierung durch Error Trapping 406

　　　　5.4.8　　Die Golay Codes 412

　　5.5　Aufgaben und Lösungen zur Kanalcodierung 414

　　　　5.5.1　　Einführende Aufgaben 414

　　　　5.5.2　　Lineare und zyklische Codes 422

Literaturverzeichnis   **427**

Sachwortverzeichnis   **429**

Kapitel 1

Grundlagen der Elektrotechnik und Elektronik

Dieses Kapitel besteht aus insgesamt vier unterschiedlich umfangreichen Abschnitten. Im 1. Abschnitt wird auf physikalische Größen und deren Einheiten sowie die Schreibweise von Gleichungen eingegangen. Strom und Spannung werden auf elementare Weise physikalisch erklärt. Der zweite Abschnitt befasst sich mit der Gleichstromtechnik. Die hier behandelten Analyseverfahren sind deshalb von großer Wichtigkeit, weil sie formal in der Wechselstromtechnik übernommen werden können. In dem umfangreichen dritten Abschnitt folgt eine Einführung in die Wechselstromtechnik. Bearbeitet werden auch Filter, Leitungen und Verstärkerschaltungen. Der Abschnitt vier enthält eine kurze Einführung in die Elektronik. Danach werden einige wichtige Schaltungen aus der Analog- und Digitaltechnik besprochen. Den Abschluss bildet eine Aufgabensammlung, die Kurzlösungen beinhaltet.

1.1 Physikalische Größen

Eine physikalische Größe wird durch einen *Zahlenwert* und eine *Einheit* beschrieben. Gelingt es beispielsweise einem Läufer, die Strecke von 5000 Metern (m) in 1000 Sekunden (s) zu durchlaufen, so muss er eine mittlere Geschwindigkeit von 5 m/s einhalten. Alle drei Angaben sind physikalische Größen. Die übliche Schreibweise einer physikalischen Größe x:

$$x = \{x\} \cdot [x], \tag{1.1}$$

ist durch das Produkt des Zahlenwertes $\{x\}$ und der Einheit $[x]$ gegeben. Erweist sich ein Zahlenwert als unpraktisch, weil er zu groß oder zu klein ist, so sind Abkürzungen (Vorsatzzeichen) üblich, z.B. 5 km statt 5000 m.

Tabelle der Vorsatzzeichen							
Tera (T):	10^{12}	Kilo (K):	10^3	Pico (p):	10^{-12}	Milli (m):	10^{-3}
Giga (G):	10^9	Hekto (H):	10^2	Nano (n):	10^{-9}	Zenti (c):	10^{-2}
Mega (M):	10^6	Deka (D):	10^1	Mikro (μ):	10^{-6}	Dezi (d):	10^{-1}

Im Allgemeinen werden Einheiten in *Grundeinheiten* und *abgeleitete Einheiten* unterschieden. Die Einheiten m und s sind Grundeinheiten, die Einheit der Geschwindigkeit (m/s). Das *MKSA*-System besitzt folgende Grundeinheiten:

Tabelle der Grundeinheiten im MKSA-System				
Länge	Masse	Zeit	Stromstärke	Temperatur
1 Meter	*1 Kilogramm*	*1 Sekunde*	*1 Ampere*	*1 Kelvin*
(1 m)	(1 kg)	(1 s)	(1 A)	(1 K)

Die Bezeichnung *MKSA*-System weist auf eine Rechnung mit diesen Grundeinheiten hin. Alle anderen Einheiten sind von diesen Grundeinheiten abgeleitete Einheiten. So z.B.:

Kraft: *1 Newton*, 1 N = 1 $\frac{mkg}{s^2}$ ist die Kraft, die eine Masse von 1 kg auf 1 m/s^2 beschleunigt.

Arbeit: *1 Joule*, 1 J =1 Nm ist die Arbeit, die zur Verschiebung eines Körpers mit der Masse von 1 kg bei einer Kraftaufwendung von 1 N erforderlich ist.

Leistung: *1 Watt*, 1 W = 1 Nm/s = 1 J/s liegt vor, wenn die Arbeit von 1 Joule in einer Sekunde erbracht wird.

Spannung: *1 Volt*, 1 V = 1W/A ist die an einem Leiter anliegende Spannung, durch den ein Strom von 1 A fließt und in dem eine Leistung von 1 W umgesetzt wird.

Widerstand: *1 Ohm*, 1 Ω= 1 V/A ist der Widerstand eines Leiters, wenn an ihm die Spannung von 1 V liegt und ein Strom von 1 A fließt.

1.1.1   Die Schreibweise von Gleichungen

Grundsätzlich wird zwischen *Größengleichungen* und *Zahlenwertgleichungen* unterschieden. Die physikalischen Größen werden in Größengleichungen als Produkt ihres Zahlenwertes mit ihrer Einheit dargestellt (s. Gl. 1.1). Sie besitzen den Vorteil, dass sie für beliebige Einheiten richtig sind. Werden nur Einheiten aus dem *MKSA*-System verwendet, so hat das Ergebnis ebenfalls eine Einheit aus dem *MKSA*-System zur Folge. In der berühmten Gleichung:

$$E = m \cdot c^2; \qquad \left[kg \cdot \frac{m^2}{s^2} \right] = [Joule] , \qquad (1.2)$$

erhält man die einer Masse äquivalente Energie automatisch in der Einheit Joule.

In Zahlenwertgleichungen bedeuten die Formelzeichen einheitenlose Zahlen. Das Ergebnis ist nur richtig, wenn die eingesetzten Werte zuvor festgelegte Einheiten besitzen:

$$F = 1000 \cdot m \cdot a \; [N] \quad \text{wenn m in g und a in } m/s^2 \text{ eingesetzt wird,} \qquad (1.3)$$

erhält man die Kraft in Newton.

Eine *normierte Größe* erhält man, wenn die betrachtete Größe durch eine gleichartige *Bezugsgröße* dividiert wird. Werden z.B. Signale im Frequenzbereich von 10 kHz bis 50 kHz untersucht, so kann es sinnvoll sein, alle Frequenzen auf die Bezugsfrequenz $f_b = 10\,kHz$ zu normieren. Dann gilt $f_n = f/f_b$. Die normierten Frequenzwerte liegen jetzt im Bereich: $1 \leq f_n \leq 5$. Normierte Größen sind dimensionslos, so dass in Gleichungen mit normierten Größen keine Einheitenkontrolle möglich ist. Die Rechnung mit normierten Größen ist besonders in der Systemtheorie und auch der Netzwerktheorie ausgeprägt.

1.1.2 Ursachen und Wirkungen der Elektrizität

Wer kennt nicht den Effekt beim Aussteigen aus dem Auto, wenn es im Moment des Türanfassens zu einer unangenehmen und deutlich vernehmbaren Entladung, einem kleinen Funkenüberschlag, kommt? Die Physik beschreibt den Vorgang anhand eines Experimentes so: Reibt man zwei Stäbe aus Kunststoff mit einem Tuch, so stellt man fest, dass sich danach die beiden Stäbe abstoßen. Zwischen den Stäben tritt also eine Kraftwirkung auf. Ursache ist die *elektrische Ladungstrennung* durch das Reiben. Diese Ladungen erzeugen in ihrer Umgebung ein *elektrisches Feld*. Elektrische Ladungen können sich abstoßen (*gleichartige* positive oder negative Ladungen) oder sich anziehen (*ungleichartige* Ladungen).

Ein Stab kann mehr oder weniger stark aufgeladen sein, d.h. die auf ihm befindliche *Ladung Q* kann groß oder klein sein. Es lässt sich aber nachweisen, dass Q nicht beliebig klein werden kann. Die kleinstmögliche Ladung ist die *Elementarladung* $e = 1,6\,10^{-19}As$ (1 Coulomb). Alle Stoffe bestehen aus Atomen und sind elektrisch neutral, da gleichviele positive wie negative Ladungen vorhanden sind. Man unterscheidet grob zwischen *leitenden* und *nichtleitenden* Stoffen.

Nichtleiter besitzen eine feste Bindung der Elektronen an die Atomkerne. Dies führt zur starren Atomgittern wie sie von Kristallen bekannt sind. Freie Elektronen zur Elektrizitätsleitung sind nicht vorhanden. Ein idealer (nichtstofflicher) Nichtleiter ist das Vakuum. Bei Metallen ist die Bindungsenergie der Elektronen der äußeren Elektronenschalen relativ gering, so dass diese sich von ihren Atomen lösen können. Man spricht von *freien Elektronen* der *Leiter*. Bei Metallen kommt es dadurch zur Stromleitung, dass sich die freien Elektronen zwischen den systematisch angeordneten Atomen hindurchbewegen können. Man rechnet bei Metallen mit 10^{23} freien Elektronen je cm^3.

Die Fähigkeit eines Werkstoffes zur Leitung von Elektronen wird durch seinen *spezifischen Widerstand* bzw. durch seinen *spezifischen Leitwert* gekennzeichnet. Der spezifische Widerstand ρ hat die Einheit $[\rho] = \Omega\,mm^2/m$. Der Wert von ρ ist der Widerstand eines 1 m langen "Drahtes" von $1\,mm^2$ Querschnitt. Kupfer hat beispielsweise einen sehr geringen spezifischen Widerstand von $\rho \approx 0,017\,\Omega\,mm^2/m$, für destilliertes Wasser gilt $\rho \approx 10^{11}\Omega\,mm^2/m$ und für Papier $\rho \approx 10^{21}\Omega\,mm^2/m$. Der spezifische Widerstand ist i.A. von der Temperatur des Stoffes abhängig. Bei Metallen nimmt der Widerstand mit der Temperatur zu. Die Temperaturabhängigkeit wird durch einen Temperaturkoeffizienten α beschrieben. Innerhalb nicht zu großer Temperaturbereiche gilt der Zusammenhang[1]:

$$\rho = \rho_{20}[1 + \alpha_{20}(\vartheta - 20\,C)]. \tag{1.4}$$

---

[1]Dies ist eine Zahlenwertgleichung, die Temperatur ϑ muss in C eingesetzt werden. Die Indizes ($_{20}$) bedeuten die bei 20 C geltenden Werte.

Wie oben angegeben hat Kupfer bei 20 C den spezifischen Widerstand $\rho_{20} = 0,017\Omega\,mm^2/m$, der bei 20 C gültige Temperaturkoeffizient hat bei Kupfer den Wert $\alpha_{20} = 0,0039K^{-1}$. Dann beträgt der spezifische Widerstand bei 80 °C nach der oben angegebenen Beziehung:

$$\rho = 0,017 \cdot [1 + 0,0039 \cdot (80 - 20)] = 0,02098\,\Omega mm^2/m = \rho_{80}.$$

Der Strom bedeutet somit eine Bewegung oder Strömung von Ladungen. Man ordnet dem Strom eine Richtung zu, die die *Technische Stromrichtung* genannt wird. Der Strom hat die Richtung, in der sich die positiven Ladungen bewegen. Bei Metallen kommt der Strom durch die Bewegung von Elektronen zustande, die Stromrichtung ist also hier umgekehrt zur Bewegungsrichtung der Ladungsträger.

Zur Erzeugung eines Stromes ist es erforderlich, dass positive und negative Ladungsträger getrennt vorliegen, so dass ein Ausgleich stattfinden kann. Elektrizitätserzeugung bedeutet daher die Trennung von positiven und negativen Ladungen. Im dem nachstehenden Bild ist die Entstehung eines Stromes angedeutet. Auf den Körpern befinden sich positive und negative Ladungen. Durch einen die Körper verbindenen Metalleiter fließt ein Strom i:

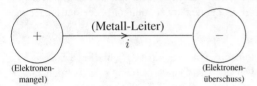

Ist ΔQ die Ladungsmenge, die in der Zeit Δt durch den Leiter fließt, so ist:

$$i \approx \frac{\Delta Q}{\Delta t}, \text{ bzw. } i(t) = \frac{dQ}{dt}. \qquad (1.5)$$

Aus der Beziehung $i = dQ/dt$ erhält man umgekehrt die innerhalb eines Zeitbereiches von t_1 bis t_2 "transportierte" Ladung:

$$Q_{12} = \int_{t_1}^{t_2} i(t)\,dt. \qquad (1.6)$$

Beispiel 1.1

1. *Das Bild zeigt den zeitlichen Verlauf eines Stromes. Zu berechnen ist die insgesamt "transportierte" Ladung. Nach der oben angegebenen Gleichung erhält man:*

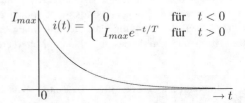

$$Q = \int_0^\infty i(t)\,dt = I_{max} \int_0^\infty e^{-t/T}\,dt = -I_{max}T e^{-t/T}\Big|_0^\infty = I_{max} \cdot T.$$

Für z.B. $I_{max} = 1A$ und $T = 1ms$ wird $Q = 10^{-3}$ As. Dies entspricht einer Anzahl von $n = Q/e = 10^{-3}/1,9 \cdot 10^{-19} \approx 5,3 \cdot 10^{15}$ Elektronen.

2. *Wieviele Elektronen müssen je Sekunde durch einen Leiter fließen, damit ein Strom von 1 A fließt?*

$$I = \frac{\Delta Q}{\Delta t} = \frac{n \cdot e}{\Delta t}, \qquad n = I\frac{\Delta t}{e} = 1\,A\,\frac{1\,s}{1,6 \cdot 10^{-19}\,As} = 6,25 \cdot 10^{18}.$$

1.1.3 Wirkungen der Elektrizität

Es werden grob vier unterscheidbare Wirkungen erläutert:

1. *Elektrostatische Wirkungen* beruhen darauf, dass elektrisch aufgeladene Körper Kräfte aufeinander auswirken. Eine Anwendung ist z.B. die Abgasreinigung durch Elektrofilter.

2. *Thermische Wirkungen* entstehen, wenn ein Leiter vom Strom durchflossen wird. Ursache hierfür ist das "Anstoßen" der Elektronen, die den Stromfluss bilden, an die Atome. Es entstehen Schwingungen der Atome, die zu einer häufig unerwünschten Erwärmung führt. Anwendungen hingegen sind z.B. die Elektrische Heizung und Glühlampen.

3. *Magnetische Wirkungen* treten immer in der Umgebung von bewegten Ladungen auf. Anwendung hierfür sind alle Arten elektrischer Maschinen.

4. *Chemische Wirkungen* verändern flüssige Stoffe beim Stromdurchgang. Anwendung findet diese Wirkung bei Akkumulatoren und beim Veredeln von metallischen Oberflächen.

1.2 Grundlagen der Gleichstromtechnik

1.2.1 Der elektrische Stromkreis

Der Strom ist nach Gl. (1.5) zu $i(t) = dQ/dt$ definiert. Wenn $i(t) = I$ = konstant ist, so spricht man von *Gleichstrom*.

Beispiel 1.2
Die über eine Leitung transportierte Ladung nimmt, wie rechts dargestellt, linear mit der Zeit zu:

$$Q = Q_0 + k \cdot t, \quad k = \tan(\alpha).$$

Dann ist:

$$i(t) = I = \frac{dQ}{dt} = k = \tan(\alpha).$$

Fließt ein Strom durch einen Leiter mit dem Querschitt A, dann ist:

$$S = \frac{I}{A}$$

die Stromdichte. *In der Energietechnik sind Werte von* $1\,A/mm^2$ *bis* $100\,A/mm^2$ *üblich. Die Nachrichtentechnik verwendet in der Regel sehr viel kleinere Werte.*

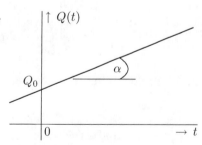

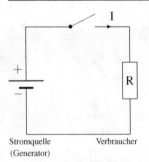

Man ordnet dem Strom eine Zählrichtung zu, die der Bewegungsrichtung positiver Ladungsträger entsprechen würde. Diese Zählrichtung wird durch einen Pfeil gekennzeichnet.

Der Strom fließt nur, wenn der Schalter geschlossen ist und dadurch ein *geschlossener Stromkreis* entsteht.

Stromquelle   Verbraucher
(Generator)

1.2.2 Spannung und Potential

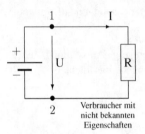

Verbraucher mit
nicht bekannten
Eigenschaften

Innerhalb einer Strom- oder Spannungsquelle sind getrennte Ladungen vorhanden, so dass beim Anschluss eines Verbrauchers ein Strom fließen kann. Durch den Stromfluss wird im Verbraucher Energie umgesetzt (z.B. Erwärmung eines Heizofens). Die *Leistung* (Energie/Zeiteinheit) ist proportional zur Größe des Stromes. Es gilt:

$$P = U \cdot I. \tag{1.7}$$

Die *Proportionalitätskonstante* U ist die *Spannung* zwischen den Klemmen 1-2. Ihr wird ebenfalls eine Richtung von $+$ nach $-$ bei einer Strom- oder Spannungsquelle zugeordnet.

Den Strömen und Spannungen werden generell Richtungen zugeordnet. Bei dem Verbraucher R hat U und I stets die gleiche Richtung (*Verbraucherpfeilsystem*). Für eine bestimmte Quelle ist P natürlich nicht beliebig groß. Es zeigt sich, dass bei technischen Quellen der Strom I nicht beliebig groß werden kann, ohne dass gleichzeitig die Spannung U kleiner wird.

Es ist auch üblich, Punkten in einem Stromkreis (z.B. den Punkten 1 und 2 im Bild oben) *Potentiale* zuzuordnen. Bei den Potentialen handelt es sich um Spannungen, die so festgelegt werden, dass die Potentialdifferenz der Spannung zwischen den Punkten entspricht.

1.2.3 Elektrischer Widerstand und Leitwert

Um einen Strom durch einen Leiter fließen zu lassen, ist eine gewisse Energie aufzubringen. Diese lässt sich physikalisch durch das Vorhandensein eines *elektrischen Widerstandes* erklären, den ein Leiter unter normalen Verhältnissen dem Stromfluss entgegensetzt.

Es gilt:

$$I = \frac{1}{R} \cdot U = G \cdot U. \tag{1.8}$$

Hierbei ist R der elektrische Widerstand und $G = 1/R$ der Leitwert. Die Gleichung (1.8) wird in der Elektrotechnik als *Ohm'sches Gesetz* bezeichnet. Hat ein Verbraucher zwei Klemmen, so spricht man von einem *Zweipol* oder bisweilen auch von einem *Eintor*. Der Widerstand wird als ein Zweipolelement bezeichnet.

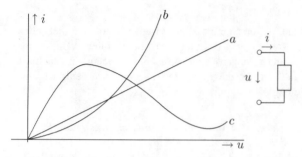

Kurve a: Linearer Zusammenhang von i und u:

$$i = k \cdot u, \quad k = G, \quad I = G \cdot U.$$

Die Steigung der Geraden entspricht dem Leitwert.

Kurven b und c: Kein linearer Zusammenhang zwischen Strom und Spannung.

Abbildung 1.1: Zusammenhang Strom–Spannung

In den Fällen b und c kann man einen *differentiellen Leitwert* bzw. *differentiellen Widerstand* definieren:

$$g = \frac{di}{du} \approx \frac{\Delta i}{\Delta u}, \quad r = \frac{du}{di}. \tag{1.9}$$

Bei dem Zusammenhang nach Kurve b ist der differentielle Leitwert stets positiv. Beim Verlauf nach Kurve c gibt es auch Bereiche mit $g = di/du < 0$ (negativer Leitwert, Widerstand).

Leitwert und Widerstand von Leitungen (Drähten):
ρ: spezifischer Widerstand in $\Omega\,mm^2/m$, $\kappa = 1/\rho$: spezifischer Leitwert. Dann hat ein Draht mit dem Querschnitt A und der Länge l einen Widerstand:

$$R = \rho \cdot \frac{l}{A} = \frac{1}{\kappa} \cdot \frac{l}{A}. \tag{1.10}$$

Beispiel 1.3 *Ein 100 m langer Kupferdraht mit einem Querschnitt von $1,5\,mm^2$, einem spezifischen Widerstand $\rho = 0,017\,\Omega\,mm^2/m$ hat gemäß der oben angegebenen Gleichung einen Widerstand von $R = 0,017 \cdot 100/1,5 = 1,133\,\Omega$. Wie in Gleichung (1.4) ausgeführt wurde, ist der Widerstand temperaturabhängig und nimmt mit steigender Temperatur zu.*

1.2.4 Die Kirchhoff'schen Sätze

Die Knotengleichung

Das 1. Gesetz von Kirchhoff ist die Knotengleichung:

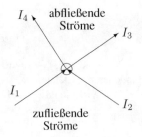

Die Summe der auf einen Knoten zufließenden Ströme ist gleich der Summe der abfließenden Ströme:

$$\sum I_{zu} = \sum I_{ab}, \text{ oder } \sum_{\nu=1}^{n} I_\nu = 0. \qquad (1.11)$$

hier: $I_1 + I_2 = I_3 + I_4$ oder $+I_1 + I_2 - I_3 - I_4 = 0$.

Bei Beachtung der Vorzeichen der Ströme, ist die Summe aller auf einen Knoten zufließenden (oder auch aller abfließenden) Ströme Null. Im obigen Beispiel wurden die zufließenden Ströme I_1 und I_2 positiv und die abfließenden I_3 und I_4 negativ angenommen. Man kann aber auch die abfließenden Ströme positiv und die zufließenden negativ ansetzen. Dies bedeutet lediglich eine Multiplikation auf beiden Seiten der Knotengleichung mit dem Faktor -1.

Beispiel 1.4 *Das nachstehende Bild zeigt links ein Netzwerk mit insgesamt vier Knoten K_1 bis K_4. Im rechten Bildteil ist der sogenannte* Graph *des Netzwerkes, mit allen eingetragenen Strömen und Knoten skizziert. Aus einem Netzwerk erhält man den Graphen, wenn die Knoten markiert werden und zwischen den Knoten, die im Netzwerk bestehenden Verbindungsstrecken eingetragen werden.*

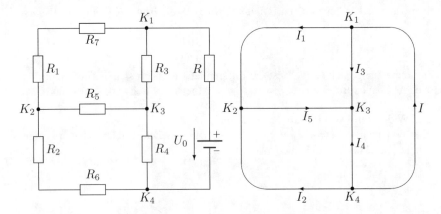

Zur Aufstellung der vier Knotenglei-chungen nach Gl. (1.11) werden die auf Knoten zufließenden Ströme po-sitiv und abfließende negativ ange-setzt. Dann erhält man die nebenste-henden Knotengleichungen.

Knoten 1:	$+I$	$-I_1$		$-I_3$		$= 0$
Knoten 2:		$+I_1$	$+I_2$		$-I_5$	$= 0$
Knoten 3:				$+I_3$	$+I_4$ $+I_5$	$= 0$
Knoten 4:	$-I$		$-I_2$		$-I_4$	$= 0$

In den Spalten des Gleichungssystems tritt jeder Strom einmal positiv *und* einmal negativ auf. Daher kann die Gleichung für den Knoten vier *ohne Kenntnis des Netzwerkes* ermittelt werden. Die 4. Knotengleichung ergibt sich aus den drei anderen durch Addition und ist somit linear von den anderen abhängig.

Das Ergebnis lässt sich zu der folgenden Aussage verallgemeinern:

Satz: Bei einem Netzwerk mit k Knoten gibt es nur $k-1$ linear unabhängige Knotengleichungen. Die k-te Gleichung liefert keine neue Aussage, sie kann aus den anderen Gleichungen berechnet werden.

Beispiel 1.5

Gesucht ist der Graph eines Netzwerkes mit seinen Strömen. Das Netzwerk hat die Knoten K_1, K_2 und K_3. Gegeben sind die beiden Gleichungen:

$$K_1: I_1 - I_2 + I_3 = 0, \qquad K_2: -I_3 + I_4 - I_5 = 0.$$

Damit jeder Strom genau einmal zufließend und abfließend auftritt, muss die 3. Gleichung $-I_1 + I_2 - I_4 + I_5 = 0$ lauten. Der sich ergebende Graph ist rechts dargestellt.

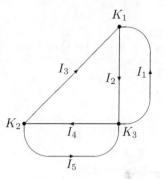

Die Maschengleichung

Das 2. Kirchhoff'sche Gesetz ist die Maschengleichung. Als *Masche* bezeichnet man einen geschlossenen Weg in einem Netzwerk (siehe das folgende Beispiel). Einer Masche wird eine (beliebige) Zählrichtung zugeordnet.

Die Summe aller in einer Masche wirkenden Quellenspannungen ist gleich der Summe der verursachten Spannungsabfälle an den Verbrauchern:

$$\sum_{\nu=1}^{n} U_\nu = 0 \qquad \text{Vorzeichen beachten!} \qquad (1.12)$$

Beispiel 1.6 *Für die rechtsstehende Schaltung gilt die Maschengleichung:*

$$-U_0 - U_i + U_3 + U_4 = 0.$$

Die Richtungen für die Spannungen an den Widerständen kann man beliebig wählen. Bei der hier gewählten Richtung für z.B. die Spannung U_i ergibt sich für U_i ein negativer Zahlenwert, weil der Strom I in genau umgekehrter Richtung durch den Widerstand fließt. In einem Netzwerk kann es unter Umständen eine sehr große Anzahl von Maschen geben, mindestens aber eine Masche.

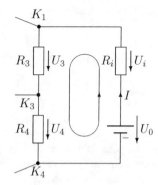

1.2.5 Die Zusammenschaltung von Widerständen

Die Reihenschaltung

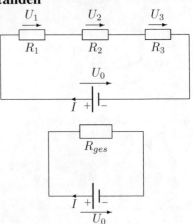

In der rechtsstehenden Schaltung gilt die Maschengleichung:

$$U_1 + U_2 + U_3 - U_0 = 0.$$

Wird U_i durch das Ohm'sche Gesetz $U_i = R_i \cdot I$ ersetzt, so erhält man: $I \cdot (R_1 + R_2 + R_3) = U_0$. Ein Vergleich mit $I \cdot R_{ges} = U_0$ zeigt, dass gilt: $R_{ges} = R_1 + R_2 + R_3$.

Allgemein gilt für die Reihenschaltung

$$R_{ges} = R_1 + R_2 + R_3 + \dots R_n. \qquad (1.13)$$

Die Parallelschaltung

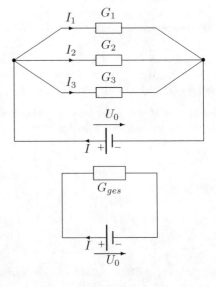

In der rechtsstehenden Schaltung gilt die Knotengleichung:

$$I_1 + I_2 + I_3 - I = 0,$$

Wird I_i durch das Ohm'sche Gesetz $I_i = G_i \cdot U_0$, ersetzt, so erhält man: $U_0 \cdot (G_1 + G_2 + G_3) = I$. Ein Vergleich mit: $U_0 \cdot G_{ges} = I$, zeigt, dass gilt: $G_{ges} = G_1 + G_2 + G_3$.

Allgemein gilt für die Parallelschaltung:

$$G_{ges} = G_1 + G_2 + G_3 + \dots G_n. \qquad (1.14)$$

Für zwei parallele Widerstände gilt:

$$
\begin{aligned}
G_{ges} &= G_1 + G_2 = \frac{1}{R_1} + \frac{1}{R_2} = \\
&= \frac{R_1 + R_2}{R_1 \cdot R_2} = \frac{1}{R_{ges}}.
\end{aligned}
\qquad (1.15)
$$

Die Parallelschaltung hat entgegen der Reihenschaltung die Eigenschaft, dass alle Widerstände an der gleichen Spannung liegen. Einzelne, parallelgeschaltete Widerstände können zu- oder angeschaltet werden, ohne dass sich an den anderen etwas ändert. Bei der Reihenschaltung ist dies anders. Die Überbrückung eines Widerstandes verändert den Strom und die Spannungsabfälle an allen anderen Widerständen in der Reihenschaltung. Verbraucher sind daher meistens für eine feste Betriebsspannung dimensioniert und werden parallel geschaltet.

1.2.6 Zweipolquellen

Die Spannungsquelle

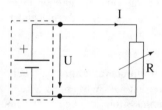

Die *Leerlaufspannung* ist die im nicht belasteten Zustand gemessenen Spannung. Belastet man eine Spannungsquelle mit einem variablen Widerstand R, so stellt man fest, dass die Klemmenspannung mit zunehmendem Strom abnimmt.

Dieses Verhalten lässt sich so erklären, dass die Spannungsquelle einen *inneren Widerstand* R_i hat.

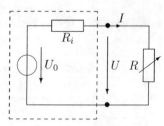

Wie rechts dargestellt, wird die reale Spannungsquelle in eine ideale Spannungsquelle mit der belastungsunabhängigen Spannung U_0 und einen Innenwiderstand R_i aufgeteilt. Der Innenwiderstand bewirkt eine Abnahme der Klemmenspannung U bei einer Belastung der Spannungsquelle:

$$I = \frac{U_0}{R + R_i}, \quad U = I \cdot R = U_0 \cdot \frac{R}{R + R_i}, \quad U = U_0 - I \cdot R_i. \qquad (1.16)$$

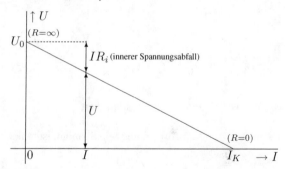

Fall $R = 0$:
$U = 0$, $I = I_{max} = I_k = U_0/R_i$
ist der maximale Strom, der *Kurzschlussstrom*.
Fall $R = \infty$:
$I = 0$, $U = U_0$ ist die maximale Spannung, die *Leerlaufspannung*.
Diese Zusammenhänge sind rechts im Bild dargestellt.

Eine Spannungsquelle heißt *linear*, wenn U_0 und R_i konstant sind, so dass zwischen der Klemmenspannung und dem Strom der im obigen Bild dargestellte lineare Zusammenhang besteht:

$$U = U_0 - I \cdot R_i. \qquad (1.17)$$

Dieser lineare Zusammenhang besteht bei realen Spannungsquellen allenfalls innerhalb eines zulässigen *Belastungsbereiches*. Ein Versuch, den Kurzschlussstrom I_k durch Kurzschließen der Klemmen zu erzeugen, wird in den meisten Fällen zur Zerstörung der Energiequelle führen.

Die Stromquelle

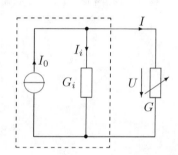

Eine Energiequelle kann auch als Stromquelle aufgefasst werden, zu der parallel ein *innerer Leitwert* G_i geschaltet ist. Die Stromquelle liefert einen belastungsunabhängigen *Urstrom* I_0.
Knotengleichung: $I = I_0 - I_i$,
Ohm'sches Gesetz: $I_i = G_i \cdot U$, $I = I_0 - G_i \cdot U$,

$$U = \frac{I_0}{G_i} - \frac{I}{G_i} = I_0 \cdot R_i - I \cdot R_i \quad \text{mit } R_i = \frac{1}{G_i}. \qquad (1.18)$$

Ein Vergleich mit der oben abgeleiteten Beziehung (1.17): $U = U_0 - IR_i$ bei der Spannungsquelle zeigt, dass sich beide ineinander umrechnen lassen, es gilt:

$$U_0 = I_0 \cdot R_i, \quad G_i = \frac{1}{R_i}. \tag{1.19}$$

Zusammenfassung: Eine Energiequelle kann intern als Spannungs- oder Stromquelle aufgefasst werden. Die Wirkungen an den Klemmen sind identisch. Beschreibungsgrößen sind der Kurzschlussstrom, die Leerlaufspannung und der Innenwiderstand. Physikalisch ist oft die Beschreibung als Spannungsquelle sinnvoller, denn beim Modell als Stromquelle wird im belastungsfreien Fall intern ständig die Leistung $P_i = I_0^2 \cdot R_i$ verbraucht, damit die Leerlaufspannung $U_0 = I_0 \cdot R_i$ aufrecht erhalten werden kann. Für einen Akkumulator wäre dies ein ungeeignetes physikalisches Modell, da er sich "intern" ständig entladen würde.

Beispiel 1.7 *Zuerst wird eine Spannungsquelle mit: $U_0 = 5V$ und $R_i = 2\Omega$ in eine Stromquelle mittels (1.19) umgerechnet. Danach wird eine Stromquelle mit: $I_0 = 100A$ und $R_i = 0.2\Omega$ in eine Spannungsquelle umgerechnet.*

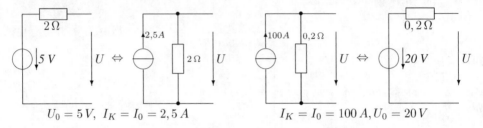

$$U_0 = 5\,V, \ I_K = I_0 = 2.5\,A \qquad\qquad I_K = I_0 = 100\,A, U_0 = 20\,V$$

Zusammenschaltung von Energiequellen

Zunächst wird die Reihenschaltung von Spannungsquellen behandelt.

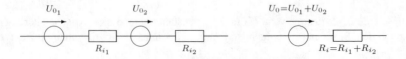

$$U_0 = U_{0_1} + U_{0_2} + \ldots + U_{0_n}, \qquad R_i = R_{i_1} + R_{i_2} + \ldots + R_{i_n}. \tag{1.20}$$

Die Leerlaufspannungen und die Innenwiderstände addieren sich. Bei Reihenschaltungen von Energiequellen wählt man stets das Modell mit den Spannungsquellen! Für die Parallelschaltung von zwei Stromquellen gilt:

$$
\begin{aligned}
I_0 &= I_{0_1} + I_{0_2}, \\
G_i &= G_{i_1} + G_{i_2}.
\end{aligned}
$$

$$I_0 = I_{0_1} + I_{0_2} + \ldots + I_{0_n}, \qquad G_i = G_{i_1} + G_{i_2} + \ldots + G_{i_n}. \tag{1.21}$$

Die Gleichung (1.21) beschreibt den allgemeinen Zusammenhang für n Quellen. Die Kurzschlussströme und die Innenleitwerte addieren sich. Bei Parallelschaltungen von Energiequellen wählt man stets das Modell mit den Stromquellen.

Beispiel 1.8 *Das nachstehende Bild zeigt links die Zusammenschaltung von drei Energiequellen. Gesucht wird eine* `Ersatzspannungsquelle` *mit ihrer Leerlaufspannung und ihrem Innenwiderstand.*

Zunächst, siehe Bild Mitte, werden die beiden in Reihe geschalteten Quellen zu einer Quelle mit der Leerlaufspannung $U_{0_1} + U_{0_2}$ und dem Innenwiderstand $R_1 + R_2$ zusammengefasst. Die beiden nun parallelgeschalteten Quellen werden durch Stromquellen mit den Kenngrößen:

$$I_{0_{1,2}} = \frac{U_{0_1} + U_{0_2}}{R_1 + R_2}, \quad G_{1,2} = \frac{1}{R_1 + R_2} \quad \text{und} \quad I_{0_3} = \frac{U_{0_3}}{R_3}, \quad G_3 = \frac{1}{R_3},$$

beschrieben. Die Gesamtquelle hat die Werte:

$$G_{ges} = G_{1,2} + G_3 = \frac{1}{R_1 + R_2} + \frac{1}{R_3}, \qquad R_{ges} = \frac{1}{G_{ges}} = \frac{(R_1 + R_2) \cdot R_3}{R_1 + R_2 + R_3},$$

$$I_{0_{ges}} = I_{0_{1,2}} + I_{0_3} = \frac{U_{0_1} + U_{0_2}}{R_1 + R_2} + \frac{U_{0_3}}{R_3}, \qquad U_{0_{ges}} = I_{0_{ges}} \cdot R_{ges}.$$

1.3 Leistung und Arbeit bei Gleichstrom

Elektrische Leistung bei Gleichstrom ist definiert als:

$$P = U \cdot I = I^2 \cdot R = \frac{U^2}{R} \text{ [Watt]}. \qquad (1.22)$$

Bei einem Verbraucher ist $P_V \geq 0$, wenn das Verbraucherpfeilsystem angewandt wird. Bei einem Energieerzeuger (Quelle) ist entsprechend $P_Q \leq 0$, hier haben $U_0 = -U$ und I eine unterschiedliche Richtung. Die während einer Zeit T umgesetzte *Energie* ist:

$$W = P \cdot T = U \cdot I \cdot T \text{ [WS], [Joule]}.$$

$$P_Q = U_0 \cdot I < 0, \quad P_V = U \cdot I > 0$$

Das Joul'sche Gesetz sagt aus, dass die in einem Widerstand verbrauchte Leistung restlos in Wärme umgesetzt wird. Die frühere Einheit der Energie ist: *cal (1 kWh = 860 kcal, 1 Ws =0,24 cal)*.

Beispiel 1.9 *Eine nicht fest eingeschraubte Sicherung hat einen Widerstand von 1 Ohm. Stündlich entsteht dann bei einem Strom von 20 A eine Wärmemenge:*

$$P = I^2 \cdot R, \; W = I^2 \cdot R \cdot T = 400\,A^2 \cdot 1\,\Omega \cdot 3600\,s = 1,44 \cdot 10^6\,Ws = 0,4\,kWh.$$

Die leistungsmäßige Belastbarkeit eines Widerstandes von 1 kΩ beträgt 12 W. Damit ist der maximal zulässige Strom durch diesen Widerstand begrenzt:

$$P = I^2 R, \qquad I = \sqrt{\frac{P}{R}} = \sqrt{\frac{12W}{1000\Omega}} = 109,5\,mA.$$

1.3.1 Der Wirkungsgrad

Die in einem Widerstand verbrauchte Leistung wird vollständig in Wärme umgesetzt. Bei einem Heizofen ist dies erwünscht, es erfolgt eine 100%-tige Ausnutzung der zugeführten Energie. Ganz andere Verhältnisse liegen bei einem Motor vor. Die elektrische Energie kann nicht vollständig in mechanische Energie umgesetzt werden. Gründe hierfür sind Wärmeentwicklung in den Wicklungen und auch mechanische Reibungsverluste.

Der Wirkungsgrad ist wie folgt definiert:

$$\eta = \frac{P_{ab}}{P_{auf}} = \frac{P_{ab}}{P_{ab} + P_v}, \qquad P_v \text{ ist die Verlustleistung.} \tag{1.23}$$

Ein Wirkungsgrad $\eta = 0,9$ bedeutet, dass 90% der aufgenommenen Leistung in der gewünschten Form abgegeben wird, 10% sind Verlust. In der Energietechnik kommt es darauf an, η möglichst groß zu machen. Bei einem Transformator mit 10 MW und einem Wirkungsgrad von 0,99 entstehen immerhin noch 0,1 MW = 100 kW Verlustleistung.

In der Nachrichtentechnik ist der Wirkungsgrad meist weniger wichtig, da hier die Informationsübertragung im Vordergrund steht und oft auch nur mit kleinen Leistungen gearbeitet wird.

1.3.2 Die Leistungsanpassung

Dieser Abschnitt versucht, die nachstehenden Fragen zu beantworten. Welche Leistung wird in dem Verbraucherwiderstand R verbraucht? Wie groß ist der Wirkungsgrad? Welche maximale Leistung kann in R verbraucht werden? Zuerst werden einige Sonderfälle betrachtet:

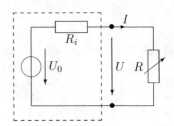

1. Sonderfall: $R = 0$
Dies führt zu $U = 0$, $P_{ab} = 0$ und dem Wirkungsgrad $\eta = 0$.

2. Sonderfall: $R \gg R_i$

$$I = \frac{U_0}{R + R_i} \approx \frac{U_0}{R}, \qquad P_{ab} = I^2 R = \frac{U_0^2}{(R + R_i)^2} \cdot R \approx \frac{U_0^2}{R}.$$

$$\text{Verlustleistung:} \quad P_v \;=\; I^2 R_i \qquad \approx \quad \frac{U_0^2}{R^2} R_i,$$

$$\text{Gesamtleistung:} \quad P_{auf} \;=\; P_{ab} + P_v \quad \approx \quad \frac{U_0^2}{R} + \frac{U_0^2}{R^2} R_i \;=\; \frac{U_0^2}{R}\left(1 + \frac{R_i}{R}\right),$$

$$\text{Wirkungsgrad:} \quad \eta \;=\; \frac{P_{ab}}{P_{auf}} \qquad \approx \quad \frac{1}{1 + R_i/R} \to 1, \text{ wenn } R_i \ll R.$$

Dieser Fall $R_i \ll R$ ist in der Energietechnik wichtig.

3. Sonderfall: $R = R_i$

$$I = \frac{U_0}{2R_i}, \quad P_{ab} = I^2 \cdot R_i = \frac{U_0^2}{4R_i}, \quad P_v = I^2 \cdot R_i = \frac{U_0^2}{4R_i},$$

$$P_{auf} = P_{ab} + P_v = 2\frac{U_0^2}{4R_i}, \quad \eta = 0,5.$$

Bei welchem Wert von R tritt ein Maximalwert der abgegebenen Leistung auf? Es gilt:

$$I = \frac{U_0}{R + R_i}, \qquad P = I^2 R = \frac{U_0^2 R}{(R + R_i)^2}.$$

Ableitung nach R mit der Quotientenregel $((u/v)' = (u'v - uv')/v^2)$:

$$\frac{dP}{dR} = U_0^2 \cdot \frac{(R + R_i)^2 - R \cdot 2(R + R_i)}{(R + R_i)^4} = U_0^2 \cdot \frac{(R + R_i) - 2R}{(R + R_i)^3}.$$

$$\frac{dP}{dR} = 0 \text{ bei } R = R_i, \quad P_{max} = \frac{U_0^2}{4R_i}.$$

Die Quelle liefert eine maximale Leistung im Fall $R = R_i$, man spricht von einer *Leistungsanpassung*.

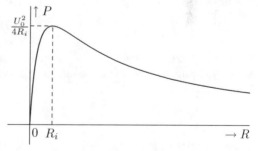

Dieser Fall ist in der Nachrichtentechnik sehr bedeutend. Der kleine Wirkungsgrad $\eta = 0,5$ ist nicht so wichtig, es kommt darauf an, möglichst viel Leistung zu übertragen. In dem nebenstehenden Bild ist der Verlauf der abgegebenen Leistung in Abhängigkeit von dem Verbraucherwiderstand aufgetragen.

1.4 Die Berechnung einfacher Gleichstromkreise

1.4.1 Messung von Strom und Spannung

Eine häufige Aufgabe besteht darin, Strom und Spannung an einem Widerstand R zu messen, um entsprechend dem Ohm'schen Gesetz, den Wert des Widerstandes $R = U/I$ zu bestimmen. Grundsätzlich wird zwischen strom- und spannungsgenauer Messung unterschieden.

Spannungsgenaue Messanordnung:

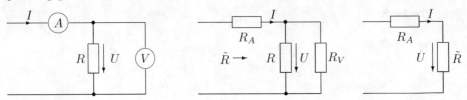

Aus dem linken Bild ist die Anordnung der Messgeräte erkennbar. Das rechte Bild zeigt die Schaltung, wenn die Messgeräte durch ihre Widerstände R_A und R_V ersetzt werden. Innnenwiderstände von Strommessern sind i.A. sehr klein, Innenwiderstände von Spannungsmessern hingegen sehr groß. Man erkennt, dass die Spannung mit der vorliegenden Messschaltung korrekt gemessen wird. Der Strom I ist aber fehlerhaft. I ist nämlich nicht der eigentlich gesuchte Strom durch den Widerstand R, hinzu kommt ein (kleiner) Strom I_V durch das Spannungsmessgerät. Diese Messung des Widerstandes liefert:

$$\tilde{R} = \frac{U}{I} = R\frac{R_V}{R + R_V}, \qquad \tilde{R} \approx R, \ \text{wenn } R_V >> R. \qquad (1.24)$$

Wie erwähnt, ist bei Spannungsmessgeräten der Innenwiderstand R_V i.A. sehr groß, dies gilt insbesondere für digital anzeigende elektronische Messgeräte.

Stromgenaue Messanordnung:

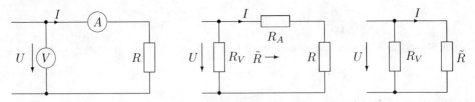

Bei dieser Messanordnung wird der Strom I genau gemessen, während die Spannung um den Anteil des Spannungsanteils am Strommesser falsch ermittelt wird. Die Messung liefert:

$$\tilde{R} = \frac{U}{I} = R + R_A, \qquad \tilde{R} = R, \ \text{wenn } R_A.$$

Besonders bei elektronischen Strommessern ist der Innenwiderstand R_A außerordentlich klein.

1.4.2   Der Spannungsteiler

Wird eine kleinere als die vorhandenen Spannung benötigt, so kann ein *Spannungsteiler* verwendet werden.

Die Anordnung rechts hat die Funktion eines *Spannungsteilers*. Man erhält die Beziehungen:

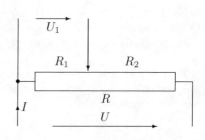

$$I = \frac{U}{R_1 + R_2}, \quad U_1 = R_1 \cdot I = U\frac{R_1}{R_1 + R_2}. \quad (1.25)$$

Die Beziehung ganz rechts wird *Spannungsteilerregel* genannt. Die *abgeteilte Spannung* U_1 ist proportional dem Verhältnis von R_1 zum Gesamtwiderstand $R = R_1 + R_2$.

Die oben angegebene Spannungsteilerregel gilt nur im *unbelasteten* Zustand. Rechts sind die Verhältnisse an einem mit einem variablen Widerstand R_x belasteten Spannungsteiler dargestellt. Die Schaltung des Spannungsteilers entspricht im Übrigen (bis auf den Belastungswiderstand) der Schaltung oben. Die am Spannungsteiler abgegriffene Spannung ist belastungsabhängig, d.h. abhängig vom Wert R_x. Für $R_x \to \infty$ erhält man aus dem rechten Ausdruck, die oben abgeleitete Beziehung für den unbelasteten Spannungsteiler.

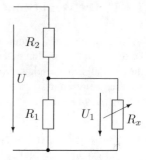

$$U_1 = U\frac{\frac{R_1 R_x}{R_1 + R_x}}{R_2 + \frac{R_1 R_x}{(R_1 + R_x)}} = U\frac{R_1 R_x}{R_1 R_x + R_2 R_x + R_1 R_2} = U\frac{R_1}{(R_1 + R_2) + R_1 R_2/R_x}.$$

Beispiel 1.10 *Ein Spannungsteiler mit den beiden gleichen Widerständen $R_1 = R_2 = 40\,k\Omega$ liegt an einer Spannung von 400 V. Wie groß ist die Spannung U_1 im unbelasteten Fall, bei einem Lastwiderstand von $R_x = 1\,M\Omega$ und einem Lastwiderstand von $R_x = 10\,k\Omega$?*

Mit der oben angegebenen Gleichung erhält man im unbelasteten Fall ($R_x = \infty$) die Spannung $U_1 = 200\,V$, bei $R_x = 1\,M\Omega$ die Spannung $U_1 = 40/81,6 \cdot 400 = 196,1\,V$ und bei $R_x = 10\,k\Omega$ die Spannung $U_1 = 1/6 \cdot 400 = 66,7\,V$.

1.4.3 Die Stromteilung

Zur einer notwendigen Aufteilung eines Stromes verwendet man eine Parallelschaltung von Leitwerten bzw. Widerständen. Es gilt:

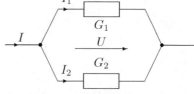

$U \cdot G_1 = I_1, U \cdot G_2 = I_2, U \cdot (G_1 + G_2) = I_1 + I_2 = I$, $U = I/(G_1 + G_2)$. Aus diesen Gleichungen erhält man:

$$I_1 = I\frac{G_1}{G_1 + G_2} = I\frac{R_2}{R_1 + R_2},$$
$$I_2 = I\frac{G_2}{G_1 + G_2} = I\frac{R_1}{R_1 + R_2}.$$

Diese Beziehungen lassen sich auch auf eine Parallelschaltung von n Leitwerten erweitern, dann gilt:

$$I_\nu = I \cdot \frac{G_\nu}{G_1 + G_2 + \dots G_n}. \quad (1.26)$$

Beispiel 1.11 *Ein Strom von 1 A soll in zwei Ströme von 1/3 A und 2/3 A aufgeteilt werden. Die Widerstände in der Stromteilerschaltung sollen möglichst groß werden, allerdings darf die maximal auftretende Spannung nur 10 V betragen.*
Aus $I = U \cdot G = I(G_1 + G_2) = 1\,A$ erhält man bei $U = 10\,V$ einen Gesamtleitwert von $= 0,1\,\Omega^{-1}$. Aus der geforderten Stromteilung folgt $G_1/G = 1/3$, also $G_1 = 1/30\,\Omega^{-1}$ und entsprechend $G_2 = 2/30\,\Omega^{-1}$. Es müssen also die Widerstände $R_1 = 30\,\Omega$ und $R_2 = 15\,\Omega$ parallelgeschaltet werden.

1.4.4 Die Wheatstone'sche Brücke

Brückenschaltungen kommen in der Elektrotechnik in vielfacher Art vor. Die Wheatstonebrücke ist die Grundform. Man nennt die Brücke *abgeglichen*, wenn der "Brückenstrom" $I_0 = 0$ ist. In diesem Fall tritt zwischen den Punkten 1 und 2 keine Spannung auf, so dass dann an die Stelle von R_0 eine Kurzschlussverbindung treten kann. Bei $I_0 = 0$ können folgende Maschengleichungen aufgestellt werden.

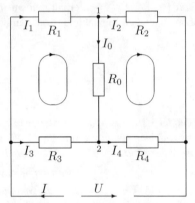

$I_1 \cdot R_1 - I_3 \cdot R_3 = 0$, $I_2 \cdot R_2 - I_4 \cdot R_4 = 0$. Da $I_0 = 0$ ist, gilt außerdem $I_1 = I_2$ und $I_3 = I_4$. Aus diesen Beziehungen folgt $I_3/I_1 = R_1/R_3$ und $I_3/I_1 = R_2/R_4$ und schließlich die Brückengleichung:

$$\frac{R_1}{R_3} = \frac{R_2}{R_4}, \text{ oder } \frac{R_1}{R_2} = \frac{R_3}{R_4}.$$

Ist diese Widerstandsbedingung erfüllt, dann ist die Brücke abgeglichen und durch den "Brückenzweig R_0" fließt kein Strom.
Eine wichtige Anwendung der Wheatstone'schen Brücke ist die genaue Messung von Widerständen.

Wenn z.B. der Widerstandswert von $R_1 = R_x$ nicht bekannt ist und der Widerstand R_3 durch einen einstellbaren Präzisionswiderstand ersetzt wird, so kann R_x ermittelt werden. Die Widerstände R_2 und R_4 haben feste bekannte Werte. An die Stelle von R_0 tritt ein empfindliches Strom- oder Spannungsmessgerät. Der Widerstand R_3 wird solange verändert, bis die Brücke abgeglichen ist, also das Messgerät nichts mehr anzeigt. Dann erhält man aus der oben angegebenen Brückengleichung den unbekannten Widerstandswert:

$$R_x = \frac{R_2}{R_4} \cdot R_3$$

1.4.5 Die Stern-Dreieck-Transformation

Die unten links skizzierte Schaltung mit den Widerständen R_{12}, R_{13} und R_{23} wird gemäß ihrer Geometrie als *Dreiecksschaltung* bezeichnet. Die Schaltung rechts mit den Widerständen R_1, R_2 und R_3 heißt *Sternschaltung*.

Wenn die Widerstände der Sternschaltung gegeben sind, kann man
die Widerstände der Dreieckschal-
tung so festlegen, dass zwischen
den äußeren Klemmen 1-2-3 jeweils gleichgroße Widerstände gemessen werden.

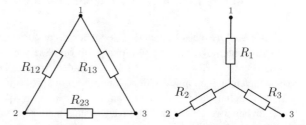

Man spricht von einer Stern-Dreieck-Umwandlung. Bei gegebenen Widerstandswerten der Drei-
eckschaltung lassen sich die Widerstände der Sternschaltung ebenfalls so ermitteln, dass zwischen
den Punkten 1-2-3 gleiche Widerstandswerte gemessen werden. Dies wäre dann die Dreieck-
Stern-Umwandlung. Ausgangspunkt zur Ermittlung der Umwandlungsgleichungen sind die drei
Beziehungen:

$$R_1 + R_2 = \frac{R_{12}(R_{13} + R_{23})}{R_{12} + R_{13} + R_{23}}, \quad R_1 + R_3 = \frac{R_{13}(R_{12} + R_{23})}{R_{12} + R_{13} + R_{23}}, \quad R_2 + R_3 = \frac{R_{23}(R_{12} + R_{13})}{R_{12} + R_{13} + R_{23}}.$$

Die 1. Gleichung gibt für beide Schaltungen die Widerstandswerte zwischen den Punkten 1 und 2
an, die 2. Gleichung die zwischen den Punkten 1 und 3 und schließlich die 3. Gleichung die Widerstandswerte zwischen den Klemmen 2 und 3. Nach einigen Umformungen erhält man schließlich
die Umwandlungsbeziehungen:

$$R_1 = \frac{R_{12}R_{13}}{R_{12}+R_{13}+R_{23}}, \quad R_2 = \frac{R_{12}R_{23}}{R_{12}+R_{13}+R_{23}}, \quad R_3 = \frac{R_{13}R_{23}}{R_{12}+R_{13}+R_{23}},$$

$$R_{12} = \frac{R_1 R_2 + R_1 R_3 + R_2 R_3}{R_3}, \quad R_{13} = \frac{R_1 R_2 + R_1 R_3 + R_2 R_3}{R_2}, \quad R_{23} = \frac{R_1 R_2 + R_1 R_3 + R_2 R_3}{R_1}.$$

Beispiel 1.12 *Der Eingangswiderstand R bei der Schaltung ganz links im Bild soll berechnet
werden.*

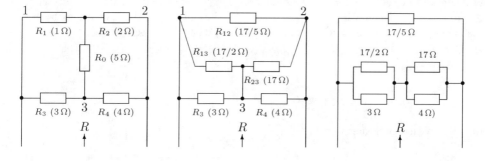

*Zunächst wird festgestellt, dass die Brücke (Brückenwiderstand $R_0 = 5\,\Omega$) nicht abgeglichen ist.
Damit kann R_0 nicht überbrückt werden und die Berechnung des Eingangswiderstandes R ist
mit den bisher behandelten Methoden (Reihen- und Parallelschaltung) nicht möglich. Die Umwandlung der zwischen den Punkten 1-2-3 aufgespannten Sternschaltung in eine Dreieckschal-
tung ergibt die Schaltung in der Bildmitte bzw. die ganz rechts gezeichnete Schaltung mit dem
Eingangswiderstand $R = 2,095\,\Omega$.*

1.4.6   Analysemethoden für Gleichstromnetzwerke

Unter der Analyse eines Netzwerkes versteht man die Berechnung aller im Netzwerk vorkommenden Spannungen und Ströme. Grundlage für die Analyse sind die Kirchhoff'schen Gleichungen und das Ohm'sche Gesetz. Das Problem bei der Analyse liegt nicht so sehr darin, Knoten- und Maschengleichungen aufzustellen, sondern vielmehr darin ein Gleichungssystem mit linear unabhängigen Gleichungen zu gewinnen. Zur Aufstellung solcher Gleichungssysteme existieren im Wesentlichen zwei Verfahren. Die Knotenpunktanalyse benötigt bei einem Netzwerk mit k Knoten genau $k - 1$ Gleichungen. Daneben gibt es noch die sogenannte Maschenanalyse, die von Maschengleichungen ausgeht. Im Rahmen dieses Buches werden die allgemeinen Verfahren nicht besprochen. Wir beschränken uns hier auf die Behandlung des Überlagerungssatzes und des Satzes von der Ersatzspannungsquelle.

Der Überlagerungssatz

Bei Netzwerken mit mehr als einer Energiequelle (Strom- oder Spannungsquelle) vereinfacht sich die Berechnung von Strömen und Spannungen in dem Netzwerk, wenn der Überlagerungssatz angewandt wird. Die Anwendbarkeit des Überlagerungssatzes begründet sich durch die Linearität der Netzwerke. Auf eine genauere Begründung wird allerdings verzichtet. Wir wollen den Überlagerungssatz an einem Beispiel kennenlernen.

Gegeben ist das rechts skizzierte Netzwerk mit einer Spannungs- und einer Stromquelle. Gesucht wird der in der Schaltung eingezeichnete Strom:
$$I = I_1 + I_2,$$
durch Überlagerung von I_1 und I_2.

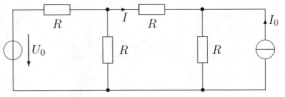

1. Schritt: Die Stromquelle in dem Netzwerk wird entfernt, d.h. es wird $I_0 = 0$ gesetzt.
Wenn eine Stromquelle den Strom $I_0 = 0$ liefert, kann sie offensichtlich auch weggelassen werden. Im 1. Schritt erhalten wir damit die unten dargestellte einfachere Schaltung, die nur noch eine Spannungsquelle enthält. Der zu berechnende Strom wird nun mit I_1 bezeichnet.

Mit dem von der Spannungsquelle aus gesehenen Gesamtwiderstand:

$$R_{ges} = R + \frac{R \cdot 2R}{R + 2R} = \frac{5}{3}R,$$

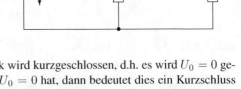

erhält man nach dem Stromteilungssatz:

$$I_1 = I_{ges}\frac{R}{3R} = \frac{1}{3}\frac{U_0}{R_{ges}} = \frac{U_0}{5R}.$$

2. Schritt: Die Spannungsquelle in dem Netzwerk wird kurzgeschlossen, d.h. es wird $U_0 = 0$ gesetzt. Wenn eine Spannungsquelle die Spannung $U_0 = 0$ hat, dann bedeutet dies ein Kurzschluss zwischen den Anschlussklemmen der Spannungsquelle. Im 2. Schritt erhalten wir damit die unten rechts dargestellte einfachere Schaltung mit nur noch der Stromquelle. Der zu berechnende Strom wird jetzt mit I_2 bezeichnet.

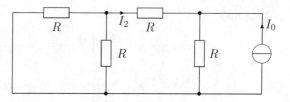

Nach dem Stromteilungssatz erhält man, wenn die Stromrichtung von I_2 beachtet wird

$$I_2 = -I_0 \frac{R}{R + 1,5R} = -\frac{2}{5}I_0.$$

Gesamtlösung:

$$I = I_1 + I_2 = \frac{U_0}{5R} - \frac{2}{5}I_0.$$

Schlussfolgerung und Verallgemeinerung:
Wird ein Netzwerk durch mehrere Energiequellen gespeist, so kann die Berechnung eines Stromes oder einer Spannung in dem Netzwerk folgendermaßen erfolgen:

1. Nacheinander werden alle Quellen - bis auf eine - "weggenommen". Der Strom oder die Spannung, die die verbleibende Quelle hervorruft, wird berechnet.
2. Die nach Punkt 1 berechneten Ströme bzw. Spannungen werden addiert (überlagert).

Bei den Energiequellen soll es sich um Zweipolquellen handeln, wie sie im Abschnitt 1.2.6 eingeführt worden sind. Die Wegnahme von Energiequellen bedeutet den Kurzschluss der Spannungsquellen oder die Entfernung der Stromquellen.

Die Anwendung des Überlagerungssatzes kann bei Netzwerken, die von mehreren Energiequellen gespeist werden, zu einer einfacheren Berechnung führen.

Beispiel 1.13 *Bei der unten links skizzierten Schaltung soll der Strom I mit Hilfe des Überlagerungssatzes berechnet werden.*

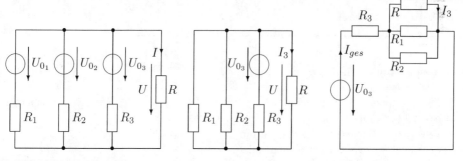

Das Bild in der Mitte zeigt die Anordnung, wenn die 1. und 2. Spannungsquelle kurzgeschlossen ist. Der Strom durch R wird nun mit I_3 bezeichnet. Die Schaltung in der Bildmitte kann in die ganz rechts skizzierte Form umgezeichnet werden. Wir erhalten dann (Stromteilersatz):

$$I_3 = I_{ges}\frac{G}{G + G_1 + G_2} = I_{ges}\frac{R_1 R_2}{R_1 R_2 + R_1 R + R_2 R}, \quad I_{ges} = \frac{U_{0_3}}{R_{ges}}$$

$$R_{ges} = R_3 + \frac{1}{G + G_1 + G_2} = \frac{R_1 R_2 R_3 + R_1 R R_3 + R_2 R R_3 + R_1 R_2 R}{R_1 R_2 + R_1 R + R_2 R}.$$

Daraus folgt:

$$I_3 \;=\; U_{0_3} \frac{R_1 R_2 + R_1 R + R_2 R}{R_1 R_2 R_3 + R_1 R R_3 + R_2 R R_3 + R_1 R_2 R} \cdot \frac{R_1 R_2}{R_1 R_2 + R_1 R + R_2 R} \;=\;$$

$$=\; U_{0_3} \frac{R_1 R_2}{R_1 R_2 R_3 + R_1 R R_3 + R_2 R R_3 + R_1 R_2 R} \;=\; U_{0_3} \frac{R_1 R_2}{N}.$$

Durch *Symmetrieüberlegungen* erhält man beim Kurzschluss der Spannungsquellen 1 und 3:

$$I_2 = U_{0_2} \frac{R_1 R_3}{N} \quad \text{und} \quad I_1 = U_{0_1} \frac{R_2 R_3}{N}.$$

Nach der Überlagerung lautet das Gesamtergebnis:

$$I \;=\; I_1 + I_2 + I_3 \;=\; \frac{U_{0_1} R_2 R_3 + U_{0_2} R_1 R_3 + U_{0_3} R_1 R_2}{R_1 R_2 R_3 + R_1 R R_3 + R_2 R R_3 + R_1 R_2 R}, \quad U \;=\; I \cdot R.$$

Eine alternative Lösungsmethode:

Schneller und einfacher kommt man zu demselben Ergebnis, wenn man dem Rat im Abschnitt 1.2.6 folgt und bei der Parallschaltung von Energiequellen das Modell der Stromquellen wählt. Im nachfolgenden Bild ist links die oben gegebene Schaltung mit Stromquellen dargestellt, rechts eine Gesamtschaltung mit nur noch einer einzigen Stromquelle. Man erhält dann die Gleichungen:

$$U \;=\; \frac{U_{0_1} G_1 + U_{0_2} G_2 + U_{0_3} G_3}{G + G_1 + G_2 + G_3}, \quad I \;=\; G \cdot U \;=\; G \cdot \frac{U_{0_1} G_1 + U_{0_2} G_2 + U_{0_3} G_3}{G + G_1 + G_2 + G_3}.$$

Wenn man diesen Ausdruck mit dem Produkt $R R_1 R_2 R_3$ erweitert, findet man die vorne ermittelte Beziehung.

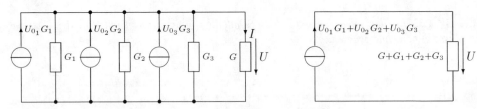
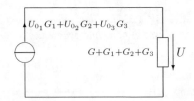

Die Ersatzspannungsquelle

Die Erklärung erfolgt anhand eines einfachen Beispiels. Danach wird die Vorgehensweise allgemeiner beschrieben. Auf Beweise soll auch hier verzichtet werden.

Bei der nebenstehenden Schaltung soll der Strom durch Widerstand R_v zwischen den Klemmen 1 - 2 berechnet werden. Von der Quelle her wird ein Widerstand R_{ges} gemessen:

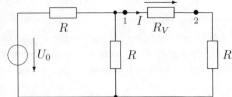

$$R_{ges} \;=\; R + \frac{R(R + R_v)}{2R + R_v} \;=\; R \frac{3R + 2R_v}{2R + R_v}.$$

Unter der Anwendung des Stromteilersatzes folgt dann:

$$I \;=\; I_{ges} \cdot \frac{R}{2R + R_v} \;=\; \frac{U_0}{R_{ges}} \cdot \frac{R}{2R + R_v} \;\Longrightarrow\; I \;=\; \frac{U_0}{3R + 2R_v}.$$

Diese Beziehung kann man folgendermaßen umstellen:

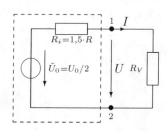

$$I = \frac{0,5 \cdot U_0}{1,5 \cdot R + R_v} = \frac{\tilde{U}_0}{R_i + R_v}. \qquad (1.27)$$

Das Ergebnis kann so interpretiert werden, dass eine *neue Spannungsquelle* mit der Spannung $\tilde{U}_0 = U_0/2$ und einem Innenwiderstand $R_i = 1,5\,R$ vorliegt, an den der Verbraucherwiderstand angeschlossen ist.

Ergebnis:
Will man den Strom in einem Widerstand (oder die Spannung an einem Widerstand) berechnen, so kann das *gesamte übrige Netzwerk* durch eine *Ersatzspannungsquelle* mit einer Urspannung $\tilde{U}_0$ und einem Innenwiderstand R_i ersetzt werden. In der gleichen Weise ist auch der Ersatz des Netzwerkes durch eine *Ersatzstromquelle* möglich.

Wie erhält man die Urspannung $\tilde{U}_0$ der Ersatzspannungsquelle?

Wie aus der Schaltung unten links im Bild erkennbar ist, tritt die Urspannung $\tilde{U}_0$ dann auf, wenn kein Stom fließt. Dies bedeutet, dass der Widerstand R_v aus dem Netzwerk entfernt werden muss. Die dann an den Klemmen 1 - 2 auftretende Spannung ist die gesuchte Urspannung. Rechts im Bild sind diese Überlegungen für das im obigen Beispiel behandelte Netzwerk durchgeführt. Nach dem Spannungsteilersatz erhält man $\tilde{U}_0 = U_0/2$.

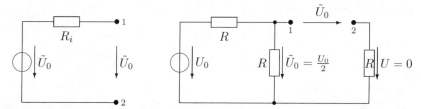

Wie erhält man den Innenwiderstand R_i der Ersatzspannungsquelle?

Aus dem Bild unten links ist erkennbar, dass R_i an den Klemmen 1 - 2 gemessen wird, wenn die Spannungsquelle kurzgeschlossen wird. Der rechte Bildteil bezieht sich wieder auf unser Beispiel. Wir erhalten $R_i = R + R/2 = 1,5 \cdot R$.

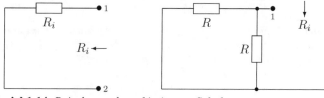

Beispiel 1.14 *Bei der rechts skizzierten Schaltung soll der Strom I_3 mit Hilfe des Satzes von der Ersatzspannungsquelle berechnet werden.*
Die einzelnen Schritte sind unten dargestellt. Nachdem R_3 entfernt wurde, kann die eingezeichnete Urspannung $\tilde{U}_0 = U_0 R_2/(R_1 + R_2)$ berechnet werden. Aus der rechten Schaltung folgt $R_i = R_1 R_2/(R_1 + R_2)$.

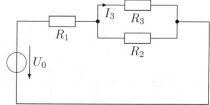

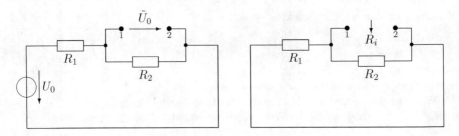

Aus der rechts skizzierten Ersatzspannungsquelle folgt dann:

$$I_3 = \frac{\tilde{U}_0}{R_3 + R_i} = \frac{U_0 \frac{R_2}{R_1 + R_2}}{R_3 + \frac{R_1 R_2}{R_1 + R_2}} = U_0 \frac{R_2}{R_1 R_2 + R_1 R_3 + R_2 R_3}.$$

Beispiel 1.15 *Der Strom I in dem Widerstand von* $15\,\Omega$ *(Schaltung links) soll mit dem Satz von der Ersatzspannungsquelle berechnet werden.*

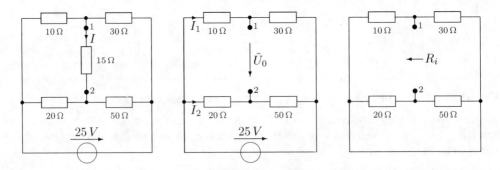

In der Bildmitte ist die Schaltung zur Ermittlung der Urspannung $\tilde{U}_0$ *der Ersatzspannungsquelle skizziert (Wegnahme des Widerstandes!). Die Maschengleichung liefert* $I_1 \cdot 10\,\Omega + \tilde{U}_0 - I_2 \cdot 20\,\Omega = 0$. *Mit* $I_1 = 25\,V/40\,\Omega$ *und* $I_2 = 25\,V/70\,\Omega$ *erhält man* $\tilde{U}_0 = 0,8929\,V$.

Oben rechts ist die Schaltung zur Berechnung des Innenwiderstandes der Ersatzspannungsquelle dargestellt (Kurzschluss der Spannungsquelle). Durch Umzeichnen findet man die nebenstehende Anordnung und daraus $R_i = 21,79\,\Omega$.

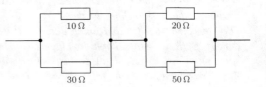

Rechts ist die Ersatzspannungsquelle mit den berechneten Werten dargestellt, Wir erhalten den gesuchten Strom zu

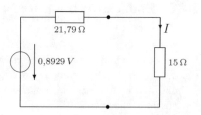

$$I = \frac{U_0}{R + R_i} = \frac{0,8929}{15 + 21,79} = 0,0243\,\text{A}.$$

Beispiel 1.16 *Die Spannung U in der unten links skizzierten Schaltung soll mit dem Satz von der Ersatzspannungsquelle berechnet werden. Rechts im Bild ist die Ersatzspannungsquelle dargestellt.*

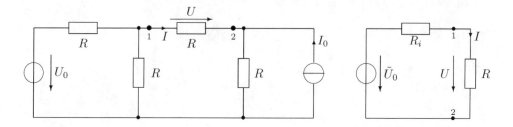

Rechts ist die Schaltung zur Ermittlung von R_i skizziert. Die Spannungsquelle ist kurzzuschließen, die Stromquelle zu entfernen. Man erhält $R_i = 1,5R$.
Da die Schaltung zwei Energiequellen enthält, wird die Urspannung $\tilde{U}_0$ der Ersatzspannungsquelle mit dem Überlagerungssatz berechnet.

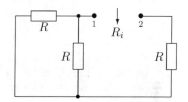

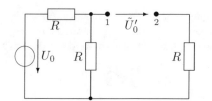
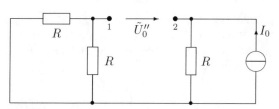

Beim Weglassen der Stromquelle (linkes Bild) wird $\tilde{U}_0' = U_0/2$. Beim Kurzschluss der Spannungsquelle (rechtes Bild) entsteht eine Spannung $\tilde{U}_0'' = -I_0 R$. Damit wird $\tilde{U}_0 = U_0/2 - I_0 R$. Gemäß der ganz oben rechts dargestellten Ersatzspannungsquelle erhält man schließlich den gesuchten Strom zu:

$$I = \frac{\tilde{U}_0}{R_i + R} = \frac{0.5 \cdot U_0 - I_0 \cdot R}{1,5 \cdot R + R} = \frac{U_0}{5R} - \frac{2}{5}I_0.$$

Vergleiche hierzu auch das Ergebnis bei dem einführenden Beispiel im Abschnitt 1.4.6

1.4.7   Einfache nichtlineare Netzwerke

Rechts ist die Grundschaltung mit einem nichtlinearen Widerstand skizziert. Die Spannung U ergibt sich einmal aus der Beziehung $U = U_0 - I \cdot R_i$ und zum anderen durch den nichtlinearen Zusammenhang $U = f(I)$.

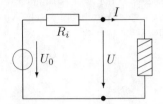

Als Beispiel betrachten wir einen nichtlinearen Widerstand mit einer quadratischen Kennlinie $U = k \cdot I^2$. Dann gilt:

$$k \cdot I^2 = U_0 - I \cdot R_i, \qquad I^2 + I\frac{R_i}{k} - \frac{U_0}{k} = 0.$$

Diese Gleichung hat die Lösungen:

$$I_{1,2} = -\frac{R_i}{2k} \pm \sqrt{\frac{R_i^2}{4k^2} + \frac{U_0}{k}}.$$

Für I kann nur der positive Wert, wie aus der Schaltung ersichtlich gelten:

$$I = -\frac{R_i}{2k} + \sqrt{\frac{R_i^2}{4k^2} + \frac{U_0}{k}}.$$

Die Konstante k hat hierbei die Dimension V/A^2.

Im Bild rechts ist eine zeichneri-
sche Lösung dargestellt. Dort sind
die Funktionen $U_0 - I \cdot R_i$ und $U = k \cdot I^2$ aufgetragen. Der Schnittpunkt
beider Kurven legt die Werte U und
I (den *Arbeitspunkt*) fest.

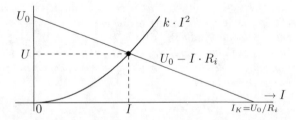

Ein einfaches Anwendungsbeispiel

Im Bildteil links unten ist eine Schaltung mit einer sogenannten *Zenerdiode* (siehe auch Abschnitt
1.11.2) skizziert. Rechts sind einige Punkte der nichtlinearen Kennlinie der Zenerdiode angegeben. Der lineare Schaltungsteil kann durch eine Ersatzspannungsquelle ersetzt werden, wie dies
rechts dargestellt ist.

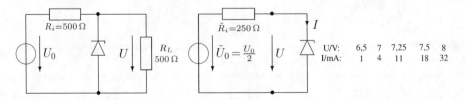

U/V:	6,5	7	7,25	7,5	8
I/mA:	1	4	11	18	32

Die Ersatzspannungsquelle hat die Urspannung $\tilde{U}_0 = U_0/2$ und den Innenwiderstand $R_i = 250\,\Omega$.
Im dem Bild unten ist die Kennlinie der Zenerdiode dargestellt und die beiden Arbeitspunkte, die

sich bei $U_0 = 16$ V ($\tilde{U}_0 = 8$ V) und $U_0 = 24$ V ($\tilde{U}_0 = 12$ V) einstellen. Bei $\tilde{U}_0 = 8$ V würde man den Kurzschlussstrom $I_K = 8/250 = 32$ mA (siehe Bild) erhalten. Bei $\tilde{U}_0 = 12$ V entsteht ein Kurzschlussstrom von 48 mA.

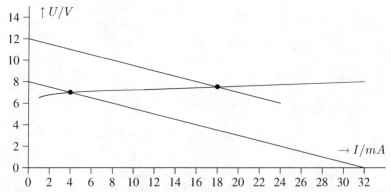

Man erkennt, dass sich die Spannung an der Zenerdiode, und damit auch die an dem Lastwiderstand R_L nur von 7 V auf etwa 7,5 V (ca. 7%) ändert, wenn die Quellenspannung U_0 im Bereich von 16 bis 24 V (50%) liegt. Diese Schaltung wird in der Praxis als *Spannungskonstanthalter* verwendet.

1.5   Grundlagen der Wechselstromtechnik

1.5.1   Einführung in die Wechselgrößen

In der Elektrotechnik sind die vorkommenden Ströme und Spannungen vorwiegend zeitlich veränderlich. In der Informationstechnik sind diese zeitlich veränderlichen Größen die Träger der Informationen. Die klassische Wechselstromtechnik beschränkt sich auf den Sonderfall periodisch verlaufender Signale, in der Regel sogar auf rein sinusförmige Ströme und Spannungen. Ist $x(t)$ entweder eine Spannung oder ein Strom mit sinusförmigen Verlauf, dann gilt:

$$x(t) = \hat{x} \cdot \cos(\omega t + \varphi). \tag{1.28}$$

- $\hat{x}$ ist die *Amplitude* der Wechselgröße in V oder A,

- $\omega = 2\pi f$ die *Kreisfrequenz* in s^{-1},

- f die *Frequenz* in s^{-1} oder Hz (Hertz),

- $T = 1/f$ die Periodendauer der sinusförmigen Wechselgröße,

- φ nennt man den *Nullphasenwinkel* oder auch kurz die *Phase*.

Der Name Nullphasenwinkel kommt daher, dass durch φ der Signalwert $x(t = 0) = \hat{x} \cdot \cos(\varphi)$ festgelegt wird.

In dem nebenstehenden Bild ist ein sinusförmiges Signal mit den zuvor besprochenen Größen dargestellt. Mit $\varphi = 0$
erhält man eine reine Kosinusschwingung:

$$x(t) = \hat{x} \cdot \cos(\omega t).$$

Der Fall $\varphi = -\pi/2$ führt zu einer Sinusschwingung:

$$x(t) = \hat{x} \cdot \cos(\omega t - \pi/2) = \hat{x} \cdot \sin(\omega t).$$

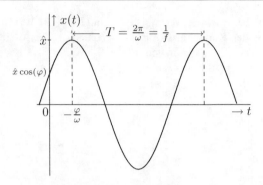

Abbildung 1.2: Sinusförmiges Signal

Die beiden Kirchhoff'schen Gesetze (Knotenpunkt- und Maschengleichung), siehe Gl. (1.11) und
(1.12), sind auch für Wechselstromgrößen, ja sogar für ganz beliebig zeitlich verlaufende Signale
gültig:

$$\sum_{\mu} i_{\mu}(t) = 0, \qquad \sum_{\nu} u_{\nu}(t) = 0, \quad \text{für alle } t. \tag{1.29}$$

Ebenfalls gilt für einen Widerstand das Ohm'sche Gesetz:

$$u(t) = R \cdot i(t), \quad i(t) = G \cdot u(t), \quad G = 1/R. \tag{1.30}$$

Bei Netzwerken, die nur aus Widerständen aufgebaut sind, können die Ergebnisse der Gleichstromtechnik ohne jede Einschränkung übernommen werden. Dort sind lediglich die konstanten
Spannungen U_{ν} durch die zeitabhängigen Spannungen $u_{\nu}(t)$ und die Gleichströme I_{μ} durch die
zeitabhängigen Ströme $i_{\mu}(t)$ zu ersetzen.

Neben dem elektrischen (ohmschen) Widerstand spielen in der Wechselstromtechnik zwei weitere
Bauelemente, der Kondensator und die Spule eine wichtige Rolle. Diese beiden Bauelemente werden nun in kurzer Form eingeführt. Grundkenntnisse über das elektrische und magnetische Feld
werden dabei vorausgesetzt.

1.5.2   Das Bauelement Kondensator

Bei einem Kondensator mit der Kapazität C besteht zwischen Spannung und Strom der Zusammenhang:

$$u(t) = \frac{1}{C} \int_{-\infty}^{t} i(\tau) \, d\tau, \quad \text{bzw. } i(t) = C \frac{d\,u(t)}{d\,t}. \tag{1.31}$$

Links ist das Schaltungssymbol für den Kondensator dargestellt. Aus der Beziehung $i = C \cdot du/dt$
erkennt man, dass C die Einheit As/V hat. Diese Einheit wird oft auch mit $1\,As/V = 1\,F$ (Farad)
bezeichnet. In der Praxis arbeitet man mit Vorsatzzeichen, z.B. $1\,nF$, $1\,\mu F$.

Aus der Eigenschaft, dass der durch einen Kondensator fließende Strom (bis auf den Faktor C)
die Ableitung der am Kondensator anliegenden Spannung ist, folgt die sehr wichtige Erkenntnis:

> Die Kondensatorspannung muss stetig verlaufen, sie kann sich nicht sprungförmig
> ändern.

Eine Kondensatorspannung, die sich z.B. bei $t = 0$ von $u = 0$ "sprungförmig" auf $u = 1$ V ändern
würde, hätte einen unendlich großen Strom zur Folge. Physikalisch würde dies zu einer Zerstörung
der Schaltung führen. Selbstverständlich muss, genauer formuliert, $u(t)$ nicht nur stetig, sondern
differenzierbar sein. Darf angenommen werden, dass beim *Aufladevorgang* des Kondensators der
Strom $i(t)$ ausreichend schnell abnimmt, d.h. $i(t) \to 0$ für $t \to \infty$, dann läd sich der Kondensator
auf eine Spannung auf:

$$u(t \to \infty) \;=\; U \;=\; \frac{1}{C} \int\limits_{-\infty}^{\infty} i(\tau)\, d\tau \;=\; \frac{Q}{C}. \tag{1.32}$$

Das Integral kann als eine Ladung Q interpretiert werden. Zwischen der Ladung Q und der Kondensatorspannung U besteht nach Beendigung des Aufladevorganges ($i(t) = 0$!) der wichtige
Zusammenhang:

$$Q \;=\; C \cdot U. \tag{1.33}$$

Die einfachste Bauform eines Kondensators ist der
Plattenkondensator (rechtes Bild). Er besteht aus
zwei "Platten" der Fläche A in einem i.A. sehr kleinen Abstand d. Zwischen den Platten befindet sich ein
nichtleitendes Material. Die Kapazität C einer solchen Anordnung berechnet sich nach der nebenstehenden Beziehung.

$$C \;=\; \frac{A \cdot \varepsilon}{d}. \tag{1.34}$$

ε ist die *Dielektrizitätskonstante*. Für das Vakuum gilt: $\varepsilon = \varepsilon_0 = 8,85 \cdot 10^{-12} \frac{As}{Vm}$. Für andere
Stoffe setzt man $\varepsilon = \varepsilon_r \cdot \varepsilon_0$ mit der relativen Dielektrizitätskonstanten ε_r. Für das Vakuum ist
natürlich $\varepsilon_r = 1$, für Papier gilt: $2 \leq \varepsilon_r \leq 5$.

Beispiel 1.17 *Nach der oben angegebenen Beziehung (1.34) hat ein Plattenkondensator mit der
Plattenfläche $A = 1\,m^2$, dem Plattenabstand $d = 0,1\,mm$ und $\varepsilon = \varepsilon_0$ die Kapazität $88,5 \cdot 10^{-9}F$
= 88,5 nF. Bei dem auf die Spannung U aufgeladenen Kondensator befindet sich auf den Platten
die Ladung $Q = C \cdot U$. Diese Ladung ist die Ursache für das zwischen den Platten vorhandene elektrische Feld mit der Feldstärke $E = U/d$. Der Kondensator ist ein* Energiespeicher *für
elektrische Energie (ohne Beweis: $W = 0,5 \cdot C \cdot U^2$).*

Ein einmal auf die Spannung U aufgeladener Kondensator würde seine Spannung unendlich lange
behalten, wenn das Dielektrikum, das Material zwischen den Platten, ein idealer Nichtleiter wäre.
Bei realen Kondensatoren ist dies natürlich nicht der Fall. Zwischen den Platten befindet sich
kein idealer Nichtleiter, so dass ein Ladungsausgleich möglich wird und sich der Kondensator
(langsam) entläd.

Ein realer Kondensator wird daher durch die rechts skizzierte Ersatzschaltung dargestellt. Parallel zu dem als ideal angenommenen Kondensator befindet sich ein sehr kleiner Leitwert, durch den ein Ladungsausgleich erfolgt.

Der Lade- und der Entladevorgang

Im Folgenden soll untersucht werden, wie und in welcher Zeit ein Kondensator aufgeladen werden kann und wie der Entladevorgang vor sich geht. Dazu betrachten wir zunächst die unten links skizzierte Schaltung.

Der Aufladevorgang

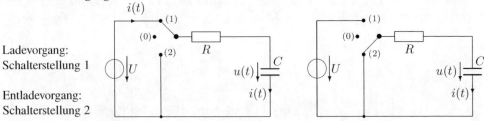

Ladevorgang:
Schalterstellung 1

Entladevorgang:
Schalterstellung 2

Abbildung 1.3: Ausgleichsvorgang beim Kondensator

Ein zunächst nicht geladener Kondensator, wie in Abb. 1.3, wird bei $t = 0$ über einen Widerstand R an eine Spannungsquelle mit der *Gleichspannung U* angeschlossen (Schalterstellung 1). Dann lautet die Maschengleichung: $U = i(t) \cdot R + u(t)$. Der Strom $i(t)$ fließt durch den Kondensator, also gilt: $i(t) = C\frac{du}{dt}$ und wir erhalten die Differentialgleichung:

$$RC \cdot \frac{d\,u(t)}{dt} + u(t) \;=\; U. \tag{1.35}$$

Die Lösung der Differentialgleichung setzt sich aus einer homogenen Lösung $u_h(t)$ und einer stationären Lösung $u_{st}(t)$ zusammen.

Homogene Lösung:

$$RC \cdot \frac{d\,u_h(t)}{dt} + u_h(t) = 0, \qquad \text{Ansatz: } u_h(t) = K \cdot e^{pt}.$$

Mit $d\,u_h(t)/dt = Kp \cdot e^{pt}$ erhält man:

$$RC \cdot pKe^{pt} + Ke^{pt} = 0, \,; \; RCp + 1 = 0, \;\; p = -\frac{1}{RC}, \;\; u_h(t) = K \cdot e^{-t/(RC)}.$$

Stationäre Lösung:

$$RC\frac{d\,u_{st}(t)}{dt} + u_{st}(t) = U, \qquad \text{Ansatz und Lösung: } u_{st}(t) = u(t \to \infty) = U.$$

Gesamtlösung der Differentialgleichung (1.35) lautet somit:

$$u(t) \;=\; u_h(t) + u_{st}(t) \;=\; K \cdot e^{-t/(RC)} + U.$$

Zur Festlegung der Konstanten K ist zu beachten, dass der Kondensator bis zum Zeitpunkt $t = 0$ ungeladen war. Dies bedeutet $u(0) = 0 = K + U$, also $K = -U$ und somit gilt im Zeitbereich $t \geq 0$:

$$u(t) \;=\; U \cdot \left(1 - e^{-t/(RC)}\right) = U \cdot \left(1 - e^{-t/\tau}\right), \quad \text{Zeitkonstante: } \tau = RC. \tag{1.36}$$

Das Produkt $\tau = RC$ nennt man die *Zeitkonstante*. Links unten in Abb. 1.4 ist der Verlauf der Spannung am Kondensator beim Ladevorgang aufgetragen.

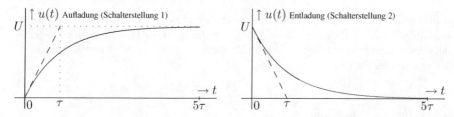

Abbildung 1.4: Spannungsverlauf beim Ladungsausgleich

Aus dem Funktionsverlauf in Abb. 1.4 kann man die Größe der Zeitkonstanten τ auf einfache Weise erkennen. Die Funktion $u(t)$ hat bei $t = 0$ die Steigung $u'(0) = U/\tau$. Dies ist aber auch die Steigung der in dem Bild gestrichelt eingetragenen Geraden. Diese Gerade (Tangente an $u(t)$ bei $t = 0$) erreicht zum Zeitpunkt $t = \tau$ den Wert U.

Theoretisch dauert es unendlich lange, bis der Kondensator voll auf die Spannung $u(\infty) = U$ aufgeladen ist. Nach der Dauer von einer Zeitkonstanten ist der Kondensator auf $u(\tau) = U(1 - e^{-1}) \approx 0,63 \cdot U$ aufgeladen. Nach drei Zeitkonstanten wird der Wert $u(3\tau) = U(1 - e^{-3}) \approx 0,95 \cdot U$ erreicht und nach einer Dauer von fünf Zeitkonstanten beträgt der Spannungswert am Kondensator $u(5\tau) = U(1 - e^{-5}) \approx 0,993 \cdot U$. In der Praxis sagt man, dass ein Kondensator nach etwa 5 Zeitkonstanten aufgeladen ist.

Der Ladestrom $i(t)$ wird während des Aufladevorganges immer kleiner:

$$i(t) = C\frac{d\,u(t)}{dt} = C\frac{d}{dt}\{U(1 - e^{-t/\tau})\} = \frac{C}{\tau}Ue^{-t/\tau} = \frac{U}{R}e^{-t/\tau}. \qquad (1.37)$$

Der Anfangswert beträgt $i(0) = \frac{U}{R}$, nach 5 Zeitkonstanten ist der Ladestrom auf $i(5\tau) = \frac{U}{R}e^{-5} \approx 0,0067 \cdot i(0)$ abgeklungen.

Nach einiger Zeit ist der Kondensator auf die Spannung U aufgeladen, es fließt kein Strom mehr. Ein völlig verlustfreier Kondensator würde diese Spannung U auch ohne anliegende Quelle (Schalter in die Stellung "0") unbegrenzt lange behalten.

Der Entladevorgang

Nachdem der Kondensator auf die Spannung U aufgeladen worden ist, wird der Schalter in die untere Stellung "2" gebracht. Dabei entsteht die Anordnung im rechten Bildteil der Abb. 1.3. Wir nehmen der Einfachheit halber an, dass der Entladevorgang bei $t = 0$ beginnt. Im Zeitbereich $t \geq 0$ fließt dann durch den Widerstand ein Entladestrom. Die Maschengleichung lautet $R \cdot i(t) + u(t) = 0$. Mit $i(t) = C\frac{du}{dt}$ erhält man die den Entladevorgang beschreibende Differentialgleichung:

$$RC \cdot \frac{d\,u(t)}{dt} + u(t) \stackrel{!}{=} 0. \qquad (1.38)$$

Mit dem Lösungsansatz $u(t) = Ke^{pt}$ erhält man:

$$RC \cdot pKe^{pt} + Ke^{pt} = 0, \quad p = -\frac{1}{RC} = -\frac{1}{\tau}, \quad u(t) = Ke^{-t/\tau}.$$

Mit der Anfangsbedingung $u(0) = U$ erhält man $K = U$ und damit im Zeitbereich $t \geq 0$:

$$u(t) = U \cdot e^{-t/\tau}, \quad \tau = RC. \tag{1.39}$$

Im rechten Bildteil (oben) ist der Verlauf der Entladespannung skizziert. Aus dem Verlauf kann ebenfalls die Größe der Zeitkonstanten τ entnommen werden. Dazu wird bei $t = 0$ eine Tangente an $u(t)$ gelegt. Die Tangente schneidet bei $t = \tau$ die Zeitachse. Nach etwa 5 Zeitkonstanten ist der Kondensator weitgehend entladen $u(5\tau) \approx 0,0067 \cdot U$.

Die Zusammenschaltung von Kondensatoren

Zuerst soll die *Parallelschaltung von Kondensatoren* behandelt werdern. Die Kondensatoren im linken Bildteil sind, aufgrund der Parallelschaltung, auf die gleiche Spannung U aufgeladen. Sie

tragen die Ladungen: $Q_1 = C_1 \cdot U$ und $Q_2 = C_2 \cdot U$. Die Gesamtladung ist somit $Q = Q_1 + Q_2 = U \cdot (C_1 + C_2)$. Daraus folgt, dass die parallelgeschalteten Kondensatoren durch einen Kondensator mit der Kapazität $C_{ges} = C_1 + C_2$ ersetzt werden können (rechter Bildteil).

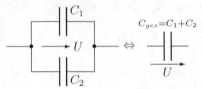

Allgemein gilt für die Parallelschaltung von n Kondensatoren:

$$C_{ges} = C_1 + C_2 + \ldots C_n. \tag{1.40}$$

Die *Reihenschaltung von Kondensatoren* bedingt durch die Verbindung zwischen den Kondensatoren, dass die Ladung Q auf beiden Kondensatoren gleich groß sein muss.

Im anderen Fall würde in der Verbindungsleitung zwischen den Kondensatoren solange ein Ausgleichsstrom fließen, bis die Ladungen gleich sind. Es gilt also: $Q = C_1 \cdot U_1 = C_2 \cdot U_2$.

Die Gesamtspannung hat dann den Wert:

$$U = U_1 + U_2 = \frac{Q}{C_1} + \frac{Q}{C_2} = \frac{Q}{C_{ges}}.$$

Aus dieser Beziehung folgt für die Reihenschaltung von zwei Kondensatoren:

$$\frac{1}{C_{ges}} = \frac{1}{C_1} + \frac{1}{C_2}, \quad \Longleftrightarrow \quad C_{ges} = \frac{C_1 \cdot C_2}{C_1 + C_2}. \tag{1.41}$$

Allgemein gilt für die Reihenschaltung von n Kondensatoren:

$$\frac{1}{C_{ges}} = \frac{1}{C_1} + \frac{1}{C_2} + \ldots + \frac{1}{C_n}. \tag{1.42}$$

1.5.3   Das Bauelement Spule

Bei einer Spule mit der Induktivität L besteht zwischen Strom und Spannung der folgende Zusammenhang:

$$i(t) \xrightarrow{\;u(t)\;} L \qquad\qquad i(t) \;=\; \frac{1}{L} \int\limits_{-\infty}^{t} u(\tau)\,d\tau, \qquad \text{bzw. } u(t) \;=\; L\frac{d\,i(t)}{d\,t}. \qquad (1.43)$$

Links ist das Schaltungssymbol für die Spule dargestellt. Aus der Beziehung $u = L \cdot di/dt$ erkennt man, dass L die Einheit Vs/A hat. Diese Einheit wird oft auch mit $1\,Vs/A = 1\,H$ (Henry) bezeichnet. Aus der Eigenschaft, dass die an einer Spule auftretende Spannung (bis auf den Faktor L) die Ableitung des Stromes durch die Spule ist, folgt eine sehr wichtige Erkenntnis:

> Der Strom in einer Spule muss stetig verlaufen, er kann sich nicht sprungförmig ändern.

Ein Spulenstrom, der sich z.B. bei $t = 0$ von $i = 0$ *sprungförmig* auf $i = 1$ A ändern würde, hätte eine unendlich große Spannung zur Folge. Physikalisch würde dies zu einer Zerstörung der Schaltung führen. Selbstverständlich muss, genauer formuliert, $i(t)$ nicht nur stetig, sondern differenzierbar sein. Bei einer *idealen Spule* bewirkt ein konstanter Spulenstrom I nach der Beziehung $u = L\,di/dt$ keinen Spannungsabfall an der Spule, also $U = 0$. Dieser Strom erzeugt in der Spule ein magnetisches Feld mit dem magnetischen Fluss $\Phi = L \cdot I$. Die Spule ist ein Energiespeicher für magnetische Energie (ohne Beweis: $W = 0.5 \cdot LI^2$)

Eine reale Spule kann oft näherungsweise durch eine Reihenschaltung einer idealen Spule und einem *Verlustwiderstand* R angenähert werden. Dieser Widerstand ist bei hochwertigen Spulen sehr klein.

Für eine Zylinderspule der Länge l, dem Durchmesser d und w Windungen berechnet sich die Induktivität nach der Formel:

$$L \;=\; \mu \cdot w^2 \cdot \frac{\pi d^2}{4 \cdot l}. \qquad (1.44)$$

Darin ist μ die *Permeabilitätskonstante*. Für das Vakuum gilt $\mu = \mu_0 = 4\pi \cdot 10^{-7}$ Vs/Am. Für andere Stoffe setzt man $\mu = \mu_r \cdot \mu_0$. Die relative Permeabilitätskonstante μ_r hat für das Vakuum den Wert 1, ansonsten kann μ_r sehr groß werden, z.B. 10^2 bis 10^5 bei ferromagnetischen Stoffen.

Beispiel 1.18 *Mit der oben angegebenen Beziehung (1.44) erhält man für eine Spule von 4 cm Länge, einem Durchmesser von 5 mm und 1000 Windungen bei $\mu_r = 1$ (Luftspule) eine Induktivität von $L = 61,67 \cdot 10^{-5}$ H = 0,6167 mH. Bei einem Eisenkern mit $\mu_r = 10^3$ erhält man eine Induktivität $L = 0,6167$ H.*

Auf ganz ähnliche Weise wie bei den Kondensatoren kann man ableiten, dass sich die Induktivitäten bei einer Reihenschaltung addieren:

$$L_{ges} \;=\; L_1 + L_2 + \ldots + L_n, \quad \text{bei Reihenschaltung.} \qquad (1.45)$$

Bei parallelgeschalteten Induktivitäten gilt:

$$\frac{1}{L_{ges}} \;=\; \frac{1}{L_1} + \frac{1}{L_2} + \ldots + \frac{1}{L_n}, \quad \text{bei Parallelschaltung.} \qquad (1.46)$$

Im Sonderfall von zwei parallelgeschalteten Induktivitäten erhält man aus dieser Gleichung die Gesamtinduktivität:

$$L_{ges} = \frac{L_1 \cdot L_2}{L_1 + L_2}.$$
(1.47)

1.6 Die komplexe Rechnung in der Wechselstromtechnik

1.6.1 Komplexe Zahlen

Komplexe Zahlen können durch *komplexe Zeiger* in der Gauß'schen Zahlenebene dargestellt werden. Die Maßeinheit an der reellen Achse ist 1, an der imaginären Achse $j = \sqrt{-1}$. Dabei gilt:

$$j^2 = (\sqrt{-1})^2 = -1, \quad \frac{1}{j} = \frac{1 \cdot j}{j \cdot j} = -j, \quad j^3 = -j, \quad j^4 = 1, \quad j^5 = j \text{ usw.}$$

Eine komplexe Zahl hat die Form $z = x + j\,y$, $x = \mathcal{R}e\{z\}$ ist der Realteil der komplexen Zahl und $y = \mathcal{I}m\{z\}$ der Imaginärteil. Neben der Form von Real- und Imaginärteil ist die Darstellung:

$$z = |z| \cdot e^{j\varphi} \text{ mit } |z| = \sqrt{x^2 + y^2}, \; \varphi = \arctan \frac{y}{x}$$

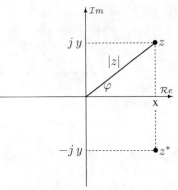

mit Betrag und Phase möglich. Bei dem Phasenwinkel φ, ist wegen der Vieldeutigkeit der Funktion $\arctan(\varphi)$, darauf zu achten, in welchem Quadranten die komplexe Zahl liegt.

Eine konjugiert komplexe Zahl z^* entsteht aus einer komplexen Zahl z, wenn das Vorzeichen des Imaginärteiles geändert wird. Es gilt:

$$z = x + j\,y, \qquad z^* = x - j\,y,$$
(1.48)

$$x = \mathcal{R}e\{z\} = \frac{1}{2}(z + z^*), \quad y = \mathcal{I}m\{z\} = \frac{1}{2j}(z - z^*), \quad |z|^2 = z \cdot z^* = x^2 + y^2.$$

Bei der Addition komplexer Zahlen geht man am besten von der Darstellung in der Form von Real- und Imaginärteil aus.

Beispiel 1.19 $z_1 = 4 + j\,3$, $z_2 = -3 + j$, $z = z_1 + z_2 = 1 + j\,4$. *Die Addition kann in der Gauß'schen Zahlenebene als Vektoraddition interpetiert werden, wie dies rechts im Bild dargestellt ist.*

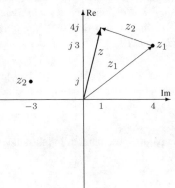

Zur Vorbereitung für die Multiplikation stellen wir z_1 und z_2 noch nach Betrag und Phase dar. Es gilt $z_1 = |z_1| \cdot e^{j\varphi_1}$ mit $|z_1| = \sqrt{4^2 + 3^2} = 5$, $\varphi_1 = \arctan 3/4 = 0,6435$, dies ist ein Winkel von $36,87^{\circ}$. Entsprechend wird $z_2 = |z_2| \cdot e^{j\varphi_2}$ mit $|z_2| = \sqrt{(-3)^2 + 1^2} = 3,1623$. Bei der Berechnung von φ_2 muss man aufpassen. Die Beziehung:

arctan (y/x) liefert hier den Winkel $\arctan(-1/3) = -0,322$, dies sind $-18,43\,°$. Wie zu erkennen ist, liegt z_2 im 2. Quadranten der komplexen Ebene, der tatsächliche Winkel ist also $180\,° - 18,43\,° = 161,6\,°$. Im Bogenmaß wird $\varphi_2 = 2,82$ und damit wird $z_2 = 3,1623 \cdot e^{j\,2,82}$. Bei der Multiplikation und Division empfiehlt sich die Darstellung in Form von Betrag und Phase.

Beispiel 1.20 $z_1 = 4 + 3\,j = 5 \cdot e^{j0,6435}$ *und* $z_2 = -3 + j = 3,162 \cdot e^{j\,2,82}$ *sind gegeben:*

$$z = z_1 \cdot z_2 = 5 \cdot 3,162 \cdot e^{j(0,6435+2,82)} = 15,81 \cdot e^{j\,3,463}.$$

Die Beträge werden multipliziert, die Winkel addiert. Bei der Division:

$$z = \frac{z_1}{z_2} = \frac{5}{3,162} e^{j(0,6435-2,82)} = 1,58 \cdot e^{-j\,2,176}$$

werden die Beträge dividiert und die Winkel voneinander subtrahiert.

Häufig treten Ausdrücke der folgenden Form auf:

$$z = \frac{a + jb}{c + jd}.$$

Es werden von z der Real- und Imaginärteil sowie der Betrag und Phasenwinkel von z gesucht. Zur Bestimmung des Real- und Imaginärteiles wird z zunächst mit dem konjugiert komplexen Nenner $c - jd$ erweitert:

$$z = \frac{a + jb}{c + jd} = \frac{a + jb}{c + jd} \cdot \frac{c - jd}{c - jd} = \frac{(ac + bd) + j(bc - ad)}{c^2 + d^2}.$$

Daraus findet man den Real- und Imaginärteil:

$$\mathcal{R}e\{z\} = \frac{ac + bd}{c^2 + d^2}, \qquad \mathcal{I}m\{z\} = \frac{bc - ad}{c^2 + d^2}.$$

Zur Bestimmung des Betrags und Phasenwinkels schreibt man am besten:

$$z_1 = a + jb = \sqrt{a^2 + b^2} \cdot e^{j\varphi_1}, \quad \varphi_1 = \arctan(b/a),$$
$$z_2 = c + jd = \sqrt{c^2 + d^2} \cdot e^{j\varphi_2}, \quad \varphi_2 = \arctan(d/c).$$

Dann wird:

$$z = \frac{z_1}{z_2} = \frac{\sqrt{a^2 + b^2}\, e^{j\varphi_1}}{\sqrt{c^2 + d^2}\, e^{j\varphi_2}} = \sqrt{\frac{a^2 + b^2}{c^2 + d^2}} e^{j(\varphi_1 - \varphi_2)},$$

und daraus folgt:

$$|z| = \sqrt{\frac{a^2 + b^2}{c^2 + d^2}}, \qquad \varphi = \varphi_1 - \varphi_2.$$

Bei der Ermittlung der Winkel φ_1 und φ_2 ist zu beachten, in welchen Quadranten der Gauß'schen Zahlenebene die Zahlen z_1 und z_2 liegen (Vieldeutigkeit der Funktion $\arctan(x)$!).

Von großer Bedeutung in der Elektrotechnik ist die *Euler'sche Gleichung:*

$$e^{j\varphi} = \cos(\varphi) + j\,\sin(\varphi), \qquad e^{-j\varphi} = \cos(\varphi) - j\,\sin(\varphi), \qquad (1.49)$$

Eine Folgerung aus Gleichung (1.49) ist:

$$\cos(\varphi) = \frac{e^{j\varphi} + e^{-j\varphi}}{2}, \quad \sin(\varphi) = \frac{e^{j\varphi} - e^{-j\varphi}}{2 \cdot j}, \quad |e^{j\varphi}| = \sqrt{\cos^2(\varphi) + \sin^2(\varphi)} = 1.$$

Zum Beweis dieser Gleichung kann man von der Taylorreihenentwicklung der Funktion:

$$e^x = 1 + x + \frac{x^2}{2!} + \frac{x^3}{3!} + \frac{x^4}{4!} + \cdots$$

ausgehen. Man erhält dann:

$$e^{j\varphi} = 1 + (j\varphi) + \frac{(j\varphi)^2}{2!} + \frac{j(\varphi)^3}{3!} + \frac{(j\varphi)^4}{4!} + \cdots + =$$

$$\left\{ 1 - \frac{\varphi^2}{2!} + \frac{\varphi^4}{4!} - \frac{\varphi^6}{6!} + \cdots \right\} + j \cdot \left\{ \varphi - \frac{\varphi^3}{3!} + \frac{\varphi^5}{5!} - \frac{\varphi^7}{7!} + \cdots \right\} = \cos(\varphi) + j\,\sin(\varphi).$$

Die linke geschweifte Klammer in der 2. Gleichungszeile ist die Taylorreihe für die Kosinusfunktion, und die rechte Klammer ist Reihe die für die Sinusfunktion. Bei der Rechnung ist zu beachten, dass gilt: $j^2 = -1$, $j^3 = -j$ usw.

1.6.2   Effektivwerte

Durch einen ohmschen Widerstand R fließt ein sinusförmiger Strom:

$$i(t) = \hat{i}\,\cos(\omega t + \varphi).$$

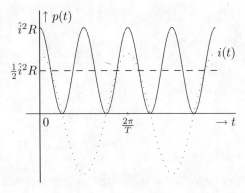

Dann gilt nach dem Ohm'schen Gesetz (1.8): $u(t) = R \cdot i(t) = R\,\hat{i}\,\cos(\omega t + \varphi)$ und die *Augenblicksleistung* beträgt:

$$p(t) = i(t) \cdot u(t) = R \cdot \hat{i}^2\,cos^2(\omega t + \varphi) = \frac{1}{2}\,R\hat{i}^2 + \frac{1}{2}\,R\,\hat{i}^2\,\cos(2\omega t + 2\varphi).$$

Dieser Verlauf der Augenblicksleistung $p(t)$ ist rechts (im Fall $\varphi = 0$) skizziert und gestrichelt zusätzlich der Verlauf von $i(t)$. Man erkennt, dass p(t) die doppelte Frequenz 2ω wie der Strom $i(t)$ hat. Die Augenblicksleistung schwankt in dem Bereich von 0 bis $\hat{i}^2\,R$.

In den meisten Fällen interessiert nur der zeitliche Mittelwert P dieser Leistung. Aus dem Bild, aber auch aus der rechten Form der oben angegebenen Beziehung für $p(t)$, erkennt man, dass die mittlere Leistung den Wert hat:

$$P = \frac{1}{2} \cdot \hat{i}^2 R.$$

Diesen Mittelwert kann man natürlich auch formal berechnen, indem man die Fläche unter $p(t)$ im Bereich einer Periode ermittelt und durch die Periodendauer dividiert:

$$P \;=\; \frac{1}{T}\int_0^T p(t)\,dt \;=\; \frac{1}{T}\int_0^T R\,\hat{i}^2\cos^2(\omega t + \varphi)\,dt \;=\; \frac{1}{2}\cdot\hat{i}^2 R. \qquad (1.50)$$

Die Auswertung des Integrals soll dem Leser überlassen werden, dabei ist der Zusammenhang $T = 2\pi/\omega$ zu beachten. Man definiert nun den *Effektivwert* des Stromes:

$$I_{eff} \;=\; \frac{\hat{i}}{\sqrt{2}} \;=\; \frac{1}{2}\sqrt{2}\,\hat{i}, \qquad (1.51)$$

und erhält mit diesem Effektivwert die mittlere Leistung

$$P \;=\; \frac{1}{2}\hat{i}^2 R \;=\; I_{eff}^2 R. \qquad (1.52)$$

Dies bedeutet, dass der Effektivwert des Stromes so definiert wurde, dass ein Wechselstrom mit dem Effektivwert I_{eff} eine gleich große Leistung wie ein Gleichstrom der Größe $I = I_{eff}$ zur Folge hat.

Effektivwerte definiert man nicht nur bei Strömen, sondern auch bei Spannungen. Es gilt:

$$I_{eff} \;=\; \frac{1}{2}\sqrt{2}\,\hat{i}, \qquad U_{eff} \;=\; \frac{1}{2}\sqrt{2}\,\hat{u}.$$

Bei dem Widerstand war $u(t) = R\cdot i(t) = R\cdot\hat{i}\cos(\omega t + \varphi) = \hat{u}\cos(\omega t + \varphi)$ mit $\hat{u} = R\hat{i}$. Dies bedeutet hier $U_{eff} = \frac{1}{2}\sqrt{2}\,\hat{u} = R\frac{1}{2}\sqrt{2}\,\hat{i}$. Für die mittlere Leistung erhält man damit auch:

$$P \;=\; \frac{1}{2}\hat{i}^2 R \;=\; I_{eff}\cdot U_{eff},$$

also eine Beziehung wie beim Gleichstrom, wenn dort der Strom und die Spannung durch die Effektivwerte der Wechselgrößen ersetzt werden. Die Effektivwerte von Strom und Spannung können auch wie folgt definiert werden:

$$I_{eff} \;=\; \sqrt{\frac{1}{T}\int_0^T i^2(t)\,dt}, \qquad U_{eff} \;=\; \sqrt{\frac{1}{T}\int_0^T u^2(t)\,dt}. \qquad (1.53)$$

Darin ist $T = 2\pi/\omega$ die Periodendauer.

1.6.3 Komplexe Wechselstromgrößen

Zur Erklärung gehen wir von einem sinusförmigen Strom bzw. einer sinusförmigen Spannung aus:

$$i(t) \;=\; \hat{i}\cos(\omega t + \varphi_i), \qquad u(t) \;=\; \hat{u}\cos(\omega t + \varphi_u).$$

Der Strom und die Spannung haben die Effektivwerte:

$$I_{eff} \;=\; \frac{1}{2}\sqrt{2}\,\hat{i}, \qquad U_{eff} \;=\; \frac{1}{2}\sqrt{2}\,\hat{u}.$$

Mit Hilfe der Euler'schen Gleichung (1.49) $\cos(x) = \frac{1}{2}e^{jx} + \frac{1}{2}e^{-jx}$ können wir auch schreiben:

$$
\begin{aligned}
i(t) &= \hat{i}\cos(\omega t + \varphi_i) = \frac{1}{2}\hat{i}e^{j(\omega t+\varphi_i)} + \frac{1}{2}\hat{i}e^{-j(\omega t+\varphi_i)} = \\
&= \frac{1}{2}\hat{i}e^{j\varphi_i} \cdot e^{j\omega t} + \frac{1}{2}\hat{i}e^{-j\varphi_i} \cdot e^{-j\omega t}.
\end{aligned}
$$

Wir führen nun die *komplexe Amplitude*[2] ein:

$$
\hat{I} = \hat{i} \cdot e^{j\varphi_i} \tag{1.54}
$$

Diese komplexe Amplitude $\hat{I}$ fasst die Amplitude $\hat{i}$ von $i(t)$ und den Nullphasenwinkel φ_i zu einer einzigen (komplexen) Zahl zusammen. Dabei gilt $|\hat{I}| = \hat{i}$. Bei einem verschwindenden Nullphasenwinkel $\varphi_i = 0$ stimmt die komplexe mit der wirklichen Amplitude überein, $\hat{I} = \hat{i}$. Mit dieser so eingeführten komplexen Amplitude erhält man:

$$
i(t) = \frac{1}{2}\hat{I} \cdot e^{j\omega t} + \frac{1}{2}\hat{I}^* \cdot e^{-j\omega t} = \mathcal{R}e\{\hat{I} \cdot e^{j\omega t}\}. \tag{1.55}
$$

Die Richtigkeit der Gleichung (1.55) wird weiter unten bewiesen. Ganz entsprechend kann man auch für die Spannung $u(t)$ eine komplexe Amplitude $\hat{U} = \hat{u}\,e^{j\varphi_u}$ definieren und dann gilt:

$$
u(t) = \frac{1}{2}\hat{U} \cdot e^{j\omega t} + \frac{1}{2}\hat{U}^* \cdot e^{-j\omega t} = \mathcal{R}e\{\hat{U} \cdot e^{j\omega t}\}. \tag{1.56}
$$

Eine sinusförmige Wechselgröße mit bekannter Kreisfrequenz ω kann offensichtlich durch die zugehörige komplexe Amplitude vollständig beschrieben werden. Wenn z.B. $\hat{I}$ bekannt ist, multipliziert man diese komplexe Amplitude mit $e^{j\omega t}$ und der Realteil dieses komplexen Ausdruckes ist der zugrundeliegende reelle Strom:

$$
\begin{aligned}
i(t) &= \mathcal{R}e\{\hat{I} \cdot e^{j\omega t}\} = \mathcal{R}e\{\hat{i}e^{j\varphi_i} \cdot e^{j\omega t}\} = \mathcal{R}e\{\hat{i}e^{j(\omega t+\varphi_i)}\} = \\
&= \mathcal{R}e\{\hat{i}\cos(\omega t + \varphi_i) + j\,\hat{i}\sin(\omega t + \varphi_i)\} = \hat{i}\cos(\omega t + \varphi_i).
\end{aligned}
$$

Beispiel 1.21 *Gegeben ist die komplexe Amplitude:* $\hat{I} = 2e^{j\pi/2}$

$$
i(t) = \mathcal{R}e\{2e^{j\pi/2} \cdot e^{j\omega t}\} = \mathcal{R}e\{2e^{j(\omega t+\pi/2)}\} = 2\cos(\omega t + \pi/2) = -2\sin(\omega t).
$$

Gegeben ist die komplexe Amplitude: $\hat{U} = 1 + j = \sqrt{2}e^{j\pi/4}$

$$
\begin{aligned}
u(t) &= \mathcal{R}e\{(1 + j) \cdot e^{j\omega t}\} = \mathcal{R}e\{(1 + j) \cdot [\cos(\omega t) + j\sin(\omega t)]\} = \\
&= \mathcal{R}e\{[\cos(\omega t) - \sin(\omega t)] + j[\cos(\omega t) + \sin(\omega t)]\} = \cos(\omega t) - \sin(\omega t). \\
u(t) &= \mathcal{R}e\{\sqrt{2}\,e^{j\pi/4} \cdot e^{j\omega t}\} = \mathcal{R}e\{\sqrt{2}\,e^{j(\omega t+\pi/4)}\} = \sqrt{2}\cos(\omega t + \pi/4).
\end{aligned}
$$

Die 3. Gleichungszeile zeigt einen einfacheren Lösungsweg. Der zuerst ermittelte Ausdruck für $u(t)$ lässt sich mit Hilfe der Beziehung $\cos(\alpha + \beta) = \cos(\alpha)\cos(\beta) - \sin(\alpha)\sin(\beta)$ in den unten ermittelten umformen.

---

[2]Komplexe Amplituden und auch die später eingeführten komplexen Ströme und Spannungen werden in der Elektrotechnik unterstrichen, also $\underline{\hat{I}}$, anstatt wie hier $\hat{I}$. Im Interesse einer einfacheren Schreibweise wird hier auf solche Unterstreichungen verzichtet.

Es stellt sich die Frage, welchen Vorteil kann es haben, einen physikalisch anschaulichen Strom $i(t) = \hat{i}\cos(\omega t + \varphi_i)$ durch eine abstrakte komplexe Amplitude $\hat{I} = \hat{i}e^{j\varphi_i}$ zu beschreiben? Der Grund ist der, dass auf diese Weise die Berechnung von Wechselstromnetzwerken sehr viel einfacher wird. Um einen Eindruck über die Hintergründe für diese Aussage zu vermitteln, betrachten wir einmal die Knotenpunktgleichung (1.11) (1. Kirchhoff'sches Gesetz) für sinusförmige Ströme. Dann gilt:

$$\sum_{\nu=1}^{n} i_\nu(t) \;=\; \sum_{\nu=1}^{n} \hat{i}_\nu \cos(\omega t + \varphi_\nu) \;=\; 0 \text{ für alle } t.$$

Mit $i_\nu(t) = 0,5\hat{I}_\nu \cdot e^{j\omega t} + 0,5\hat{I}_\nu^* \cdot e^{-j\omega t}$, $\hat{I}_\nu = \hat{i}_\nu e^{j\varphi_\nu}$ folgt dann:

$$\sum_{\nu=1}^{n} \left(\frac{1}{2}\hat{I}_\nu e^{j\omega t} + \frac{1}{2}\hat{I}_\nu^* e^{-j\omega t} \right) \;=\; \frac{1}{2}e^{j\omega t} \sum_{\nu=1}^{n} \hat{I}_\nu + \frac{1}{2}e^{-j\omega t} \sum_{\nu=1}^{n} \hat{I}_\nu^* \;=\; 0.$$

Diese Gleichungen sind offenbar für alle t erfüllt, wenn die Beziehung gilt:

$$\sum_{\nu=1}^{n} \hat{I}_\nu \;=\; 0. \tag{1.57}$$

Die Gleichung (1.57) ist strukturgleich mit der Knotengleichung (1.11) bei Gleichstrom. Die Gleichströme I_ν werden lediglich durch die komplexen Amplituden $\hat{I}_\nu$ ersetzt.

Zusammenfassung:

Die komplexen Amplituden erfüllen die Kirchhoff'schen Regeln. Damit können alle für die Gleichstromnetzwerke abgeleiteten Analyseverfahren in der Wechselstromtechnik übernommen werden, wenn die Gleichgrößen durch die komplexen Amplituden ersetzt werden.

In der Praxis arbeitet man nicht mit den komplexen Strom- oder Spannungsamplituden, sondern mit dazu proportionalen *komplexen Strömen* und *komplexen Spannungen*. Diese sind folgendermaßen definiert:

$$I \;=\; \frac{1}{2}\sqrt{2} \cdot \hat{I}, \qquad U \;=\; \frac{1}{2}\sqrt{2} \cdot \hat{U}. \tag{1.58}$$

Der Faktor $\frac{1}{2}\sqrt{2}$ hat zur Folge, dass die Beträge der komplexen Ströme und Spannungen mit den Effektivwerten übereinstimmen:

$$|I| = \frac{1}{2}\sqrt{2}|\hat{I}| = \frac{1}{2}\sqrt{2}\,\hat{i} = I_{eff}, \qquad |U| = \frac{1}{2}\sqrt{2}|\hat{U}| = \frac{1}{2}\sqrt{2}\,\hat{u} = U_{eff}. \tag{1.59}$$

Dann gilt:

$$i(t) = \mathcal{R}e\{\hat{I} \cdot e^{j\omega t}\} = \sqrt{2} \cdot \mathcal{R}e\{I \cdot e^{j\omega t}\}, \qquad u(t) = \mathcal{R}e\{\hat{U} \cdot e^{j\omega t}\} = \sqrt{2} \cdot \mathcal{R}e\{U \cdot e^{j\omega t}\}.$$

Wie erwähnt, ist es in der Elektrotechnik oft üblich, komplexe Größen zu unterstreichen. Im Interesse einer einfacheren Schreibweise wird allerdings auf diese Unterstreichungen verzichtet.

Abschließend wird noch auf eine Möglichkeit zur anschaulichen Erklärung der Zusammenhänge im komplexen und im realen physikalischen Bereich hingewiesen.

Wir nehmen an, dass eine komplexe Spannungsamplitu-de $\hat{U} = \hat{u}e^{j\varphi}$ mit $\varphi = \pi/6$ gegeben ist. Diese komplexe Amplitude ist in dem Bild als Zeiger in der Gauß'schen Zahlenebene eingetragen. Die Multiplikation der komplexen Amplitude mit $e^{j\omega t}$, also $\hat{U} \cdot e^{j\omega t}$ kann so interpetriert werden, dass sich der Zeiger $\hat{U}$ mit der Kreisfrequenz ω im mathematisch positiven Sinne dreht. Die Projektion des Zeigers auf die reelle Achse der Gauß'schen Zahlenebene ergibt $\mathcal{R}e\{\hat{U}e^{j\omega t}\} = \mathcal{R}e\{\hat{u}e^{j(\omega t+\varphi)}\} = \hat{u} \cdot \cos(\omega t + \varphi)$, also die zugrundeliegende pysikalische Spannung.

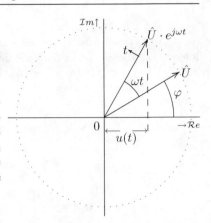

1.6.4   Der komplexe Widerstand

Ist U die an einem Zweipolelement anliegende komplexe Spannung und I der komplexe Strom durch diesen Zweipol, dann nennt man die Quotienten:

$$Z = \frac{U}{I}, \qquad Y = \frac{I}{U} = \frac{1}{Z}, \tag{1.60}$$

den komplexen Widerstand bzw. den komplexen Leitwert dieses Zweipolelementes. Für den komplexen Widerstand Z ist auch die Bezeichnung *Impedanz* und für den komplexen Leitwert Y die Bezeichnung *Admittanz* üblich.

Die Impedanz des Ohm'schen Widerstandes

Bei einem ohmschen Widerstand gilt nach Gl. (1.30) der Zusammenhang: $u(t) = R \cdot i(t)$. Wenn: $i(t) = \hat{i}\cos(\omega t + \varphi_i)$ ist, wird $u(t) = R\hat{i}\cos(\omega t + \varphi_i)$. Dann gilt:

$$I = \frac{1}{2}\sqrt{2}\,\hat{i}e^{j\varphi_i}, \quad U = \frac{1}{2}\sqrt{2}\,\hat{i}Re^{j\varphi_i} \quad \text{und} \quad Z = \frac{U}{I} = R. \tag{1.61}$$

Bei einem ohmschen Widerstand stimmt also der *Gleichstrom-Widerstand* mit dem komplexen Widerstand überein.

Die Impedanz eines Kondensators

Bei einem Kondensator gilt nach Gl. (1.31) der Zusammenhang:

$$i(t) = C\frac{d\,u(t)}{d\,t}.$$

Wenn $u(t) = \hat{u}\cos(\omega t + \varphi_u)$ ist, wird:

$$i(t) = -\hat{u}\omega C\sin(\omega t + \varphi_u) = \hat{u}\omega C\cos(\omega t + \varphi_u + \pi/2) = \hat{i}\cos(\omega t + \varphi_i),$$

mit $\hat{i} = \hat{u}\,\omega C$ und $\varphi_i = \varphi_u + \pi/2$. Dann wird:

$$U = \frac{1}{2}\sqrt{2}\,\hat{u}e^{j\varphi_u}, \qquad I = \frac{1}{2}\sqrt{2}\,\hat{i}e^{j\varphi_i} = \frac{1}{2}\sqrt{2}\,\hat{u}\,\omega Ce^{j(\varphi_u+\pi/2)} = \frac{1}{2}\sqrt{2}\,\hat{u}\,\omega Ce^{j\varphi_u}e^{j\pi/2}.$$

Mit $e^{j\pi/2} = \cos(\pi/2) + j\sin(\pi/2) = j$ folgt: $I = \frac{1}{2}\sqrt{2}\,\hat{u}j\omega Ce^{j\varphi_u}$ und dann:

$$Z = \frac{U}{I} = \frac{1}{j\omega C}, \qquad Y = \frac{1}{Z} = j\omega C. \qquad (1.62)$$

Aus den oben angegebenen und abgeleiteten Beziehungen $u(t) = \hat{u}\cos(\omega t + \varphi_u)$ und $i(t) = \hat{i}\cos(\omega t + \varphi_u + \pi/2)$ erkennt man, dass der Strom und die Spannung an einem Kondensator um den Phasenwinkel $\pi/2$, (1/4 Periodendauer) gegeneinander verschoben sind. *Der Strom eilt der Spannung am Kondensator um* $\varphi = \pi/2$ *voraus.*

Die Impedanz einer Spule

Bei der Spule besteht nach Gl. (1.43) der Zusammenhang:

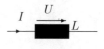

$$u(t) = L\frac{d\,i(t)}{d\,t}.$$

Mit $i(t) = \hat{i}\cos(\omega t + \varphi_i)$ enthält man entsprechend den Rechenschritten bei dem Kondensator $u(t) = \hat{i}\,\omega L\cos(\omega t + \varphi_i + \pi/2)$ und dann $I = \frac{1}{2}\sqrt{2}\,\hat{i}e^{j\varphi_i}$, $U = \frac{1}{2}\sqrt{2}\,\hat{i}j\omega Le^{j\varphi_i}$,

$$Z = \frac{U}{I} = j\omega L, \qquad Y = \frac{1}{Z} = \frac{1}{j\omega L}. \qquad (1.63)$$

Auch bei einer Induktivität besteht zwischen dem Strom und der Spannung eine Phasendifferenz von $\pi/2$. *Der Strom eilt der Spannung an der Spule um* $\varphi = \pi/2$ *nach.*

1.7   Schaltungen in der Wechselstromtechnik

1.7.1   Zusammenschaltungen komplexer Widerstände

Weil die komplexen Ströme und Spannungen die Kirchhoff'schen Gesetze erfüllen, gelten die *Zusammenschaltungsregeln* (siehe Gln. 1.13 und 1.14) für Widerstände aus der Gleichstromtechnik in gleicher Weise für komplexe Impedanzen.

Die verlustbehaftete Spule

Wie im Abschnitt 1.5.3 erklärt wurde, kann eine reale Spule in erster Näherung durch die rechts stehende Schaltung beschrieben werden. Der Verlustwiderstand R ist bei guten Spulen sehr klein. Wegen der Reihenschaltung können die Impedanzen addiert werden:

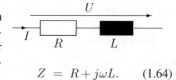

$$Z = R + j\omega L. \qquad (1.64)$$

Zur graphischen Darstellung der komplexen Funktion Z könnte man beispielsweise den Betrag und Phasenwinkel auftragen:

$$Z_L = |Z|e^{j\varphi}, \quad |Z| = \sqrt{R^2 + \omega^2 L^2}, \quad \varphi = \arctan(\omega L/R). \qquad (1.65)$$

Rechts ist eine weitere Darstellungsart für die Impedanz Z angegeben. Die komplexe Größe $Z = R + j\omega L$ wird als Zeiger in der Gauß'schen Zahlenebene dargestellt. Wenn man ω erhöht, dann bewegt sich die Spitze des Zeigers entlang der senkrechten Linie nach oben. Diese Linie, auf der sich die Zeigerspitze in Abhängigkeit von der Frequenz bewegt, nennt man *Ortskurve*. Weil im vorliegenden Fall der Imaginärteil von Z nur positive Werte annehmen kann, spricht man hier auch von einem induktiven Verhalten.

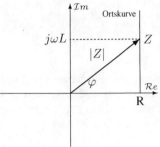

Die Qualität einer Spule wird durch ihre sogenannte Güte beschrieben:

$$Q = \frac{\omega L}{R}. \tag{1.66}$$

Die Spule ist bei einer gegebenen Frequenz umso besser, je größer das Verhältnis von ωL zu dem Verlustwiderstand R ist. In der Praxis sind Spulengüten bis zu Werten von ca. 500 erreichbar.

Der verlustbehaftete Kondensator

Aus der rechts skizzierten Ersatzschaltung für einen verlustbehafteten Kondensator (siehe Abschnitt 1.5.2) erhält man den komplexen Leitwert, die Admittanz Y. Die Beziehung (1.67) entspricht formal vollkommen der Beziehung für die Impedanz bei der verlustbehafteten Spule. Nach einigen Umrechnungsschritten und mit $R = 1/G$ erhält man die Impedanz Z_C der Schaltung.

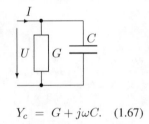

$$Y_c = G + j\omega C. \tag{1.67}$$

$$Z_C = \frac{1}{Y} = \frac{1}{G + j\omega C} = \frac{R}{1 + j\omega RC} = \frac{R}{1 + j\omega RC} \cdot \frac{1 - j\omega RC}{1 - j\omega RC} = \frac{R - j\omega R^2 C}{1 + \omega^2 R^2 C^2},$$

$$Z_C = \frac{R}{1 + \omega^2 R^2 C^2} - j\frac{\omega R^2 C}{1 + \omega^2 R^2 C^2}.$$

Im Gegensatz zur verlustbehafteten Spule ist der Imaginärteil von Z_C stets negativ, man spricht dann von einem kapazitiven Verhalten.

Genau so wie bei Spulen, kann auch bei Kapazitäten eine Güte $Q = \omega C/G$ definiert werden. Das Gütemaß ist bei Kondensatoren aber nicht so wichtig wie bei Spulen, weil Kondensatoren oft sehr große Gütewerte aufweisen und die Rechnung daher mit idealen Kondensatoren erfolgen kann.

Der Reihenschwingkreis

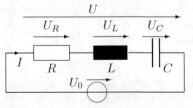

Die Reihenschaltung eines ohmschen Widerstandes, einer Spule und eines Kondensators wird als *Reihenschwingkreis* bezeichnet. Der Widerstand R kann als Verlustwiderstand der Spule aufgefasst werden.

Bei einer verlustfreien Spule ist $R = 0$, dann liegt ein verlustfreier Reihenschwingkreis vor. In dem Bild oben rechts ist der Reihenschwingkreis an eine Spannungsquelle angeschlossen.

Zuerst berechnen wir die Impedanz des Reihenschwingkreises und erhalten:

$$Z = R + j\omega L + \frac{1}{j\omega C} = R + j\left(\omega L - \frac{1}{\omega C}\right) = R + jX.$$

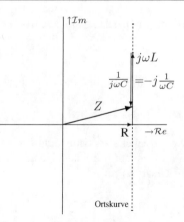

Das Bild zeigt Z als Vektor in der Gauß'schen Zahlenebene. Z ist die Summe der drei Vektoren R, $j\omega L$
und $\frac{1}{j\omega C}$. Offenkundig bewegt sich die Zeigerspitze des
Summenvektors Z längs der gestrichelten Linie (*Ortskurve*). Bei großen ω-Werten überwiegt der induktive Anteil:
$X = \omega L - \frac{1}{\omega C} > 0$. Die Schaltung verhält sich dann
induktiv. Bei kleinen ω-Werten ist $\omega L < \frac{1}{\omega C}$, dann ist
$X < 0$, man spricht von einem kapazitiven Verhalten.

Aus dem Bild erkennt man unmittelbar, dass der Betrag $|Z|$ der Impedanz genau dann minimal
wird, wenn:

$$X = \omega L - \frac{1}{\omega C} = 0$$

wird. Dieser Fall tritt bei der Frequenz $\omega = \sqrt{1/(LC)}$ auf. Man bezeichnet sie als die *Resonanzfrequenz* (genauer: Resonanzkreisfrequenz ω_r) des Schwingkreises. Es gilt:

$$\omega_r = \frac{1}{\sqrt{LC}}. \tag{1.68}$$

Bei ω_r wird $Z = R$ und bei einem verlustfreien Reihenschwingkreis ($R = 0$) wird $Z = 0$.

> Ein *verlustfreier Reihenresonanzkreis hat bei sei-
> ner Resonanzfrequenz* $\omega_r = 1/\sqrt{LC}$ *den Wider-
> stand* $Z = 0$.

Das Bild zeigt den prinzipiellen Verlauf von $X = \omega L - \frac{1}{\omega C}$. Bei niedrigen Frequenzen ($\omega < \omega_r$) verhält
sich die Schaltung kapazitiv und bei größeren Fre-
quenzen ($\omega > \omega_r$) induktiv. Bei ganz niedrigen Frequenzen gilt sogar $X \approx -\frac{1}{\omega C}$, die Schaltung kann
durch die Kapazität ersetzt werden. Bei sehr großen
Frequenzen wird $X \approx \omega L$, die Schaltung kann durch
die Induktivität ersetzt werden.

Wir untersuchen nun das Verhalten des an die Spannungsquelle angeschlossenen Reihenschwingkreises. Dann fließt der Strom:

$$I = \frac{U_0}{Z} = \frac{U_0}{R + j\omega L + \frac{1}{j\omega C}}.$$

Zunächst interessiert die Spannung U_C an der Kapazität:

$$U_C = I \cdot \frac{1}{j\omega C} = \frac{U_0}{1 + j\omega RC + (j\omega)^2 LC} = \frac{U_0}{1 - \omega^2 LC + j\omega RC}.$$

Aus dieser Gleichung erhalten wir den folgenden Betrag:

$$\left|\frac{U_C}{U_0}\right| = \frac{1}{\sqrt{(1 - \omega^2 LC)^2 + \omega^2 R^2 C^2}}. \tag{1.69}$$

Im verlustfreien Fall ($R = 0$) ergibt sich aus Gl. (1.69):

$$\left.\left|\frac{U_C}{U_0}\right|\right|_{\omega \neq \omega_r} = \frac{1}{|1 - \omega^2 LC|}. \tag{1.70}$$

Dies bedeutet, dass beim verlustfreien Reihenschwingkreis bei der Resonanzfrequenz $\omega = \omega_r = 1/\sqrt{LC}$ an der Kapazität eine unendlich große Spannung U_C auftritt. Im Fall $R \neq 0$ erhält man aus Gl. (1.69) bei ω_r:

$$\left.\left|\frac{U_C}{U_0}\right|\right|_{\omega = \omega_r} = \frac{1}{\omega_r RC} = \frac{\omega_r}{\omega_r^2 RC} = \frac{\omega_r}{\frac{1}{LC} RC} = \frac{\omega_r L}{R} = Q. \tag{1.71}$$

Q wurde oben als *Güte* der Spule eingeführt. Die Qualität einer Spule ist umso besser, je größer die Impedanz $\omega_r L$ (hier $\omega = \omega_r$) im Vergleich zu dem Verlustwiderstand R ist. Man kann zeigen, dass bei Spulengüten von $Q > 4 \ldots 5$ die Funktion $|U_C/U_0|$ in der Nähe von ω_r ihr Maximum aufweist, und dass dann am Kondensator eine (maximale) Spannung $|U_C| \approx Q \cdot |U_0|$ auftritt.

Als Beispiel untersuchen wir einen Reihenschwingkreis mit den Bauelementewerten $R = 1\,\Omega$, $L = 10$ mH und $C = 100\,\mu$F. Dieser Reihenschwingkreis hat eine Resonanzkreisfrequenz von $\omega_r = 1000\,s^{-1}$. Die Spulengüte hat bei der Resonanzfrequenz den Wert $Q = \omega_r L/R = 10$. Dies bedeutet, dass bei der Resonanzfrequenz an der Kapazität eine Spannung von ca. $10 \cdot |U_0|$ auftritt. Das nebenstehende Bild zeigt den Verlauf von $|U_C/U_0|$. Man erkennt, dass das Maximum in der unmittelbaren Nähe von $\omega_r = 1000\,s^{-1}$ liegt und der Maximalwert etwa 10 ist.

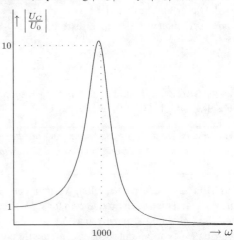

Wie oben schon erwähnt wurde, sind Spulen mit Güten von bis zu 500 realisierbar. Das bedeutet, dass bei einer Spannungsquelle mit $|U_0| = U_{0_{eff}} = 1$V, Spannungen am Kondensator von bis zu 500 V (Effektivwert) möglich sind. Man spricht in diesem Fall von einer *Resonanzüberhöhung*. In der Praxis ist dieser Effekt auch deshalb von Bedeutung, weil auch in Schaltungen mit niedrigen Betriebsspannungen unter Umständen Kondensatoren mit sehr hohen *Durchschlagsspannungen* eingebaut werden müssen. Für die Spannungen an dem Widerstand und der Induktivität erhält man mit $U_R = I \cdot R$ und $I = U_0/Z$:

$$\frac{U_R}{U_0} = \frac{R}{R + j\omega L + \frac{1}{j\omega C}}, \qquad \left|\frac{U_R}{U_0}\right| = \frac{\omega RC}{\sqrt{(1 - \omega^2 LC)^2 + \omega^2 R^2 C^2}}. \tag{1.72}$$

Bei ausreichend großen Spulengüten ($Q > 5$) tritt auch hier bei der Resonanzfrequenz $\omega_r = 1/\sqrt{LC}$ ein Maximum auf:

$$\left.\left|\frac{U_R}{U_0}\right|\right|_{\omega = \omega_r} = 1.$$

Für die Spannung an der Induktivität erhält man:

$$\frac{U_L}{U_0} = \frac{j\omega L}{R + j\omega L + \frac{1}{j\omega C}}, \qquad \left|\frac{U_L}{U_0}\right| = \frac{\omega^2 LC}{\sqrt{(1 - \omega^2 LC)^2 + \omega^2 R^2 C^2}}. \qquad (1.73)$$

Bei der Resonanzfrequenz wird:

$$\left.\left|\frac{U_L}{U_0}\right|\right|_{\omega=\omega_r} = \frac{\omega_r L}{R} = Q.$$

Bei der Spule tritt bei der Resonanzfrequenz die gleiche Spannungsüberhöhung wie an dem Kondensator auf.

Zum Abschluss dieses Beispiels folgt noch eine Rückbesinnung auf den physikalischen Hintergrund. Es sei $u_0(t) = \hat{u}_0 \cos(\omega t)$ die Spannung an einem Reihenschwingkreis mit der Güte $Q = 10$. Gesucht sind die Spannungen $u_R(t)$, $u_L(t)$ und $u_C(t)$ an Widerstand, Spule und Kondensator bei der Resonanzfrequenz des Reihenschwingkreises.

Aus $u_0(t) = \hat{u}_o \cos(\omega t)$ folgt $U_0 = \frac{1}{2}\sqrt{2}\hat{u}_0$. Bei der Resonanzfrequenz wird $U_R = U_0$ und damit $u_R(t) = \hat{u}_0 \cos(\omega t)$. Dies ist ein sehr einleuchtendes Ergebnis. Bei der Resonanzfrequenz hat die Reihenschaltung die Impedanz $Z = R$, die gesamte Spannung muss an R abfallen, also $u_R(t) = u_0(t)$. Für die Induktivität gilt bei der Resonanzfrequenz $U_L = jQU_0 = QU_0 e^{j\pi/2}$. Daraus folgt $u_L(t) = Q\hat{u}_0 \cos(\omega t + \pi/2)$. Die Spannung hat die Q-fache Amplitude wie die der Spannungsquelle und ist gegenüber dieser um $\pi/2$ verschoben. Bei der Kapazität erhält man aus den obigen Beziehungen $U_C = U_0 Q/j = QU_0 e^{-j\pi/2}$. Damit wird $u_C(t) = Q\hat{u}_0 \cos(\omega t - \pi/2)$. Auch hier tritt eine um $\pi/2$ verschobene Spannung mit der Q-fachen Amplitude auf: $u_C(t) = -u_L(t)$.

Der Parallelschwingkreis

Eine Parallelschaltung eines Widerstandes, einer Spule und eines Kondensators nennt man *Parallelschwingkreis*. Rechts ist ein solcher Parallelschwingkreis skizziert, der durch eine Stromquelle gespeist wird. Der Gesamtleitwert der Parallelschaltung ergibt sich zu:

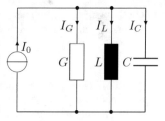

$$Y = G + j\omega C + \frac{1}{j\omega L} = G + j\left(\omega C - \frac{1}{\omega L}\right). \qquad (1.74)$$

Die Beziehung (1.74) entspricht derjenigen für die Impedanz des Reihenschwingkreises, wenn dort die Widerstände durch Leitwerte ersetzt werden: $R \to G$, $j\omega L \to j\omega C$, $\frac{1}{j\omega C} \to \frac{1}{j\omega L}$.

Der Betrag $|Y|$ des Gesamtleitwertes wird bei der Resonanzfrequenz $\omega_r = 1/\sqrt{LC}$ minimal, $|Y|_{min} = G$. Im Fall $G = 0$ wird $Y = 0$.

> *Ein verlustfreier Parallelschwingkreis hat bei seiner Resonanzfrequenz $\omega_r = 1/\sqrt{LC}$ den Leitwert 0 oder einen unendlich großen Widerstand.*

Alle für den Reihenschwingkreis abgeleiteten Ergebnisse können für den an eine Stromquelle angeschlossenen Parallelschwingkreis übernommen werden, wenn an die Stelle der Impedanzen

die Admittanzen und an die Stelle von Spannungen Ströme treten. So erhält man beispielsweise
für den Strom durch den Kondensator nach dem Stromteilungssatz (1.26):

$$I_C = I_0 \frac{j\omega C}{G + j\omega C + \frac{1}{j\omega L}}.$$

Das Verhältnis von I_C/I_0 entspricht dem Spannungsverhältnis U_L/U_0 des Reihenschwingkreises
(s. Gl. 1.73).

1.7.2 Übertragungsfunktion und Dämpfung von Filterschaltungen

Die rechts skizzierte Anordnung zeigt eine Schaltung, die an
eine Spannungsquelle mit der Spannung U_0 angeschlossen
ist. Von Interesse ist der Verlauf der Ausgangsspannung U_2
in Abhängigkeit von der Frequenz ω.

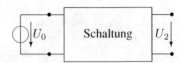

Zur Beschreibung dieser Abhängigkeit wird die *Übertragungsfunktion* $G(j\omega)$ definiert:

$$G(j\omega) = \frac{U_2}{U_0}. \qquad (1.75)$$

Bei Kenntnis von $G(j\omega)$ erhält man die gesuchte Ausgangsspannung:

$$U_2 = G(j\omega) \cdot U_0.$$

Das Argument $j\omega$ bei $G(j\omega)$ soll auf die in der Regel vorhandene und oft auch erwünschte
Abhängigkeit der Übertragungsfunktion von der Frequenz hinweisen. Die i.A. komplexe Übertragungsfunktion $G(j\omega)$ kann auch in der Form:

$$G(j\omega) = |G(j\omega)| \cdot e^{j\varphi(\omega)},$$

mit dem Betrag $|G(j\omega)|$ und dem Phasenwinkel $\varphi(\omega)$ dargestellt werden. In der Informationstech-
nik verwendet man oft ein logarithmisches Maß der Betragsfunktion:

$$A(\omega) = -20 \cdot \lg |G(j\omega)|. \qquad (1.76)$$

$A(\omega)$ wird als *Dämpfung* bezeichnet und hat die (Pseudo-) Einheit *Dezibel* (dB). $G(j\omega) = 1$
entspricht der Dämpfung $A = 0$. Wenn $|G(j\omega)| < 1$ ist, wird $A > 0$ und bei $|G(j\omega)| > 1$
erhält man eine negative Dämpfung. Von einiger Wichtigkeit ist der Wert $|G(j\omega)| = \frac{1}{2}\sqrt{2}$. Dann
wird $A(\omega) = -20 \cdot \lg(\frac{1}{2}\sqrt{2}) = 10 \cdot \lg 2 = 3,01 \approx 3$ dB. In der unten stehenden Tabelle
sind die Dämpfungswerte für einige Werte von $|G(j\omega)|$ zusammengestellt. Bei einer gegebenen
Dämpfung in dB erhält man durch Umstellung der angegebenen Gleichung (1.76) den Betrag der
Übertragungsfunktion:[3]

$$|G(j\omega)| = 10^{-A(\omega)/20}.$$

Zusammenstellung einiger Dämpfungswerte:

$|G(j\omega)|$:	$\frac{1}{1000}$	$\frac{1}{100}$	$\frac{1}{10}$	$\frac{1}{2}$	$\frac{1}{2}\sqrt{2}$	1	$\frac{2}{\sqrt{2}}$	2	10	100	1000
$A(\omega)$ [dB]:	60	40	20	6	3	0	−3	−6	−20	−40	−60

---

[3]Bei dieser Gleichung handelt es sich um eine Zahlenwertgleichung. Die Dämpfung muss hier in Dezibel eingesetzt
werden.

Der Tiefpass

Rechts ist die einfachste Realisierungsschaltung für einen Tiefpass dargestellt. Die Übertragungsfunktion kann unmittelbar mit
der Spannungsteilerregel berechnet werden:

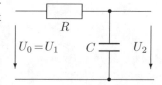

$$G(j\omega) = \frac{U_2}{U_1} = \frac{\frac{1}{j\omega C}}{R + \frac{1}{j\omega C}} = \frac{1}{1 + j\omega RC} = \frac{1}{1 + j\omega\tau}.$$

Darin ist $\tau = RC$ die im Abschnitt 1.5.2 eingeführte Zeitkonstante. Aus dieser Beziehung erhält
man den Betrag und Phasenwinkel:

$$|G(j\omega)| = \frac{1}{\sqrt{1 + \omega^2\tau^2}}, \qquad \varphi(\omega) = -\arctan(\omega\tau).$$

Hinweis zur Berechnung des Betrages und des Phasenwinkels:
Übertragungsfunktionen von Netzwerken sind gebrochen rationale Funktionen in $j\omega$ und haben
damit stets die Form $G(j\omega) = P_1(j\omega)/P_2(j\omega)$. P_1 und P_2 sind dabei Polynome in $j\omega$. Im vorliegenden Fall lautet das Zählerpolynom $P_1(j\omega) = 1$ und das Nennerpolynom $P_2(j\omega) = 1 + j\omega\tau$.
Mit $P_1(j\omega) = |P_1| \cdot e^{j\alpha}$, $P_2(j\omega) = |P_2| \cdot e^{j\beta}$ erhält man dann:

$$G(j\omega) = |G(j\omega)|e^{j\varphi} = \frac{|P_1| \cdot e^{j\alpha}}{|P_2| \cdot e^{j\beta}} = \frac{|P_1|}{|P_2|}e^{j(\alpha-\beta)}, \quad |G(j\omega)| = \frac{P_1}{P_2}, \quad \varphi = \alpha - \beta.$$

Im vorliegenden Fall ist $|P_1| = 1$, $|P_2| = \sqrt{1 + \omega^2\tau^2}$, $\alpha = 0$ und $\beta = \arctan(\omega\tau)$. Der Betrag
und der Phasenwinkel der Übertragungsfunktion sind unten aufgetragen.

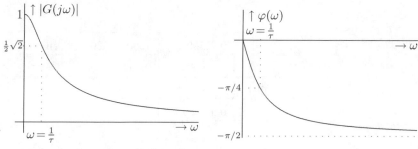

Bei der speziellen Kreisfrequenz $\omega = 1/\tau$ wird offenbar

$$|G(j/\tau)| = \frac{1}{\sqrt{2}} = \frac{1}{2}\sqrt{2}, \qquad A(1/\tau) = -20 \cdot \lg(\frac{1}{2}\sqrt{2}) = 3 \text{ dB}.$$

Die Kreisfrequenz, bei der die Dämpfung den Wert von 3 dB erreicht, bzw. bei der der Betrag
der Übertragungsfunktion auf $\frac{1}{2}\sqrt{2}$ abgeklungen ist, wird oft als *Grenzfrequenz* ω_g des Tiefpasses
bezeichnet. Der Bereich bis zu der Grenzfrequenz ist der *Durchlassbereich*, der Bereich oberhalb
ω_g der *Sperrbereich* des Tiefpasses. Bei kleinen Frequenzen ist $|G(j\omega)| \approx 1$, d.h. niedrigfre-
quente Signale werden kaum gedämpft. Umgekehrt werden Signale mit großen Frequenzen stark
gedämpft.

Die Phase hat bei $\omega = 0$ den Wert 0, bei der Grenzkreisfrequenz den Wert $\varphi(1/\tau) = -\pi/4$ und
für $\omega \to \infty$ wird $\varphi = -\pi/2$.

Mit der Grenzfrequenz $\omega_g = \frac{1}{\tau} = \frac{1}{RC}$ kann der Betrag und der Phasenwinkel auch in folgender Form dargestellt werden:

$$|G(j\omega)| = \frac{1}{\sqrt{1 + (\omega/\omega_g)^2}}, \qquad \varphi(\omega) = -arctan(\omega/\omega_g).$$

Zusätzliche Bemerkungen:
Bei dem beschriebenen Tiefpass handelt es sich um die einfachste mögliche Realisierungsstruktur. In der Praxis verwendet man aufwändigere Schaltungen (s. Abschnitt 1.10.3 Beispiel 1.39). Als *idealen Tiefpass* bezeichnet man ein System mit einem Betrag der Übertragungsfunktion:

$$|G(j\omega)| = \begin{cases} k \ \text{für} \ \omega < \omega_g \\ 0 \ \text{für} \ \omega > \omega_g \end{cases}. \tag{1.77}$$

Der Phasenwinkel eines idealen Tiefpasses nimmt im Durchlassbereich linear mit der Frequenz ab. In dem Abschnitt *Systemtheorie* dieses Buches wird der ideale Tiefpass ausführlich besprochen.

Beispiel 1.22 *Gegeben ist ein RC-Tiefpass mit einer Grenzfrequenz $f_g = 1000 \ Hz$. Gesucht sind die Beträge der Übertragungsfunktion, die Dämpfungen und die Phasenwinkel bei den Frequenzen $0 \ Hz$, $500 \ Hz$, $1000 \ Hz$, $5000 \ Hz$ und $10000 \ Hz$. Außerdem ist das Ausgangssignal $u_2(t)$ bei dem Eingangssignal $u_0(t) = \hat{u}_0 \cos(\omega t)$ bei $f = 1000 \ Hz$ zu ermitteln. Aus den oben abgeleiteten Beziehungen findet man mit $\omega/\omega_g = f/f_g$:*

$$|G(j2\pi f)| = \frac{1}{\sqrt{1 + (f/f_g)^2}}, \quad A = 10 \cdot \lg\left[1 + (f/f_g)^2\right], \quad \varphi = -\arctan\left(f/f_g\right).$$

Mit diesen Beziehungen erhalten wir die nebenstehenden Ergebnisse.

Bei $u_0(t) = \hat{u}_0 \cos(\omega t)$ wird $U_0 = \frac{1}{2}\sqrt{2}\hat{u}_0$, $U_2 = G(j\omega) \cdot U_0$. Aus der Tabelle entnimmt man für $f = 1000$ Hz die Werte $|G(j\omega)| = \frac{1}{2}\sqrt{2}$, $\varphi = -45^0 = -\pi/4$, damit wird:

f [Hz]:	0	500	1000	5000	10000
$|G|$:	1	0,894	0,707	0,196	0,0995
A [dB] :	0	0,969	3	14,15	20
φ :	0	$-26,6^o$	-45°	$-78,7^o$	$-84,3^o$

$$U_2 = \frac{1}{2}\sqrt{2}\,\hat{u}_0|G(j\omega)|e^{j\varphi} = \frac{1}{2}\hat{u}_0 e^{-j\pi/4}.$$

Damit folgt schließlich:

$$u_2(t) = \sqrt{2} \cdot |U_2| \cdot \cos(\omega t + \varphi) = \frac{1}{2}\sqrt{2}\,\hat{u}_0 \cos(\omega t - \pi/4), \quad \omega = 2\pi \cdot 1000 \ s^{-1}.$$

Beispiel 1.23 *Noch einmal wird der RC-Tiefpass mit der Grenzfrequenz $f_g = 1000 \ Hz$ untersucht. Das Eingangssignal ist:*

$$u_0(t) = \hat{u}_{0_1} \cos(\omega_1 t) + \hat{u}_{0_2} \cos(\omega_2 t) \ \text{mit} \ f_1 = 500 \ Hz, \ f_2 = 5000 \ Hz.$$

Das Ausgangssignal des Tiefpasses soll berechnet werden. Die besprochenen Berechnungsverfahren sind nur für sinusförmige Vorgänge anwendbar, nicht jedoch für die Summe sinusförmiger

Teilsignale mit unterschiedlichen Frequenzen.

Trotzdem können wir das vorliegende Problem mit un-seren Kenntnissen lösen. Dazu betrachten wir die rechts skizzierte Schaltung. Die Spannung $u_0(t)$ entsteht durch die Reihenschaltung zweier Spannungsquellen mit den Teilspannungen:

$u_{0_1}(t) = \hat{u}_{0_1}\cos(\omega_1 t)$ *und* $u_{0_2}(t) = \hat{u}_{0_2}\cos(\omega_2 t)$.

Die weitere Berechnung erfolgt mit dem Überlagerungssatz. Zunächst wird die untere Spannungs-quelle kurzgeschlossen ($u_{0_2}(t) = 0$). Dann liegt ein lösbares Problem vor:

$$U_{2_1} = G(j\omega_1) \cdot U_{0_1} = \frac{1}{2}\sqrt{2}\,\hat{u}_{0_1} \cdot 0,894 \cdot e^{-j0,4636} \quad \textit{(siehe Tabelle bei Beispiel 1.22)},$$

$$u_{2_1}(t) = \hat{u}_{0_1} \cdot 0,894 \cdot \cos(\omega_1 t - 0,4636).$$

Bei Kurzschluss der oberen Quelle ($u_{0_1}(t) = 0$) erhält man entsprechend:

$$U_{2_2} = G(j\omega_2) \cdot U_{0_2} = \frac{1}{2}\sqrt{2}\,\hat{u}_{0_2} \cdot 0,196 \cdot e^{-j1,37} \quad \textit{(siehe Tabelle bei Beispiel 1.22)},$$

$$u_{2_2}(t) = \hat{u}_{0_2} \cdot 0,196 \cdot \cos(\omega_2 t - 1,37).$$

Das Gesamtergebnis lautet:

$$u_2(t) = u_{2_1}(t) + u_{2_2}(t) = \hat{u}_{0_1} \cdot 0,894 \cdot \cos(\omega_1 t - 0,4636) + \hat{u}_{0_2} \cdot 0,196 \cdot \cos(\omega_2 t - 1,37).$$

Bemerkungen:

1. Bekanntlich können beliebige periodische Funktionen in Form von *Fourier-Reihen* (s. Gl. 1.78) dargestellt werden. Wenn $u_0(t)$ eine periodisch verlaufende Spannung ist, gilt:

$$u_0(t) = c_0 + \sum_{\nu=1}^{\infty} c_\nu \cdot \cos(\nu\omega_0 t - \varphi_\nu). \tag{1.78}$$

Darin ist $\omega_0 - 2\pi/T$ die Grundkreisfrequenz der mit der Periodendauer T periodischen Spannung $u_0(t)$. Daraus folgt, dass $u_0(t)$ als Summe sinusförmiger Signale dargestellt werden kann. Für jede der Teilschwingungen kann die Reaktion des Netzwerkes mit der komplexen Rechnung ermittelt werden. Die Überlagerung der so ermittelten Teilergebnisse ergibt die gesuchte Netzwerkreaktion auf das periodische Eingangssignal $u_0(t)$.

2. Im vorliegenden Fall bestand das Eingangssignal für den Tiefpass aus der Summe von zwei si-nusförmigen Signalen mit den Amplituden $\hat{u}_{0_1}$ und $\hat{u}_{0_2}$. Oft ist die Spannung $u_{0_1}(t)$ die erwünsch-te Spannung (das Nutzsignal) und die höherfrequente Spannung $u_{0_2}(t)$ eine nicht erwünschte Störspannung. Zur qualitativen Beurteilung der Störung führt man *Klirrfaktoren*:

$$k_1 = \frac{\hat{u}_{0_2}}{\hat{u}_{0_1}} = \frac{|U_{0_2}|}{|U_{0_1}|}, \qquad k_2 = \frac{\hat{u}_{2_2}}{\hat{u}_{2_1}} = \frac{|U_{2_2}|}{|U_{2_1}|}$$

k_1 am Eingang des Tiefpasses und k_2 am Tiefpassausgang ein. Im vorliegenden Fall wird:

$$k_2 = \frac{0,196}{0,894} \cdot k_1 = 0,219 \cdot k_1.$$

Der Klirrfaktor am Ausgang des Tiefpasses ist wesentlich kleiner als der am Eingang. Durch den Tiefpass können Störungen reduziert oder sogar vollständig unterdrückt werden.

Der Hochpass

Rechts ist die einfachste Realisierungsstruktur für einen Hochpass skizziert. Die Übertragungsfunktion lautet:

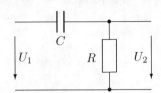

$$G(j\omega) = \frac{U_2}{U_1} = \frac{R}{R + \frac{1}{j\omega C}} = \frac{j\omega RC}{1 + j\omega RC}.$$

Für den Betrag und den Phasenwinkel erhält man:

$$|G(j\omega)| = \frac{\omega RC}{\sqrt{1 + \omega^2 R^2 C^2}}, \qquad \varphi(\omega) = \frac{\pi}{2} - \arctan(\omega RC).$$

Zur Ermittlung der Formel für den Phasenwinkel wird auf die Bemerkungen im vorausgegangenen
Abschnitt über den Tiefpass hingewiesen. Der Verlauf von Betrag und Phasenwinkel sind unten
dargestellt.

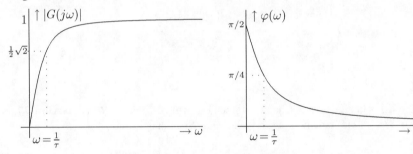

$\omega_g = \frac{1}{RC} = \frac{1}{\tau}$ ist die Grenzkreisfrequenz, bei der der Betrag der Übertragungsfunktion auf den
Wert $\frac{1}{2}\sqrt{2}$ (3 dB Punkt) angestiegen ist. Der Hochpass dämpft Signale mit niedrigen Frequenzen,
hochfrequente Signale werden hingegen mit geringer Dämpfung durchgelassen.

Der Bandpass

Ein Bandpass hat die Aufgabe, Signale in einem bestimmten
Frequenzbereich durchzulassen und Signale mit Frequenzen
außerhalb des Durchlassbereiches, zu sperren. Die einfachste
mögliche Realisierungsstruktur für einen Bandpass ist rechts
skizziert.

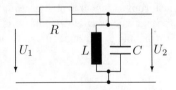

Die Übertragungsfunktion kann auch hier mit der Spannungsteilerregel berechnet werden:

$$G(j\omega) = \frac{U_2}{U_1} = \frac{\frac{j\omega L/(j\omega C)}{j\omega L + 1/(j\omega C)}}{R + \frac{j\omega L/(j\omega C)}{j\omega L + 1/(j\omega C)}} = \frac{j\omega L/R}{1 + j\omega L/R + (j\omega)^2 LC}.$$

Daraus erhält man den Betrag der Übertragungsfunktion:

$$|G(j\omega)| = \frac{\omega L/R}{\sqrt{(1 - \omega^2 LC)^2 + \omega^2 L^2/R^2}}.$$

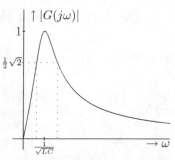

Aus dieser Beziehung und auch aus dem rechts skizzierten Verlauf von $|G(j\omega)|$ erkennt man, dass der Betrag der Übertragungsfunktion bei der Resonanzfrequenz $\omega_r = 1/\sqrt{LC}$ des Parallelschwingkreises im Querzweig der Schaltung den Wert $|G(j\omega)| = 1$ hat.

Dies ist auch physikalisch leicht nachzuvollziehen. Bei seiner Resonanzfrequenz hat der (verlustfreie) Parallelschwingkreis einen unendlich großen Widerstand. Damit fließt bei der Frequenz ω_r kein Strom durch den Widerstand R und damit wird $U_2 = U_1$.

Die Frequenz $\omega = 1/\sqrt{LC}$, bei der $|G| = 1$ ist, ist die *Mittenfrequenz* des Bandpasses. Der Durchlassbereich ist hier der (im Bild angedeutete) Bereich, in dem der Betrag der Übertragungsfunktion mindestens den Wert $\frac{1}{2}\sqrt{2}$ hat (Dämpfung max. 3 dB). Bandpassschaltungen in der Praxis sind aufwändiger und haben einen viel stärker ausgeprägten Durchlass- und Sperrbereich. Bei einem idealen Bandpass ist im Durchlassbereich $|G(j\omega)| = 1$ und im Sperrbereich $|G(j\omega)| = 0$.

Die Bandsperre

Bei der rechts skizzierten Schaltung handelt es sich um eine einfache Bandsperre. Die Übertragungsfunktion lautet

$$G(j\omega) = \frac{j\omega L + \frac{1}{j\omega C}}{R + j\omega L + \frac{1}{j\omega C}} = \frac{1 + (j\omega)^2 LC}{1 + j\omega RC + (j\omega)^2 LC}.$$

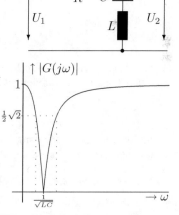

Daraus erhält man den rechts skizzierten Betrag der Übertragungsfunktion

$$|G(j\omega)| = \frac{|1 - \omega^2 LC|}{\sqrt{(1 - \omega^2 LC)^2 + \omega^2 R^2 C^2}}.$$

Eine Bandsperre unterdrückt Signale in einem schmalen Frequenzbereich und lässt Signale außerhalb des Sperrbereiches weitgehend ungedämpft durch.

Im vorliegenden Fall wird ein Signal mit der Frequenz $1/\sqrt{LC}$ vollständig gesperrt. Physikalisch ist das leicht zu erklären, weil dies die Resonanzfrequenz des Reihenschwingkreises im Querzweig der Schaltung ist. Ein (verlustfreier) Reihenschwingkreis hat bei seiner Resonanzfrequenz $\omega_r = 1/\sqrt{LC}$ den Widerstand 0. Damit wird der Ausgang bei dieser Frequenz kurzgeschlossen.

Bei dem Bild ist der Sperrbereich des Bandpasses markiert. Es ist der Bereich, bei dem der Betrag der Übertragungsfunktion max. den Wert $\frac{1}{2}\sqrt{2}$ hat (Dämpfung mindestens 3 dB).

1.8   Die Leistung bei Wechselstrom

1.8.1   Wirk- Blind- und Scheinleistung

$i(t) = \hat{i}\,\cos(\omega t + \varphi_i)$ sei ein Strom durch ein Zweipolelement. Die an diesem Zweipolelement abfallende Spannung soll $u(t) = \hat{u}\,\cos(\omega t + \varphi_u) = \hat{u}\,\cos(\omega t + \varphi_i + \varphi)$ sein. φ ist also die Phasenverschiebung zwischen dem Strom und der Spannung. Der komplexe Strom und die komplexe Spannung lauten:

$$I = \frac{1}{2}\sqrt{2}\,\hat{i}\,e^{j\varphi_i}, \qquad U = \frac{1}{2}\sqrt{2}\,\hat{u}\,e^{j(\varphi_i+\varphi)} = \frac{1}{2}\sqrt{2}\,\hat{u}\,e^{j\varphi_i}e^{\varphi}.$$

Wie im Abschnitt 1.6.3 erklärt wurde (s. Gl. 1.59), sind die Beträge dieser komplexen Größen die Effektivwerte:

$$I_{eff} = |I| = \frac{1}{2}\sqrt{2}\,\hat{i}, \qquad U_{eff} = |U| = \frac{1}{2}\sqrt{2}\,\hat{u}.$$

Die in dem betrachteten Zweipolelement auftretende *Augenblicksleistung* lautet:

$$\begin{aligned}
p(t) &= u(t)\cdot i(t) = \hat{u}\,\hat{i}\,\cos(\omega t + \varphi_i + \varphi)\cos(\omega t + \varphi_i) = \\
&= \frac{1}{2}\,\hat{u}\,\hat{i}\cdot\cos(\varphi) + \frac{1}{2}\,\hat{u}\,\hat{i}\cos(2\omega t + 2\varphi_i + \varphi) = \\
&= U_{eff}I_{eff}\cdot\cos(\varphi) + U_{eff}I_{eff}\cdot\cos(2\omega t + 2\varphi_i + \varphi).
\end{aligned} \tag{1.79}$$

In den allermeisten Fällen ist nur der zeitliche Mittelwert der Augenblicksleistung von Interesse. Dieser kann wegen der Periodizität durch eine Mittelung über eine Periodendauer $T = 2\pi/\omega$ gewonnen werden:

$$P = \frac{1}{T}\int\limits_0^T p(t)\,dt.$$

Setzt man für $p(t)$ den oben berechneten Ausdruck ein, dann erhält man nach elementarer Rechnung (Gute Übung für die Studierenden!):

$$P = U_{eff}I_{eff}\cdot\cos(\varphi). \tag{1.80}$$

φ ist darin die Phasenverschiebung zwischen Strom und Spannung. Den Faktor $\cos(\varphi)$ wird auch *Leistungsfaktor* genannt. Das Maximum von P wird natürlich für $\varphi = 0$ erreicht.

Es wird nun die *komplexe Leistung*[4] eingeführt:

$$\underline{S} = U\cdot I^*. \tag{1.81}$$

Darin ist $U = U_{eff}\,e^{j(\varphi_i+\varphi)}$, $I = I_{eff}\,e^{j\varphi_i}$ und $I^* = I_{eff}\,e^{-j\varphi_i}$ der konjugiert komplexe Strom. Mit diesen Ausdrücken lautet die komplexe Leistung:

$$\underline{S} = U_{eff}I_{eff}e^{j\varphi} = U_{eff}I_{eff}\cdot\cos(\varphi) + jU_{eff}I_{eff}\sin(\varphi).$$

---

[4]Wie ganz zu Anfang erwähnt, wird auf Unterstreichungen komplexer Größen in diesem Manuskript verzichtet. Hier wird eine Ausnahme gemacht, weil das Formelzeichen S später für die Scheinleistung verwendet wird.

Der Realteil der komplexen Leistung ist offenbar die vorne berechnete mittlere Leistung P. Üblicherweise werden die entstandenen Ausdrücke wie folgt eingeführt. Die mittlere Leistung wird auch als *Wirkleistung* bezeichnet:

$$P = U_{eff}I_{eff} \cdot \cos(\varphi). \tag{1.82}$$

Der Imaginärteil der komplexen Leistung wird *Blindleistung* genannt:

$$Q = U_{eff}I_{eff} \cdot \sin(\varphi). \tag{1.83}$$

Schließlich wird die *Scheinleistung*[5] definiert:

$$S = U_{eff}I_{eff} = \sqrt{P^2 + Q^2}. \tag{1.84}$$

Die nachstehende Tabelle enthält für die wichtigen elementaren Bauelemente Widerstand, Kondensator und Spule die soeben eingeführten Leistungen, mit ihren wichtigsten Beziehungen.

	Widerstand R	Kapazität C	Induktivität L
Strom und Spannung	$U = I \cdot R$	$U = I \cdot \frac{1}{j\omega C} =$ $= I\frac{1}{\omega C}e^{-j\pi/2}$	$U = I \cdot j\omega L =$ $= I\omega L e^{j\pi/2}$
Effektivwerte, Phase	$U_{eff} = R \cdot I_{eff},$ $\varphi = 0$	$U_{eff} = \frac{1}{\omega C} \cdot I_{eff},$ $\varphi = -\frac{\pi}{2}$	$U_{eff} = \omega L \cdot I_{eff},$ $\varphi = \frac{\pi}{2}$
Wirkleistung	$P = U_{eff}I_{eff} = I_{eff}^2 R$	$P = 0$	$P = 0$
Blindleistung	$Q = 0$	$Q = -U_{eff}I_{eff} =$ $= -I_{eff}^2 \frac{1}{\omega C}$	$Q = U_{eff}I_{eff} =$ $= I_{eff}^2 \omega L$
Scheinleistung	$S = P$	$S = Q$	$S = Q$
Augenblicksleistung	$U_{eff}I_{eff}+$ $+U_{eff}I_{eff}\cos(2\omega t + 2\varphi_i)$	$U_{eff}I_{eff}\times$ $\times\cos(2\omega t + 2\varphi_i - \pi/2)$	$U_{eff}I_{eff}\times$ $\times\cos(2\omega t + 2\varphi_i + \pi/2)$

Im Zweipolelement *Widerstand* wird nur Wirkleistung umgesetzt. Bei dem Kondensator und bei der Spule wird keine Wirkleistung verbraucht. Die Augenblicksleistung hat hier den Mittelwert 0. Die Leistung pendelt bei diesen Zweipolelementen zwischen dem Kondensator bzw. der Spule und dem Generator. Beim Kondensator wird Leistung zum Aufbau des elektrischen Feldes benötigt. Bei einem Vorzeichenwechsel der Spannung wird die im elektrischen Feld gespeicherte Energie wieder in den Generator zurückgespeist. Bei der Spule wird Energie zum Aufbau des magnetischen Feldes benötigt und wieder an den Generator zurückgeliefert.

---

[5]Wirk-, Blind- und Scheinleistung haben die Einheit $[VA]$. Die Einheit *Watt* ($1\,W = 1\,VA$) darf nur für die Wirkleistung verwendet werden.

Beispiel 1.24 *Ein Zweipol besteht aus einer Reihenschaltung eines Widerstandes von 1000 Ω und einer Induktivität von 0,5 H. Die Schaltung liegt an einer Spannung von 220 V, die Frequenz ist 50 Hz. Zu berechnen sind die Wirk-, Blind- und Scheinleistung.*
Mit der Impedanz:

$$Z = R + j\omega L = 1000 + j \cdot 2\pi 50 \cdot 0,5 = 1000 + j157,08 = 1012,26\, e^{j0,156},$$

erhalten wir den Strom:

$$I = \frac{U}{Z} = \frac{220}{1012,26\, e^{j0,156}} = 0,2173 e^{-j0,156}.$$

Die komplexe Leistung wird dann

$$\underline{S} = U \cdot I^* = 220 \cdot 0,2173\, e^{j0,156} = 47,814 e^{j0,156} = 47,22 + j7,427 = P + jQ.$$

Damit wird die Wirkleistung $P = 47,22$ W, die Blindleistung $Q = 7,427$ VA und die Scheinleistung $S = 47,81$ VA.
Die Berechnung der Wirkleistung kann auch noch auf andere Art erfolgen. Wirkleistung wird nur in dem Widerstand umgesetzt. Dann gilt $P = |I|^2 \cdot R = 0,2173^2 \cdot 1000 = 47,22$ W.

Beispiel 1.25 *Dieses Beispiel behandelt die sogenannte Blindstromkompensation. Ein induktiver Verbraucher ist an eine Spannungsquelle mit einem Innenwiderstand R_i angeschlossen. Parallel zu dem Verbraucher wird eine Kapazität geschaltet. Der Wert von C soll so festgelegt werden, dass die Verluste $P_v = |I|^2 R_i$ innerhalb der Energiequelle minimal werden.*

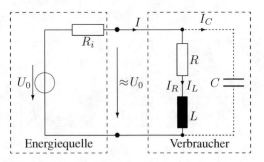

Für die Rechnung wird vorausgesetzt, dass der Innenwiderstand R_i der Energiequelle sehr klein gegenüber dem Verbraucherwiderstand R ist. Dies entspricht den Verhältnissen in der Stromversorgung. Unter dieser Annahme kann der geringe Spannungsabfall innerhalb der Energiequelle vernachlässigt werden. Wir erhalten $I = U_0 \cdot Y$ mit dem Eingangsleitwert des Verbrauchers:

$$Y = j\omega C + \frac{1}{R + j\omega L} = \frac{R}{R^2 + \omega^2 L^2} + j\left(\omega C - \frac{\omega L}{R^2 + \omega^2 L^2}\right).$$

Offensichtlich wird die Verlustleistung $P_v = |I|^2 R_i$ minimal, wenn $|I| = |U_0| \cdot |Y|$ und damit:

$$|Y| = \left| \frac{R}{R^2 + \omega^2 L^2} + j\left(\omega C - \frac{\omega L}{R^2 + \omega^2 L^2}\right) \right|$$

minimal wird. Da die Werte von R, L und auch der Kreisfrequenz ω festliegen, erhält man ein Minimum dann, wenn der Imaginärteil von Y verschwindet. Dies führt zu der Bedingung:

$$C = \frac{L}{R^2 + \omega^2 L^2}.$$

Bei diesem Wert von C ist die Eingangsimpedanz des Verbrauchers rein reell:

$$Z = \frac{1}{Y} = R + \frac{\omega^2 L^2}{R}.$$

Gleichzeitig wird $|I|$ minimal und damit auch die Verlustleistung in der Energiequelle.

Elektrizitätsversorgungsunternehmen verlangen normalerweise eine Blindstromkompensation, um damit Leistungsverluste im Generator und Versorgungsnetz niedrig zu halten. So muss z.B. bei Gasentladungslampen, die mit induktiven Vorschaltgeräten betrieben werden, stets ein Kondensator zur Blindstromkompensation parallelgeschaltet werden.

Zahlenwertbeispiel: $R = 1000\,\Omega$, $L = 0,5$ H, $f = 50$ Hz:

$$C = \frac{0,5}{1000^2 + (2\pi 50)^2 0,5^2} = 48,8 \text{ nF}.$$

1.8.2 Leistungsanpassung bei Wechselstrom

Im Gegensatz zu dem für Gleichstrom besprochenen Fall (Abschnitt 1.3.2) wird nun ein komplexer innerer Widerstand der Energiequelle $Z_i = R_i + jX_i$ und ein komplexer Verbraucherwiderstand $Z = R + jX$ vorausgesetzt. Z soll bei einer gegebenen inneren Impedanz Z_i so gewählt werden, dass in ihm eine maximale Leistung umgesetzt wird. Für die Wirkleistung in Z erhält man:

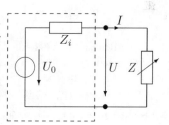

$$P = \mathcal{R}e\{UI^*\} = \mathcal{R}e\{Z \cdot I \cdot I^*\} = |I|^2 \cdot \mathcal{R}e\{Z\} = R \cdot |I|^2.$$

Mit:

$$I = \frac{U_0}{Z + Z_i} = \frac{U_0}{(R + R_i) + j(X + X_i)}$$

erhält man:

$$P = |U_0|^2 \frac{R}{(R + R_i)^2 + (X + X_i)^2}.$$

R und X müssen so gewählt werden, dass P maximal wird. Diesem Ziel kommt man sicher mit $X = -X_i$ näher. Dann erhält man den gleichen Ausdruck:

$$P = |U_0|^2 \frac{R}{(R + R_i)^2} \tag{1.85}$$

der im Gleichstromfall (vgl. Abschnitt 1.3.2), mit $R = R_i$ zu einem Maximum der abgegebenen Leistung führt. Hier gilt:

$$Z = R + jX = R_i - jX_i = Z_i^*. \tag{1.86}$$

Bei Wechselstrom wird die Leistungsanpassung erreicht, wenn die Verbraucherimpedanz mit der konjugiert komplexen Impedanz der Energiequelle übereinstimmt. Es zeigt sich, dass bei Wechselstrom eine Leistungsanpassung i.A. immer nur für eine ganz bestimmte Frequenz, nicht aber für einen ganzen Frequenzbereich, möglich ist.

Beispiel 1.26 *Man bestimme bei der rechts skizzierten Schaltung die Impedanz Z so, dass eine Leistungsanpassung bei $f =$ 1000 Hz. erfolgt. Eine für 1000 Hz gültige Ersatzschaltung für die Impedanz Z soll angegeben werden.*

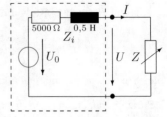

Hier ist $Z_i = 5000 + j \cdot 0,5 \cdot 2\pi \cdot 1000 = 5000 + j3142$. Dann wird $Z = Z^* = 5000 - j3142$. Diese Impedanz kann durch eine Reihenschaltung eines Widerstandes und eines Kondensators realisiert werden:

$$Z = 5000 - j3142 = R - j\frac{1}{\omega C}, \quad R = 5000\,\Omega, \quad C = \frac{1}{3142 \cdot \omega} = \frac{1}{3142 \cdot 2\pi \cdot 1000} = 50,66\,nF.$$

Man beachte, dass diese Schaltung nur bei der Frequenz von 1000 Hz eine Leistungsanpassung realisiert. Bei einer anderen Frequenz müsste der Wert der Kapazität geändert werden.

1.9   Zweitorschaltungen

1.9.1   Das Zweitor

Bisher wurden auschließlich Elemente mit zwei Klemmen (Zweipole) und deren Zusammenschaltungen betrachtet. Ein ganz wichtiges Bauelement, das kein Zweipol ist, ist der *Transformator* oder *Übertrager*. Ein Übertrager hat (mindestens) vier Anschlüsse bzw. zwei Klemmenpaare. Der Übertrager wird im Abschnitt 1.10.1 besprochen.

Wir betrachten zunächst das unten links im Bild skizzierte *Zweitor* mit der Spannung U_1 und dem Strom I_1 am linken Tor und der Spannung U_2 und dem Strom I_2 am rechten Tor.

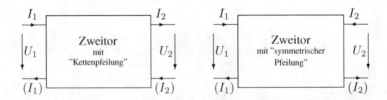

Abbildung 1.5: Pfeilung am Zweitor

Das Zweitor muss so aufgebaut oder beschaltet sein, dass der am Tor 1 an der oberen Klemme hineinfließende Strom genau so groß wie der an der unteren Klemme herausfließende Strom ist. Das gleiche muss für die Ströme am Tor 2 gelten. Die rechte Schaltung unterscheidet sich von der linken dadurch, dass die Ströme "symmetrisch" gepfeilt sind. Sowohl I_1 als auch I_2 fließen (an den oberen Klemmen) in das Zweitor hinein. Bei den Stromrichtungen im linken Bild spricht man von der *Kettenpfeilung*, bei der im rechten Bild von einer *symmetrischen Pfeilung*.

Unter einigen Voraussetzungen, die als gegeben angenommen werden, können von den vier an den Toren auftretenden Größen U_1, I_1, U_2, I_2 zwei berechnet werden, wenn die anderen beiden bekannt sind. Damit gibt es insgesamt 6 Berechnungsmöglichkeiten (Auswahl von 2 aus 4 Größen). Von diesen sechs Möglichkeiten werden zwei im Folgenden etwas genauer untersucht.

1.9.2   Die Impedanzmatrix

Gegeben sind die beiden Ströme I_1 und I_2, dabei wird von der rechten Anordnung mit der symmetrischen Pfeilung ausgegangen. Dann gelten die Beziehungen:

$$\begin{aligned} U_1 &= Z_{11}I_1 + Z_{12}I_2, \\ U_2 &= Z_{21}I_1 + Z_{22}I_2, \end{aligned} \quad \Longleftrightarrow \quad \boldsymbol{U} = \boldsymbol{Z} \cdot \boldsymbol{I}, \tag{1.87}$$

In Gleichung (1.87) haben die Vektoren $\boldsymbol{U}, \boldsymbol{I}, \boldsymbol{Z}$ die Bedeutung:

$$\boldsymbol{U} = \begin{pmatrix} U_1 \\ U_2 \end{pmatrix}, \quad \boldsymbol{Z} = \begin{pmatrix} Z_{11} & Z_{12} \\ Z_{21} & Z_{22} \end{pmatrix}, \quad \boldsymbol{I} = \begin{pmatrix} I_1 \\ I_2 \end{pmatrix}. \tag{1.88}$$

$\boldsymbol{Z}$ nennt man die *Impedanzmatrix* des Zweitores. Die Elemente der Impedanzmatrix können bei einer gegebenen Zweitorschaltung folgendermaßen ermittelt werden:

$$Z_{11} = \left.\frac{U_1}{I_1}\right|_{I_2=0}, \quad Z_{22} = \left.\frac{U_2}{I_2}\right|_{I_1=0}, \quad Z_{12} = \left.\frac{U_1}{I_2}\right|_{I_1=0}, \quad Z_{21} = \left.\frac{U_2}{I_1}\right|_{I_2=0}.$$

Das Matrixelement Z_{11} kann als Eingangsimpedanz am Tor 1 bei Leerlauf am Tor 2 interpretiert werden. Entsprechend Z_{22} als die in das Tor 2 hineingemessene Impedanz, wenn am Tor 1 $I_1 = 0$ ist.

Es lässt sich zeigen, dass bei Zweitorschaltungen, die ausschließlich aus Widerständen, Spulen, Kondensatoren und auch Übertragern aufgebaut sind, immer $Z_{12} = Z_{21}$ gilt. Man spricht hier von *reziproken* Zweitoren.

Beispiel 1.27 *Die Impedanz-matrix der im linken Bildteil skizzierten Zweitorschaltung soll berechnet werden. Bei Leerlauf am Tor 2 ($I_2 = 0$) wird am Tor 1 die Eingangsimpedanz $Z_{11} = R + \frac{1}{j\omega C}$ gemessen.*

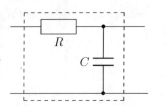 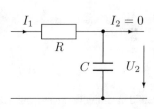

Bei Leerlauf am Tor 1 misst man am Tor 2 die Impedanz $Z_{22} = \frac{1}{j\omega C}$. Der Widerstand R ist ohne Einfluss. Zur Berechnung von Z_{21} betrachten wir die nochmals rechts im Bild skizzierte Schaltung. Offenbar gilt (bei $I_2 = 0$) $U_2 = I_1 \frac{1}{j\omega C}$ und daraus folgt:

$$Z_{21} = \left.\frac{U_2}{I_1}\right|_{I_2=0} = \frac{1}{j\omega C}.$$

Wie erwähnt, und hier natürlich auch leicht nachgerechnet werden kann, ist $Z_{12} = Z_{21}$. Damit erhalten wir die Impedanzmatrix der oben skizzierten Zweitorschaltung:

$$\boldsymbol{Z} = \begin{pmatrix} R + \frac{1}{j\omega C} & \frac{1}{j\omega C} \\ \frac{1}{j\omega C} & \frac{1}{j\omega C} \end{pmatrix}.$$

1.9.3   Die Kettenmatrix

Wir gehen nun von der Anordnung links im Bild des Abschnittes 1.9.1 mit der Kettenpfeilung aus. Gegeben sind die Ausgangsspannung U_2 und der Ausgangsstrom I_2. Gesucht sind die Eingangsspannung und der Eingangsstrom am Tor 1. Man erhält jetzt die Beziehungen:

$$\begin{array}{rcl} U_1 & = & A_{11}U_2 + A_{12}I_2, \\ I_1 & = & A_{21}U_2 + A_{22}I_2, \end{array} \quad \Longleftrightarrow \quad V_E = A \cdot V_A, \tag{1.89}$$

Die Gleichung (1.89) schreibt sich analog zur Gl. (1.88) in der Form:

$$\begin{pmatrix} U_1 \\ I_1 \end{pmatrix} = \begin{pmatrix} A_{11} & A_{12} \\ A_{21} & A_{22} \end{pmatrix} \cdot \begin{pmatrix} U_2 \\ I_2 \end{pmatrix} = A \cdot \begin{pmatrix} U_2 \\ I_2 \end{pmatrix}. \tag{1.90}$$

A ist die *Kettenmatrix* des Zweitores. Aus der 1. Kettengleichung (1.89) erhält man den Ausdruck:

$$\left. \frac{U_1}{U_2} \right|_{I_2=0} = A_{11}, \quad \Longleftrightarrow \quad \frac{1}{A_{11}} = \left. \frac{U_2}{U_1} \right|_{I_2=0} = G(j\omega) \tag{1.91}$$

Dies bedeutet, dass die Übertragungsfunktion $G(j\omega)$ vom Eingang zum Ausgang des Zweitores durch das Spannungsverhältnis gegeben ist, wenn dabei die Bedingung $I_2 = 0$ erfüllt ist. Es kann gezeigt werden, dass bei Zweitoren, die auschließlich aus Widerständen, Spulen, Kondensatoren und Übertragern aufgebaut sind (reziproke Zweitore), die Determinante der Kettenmatrix immer den Wert 1 hat:

$$\det A = |A| = A_{11}A_{22} - A_{12}A_{21} = 1. \tag{1.92}$$

Die Kettenmatrix lässt sich in die Impedanzmatrix umrechnen und auch umgekehrt:

$$Z = \frac{1}{A_{21}} \begin{pmatrix} A_{11} & |A| \\ 1 & A_{22} \end{pmatrix}, \quad A = \frac{1}{Z_{21}} \begin{pmatrix} Z_{11} & |Z| \\ 1 & Z_{22} \end{pmatrix}. \tag{1.93}$$

Bei den Umrechnungsformeln sind schon die unterschiedlichen Stromrichtungen bei den Matrizen am Tor 2 berücksichtigt.

Beispiel 1.28 *Man berechne die Kettenmatrix der RC-Schaltung vom Abschnitt 1.9.2. Bei der Rechnung soll von der dort ermittelten Impedanzmatrix ausgegangen werden. Mit der Impedanzmatrix:*

$$Z = \begin{pmatrix} R + \frac{1}{j\omega C} & \frac{1}{j\omega C} \\ \frac{1}{j\omega C} & \frac{1}{j\omega C} \end{pmatrix}, \quad |Z| = Z_{11}Z_{22} - Z_{12}Z_{21} = \frac{R}{j\omega C},$$

erhält man nach der oben angegebenen Gleichung (1.93):

$$A = j\omega C \begin{pmatrix} R + \frac{1}{j\omega C} & \frac{R}{j\omega C} \\ 1 & \frac{1}{j\omega C} \end{pmatrix} = \begin{pmatrix} 1 + j\omega RC & R \\ j\omega C & 1 \end{pmatrix}.$$

Die Kettenschaltung von Zweitoren

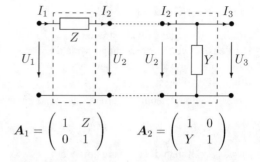

Wir betrachten nun die beiden in dem nebenstehenden Bild skizzierten elementaren Zweitore. Sie sollen zunächst noch nicht verbunden
sein. Bei dem linken Zweitor mit der Impedanz Z im Längszweig gilt: $U_1 = U_2 + ZI_1$,
$I_1 = I_2$. Hieraus folgt die Kettenmatrix $\boldsymbol{A}_1$.
Bei dem 2. Zweitor mit dem Querleitwert Y
haben die Spannungen und Ströme andere Indizes.

$$\boldsymbol{A}_1 = \begin{pmatrix} 1 & Z \\ 0 & 1 \end{pmatrix} \qquad \boldsymbol{A}_2 = \begin{pmatrix} 1 & 0 \\ Y & 1 \end{pmatrix}$$

Für die Berechnung der Kettenmatrix müssen wir beachten, dass U_2, I_2 dann die Stelle von U_1, I_2
und U_3, I_3 an die Stelle von U_2, I_2 treten. Es gilt dann: $U_2 = U_3$, $I_2 = YU_3 + I_3$. Hieraus folgt die
Kettenmatrix $\boldsymbol{A}_2$. Nun schalten wir die beiden Zweitore hintereinander (gestrichelte Verbindungen
im Bild). Für die gesamte Anordnung muss gelten:

$$\begin{pmatrix} U_1 \\ I_1 \end{pmatrix} = \boldsymbol{A}_{ges} \cdot \begin{pmatrix} U_3 \\ I_3 \end{pmatrix}, \quad \begin{pmatrix} U_2 \\ I_2 \end{pmatrix} = \boldsymbol{A}_2 \cdot \begin{pmatrix} U_3 \\ I_3 \end{pmatrix}, \quad \begin{pmatrix} U_1 \\ I_1 \end{pmatrix} = \boldsymbol{A}_1 \cdot \begin{pmatrix} U_2 \\ I_2 \end{pmatrix}. \quad (1.94)$$

Wird in dem rechtsstehenden Ausdruck in Gl. (1.94) für den Vektor $\boldsymbol{V_{E2}}$ der mittlere Ausdruck
eingesetzt, so erhält man für die Kettenschaltung der beiden Zweitore:

$$\begin{pmatrix} U_1 \\ I_1 \end{pmatrix} = \underbrace{\boldsymbol{A}_1 \cdot \boldsymbol{A}_2}_{\boldsymbol{A}_{ges}} \cdot \begin{pmatrix} U_3 \\ I_3 \end{pmatrix}. \quad (1.95)$$

Daraus folgt, dass sich die Kettenmatrix der Kettenschaltung (Hintereinanderschaltung) der Zweitore als Produkt der Kettenmatrizen der Teilzweitore ergibt.

> Bei der Kettenschaltung von Zweitoren ergibt sich die Kettenmatrix der Gesamtschaltung
> als Produkt der Kettenmatrizen der Teilzweitore.

Beispiel 1.29 *Die Kettenmatrix der rechts skizzierten RC-*
Schaltung soll als Produkt der Kettenmatrizen der beiden Teil-
zweitore berechnet werden. Weiterhin ist die Übertragungs-
funktion $G(j\omega) = U_2/U_1$ zu ermitteln. Die Schaltung be-
steht aus der Kettenschaltung zweier Elementarzweitore mit
den Kettenmatrizen.

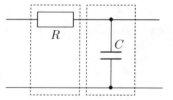

$$\boldsymbol{A}_1 = \begin{pmatrix} 1 & Z \\ 0 & 1 \end{pmatrix} = \begin{pmatrix} 1 & R \\ 0 & 1 \end{pmatrix}, \qquad \boldsymbol{A}_2 = \begin{pmatrix} 1 & 0 \\ Y & 1 \end{pmatrix} = \begin{pmatrix} 1 & 0 \\ j\omega C & 1 \end{pmatrix}.$$

$$\boldsymbol{A} = \boldsymbol{A}_1 \cdot \boldsymbol{A}_2 = \begin{pmatrix} 1 & R \\ 0 & 1 \end{pmatrix} \cdot \begin{pmatrix} 1 & 0 \\ j\omega C & 1 \end{pmatrix} = \begin{pmatrix} 1 + j\omega RC & R \\ j\omega C & 1 \end{pmatrix}.$$

Nach den Kettengleichungen gilt $U_1 = A_{11}U_2 + A_{12}I_2$. Weil bei der Schaltung $I_2 = 0$ ist, wird

$$G(j\omega) = \frac{U_2}{U_1} = \frac{1}{A_{11}} = \frac{1}{1 + j\omega RC}. \quad (1.96)$$

Der Wellenwiderstand eines Zweitores

Zunächst wird die Eingangsimpedanz Z_1 am
Tor 1 eines Zweitores berechnet, wenn das Tor
2 mit einer Impedanz Z_2 abgeschlossen ist.
Offensichtlich ist $Z_1 = U_1/I_1$.

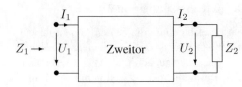

Mit den Kettengleichungen erhält man dann unter Beachtung der Bedingung $U_2 = Z_2 \cdot I_2$:

$$U_1 = A_{11}U_2 + A_{12}I_2 = I_2 \cdot (A_{11}Z_2 + A_{12}), \quad I_1 = A_{21}U_2 + A_{22}I_2 = I_2 \cdot (A_{21}Z_2 + A_{22}).$$

Daraus erhält man die Eingangsimpedanz:

$$Z_1 = \frac{U_1}{I_1} = \frac{A_{11}Z_2 + A_{12}}{A_{21}Z_2 + A_{22}}. \tag{1.97}$$

Beispiel 1.30 *Die Eingangsimpedanz am Tor 1 der mehrfach behandelten RC-Schaltung (s.Bsp. 1.29) soll für den Fall $Z_2 = 0$ (Kurzschluss am Tor 2) und für $Z_2 = \infty$ (Leerlauf am Tor 2) berechnet werden. Aus der Kettenmatrix:*

$$\boldsymbol{A} = \begin{pmatrix} 1 + j\omega RC & R \\ j\omega C & 1 \end{pmatrix},$$

findet man:

Fall: $\quad Z_2 = \infty:\quad Z_1 = \frac{A_{11}}{A_{21}} = \frac{1+j\omega RC}{j\omega C} = R + \frac{1}{j\omega C} = Z_L \quad$ *Eingangsleerlaufimpedanz,*

Fall: $\quad Z_2 = 0:\quad Z_1 = \frac{A_{12}}{A_{22}} = R = Z_K \quad\quad\quad\quad\quad\quad\quad\quad$ *Eingangskurzschlussimpedanz.*

Die Richtigkeit dieser Ergebnisse sind unmittelbar aus der Schaltung erkennbar.

Von Interesse ist die Frage, ob die Abschlussimpedanz Z_2 so gewählt werden kann, dass am Tor 1 die gleiche Impedanz $Z_1 = Z_2$ gemessen wird. Nach unserer Beziehung (1.97) führt dies auf die Bedingung:

$$Z_1 = \frac{A_{11}Z_2 + A_{12}}{A_{21}Z_2 + A_{22}} = Z_2.$$

Wir verzichten hier auf die weitere Umformung und teilen nur das Ergebnis mit:

$$Z_2^2 = \frac{A_{12}}{A_{22}} \cdot \frac{A_{11}}{A_{21}} = Z_K \cdot Z_L.$$

Die Eingangskurzschlussimpedanz $Z_K = A_{12}/A_{22}$ und die Eingangsleerlaufimpedanz $Z_L = A_{11}/A_{21}$ wurden beim Beispiel 1.30 eingeführt. Die so ermittelte Impedanz Z_2 wird der *Wellenwiderstand* Z_W des Zweitores genannt:

$$Z_2 = Z_W = \sqrt{Z_K \cdot Z_L}, \tag{1.98}$$

Wenn ein Zweitor mit seinem Wellenwiderstand, also dem geometrischen Mittelwert aus der Eingangskurzschlussimpedanz und der Eingangsleerlaufimpedanz abgeschlossen ist, wird am Tor 1 der gleiche Widerstand gemessen:

$$Z_1 = Z_2 = Z_W = \sqrt{Z_K \cdot Z_L}.$$

Beispiel 1.31 *Der Wellenwiderstand der bisher besprochenen RC-Schaltung (s.Bsp. 1.29) soll berechnet werden. Aus der Matrix:*

$$A = \begin{pmatrix} 1 + j\omega RC & R \\ j\omega C & 1 \end{pmatrix},$$

findet man:

$$Z_W^2 = \frac{A_{12}}{A_{22}} \frac{A_{11}}{A_{21}} = \frac{R}{1} \cdot \frac{1 + j\omega RC}{j\omega C} = \frac{R}{j\omega C} + R^2.$$

Wenn $R = 1000\,\Omega$, $\omega = 1000\,s^{-1}$, *und* $C = 1\,\mu F$ *ist, ergibt sich:*

$$Z_W^2 = \frac{1000}{j \cdot 1000 \cdot 10^{-6}} + 1000^2 = 10^6(1 - j) = \sqrt{2}\, 10^6 \cdot e^{-j\pi/4}.$$

Daraus erhält man:

$$Z_W = 1189 \cdot e^{-j\pi/8} = 1098 - j455 = \tilde{R} + \frac{1}{j\omega \tilde{C}},\quad \tilde{R} = 1098\,\Omega,\quad \tilde{C} = 2,197\,\mu F.$$

Hinweis: Bei Netzwerken, die aus einer endlichen Anzahl konzentrierter Bauelemente (Widerstände, Spulen Kondensatoren, ...) aufgebaut sind, kann der Wellenwiderstand immer nur für eine bestimmte Frequenz realisiert werden, niemals aber für einen Frequenzbereich. Dabei soll der triviale Fall eines nur aus Widerständen bestehenden Netzwerkes ausgeschlossen sein.

Die Übertragungsfunktion eines in Widerstände eingebetteten Zweitores

Häufig kommen Schaltungen in der rechts dargestellten Art vor. Ein Zweitor ist in Widerstände R_1 und R_2 eingebettet. Der Widerstand R_1 kann dabei die Bedeutung des Innenwiderstandes der Spannungsquelle haben.

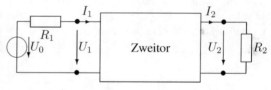

R_2 hat die Bedeutung des Verbraucherwiderstandes. Bei der gegebenen Beschaltung erhält man die Beziehungen:

$$U_0 = U_1 + R_1 \cdot I_1, \qquad U_2 = R_2 \cdot I_2.$$

Unter Verwendung der Kettengleichungen:

$$U_1 = A_{11}U_2 + A_{12}I_2, \qquad I_1 = A_{21}U_2 + A_{22}I_2$$

erhält man dann einen Zusammenhang zwischen U_0 und U_2:

$$U_0 = \left\{ A_{11}U_2 + A_{12}\frac{U_2}{R_2} \right\} + R_1 \cdot \left\{ A_{21}U_2 + A_{22}\frac{U_2}{R_2} \right\}. \qquad (1.99)$$

Durch elementare Rechnung erhält man hieraus die gesuchte Übertragungsfunktion:

$$G(j\omega) = \frac{U_2}{U_0} = \frac{1}{A_{11} + A_{12}/R_2 + A_{21}R_1 + A_{22}R_1/R_2}. \qquad (1.100)$$

Beispiel 1.32 *Die Übertragungsfunktion*
$G = U_2/U_0$ *der rechts skizzierten Schaltung soll berechnet werden. Die Zweitorschaltung hat die Kettenmatrix:*

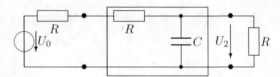

$$A = \begin{pmatrix} 1 + j\omega RC & R \\ j\omega C & 1 \end{pmatrix}.$$

Dan erhält man nach der oben angegebenen Gleichung (1.100):

$$G(j\omega) = \frac{U_2}{U_0} = \frac{1}{1 + j\omega RC + R/R + j\omega RC + R/R} = \frac{1}{3 + 2j\omega RC}.$$

1.10   Beispiele wichtiger Zweitore

1.10.1   Der Übertrager

Der ideale Übertrager

Das Bild zeigt das Schaltungssymbol eines idealen *Übertragers* oder *Transformators* mit dem *Übersetzungsverhältnis* ü. In dem Bild ist der Übertrager mit einer Impedanz Z_2 abgeschlossen. Z_1 ist die Eingangsimpedanz am Tor 1. Bei idealen Übertragern gelten die Beziehungen:

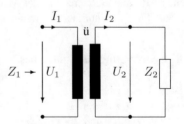

$$U_1 = \ddot{u} \cdot U_2, \quad I_1 = \frac{1}{\ddot{u}} I_2, \quad \Longrightarrow \quad Z_1 = \frac{U_1}{I_1} = \ddot{u}^2 \cdot Z_2 \qquad (1.101)$$

Ein Vergleich mit den Kettengleichungen:

$$U_1 = A_{11} U_2 + A_{12} I_2, \qquad I_1 = A_{21} U_2 + A_{22} I_2,$$

führt zu der Kettenmatrix des idealen Übertragers:

$$A = \begin{pmatrix} \ddot{u} & 0 \\ 0 & \frac{1}{\ddot{u}} \end{pmatrix}. \qquad (1.102)$$

Das Übersetzungsverhältnis $\ddot{u}$ kann beliebige reelle Werte annehmen, also auch negative Werte. Ein negativer Wert kann z.B. dadurch erreicht werden, dass die Klemmen an der Sekundärseite vertauscht werden (untere Klemme nach oben, obere Klemme nach unten).

Übertrager gehören zu den ganz wichtigen Bauelementen in der Wechselstromtechnik. Mit ihnen können aus einer gegebenen Spannung U_1 nahezu beliebig große Spannungen $U_2 = U_1/\ddot{u}$ erzeugt werden. Bei $|\ddot{u}| > 1$ ist $|U_2| < |U_1|$ und bei $|\ddot{u}| < 1$ ist $|U_2| > |U_1|$. Durch Transformatoren können außerdem Stromkreise galvanisch entkoppelt werden. Dies bedeutet, dass zwischen diesen keine elektrische Verbindung besteht. Die galvanische Entkopplung ist im Bereich der Energietechnik von großer Bedeutung für die Sicherheit. So besteht zwischen dem Hochspannungs-Versorgungsnetz mit z.B. Spannungen von 15000 V und dem häuslichen Versorgungsnetz mit 220 V keine elektrische Verbindung. Eine weitere wichtige Eigenschaft des Übertragers findet man, wenn man die Eingangsimpedanz Z_1 eines mit der Impedanz Z_2 abgeschlossenen Übertragers (siehe obiges Bild) berechnet. Mit der im vorausgegangenen Abschnitt angegebenen Beziehung (1.97) und der Kettenmatrix (1.102) des Übertragers erhält man:

$$Z_1 = \frac{A_{11} Z_2 + A_{12}}{A_{21} Z_2 + A_{22}} = \ddot{u}^2 \cdot Z_2. \tag{1.103}$$

Man spricht hier von einer *Impedanztransformation*. Zur Verdeutlichung werden einige einfache Beispiele angeführt.

Beispiel 1.33 *Ein Übertrager mit dem Übersetzungsverhältnis $\ddot{u} = 5$ wird durch einen Widerstand von $10\,\Omega$ abgeschlossen. Der am Tor 1 gemessene Widerstand berechnet sich zu: $Z_1 = \ddot{u}^2 Z_2 = \ddot{u}^2 R = 250\,\Omega$.*

Dies kommt bei der Leistungsanpassung zur Anwendung. Bei der Leistungsanpassung eines Verbrauchers an eine Quelle wird $R = R_i$ gefordert (siehe Abschnitt 1.8.2). Falls diese Forderung nicht erfüllt werden kann, kann durch die Zwischenschaltung eines Übertragers dennoch eine Leistungsanpassung erreicht werden. In diesem Fall wird $Z_2 = R$, $Z_1 = \ddot{u}^2 R = R_i$, also ist das Übersetzungsverhältnis $\ddot{u} = \sqrt{R_i/R}$ zu wählen. Von der Quelle her gesehen, hat dann der Verbraucher den geforderten Widerstandswert R_i.

Beispiel 1.34 *Ein Übertrager mit einem Übersetzungsverhältnis $\ddot{u}$ ist mit einer Reihenschaltung eines Widerstandes und eines Kondensators abgeschlossen. Gesucht ist die Eingangsimpedanz am Tor 1 des Übertragers und eine Ersatzschaltung für diese Impedanz Z_1.*

$$Z_1 = \ddot{u}^2 \cdot Z_2 = \ddot{u}^2 \cdot \left(R + \frac{1}{j\omega C} \right) = \ddot{u}^2 R + \frac{1}{j\omega C/\ddot{u}^2}.$$

Dies bedeutet eine Reihenschaltung eines Widerstandes $\tilde{R} = \ddot{u}^2 R$ mit einer Kapazität $\tilde{C} = C/\ddot{u}^2$.

Beispiel 1.35 *Zwei Übertrager mit den Übersetzungsverhältnissen $\ddot{u}_1$ und $\ddot{u}_2$ werden hintereinander (in Kette) geschaltet. Gesucht wird die Kettenmatrix der Gesamtschaltung. Bei der Hintereinanderschaltung werden die Kettenmatrizen der beiden Übertrager miteinander multipliziert:*

$$\boldsymbol{A} = \begin{pmatrix} \ddot{u}_1 & 0 \\ 0 & \frac{1}{\ddot{u}_1} \end{pmatrix} \begin{pmatrix} \ddot{u}_2 & 0 \\ 0 & \frac{1}{\ddot{u}_2} \end{pmatrix} = \begin{pmatrix} \ddot{u}_1 \ddot{u}_2 & 0 \\ 0 & \frac{1}{\ddot{u}_1 \ddot{u}_2} \end{pmatrix}.$$

Ergebnis:
Die Kettenschaltung der beiden Übertrager führt wiederum auf einen Übertrager mit dem Übersetzungsverhältnis $\ddot{u} = \ddot{u}_1 \cdot \ddot{u}_2$.

Abschließend noch einige Bemerkungen über *Passivität* und *Aktivität*. Ein Zweipolelement ist dann *passiv*, wenn die mittlere Leistung in ihm nicht negativ ist, d.h. $P = \mathcal{R}e\{U \cdot I^*\} \geq 0$. In diesem Sinne sind Widerstände, Spulen und Kondensatoren passive Zweipolelemente. Ebenfalls passiv sind natürlich auch alle Zweitore, die durch Zusammenschaltungen dieser Elementarzweipole entstehen. Wie ist das nun bei einem Zweitor? Zunächst könnte man vielleicht annehmen, dass ein Übertrager mit einem Übersetzungsverhältnis im Bereich $0 < \ddot{u} < 1$ ein aktives Bauelement ist, weil bei ihm die Ausgangsspannung $|U_2| = |U_1|/\ddot{u}$ größer als die Eingangsspannung ist. Bei z.B. $\ddot{u} = 0,1$ wäre $U_2 = 10 \cdot U_1$. Es muss aber beachtet werden, dass gleichzeitig der Strom den Wert $I_2 = \ddot{u} \cdot I_1$ hat. Bei $\ddot{u} = 0,1$ wäre dies ein Sekundärstrom von $I_2 = 0,1 \cdot I_1$. Man erkennt, dass die Leistung am Ausgang nicht größer als die am Eingang ist. Eine Vergrößerung der Ausgangsspannung führt zu einer entsprechenden Verkleinerung des Ausgangsstromes und umgekehrt. In diesem Sinne ist ein Zweipolelement passiv, wenn gilt:

$$P_1 \geq P_2, \ \mathcal{R}e\{U_1 I_1^*\} \geq \mathcal{R}e\{U_2 I_2^*\}.$$

Das Tor 2 kann keine größere Leistung abgeben, als in das Tor 1 hineingeht.

Der reale Transformator

Das Bild zeigt das Schaltungssymbol für einen *realen Übertrager*. Genauer gesagt, soll es sich hier um einen verlust- und streuungsfreien Übertrager handeln. Verlustfrei bedeutet, dass die Widerstände der Wicklungen vernachlässigbar klein sind und auch keine Magnetisierungsverluste entstehen. Streuungsfreiheit heißt, dass der gesamte magnetische Fluss durch beide Wicklungen des Übertragers geht. Einige zusätzliche Informationen zum Aufbau eines Transformators findet der Leser im folgenden Abschnitt.

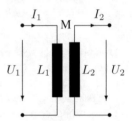

Die Impedanzmatrix des verlust- und streuungsfreien Übertragers hat die Form:

$$\mathbf{Z} = \begin{pmatrix} Z_{11} & Z_{12} \\ Z_{21} & Z_{22} \end{pmatrix} = \begin{pmatrix} j\omega L_1 & j\omega M \\ j\omega M & j\omega L_2 \end{pmatrix}, \text{ bei Streuungsfreiheit gilt: } L_1 \cdot L_2 = M^2.$$

L_1 und L_2 sind die Induktivitäten der Primär- und Sekundärwicklung des Übertragers. M ist die *Gegeninduktivität*.

Aus der Impedanzmatrix kann man die rechts angegebene Ersatzschaltung für einen Übertrager ableiten. Die Richtigkeit der Ersatzschaltung soll nicht bewiesen werden. Wir erkennen aber, dass bei Leerlauf am Tor 2 die Eingangsimpedanz $j\omega L_1$ gemessen wird. Dies ist das Matrixelement:

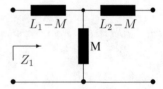

$$Z_1 = \left. \frac{U_1}{I_1} \right|_{I_2=0} = j\omega(L_1 - M) + j\omega M = j\omega L_1.$$

Entsprechend findet man $Z_{22} = j\omega L_2$ und mit wenig mehr Mühe auch das Matrixelement $Z_{12} = j\omega M$. Es zeigt sich, dass in dieser sogenannten *T-Ersatzschaltung* des Übertragers immer genau eine der drei Induktivitäten einen negativen Wert hat. Insofern kann der Übertrager auch nicht durch diese Schaltung realisiert werden. Bei einem Übertrager mit Verlusten enthält die T-Ersatzschaltung zusätzlich Widerstände zur Berücksichtigung der Wicklungswiderstände und von Eisenverlusten.

Mit der im Abschnitt 1.9.3 angegebenen Umrechnungsformel (1.93) findet man die Kettenmatrix des realen Übertragers:

$$\boldsymbol{A} = \frac{1}{Z_{21}} \begin{pmatrix} Z_{11} & |Z| \\ 1 & Z_{22} \end{pmatrix} = \frac{1}{j\omega M} \begin{pmatrix} j\omega L_1 & 0 \\ 1 & j\omega L_2 \end{pmatrix} = \begin{pmatrix} \frac{L_1}{M} & 0 \\ \frac{1}{j\omega M} & \frac{L_2}{M} \end{pmatrix}. \qquad (1.104)$$

Dabei ist zu beachten, dass die Bedingung $L_1 L_2 = M^2$ für die Streuungsfreiheit zu der Determinante $|Z| = 0$ führt. Mit $M = \sqrt{L_1 L_2}$ erhält man schließlich die Kettenmatrix:

$$\boldsymbol{A} = \begin{pmatrix} \sqrt{L_1/L_2} & 0 \\ \frac{1}{j\omega M} & \sqrt{L_2/L_1} \end{pmatrix}, \qquad (1.105)$$

und die Kettengleichungen:

$$U_1 = \sqrt{\frac{L_1}{L_2}} U_2, \qquad I_1 = \frac{1}{j\omega M} U_2 + \sqrt{\frac{L_2}{L_1}} I_2. \qquad (1.106)$$

Man erkennt, dass ein verlust- und streuungsfreier Übertrager für $M \to \infty$ in einen idealen Übertrager mit dem Übersetzungsverhältnis $\ddot{u} = \sqrt{L_1/L_2}$ übergeht.

Der Aufbau eines Transformators

Die Anordnung rechts zeigt den prinzipiellen Aufbau eines Transformators. Auf einen Eisenkern sind Spulen mit w_1 bzw. w_2 Windungen gewickelt. Die Ströme i_1 und i_2 führen in dem Eisenkern zu einem magnetischen Fluss:

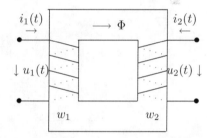

$$\phi = K \cdot (i_1 \cdot w_1 + i_2 \cdot w_2).$$

Die Konstante K ist von der Form und den Abmessungen des Eisenkerns und auch von den magnetischen Eigenschaften des Kernmaterials abhängig. Nach dem Induktionsgesetz gilt:[6]

$$u_1 = w_1 \frac{d\Phi}{dt}, \qquad u_2 = w_2 \frac{d\Phi}{dt}.$$

Dann wird mit dem oben angegebenen Ausdruck für Φ:

$$u_1 = K \cdot w_1^2 \frac{d i_1}{dt} + K \cdot w_1 w_2 \frac{d i_2}{dt}, \qquad u_2 = K \cdot w_1 w_2 \frac{d i_1}{dt} + K \cdot w_2^2 \frac{d i_2}{dt}.$$

Mit den Abkürzungen $L_1 = K \cdot w_1^2$, $L_2 = K \cdot w_2^2$ und $M = K \cdot w_1 w_2$ erhält man dann:

$$u_1(t) = L_1 \frac{d i_1(t)}{dt} + M \frac{d i_2(t)}{dt}, \qquad u_2(t) = M \frac{d i_1(t)}{dt} + L_2 \frac{d i_2(t)}{dt}, \qquad (1.107)$$

wobei $L_1 L_2 - M^2 = K^2 w_1^2 w_2^2 - K^2 w_1^2 w_2^2 = 0$ ist. Wir erinnern uns daran, dass ein sinusförmiger Strom mit Hilfe des komplexen Stromes in der Form:

$$i(t) = \hat{i} \cos(\omega t + \varphi) = \sqrt{2} \mathcal{R}e\{I e^{j\omega t}\}, \qquad I = \frac{1}{2}\sqrt{2}\,\hat{i}\, e^{j\varphi}$$

---

[6]In der Literatur findet man häufig diese Beziehungen mit einen negativen Vorzeichen, also z.B. $u_1 = -w_1 d\Phi/dt$. Dieser Unterschied ist allerdings für die Überlegungen hier ohne Einfluss.

dargestellt werden kann. In diesem Sinne setzen wir in die obige Beziehung die komplexen Ströme $I_1 e^{j\omega t}$, $I_2 e^{j\omega t}$ ein und erhalten die komplexen Spannungen:

$$u_1(t) = j\omega L_1 I_1 e^{j\omega t} + j\omega M I_2 e^{j\omega t} = U_1 e^{j\omega t}, \qquad u_2(t) = j\omega M I_1 e^{j\omega t} + j\omega L_2 I_2 e^{j\omega t} = U_2 e^{\omega t}.$$

Hieraus erhält man schließlich die bereits für komplexe Größen angegebenen Beziehungen für die Z-Matrix:

$$U_1 = j\omega L_1 I_1 + j\omega M I_2, \tag{1.108}$$
$$U_2 = j\omega M I_1 + j\omega L_2 I_2. \tag{1.109}$$

Das Übersetzungsverhältnis beträgt $\ddot{u} = \sqrt{L_1/L_2} = w_1/w_2$, es entspricht dem Verhältnis der Windungszahlen der beiden Spulen.

1.10.2 Die Leitung

Das Bild zeigt eine Leitung der Länge l, die mit ihrem Wellenwiderstand abgeschlossen ist.

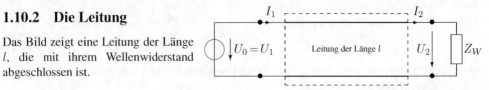

Wenn ein Zweitor mit seinem Wellenwiderstand $Z_2 = Z_W$ abgeschlossen ist, wird am Tor 1 der gleiche Widerstand $Z_1 = Z_2 = Z_W$ gemessen (vgl. Gl. 1.98). Ohne Beweis wird die Kettenmatrix für ein aus einer Leitung der Länge l bestehendes Zweitores angegeben:

$$\boldsymbol{A} = \begin{pmatrix} \cosh(\gamma l) & Z_W \sinh(\gamma l) \\ \frac{1}{Z_W} \sinh(\gamma l) & \cosh(\gamma l) \end{pmatrix},$$

$$Z_W = \sqrt{\frac{R' + j\omega L'}{G' + j\omega C'}}, \quad \gamma = \sqrt{(R' + j\omega L')(G' + j\omega C')} = \alpha + j\beta.$$

Z_W ist der Wellenwiderstand der Leitung und γ die sogenannte *Fortpflanzungskonstante*. Den Realteil α nennt man *Dämpfungskonstante*, den Imaginärteil β *Phasenkonstante*.

Die Bedeutung der Größen R', L', G', C' geht aus dem (rechten) Ersatzschaltbild für ein ganz kleines Leitungsstück der Länge Δx hervor. Man bezeichnet diese Größen als *Leitungsbeläge*. Ihre Einheiten sind Ω/m, H/m, Ω^{-1}/m und F/m.

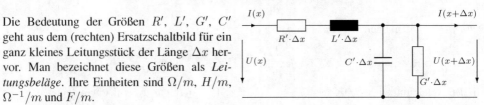

Aus diesem Ersatzschaltbild für ein ganz kleines Leitungsstück können Differentialgleichungen zur Berechnung der Ströme und Spannungen längs einer Leitung aufgestellt werden. Aus diesen Gleichungen kann auch die oben angegebene Kettenmatrix gewonnen werden. Aus der Kettengleichung:

$$U_1 = A_{11} U_2 + A_{12} I_2,$$

erhält man mit $U_1 = U_0$, $I_2 = U_2/Z_W$ und den Elementen der vorne angegebenen Kettenmatrix:

$$U_0 = \left(\cosh(\gamma l) + \frac{1}{Z_W} Z_W \sinh(\gamma l) \right) \cdot U_2 = U_2 \cdot e^{\gamma l},$$

wobei: $\cosh x = \frac{1}{2}e^x + \frac{1}{2}e^{-x}$, $\sinh x = \frac{1}{2}e^x - \frac{1}{2}e^{-x}$.

Damit ergibt sich die Übertragungsfunktion einer mit dem Wellenwiderstand abgeschlossenen Leitung und die Ausgangsspannung:

$$G(j\omega) = \frac{U_2}{U_0} = e^{-\gamma l} = e^{-\alpha l}e^{-j\beta l}, \qquad U_2 = U_0 \cdot e^{-\alpha l}e^{-j\beta l}. \qquad (1.110)$$

Dies bedeutet, dass der Betrag der Ausgangsspannung:

$$|U_2| = |U_0| \cdot e^{-\alpha l},$$

exponentiell mit der Leitungslänge abnimmt. Bei der *verlustfreien Leitung* ($R' = 0$, $G' = 0$) erhalten wir einen reellen Wellenwiderstand und eine rein imaginäre Fortpflanzungskonstante:

$$Z_W = R_W = \sqrt{\frac{L'}{C'}}, \qquad \gamma = j\omega\sqrt{L'C'} = j\beta, \ (\alpha = 0).$$

Mit $\cosh(jx) = \cos x$, $\sinh(jx) = j\sin x$ findet man die Kettenmatrix der verlustfreien Leitung:

$$\mathbf{A} = \begin{pmatrix} \cos(\beta l) & jR_W\sin(\beta l) \\ j\frac{1}{R_W}\sin(\beta l) & \cos(\beta l) \end{pmatrix}, \qquad Z_W = R_W = \sqrt{\frac{L'}{C'}}, \ \beta = \omega\sqrt{L' \cdot C'}.$$

Für die Ausgangsspannung erhält man bei der verlustfreien Leitung

$$U_2 = U_0 e^{-j\beta l}.$$

Es gilt nun $|U_2| = |U_0|$, die Ausgangsspannung ist gegenüber der Eingangsspannung lediglich phasenverschoben.

Zusätzliche Hinweise:

1. *Signalübertragung*
Man kann zeigen, dass bei verlustfreien und mit ihrem Wellenwiderstand abgeschlossenen Leitungen

$$u_2(t) = u_1(t - t_0) \text{ mit } t_0 = \sqrt{L'C'} \cdot l$$

gilt. Dies bedeutet, dass das Eingangssignal $u_0(t)$ am Leitungsende verzögert, ansonsten aber unverändert ankommt. Die Verzögerungszeit hängt natürlich von der Leitungslänge ab (Laufzeit!). Bei nicht verlustfreien Leitungen gilt mit einigen Einschränkungen

$$u_2(t) = e^{-\alpha \cdot l} \cdot u_0(t - t_0).$$

Das Signal wird jetzt nicht nur verzögert, sondern zusätzlich noch "gedämpft". Die Dämpfung nimmt mit der Leitungslänge zu. Aus diesem Grunde baut man in der Praxis in gewissen Abständen Verstärker ein, die das gedämpfte Signal wieder verstärken.

Diese Aussagen gelten nur bei einem Abschluss der Leitung mit ihrem Wellenwiderstand. Wenn diese Bedingung nicht erfüllt ist (Fehlanpassung), treten unerwünschte Reflexionen auf der Leitung auf und das Eingangssignal wird nicht unverzerrt zum Ausgang übertragen.

2. *Typen von Leitungen*
Flachbandkabel bestehen aus zwei Drähten, die durch einen Kunststoffsteg getrennt sind. Solche

Leitungen haben oft einen Wellenwiderstand von $240\,\Omega$. Ihr Nachteil ist, dass sie durch elektrische und magnetische Felder stark gestört werden können. *Verdrillte Leitungen* weisen hingegen eine wesentlich geringere Störempfindlichkeit auf. *Koaxialleitungen* bestehen aus einem runden Innenleiter und einem kreisförmigen leitenden Außenleiter. Sie sind vollständig gegen äußere Störfelder geschützt. Typische Werte für Wellenwiderstände von Koaxialleitungen sind $50\,\Omega$, $60\,\Omega$ und auch $75\,\Omega$. Der ausnutzbare Frequenzbereich geht bei Koaxialkabeln bis in den GHz-Bereich. Für Übertragungen in einem noch höheren Frequenzbereich kommen *Wellenleiter* (Mikrowellenbereich) und *Glasfaserleitungen* zum Einsatz.

1.10.3 Schaltungen mit Verstärkern

Der Verstärker

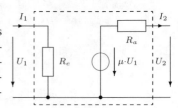

Das nebenstehende Bild zeigt die Zweitorschaltung eines Verstärkers mit dem Eingangswiderstand R_e und dem Ausgangswiderstand R_a. Die Schaltung enthält eine sogenannte *gesteuerte Quelle*, genauer eine spannungsgesteuerte Spannungsquelle. Aus der Schaltung entnehmen wir die Beziehungen:

$$U_1 = R_e I_1, \qquad U_2 = \mu U_1 - R_a I_2. \tag{1.111}$$

Die Gleichungen (1.111) können folgendermaßen umgestellt werden:

$$U_1 = \frac{1}{\mu}U_2 + \frac{R_a}{\mu}I_2, \qquad I_1 = \frac{1}{R_e}U_1 = \frac{1}{\mu R_e}U_2 + \frac{R_a}{\mu R_e}I_2. \tag{1.112}$$

Aus Gleichung (1.112) ergibt sich die Kettenmatrix des Verstärkers:

$$\boldsymbol{A} = \begin{pmatrix} \frac{1}{\mu} & \frac{R_a}{\mu} \\ \frac{1}{\mu R_e} & \frac{R_a}{R_e}\frac{1}{\mu} \end{pmatrix}. \tag{1.113}$$

Häufig soll ein Verstärker einen möglichst großen Eingangswiderstand R_e und einem möglichst kleinen Ausgangswiderstand R_a haben. Durch den großen Widerstand R_e am Tor 1 stellt der Verstärker keine Belastung für die vorhergehende Stufe dar. Der kleine Widerstand R_a am Tor 2 sorgt dafür, dass die Ausgangsspannung U_2 des Verstärkers nicht vom Strom I_2 abhängt.

Unter der Voraussetzung $R_e \to \infty$ und $R_a \to 0$ erhalten wir die Kettenmatrix des *idealen Verstärkers* mit der rechts skizzierten Ersatzschaltung:

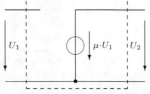

$$\boldsymbol{A} = \begin{pmatrix} \frac{1}{\mu} & 0 \\ 0 & 0 \end{pmatrix} \Longleftrightarrow \begin{array}{ccccc} U_1 &=& \frac{1}{\mu}\cdot U_2 &+& 0\cdot I_2 \\ I_1 &=& 0\cdot U_2 &+& 0\cdot I_2 \end{array}$$

Von großer praktischer Bedeutung ist die Beschaltung des idealen Verstärkers mit zwei Impedanzen Z_1 und Z_2, wie unten dargestellt.

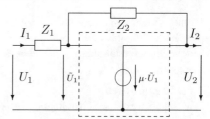

Aus dieser Schaltung entnehmen wir die Beziehungen:

$$\tilde{U}_1 = \frac{1}{\mu}U_2, \quad \tilde{U}_1 = U_1 - I_1 Z_1, \quad I_1 = \frac{U_1 - U_2}{Z_1 + Z_2}.$$

Daraus erhält man die Beziehungen:

$$\tilde{U}_1 = \frac{1}{\mu}U_2 = U_1 - I_1 Z_1 = U_1 - \frac{U_1 - U_2}{Z_1 + Z_2}Z_1, \quad U_2\left(\frac{1}{\mu} - \frac{Z_1}{Z_1 + Z_2}\right) = U_1\left(1 - \frac{Z_1}{Z_1 + Z_2}\right).$$

Die Übertragungsfunktion $G(j\omega)$ erhält man durch die Division:

$$G(j\omega) = \frac{U_2}{U_1} = \frac{\mu Z_2}{Z_1 + Z_2 - \mu Z_1}. \tag{1.114}$$

Wir wollen auch noch die Eingangsimpedanz $W_1 = U_1/I_1$ der Schaltung am Tor 1 berechnen. Mit den oben angegebenen Beziehungen erhält man:

$$I_1 = \frac{U_1 - U_2}{Z_1 + Z_2}, \quad U_2 = U_1 \cdot G(j\omega) = U_1 \cdot \frac{\mu Z_2}{Z_1 + Z_2 - \mu Z_1}$$

Der Eingangswiderstand ergibt sich nach elementarer Rechnung:

$$W_1 = \frac{U_1}{I_1} = \frac{Z_1 + Z_2 - \mu Z_1}{1 - \mu}. \tag{1.115}$$

Schaltungen mit Operationsverstärkern

In der Praxis verwendet man als Verstärker sogenannte *Operationsverstärker*, die als integrierte Bausteine preiswert zur Verfügung stehen. Operationsverstärker erfüllen die Voraussetzung eines sehr großen Eingangswiderstandes ($R_e \to \infty$) und eines sehr kleinen Ausgangswiderstands ($R_a \to 0$). Außerdem haben Operationsverstärker eine sehr große Verstärkung ($\mu = 10^4 \ldots 10^6$), so dass man bei der Rechnung $\mu = \infty$ setzen kann.

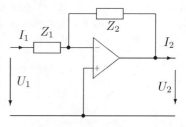

Rechts ist ein mit den beiden Impedanzen Z_1, Z_2 beschalteter Operationsverstärker mit dem üblichen Schaltungssymbol skizziert. Das Minuszeichen kennzeichnet den sogenannten invertierenden Eingang des Operationsverstärkers und das Pluszeichen den nicht invertierenden Eingang. Unter der bei Operationsverstärkern zulässigen Voraussetzung $\mu = \infty$ hat die Schaltung nach den angegebenen Beziehungen (1.114) und (1.115) die Übertragungsfunktion und die Eingangsimpedanz:

$$G(j\omega) = \frac{U_2}{U_1} = -\frac{Z_2}{Z_1}, \qquad W_1 = \frac{U_1}{I_1} = Z_1. \tag{1.116}$$

Die soeben angegebene Übertragungsfunktion (1.116) ist insofern interessant, weil sie nur von der äußeren Beschaltung (Z_1, Z_2) des Operationsverstärkers abhängt, nicht aber von den Eigenschaften des Verstärkers selbst. Wegen des negativen Vorzeichens bei der Übertragungsfunktion

spricht man hier von einem *invertierenden* Verstärker. In der Regel spielt diese Invertierung keine
große Rolle. Wo notwendig, müssen ggf. zwei invertierende Verstärker hintereinander geschaltet
werden. Selbstverständlich gibt es aber auch nicht invertierende Verstärkerschaltungen mit Operationsverstärkern.

Einige Ergänzungen

1. Fasst man die obige Schaltung des mit Z_1 und Z_2 beschalteten Operationsverstärkers als Zweitorschaltung auf, dann hat diese die Kettenmatrix:

$$\boldsymbol{A} = \begin{pmatrix} -\frac{Z_1}{Z_2} & 0 \\ -\frac{1}{Z_2} & 0 \end{pmatrix} \Longleftrightarrow \begin{matrix} U_1 &=& -\frac{Z_1}{Z_2} \cdot U_2 &+& 0 \cdot I_2 \\ I_1 &=& \frac{-1}{Z_{12}} \cdot U_2 &=& \frac{1}{Z_1} \cdot U_1 \end{matrix}$$

2. Das nachstehende Bild zeigt links nochmals den jetzt mit den beiden Widerständen R_1 und
R_2 beschalteten Operationsverstärker und zusätzlich einige in der Schaltung eingetragene Ströme.
Dabei ist (hier) natürlich $I_0 = I_1$.

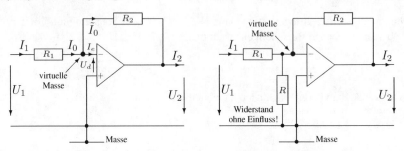

Wegen des sehr (theoretisch unendlich) großen Eingangswiderstandes des Operationsverstärkers
kann der Eingangsstrom I_e vernachlässigt werden. Dadurch fließt (fast) der gesamte Eingangsstrom über Z_2: $\tilde{I}_0 \approx I_0$. Außerdem ist die Eingangsspannung am Operationsverstärker sehr
klein: $U_d \approx 0$. Dies muss auch so sein. Der Operationsverstärker hat eine sehr große Verstärkung
($\mu \to \infty$). Eine endliche Ausgangsspannung $U_2 = \mu U_d$ bedingt einem sehr kleinen Wert U_d. Die
in der Praxis vernachlässigbar kleine Spannung U_d führt dazu, dass der obere Eingang des Operationsverstärkers "•" praktisch an der Masse liegt, man spricht hier von einer *virtuellen Masse*.
Dies bedeutet z.B., dass ein an die Eingangsklemmen geschalteter Widerstand R (rechter Bildteil)
keinen Einfluss auf die Spannungen und Ströme in der Schaltung hat. Wegen $U_d \approx 0$ fließt durch
ihn kein Strom, es gilt weiterhin $W_1 = \frac{U_1}{I_1} = R_1$, $G = \frac{U_2}{U_1} = -\frac{R_2}{R_1}$ und $\tilde{I}_0 = I_0$.

Schließlich folgt aus der Maschengleichung: $U_2 + U_d + \tilde{I}_0 R_2 = 0$ mit $U_d = 0$ und $\tilde{I}_0 = I_0$ die
wichtige Beziehung:

$$U_2 = -I_0 \cdot R_2. \tag{1.117}$$

Bei der oben angegebenen Schaltung ist $I_0 = I_1 = \frac{U_1}{R_1}$ und damit erhält man die vorne abgeleitete Gleichung (1.116): $U_2 = -\frac{R_2}{R_1} U_1$. Einige der hier getroffenen Aussagen, z.B. die, dass der
Widerstand R in der rechten Schaltung ohne Einfluss bleibt, sind physikalisch nicht leicht einzusehen. Es muss hier aber bedacht werden, dass wir mit einem idealen Verstärker rechnen. In
solchen Fällen versagt bisweilen die Anschauung. Zu richtigen Ergebnissen kann man dann nur
durch eine genaue Analyse der Schaltung mit einem endlichen Wert für die Verstärkung und dem
nachfolgenden Grenzübergang $\mu \to \infty$ kommen.

3. Wie jeder reale Verstärker besitzt auch der Operationsverstärker eine obere Grenzfrequenz f_0, oberhalb der die Verstärkung abfällt. Der Operationsverstärker zeigt dann ein *Tiefpassverhalten*. Wir bezeichnen die Verstärkung des Operationsverstärkers bei sehr niedrigen Frequenzen jetzt mit μ_0. Dann gilt für höhere Frequenzen näherungsweise:

$$\mu = \frac{\mu_0}{1 + j\frac{f}{f_0}}, \ |\mu| = \frac{\mu_0}{\sqrt{1 + (f/f_0)^2}}.$$

Bei der (Grenz-) Frequenz f_0 ist der Betrag der Verstärkung auf den Wert $0,707 \cdot \mu_0$ abgeklungen (Dämpfung: 3 dB). Bei beschalteten Operationsverstärkern mit einer insgesamt wesentlich kleineren (Gesamt-) Verstärkung wirkt sich die Abnahme von μ mit der Frequenz wesentlich weniger aus, so dass Schaltungen mit Operationsverstärkern auch bei höheren Frequenzen (einige 100 KHz) problemlos einsetzbar sind.

Beispiel 1.36 Der einfache Verstärker

Das Bild zeigt die Beschaltung des Operationsverstärkers mit zwei Widerständen. Dann erhält man die frequenzunabhängige Übertragungsfunktion:

$$G(j\omega) = -\frac{R_2}{R_1}.$$

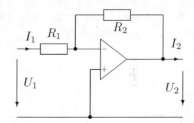

Im Fall $R_2 > R_1$ wird $|U_2| > |U_1|$, dies bedeutet eine "echte Verstärkung". Bei $R_2 < R_1$ wird $|U_2| < |U_1|$.

Beispiel 1.37 Der aktive Tiefpass

Bei der rechts skizzierten Schaltung ist

$$Z_1 = R_1, \ Z_2 = \frac{R_2/(j\omega C)}{R_2 + \frac{1}{j\omega C}} = \frac{R_2}{1 + j\omega C R_2}.$$

Damit erhalten wir die Übertragungsfunktion:

$$G(j\omega) = \frac{U_2}{U_1} = -\frac{Z_2}{Z_1} = -\frac{R_2/R_1}{1 + j\omega C R_2}.$$

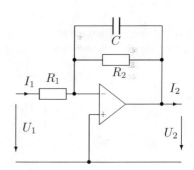

Wir setzen jetzt $R_1 = R_2 = R$ und finden: $G(j\omega) = -\dfrac{1}{1 + j\omega RC}$.

Dies ist, bis auf das negative Vorzeichen, die gleiche Übertragungsfunktion des im Abschnitt 1.7.2 besprochenen RC-Tiefpasses. Dort wurde eine passive Realisierung angegeben, hier eine aktive. Die aktive Realisierung erfordert im vorliegenden Fall einen wesentlich höheren Auswand wie die passive.

Beispiel 1.38 Ein RC-Tiefpass 2. Grades

Bei dem RC-Tiefpass vom Abschnitt 1.7.2 und ebenso bei der aktiven Schaltung im vorangehenden

Beispiel spricht man von einem Tiefpass 1. Grades, weil $j\omega$ in der Übertragungsfunktion nur in der 1. Potenz auftritt.

Wir untersuchen nun die rechts skizzierte Tiefpass-schaltung, die als Hintereinanderschaltung zwei-er Tiefpässe 1. Grades aufgefasst werden kann. Zur Berechnung der Übertragungsfunktion benut-zen wir die vorne abgeleitete Gleichung (1.96):

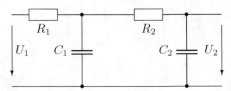

$$G(j\omega) = \frac{1}{A_{11}}.$$

Die gegebene Tiefpassschaltung kann auch als Kettenschaltung von vier Teilzweitoren angesehen werden. Ein Teilzweitor enthält entweder einen Widerstand im Längszweig oder eine Kapazität im Querzweig. Damit wird:

$$A = \begin{pmatrix} 1 & R_1 \\ 0 & 1 \end{pmatrix} \begin{pmatrix} 1 & 0 \\ j\omega C_1 & 1 \end{pmatrix} \begin{pmatrix} 1 & R_2 \\ 0 & 1 \end{pmatrix} \begin{pmatrix} 1 & 0 \\ j\omega C_2 & 1 \end{pmatrix}.$$

Für die weitere Rechnung nehmen wir an, dass $R_1 = R_2 = R$ und $C_1 = C_2 = C$ ist. Dann erhält man, wenn man zunächst das Produkt der beiden ersten und das der beiden letzten Matrizen bildet:

$$A = \begin{pmatrix} 1 + j\omega RC & R \\ j\omega C & 1 \end{pmatrix} \begin{pmatrix} 1 + j\omega RC & R \\ j\omega C & 1 \end{pmatrix}.$$

Von der Matrix A interessiert uns nur das für die Bestimmung der Übertragungsfunktion notwen-dige Element A_{11}. Wir erhalten:

$$A_{11} = (1 + j\omega RC)^2 + j\omega RC = 1 + 3j\omega RC + (j\omega)^2 R^2 C^2.$$

Die Übertragungsfunktion ergibt sich zu:

$$G(j\omega) = \frac{1}{A_{11}} = \frac{1}{1 + 3j\omega RC + (j\omega)^2 R^2 C^2}.$$

Die Übertragungsfunktion der einfachen RC-Schaltung 1. Grades lautet:

$$\tilde{G}(j\omega) = \frac{1}{1 + j\omega RC} = \frac{1}{1 + j\omega\tau}, \quad |\tilde{G}(j\omega)| = \frac{1}{\sqrt{1 + \omega^2\tau^2}}, \quad \tau = RC.$$

Um einen Vergleich mit der Übertragungsfunktion der hier untersuchten Schaltung durchführen zu können, setzen wir auch dort $RC = \tau$ und erhalten dann den Betrag:

$$|G(j\omega)| = \frac{1}{\sqrt{(1 - \omega^2\tau^2)^2 + 9\omega^2\tau^2}}.$$

Diese Betragsfunktion ist im rechten Bild (ausgezogen) skizziert. Bei der Frequenz $\omega = \frac{1}{\tau}$ ergibt sich der Betrag $|G(j/\tau)| = 1/3$. Zum Vergleich ist der Betrag $|\tilde{G}(j\omega)|$ der Übertragungsfunktion der RC-Schaltung 1. Grades ebenfalls (gepunktet) in dem Bild eingetragen. Diese Funktion hat bei der Frequenz $\omega = 1/\tau$ den Betrag $\frac{1}{2}\sqrt{2}$. Die Frequenz $\omega = 1/\tau$ hat hier die Bedeutung der Grenzfrequenz.

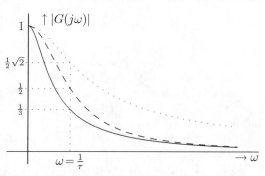

Es stellt sich die Frage, warum die Übertragungsfunktion der Schaltung 2. Grades nicht das Produkt von Übertragungsfunktionen 1. Grades ist. Die hier untersuchte RC-Schaltung kann doch als Hintereinanderschaltung zweier einfacher RC-Tiefpässe angesehen werden. Die Begründung liegt darin, dass das Anfügen der 2. einfachen RC-Schaltung den 1. Schaltungsteil belastet.

Dieses Problem könnte man mit der rechts skizzierten Schaltung umgehen.

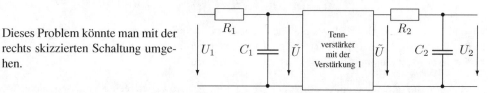

Zwischen die beiden einfachen RC-Tiefpässe ist ein Trennverstärker mit einem sehr großen Eingangswiderstand, einen sehr kleinen Ausgangswiderstand und der Verstärkung 1 geschaltet. Dadurch belastet der 2. Schaltungsteil den 1. Teiltiefpass nicht mehr.

Wir erhalten bei dieser Anordnung zunächst:

$$\tilde{U} = G_1(j\omega) \cdot U_1 = \frac{1}{1 + j\omega R_1 C_1} U_1.$$

Wegen des Trennverstärkers ist $\tilde{U}$ die Eingangsspannung für den 2. Schaltungsteil, es wird:

$$U_2 = G_2(j\omega)\tilde{U} = \frac{1}{1 + j\omega R_2 C_2}\tilde{U}.$$

Mit $\tilde{U} = G_1(j\omega)U_1$ erhält man:

$$U_2 = G_1(j\omega)G_2(j\omega)U_1 = \frac{1}{1 + j\omega R_1 C_1} \cdot \frac{1}{1 + j\omega R_2 C_2} U_1.$$

Die Gesamtübertragungsfunktion ergibt sich als Produkt der beiden Teilübertragungsfunktionen:

$$G(j\omega) = G_1(j\omega) \cdot G_2(j\omega).$$

In dem Bild ist für $R_1 = R_2 = R$, $C_1 = C_2 = C$ der Betrag dieser Funktion gestrichelt eingetragen. Man erkennt die Abweichung zur Übertragungsfunktion der Schaltung ohne die Entkopplung durch einen Trennverstärker. Bei aktiven Filterschaltungen ist eine Entkopplung der Schaltungsteile oft gegeben, so dass dort die Teilübertragungsfunktionen multipliziert werden dürfen.

Beispiel 1.39 Ein Potenztiefpass, normierte Rechnung

Das Bild zeigt einen sogenannten Potenz-Tiefpass 3. Grades, der
bei seiner Grenzfrequenz f_g =
10000 Hz eine Dämpfung von 3 dB
aufweist. Als Übertragungsfunktion
wird hier der Quotient $G(j\omega) = 2\frac{U_2}{U_0}$
definiert.

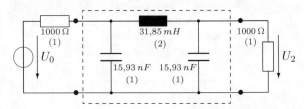

In der Schaltung sind auch die Bauelementewerte angegeben, auf die eingeklammerten Zahlen
kommen wir anschließend zu sprechen. Zur Berechnung der Übertragungsfunktion ist es günstig,
von der Gleichung (1.100) (hier mit dem Faktor 2!) auszugehen:

$$G(j\omega) = 2\frac{U_2}{U_0} = \frac{2}{A_{11} + A_{12}/R_2 + A_{21}R_1 + A_{22}R_1/R_2}.$$

R_1 und R_2 sind dabei die Widerstände, die in das Zweitor eingebettet sind. Im vorliegenden Fall
ist $R_1 = R_2 = R = 1000\,\Omega$. Zur Berechnung der Übertragungsfunktion muss demnach die
Kettenmatrix des (umrandeten) Zweitores berechnet werden.

An dieser Stelle stoßen wir auf das Problem, dass wir mit Zahlenwerten rechnen müssen, die viele
Zehnerpotenzen auseinander liegen und überdies hinaus noch viele Stellen aufweisen. In der Elektrotechnik rechnet man in solchen Fällen häufig *normiert*. Um eine normierte Schaltung zu erhalten, legt man zunächst einen geeigneten *Bezugswiderstand* R_b fest. Hier wählen wir $R_b = 1000\,\Omega$.
Nach dieser Festlegung werden alle Widerstände in der Schaltung auf diesen Bezugswiderstand
bezogen, es entstehen normierte Widerstände $R_n = R/R_b$. Im vorliegenden Fall ergeben sich die
beiden (in Klammern angegebenen) normierten Widerstände $R_{1_n} = R_{2_n} = 1$. Als 2. Bezugsgröße wählt man eine *Bezugsfrequenz* f_b, auf die alle Frequenzen bezogen werden. Hier wählen
wir $f_b = f_g = 10$ kHz. Dies bedeutet, dass die Grenzfrequenz bei der normierten Frequenz 1
liegt. Eine normierte Frequenz von 2 bedeutet eine wirkliche Frequenz von 20 kHz. Schließlich
werden noch alle Impedanzen auf den Bezugswiderstand bezogen. Damit erhalten wir bei einer
Induktivität, wenn noch $f = f_n \cdot f_b$ bzw. $\omega = \omega_n \cdot \omega_b$ beachtet wird:

$$\omega L \Rightarrow \frac{\omega L}{R_b} = \omega_n \frac{\omega_b L}{R_b} = \omega_n \cdot L_n \text{ mit } L_n = \frac{\omega_b L}{R_b}.$$

Im vorliegenden Fall finden wir die normierte Induktivität ($f_b = 10000$ Hz, $R_b = 1000\,\Omega$, $L =$
$31,85 \cdot 10^{-3}$ H):

$$L_n = \frac{2\pi \cdot 10000 \cdot 0,03185}{1000} = 2.$$

Dies ist der in der Schaltung in Klammern eingetragene Wert. Für eine Kapazität erhält man entsprechend:

$$\frac{1}{\omega C} \Rightarrow \frac{1}{\omega C R_b} = \frac{1}{\omega_n \cdot \omega_b C R_b} = \frac{1}{\omega_n \cdot C_n} \text{ mit } C_n = \omega_b C R_b.$$

Im vorliegenden Fall finden wir die normierten Kapazitäten ($f_b = 10000$ Hz, $R_b = 1000\,\Omega$,
$C = 15,93$ nF)

$$C_n = 2\pi \cdot 10000 \cdot 15,93\,10^{-9} \cdot 1000 = 1.$$

Nun können wir mit den sehr viel einfacheren normierten Werten rechnen und erhalten die Kettenmatrix des Zweitores:

$$A = \begin{pmatrix} 1 & 0 \\ j\omega & 1 \end{pmatrix} \begin{pmatrix} 1 & 2j\omega \\ 0 & 1 \end{pmatrix} \begin{pmatrix} 1 & 0 \\ j\omega & 1 \end{pmatrix} = \begin{pmatrix} 1 + 2(j\omega)^2 & 2j\omega \\ 2j\omega + 2(j\omega)^3 & 1 + 2(j\omega)^2 \end{pmatrix}.$$

Dann erhalten wir nach der oben angegebenen Beziehung (1.100) und den normierten Bauelementewerten die Übertragungsfunktion:[7]

$$G(j\omega) = 2\frac{U_2}{U_0} = \frac{2}{2 + 4j\omega + 4(j\omega)^2 + 2(j\omega)^3}.$$

Die Betragsbildung führt nach einigen Rechenschritten zu dem Ergebnis:

$$|G(j\omega)| = 1/|1 - 2\omega^2 + j\omega(2 - \omega^2)| = \frac{1}{\sqrt{1 + \omega^6}}.$$

Diese Betragsfunktion ist rechts in Abhängigkeit von der normierten Frequenz aufgetragen. Bei $f_n = 1$ ist die wirkliche (Grenz-) Frequenz $f_g = 10000$ Hz.

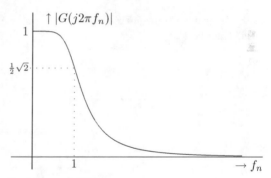

Aus der Schaltung mit den normierten Bauelementewerten erhält man die ursprüngliche Schaltung durch eine *Entnormierung* zurück.

Durch die Umstellung der oben angegebenen Beziehungen folgt:

$$R = R_n \cdot R_b, \quad L = L_n \frac{R_b}{\omega_b}, \quad C = C_n \frac{1}{\omega_b R_b}.$$

1.11 Elektronische Bauelemente

1.11.1 Halbleiter

Im Abschnitt 1.1.2 wurde ausgeführt, dass bei Metallen die Bindungsenergie der Elektronen in den äußeren Schalen so gering ist, dass sie sich frei bewegen können (*freie Elektronen*). In Halbleitern sorgen die Elektronen der äußeren Schalen im Wesentlichen für die Bindung zu den benachbarten Atomen (*Valenzelektronen*). Aus diesem Grunde hat reines Germanium oder reines Silizium einen sehr großen spezifischen Widerstand. Erst durch eine dosierte schwache Verunreinigung, die sogenannte *Dotierung*, entsteht eine bestimmte kontrollierte Leitfähigkeit.

Silizium hat 4 Valenzelektronen. Wenn man in Silizium fünfwertige Atome (z.B. Phosphor, Arsen) einbringt, sind von deren 5 Valenzelektronen nur 4 zur Gitterbildung mit den Siliziumatomen

---

[7]Im vorliegenden Fall wird die "eigentliche" Übertragungsfunktion mit dem Faktor 2 multipliziert, damit man bei $f = 0$ den Wert $G(0) = 1$ erhält. Der Faktor hat auf die Frequenzabhängigeit ansonsten keinen Einfluss.

erforderlich. Ein Elektron wird nicht "benötigt" und steht zur Stromleitung zur Verfügung. Durch die Verunreinigung mit fünfwertigen Atomen entsteht ein sogenanntes N-dotiertes Silizium oder ein *N-Halbleiter*.

Werden umgekehrt dreiwertige Fremdatome (z.B. Bor, Gallium) in das Silizium eingebracht, dann stehen zu wenig Valenzelektronen für die Gitterbildung zur Verfügung. Das jeweils fehlende Elektron wird von einen Nachbaratom geholt, das wiederum aus einem Nachbaratom ein Elektron entzieht usw. Dies kann man so interpretieren, dass sich eine positive Ladung (ein *Loch*) durch das Material bewegt. Man spricht jetzt von einem P-dotierten Halbleiter oder kurz von eine *P-Halbleiter*.

1.11.2   Die Diode

Das nachstehende Bild zeigt eine Diode, die aus zwei Halbleiterschichten, einem P- und einem N-Halbleiter besteht:

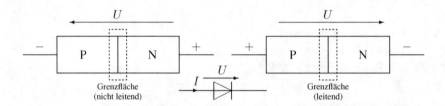

Wir betrachten die Grenzschicht zwischen dem P- und N-Material. Links im Bild ist an die Diode eine (Gleich-) Spannung so angelegt, dass an der P-Seite ein negativer Ladungsüberschuss und an der N-Seite ein positiver Ladungsüberschuss auftritt. In dieser Situation verarmt die Grenzschicht zwischen den Materialien an Ladungsträgern. Die positiven Ladungsträger im P-Material werden von der negativen Ladung an der linken Klemme angezogen. Das gleiche gilt für die negativen Ladungen an der rechten Klemme. Die Grenzschicht wirkt in dieser Situation isolierend, es kann kein Strom durch die Diode fließen. Die Diode ist in *Sperrrichtung* geschaltet. Wenn die Spannung an der Diode umgepolt wird (rechter Bildteil), dann werden positive und negative Ladungsträger in die Grenzschicht hineingedrückt. Die Anordnung ist nun leitend. In dem Bild ist zusätzlich das Schaltungssymbol für eine Diode angegeben.

Eine Diode hat offenbar die Eigenschaft, dass sie in ihrer Durchlassrichtung leitend ist. Im Idealfall hätte sie dann den Widerstand 0. In der Sperrrichtung hat die Diode einen sehr großen Widerstand, im Idealfall einen unendlich großen.

Das nachstehende Bild zeigt die Kennlinie einer Diode. Die gestrichelte Kurve ist die linearisierte Kennlinie. Die Spannung U_s wird *Schleusenspannung* genannt, sie liegt im Bereich von 0,3 bis 1 V. Bei Germaniumdioden ist $U_s \approx 0,3$ V, bei Siliziumdioden $U_s \approx 0,73$ V.

Bei einer realen Diode fließt auch bei negativen Spannungen ein kleiner Sperrstrom, der in dem Bild allerdings nicht eingezeichnet ist. Der Sperrstrom nimmt
erst bei großen (negativen) Spannungswerten nen-
nenwerte Beträge an. Selbstverständlich müssen bei
Dioden Grenzwerte für die Betriebsspannungen und
Ströme eingehalten werden. Bei allen Dioden erfolgt
beim Überschreiten der max. Sperrspannung ein stei-
les Ansteigen des Sperrstromes. Bei normalen Dioden
führt eine Überschreitung der max. Sperrspannung zu
einer Zerstörung der Dioden. Bei den sogenannten
Zenerdioden (siehe hierzu auch Abschnitt 1.4.7) wird
dieser Effekt technisch ausgenutzt.

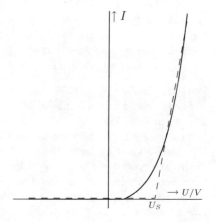

Zu große Spannungen in Durchlassrichtung führen zu einer Überschreitung des zulässigen Stromes und damit ebenfalls zu einer Zerstörung der Diode. Durch Schaltungsmaßnahmen müssen
Bereichsüberschreitungen ausgeschlossen werden.

1.11.3 Der Transistor

Ein Transistor ist aus drei Halbleiterschichten aufgebaut und hat drei Anschlüsse (B: *Basis*, C:
Kollektor, E: *Emitter*). Es gibt zwei verschiedene Arten von Transistoren, den *NPN-Transistor*
und den *PNP-Transistor*. Das Bild zeigt den Aufbau und die Schaltungssymbole für diese Transi-
storen.Bei den Erklärungen beschränken wir uns auf den NPN-Transistor. Die Ergebnisse lassen
sich jedoch problemlos auf den PNP-Transistor übertragen.

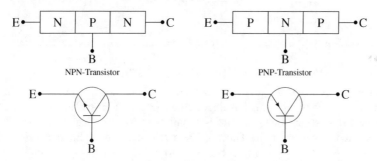

Nachstehend ist eine wichtige Grundschaltung, die Emitterschaltung für einen NPN-Transistor
skizziert.

Zum Verständnis der Wirkungsweise dieser Schaltung
und zur Ableitung einer Ersatzschaltung benötigt man
das (unten skizzierte) Kennlinienfeld des Transistors.
Viel genauer wird die Wirkungsweise der Schaltung im
sogenannten *Kleinsignalbetrieb* bei dem Anwendungsbeispiel im Abschnitt 1.12 besprochen. Bei den Spannungen und Strömen soll es sich in diesem Abschnitt im
Grunde um Gleichstromgrößen handeln.

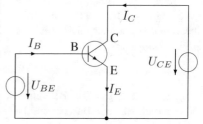

Der linke Bildteil zeigt die Abhängigkeit des Basisstromes von der zwischen der Basis und dem Emitter anliegenden Spannung U_{BE}. Bei dieser Funktion handelt es sich übrigens um die Diodenkennlinie (siehe Abschnitt 1.11.2). Zwischen der Basis und dem Emitter befindet sich eine Diode (PN-Übergang), die bei unserer Schaltung in der Durchlassrichtung betrieben wird.

Im rechten Bildteil ist der Kollektorstrom in Abhängigkeit von der Spannung U_{CE} zwischen dem Kollektor und Emitter aufgetragen. Die Kurvenverläufe sind von den Basisströmen abhängig. Mit steigenden Werten der Basisströme steigen auch die Kollektorströme. Dabei muss darauf hingewiesen werden, dass die Ströme in den beiden Bildern nicht im gleichen Maßstab dargestellt sind. Der Basisstrom ist i.A. sehr klein, der Kollektorstrom aber viel größer. Hieraus erklärt sich auch die Wirkungsweise der Schaltung. Kleine Veränderungen der "Eingangsspannung" U_{BE} führen zu Änderungen des Basisstromes. Die Änderungen des Basisstromes I_B führen zu Änderungen des Kollektorstromes I_C. Weil die Änderungen von I_C viel größer als die von I_B sind, ergibt sich eine Verstärkung.

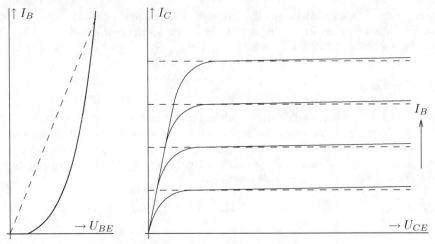

Eine einfache physikalische Erklärung der Wirkungsweise des Transistors

Der PN-Übergang zwischen Basis und Emitter (Emitterschaltung siehe oben) wird in Durchlassrichtung betrieben. Entsprechend der eingestellten (kleinen) Basis-Emitterspannung U_{BE} fließt ein (kleiner) Basisstrom I_B (siehe linkes Kennlinienfeld). Im Gegensatz dazu liegt zwischen der Basis und dem Kollektor eine Diode in Sperrrichtung. Für den Emitterstrom erhält man (Knotengleichung) $I_E = I_b + I_C$. Bei offenem Kollektor würde also $I_B = I_E$ sein.

Die im Emitter für die Stromleitung zur Verfügung stehenden Elektronen wandern (entgegengesetzt zur Stromrichtung) unter dem Einfluss von U_{BE} in die Basiszone des Transistors. Die Basiszone ist sehr dünn, dadurch gerät der größte Teil der Elektronen dort unter den Einfluss der Spannung U_{CE}, die Elektronen werden vom Kollektor abgesaugt. Zur Festlegung des Anteils der Elektronen, die aus der Basisschicht vom Kollektor abgesogen werden, führt man einen *Stromverteilungsfaktor* ein:

$$\alpha = \frac{I_C}{I_E}\bigg|_{U_{CE}=konstant}. \tag{1.118}$$

Normalerweise liegt α im Bereich von $0,95$ bis $0,999$. Das bedeutet einen in der Regel außerordentlich kleinen Basisstrom. Neben dem Stromverteilungsfaktor wird noch ein *Strom-*

verstärkungsfaktor eingeführt:

$$\beta = \frac{I_C}{I_B}\bigg|_{U_{CE}=konstant}.$$

Mit $I_E = I_B + I_C$ erhält man dann den Zusammenhang:

$$\beta = \frac{\alpha}{1-\alpha}. \qquad (1.119)$$

Damit liegen die Werte des Stromverstärkungsfaktors β im Bereich von etwa 20 bis 1000. Kleine Basisströme bzw. kleine Änderungen des Basisstromes haben große Kollektorströme bzw. große Änderungen der Kollektorströme zur Folge.

Die gestrichelten Linien in den Diagrammen stellen relativ grobe Näherungen für die nichtlinearen Kennlinien dar. Aus diesen vereinfachten Kennlinien erhält man das rechts skizzierte Ersatzschaltbild für die Transistor-Grundschaltung. Sie enthält am Tor 1 den Eingangswiderstand R_{BE}, das ist der als konstant angenommene Widerstand zwischen der Basis- und Emitterklemme des Transistors.

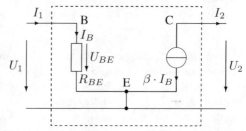

Der reziproke Wert $1/R_{BE}$ entspricht der Steigung der gestrichelten Geraden im linken Teil des Kennlinienbildes. Der Wert β bei der stromgesteuerten Stromquelle ist die oben eingeführte *Stromverstärkung*[8].

Aus der uns hier vorliegenden einfachen Ersatzschaltung finden wir die Gleichungen:

$$I_2 = -\beta I_B = -\beta I_1, \qquad U_1 = I_1 R_{BE} = -\frac{1}{\beta} I_2 R_{BE},$$

und daraus die Kettenmatrix (siehe Abschnitt 1.9.3) des Zweitores mit der Transistorschaltung:

$$\boldsymbol{A} = \begin{pmatrix} 0 & -R_{BE}/\beta \\ 0 & -1/\beta \end{pmatrix}.$$

Es wird darauf hingewiesen, dass in der Praxis mit sehr viel aufwändigeren Ersatzschaltungen gearbeitet wird.

1.12 Elektronische Schaltungen

In diesem Abschnitt werden einige wichtige Schaltungen aus der Analog- und Digitaltechnik angegeben, die mit den bisher behandelten Lehrinhalten verstanden und teilweise auch berechnet werden können.

---

[8]Eigentlich wird die Stromverstärkung bei Gleichsignalen mit dem Buchstaben B bezeichnet. β ist genaugenommen der für den Kleinsignalbetrieb gültige differentielle Wert (siehe hierzu auch das Anwendungsbeispiel im Abschnitt 1.12).

1.12.1   Kleinsignal-Transistorverstärker

Im Abschnitt 1.11.3 wurde bereits ein Transistor in *Emitterschaltung* angegeben. Im Folgenden wird diese Schaltung genauer betrachtet.

Zur Einstellung eines Arbeitspunktes werden bei der Schaltung Gleichspannungen und Gleichströme benötigt. *Großbuchstaben bedeuten in diesem Abschnitt daher immer Gleichgrößen.* So ist z.B. die Spannung U_B eine Gleichspannung von z.B. 12 V. *Wechselgrößen werden stets mit unterstrichenen Kleinbuchstaben bezeichnet.* So ist der Strom $\underline{i}_B$ ein komplexer (Basis-) Strom. Ist z.B. $\underline{i}_B = \sqrt{2}e^{-j\pi/2}$, dann gilt $i_B(t) = 2\cos(\omega t - \pi/2) = 2\sin \omega t$.

Während in der Schaltung im Abschnitt 1.11.3 die Spannungen zwischen Kollektor und Emitter U_{CE} und die zwischen der Basis und Emitter U_{BE} durch zwei getrennte Spannungsquellen eingestellt wurden, gibt es in den unten skizzierten Schaltungen nur eine Gleichspannungsquelle mit der Spannung U_B. Entsprechend der Größe des Kollektorstromes I_C entsteht an dem Widerstand R_C (bei der rechten Schaltung an R_C und R_E) ein Spannungsabfall, mit dem die Spannung U_{CE} eingestellt werden kann. Die Spannung U_{BE} wird durch eine geeignete Dimensionierung des aus den beiden Widerständen R_{B_1} und R_{B_2} bestehenden Spannungsteilers eingestellt. Welche (Gleich-) Spannungen und Ströme sich einstellen, ergibt sich aus dem Kennlinienfeld des Transistors.

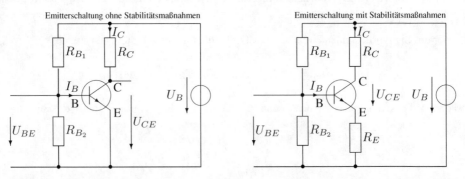

Das Kennlinienfeld ist unten dargestellt. Es unterscheidet sich von dem Kennlinienfeld im Abschnitt 1.11.3 nur durch die Skalierung der Achsen und die Angabe spezielle Werte für die Spannungen und Ströme.

Aus der oben links skizzierten Emitterschaltung erhält man die Beziehung:

$$U_B = I_C R_C + U_{CE}, \qquad I_C = \frac{U_B}{R_C} - \frac{U_{CE}}{R_C}.$$

Diese Beziehung (eine Gerade) ist zusätzlich in das nachstehende Kennlinienfeld eingetragen.

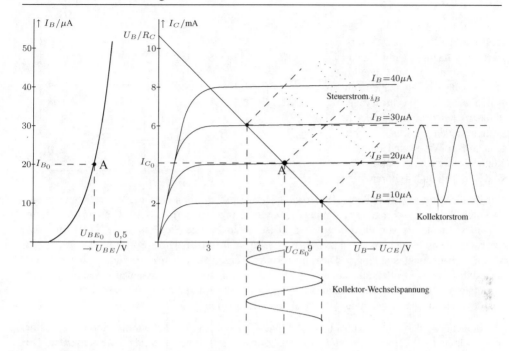

Für $U_{CE} = 0$ gilt $I_C = U_B/R_C$ und bei $I_C = 0$ fällt die ganze Versorgungsspannung an der Kollektor-Emitterstrecke ab, es wird $U_{CE} = U_B$. Die Spannung U_{CE}, die sich nun wirklich einstellt, ist von dem Basisstrom I_B abhängig. Wir nehmen hier einmal an, dass der Spannungsteiler aus R_{B_1} und R_{B_2} zu der im linken Diagramm angegebenen Spannung U_{BE_0} und damit dem Basisstrom $I_{B_0} = 20\mu A$ führt. Dann entsteht ein Arbeitspunkt "A" am Schnittpunkt der Arbeitsgeraden mit der Kennlinie für $I_{B_0} = 20\mu A$ und damit stellt sich (hier) eine Kollektor-Emitterspannung von $U_{CE_0} = 7$ V ein.

Der mit den oben beschriebenen Maßnahmen eingestellte Arbeitspunkt erweist sich in der Praxis als nicht sehr stabil. So führt z.B. schon eine kleine Temperaturerhöhung zu einem größeren Basisstrom I_B und damit auch zu einer Verschiebung des Arbeitspunktes im rechten Kennlinienfeld. Dies hat eine Verkleinerung der Spannung U_{CE} und einem Ansteigen von I_C zur Folge.

Mit der oben rechts skizzierten Schaltung, die einen zusätzlichen Widerstand R_E im Emitterkreis hat, kann diese Temperaturdrift wesentlich reduziert werden. Der bei einer höheren Temperatur etwas größere Strom I_C führt an R_E zu einem höheren Spannungsabfall und einer Verringerung der Spannung U_{BE} (Masche an R_{B_2} und R_E). Dies hat wiederum eine Verkleinerung des Basisstromes I_B zur Folge und damit eine Korrektur der (unerwünschten) Arbeitspunktverschiebung. Die so entstandene Stabilisierung des Arbeitspunktes erfolgt hier durch eine sogenannte Stromgegenkopplung. In der Praxis ist immer eine Stabilisierung des Arbeitspunktes erforderlich.

Für die folgenden Überlegungen spielt es keine Rolle, ob die linke oder die rechte Schaltung mit dem stabilisierten Arbeitspunkt betrachtet wird. Durch die Festlegung der Betriebsspannung U_B (hier 12 V), des Widerstandes R_C (hier $1150\,\Omega$), der Widerstände R_{B_1} und R_{B_2} so, dass die nach dem linken Diagramm vorgeschriebene Spannung U_{BE_0} bzw. der Strom $I_{B_0} = 20\mu A$ entsteht, ist der *Arbeitspunkt* "A" eingestellt.

Wir betrachten jetzt die (vollständige) rechts skizzierte Schaltung mit einer Wechselstrom-Spannungsquelle. Die Kondensatoren haben die Aufgabe, die Wechselgrößen durchzuschalten. Für die Gleichgrößen stellen sie einen unendlich großen Widerstand dar. Die Kondensatoren C_{K_1} und C_{K_2} sind "Koppelkondensatoren".

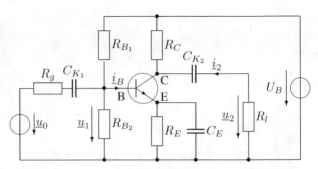

Der Kondensator C_E schließt den Widerstand R_E wechselstrommäßig kurz. Wir nehmen nun an, dass sich die Wechsel-Eingangsspannung ($\underline{u}_0$) sinusförmig so ändert, dass der Wechsel-Basisstrom ($\underline{i}_B$) eine Amplitude von etwa $10\,\mu\mathrm{A}$ hat. Dieser sinusförmige Steuerstrom $i_B(t)$ ist im rechten Kennlinienfeld (gepunktet) skizziert. Bei $i_B(t) = 0$ tritt (hier) die Spannung $U_{CE_0} = 7,5$ V auf (Arbeitspunkteinstellung). Die sinusförmige Veränderung von $i_B(t)$ führt zu einer ebenfalls sinusförmigen Kollektorspannung $u_2(t)$. Man erkennt, dass die Aussteuerungsamplitude des Steuerstromes nicht zu groß werden darf. Eine zu große Aussteuerung führt zu einer nicht sinusförmigen Ausgangsspannung $u_2(t)$. Daher spricht man hier von einem *Kleinsignalverstärker*.

Zur Berechnung der Übertragungsfunktion $G(j\omega) = \underline{u}_2/\underline{u}_0$ verwenden wir die für den Transistor im Abschnitt 1.11.3 eingeführte einfache Ersatzschaltung. Wir beachten, dass die Kapazitäten in der Schaltung so groß sind, dass sie für die Wechselgrößen Durchverbindungen darstellen. Weiterhin ist zu beachten, dass die Versorgungsspannungsquelle (U_B) für den Wechselstrom praktisch eine Kurzschlussverbindung ist. Dies bedingt z.B., dass wechselstrommäßig der Lastwiderstand R_l und R_C parallel liegen. Der Widerstand R_E ist wechselstrommäßig ohne Einfluss, weil er durch den Kondensator C_E überbrückt wird. Mit diesen Überlegungen erhalten wir die unten skizzierte Ersatzschaltung.

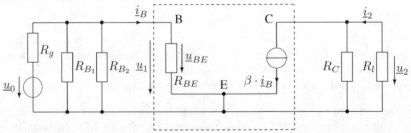

Wir wollen noch kurz die Übertragungsfunktion berechnen (Übung für die Leserin/den Leser!). Dazu ermitteln wir zunächst die Ersatzspannungsquelle bezüglich der Eingangsklemmen des gestrichelt dargestellten Transistor-Zweitores. Der Innenwiderstand R_i ist offenbar die Parallelschaltung der drei Widerstände R_g, R_{B_1}, R_{B_1}:

$$\frac{1}{R_i} = \frac{1}{R_g} + \frac{1}{R_{B_1}} + \frac{1}{R_{B_1}}, \quad R_i = \frac{R_g R_{B_1} R_{B_2}}{R_g R_{B_1} + R_g R_{B_2} + R_{B_1} R_{B_2}}.$$

Für die Spannung $\tilde{\underline{u}}_0$ der Ersatzspannungsquelle erhält man (Spannungsteilerregel)

$$\tilde{\underline{u}}_0 = \underline{u}_0 \frac{R_{B_1} R_{B_2}/(R_{B_1} + R_{B_2})}{R_g + R_{B_1} R_{B_2}/(R_{B_1} + R_{B_2})} = \underline{u}_0 \frac{R_{B_1} R_{B_2}}{R_g R_{B_1} + R_g R_{B_2} + R_{B_1} R_{B_2}}.$$

Dann folgt für der Steuerstrom:

$$i_b = \frac{\tilde{u}_0}{R_i + R_{BE}} = u_0 \frac{R_{B_1} R_{B_2}}{R_g R_{B_1} R_{B_2} + R_g R_{B_{BE}} R_{B_1} + R_g R_{BE} R_{B_2} + R_{BE} R_{B_1} R_{B_2}}.$$

Mit diesem Strom erhält man mit dem Stromteilungssatz $\underline{u}_2$ und nach dem Einsetzen von $\underline{i}_b$ die Übertragungsfunktion $G(j\omega)$:

$$\underline{u}_2 = R_l \underline{i}_2 = -\beta \underline{i}_b R_l \frac{R_C}{R_C + R_l} \quad \Longleftrightarrow \quad G(j\omega) = \frac{\underline{u}_2}{\underline{u}_0}.$$

1.12.2 UND-Schaltung bei positiver Logik

Mit der links skizzierten Schaltung kann eine UND-Verknüpfung realisiert werden. In der Bildmitte ist das Schaltungssymbol dargestellt und rechts die Verknüpfungstabelle, auf die wir später zurückkommen. Die Schaltung enthält zwei Dioden, z.B. Siliziumdioden mit einer Schleusenspannung von $U_S \approx 0,7$ V. Die Gleichspannungsquelle hat z.B. eine Spannung von 6 V, der Widerstand einen Wert von z.B. 6000 Ω.

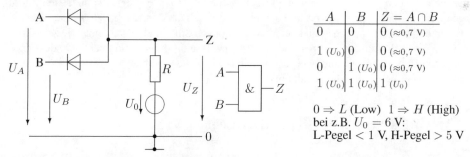

A	B	$Z = A \cap B$
0	0	0 ($\approx$0,7 V)
1 (U_0)	0	0 ($\approx$0,7 V)
0	1 (U_0)	0 ($\approx$0,7 V)
1 (U_0)	1 (U_0)	1 (U_0)

$0 \Rightarrow L$ (Low) $1 \Rightarrow H$ (High)
bei z.B. $U_0 = 6$ V:
L-Pegel < 1 V, H-Pegel > 5 V

Im linken Bild unten sind beide Eingangsspannungen null ($U_A = 0$, $U_B = 0$, Kurzschlussverbindungen). Das bedeutet nach der oben rechts angegebenen Entscheidungstabelle, dass die beiden Eingangsvariablen $A = 0$ und $B = 0$ sind. Die Zuordnung der logischen Variablen $A = 0$ zu der Spannung $U_A = 0$ und damit auch die Zuordnung von $A = 1$ zu $U_A = U_0$ ist willkürlich. Es wäre ohne Weiteres auch die umgekehrte Zuordnung der logischen Werte zu den Spannungswerten möglich. Im vorliegenden Fall spricht man von einer *positive Logik* und sonst von einer negativen.

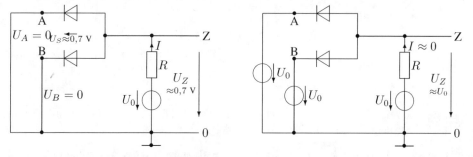

Nach der Wahrheitstabelle für ein UND-Glied muss bei $A = 0$ und $B = 0$ auch die Ausgangsgröße $Z = A \cap B = 0$ werden und nach unseren Vereinbarungen eigentlich $U_Z = 0$. Wir wollen nun die oben links skizzierte Schaltung untersuchen bei der offensichtlich $U_A = U_B = 0$ ist. In diesem Fall sind die beiden Dioden in Durchlassrichtung geschaltet. Bei idealen Dioden würde an ihnen keine Spannung abfallen, bei realen Dioden tritt an ihnen die *Schleusenspannung* auf, die bei Siliziumdioden etwa $0,7$ V beträgt (siehe Abschnitt 1.11.2). Dann erhält man die Maschengleichung (z.B. Masche über untere Diode): $U_0 - U_S - IR = 0$, daraus $I = (U_0 - U_S)/R$ und mit $U_Z = U_0 - IR$ schließlich

$$U_Z = U_0 - \frac{U_0 - U_S}{R} R = U_S \ (\approx 0,7 \text{ V bei Siliziumdioden}).$$

Statt der erwünschten Ausgangsspannung $U_Z = 0$ tritt hier also eine (kleine) Restspannung auf. Daher ordnet man kleinen Spannungen, hier z.B. Werten $U_Z < 1$ V den logischen Wert 0 zu. Die Studierenden können leicht nachprüfen, dass auch im Fall $A = 1$, $B = 0$, d.h. $U_A = U_0$, $U_B = 0$ die Ausgangsspannung $U_Z = U_S$ entsteht. Die obere Diode ist dann in Sperrrichtung gepolt und durch sie fließt kein Strom. Rechts im Bild ist die Situation bei $A = B = 1$, $U_A = U_B = U_0 =$ skizziert. Nun sind beide Dioden in Sperrrichtung geschaltet, es gilt $I = 0$ und damit wird $U_Z = U_0$, also $Z = 1$. Berücksichtigt man einen ggf. sehr kleinen Sperrstrom durch die Dioden, dann wird die Ausgangsspannung geringfügig kleiner als U_0.

Offensichtlich können bei der technischen Realisierung logischer Bausteine keine festen Zuordnungen zwischen logischen Größen und den physikalischen Größen angegeben werden. Bei z.B. der Referenzspannung $U_0 = 6$ V und bei Verwendung von Siliziumdioden könnte die Zuordnung $Z = 0$ bei $U_Z < 1$ V und $Z = 1$ bei $U_Z > 5$ V sinnvoll sein. Man erkennt hier auch, dass große Spannungen U_0 von Vorteil sind, weil die beiden Schwellenpegel (hier $= 0,7$ V und 5 V) dann weit auseinander liegen und die Schaltung damit störsicher ist.

1.12.3   ODER-Schaltung bei positiver Logik

In dem Bild ist links eine Schaltung für eine ODER-Verknüpfung in positiver Logik (siehe Vorabschnitt) skizziert. Die Bildmitte zeigt das Schaltungssymbol und rechts ist die Entscheidungstabelle dargestellt.

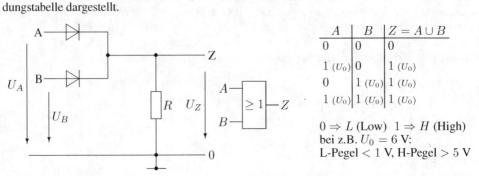

A	B	$Z = A \cup B$
0	0	0
1 (U_0)	0	1 (U_0)
0	1 (U_0)	1 (U_0)
1 (U_0)	1 (U_0)	1 (U_0)

$0 \Rightarrow L$ (Low) $1 \Rightarrow H$ (High)
bei z.B. $U_0 = 6$ V:
L-Pegel < 1 V, H-Pegel > 5 V

Das untere Bild zeigt links die Schaltung bei $A = B = 0$ (d.h. $U_A = U_B = 0$), offenbar gilt hier $U_Z = 0$, dies bedeutet $Z = 0 \cup 0 = 0$.

Die rechte untere Schaltung beschreibt den Fall $A = 0$, $B = 1$, d.h. $U_A = 0$ und $U_B = U_0$. Die untere Diode ist hier in Durchlassrichtung geschaltet. An der Diode entsteht (fast) kein Spannungsabfall. Es wird $I = U_0/R$, $U_Z = IR = U_0$, also gilt $Z = 0 \cup 1 = 1$. Die obere Diode liegt übrigens in Sperrrichtung, durch sie fließt kein Strom.

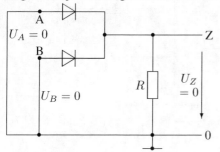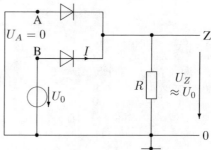

1.12.4 Addierschaltung

Bei der nachstehend skizzierten Schaltung gilt:

$$U_2 = -\left(\frac{R_2}{R_{11}}U_{11} + \frac{R_2}{R_{12}}U_{12} + \cdots + \frac{R_2}{R_{1n}}U_{1n}\right).$$

Aufgrund des Vorzeichenwechsels man spricht von einem (Umkehr-) Addierer.

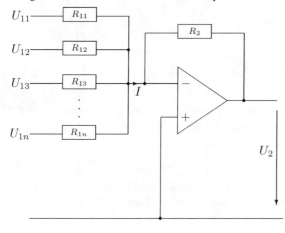

Im Fall $R_{11} = R_{12} = \cdots R_{1n} = R_2$ erhält man die einfache (negative) Summe

$$U_2 = -(U_{11} + U_{12} + \cdots + U_{1n}).$$

Zum Beweis dieser Beziehungen ermittelt man am besten den in der Schaltung eingetragenen Strom $I = U_{11}/R_{11}+U_{12}/R_{12}+\cdots+U_{1n}/R_{1n}$. Mit diesem Strom erhält man nach der Beziehung $U_2 = -I \cdot R_2$ (siehe Gl. (1.117) im Abschnitt 1.10.3) die oben angegebene Beziehung.

1.12.5 D/A-Umsetzer mit gestaffelten Widerständen

Die Zahlen sollen als $n-$stellige Binärzahlen in der Form vorliegen:

$$s = s_0 + s_1 2 + s_2 2^2 + \cdots + s_{n-1}2^{n-1} = \sum_{\nu=0}^{n-1} s_\nu 2^\nu, \quad s_\nu \in \{0,1\}.$$

Offenbar liegen diese Zahlen im Bereich:
$0 \leq s \leq 2^n - 1$.
Bei der nebenstehen-
den Schaltung sei
U_a eine *feste* Gleich-
Referenzspannung, z.B.
$U_a = 1$ V. Bei $s_0 = 0$
ist der Schalter offen, so
wie oben im Bild. Bei
$s_0 = 1$ ist er geschlossen.
Entsprechendes gilt für
die anderen Schalter.
Damit erhält man:

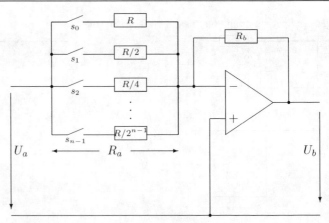

$$\frac{1}{R_a} = s_0 \frac{1}{R} + s_1 \frac{1}{R/2} + \cdots + s_{n-1} \frac{1}{R/2^{n-1}} = \frac{1}{R} \sum_{\nu=0}^{n-1} s_\nu 2^\nu$$

und daraus schließlich den Eingangs-Widerstand:

$$R_a = \frac{R}{\displaystyle\sum_{\nu=0}^{n-1} s_\nu 2^\nu}.$$

Entsprechend der Schaltung des einfachen invertierenden Verstärkers im Vorabschnitt erhält man:

$$U_b = -U_a \frac{R_b}{R_a} = -U_a \frac{R_b}{R} \sum_{\nu=0}^{n-1} s_\nu 2^\nu = -U_a \frac{R_b}{R} \cdot s.$$

Bei einer festen Referenzspannung U_a ist die Ausgangsspannung direkt proportional zu dem Wert
der Binärzahl s. Die besprochene Schaltung hat einige Nachteile. Zunächst wird die Spannungsquelle U_a mit einem sehr unterschiedlich großen Widerstand R_a belastet. Wenn s seinen maximalen Wert $2^n - 1$ annimmt, ist R_a kleiner als der kleinste Parallelwiderstand, also $R_a < R/2^{n-1}$.
Im Fall $s = 0$ wird R_a unendlich groß. Das bedeutet, dass die Referenzspannungsquelle einen
ganz kleinen Innenwiderstand haben muss, damit die unterschiedlichen Belastungen keinen Einfluss auf den Wert von U_a haben. Ein weiterer wichtiger Nachteil ist, dass n sehr unterschiedlich
große Widerstände mit großer Genauigkeit benötigt werden.

1.12.6 D/A-Umsetzer mit einem R/2R Abzweignetzwerk

Bevor dieser Abschnitt durchgearbeitet wird, sollen die Studierenden zunächst nochmals die Beispiele 1.36 und 1.37 ansehen. Auf die dort ermittelten Ergebnisse wird hier (ohne weitere Erklärungen) zurückgegriffen.

Die in dem Bild unten skizzierte Schaltung hat nicht die Nachteile des D/A-Umsetzers mit den
gestaffelten Widerständen vom Vorabschnitt. Hier werden lediglich zwei verschiedene Widerstandswerte R und $2R$ benötigt, allerdings die doppelte Anzahl der früheren Schaltung.

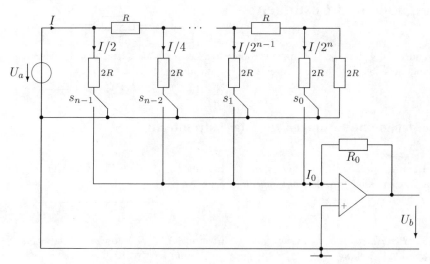

$s_\nu = 0$ bedeutet die (oben eingetragene) rechte Schalterstellung, bei $s_\nu = 1$ wird der Schalter nach links umgelegt. Der oben eingetragene Strom I_0 ergibt sich als Summe der Teilströme entsprechend den Schalterstellungen:

$$I_0 = s_0 \frac{I}{2^n} + \cdots + s_{n-2} \frac{I}{4} + s_{n-1} \frac{I}{2}.$$

Mit $I = U_a / R$ und $U_b = -I_0 R_0$ (siehe Ergänzungen im Abschnitt 1.10.3) folgt dann:

$$I_0 = \frac{U_a}{R\,2^n}\left(s_0 + s_1 2 + \cdots + s_{n-1} 2^{n-1}\right), \quad U_b = -U_a \frac{R_0}{R\,2^n} \sum_{\nu=0}^{n-1} s_\nu 2^\nu = -U_a \frac{R_0}{R\,2^n} \cdot s.$$

Dabei ist s, die umzusetzende Binärzahl im Bereich $0 \le s \le 2^n - 1$:

$$s = \sum_{\nu=0}^{n-1} s_\nu 2^\nu, \quad s_\nu \in \{0, 1\}.$$

Die Referenzspannung U_a muss einen konstanten Wert haben. Dies ist bei der vorliegenden Schaltung allerdings leicht erreichbar, weil die Referenzspannungsquelle stets mit dem gleichen Widerstand R belastet wird.

Bei der rechten Schalterstellung liegt der entsprechende Widerstand $2R$ an Masse. Bei der linken Schalterstellung liegt er am oberen invertierenden Eingang des Operationsverstärkers. Wie bei den Ergänzungen im Abschnitt 1.10.3 erklärt wurde, hat dieser Eingang aber nahezu Massepotential (virtuelle Masse). Daher wird die Referenzspannungsquelle immer mit dem Widerstand R belastet.

1.13   Aufgaben und Lösungen

Die nachfolgenden Aufgaben und Lösungen vertiefen den Lernstoff und bieten den Studierenden die Möglichkeit, die selbst gerechneten Aufgaben zu kontrollieren.

1.13.1   Aufgaben und Lösungen zur Gleichstromtechnik

Aufgabe 1.13.1 *Wie groß ist der Widerstand eines 500 m langen Kupferdrahtes mit einem Querschitt von $1,5\,mm^2$?*

Lösung 1.13.1 *Nach Gl. (1.4) folgt: $R = 5,667\,\Omega$.*

Aufgabe 1.13.2 *Berechnen Sie den Gesamtwiderstand der skizzierten Schaltung.*

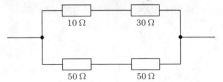

Lösung 1.13.2 *Die obere Reihenschaltung ergibt: $R_o = (10 + 30)\Omega$. Die untere Reihenschaltung ergibt: $R_u = (50+50)\Omega$. Nach Gl. (1.15) folgt: $R_{ges} = \frac{R_o \cdot R_u}{R_o + R_u} = 28,57\,\Omega$.*

Aufgabe 1.13.3 *Berechnen Sie den Gesamtwiderstand der skizzierten Schaltung.*

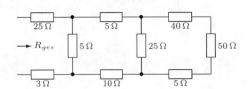

Lösung 1.13.3 *Solche Berechnungen erfolgen immer von hinten! Zuerst ergibt die Reihenschaltung der drei Widerstände: $R_1 = (40 + 50 + 5)\Omega$. Die Parallelschaltung von R_1 mit 25Ω ergibt: $R_2 = 19,7917\Omega$. Die Reihenschaltung von R_2 mit 5Ω und 10Ω ergibt: $R_3 = 34,7917\Omega$. Die Parallelschaltung von R_3 mit 5Ω ergibt: $R_4 = 4.37173\Omega$. Die Reihenschaltung von R_4 mit 25Ω und 3Ω ergibt: $R_{ges} = 32,2717\Omega$.*

Aufgabe 1.13.4 *Berechnen Sie den Gesamtwiderstand der skizzierten Schaltung.*

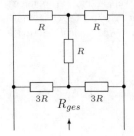

Lösung 1.13.4 *Nach der Stern-Dreieck-Umwandlung (s. Abschn. 1.4.5) erhält man: $R_{12} = R_{13} = R_{23} = 3 \cdot R$ und danach $R_{ges} = 1,5 \cdot R$.*
Da hier die Brücke abgeglichen ist, kann die Lösung einfacher gefunden werden: Die Parallelschaltung von $2R$ und $6R$ ergibt: $R_{ges} = \frac{12R}{8} = 1,5 \cdot R$.

Aufgabe 1.13.5 *Zwei Widerstände $R_1 = 20\,\Omega$ und ein unbekannter Widerstand R_2 sind parallelgeschaltet. Der Gesamtwiderstand hat den Wert $R_{ges} = 12\,\Omega$. Wie groß ist R_2?*

Lösung 1.13.5 *Der Gesamtleitwert einer Parallelschaltung ergibt sich als Addition der Leitwerte (s. Gl. 1.15) Damit ist* $G_2 = G_{ges} - G_1 = \frac{1}{12\Omega} - \frac{1}{20\Omega} = \frac{1}{30\Omega}$, $R_2 = 30\Omega$.

Aufgabe 1.13.6 *Berechnen Sie den Wert von R so, dass der durch ihn fließende Strom $I = 3\,A$ beträgt.*

Lösung 1.13.6 *Der Stromteiler (s. Gl. 1.26) lautet* $I = I_{ges} \cdot \frac{2\Omega}{R+2\Omega}$. *Somit ist* $R = 2\Omega \cdot \frac{I_{ges}}{I} - 2\Omega = 2\Omega \cdot \left(\frac{5A}{3A} - 1\right) = \frac{4}{3}\Omega$.

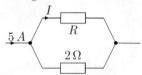

Aufgabe 1.13.7 *Berechnen Sie die drei durch die Widerstände fließenden Ströme I_1, I_2 und I_3.*

Lösung 1.13.7 *Die Teilströme werden mit dem Stromteiler (s. Gl. 1.26) ermittelt:*
$I_1 = 10A \cdot \frac{2\Omega\|4\Omega}{5\Omega+2\Omega\|4\Omega}$,
wobei $2\Omega \parallel 4\Omega = \frac{2\cdot4}{2+4} = \frac{4}{3}\Omega$ *ist. Damit ist* $I_1 = 2,105A$. *Der zweite Teilstrom wird ähnlich berechnet:*
$I_2 = 10A \cdot \frac{5\Omega\|4\Omega}{2\Omega+5\Omega\|4\Omega} = 5,263A$.
Der dritte Teilstrom:
$I_3 = 10A \cdot \frac{2\Omega\|5\Omega}{4\Omega+2\Omega\|5\Omega} = 2,632A$.

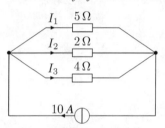

Aufgabe 1.13.8 *Berechnen Sie die Spannungen U_1, U_2 und U_3, zunächst allgemein und dann mit den Zahlenwerten.*

Lösung 1.13.8 *Die Teilspannungen werden mit dem Spannungsteiler (s. Gl. 1.25) ermittelt.*
$U_1 = U_0 \cdot \frac{R_1}{R_1+R_2+R_3} = 60V \cdot \frac{10\Omega}{(10+5+15)\Omega}$
und damit ist $U_1 = 20V$,
$U_2 = U_0 \cdot \frac{R_2}{R_1+R_2+R_3} = 60V \cdot \frac{1}{6} = 10V$,
$U_3 = U_0 \cdot \frac{R_3}{R_1+R_2+R_3} = 60V \cdot \frac{1}{2} = 30V$.

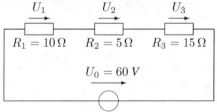

Aufgabe 1.13.9 *Ermitteln Sie zu der skizzierten Schaltung eine äquivalente Ersatzspannungsquelle.*

Lösung 1.13.9 *Zunächst wird der Innenwiderstand bestimmt:*
$R_i = R \parallel 2R = \frac{2}{3}R$.
Die Stromquellen werden zusammengefasst (s. Gl. 1.21): $I_0 + I_0 = 2 \cdot I_0$.
Damit haben wir eine Stromquelle mit dem Wert $2I_0$ parallel zu ihrem Innenwiderstand $R_i = \frac{2}{3}R$.
Somit ist die äquivalente Ersatzspannungsquelle: $U_0 = \frac{4}{3}RI_0$.

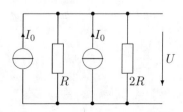

Aufgabe 1.13.10 *Ersetzen Sie die drei parallel-geschalteten Spannungsquellen durch eine einzige Spannungsquelle. Berechnen Sie anschließend den durch den Lastwiderstand R_L fließenden Strom und die an ihm abfallende Spannung.*

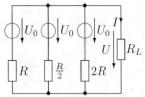

Lösung 1.13.10 *Da alle drei Spannungsquellen gleich groß sind, können sie als eine Spannungsquelle desselben Wertes in den Zweig von R_L verschoben werden:*
$\tilde{U}_0 = U_0$. *Dann wird der Innenwiderstand berechnet:*
$$\tilde{G}_i = \frac{1}{R} + \frac{2}{R} + \frac{1}{2R} = \frac{7}{2R} \Rightarrow G_i = \frac{2}{7}R.$$
Damit ist der Strom $I = \frac{\tilde{U}_0}{2R/7 + R_L}$ *und die Spannung am Lastwiderstand:*
$$U = R_L \frac{U_0}{2R/7 + R_L}.$$

Aufgabe 1.13.11 *Wie groß muss der Lastwiderstand R_L in der untenstehenden Schaltung sein, damit in ihm eine maximale Leistung verbraucht wird. Berechnen Sie diese maximale Leistung bei $U_0 = 10\,V$ und $R = 600\,\Omega$.*

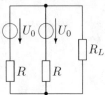

Lösung 1.13.11 *Die maximale Leistung wird im Sonderfall 3 (s. Abschn. 1.3.2) bei $R_L = R_i = R/2 = 300\,\Omega$.*
Die Spannungsquellen werden zu einer Quelle der Größe $\tilde{U}_0 = U_0$ im Zweig von R_L zusammengefasst. Damit ist die maximale Leistung:
$$P_{max} = \frac{U_0^2}{4R_i} = 0,0833\ W.$$

Aufgabe 1.13.12 *Berechnen Sie die an dem Widerstand R_x anliegende Spannung mit Hilfe des Überlagerungssatzes. Wie groß ist U im Falle $U_0 = 10\,V$, $I_0 = 5\,A$, $R_x = R = 5\,\Omega$?*

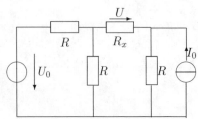

Lösung 1.13.12 *Zur Berechnung mit dem Überlagerungssatz (s. Gl. 1.4.6) wird zuerst die Stromquelle entfernt. Damit ergibt sich mit dem Spannungsteiler:*
$$U = U_0 \cdot \frac{R \| (R_x + R)}{R + R \| (R_x + R)} \cdot \frac{R_x}{R + R_x} = U_0 \cdot \frac{R_x}{3R + 2R_x}$$
Die Spannungsquelle wird kurzgeschlossen. Die Gesamtspannung wird ermittelt:
$U_{ges} = I_0 \cdot R_{ges}$ *mit* $R_{ges} = R \| (R_x + R/2)$.
Damit ist $U = -U_{ges} \cdot \frac{R_x}{R_x + R/2} = -I_0 \cdot (R \| (R_x + R/2)) \cdot \frac{R_x}{R_x + R/2} = -I_0 \cdot \frac{2RR_x}{3R + 2R_x}$.
Mit $R_x = R$ ergibt $U = -8V$.

Aufgabe 1.13.13 *Berechnen Sie den durch den Widerstand R_x fließenden Strom zunächst mit Hilfe des Satzes von der Ersatzspannungsquelle und dann mit dem Stromteilungssatz. Wie groß ist I bei $R_x = R = 10\,\Omega$ und $I_0 = 5\,A$?*

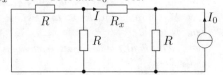

Lösung 1.13.13 *Zunächst wird die Stromquelle durch eine Ersatzspannungsquelle ersetzt:* $U_0 = -I_0 \cdot R$. *Dann wird der Innenwiderstand (alle Widerstände bis auf R_x gehören dazu) berechnet:*
$$R_i = (R \| R) + R = \frac{3}{2}R.$$
Damit kann I berechnet werden (s. Gl. 1.27): $I = \frac{\tilde{U}_0}{R_i + R_x} = -2A$. *Mit dem Stromteiler:* $I = -I_0 \cdot \frac{r}{3R/2 + R_x}$.

Aufgabe 1.13.14 *Der Strom durch den Widerstand R soll berechnet werden. Zu diesem Zweck soll das Netzwerk bezüglich der Klemmen 1-2 durch eine Ersatzspannungsquelle ersetzt werden. Wählen Sie den Widerstand R so groß, dass in ihm eine max. Leistung verbraucht wird und berechnen Sie dann den Strom I.*

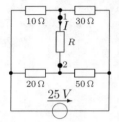

Lösung 1.13.14 *Zunächst wird der Widerstand zwischen den Klemmen entfernt. Zwischen den Klemmen liegt die Ersatzspannung $\tilde{U}_0$, die sich durch die Maschengleichung ergibt:*
$I_1 \cdot 10\Omega + \tilde{U}_0 - I_2 \cdot 20\Omega = 0$,
wobei $I_1 = \frac{25V}{40\Omega}$
und $I_2 = \frac{25V}{70\Omega}$.
Damit ist $\tilde{U}_0 = 0,8929$. Dann wird der Innenwiderstand berechnet:
$\tilde{R}_i = (10\Omega \parallel 30\Omega) + (20\Omega \parallel 50\Omega) = 21,79\Omega$
und der Strom $I = \frac{\tilde{U}_0}{R+R_i} = \frac{\tilde{U}_0}{2R_i} = 20,5 \, mA$.

Aufgabe 1.13.15 *Berechnen Sie die in der Schaltung eingezeichneten Ströme. Ermitteln Sie zunächst R_{ges}, dann I_{ges} und danach schrittweise die anderen Ströme mit dem Stromteilungssatz.*

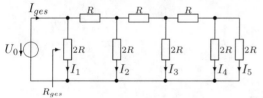

Lösung 1.13.15 *Zunächst wird der Gesamtwiderstand berechnet:*
$R_{ges} = 2R \parallel R + 2R \parallel R + 2R \parallel R + 2R \parallel 2R = R$.
Mit R_{ges} und U_0 kann I_{ges} berechnet werden: $I_{ges} = \frac{U_0}{R_{ges}} = \frac{U_0}{R}$. Mit dem Stromteiler (s. Gl. 1.26) ergeben sich die Teilströme: $I_1 = \frac{I_{ges}}{2} = \frac{U_0}{2R}$; $I_2 = \frac{I_1}{2} = \frac{U_0}{4R}$; $I_3 = \frac{I_2}{2} = \frac{U_0}{8R}$; $I_4 = I_5 = \frac{I_3}{2} = \frac{U_0}{16R}$.

1.13.2 Aufgaben und Lösungen zur Wechselstromtechnik

Aufgabe 1.13.16 *Gegeben ist ein Kondensator mit einer Kapazität von $10 \, \mu F$, der auf eine Spannung von 200 V aufgeladen ist.*
a) Welche Ladung ist in dieser Kapazität gespeichert?
b) In Reihe mit dieser Kapazität befindet sich ein weiterer Kondensator mit einer Kapazität von $20 \, \mu F$. Welche Spannung liegt an diesem Kondensator? Wie groß ist die Gesamtkapazität der Anordnung?
c) Zu dem anfangs gegebenen aufgeladenen Kondensator liegt nun eine Kapazität von $5 \, \mu F$ parallel. Wie groß ist die Gesamtkapazität und die insgesamt vorhandene Ladung?

Lösung 1.13.16 *a)   Die Ladung eines Kondensators ergibt sich $Q = U \cdot C = 200V \cdot 10\mu F = 2 \cdot 10^{-3}As$*
b) $U_2 = \frac{Q}{C_2} = \frac{2 \cdot 10^{-3}As}{20\mu F} = 100V$. Die Gesamtkapazität einer Reihenschaltung von Kondensatoren ergibt sich nach Gl. (1.41) $C_{ges} = \frac{10\mu F \cdot 20\mu F}{10\mu F + 20\mu F} = 6,67\mu F$.
c) Die Gesamtkapazität einer Parallelschaltung von Kondensatoren berechnet man nach Gl. (1.40) $C_{ges} = 10\mu F + 5\mu F = 15\mu F$ Damit ergibt sich die Ladung:
$Q_{ges} = C_{ges} \cdot U = 15\mu F \cdot 200V = 3 \cdot 10^{-3}As$.

Aufgabe 1.13.17 *Bei der Schaltung befindet sich auf dem unteren Kondensator mit der Kapazität $C_3 = 100\,\mu F$ eine Ladung von 0,1 As. Berechnen Sie die an den beiden oberen Kondensatoren $C_1 = 50\,\mu F$ und $C_2 = 150\,\mu F$ auftretenden Spannungen U_1 und U_2.*

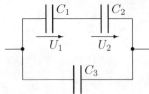

Lösung 1.13.17 *Zunächst wird die Spannung über C_3 berechnet:*
$U = \frac{Q_3}{C_3} = \frac{0,1\mathrm{As}}{100\mu\mathrm{F}} = 1000V$. *Dann die Gesamtkapazität von C_1 und C_2 bestimmt:*
$C_{12} = \frac{50\mu\mathrm{F}\cdot150\mu\mathrm{F}}{50\mu\mathrm{F}+150\mu\mathrm{F}} = 37,5\mu\mathrm{F}$. *Damit wird die Ladung Q_{12} berechnet:*
$Q_{12} = U \cdot C_{12} = 37,5 \cdot 10^{-3}\mathrm{As}$.
Mit der Ladung und den Kapazitäten können die Spannungen ermittelt werden:
$U_1 = \frac{Q_{12}}{C_1} = 750\mathrm{V}$ *und*
$U_2 = U - U_1 = 250\mathrm{V}$.

Aufgabe 1.13.18 *Gegeben sind die folgenden sinusförmigen Ströme und Spannungen:*
a) $i(t) = 2\cos(\omega t)$,
b) $i(t) = -2\cos(\omega t)$,
c) $i(t) = 5\cos(\omega t - \pi/3)$,
d) $i(t) = \sin(\omega t)$,
e) $i(t) = 0.5\cos(\omega t + \pi)$,
f) $u(t) = 10\cos(\omega t - \pi/3)$,
g) $u(t) = -6\cos(\omega t - \pi/6)$.
Anzugeben sind: Die komplexen Ströme und Spannungen, die Effektivwerte und die mittleren Leistungen, wenn der gegebene Strom durch einen Widerstand von $R = 5\,\Omega$ fließt bzw. die betreffende Spannung dort anliegt.

Lösung 1.13.18 *a)* $I = \frac{2}{\sqrt{2}} = \sqrt{2}$; $I_{eff} = \sqrt{2}$; $P = (\sqrt{2})^2 \cdot 5 = 10$,
b) $I = \frac{2}{\sqrt{2}} \cdot e^{j\pi} = \sqrt{2} \cdot e^{j\pi}$; $I_{eff} = \sqrt{2}$; $P = 10$,
c) $I = \frac{5}{\sqrt{2}} \cdot e^{-j\pi/3} = 3,536 \cdot e^{-j\pi/3}$; $I_{eff} = 3,536$; $P = (3,536)^2 \cdot 5 = 62,52$,
d) $I = \frac{1}{2}\sqrt{2} \cdot e^{-j\pi/2}$; $I_{eff} = \frac{1}{2}\sqrt{2}$; $P = 2,5$,
e) $I = 0,3536 \cdot e^{j\pi}$; $I_{eff} = 0,3536$; $P = 0,625$,
f) $U = 7,07 \cdot e^{-j\pi/3}$; $U_{eff} = 7,07$; $P = 10$,
g) $U = 4,24 \cdot e^{j5\pi/6}$; $U_{eff} = 4,24$; $P = 3,6$.

Aufgabe 1.13.19 *Gegeben sind die folgenden komplexen Ströme und Spannungen:*

a) $I = 2$,   *b)* $I = 3e^j$,
c) $I = -2$,   *d)* $I = 0,5 \cdot e^{j\pi/3}$,
e) $I = -j$,   *f)* $U = 1 - j$,
g) $U = 6 \cdot e^{-j}$,   *h)* $U = j$.

Zu berechnen sind die Effektivwerte und die zugehörenden sinusförmigen Ströme und Spannungen bei einer angenommenen Kreisfrequenz ω.

Lösung 1.13.19 *a)* $I_{eff} = 2$; $i(t) = 2\sqrt{2}\cos(\omega t) = 2,83\cos(\omega t)$,
b) $I_{eff} = 3$; $i(t) = 3\sqrt{2}\cos(\omega t + 1) = 4,24\cos(\omega t + 1)$,
c) $I = -2 = 2 \cdot e^{j\pi} \Rightarrow I_{eff} = 2$; $i(t) = 2,83\cos(\omega t + \pi)$,
d) $I_{eff} = 0,5$; $i(t) = 0,707\cos(\omega t + \pi/3)$,
e) $I = -j = e^{-j\pi/2} \Rightarrow I_{eff} = 1$; $i(t) = \sqrt{2}\cos(\omega t - \pi/2)$,
f) $U = 1 - j = 1,414 e^{-j\pi/4} \Rightarrow U_{eff} = 1,414$; $u(t) = 1,414\sqrt{2}\cos(\omega t - \pi/4)$,
g) $U_{eff} = 6$; $u(t) = 8,49\cos(\omega - 1)$,
h) $U = j = e^{j\pi/2} \Rightarrow U_{eff} = 1$; $u(t) = 1,414\cos(\omega t + \pi/2)$.

Aufgabe 1.13.20 *Die Impedanz Z, der Betrag und die Phase der Schaltung sollen berechnet werden. Stellen Sie Z im Fall $\omega = 1$ und $\omega = 2$ als Zeiger in der komplexen Ebene dar. Die Werte der Bauelemente sind: $R = 1\Omega$, $L = 1H$.*

$$R \qquad L$$

Lösung 1.13.20 *Die Impedanz der Schaltung ergibt sich als Reihenschaltung von dem Widerstand R und der Impedanz der Spule $j\omega L$: $Z = R + j\omega L$. Damit wird der Betrag nach Gl. (1.65) als Wurzel von Realteil zum Quadrat plus Imaginärteil zum Quadrat berechnet: $|Z| = \sqrt{R^2 + \omega^2 L^2}$ Die Phase wird nach Gl. (1.65) als Arcustangens vom Imaginärteil geteilt durch den Realteil gebildet: $\varphi = \arctan \frac{\omega L}{R}$.*

Aufgabe 1.13.21 *Die Impedanz Z, der Betrag und die Phase der Schaltung sollen berechnet werden. Stellen Sie Z im Fall $\omega = 10^4$ als Zeiger in der komplexen Ebene dar. Die Werte der Bauelemente sind: $R = 100\Omega$, $C = 100\mu F$.*

Lösung 1.13.21 *Zunächst wird die Impedanz der Parallelschaltung berechnet:*
$$Z = \frac{1}{Y_R + Y_C} = \frac{1}{1/R + j\omega C} = \frac{R}{1 + j\omega RC}.$$
Damit ergibt sich der Betrag nach Gl. (1.65):
$$|Z| = \frac{R}{\sqrt{1 + \omega^2 R^2 C^2}}.$$
und die Phase gilt:
$$\varphi = -\arctan(\omega RC)$$

Aufgabe 1.13.22 *Berechnen Sie die Impedanzen der folgenden Schaltungen. Geben Sie jeweils den Real- und Imaginärteil sowie den Betrag und Phasenwinkel von Z_1 und Z_2 an.*

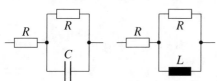

Lösung 1.13.22 $Z_1 = R\frac{2 + j\omega RC}{1 + j\omega RC} = \frac{R}{1 + \omega^2 R^2 C^2}[2 + \omega^2 R^2 C^2] - j\frac{\omega R^2 C}{1 + \omega^2 R^2 C^2}$, $|Z_1| = R\sqrt{\frac{4 + \omega^2 R^2 C^2}{1 + \omega^2 R^2 C^2}}$, $\varphi_1 = \arctan\frac{\omega RC}{2} - \arctan(\omega RC)$.

$Z_2 = R\frac{R + 2j\omega L}{R + j\omega L} = \frac{R}{R^2 + \omega^2 L^2}[R^2 + 2\omega^2 L^2] + j\frac{\omega R^2 L}{R^2 + \omega^2 L^2}$, $|Z_2| = R\sqrt{\frac{R^2 + 4\omega^2 L^2}{R^2 + \omega^2 L^2}}$, $\varphi_2 = \arctan\frac{2\omega L}{R} - \arctan\frac{\omega L}{R}$.

Aufgabe 1.13.23 *Berechnen Sie die Impedanzen der folgenden Schaltungen. Geben Sie jeweils den Real- und Imaginärteil sowie den Betrag und Phasenwinkel an.*

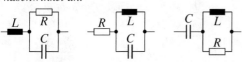

Lösung 1.13.23 $Z_1 = \frac{R + j\omega L + (j\omega)^2 RLC}{1 + j\omega RC} = \frac{R}{1 + \omega^2 R^2 C^2} + j\frac{1}{1 + \omega^2 R^2 C^2}[\omega L - \omega R^2 C + \omega^3 R^2 L C^2]$,

$Z_2 = \frac{R(1 - \omega^2 LC) + j\omega L}{1 - \omega^2 LC} = R + \frac{j\omega L}{1 - \omega^2 LC}$,

$Z_3 = \frac{R + j\omega L + (j\omega)^2 RLC}{j\omega C(R + j\omega L)} = \frac{R\omega^2 L^2}{R^2 + \omega^2 L^2} - j\frac{R^2 + \omega^2 L(L - R^2 C)}{\omega C(R^2 + \omega^2 L^2)}$.

Aufgabe 1.13.24 *Stellen Sie eine Beziehung für U_C/U_0 und den Betrag $|U_C/U_0|$ auf. Skizzieren Sie die Betragsfunktion $|U_C/U_0|$ bei den (normierten) Bauelementewerten $L = 1$, $C = 1$ und den Widerstandswerten $R=0,2$, $R = 0,1$, $R = 0,05$. Wie groß sind die jeweiligen Spulengüten bei der Resonanzfrequenz?*

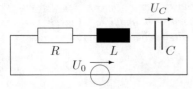

Lösung 1.13.24 *Die Schaltung ist im Abschnitt Reihenschwingkreis erklärt. Das Spannungsverhältnis wird mit dem Spannungsteiler (s. Gl.1.25) berechnet:*
$$\frac{U_C}{U_0} = \frac{1/(j\omega C)}{R+j\omega L+1/(j\omega C)} = \frac{1}{1+j\omega RC+(j\omega)^2 LC}.$$
Damit ergibt sich der Betrag als Betrag des Zählers geteilt durch den Betrag des Nenners: $\left|\frac{U_C}{U_0}\right| = \frac{1}{\sqrt{(1-\omega^2 LC)^2+\omega^2 R^2 C^2}}$. *Die Spulengüte wird nach Gl. (1.66) berechnet:* $Q = 5, 10, 20$.

Aufgabe 1.13.25 *a) Berechnen Sie die Eingangsimpedanz Z_{ges} der Schaltung. Bei welchem ω-Wert wird der Betrag dieser Impedanz maximal? Wie groß ist dieser Maximalwert?*
b) Ermitteln Sie eine Beziehung für I_C/I_0 und den Betrag $|I_C/I_0|$. Skizzieren Sie diese Betragsfunktion bei den normierten Bauelementewerten $L = 1$, $C = 1$ und $R = 100$.

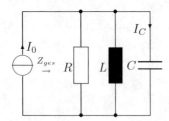

Lösung 1.13.25 *Die Schaltung ist im Abschnitt Parallelschwingkreis erklärt.*
a) $Z = \frac{j\omega L}{1+j\omega L/R+(j\omega)^2 LC}$. *Der Betrag der Schaltung ergibt sich als Betrag des Zählers geteilt durch den Betrag des Nenners* $|Z| = \frac{\omega L}{\sqrt{(1-\omega^2 LC)^2+\omega^2 L^2/R^2}}$,
$Z_{max} = R$ *bei* $\omega = \frac{1}{\sqrt{LC}}$.
b) Das Verhältnis der Ströme wird mit dem Stromteiler (s.Gl. 1.26) ermittelt:
$\frac{I_C}{I_0} = \frac{(j\omega)^2 LC}{1+j\omega L/R+(j\omega)^2 LC}$. *Damit ergibt sich der Betrag als Betrag des Zählers geteilt durch den Betrag des Nenners:*
$\left|\frac{I_C}{I_0}\right| = \frac{\omega^2 LC}{\sqrt{(1-\omega^2 LC)^2+\omega^2 L^2/R^2}}$.

Aufgabe 1.13.26 *Berechnen Sie die an der Induktivität L anliegende Spannung mit Hilfe des Überlagerungssatzes.*

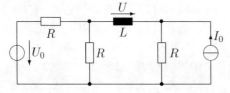

Lösung 1.13.26 *Der Überlagerungssatz wird wie bei Gleichstrom benutzt (s. Abschn. 1.4.6). 1) Stromquelle I_0 wird rausgenommen. Damit ist $U_1 = U_0 \cdot \frac{j\omega L}{3R+2j\omega L}$. 2) Die Spannungsquelle U_0 wird kurzgeschlossen. Damit ist $U_2 = -I_0 j\omega L\frac{2R}{3R+2j\omega L}$. 3) Damit ergibt sich die Gesamtspannung durch Überlagerung der beiden berechneten Spannungen: $U = U_1 + U_2 = U_0$, $U = \frac{j\omega L}{3R+2j\omega L} - I_0 j\omega L\frac{2R}{3R+2j\omega L}$.*

Aufgabe 1.13.27 *Berechnen Sie die an der Kapazität C anliegende Spannung mit Hilfe des Satzes von der Ersatzspannungsquelle. Berechnen Sie die Spannung speziell bei den Werten $U_0 = 10$ V, $R = 10\,\Omega$, $C = 10\,\mu F$ bei einer Kreisfrequenz $\omega = 10000\,s^{-1}$.*

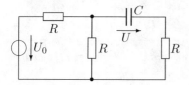

Lösung 1.13.27 *Mit dem Satz der Ersatzspannungsquelle ist $\tilde{U}_0 = \frac{U_0}{2}$. Dann wird der Innenwiderstand berechnet: $\tilde{R}_i = \frac{3}{2}R$. Damit ist die Spannung an der Kapazität durch den Spannungsteiler gegeben:*
$$U = \tilde{U}_0 \cdot \frac{j\omega C}{\tilde{R}_i + 1/(j\omega C)} = \frac{U_0}{2} \cdot \frac{1}{1+(3/2)j\omega CR} = U_0\frac{1}{2+3j\omega RC}.$$
Mit den gegebenen Werten gilt:
$$U = \frac{10}{2+3j} = 2,774e^{-j0,983}.$$

Aufgabe 1.13.28 *Ermitteln Sie die Übertragungsfunktion $G(j\omega) = U_2/U_1$. Skizzieren Sie den Betrag und den Phasenwinkel der Übertragungsfunktion. Verwenden Sie die Abkürzung $\tau = L/R$. Um was für eine Schaltung handelt es sich hier?*

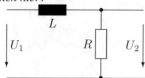

Lösung 1.13.28 *Die Übertragungsfunktion ist $G(j\omega) = \frac{U_2}{U_1} = \frac{R}{R+j\omega L} = \frac{1}{1+j\omega\tau}$. Damit ist der Betrag $\mid G(j\omega) \mid = \frac{1}{\sqrt{1+(\omega\tau)^2}}$. Die Schaltung stellt einen Tiefpass 1. Grades dar (siehe RC-Tiefpass 1. Grades Abschnitt 1.7.2).*

Aufgabe 1.13.29 *Das Bild zeigt eine Energiequelle und einen induktiven Verbraucher. Die Innenimpedanz Z_i der Quelle soll so festgelegt werden, dass eine Leistungsanpassung auftritt.*
a) Bestimmen Sie zunächst einen allgemeinen Ausdruck für Z_i.
b) Geben Sie eine für 50 Hz gültige Schaltung für die Innenimpedanz an. Dabei soll $R = 100\,\Omega$ und $L = 0,5$ H sein.
c) Berechnen Sie die komplexe Leistung am Verbraucher bei $U_0 = 400$ V.
d) Berechnen Sie alle Wirk- und Blindleistungen in der Schaltung bei der Frequenz von 50 Hz und bei $U_0 = 400$ V.

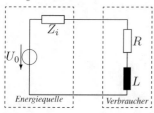

Lösung 1.13.29 *a) bei Leistungsanpassung gilt $Z_i = Z^*$ (s. Abschnitt 1.8.2). Damit ist $Z_i = R - j\omega L$.*
b) Mit $R = 100\Omega$, $L = 0,5H$, $f = 50Hz$ und $\omega = 2\pi f$ ist die Innenimpedanz $Z_i = 100 - j157,08$. Das entspricht einer Reihenschaltung von einem Widerstand und einem Kondensator: $R - j\frac{1}{\omega C} = Z_i$. Damit ist $R = 100\,\Omega$ und $C = 20,26\,\mu F$.
c) Der Strom ergibt sich als $I = \frac{U_0}{Z+Z_i} = 2$ A und damit $U = I \cdot Z = 200 + j314,16$. Die Scheinleistung ist nach Gl. (1.81) $S = U \cdot I^* = 400 + j628,3$.
d) Die Wirk- und Blindleistungen ergeben sich nach Gl. (1.82) und Gl. (1.83). Verbraucher: $P = 400$ W, $Q = 628,3$ VA, Quelle: $P = 400$ W, $Q = -628,3$ VA

Aufgabe 1.13.30 *a) Berechnen Sie die Kettenmatrix des durch den Rahmen markierten Zweitores.*
b) Ausgehend vom Ergebnis nach der Frage a soll die Übertragungsfunktion $G(j\omega) = U_2/U_0$ berechnet werden.
c) Berechnen und skizzieren Sie den Betrag der Übertragungsfunktion.
d) Berechnen Sie die Eingangsimpedanz am Tor 1 des Zweitores. Die Berechnung soll einmal unter Verwendung der Kettenmatrix und dann auf elementare Weise erfolgen.

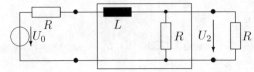

Lösung 1.13.30 *a) Die Kettenmatrix berechnet sich nach Abschnitt 1.9.3:*

$$A = \begin{pmatrix} 1 & j\omega L \\ 0 & 1 \end{pmatrix} \cdot \begin{pmatrix} 1 & 0 \\ 1/R & 1 \end{pmatrix} = \begin{pmatrix} 1 + j\omega L/R & j\omega L \\ 1/R & 1 \end{pmatrix};$$

b) Die Übertragungsfunktion ist nach Gl. (1.100): $G(j\omega) = \frac{U_2}{U_0} = \frac{1}{A_{11} + A_{12}/R_2 + A_{21}R_1 + A_{22}R_1/R_2} = \frac{1}{3 + 2j\omega L/R}.$
c) Der Betrag der Übertragungsfunktion ist $|G(j\omega)| = \frac{1}{\sqrt{9 + 4\omega^2 L^2/R^2}}.$
d) Die Eingangsimpedanz ist nach Gl. (1.97) $Z_1 = \frac{A_{11}Z_2 + A_{12}}{A_{21}Z_2 + A_{22}} = \frac{R}{2} + j\omega L.$

Aufgabe 1.13.31 *Berechnen Sie die Kettenmatrizen der skizzierten Zweitorschaltungen und anschließend die Impedanzmatrizen.*

Lösung 1.13.31 *1) Die Kettenmatrix ist nach Abschnitt 1.9.3:* $A_1 = \begin{pmatrix} 1 & j\omega L \\ 0 & 1 \end{pmatrix} \cdot$

$$\begin{pmatrix} 1 & 0 \\ 1/R & 1 \end{pmatrix} = \begin{pmatrix} 1 + j\omega L/R & j\omega L \\ 1/R & 1 \end{pmatrix},$$

die Impedanzmatrix ist nach Abschnitt 1.9.2: $Z_1 = \begin{pmatrix} R + j\omega L & R \\ R & R \end{pmatrix}.$

2) $A_2 = \begin{pmatrix} 1 & R \\ 0 & 1 \end{pmatrix} \cdot \begin{pmatrix} 1 & 0 \\ 1/(j\omega L) & 1 \end{pmatrix} = \begin{pmatrix} 1 + R/(j\omega L) & R \\ 1/(j\omega L) & 1 \end{pmatrix},$

$$Z_2 = \begin{pmatrix} R + j\omega L & j\omega L \\ j\omega L & j\omega L \end{pmatrix}.$$

Aufgabe 1.13.32 *Der (ideale) Übertrager ist mit der Impedanz $Z_2 = R + j\omega L$ abgeschlossen. Berechnen Sie die Eingangsimpedanz Z_1 am Tor 1 des Übertragers und geben Sie eine (übertragerfreie) Ersatzschaltung für Z_1 an.*

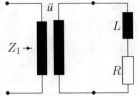

Lösung 1.13.32 *Die Eingangsimpedanz des Übertragers ist nach Gl. (1.103)* $Z_1 = \ddot{u}^2 \cdot Z_2 = \ddot{u}^2 R + j\omega\ddot{u}^2 L,$ *die übertragerfreie Ersatzschaltung für Z_1 ist eine Reihenschaltung mit $\tilde{R} = \ddot{u}^2 R$ und $\tilde{L} = \ddot{u}^2 L.$*

Aufgabe 1.13.33 *Gegeben ist die skizzierte Schaltung. Bei dem Zweitor soll es sich um eine verlustfreie Leitung der Länge l mit dem (reellen) Wellenwiderstand R_W handeln. Berechnen Sie*
a) die Übertragungsfunktion $G(j\omega) = U_2/U_0$,
b) die Eingangsimpedanz W_1 am Tor 1 des Zweitores,
c) die Übertragungsfunktion und die Eingangsimpedanz für den Sonderfall $R_1 = R_2 = R_W$.

Lösung 1.13.33 *a) Die Übertragungsfunktion wird nach Gl. (1.100) berechnet. Die Kettenmatrix einer verlustfreien Leitung ist in Abschnitt 1.10.2 gegeben:*

$$A = \begin{pmatrix} \cos(\beta l) & j R_W \sin(\beta l) \\ j 1/R_W \sin(\beta l) & \cos(\beta l) \end{pmatrix}$$

$G(j\omega) = 1/[\cos(\beta l)(1 + R_1/R_2) + j\sin(\beta l)(R_W/R_2 + R_1/R_W)]$,

b) Die Eingangsimpedanz wird nach Gl. 1.103 berechnet: $Z_1 = \frac{R_2\cos(\beta l) + j Z_W \sin(\beta l)}{j R_2/R_W \sin(\beta l) + \cos(\beta l)}$.

c) $G(j\omega) = \frac{1}{2\cos(\beta l) + 2j\sin(\beta l)}$
mit $\cos(x) + j\sin(x) = e^{-jx}$ *ist* $G(j\omega) = \frac{1}{2} e^{-j\beta l}$, $Z_1 = Z_W$.

Aufgabe 1.13.34 *Berechnen Sie die Übertragungsfunktion $G(j\omega) = U_2/U_1$ der Schaltung.*

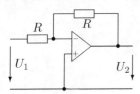

Lösung 1.13.34 *Nach Gl. (1.116) ist*
$G(j\omega) = \frac{U_2}{U_1} = -\frac{Z_2}{Z_1} = -1$.

Aufgabe 1.13.35 *Berechnen Sie die Übertragungsfunktion $G(j\omega) = U_2/U_1$ der nebenstehenden Schaltung.*

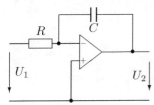

Lösung 1.13.35 *Nach Gl. (1.116) ist*
$G(j\omega) = -\frac{Z_2}{Z_1} = -\frac{1}{j\omega RC}$.

Aufgabe 1.13.36 *Berechnen Sie die Übertragungsfunktion $G(j\omega) = U_2/U_1$ der nebenstehenden Schaltung.*

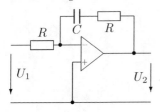

Lösung 1.13.36 *Nach Gl. (1.116) ist*
$G(j\omega) = -\frac{Z_2}{Z_1}$,
$G(j\omega) = -\frac{R + 1/(j\omega C)}{R} = -\left(1 + \frac{1}{j\omega RC}\right) = -\frac{1 + j\omega RC}{j\omega RC}$.

Kapitel 2

Grundlagen der Digitaltechnik

2.1 Analoge und digitale Darstellung

Eine analoge Darstellung von Signalen oder Messgrößen beinhaltet im Prinzip die größt mögliche Genauigkeit. Der alte Rechenschieber beispielsweise arbeitet analog, indem er bei einer Multiplikation die entsprechend logarithmisch eingeteilten Strecken addiert. Das Problem ist hierbei, die exakte Einstellung der zu multiplizierenden Werte und die Ablesung des Ergebnisses. Letztlich bleibt so die Genauigkeit auf drei aussagende Stellen beschränkt.

Der Digitalrechner verzichtet auf die theoretisch exakte Zahlendarstellung zu Gunsten einer digitalen Zahlendarstellung. Längere Zahlen, wie z.B. rationale oder irrationale Zahlen, müssen zwangsläufig gerundet werden. Das nachfolgende Bild verdeutlicht die Unterschiede zwischen analoger und digitaler Darstellung von Signalwerten.

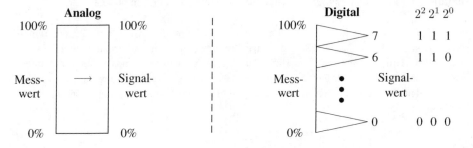

Im rechten Bild ist erkennbar, dass jeweils einem Bereich der Messgröße ein Signalwert zugeordnet wird. Diese Zusammenfassung entspricht einer Rundung wie sie auch der Taschenrechner durchführen muss. Der Abstand zwischen zwei benachbarten Signalwerten entspricht hierbei der kleinsten darstellbaren Auflösung. Das nachfolgende Bild veranschaulicht diese Quantisierung bei der digitalen Darstellung von Signalen.

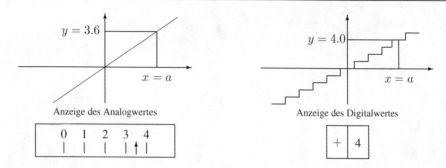

Der analoge Signalparameter kann beliebig viele verschiedene Werte annehmen. Hier wird: $y(x = a) = 3.6$ angezeigt. Der digitale Signalparameter hingegen kann nur endlich viele (hier acht) verschiedene Werte annehmen. Es wird: $y(x = a) = 4.0$ angezeigt. Die zuvor erläuterten Begriffe sind auch in den Deutschen Industrie Normen (DIN) festgelegt. In der DIN 44 300 finden sich folgende Erklärungen:

Nachrichten   sind Zeichen oder Funktionen, die zum Zweck der Weitergabe Information darstellen.

Daten   sind Zeichen oder Funktionen, die zum Zweck der Verarbeitung Information darstellen.

Zeichen   sind Elemente einer vereinbarten Menge zur Darstellung von Information.

Signal   ist die physikalische Repräsentation von Nachrichten oder Daten.

Signalparameter sind die Kenngrößen des Signals, deren Wert eine Nachricht bzw. die Daten darstellen.

Analoges Signal   ist ein Signal, dessen Signalparameter kontinuierliche Werte aufweisen.

Digitales Signal   ist ein Signal, dessen Signalparameter aus Zeichen bestehen.

Ein *digitales Signal* ist nicht notwendigerweise ein *binäres Signal*. Von einem binären Signal sprechen wir, wenn ein digitales Signal in eine Sequenz umgewandelt wird, die nur zwei verschiedene Werte (Null, Eins) kennt. Für die Übertragung, Speicherung und Weiterverarbeitung von Nachrichten kommt den binären Signalen eine besonders große Bedeutung zu. Sie gründet sich in den vielen unterschiedlichen Maßnahmen, die zur Fehlervermeidung und Fehlerkorrektur zur Verfügung stehen.

2.1.1 Zahlensysteme und Zahlencodes

Auch Zahlensysteme unterliegen einer Entwicklung, die weit in die Anfänge menschlicher Zivilisation zurückreicht. Wahrscheinlich auf die Sumerer – ca. 3300 v. Chr. – geht ein System des Abzählens zurück, das aus der Notwendigkeit einer umfangreichen Güterverwaltung resultierte.

Beispiel 2.1 *Sieben Striche: /////// versehen mit einem weiteren Symbol bedeuteten eben das Vorhandensein von sieben gleichen Objekten.*

Sehr große Besitztümer sind mit diesem Strichsystem nur schwer zu verwalten, insbesondere ist es zeitaufwendig, sich über den Gesamtbesitz zu orientieren. Es ergab sich die Notwendigkeit, die Abzählschreibweise durch Bündelung zu verbessern. So entstand zunächst das römische Zahlensystem. Z.B. bedeutet:

$$
\begin{array}{lll}
||||| = \text{V} & \textit{fünf} \\
||||||| = \text{VII} & \textit{sieben} \\
\text{VV} = \text{X} & \textit{zwei mal fünf = zehn} \\
\text{XXXXX} = \text{L} & \textit{fünf mal zehn = fünfzig} \\
\text{LL} = \text{C} & \textit{zwei mal fünfzig = hundert} \\
\text{CCCCC} = \text{D} & \textit{fünf mal hundert = fünfhundert} \\
\text{DD} = \text{M} & \textit{zwei mal fünfhundert = tausend}
\end{array}
$$

Beispiel 2.2 *Wer kennt nicht die ehrwürdigen Universitäten, die manchmal in Bauwerken von anno:*

$$\text{MDCXXIII}$$

residieren.

$$
\begin{array}{rl}
1000 & \text{M} = 2 \cdot \text{D} \\
500 & \text{D} = 5 \cdot \text{C} \\
100 & \text{C} = 2 \cdot \text{L} \\
+ \quad 23 & \text{XXIII} = 2 \cdot \text{X} + \text{III} \\
\hline
1623 &
\end{array}
$$

Es zeigt sich, dass beim römischen Zahlensystem die Stellung eines Symbols bereits wichtig ist. So wird zwar für acht: VIII geschrieben, für neun hingegen: IX, also zehn minus eins.

Zahlensysteme mit Stellenschreibweise stellen eine wesentliche Verbesserung dar. In ihnen ist der Stellenwert durch die Stellung des einzelnen Symbols in der Symbolabfolge bestimmt. Der Wert $W(z)$ einer Zahl $z = (z_l, z_{l-1}, \ldots, z_2, z_1)$ ist bestimmt durch:

$$
W(z) = \sum_{j=1}^{l} z_j \cdot w_j \qquad \text{wobei} \quad
\begin{array}{ll}
z_j & \text{Wert des Symbols an j-ter Stelle,} \\
w_j & \text{Wert der j-ten Stelle.}
\end{array}
$$

Das nachfolgende Beispiel soll den Sachverhalt verdeutlichen.

Beispiel 2.3 *Beträgt für einen Strafgefangenen die verbliebene Zeit bis zu seiner Entlassung: 1 Woche, 1 Tag und 4 Stunden, so lässt sich der Wert $W(z)$ nach der obigen Formel in Stunden ausrechnen:*

$$
\begin{array}{ll}
\multicolumn{2}{l}{\text{1 Woche + 1 Tag + 4 Stunden}} \\
z_1 = 4 & w_1 = 1 \text{ Std.} \\
z_2 = 1 & w_2 = 24 \text{ Std.} \\
z_3 = 1 & w_3 = 7 \cdot 24 \text{ Std.} = 148 \text{ Std.} \\
\multicolumn{2}{l}{= 1 \cdot (7 \cdot 24) + 1 \cdot 24 + 4 \text{ Std.} = 196 \text{ Std.}}
\end{array}
$$

Ein besonders wichtiges Zahlensystem mit Stellenbewertung ist das Polyadische Zahlensystem.

2.1.2 Polyadische Zahlensysteme

Der Wert einer Stelle besitzt in polyadischen Zahlensystemen ein exponentielles Bildungsgesetz:

$$
z = \sum_{j=-k}^{l} z_j \cdot B^j, \tag{2.1}
$$

wobei z_j wieder den Wert des Symbols an j-ter Stelle entspricht. B stellt die Basis des Zahlensystems dar. Im Dezimalsystem gilt: $B = 10$. Beispielsweise hat die Dezimalzahl 2354,25 die Darstellung:

$$2354,25 = 2 \cdot 10^3 + 3 \cdot 10^2 + 5 \cdot 10^1 + 4 \cdot 10^0 + 2 \cdot 10^{-1} + 5 \cdot 10^{-2}$$

In der Digitaltechnik wird häufig die Basis $B = 2$ gewählt. Wir sprechen dann vom DUALSYSTEM. Verwendung finden auch das OKTALSYSTEM mit der Basis $B = 8$ und das HEXADEZIMALSYSTEM mit der Basis $B = 16$, siehe nachstehende Tabelle.

Dezimal $B = 10$	Hexadezimal $B = 16$	Oktal $B = 8$	Dual $B = 2$	Dezimal $B = 10$	Hexadezimal $B = 16$	Oktal $B = 8$	Dual $B = 2$
0	0	0	0	10	A	12	1010
1	1	1	1	11	B	13	1011
2	2	2	10	12	C	14	1100
3	3	3	11	13	D	15	1101
4	4	4	100	14	E	16	1110
5	5	5	101	15	F	17	1111
6	6	6	110	16	10	20	10000
7	7	7	111	17	11	21	10001
8	8	10	1000	18	12	22	10010
9	9	11	1001	19	13	23	10011

2.1.3   Umwandlung von Zahlen bei unterschiedlichen Basen

Die Umwandlung von Zahlen soll an einigen Beispielen erläutert werden. Die Umwandlung basiert auf der Zahlendarstellung nach Gleichung (2.1).

Beispiel 2.4 *Für die Umwandlung der Zahl $z = 26$ dezimal in Dualdarstellung 11010 wird zunächst überlegt, wieviele Nullen und Einsen (Bits) zur Darstellung benötigt werden. Da gilt: $2^4 \leq 26 < 2^5$, werden fünf Bits benötigt. Für die Zahlendarstellung nach Gleichung (2.1) gilt:*

$$Z = Z_4 2^4 + Z_3 2^3 + Z_2 2^2 + Z_1 2^1 + Z_0 2^0$$

Da $Z \geq 2^4$ ist, muss $Z_4 = 1$ sein. Der darzustellende Rest beträgt: $26 - 16 = 10$. Da $10 \geq 2^3$ ist, muss $Z_3 = 1$ sein. Es verbleibt ein Rest von $10 - 8 = 2$. Da $2 < 2^2$ ist, muss $Z_2 = 0$ sein. Am Rest hat sich nichts geändert, so dass $Z_1 = 1$ sein muss. Jetzt ist der verbleibende Rest identisch Null, so dass die restliche Zahl $Z_0 = 0$ angehängt wird.

Systematischer kann die gesuchte Dualzahldarstellung mit Hilfe des EUKLIDSCHEN DIVISIONSALGORITHMUSSES gefunden werden:

1. Schritt Die Dezimalzahl $Z \in I\!N$ wird durch zwei dividiert. Der Rest R_0 der Division kann nur Null oder Eins sein:

$$\frac{Z}{2} = Q_0 + \frac{R_0}{2} \qquad \Longleftrightarrow \qquad Z = 2 \cdot Q_0 + R_0. \qquad (2.2)$$

R_0 ist das niederwertigste Bit der Dualzahldarstellung von Z.

2. Schritt Die verbleibende Zahl Q_0 wird entsprechend (2.2) wieder durch zwei geteilt und so R_1 ermittelt. Die Division muss solange erfolgen, bis im letzten Schritt $Q_L = 0$ berechnet wird.

Beispiel 2.5 *Dualzahldarstellung durch Division:*

$$
\begin{array}{llll}
26 : 2 = 13 & \text{Rest } 0 & \Longleftrightarrow & 26 = 2 \cdot 13 + 0 \\
13 : 2 = 6 & \text{Rest } 1 & \Longleftrightarrow & 13 = 2 \cdot 6 + 1 \\
6 : 2 = 3 & \text{Rest } 0 & \Longleftrightarrow & 6 = 2 \cdot 3 + 0 \\
3 : 2 = 1 & \text{Rest } 1 & \Longleftrightarrow & 3 = 2 \cdot 1 + 1 \\
1 : 2 = 0 & \text{Rest } 1 & \Longleftrightarrow & 1 = 2 \cdot 0 + 1
\end{array}
$$

von
hinten
nach
vorne
lesen

Ergebnis: $26_{10} = 11010_2$

Handelt es sich bei Z um eine Dezimalzahl mit Nachkommastellen, so spaltet man zunächst $Z = G, K$ in den ganzen und den Nachkommaanteil K auf. Mit der ganzen Zahl G verfährt man dann entsprechend der oben beschriebenen Vorgehensweise. Die Nachkommazahl K wird mit zwei multipliziert und in die Darstellung:

$$
2 \cdot K = Q_0 + R_0, \quad \text{mit} \begin{cases} 0 < Q_0 < 1 \\ R_0 \in \{0,1\} \end{cases} \tag{2.3}
$$

gebracht. Als nächstes wird die verbleibende Zahl Q_0 entsprechend (2.3) wieder mit zwei multipliziert und so R_1 ermittelt. Die Multiplikation muss solange erfolgen, bis im letzten Schritt $Q_L = 0$ berechnet wird bzw. die geforderte Stellengenauigkeit erreicht ist.

Beispiel 2.6 *Die Dezimalzahl:* 26,13 *soll im Dualsystem dargestellt werden. Zunächst wird* $26,13 = 26 + 0,13$ *zerlegt. Aus dem vorstehenden Beispiel ist bekannt:* $26_{10} = 11010_2$
Das rechts stehende Verfahren nach Gl. (2.3) wird fortgesetzt, bis die Nachkommastellen Null werden oder die gewünschte Genauigkeit erreicht ist.
Zum Schluss werden die Teillösungen zusammengefügt:

$$
\begin{aligned}
0,13 \cdot 2 &= 0,26 + 0 \\
0,26 \cdot 2 &= 0,52 + 0 \\
0,52 \cdot 2 &= 0,04 + 1 \\
0,04 \cdot 2 &= 0,08 + 0 \\
0,08 \cdot 2 &= 0,16 + 0 \\
0,16 \cdot 2 &= 0,32 + 0 \\
0,32 \cdot 2 &= 0,64 + 0 \\
0,64 \cdot 2 &= 0,28 + 1
\end{aligned}
$$

$$
26,13_{10} = 11010,00100001_2 = 2^4 + 2^3 + 2^1 + 2^{-3} + 2^{-8} + \cdots \qquad \vdots
$$

An Beispiel 2.6 wird deutlich, dass die oben beschriebene Verfahrensweise auch für Umwandlungen von Dezimalzahlen in das Oktal- und Hexadezimalsystem verwendbar ist. Es muss lediglich die Basis zwei des Dualsystems durch acht bzw. durch 16 ersetzt werden.

Beispiel 2.7 *In diesem Beispiel soll die Oktalzahldarstellung von* 26,13 *untersucht werden:*

$$
\begin{array}{llll}
26 : 8 = 3 & \text{Rest } 2 & \Longleftrightarrow & 26 = 8 \cdot 3 + 2 \\
3 : 8 = 0 & \text{Rest } 3 & \Longleftrightarrow & 3 = 8 \cdot 0 + 3
\end{array}
$$

$$
\begin{aligned}
0,13 \cdot 8 &= 0,04 + 1 \\
0,04 \cdot 8 &= 0,32 + 0 \\
0,32 \cdot 8 &= 0,56 + 2 \\
0,56 \cdot 8 &= 0,48 + 4
\end{aligned}
$$

Ergebnis: $26,13_{10} = 32,1024_8$

$\vdots$

Die Teillösungen bedeuten in der Summendarstellung:

$$
26,13_{10} = 32,1024_8 = 3 \cdot 8^1 + 2 \cdot 8^0 + 1 \cdot 8^{-1} + 0 \cdot 8^{-2} + 2 \cdot 8^{-3} + 4 \cdot 8^{-4} \cdots
$$

2.1.4   Rechnen im Dualsystem

In diesem Abschnitt werden die notwendigen Rechenregeln der Addition, Subtraktion, Multiplikation und der Division im Dualsystem definiert und an Beispielen erläutert.

Addition: (1) $0 + 0 = 0$,   (2) $0 + 1 = 1 + 0 = 1$,   (3) $1 + 1 = 10$

Die Addition in (1) und (2) ist einsichtig. In (3) muss ein Übertrag (Carry) erfolgen, da die Zahl 2 nicht im Dualsystem vorkommt. Dies entspricht dem Übertrag im Dezimalsystem wenn wir z.B. $8 + 4 = 12$ rechnen.

Beispiel 2.8 *Dieses Beispiel behandelt nebenstehend die Addition von 7 + 5 im Dualsystem.*

```
      1   1   1       (7)
  +   1   0   1       (5)
  ─────────────────
  1   1   1           Carry
  1   1   0   0       Ergebnis = 12
```

Subtraktion: (1) $0 - 0 = 0$,   (2) $0 - 1 = 1 - 0 = 1$,   (3) $1 - 1 = 0$

Die Subtraktion in (1) und (3) ist einsichtig. In (2) muss beim Abzug 0-1 geborgt (Borrow) werden, da die Zahl -1 nicht im Dualsystem vorhanden ist.

Beispiel 2.9 *Dieses Beispiel behandelt die Subtraktion von 7 − 5 und 6 − 3 im Dualsystem und macht auf die Problematik der negativen Zahlendarstellung aufmerksam.*

```
7 − 5:     111          6 − 3:     110        Problem: 3 − 6:    011
       -   101                 -   011                      -    110
       ─────────             ─────────                     ──────────
           010    = 2            11    Borrow                  101 = ?
                               011    = 3
```

Bei der Subtraktion: $3 - 6$ stellt sich die Frage nach der Darstellung von negativen Dualzahlen. Hierauf wird im nachfolgenden Abschnitt 2.1.5 eingegangen.

Multiplikation: $0 \cdot 0 = 0 \cdot 1 = 1 \cdot 0 = 0$, $1 \cdot 1 = 1$

Die Multiplikation im Dualsystem entspricht sinngemäß der Multiplikation im Dezimalsystem.

Beispiel 2.10 *Dieses Beispiel behandelt die Multiplikation von ganzen und gebrochen rationalen Zahlen.*

```
7 · 5:     111 · 101                    1,5 · 2,25:     1,1 · 10,01
           1110                                         1100
            111                                           11
        ─────────                                    ──────────
           100011    = 32 + 2 + 1 = 35                11,011    = 3,375
```

Division: Auch die Division im Dualsystem entspricht der Division im Dezimalsystem.

Beispiel 2.11 *Die zwei Beispiele sollen an die übliche Vorgehensweise erinnern.*

$$8 : 4 \Rightarrow \quad \begin{array}{l} 1000 \quad : 100 = 10 = 2_{10} \\ \underline{100} \\ \overline{0000} \end{array} \qquad 5 : 4 \Rightarrow \quad \begin{array}{l} 101 : 100 = 1{,}01 = (1 + 0 \cdot \tfrac{1}{2} + 1 \cdot \tfrac{1}{4})_{10} \\ \underline{100} \\ 00100 \\ \quad \underline{100} \end{array}$$

Das Beispiel der Subtraktion zeigt, dass der Darstellung negativer Zahlen eine besondere Bedeutung zukommt. Deshalb behandelt der nachfolgende Abschnitt die üblichen Komplement-Darstellungen von Dualzahlen.

2.1.5 Darstellung negativer Zahlen im Dualsystem

Zum einfachen Rechnen im Dualsystem ist es sinnvoll, die Subtraktion zweier Zahlen $a - b$ durch die Addition von a mit dem Komplement von b zu realisieren: $a - b = a + (-b)$. Das Komplement von b wird hierbei mit $(-b)$ bezeichnet.

Die einfachste Möglichkeit ein Vorzeichen im Dualsystem zu definieren, ist die Vergabe eines zusätzlichen Vorzeichenbits. In der Tabelle 2.1 ist in der dritten Spalte zu erkennen, dass dann jedoch die Null ± 0 doppelt definiert ist.

		Betrag und Vorzeichen	Einerkomplement	Zweierkomplement (echtes Komplement)
0	0000	+ 0	+ 0	+ 0
1	0001	+ 1	+ 1	+ 1
2	0010	+ 2	+ 2	+ 2
3	0011	+ 3	+ 3	+ 3
4	0100	+ 4	+ 4	+ 4
5	0101	+ 5	+ 5	+ 5
6	0110	+ 6	+ 6	+ 6
7	0111	+ 7	+ 7	+ 7
8	1000	- 0	- 7	- 8
9	1001	- 1	- 6	- 7
10	1010	- 2	- 5	- 6
11	1011	- 3	- 4	- 5
12	1100	- 4	- 3	- 4
13	1101	- 5	- 2	- 3
14	1110	- 6	- 1	- 2
15	1111	- 7	- 0	- 1

Tabelle 2.1: Negative Zahlen im Dualsystem

Ähnliches gilt für das EINERKOMPLEMENT. Das Einerkomplement wird durch invertieren: $(0 \to 1)$ und $(1 \to 0)$ jedes Bits der Zahl erzeugt. Anders verhält es sich mit dem sogenannten ZWEIER-KOMPLEMENT (B-Komplement). Man erhält es aus dem Einerkomplement durch Hinzuaddieren eines Bits in der niederwertigsten Stelle, z.B. $-4 = 1011 + 0001 = 1100$. Das Zweierkomplement wird auch ECHTES KOMPLEMENT genannt. Das nachstehende Beispiel verdeutlicht, dass im Zweierkomplement die Addition von $(+4)$ und (-4) Null ergibt, wenn die Stellenzahl begrenzt wird. Im Einerkomplement ergibt die Addition von $(+a)$ und $(-a)$ stets $(11 \cdots 1)$.

Beispiel 2.12 *Rechnen mit dem Zweierkomplement:*

4 + (-4)		0 - (+7)		8,5 + (-2,25)	
0100		0000		1000,10	
+ 1100		- 0111		+ 1101,11	
100	Carry	111	Borrow	0011	Carry
0000	Ergebnis	1001	Ergebnis	0110,01	Ergebnis

Beim Rechnen mit dem echten Komplement können positive und negative Zahlen bei Addition gleich behandelt werden. Im obigen Beispiel wurde zunächst von $2,25_{10} = 0010,01_2$ das Einerkomplement: $1101,10$ bestimmt. Das Zweierkomplement ergibt sich zu: $1101,10 + 0,01 = 1101,11$.

Merke: Zweierkomplement = Einerkomplement + 1 (niederwertigsten Stelle)

Beispiel 2.13 *In diesem Beispiel wird ausgehend von der Dualdarstellung 0101 der Zahl 5 zunächst das Einerkomplement $E_5 = 1010$ gebildet:*

$5 = 0101_2 \quad \to \quad E_5 = 1010 \qquad$ *Dann wird durch Hinzuaddieren der 1 = 0001 das Zwei-*
$\qquad\qquad \to \quad Z_5 = 1011 \qquad$ *erkomplement $Z_5 = 1011$ gebildet.*

2.1.6 Binäre Codes zur Zahlendarstellung

Mittels binärer Codes (BCD-Codes) gelingt es, Zahlen darzustellen. Im vorausgegangenen Abschnitt wurde zur Darstellung einer Dezimalzahl eine festgelegte Wertigkeit 2^j verwendet. Schränkt man die darzustellenden Zahlen auf $\{0, 1, \ldots, 9\}$ ein, so spricht man vom (8-4-2-1)-Code. Prinzipiell sind aber auch andere Wertigkeiten, wie sie in der Tabelle 2.2 dargestellt sind, möglich.

In der zweiten Zeile von Tabelle 2.2 sind die Wertigkeiten der Binärstellen angegeben. Der Gray-Code und der 3-Exzess-Codes sind nicht bewertbare Code. Der Gray-Code entsteht dadurch, dass genau dann, wenn die nächsthöhere Stelle mit einer Eins besetzt werden muss, die bereits vorhandenen Codewörter in umgekehrter Reihenfolge an die Eins angehängt werden. Der Vorteil des Gray-Codes ist darin begründet, dass sich von einer Ziffer zur nächsten nur ein Bit ändert. Dies hat zur Folge, dass sich im Falle einer Bitverfälschung durch einen Fehler, nur ein geringfügiges Abweichen vom richtigen Wert ergibt.

Für die Rechnertechnik wurde der nach Aiken benannte Code entwickelt. Die einzelnen Stellen sind anders gewichtet als beim 8-4-2-1-Code. Er wurde so aufgebaut, dass die erforderliche Komplementbildung zur Darstellung negativer Zahlen durch einfache Invertierung der Binärstellen erreicht wird.

Nr.	(8421)-Code $2^3\ 2^2\ 2^1\ 2^0$	Aiken-Code $2\ 4\ 2\ 1$	3-Exzess-Code	Gray-Code
0	0 0 0 0	0 0 0 0	0 0 1 1	0
1	0 0 0 1	0 0 0 1	0 1 0 0	1
2	0 0 1 0	0 0 1 0	0 1 0 1	1 1
3	0 0 1 1	0 0 1 1	0 1 1 0	1 0
4	0 1 0 0	0 1 0 0	0 1 1 1	1 1 0
5	0 1 0 1	1 0 1 1	1 0 0 0	1 1 1
6	0 1 1 0	1 1 0 0	1 0 0 1	1 0 1
7	0 1 1 1	1 1 0 1	1 0 1 0	1 0 0
8	1 0 0 0	1 1 1 0	1 0 1 1	1 1 0 0
9	1 0 0 1	1 1 1 1	1 1 0 0	1 1 0 1
10	1 0 1 0	0 1 0 1	0 0 0 0	1 1 1 1
11	1 0 1 1	0 1 1 0	0 0 0 1	1 1 1 0
12	1 1 0 0	0 1 1 1	0 0 1 0	1 0 1 0
13	1 1 0 1	1 0 0 0	1 1 0 1	1 0 1 1
14	1 1 1 0	1 0 0 1	1 1 1 0	1 0 0 1
15	1 1 1 1	1 0 1 0	1 1 1 1	1 0 0 0

Tabelle 2.2: Zifferncodes unterschiedlicher Wertigkeit

Der 3-Exzess-Code wird in der Steuerungstechnik eingesetzt. Er besitzt die wichtige Eigenschaft, dass in jeder vorkommenden Bitkombination mindestens ein Bit gesetzt und ein Bit rückgesetzt wird. Störungen können hierdurch leichter erkannt werden.

Beispiel 2.14 *Die Dezimalzahl 2005 soll in den vier vorgenannten BCD-Codes dargestellt wird.*

Dezimal	2	0	0	5
8-4-2-1-Code	0010	0000	0000	0101
Aiken-Code	0010	0000	0000	1011
3-Exzess-Code	0101	0011	0011	1000
BCD-Gray-Code	0011	0000	0000	0111

Beispiele für einen Code-Umsetzer, der z.B. einen 8-4-2-1-Code in einen Gray-Code umsetzt finden sich im Abschnitt 2.3.2.

2.1.7 Der ASCII-Code

Der ASCII-Code (American Standard Code for Information Interchange) gehört zu den alphanumerischen Codes, mit deren Hilfe sich Buchstaben, Ziffern und Sonderzeichen darstellen lassen.

Besonders in der Computertechnik wird er für die Ein- und Ausgabe der alphanumerischen Zeichen verwendet.

Jedes Zeichen im ASCII-Code wird mit sieben Bit dargestellt. In der nachstehenden Tabelle auf Seite 108 ist der Code dargestellt, der dem 7-Bit-Code nach DIN 66003 ganz ähnlich ist. In der Tabelle wird jedes Zeichen durch vier Zeilenbits (Zeilencode A0,A1,A2,A3) und drei Spaltenbits (Spaltencode A4,A5,A6) repräsentiert. Zum Beispiel wird der Buchstabe A wie folgt dargestellt:

$$A = (A_6, A_5, A_4, A_3, A_2, A_1, A_0) = (1,0,0,0,0,0,1)$$

Im deutschen Zeichensatz sind anstelle der links stehenden Zeichen die Sonderzeichen: §, Ä, Ö, Ü, ä, ö, ü, und ß eingefügt. Da bei der Übertragung der Zeichen gewöhnlich ein Byte (8 Bit) verwendet wird, kann das achte Bit zur Erweiterung des Zeichensatzes herangezogen werden. Der Zeichensatz wird somit verdoppelt.

ASCII-Code					Spaltencode							
				HEX	0	1	2	3	4	5	6	7
				A6	0	0	0	0	1	1	1	1
	Zeilencode			A5	0	0	1	1	0	0	1	1
				A4	0	1	0	1	0	1	0	1
HEX	A3	A2	A1	A0								
0	0	0	0	0	NUL	DLE	SP	0	@ §	P	'	p
1	0	0	0	1	SOH	DC1	!	1	A	Q	a	q
2	0	0	1	0	STX	DC2	"	2	B	R	b	r
3	0	0	1	1	ETX	DC3	#	3	C	S	c	s
4	0	1	0	0	EOT	DC4	$	4	D	T	d	t
5	0	1	0	1	ENQ	NAK	%	5	E	U	e	u
6	0	1	1	0	ACK	SYN	&	6	F	V	f	v
7	0	1	1	1	BEL	ETB	'	7	G	W	g	w
8	1	0	0	0	BS	CAN	(	8	H	X	h	x
9	1	0	0	1	HT	EM	)	9	I	Y	i	y
A	1	0	1	0	LF	SUB	*	:	J	Z	j	z
B	1	0	1	1	VT	ESC	+	;	K	[Ä	k	{ ä
C	1	1	0	0	FF	FS	,	<	L	\ Ö	l	| ö
D	1	1	0	1	CR	GS	-	=	M	] Ü	m	} ü
E	1	1	1	0	SO	RS	.	>	N	^	n	~ ß
F	1	1	1	1	SIX	US2	/	?	O	_	o	DEL

2.2 Schaltalgebra

In diesem Kapitel wird die elementare Schaltalgebra nach DIN 66000 und DIN 40900 eingeführt. Sie gründet sich auf die von Boole im 19. Jahrhundert entwickelte Boolesche Algebra und wurde von Cloude E. Shannon 1950 zur Beschreibung von logischen Schaltungen eingeführt.

In der Schaltalgebra werden Funktionen von Variablen betrachtet. Diese Variablen werden als binäre oder auch logische Variablen bezeichnet. Die für die Digitaltechnik benötigten Elemente der Schaltalgebra sind:

⋄ Die KONSTANTEN Null (0) und Eins (1).

⋄ Die SCHALTVARIABLEN können die Werte Null oder Eins annehmen. Wird beispielsweise $a = 1$ für die Aussage *Strom fließt* benutzt, so folgt das Gegenteil für $a = 0$, also *Strom fließt nicht*. Üblicherweise werden für die Eingangsvariablen die ersten Buchstaben des Alphabets $(a, b, \ldots)$ und für die Ausgangsvariablen die letzten Buchstaben $\ldots, x, y, z$ verwendet.

⋄ Die SCHALTFUNKTIONEN beschreiben, wie Schaltvariable Werte durch logische Verknüpfungen zugewiesen bekommen. Z. B. bedeutet: $y = fkt(a, b)$, dass die Variable y von den Variablen a und b abhängt.

2.2.1 Grundfunktionen

Die elementaren Grundfunktionen der Schaltalgebra sind UND, ODER und NICHT. In der nachstehenden Tabelle 2.3 sind in den Regeln (1) bis (10) die wichtigsten Zusammenhänge dargestellt. Alle anderen Regeln sind hiervon ableitbar. Regel (12) fasst (3) und (4) zusammen.

UND		$ODER$		$NICHT$	
$0 \wedge 0 = 0$	(1)	$0 \vee 0 = 0$	(5)	$\overline{0} = 1$	(9)
$0 \wedge 1 = 0$	(2)	$0 \vee 1 = 1$	(6)	$\overline{1} = 0$	(10)
$1 \wedge 0 = 0$	(3)	$1 \vee 0 = 1$	(7)		
$1 \wedge 1 = 1$	(4)	$1 \vee 1 = 1$	(8)		
$0 \wedge a = 0$	(11)	$1 \vee a = 1$	(15)	$\overline{\overline{a}} = a$	(19)
$1 \wedge a = a$	(12)	$0 \vee a = a$	(16)		
$a \wedge a = a$	(13)	$a \vee a = a$	(17)		
$\overline{a} \wedge a = 0$	(14)	$\overline{a} \vee a = 1$	(18)		

Tabelle 2.3: Elementare Rechenoperationen: UND, ODER, NICHT

Für drei Regeln der Tabelle 2.3 wird die Sprechweise angegeben:

(2) $\quad 0 \wedge 1 = 0 \quad \Longrightarrow \quad$ Null UND Eins gleich Null
(6) $\quad 0 \vee 1 = 1 \quad \Longrightarrow \quad$ Null ODER Eins gleich Eins
(9) $\quad \overline{0} = 1 \quad \Longrightarrow \quad$ nicht Null gleich Eins

Ersatzweise kann eine andere Schreibweise angegeben werden:

(2) $\quad 0 \cdot 1 = 0 \quad \Longrightarrow \quad \cdot \quad$ für $\quad \wedge$
(6) $\quad 0 + 1 = 1 \quad \Longrightarrow \quad + \quad$ für $\quad \vee$
(9) $\quad \neg\, 0 = 1 \quad \Longrightarrow \quad \neg \quad$ für $\quad \overline{}$

In der Tabelle 2.4 sind das Kommutativ-, Assoziativ- und das Distributivgesetz angegeben. Das Kommutativgesetz besagt, dass das Ergebnis der Verknüpfung zweier Variablen nicht von der Reihenfolge, in der die Variablen zueinander stehen, abhängt.

Das Distributivgesetz schließlich entspricht der zwischen Multiplikation und Addition bekannten Gesetzmäßigkeit auf reellen Zahlenkörpern, wobei die UND-Verknüpfung der Multiplikation und die ODER-Verknüpfung der Addition entspricht.

Gesetze		
Kommutativ:	$a \wedge b = b \wedge a$	(20)
	$a \vee b = b \vee a$	(21)
Assoziativ:	$(a \wedge b) \wedge c = a \wedge (b \wedge c)$	(22)
	$(a \vee b) \vee c = a \vee (b \vee c)$	(23)
Distributiv:	$a \wedge (b \vee c) = (a \wedge b) \vee (a \wedge c)$	(24)
	$a \vee (b \wedge c) = (a \vee b) \wedge (a \vee c)$	(25)

Tabelle 2.4: Kommutativ-, Assoziativ- und Distributivgesetz

Das Assoziativgesetz sagt aus, dass das Ergebnis der Verknüpfung nicht von der Reihenfolge in der Klammerung abhäng.

2.2.2 Das De Morgan'sche Theorem

Das De Morgan'sche Theorem (2.4) ist die wichtigste Regel, die eine Umwandlung der UND-Verknüpfung in eine ODER-Verknüpfung und umgekehrt erlaubt.

$$\neg(fkt(a, \overline{b}, c, \dots, \vee, \wedge)) = fkt(\overline{a}, b, \overline{c}, \dots, \wedge, \vee) \qquad (2.4)$$

Das De Morgan'sche Theorem ist derart zu verstehen, dass in einer zu negierenden Booleschen Funktion alle Variablen zu negieren sind und zusätzlich sowohl die UND-Verknüpfung durch die ODER-Verknüpfung, als auch die ODER-Verknüpfung durch die UND-Verknüpfung zu ersetzen ist. Die beiden nachfolgenden Gleichungen zeigen dies für zwei einfache Ausdrücke.

$$\neg(a \vee b \vee c) = \overline{(a \vee b \vee c)} = \overline{a} \wedge \overline{b} \wedge \overline{c}$$

$$\neg(a \wedge b \wedge c) = \overline{(a \wedge b \wedge c)} = \overline{a} \vee \overline{b} \vee \overline{c}$$

Beispiel 2.15 *Mit Hilfe einer Wahrheitstabelle soll die Gültikeit des Theorems von De Morgan für die einfache Verknüpfung* $y = a \vee b$ *überprüft werden.*
Nach De Morgan gilt: $y = (a \vee b) = \overline{\overline{(a \vee b)}} = \overline{(\overline{a} \wedge \overline{b})}$

a	b	$a \vee b$	$\overline{a}$	$\overline{b}$	$(\overline{a} \wedge \overline{b})$	$\overline{(\overline{a} \wedge \overline{b})}$
0	0	0	1	1	1	0
0	1	1	1	0	0	1
1	0	1	0	1	0	1
1	1	1	0	0	0	1

2.2.3 Vereinfachungsregeln

Die Vereinfachungsregeln (26) bis (31) ergeben sich durch Anwendung der Gesetze aus den Tabellen 2.3 und 2.4.

Beispielsweise ergibt sich die Regel (27) durch die Anwendung des Distributivgesetzes und der Regeln (18) und (15):

$a \vee (a \wedge b) = a$	(26)	$a \wedge (a \vee b) = a$	(27)
$a \vee (\overline{a} \wedge b) = a \vee b$	(28)	$a \wedge (\overline{a} \vee b) = a \wedge b$	(29)
$(a \wedge b) \vee (a \wedge \overline{b}) = a$	(30)	$(a \vee b) \wedge (a \vee \overline{b}) = a$	(31)

$$a \vee (\overline{a} \wedge b) = (a \vee \overline{a}) \wedge (a \vee b) = 1 \wedge (a \vee b) = a \vee b$$

Beispiel 2.16 *Der Ausdruck* $y = (a \vee c) \wedge (b \vee c) \wedge (a \vee \overline{c}) \wedge (b \vee \overline{c})$ *soll vereinfacht werden:*

$$y = [(a \wedge b) \vee c] \wedge [(a \wedge b) \vee \overline{c}] = (a \wedge b) \vee (c \wedge \overline{c}) = (a \wedge b) \vee 0 = a \wedge b$$

Im nachfolgenden Abschnitt sind für einige wichtige Verknüpfungen die Wahrheitstabellen und die Schaltsymbole angegeben.

2.2.4 Verknüpfungstabellen und Schaltsymbole der Grundfunktionen

Für eine zweistellige Binärfunktion $y = fkt(a, b)$ können insgesamt $2^4 = 16$ verschiedene Ergebnisse gefunden werden. Hierunter auch die konstanten Funktionen: $y(a, b) = 0$, $y(a, b) = 1$ und die Identitäten: $y(a, b) = a$, $y(a, b) = b$. Nachstehend sind die wichtigsten aufgelistet.

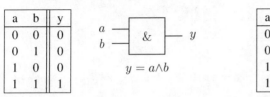

UND-Verknüpfung

a	b	y
0	0	0
0	1	0
1	0	0
1	1	1

$y = a \wedge b$

ODER-Verknüpfung

a	b	y
0	0	0
0	1	1
1	0	1
1	1	1

$y = a \vee b$

Die elementaren Grundfunktionen UND (AND) und ODER (OR) werden auch als Konjunktion und Disjunktion bezeichnet. Hiervon leiten sich die Namen der Normalformen in Abschnitt 2.2.7 ab.

NAND-Verknüpfung

a	b	y
0	0	1
0	1	1
1	0	1
1	1	0

$y = \neg(a \wedge b) = \overline{(a \wedge b)}$

NOR-Verknüpfung

a	b	y
0	0	1
0	1	0
1	0	0
1	1	0

$y = \neg(a \vee b) = \overline{(a \vee b)}$

NAND und NOR-Funktion sind sehr wichtige Grundfunktionen. Mit ihnen gelingt es, die anderen Grundfunktionen zur realisieren. Schaltwerke können somit ausschließlich aus NAND und NOR-Elementen bestehen.

Antivalenz-Verknüpfung (EXOR)

a	b	y
0	0	0
0	1	1
1	0	1
1	1	0

$y = (a \wedge \overline{b}) \vee (\overline{a} \wedge b) = $
$= a \not\leftrightarrow b$

Äquivalenz-Verknüpfung

a	b	y
0	0	1
0	1	0
1	0	0
1	1	1

$y = (a \wedge b) \vee (\overline{a} \wedge \overline{b}) = $
$= a \leftrightarrow b$

Insbesondere die Antivalenz-Verknüpfung (EXOR) stellt für jeden Bitvergleich ein geeignetes Verfahren dar. Aus der Praxis der Codierungsverfahren, ist diese Verknüpfung nicht mehr wegzudenken.

NICHT-Verknüpfung

a	y
0	1
1	0

$y = \neg a = \overline{a}$

Implikation-Verknüpfung

a	b	y
0	0	1
0	1	1
1	0	0
1	1	1

$y = \overline{a} \vee b = a \rightarrow b$

Der NICHT-Verknüpfung (NOT) $y(a, b) = \overline{a}$ bzw. $y(a, b) = \overline{b}$ besitzt eine zentrale Bedeutung für die algebraische Umformung Boolescher Ausdrücke.

Beispiel 2.17 *Die nachstehende Schaltung soll analysiert werden:*

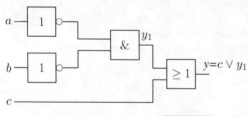

Es ist stets sinnvoll, Zwischengrößen (hier y_1) einzuführen. Die Ausgangsgröße y ergibt sich dann durch Einsetzen von $y_1 = \overline{a} \wedge \overline{b}$ zu $y = c \vee (\overline{a} \wedge \overline{b})$. Mit Hilfe des De Morgan'schen Theorems kann y umgeformt werden:

$$y \;=\; \overline{\overline{y}} \;=\; \overline{\overline{c \vee (\overline{a} \wedge \overline{b})}} \;=\; \overline{(\overline{c} \wedge \overline{(\overline{a} \wedge \overline{b})})} \;=\; \overline{(\overline{c} \wedge (a \vee b))}.$$

Das Ergebnis der Analyse und Umformung kann wieder als Schaltung angegeben werden:

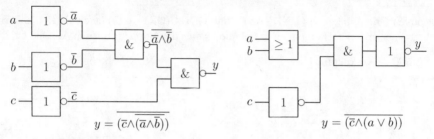

$$y = \overline{(\overline{c} \wedge \overline{(\overline{a} \wedge \overline{b})})} \qquad\qquad\qquad y = \overline{(\overline{c} \wedge (a \vee b))}$$

In der obigen Abbildung ist besonders die links stehende Realisierung interessant, da sie nur NAND- und NICHT-Elemente enthält. Sie lässt sich deshalb auf einem IC implementieren, der fünf NANDs beinhaltet.

2.2.5 Kaskadieren der Grundfunktionen

Einige der Grundfunktionen (UND, ODER, EXOR) lassen sich direkt kaskadieren, ohne dass sich die typischen Eigenschaften der Funktion ändern. Bei anderen Funktionen (NAND, NOR) verändern sich die Eigenschaften beim Kaskadieren bedingt durch die Negation am Ausgang.

UND-Verknüpfung

c	a	b	$a \wedge b$	$a \wedge b \wedge c$
0	0	0	0	0
0	0	1	0	0
0	1	0	0	0
0	1	1	1	0
1	0	0	0	0
1	0	1	0	0
1	1	0	0	0
1	1	1	1	1

ODER-Verknüpfung

c	a	b	$a \vee b$	$a \vee b \vee c$
0	0	0	0	0
0	0	1	1	1
0	1	0	1	1
0	1	1	1	1
1	0	0	0	1
1	0	1	1	1
1	1	0	1	1
1	1	1	1	1

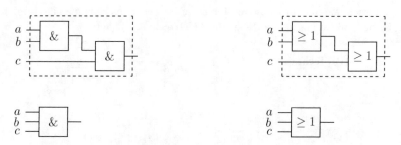

Abbildung 2.1: Kaskaden von UND- und ODER-Verknüpfung

Nicht alle Grundfunktionen eignen sich zum Kaskadieren. Bei den Funktionen NAND und NOR muss vor dem Kaskadieren zuerst die Negation am Ausgang rückgängig gemacht werden.

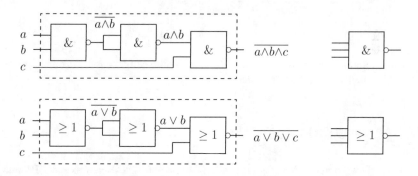

Abbildung 2.2: Kaskaden von UND- und ODER-Verknüpfung

Die Studierenden können überprüfen, welche der zuvor angegebenen Grundfunktionen sich noch mit einfachen Mitteln kaskadieren lassen.

Beispiel 2.18 *Der Ausdruck $y = (a \vee b) \wedge (a \vee c)$ soll in eine Schaltung umgesetzt werden und eine Wahrheitstabelle erstellt werden. Anschließend soll eine Schaltungsrealisierung in NOR- und NAND-Technik hergeleitet werden. In der nachstehenden Tabelle sind zunächst die ODER-Verknüpfungen der drei Eingangsvariablen angegeben. Danach wird $y = y_1 \wedge y_2$ berechnet.*

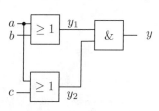

c	b	a	y_1	y_2	y
0	0	0	0	0	0
0	0	1	1	1	1
0	1	0	1	0	0
0	1	1	1	1	1
1	0	0	0	1	0
1	0	1	1	1	1
1	1	0	1	1	1
1	1	1	1	1	1

Durch Umformungen mit Hilfe des De Morgan'schen Theorems kann man die Booleschen Ausdrücke für die Realisierungen in NOR- und NAND-Technik erhalten.

NOR-Technik

$$y = \overline{\overline{y}} = \overline{\overline{(a \vee b) \wedge (a \vee c)}}$$
$$= \overline{\overline{(a \vee b)} \vee \overline{(a \vee c)}} = \overline{(y_3 \vee y_4)}$$

NAND-Technik

$$\overline{y} = \overline{(a \vee b) \wedge (a \vee c)} = \overline{\overline{\overline{(a \vee b)} \wedge \overline{(a \vee c)}}}$$
$$= \overline{\overline{(\overline{a} \wedge \overline{b})} \wedge \overline{(\overline{a} \wedge \overline{c})}}$$

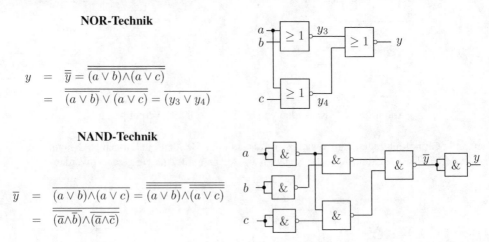

Zum Selbststudium mit $y = (a \wedge b) \vee (a \wedge c)$ ist die gleiche Aufgabenstellung wie im Beispiel 2.18 geeignet. Es lohnt sich ein Vergleich der beiden Schaltungen.

2.2.6 Vorrangregeln

Für ein korrektes Vorgehen bei Booleschen Umformungen, sind Kenntnisse der Bindungsstärken der Grund-Verknüpfungen wichtig. Für die Grund-Verknüpfungen gelten nach DIN 66000 folgende Vorrangregeln:

1. Die NICHT-Verknüpfung ($\neg$) bindet stärker als alle anderen Zeichen.

2. Die Zeichen $\wedge$, $\overline{\wedge}$, $\vee$ und $\overline{\vee}$ binden stärker als $\rightarrow$, $\leftrightarrow$ und $\not\leftrightarrow$.

3. Die Zeichen UND ($\wedge$), NAND ($\overline{\wedge}$), ODER ($\vee$) und NOR ($\overline{\vee}$) binden untereinander gleich stark, ebenso die Zeichen $\rightarrow$, $\leftrightarrow$ und $\not\leftrightarrow$.

4. Die Außenklammern einer UND-Verknüpfung können weggelassen werden, wenn diese selber ein Teil einer UND-Verknüpfung sind. Gleiches gilt für ODER-, Äquivalenz- und Antivalenz-Verknüpfung.

2.2.7 Normal- und Minimalformen

Anhand eines einfachen zentralen Beispiels soll erläutert werden, wie durch schrittweises Vorgehen von der Formulierung eines Problems, über die Normalformen, zu einer schaltungstechnisch vereinfachten (minimierten) Lösung gelangt werden kann.

⋄ VON DER PROBLEMFORMULIERUNG ZUR AUFGABENSTELLUNG
Einer der Aufzüge eines Hotels mit acht Etagen soll die Eingangshalle mit den oberen Etagen 4 bis 7 verbinden. Für die Aufzugsteuerung steht die Etagennummer (0-7) als dreistellige Dualzahl zur Verfügung. Aus dieser Dualzahl soll ein Signal hergeleitet werden, das in den Etagen, in denen der Aufzug halten darf, den Wert 1 hat.

⋄ VARIABLENDEFINITION ⟺ EINGANGS- UND AUSGANGSVARIABLE
Die Ausgangsvariable wird mit $y = fkt(a, b, c)$ bezeichnet. $y = 1$ bedeutet: Aufzug hält, $y = 0$ bedeutet: Aufzug hält nicht. Die Eingangsvariablen c, b, a entsprechen der dreistelligen Dualzahl und damit der Etagennummer.

⋄ WAHRHEITSTABELLE (siehe unten)

⋄ HERLEITEN DER SCHALTFUNKTION
Aus der Wahrheitstabelle lassen sich zwei sogenannte Normalformen herleiten. Es ist ausreichend, entweder alle Terme zu realisieren für die $y = 0$ gilt, oder alle Terme zu realisieren für die $y = 1$ gilt. Im ersten Fall spricht man von der UND-Normalform bzw. konjunktiven Normalform (KNF). Im zweiten Fall spricht man von der ODER-Normalform bzw. disjunktiven Normalform (DNF).

Wahrheitstabelle

i	j	c	b	a	y	$\overline{y}$
0	7	0	0	0	1	0
1	6	0	0	1	0	1
2	5	0	1	0	0	1
3	4	0	1	1	0	1
4	3	1	0	0	1	0
5	2	1	0	1	1	0
6	1	1	1	0	1	0
7	0	1	1	1	1	0

DNF: $y = (\overline{c} \wedge \overline{b} \wedge \overline{a}) \vee (c \wedge \overline{b} \wedge \overline{a}) \vee (c \wedge \overline{b} \wedge a) \vee (c \wedge b \wedge \overline{a}) \vee (c \wedge b \wedge c)$

$$y = m_0 \vee m_4 \vee m_5 \vee m_6 \vee m_7$$

$$\overline{y} = m_1 \vee m_2 \vee m_3$$

KNF: $y = (c \vee b \vee \overline{a}) \wedge (c \vee \overline{b} \vee a) \wedge (c \vee \overline{b} \vee \overline{a})$

$$y = M_6 \wedge M_5 \wedge M_4$$

$$\overline{y} = M_7 \wedge M_3 \wedge M_2 \wedge M_1 \wedge M_0$$

Die m_i Terme, aus denen sich die DNF zusammensetzt, werden Minterme und die M_j Terme, aus denen sich die KNF zusammensetzt, werden Maxterme genannt.
BEACHTE: Die Realisierung einer Funktion y erfolgt entweder durch die DNF oder die KNF. D.h., es ist völlig ausreichend entweder die NULLEN oder die EINSEN einer Funktion zu realisieren.

Eine gesuchte Normalform lässt sich direkt aus einer gegebenen Normalform ableiten.

Umformung KNF ⟹ DNF   Umformung DNF ⟹ KNF

$$
\begin{aligned}
y &= M_6 \wedge M_5 \wedge M_4 \\
\overline{y} &= M_7 \wedge M_3 \wedge M_2 \wedge M_1 \wedge M_0 \\
\overline{\overline{y}} &= \overline{M_7} \vee \overline{M_3} \vee \overline{M_2} \vee \overline{M_1} \vee \overline{M_0} \\
y &= m_0 \vee m_4 \vee m_5 \vee m_6 \vee m_7
\end{aligned}
$$

$$
\begin{aligned}
y &= m_0 \vee m_4 \vee m_5 \vee m_6 \vee m_7 \\
\overline{y} &= m_1 \vee m_2 \vee m_3 \\
\overline{\overline{y}} &= \overline{m_1} \wedge \overline{m_2} \wedge \overline{m_3} \\
y &= M_6 \wedge M_5 \wedge M_4
\end{aligned}
$$

z.B. $\overline{M_1} = \neg(\overline{c} \vee \overline{b} \vee a) = c \wedge b \wedge \overline{a} = m_6$ z.B. $\overline{m_2} = \neg(\overline{c} \wedge b \wedge \overline{a}) = c \vee \overline{b} \vee a = M_5$

2.2.8　Minimierung der Schaltfunktion – KV-Tafeln für DMF

Dieser Abschnitt behandelt die Frage, wie die Vereinfachungsregeln aus Abschnitt 2.2.3 in möglichst strukturierter Weise angewendet werden, um zu einer Schaltung mit möglichst wenigen Bauelementen zu kommen. Hierzu werden die KARNAUGH-VEITCH-TAFELN (KV-Tafeln) verwendet.

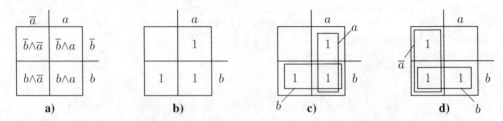

a)　　　　　　　　　　　　b)　　　　　　　　　c)　　　　　　　　　　d)

Bild a) zeigt eine KV-Tafel für zwei Variable $y = fkt(a, b)$ mit den möglichen vier Mintermen der DNF. Bild b) zeigt eine KV-Tafel mit drei Einsen. Die zugehörige Schaltfunktion lautet: $y = (a \wedge b) \vee (a \wedge \bar{b}) \vee (\bar{a} \wedge b)$. Mit Hilfe der Schaltalgebra kann y vereinfacht werden:

$$y \; = \; (a \wedge b) \vee (a \wedge \bar{b}) \vee (\bar{a} \wedge b) = (a \wedge b) \vee (a \wedge \bar{b}) \vee (\bar{a} \wedge b) \vee (a \wedge b) \tag{2.5}$$

$$= \; (a \wedge (b \vee \bar{b})) \vee ((\bar{a} \vee a) \wedge b) \tag{2.6}$$

$$= \; (a \wedge 1) \vee (1 \wedge b) = (a \vee b) \tag{2.7}$$

Diese Vereinfachung kann anhand von Bild c) leicht nachvollzogen werden. Für die beiden übereinander stehenden Einsen gilt immer a, während für die beiden nebeneinander stehenden Einsen immer b gilt. Deutlich wird weiterhin, dass die unten rechts stehende 1 doppelt verwendet wird. Bei der mathematischen Herleitung entspricht dies der Verdopplung des Terms $(a \wedge b)$. Für die minimale Schaltfunktion y in Bild d) gilt demnach: $y = \bar{a} \vee b$. Je nach Art spricht man im minimierten Fall von der DISJUNKTIVEN MINIMAL-FORM DMF bzw. von der KONJUNKTIVEN MINIMAL-FORM KMF.

Etwas vereinfacht ausgedrückt, bedeutet dies, dass eine Variable die sich innerhalb benachbarter KV-Felder ändert, aus der Funktion herausfällt. Für den vereinfachten Eintrag der Einsen aus der Wahrheitstabelle in die KV-Tafel können die Felder der KV-Tafel entsprechend der Nummerierung der Minterme der Wahrheitstabelle mit Zahlen versehen werden.

Wahrheitstabelle DNF

i	b	a	Minterm m_i
0	0	0	$\bar{b} \wedge \bar{a}$
1	0	1	$\bar{b} \wedge a$
2	1	0	$b \wedge \bar{a}$
3	1	1	$b \wedge a$

$$\overline{} \; b \; \hat{=} \; 2^1 \longrightarrow$$
$$a \; \hat{=} \; 2^0$$

$\bar{a}$	a	
$\bar{b} \wedge \bar{a}$	$\bar{b} \wedge a$	$\bar{b}$
$b \wedge \bar{a}$	$b \wedge a$	b

	a	
0	1	
2	3	b

Tritt beispielsweise in einer DNF der Minterm $m_0 = (\bar{a} \wedge \bar{b})$ auf, so muss im Feld 0 der KV-Tafel eine 1 stehen.

2.2.9   KV-Tafeln mit mehreren Variablen

KV-Tafeln mit mehr als zwei Variablen bieten stets viele Möglichkeiten Minterme zusammenzufassen. Ziel dieses Abschnittes ist es deshalb, Kriterien zu formulieren, die zu einer optimalen Lösung führen.

Eine KV-Tafel mit drei Variablen erhält man durch Verdopplung der Felder der KV-Tafel mit zwei Variablen. Allgemein verdoppeln sich die möglichen Terme vom Übergang von n auf $n + 1$ Variablen: $2^{n+1} = 2 \cdot 2^n$. Nachfolgend ist die KV-Tafel für drei Variablen dargestellt.

Wahrheitstabelle

i	c	b	a	y
0	0	0	0	$\overline{c} \wedge \overline{b} \wedge \overline{a}$
1	0	0	1	$\overline{c} \wedge \overline{b} \wedge a$
2	0	1	0	$\overline{c} \wedge b \wedge \overline{a}$
3	0	1	1	$\overline{c} \wedge b \wedge a$
4	1	0	0	$c \wedge \overline{b} \wedge \overline{a}$
5	1	0	1	$c \wedge \overline{b} \wedge a$
6	1	1	0	$c \wedge b \wedge \overline{a}$
7	1	1	1	$c \wedge b \wedge a$

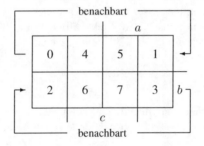

Benachbart sind solche Felder, die sich nur in einer Variablen unterscheiden. Z.B. $4 = 100$ ist mit $6 = 110$ benachbart. Geändert hat sich nur die Variable b. Diagonale Felder wie z.B 4 und 7 sind nicht benachbart.

Die Nummerierung der Felder 0 bis 3 für die zwei Variablen a und b ist identisch mit der Nummerierung der KV-Tafel für zwei Variable. Hinzugekommen sind die Felder 4 bis 7, für die stets c gilt. Dies zeigt in der Abbildung 2.3 das links stehende Beispiel.

a)

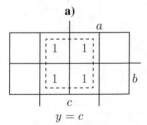

$y = c$

b)

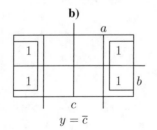

$y = \overline{c}$

c)

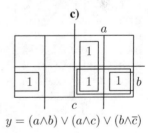

$y = (a \wedge b) \vee (a \wedge c) \vee (b \wedge \overline{c})$

Abbildung 2.3: Beispiele von KV-Tafeln mit drei Variablen

In Teil c) der Abbildung 2.3 ist erkennbar, dass nicht immer alle Blöcke benötigt werden. Der Term $(a \wedge b)$ wird nicht gebraucht, da er bereits in den beiden anderen Termen enthalten ist.

Für das Beispiel aus Abschnitt 2.2.7 der Aufzugsteuerung soll eine Minimierung der Schaltfunktion durchgeführt werden.

Wahrheitstabelle

j	c	b	a	y	$\overline{y}$
7	0	0	0	1	0
6	0	0	1	0	1
5	0	1	0	0	1
4	0	1	1	0	1
3	1	0	0	1	0
2	1	0	1	1	0
1	1	1	0	1	0
0	1	1	1	1	0

DMF für $\overline{y}$

KMF für y

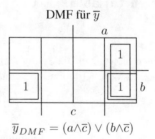

$$\overline{y}_{DMF} = (a \wedge \overline{c}) \vee (b \wedge \overline{c})$$

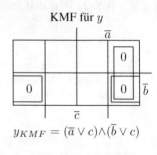

$$y_{KMF} = (\overline{a} \vee c) \wedge (\overline{b} \vee c)$$

Für das Aufstellen von $y_{DMF} = c \vee (\overline{a} \wedge \overline{b})$, gibt es keine Besonderheiten zu beachten.

Die Schaltfunktion y der KMF erhält man am einfachsten, indem die DMF von $\overline{y}$ durch Zusammenfassen der Einsen gebildet und anschließend $\overline{y}$ invertiert wird. Eine andere direkte Möglichkeit ist durch eine inverse Beschriftung der KV-Tafeln gegeben: $M_7 = a \vee b \vee c$ bis $M_0 = \overline{a} \vee \overline{b} \vee \overline{c}$.

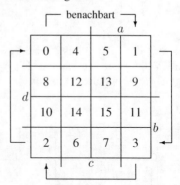

KV-Tafeln mit vier Variablen:
Eine KV-Tafel mit vier Variablen erhält man durch Verdopplung der Felder der KV-Tafel mit drei Variablen. Nachfolgend ist die KV-Tafel für vier Variablen dargestellt.

Wahrheitstabelle

i	d	c	b	a	y
0	0	0	0	0	$\overline{d} \wedge \overline{c} \wedge \overline{b} \wedge \overline{a}$
1	0	0	0	1	$\overline{d} \wedge \overline{c} \wedge \overline{b} \wedge a$
2	0	0	1	0	$\overline{d} \wedge \overline{c} \wedge b \wedge \overline{a}$
3	0	0	1	1	$\overline{d} \wedge \overline{c} \wedge b \wedge a$
4	0	1	0	0	$\overline{d} \wedge c \wedge \overline{b} \wedge \overline{a}$
5	0	1	0	1	$\overline{d} \wedge c \wedge \overline{b} \wedge a$
6	0	1	1	0	$\overline{d} \wedge c \wedge b \wedge \overline{a}$
7	0	1	1	1	$\overline{d} \wedge c \wedge b \wedge a$
8	1	0	0	0	$d \wedge \overline{c} \wedge \overline{b} \wedge \overline{a}$
9	1	0	0	1	$d \wedge \overline{c} \wedge \overline{b} \wedge a$
10	1	0	1	0	$d \wedge \overline{c} \wedge b \wedge \overline{a}$
11	1 · 0	1	1	$d \wedge \overline{c} \wedge b \wedge a$
12	1	1	0	0	$d \wedge c \wedge \overline{b} \wedge \overline{a}$
13	1	1	0	1	$d \wedge c \wedge \overline{b} \wedge a$
14	1	1	1	0	$d \wedge c \wedge b \wedge \overline{a}$
15	1	1	1	1	$d \wedge c \wedge b \wedge a$

Die Nummerierung der Felder 0 bis 3 für die zwei Variablen a und b ist identisch mit der Nummerierung der KV-Tafel für zwei bzw. drei Variable. Die Nummerierung der Felder 4 bis 7 für die drei Variablen a, b und c ist identisch mit der Nummerierung der KV-Tafel für drei Variable. Hinzugekommen sind die Felder 8 bis 15, für die stets d gilt.

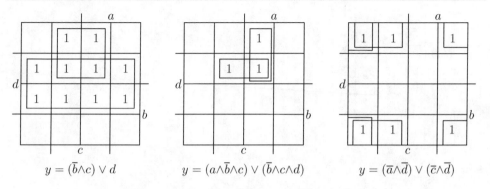

$$y = (\overline{b} \wedge c) \vee d \qquad\qquad y = (a \wedge \overline{b} \wedge c) \vee (\overline{b} \wedge c \wedge d) \qquad\qquad y = (\overline{a} \wedge \overline{d}) \vee (\overline{c} \wedge \overline{d})$$

Abbildung 2.4: Beispiele von KV-Tafeln mit vier Variablen

In Abbildung 2.4 zeigt das links stehende Bild einen Block von acht und einen Block von vier Einsen. Für alle Einsen des Achtfachblocks gilt stets d, während die anderen Merkmale wechseln. So gilt beispielsweise für den linken Teil des Achtfachblocks immer $\overline{a}$ und für den rechten Teil immer a. Für den oberen Teil des Achtfachblocks gilt immer $\overline{b}$ und für den unteren Teil b. Nach der Vereinfachungsregel (28) (s. Absch. 2.2.3, Seite 110) kann die sich ändernde Variable aus dem Ausdruck entfallen. Ein Vierfachblock in Abbildung 2.4 vereinfacht sich immer zu einem Ausdruck in zwei Variablen und ein Zweifachblock zu einem Ausdruck in drei Variablen.

Vorgehensweise bei der Minimierung

- Die Ergebnisse der Wahrheitstabelle werden in eine KV-Tafel eingetragen.

- Für die DMF müssen ALLE Einsen erfasst werden. Sie werden in möglichst große Blöcke zusammengefasst. Die ANZAHL dieser Blöcke soll aber MÖGLICHST KLEIN sein, damit möglichst wenige Terme entstehen. Für die KMF müssen alle Nullen erfasst werden.

- Die x-Felder (don´t care) können sowohl in die DMF als auch für die KMF verwendet werden (s. Absch. 2.2.10).

- **Zweckmäßig** ist es, mit den kleinsten Blöcken – evtl. mit Einzelfeldern – zu beginnen. Danach werden die Zweierblöcke betrachtet, die nicht Bestandteil eines größeren Blocks sind.

- Besteht die Möglichkeit, gleich große Blöcke zu bilden, so wird mit den Blöcken begonnen, die Felder einbeziehen, die nur in einem Block liegen.

Beispiel 2.19 *Eine Überwachungsschaltung soll ansprechen, wenn von drei Gebern (a, b, c) mindestens zwei gleichzeitig ansprechen (1-Signal führen).*

Gesucht ist die Wahrheitstabelle, → die KV-Tafel, → die DMF und die Schaltung in NAND-Technik.

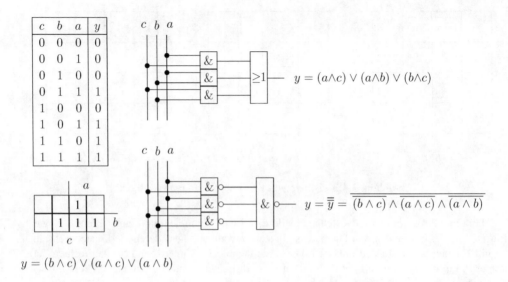

$$y = (b \wedge c) \vee (a \wedge c) \vee (a \wedge b)$$

Zur eigenen Übung können die Studierenden zum Beispiel 2.19 die KV-Tafel für die KMF angeben und y_{KMF} bestimmen, sowie eine Schaltung in NAND- und in NOR-Technik realisieren. Ein Verfahren zur Minimierung, das sich zur Implementierung auf Rechnern eignet, ist das Quine-McCluskey-Verfahren (s. Fricke [9])

2.2.10   Redundanzen und Schaltungen mit Multioutput

REDUNDANZEN und sogenannte PSEUDOZUSTÄNDE sind Kombinationen der Eingangsvariablen, die nicht auftreten können, oder deren logischer Wert keinen Einfluss auf das erwünschte Ausgangsverhalten besitzt. Sie werden im Unterschied zu 0 und 1 mit x bezeichnet.

Beispiel 2.20 *Die Zahlen 0-9 werden in den Variablen* d, c, b, a *mit dem (8-4-2-1)-Code dargestellt. Ein Schaltnetzwerk soll entwickelt werden, das y=fkt(d,c,b,a)=1 liefert, wenn am Eingang ein Zahlenwert* ≥ 8 *vorhanden ist.*

Das Schaltwerk besitzt vier Eingangsvariable und eine Ausgangsvariable. Die Wahrheitstabelle könnte bei $i = 9$ *aufhören, da im störungsfreien Betrieb nur die Werte* $i = 0, 1, \ldots, 9$ *auftreten können. Die Lösung würde dann lauten:*

$$y = \bar{b} \wedge \bar{c} \wedge d.$$

	Wahrheitstabelle				
i	d	c	b	a	y
0	0	0	0	0	0
1	0	0	0	1	0
2	0	0	1	0	0
3	0	0	1	1	0
4	0	1	0	0	0
5	0	1	0	1	0
6	0	1	1	0	0
7	0	1	1	1	0
8	1	0	0	0	1
9	1	0	0	1	1
10	1	0	1	0	x
⋮					⋮
15	1	1	1	1	x

Durch Hinzunehmen der Pseudozustände erhält man die nebenstehende KV-Tafel und damit die Lösung $y = d$. Diese Realisierung zieht natürlich nach sich, dass im Falle einer Störung $i = 10, 11, \ldots, 15$, ebenfalls $y = 1$ angezeigt wird.

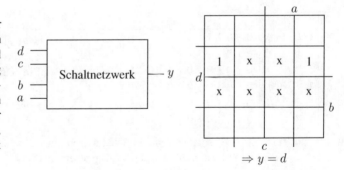

$\Rightarrow y = d$

MULTI- OUTPUT- NETZWERKE sind Schaltnetzwerke mit mehreren Ausgängen. Im folgenden Beispiel soll der Ausgang y_i gleich 1 sein, wenn die Eingangskombination $d \cdot 2^3 + c \cdot 2^2 + b \cdot 2^1 + a \cdot 2^0 = i$ den Wert i annimmt.

i	d	c	b	a	y_0	y_1	y_2	y_3	y_4	y_5	y_6	y_7	y_8	y_9
0	0	0	0	0	1	0	0	0	0	0	0	0	0	0
1	0	0	0	1	0	1	0	0	0	0	0	0	0	0
2	0	0	1	0	0	0	1	0	0	0	0	0	0	0
3	0	0	1	1	0	0	0	1	0	0	0	0	0	0
4	0	1	0	0	0	0	0	0	1	0	0	0	0	0
5	0	1	0	1	0	0	0	0	0	1	0	0	0	0
6	0	1	1	0	0	0	0	0	0	0	1	0	0	0
7	0	1	1	1	0	0	0	0	0	0	0	1	0	0
8	1	0	0	0	0	0	0	0	0	0	0	0	1	0
9	1	0	0	1	0	0	0	0	0	0	0	0	0	1
10	1	0	1	0	x	x	x	x	x	x	x	x	x	x
$\vdots$					$\vdots$	$\vdots$	$\vdots$	$\vdots$	$\vdots$	$\vdots$	$\vdots$	$\vdots$	$\vdots$	$\vdots$
15	1	1	1	1	x	x	x	x	x	x	x	x	x	x

$$y_8 = \overline{a} \wedge d, \quad y_9 = a \wedge d, \quad y_2 = \overline{a} \wedge b \wedge \overline{c}, \quad y_0 = \overline{a} \wedge \overline{b} \wedge \overline{c} \wedge \overline{d}, \quad y_1 = a \wedge \overline{b} \wedge \overline{c} \wedge \overline{d}$$

Abschließend muss noch geklärt werden, welches y_i angezeigt wird, wenn durch Störung am Eingang eine der verbotenen Kombinationen $i = 10, 11, \ldots, 15$ anliegt. Hierzu stehen zwei Möglichkeiten zur Verfügung:

◇ Es kann untersucht werden, wie die x-Felder in die Vereinfachungsblöcke einbezogen wurden.

◇ In die Schaltfunktion $y_i = fkt(d, c, b, a)$ können die entsprechenden Werte der Eingangsvariablen eingesetzt werden.

i	d	c	b	a	y_0	y_1	y_2	y_3	y_4	y_5	y_6	y_7	y_8	y_9
10	1	0	1	0	0	0	1	0	0	0	0	0	1	0
11	1	0	1	1	0	0	0	1	0	0	0	0	0	1
12	1	1	0	0	0	0	0	0	1	0	0	0	1	0
13	1	1	0	1	0	0	0	0	0	1	0	0	0	1
14	1	1	1	0	0	0	0	0	0	0	1	0	1	0
15	1	1	1	1	0	0	0	0	0	0	0	1	0	0

y_0 und y_1 werden nicht angezeigt, da für sie keine x-Felder verwendet wurden. Für y_2 wurde das x-Feld 10 verwendet, deshalb führt diese Eingangskombination zur Anzeige. Gleichzeitig wird aber auch y_8 angezeigt, da für y_8 die x-Felder 10,12 und 14 verwendet wurden.

Konforme Terme werden solche Terme in Schaltnetzen mit mehreren Ausgangsgrößen genannt, die übereinstimmend in mehreren Ausgangsgrößen auftreten. Sie können ebenfalls zur Minimierung des Schaltnetzwerkes verwendet werden.

Beispiel 2.21 *Minimierung eines Netzwerks mit zwei Ausgängen:*

$$y_1 = \overline{a} \wedge \overline{b} \wedge \overline{c} \qquad y_2 = (a \wedge \overline{c}) \vee (\overline{b} \wedge \overline{c})$$

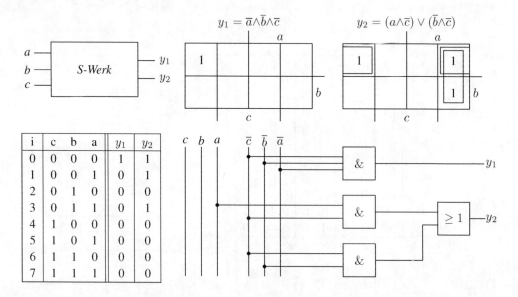

i	c	b	a	y_1	y_2
0	0	0	0	1	1
1	0	0	1	0	1
2	0	1	0	0	0
3	0	1	1	0	1
4	1	0	0	0	0
5	1	0	1	0	0
6	1	1	0	0	0
7	1	1	1	0	0

Die Minimierung kann erfolgen, indem der Term $(\overline{a} \wedge \overline{b} \wedge \overline{c})$ verwendet wird, der in beiden Ausgangsfunktionen gleich ist.

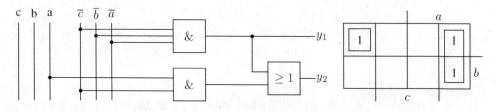

Zur eigenen Übung können die Studierenden $y_1 = (\overline{a} \wedge b) \vee (\overline{a} \wedge \overline{c})$ und $y_2 = (\overline{c}) \vee (\overline{a} \wedge b \wedge c)$ mit Hilfe der KV-Tafeln realisieren und minimieren.

2.3 Häufig benötigte Schaltwerke

In diesem Kapitel werden beispielhaft einige der Schaltnetzwerke erörtert, die häufig verwendet werden. Im Folgenden werden die Realisierungen von Komparatoren, Code-Umsetzern, Multi- und Demultiplexern sowie den einfachen Rechenschaltungen erläutert.

2.3.1 Komparatoren $\Longleftrightarrow$ $A = B,\ A < B,\ A > B$

Ein Komparator (Vergleicher) vergleicht zwei Zahlenwerte $A = A_0 \cdot 2^0 + A_1 \cdot 2^1 + \cdots$ und $B = B_0 \cdot 2^0 + B_1 \cdot 2^1 + \cdots$. Das Ergebnis kann A kleiner (KL), gleich (GL) oder größer (GR) als B sein.

Beispiel 2.22 *Für die Realisierung eines zwei-Bit-Komparators wird die übliche Vorgehensweise für die Erstellung eines Schaltnetzwerkes verwendet: Wahrheitstabelle, KV-Tafeln, Minimierung der booleschen Ausdrücke und Schaltung.*

Wahrheitstabelle

2^1	2^0	2^1	2^0			
A_1	A_0	B_1	B_0	GR	KL	GL
0	0	0	0	0	0	1
0	0	0	1	0	1	0
0	0	1	0	0	1	0
0	0	1	1	0	1	0
0	1	0	0	1	0	0
0	1	0	1	0	0	1
0	1	1	0	0	1	0
0	1	1	1	0	1	0
1	0	0	0	1	0	0
1	0	0	1	1	0	0
1	0	1	0	0	0	1
1	0	1	1	0	1	0
1	1	0	0	1	0	0
1	1	0	1	1	0	0
1	1	1	0	1	0	0
1	1	1	1	0	0	1

GR:

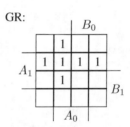

$$GR = (A_1 \wedge \overline{B_1}) \vee (A_0 \wedge \overline{B_0} \wedge \overline{B_1})$$
$$\vee (A_1 \wedge A_0 \wedge \overline{B_0})$$

KL:

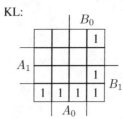

$$KL = (B_1 \wedge \overline{A_1}) \vee (B_0 \wedge \overline{A_0} \wedge \overline{A_1})$$
$$\vee (B_1 \wedge B_0 \wedge \overline{A_0})$$

Schaltbild des Komparators

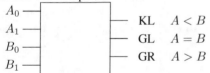

KL $A < B$
GL $A = B$
GR $A > B$

Wobei gilt:

$$GL = \overline{GR} \wedge \overline{KL} = \overline{GR \vee KL}$$

2.3.2   Code-Umsetzer

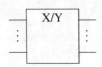 Nach DIN 44300 werden die Zeichen eines Codes X in die Zeichen eines Codes Y überführt. Die Art und Weise in der dies geschieht ist im Allgemeinen vom Anwender wählbar, bzw. durch die Aufgabenstellung festgelegt.

Beispiel 2.23

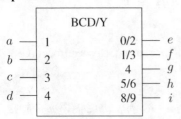

Der Codeumsetzer wandelt den am Eingang anliegenden (8,4,2,1)-Code in einen Ausgangscode Y. Die Beschriftung des Symbols gibt über die Art und Weise wie dies geschieht Aufschluss. Beispielsweise ist der Ausgang h dann auf 1, wenn am Eingang die BCD-Ziffer 5 oder 6 auftritt.

Wahrheitstabelle:

i	d	c	b	a	e	f	g	h	i
0	0	0	0	0	1	0	0	0	0
1	0	0	0	1	0	1	0	0	0
2	0	0	1	0	1	0	0	0	0
3	0	0	1	1	0	1	0	0	0
4	0	1	0	0	0	0	1	0	0
5	0	1	0	1	0	0	0	1	0
6	0	1	1	0	0	0	0	1	0
7	0	1	1	1	0	0	0	0	0
8	1	0	0	0	0	0	0	0	1
9	1	0	0	1	0	0	0	0	1
10	1	0	1	0	d	d	d	d	d
⋮					⋮	⋮	⋮	⋮	⋮
15	1	1	1	1	d	d	d	d	d

Soll die Wahrheitstabelle in eine Schaltung umgesetzt werden, so ist zunächst zu klären, ob die Redundanzen $i = 10, \ldots, 15$ mitverwendet werden sollen oder nicht.

Je nach Ausgang dieser Frage ergibt sich das Ergebnis. Bitte beachten Sie, dass im Falle der Mitverwendung dieser Redundancen geklärt werden muss, welche Auswirkungen sich im Störungsfall ergeben.

2.3.3   Multiplexer

Multiplexer und Demultiplexer werden auch als gesteuerte Schalter bezeichnet. Je nach Anwendung können mehrere Eingänge auf einen Ausgang (Multiplexer) oder mehrere Ausgänge auf einen Eingang (Demultiplexer) geschaltet werden.

Mit Hilfe von Multiplexern können auf sehr einfache Art und Weise Wahrheitstabellen in Schaltwerke umgesetzt werden.

Als erste Anwendung wird ein Ein- und Ausschalter betrachtet.

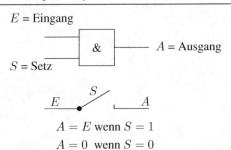

E = Eingang

S = Setz

A = Ausgang

Ein einfaches UND-Glied kann als Ein- und Ausschalter betrieben werden, wenn der eine Eingang als Dateneingang und der andere als Setzeingang betrieben werden.

$A = E$ wenn $S = 1$

$A = 0$ wenn $S = 0$

Etwas aufwendiger zu realisieren ist ein Umschalter mit 2 Eingängen.

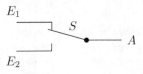

S	E_1	E_2	$y = A$
0	0	0	0
0	0	1	0
0	1	0	1
0	1	1	1
1	0	0	0
1	0	1	1
1	1	0	0
1	1	1	1

S	E_1	E_2	A
0	0	×	0
0	1	×	1
1	×	0	0
1	×	1	1

Die Wahrheitstabelle weist drei Eingangsvariable auf. Für das Ausgangssignal A gilt: $A = E_1$, wenn $S = 0$ ist und $A = E_2$, wenn $S = 1$ ist.

Die Wahrheitstabelle kann vereinfacht werden, da für $S = 0$ nur das Eingangssignal E_1 eine Rolle spielt, bzw. für $S = 1$ nur das Eingangssignal E_2 wichtig ist. Nachfolgend ist die KV-Tafel und die Schaltung angegeben.

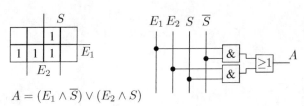

$A = (E_1 \wedge \overline{S}) \vee (E_2 \wedge S)$

Aus technischen Gründen wird häufig ein zusätzlicher E-Eingang (E = enable) (Freigabeeingang) verwendet.

- $\overline{E} = 1$ bedeutet Deaktivierung des Bausteins

- $\overline{E} = 0$ bedeutet Aktivierung des Bausteins

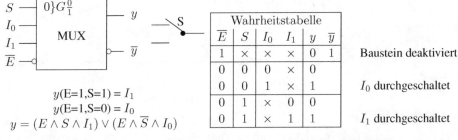

$y(\text{E=1,S=1}) = I_1$

$y(\text{E=1,S=0}) = I_0$

$y = (E \wedge S \wedge I_1) \vee (E \wedge \overline{S} \wedge I_0)$

	Wahrheitstabelle					
$\overline{E}$	S	I_0	I_1	y	$\overline{y}$	
1	×	×	×	0	1	Baustein deaktiviert
0	0	0	×	0		
0	0	1	×	1		I_0 durchgeschaltet
0	1	×	0	0		
0	1	×	1	1		I_1 durchgeschaltet

Im Sinne einer *Vorlesungsübung* soll eine Schaltung für einen 4-Bit-Multiplexer entwickelt werden. Er soll aus den vier Dateneingängen (I_0, I_1, I_2, I_3), zwei Steuereingängen x_0, x_1 und einem Ausgang y bestehen.

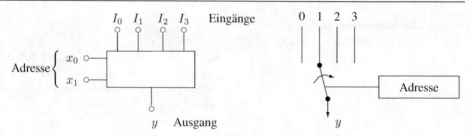

Die Schaltung soll aus NICHT-UND- und ODER-Gliedern mit 2 Eingängen bestehen!

Wahrheitstabelle

I_0	I_1	I_2	I_3	x_1	x_0	y
1	0	0	0	0	0	1
	1	0	0	0	1	1
		1	0	1	0	1
			1	1	1	1

Diese kleine Wahrheitstabelle ist zur Erstellung der Schaltfunktion ausreichend, da ja nur entweder die Nullen oder die Einsen realisiert werden müssen. Hier werden nur die Einsen in der Art einer disjunktiven Normalform realisiert. Liegt die Adresse (0,0) an, so wird I_0 durchgeschaltet usw.

Man erhält somit:

$$y = (I_0 \wedge \overline{x_1} \wedge \overline{x_0}) \vee (I_1 \wedge \overline{x_1} \wedge x_0) \vee (I_2 \wedge x_1 \wedge \overline{x_0}) \vee (I_3 \wedge x_1 \wedge x_0).$$

Dieser Ausdruck erfüllt aber noch nicht die Forderung nach einer Realisierung mit Schaltgliedern, die nur zwei Eingänge besitzen. Einfaches Ausklammern ergibt:

$$y = \overline{x_1} \wedge [(I_0 \wedge \overline{x_0}) \vee (I_1 \wedge x_0)] \vee x_1 \wedge [(I_2 \wedge \overline{x_0}) \vee (I_3 \wedge x_0)].$$

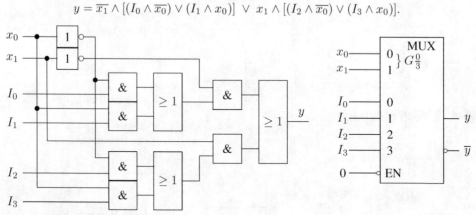

Im obenstehenden Bild ist links eine mögliche Schaltungsrealisierung und rechts das Schaltungssymbol angegeben.

2.3.4 Demultiplexer

Demultiplexer schalten eine Datenleitung I in Abhängigkeit einer Adresse A auf mehrere Ausgänge y_i. Das nachfolgende Beispiel zeigt eine einfache Anwendung für einen Multiplexer mit zwei Ausgängen.

Beispiel 2.24 *Realisierung eines Demultiplexers mit einem Eingang und zwei Ausgängen*

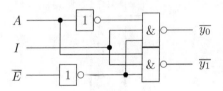

Die rechts stehende Wahrheitstabelle zeigt die Funktionsweise des Bausteins in verkürzter Weise.

Wahrheitstabelle

$\overline{E}$	A	I	$\overline{y_0}$	$\overline{y_1}$	Kommentar
1	×	×	1	1	deaktiv
0	0	0	1	×	I auf y_0
0	0	1	0	×	geschaltet
0	1	0	×	1	I auf y_1
0	1	1	×	0	geschaltet

$$y_0 = \overline{\overline{E}} \wedge I \wedge \overline{A} = E \wedge I \wedge \overline{A}$$
$$\Rightarrow \overline{y_0} = \overline{E \wedge I \wedge \overline{A}} = \overline{E} \wedge \overline{I} \wedge A$$

$$y_1 = \overline{\overline{E}} \wedge I \wedge A = E \wedge I \wedge A$$
$$\Rightarrow \overline{y_1} = \overline{E \wedge I \wedge A} = \overline{E} \wedge \overline{I} \wedge \overline{A}$$

Die nachfolgende Schaltung zeigt eine der möglichen Realisierungen für $\overline{y}_0$ und $\overline{y}_1$. In dieser Realisierung wird die anliegende Information invertiert weitergegeben.

Zur Übung können die Studierenden einen Demultiplexer mit drei Ausgängen entwickeln. Die nicht verwendeten Adressen (don't care) sollten so zur Schaltungsvereinfachung genutzt werden, dass die Zuordnung von Ein- und Ausgang eindeutig bleibt. Was passiert, wenn durch eine Störung $A_0 = A_1 = 1$ gilt?

2.3.5 Der Halbaddierer

Für die Entwicklung und das Verständnis von Rechnern (PC's) sind die Rechenschaltungen wichtig. Ihr Verstehen lässt die Vor- und Nachteile moderner digitaler Rechner erkennen. Insbesondere die Realisierung der einfachen Addition soll im Weiteren erläutert werden.

Der Halbaddierer addiert zwei Bit und stellt im Falle der Addition von $1 + 1$ ein Übertragsbit, das Carry-Bit, zur Verfügung. Nachstehend ist die Wahrheitstabelle und das Schaltsymbol dargestellt.

B	A	S	C
0	0	0	0
0	1	1	0
1	0	1	0
1	1	0	1

$S = A \leftrightarrow B$, $\quad S \mathrel{\widehat{=}}$ Summe

$C = A \wedge B$, $\quad C \mathrel{\widehat{=}}$ Carry-Bit

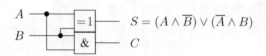

$$S = (A \wedge \overline{B}) \vee (\overline{A} \wedge B)$$

C

Die Addition kann durch ein Antivalenz-Gatter (EXOR) erfolgen, das immer dann eine Eins am Ausgang erzeugt, wenn nur einer der beiden Eingänge Eins-Signal führt.

Die Schaltfunktion kann auch für eine Realisierung der Schaltung in NAND-Technik umgewandelt werden (s. Beispiel 2.19, Seite 119). Man erhält:

$$\overline{\overline{S}} = \overline{\overline{(A \wedge \overline{B})} \wedge \overline{(\overline{A} \wedge B)}}.$$

2.3.6 Der Volladdierer

Den Volladdierer erhält man durch Zusammenschaltung von zwei Halbaddierern. Hierbei wird der Übertrag des ersten Halbaddierers als Eingangsgröße für die zweite Exorverknüpfung verwendet.

A_i — Σ — S_i

B_i —

C_{i-1} — C_i

$$S_i = (A_i \leftrightarrow B_i) \leftrightarrow C_{i-1}$$

C_{i-1}	B_i	A_i	S_i	C_i	$A_i \leftrightarrow B_i$
0	0	0	0	0	0
0	0	1	1	0	1
0	1	0	1	0	1
0	1	1	0	1	0
1	0	0	1	0	0
1	0	1	0	1	1
1	1	0	0	1	1
1	1	1	1	1	0

C_i :

	A_i	
		1	
	1	1	1	B_i
	C_{i-1}	

S_i :

	A_i	
	1		1	
1		1		B_i
	C_{i-1}	

Die Abbildung 2.5 auf Seite 129 zeigt eine mögliche Realisierung eines Volladdierers für zwei Bit.

In der nebenstehenden Abbildung ist deutlich die Kaskadierung der zwei Exor-Gatter zu erkennen, die zur Realisierung der Funktion S_i notwendig sind. Im KV-Diagramm (oben) ist die Exor- bzw. Antivalenz-Verknüpfung an den diagonal benachbarten Einsen zu erkennen.

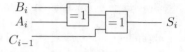

Für den Übertrag C_i ergibt sich aus der KV-Tafel:

$$
\begin{aligned}
C_i &= (A_i \wedge B_i) \vee (C_{i-1} \wedge A_i) \vee (C_{i-1} \wedge B_i), \\
&= (A_i \wedge B_i) \vee C_{i-1} \wedge (A_i \vee B_i), \\
&= (A_i \wedge B_i) \vee C_{i-1} \wedge (A_i \leftrightarrow B_i).
\end{aligned}
$$

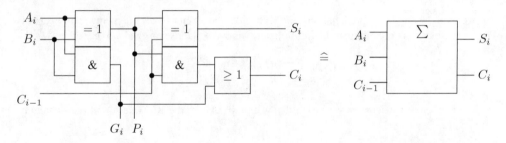

Abbildung 2.5: Schaltung für einen 2-Bit Volladdierer

Die Schaltung für einen 2-Bit Volladdierer kann damit unter Ausnutzung der konformen Terme wie in Abbildung 2.5 angegeben werden.

Die Schaltung besteht im Wesentlichen aus zwei Halbaddierern. Das Ausgangssignal S_i gibt die Summe und C_i den Übertrag an. Die Ausgangssignale G_i und P_i spielen für Addierer mit Parallelübertrag eine Rolle, für Addierer mit Serienübertrag jedoch nicht.

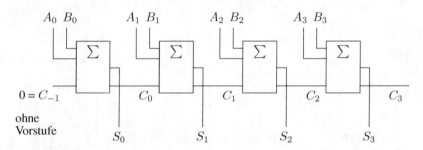

Abbildung 2.6: Schaltung eines 4-Bit-Addierers mit seriellem Übertrag

Sollen beispielsweise vierstellige Binärzahlen $A = A_0 + A_1 2 + A_2 2^2 + A_3 2^3$ und $B = B_0 + B_1 2 + B_2 2^2 + B_3 2^3$ addiert werden, so kann dies durch Zusammenschaltung von vier Volladdierern geschehen. Die Abbildung 2.6 zeigt die Schaltung eines 4-Bit-Addierers mit seriellem Übertrag.

Zur weiteren Übung soll eine Schaltung zur Multiplikation zweier Dualzahlen entwickelt werden. Die Dualzahlen a, b, die miteinander multipliziert werden sollen, seien zweistellig.

$$a = a_1 \cdot 2^1 + a_0 \cdot 2^0$$
$$b = b_1 \cdot 2^1 + b_0 \cdot 2^0$$

In der üblichen Vorgehensweise werden die Wahrheitstabelle, die KV-Tafeln und die Schaltung entwickelt.

$$y_0 = a_0 \wedge b_0$$

a_1	a_0	b_1	b_0	y_3	y_2	y_1	y_0	y
0	0	0	0					0
0	0	0	1					0
0	0	1	0			**0**		0
0	0	1	1					0
0	1	0	0	0	0	0	0	0
0	1	0	1	0	0	0	1	1
0	1	1	0	0	0	1	0	2
0	1	1	1	0	0	1	1	3
1	0	0	0	0	0	0	0	0
1	0	0	1	0	0	1	0	2
1	0	1	0	0	1	0	0	4
1	0	1	1	0	1	1	0	6
1	1	0	0	0	0	0	0	0
1	1	0	1	0	0	1	1	3
1	1	1	0	0	1	1	0	6
1	1	1	1	1	0	0	1	9

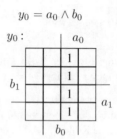

$$y_1 = (a_0 \wedge \overline{a_1} \wedge b_1) \vee (a_0 \wedge \overline{b_0} \wedge b_1)$$
$$\vee \quad (\overline{a_0} \wedge a_1 \wedge b_0) \vee (a_1 \wedge b_0 \wedge \overline{b_1})$$

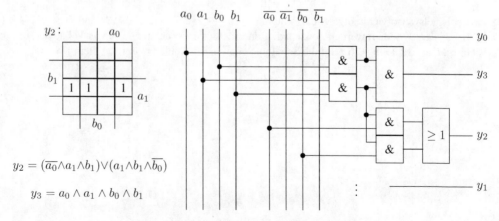

$$y_2 = (\overline{a_0} \wedge a_1 \wedge b_1) \vee (a_1 \wedge b_1 \wedge \overline{b_0})$$

$$y_3 = a_0 \wedge a_1 \wedge b_0 \wedge b_1$$

Deutlich ist zu erkennen, das es nicht wie beim Addierer zu einer kaskadierbaren Lösung kommt. In Rechnern werden Multiplikationen häufig durch wiederholtes Addieren realisiert.

2.4 Schaltungssynthese

Zum Entwickeln von logischen Schaltungen – der Schaltungssynthese – können nicht nur einfache Gatter wie UND, ODER, NICHT, usw. verwendet werden. Boolesche Funktionen werden zunehmend mit komplexeren Bausteinen wie z.B Speicherbausteinen realisiert.

2.4.1 Multiplexer

Multiplexer können nicht nur als elektronische Schalter verwendet werden, sondern eignen sich auch zur Schaltungssynthese.

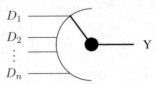

Beispiel 2.25 *Decodierung eines Wiederholcodes – Repetition-Code*
Zur Sicherung gegen Fehler wird jedes gesendete Bit zweifach wiederholt. Statt 0 wird also (000), bzw. statt 1 (111) gesendet. Durch Mehrheitsüberprüfung kann der Empfänger nun einen Bitfehler innerhalb eines Bittripels korrigieren. Mit Hilfe eines Multiplexers soll nun ein Schaltnetzwerk entwickelt werden, das diese Mehrheitsentscheidung durchführt:

Wahrheitstabelle

i	c	b	a	y	$\overline{y}$
0	0	0	0	1	0
1	0	0	1	1	0
2	0	1	0	1	0
3	0	1	1	0	1
4	1	0	0	1	0
5	1	0	1	0	1
6	1	1	0	0	1
7	1	1	1	0	1

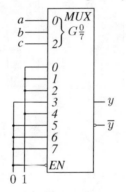

Der Ausgang $\overline{y}$ entspricht damit dem decodierten Bit, d.h. dem Bit, von dem der Empfänger annehmen muss, dass es gesendet wurde. Treten bei einer Übertragung zwei Fehler auf, so führt diese Entscheidung zu einer Falschdecodierung.

Verzichtet man auf eine Beschaltung des Multiplexers mit Konstanten, so kann ein Steuereingang eingespart werden. Allgemein gilt:

Eine Schaltfunktion mit n Eingangsvariablen lässt sich mit einem Multiplexer mit $n-1$ Steuervariablen realisieren.

Wahrheitstabelle

i	c	b	a	$y(c,b,a)$
0	0	0	0	1
1	0	0	1	1
2	0	1	0	$\overline{a}$
3	0	1	1	$\overline{a}$
4	1	0	0	$\overline{a}$
5	1	0	1	$\overline{a}$
6	1	1	0	0
7	1	1	1	0

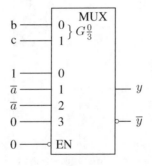

In der nebenstehenden Wahrheitstabelle sind jeweils zwei Zeilen, in denen sich die Variablen c und b nicht ändern, zusammengefasst. Die Schaltfunktion lautet von oben nach unten gelesen:

$$y = (\overline{b}\wedge\overline{c})\vee(\overline{a}\wedge b\wedge\overline{c})\vee(\overline{a}\wedge\overline{b}\wedge c).$$

2.4.2 Read Only Memorys

Read Only Memorys (ROMs) – sind nicht flüchtige Speicher. Die Verwendung von Read Only Memorys zur Schaltungssynthese hat in der letzten Zeit an Bedeutung gewonnen. Die Funktionsweise von ROM's lässt sich mit bekannten Bausteinen erläutern.

Beispiel 2.26 *Mit der nebenstehenden Wahrheitstabelle ist die Funktion eines ROM's mit zwei Ein- und drei Ausgängen festgelegt. Die Ausgänge 0-3 des einfachen Codewandlers führen genau dann 1-Signal, wenn die Eingangsvariablen den entprechenden Wert ($A_1 \cdot 2^1 + A_0 \cdot 2^0$) aufweisen. Mit Hilfe der ODER-Verknüpfungen wird die Funktion von Y_0, Y_1, Y_2 erzeugt.*

i	A_1	A_0	Y_2	Y_1	Y_0
0	0	0	1	1	1
1	0	1	0	0	0
2	1	0	0	1	1
3	1	1	1	1	0

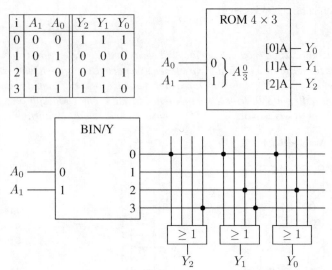

Die Verbindungen zwischen den Ausgängen des Code-Umsetzers und den ODER-Verknüpfungen legt die Schaltfunktion fest. Die Erstellung dieser Verbindungen wird Programmierung des ROM's genannt.

Mit Hilfe des rechts stehenden ROM-Bausteins (TBP 18S030) soll folgende Funktion erzeugt werden:

$$y = \begin{cases} z^2 + 1 & \text{für} \quad z \le 6 \\ z^2 + 9 & \text{für} \quad z = 7 \end{cases}$$

Die Variable z liegt als dreistellige Dualzahl in den Variablen (C,B,A) vor.

Der Baustein weist einen zusätzlichen Enable Eingang auf. Die Zuordnung von Eingangsvariablen zu den Ausgangsvariablen kann über eine Programmiertabelle erfolgen.

Programmiertabelle

	Adresse					Speicherinhalt								
i	D	E	C	B	A	-	-	f	e	d	c	b	a	y [hex]
0	0	0	0	0	0	0	0	0	0	0	0	0	1	01
1	0	0	0	0	1	0	0	0	0	0	0	1	0	02
2	⋮	⋮	0	1	0	⋮	⋮	0	0	0	1	0	1	05
3			0	1	1			0	0	1	0	1	0	0A
4			1	0	0			0	1	0	0	0	1	11
5			1	0	1			0	1	1	0	1	0	1A
6			1	1	0			1	0	0	1	0	1	25
7	0	0	1	1	1	0	0	1	1	1	0	1	0	3A

2.4.3 Schaltnetze und Schaltwerke

In Schaltnetzen hängt der Ausgangszustand Y nur vom aktuellen Eingangszustand ab. In Schaltwerken hingegen kann der Ausgangszustand Y vom allen vorangegangenen Eingangszuständen abhängen.

$$E = \begin{bmatrix} E_0 \\ E_1 \\ \vdots \\ E_{i-1} \end{bmatrix} \rightarrow \boxed{\text{Schaltnetz}} \rightarrow A = \begin{bmatrix} A_0 \\ A_1 \\ \vdots \\ A_{i-1} \end{bmatrix} \qquad E \rightarrow \boxed{\text{Schaltwerk}} \rightarrow \begin{aligned} A(t) &= fkt(E(t_0), E(t_1), \\ &\quad \ldots, E(t_n)) \end{aligned}$$

Beispiel 2.27 *Der Wechselautomat:*
Ein Automat wechselt 50 Euro und 100 Euro Geldscheine in 10 Euro Geldscheine. Maximal können 100 Euro auf einmal gewechselt werden. Das Wechseln erfolgt nach Tastendruck (WT). Selbst in seiner einfachsten Art ist dieser Automat von der Vorgeschichte der Bedienung abhängig.

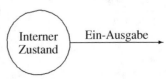

Im Zustandsdiagramm werden die Zustände durch Kreise dargestellt. Diese werden durch gerichtete Linien miteinander verbunden, an denen die jeweiligen Ein- und Ausgabeergebnisse des Zustandswechsels angetragen sind.

Eingaben	Ausgaben	Zustände
50 Euro eingeben	5 × 10 Euro ausgeben	50 Euro wurden eingegeben
100 Euro eingeben	10 × 10 Euro ausgeben	100 Euro wurden eingegeben
Wechseltaste	50 Euro zurück	kS: keine Schulden
kE: keine Eingabe	100 Euro zurück	

Nebenstehend ist das Zustandsdiagramm des Wechselautomaten dargestellt. Es weist die drei zuvor
definierten Zustände auf. Ein Zustandswechsel bzw. ein Verbleiben
im Zustand ist durch definierte Ein-
Ausgaben möglich. Befindet sich z.
B. der Automat im Zustand 50 Euro (Z_i), so kann eine weitere Ein-
gabe von 50 Euro (Zustand 100 Euro $= Z_{i+1}$), oder durch Betätigen
der Wechseltaste die Ausgabe von
5×10 Euro (Zustand kS ($= Z_{i+1}$)
erfolgen.

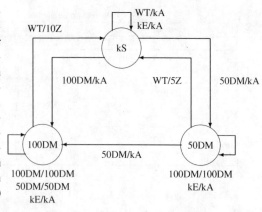

Die Ausgabe von eingegebenen 50 bzw. 100 Euro Scheinen ist notwendig, um eine Überzahlung
zu vermeiden. Die maximale Wechselausgabe sollte ja 10×10 Euro betragen.

Das Zustandsdiagramm beschreibt einen Automaten vollständig. Der Schaltungsentwurf wird
aber durch zusätzliche Tabellen erleichtert. Hierzu ist es sinnvoll, Ein- und Ausgaben sowie die
Zustände binär zu codieren.

Eingabe	E_1	E_0
kE	0	0
50 Euro	0	1
100 Euro	1	0
WT	1	1

Ausgabe	A_2	A_1	A_0
kA	0	0	0
5 Z	0	0	1
10 Z	0	1	0
50 Euro	1	0	1
100 Euro	1	1	0

Zustand	Z_1	Z_0
kS	0	0
50 Euro	0	1
100 Euro	1	0

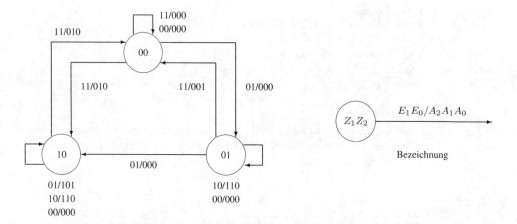

Die nachfolgende Tabelle zeigt die binär codierte Zustandsfolgetabelle. Sie erinnert an die
Wahrheitstabelle zum Entwurf von Schaltnetzen.

Eingangsvariablen				Ausgangsvariablen				
E_1	E_0	Z_1	Z_0	Z_1^+	Z_0^+	A_2	A_1	A_0
0	0	0	0	0	0	0	0	0
0	0	0	1	0	1	0	0	0
0	0	1	0	1	0	0	0	0
0	0	1	1	x	x	x	x	x
0	1	0	0	0	1	0	0	0
0	1	0	1	1	0	0	0	0
0	1	1	0	1	0	1	0	1
0	1	1	1	x	x	x	x	x
1	0	0	0	1	0	0	0	0
1	0	0	1	0	1	1	1	0
1	0	1	0	1	0	1	1	0
1	0	1	1	x	x	x	x	x
1	1	0	0	0	0	0	0	0
1	1	0	1	0	0	0	0	1
1	1	1	0	0	0	0	1	0
1	1	1	1	x	x	x	x	x

Auf der Eingabeseite ist die Spalte der aktuellen Zustände Z_1, Z_0 hinzugekommen. Auf der Ausgabeseite ist die Spalte der nachfolgenden Zustände Z_1^+, Z_0^+ hinzugekommen. Die Kombination $Z_1 = 1, Z_0 = 1$ kann beim regulären Betrieb nicht vorkommen. Es handelt sich um einen Pseudozustand. Deshalb enthalten die entsprechenden Zeilen der Tabelle Don't care Eintragungen (x).

Die Zustandsfolgetabelle enthält die gleichen Informationen wie das Zustandsdiagramm. Sie lassen sich daher umkehrbar eindeutig einander zuordnen.

Eine allgemeine Realisierung kann mit Hilfe des **Mealy-Automaten**, der Abbildung 2.7 dargestellt ist, angegeben werden.

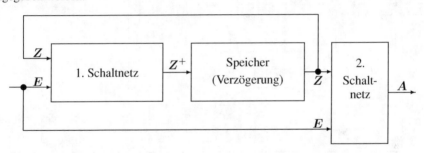

Abbildung 2.7: Beispiel eines Mealy-Automaten

Nachfolgend wird der Entwurf zum Ausgangsschaltnetz (a) und zum Übergangsschaltnetz (b) mit Hilfe der KV-Tafeln durchgeführt.

a)

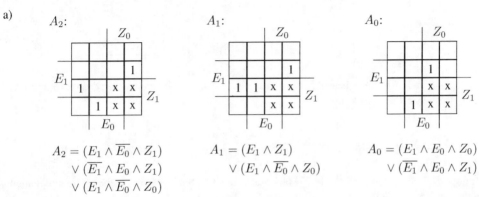

$$A_2 = (E_1 \wedge \overline{E_0} \wedge Z_1)$$
$$\vee\, (\overline{E_1} \wedge E_0 \wedge Z_1)$$
$$\vee\, (E_1 \wedge \overline{E_0} \wedge Z_0)$$

$$A_1 = (E_1 \wedge Z_1)$$
$$\vee\, (E_1 \wedge \overline{E_0} \wedge Z_0)$$

$$A_0 = (E_1 \wedge E_0 \wedge Z_0)$$
$$\vee\, (\overline{E_1} \wedge E_0 \wedge Z_1)$$

Für den leichteren Eintrag in die KV-Tafeln, ist unten rechts die Feldnummerierung angegeben.

b)

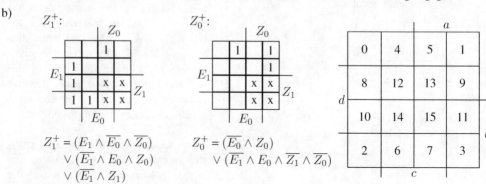

$$Z_1^+ = (E_1 \wedge \overline{E_0} \wedge \overline{Z_0})$$
$$\vee\, (\overline{E_1} \wedge E_0 \wedge Z_0)$$
$$\vee\, (\overline{E_1} \wedge Z_1)$$

$$Z_0^+ = (\overline{E_0} \wedge Z_0)$$
$$\vee\, (\overline{E_1} \wedge E_0 \wedge \overline{Z_1} \wedge \overline{Z_0})$$

(Schaltwerk zum Geldwechselautomaten:)

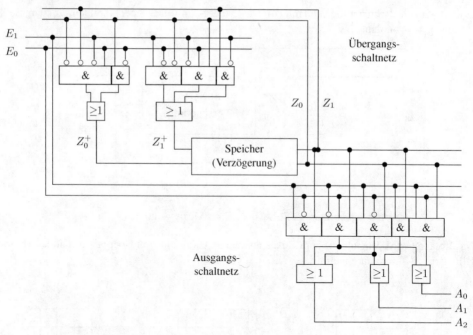

Der nachfolgende Abschnitt beschäftigt sich mit der Frage, wie die Speicher-, bzw. Verzögerungselemente realisiert werden können.

2.5   Die Flipflops

Flipflops (FF) weisen zwei stabile Zustände auf und können ein Bit speichern. Im Folgenden werden die unterschiedlichen Grundtypen der FF behandelt.

2.5.1 Das Basis-Flipflop

Basis-Flipflops sind nicht taktgesteuerte FF. Sie sollen die Funktionen *Setzen*, *Löschen* und *Speichern* aufweisen.

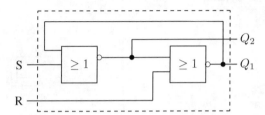

Setzen: Der Ausgangszustand Q_1 wird auf 1 gesetzt, $0 \rightarrow 1$ oder bleibt auf 1, $1 \rightarrow 1$

S - Setzeing. (**S**et)
R - Löscheing. (**R**eset)

Löschen: Der Ausgangszustand wird auf 0 gelöscht, $1 \rightarrow 0$ oder bleibt auf 0, $0 \rightarrow 0$.

Speichern: Der Ausgangszustand speichert den alten Wert, $0 \rightarrow 0$ oder $1 \rightarrow 1$

Basis-FF können aus kreuzgekoppelten NOR- oder NAND-Gattern bestehen:

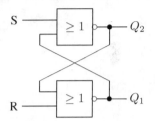

Die obige Schaltung soll im Folgenden näher untersucht werden. Wichtig ist es hierbei, sich daran zu erinnern, dass ein NOR-Gatter nur dann am Ausgang eine 1 liefert, wenn an beiden Eingängen eine 0 anliegt. Umgekehrt erzwingt jede am Eingang liegende 1 eine 0 am Ausgang.

S	R	$Q_1 = \overline{Q_2}$	Q_1^+	Q_2^+	Funktion
0	0	0	0	1	Speichern
0	0	1	1	0	$(Q_1^+ = Q_1)$
0	1	0	0	1	Löschen
0	1	1	0	1	$(Q_1^+ = 0)$
1	0	0	1	0	Setzen
1	0	1	1	0	$(Q_1^+ = 1)$
1	1	0	0	0	Irregulär
1	1	1	0	0	$(Q_1^+ \neq \overline{Q_2^+})$

In der nebenstehenden Tabelle kennzeichnet das hochgestellte $+$ einen Folgezustand. Mit $S = 1$ und $R = 0$ erhält man die Funktion *Setzen*. $S = 1$ erzwingt als Folge $Q_2^+ = 0$, somit liegt am nachfolgenden (rechten) NOR an beiden Eingängen eine 0, so dass für dessen Ausgangsfunktion $Q_1^+ = 1$ gilt. *Setzen* bezieht sich also auf den Ausgang Q_1

Mit $S = 0$ und $R = 1$ erhält man die Funktion *Löschen*. $R = 1$ erzwingt als Folge $Q_1^+ = 0$, somit liegt an beiden Eingängen des linken NOR eine 0, so dass für dessen Ausgangsfunktion $Q_2^+ = 1$ gilt.

Mit $S = 0$ und $R = 0$ erhält man die Funktion *Speichern*. Was gespeichert wird, hängt vom Vorzustand ab:

- War das FF gesetzt ($Q_1 = 1, Q_2 = 0$), so liegt an beiden Eingängen des rechten NOR Gatters 0 an, woraus folgt: $Q_1^+ = 1$. Die 1 am Eingang des linken NOR Gatters erzwingt $Q_2^+ = 0$.

- War das FF gelöscht ($Q_1 = 0, Q_2 = 1$), so liegt an beiden Eingängen des linken NOR Gatters 0 an, woraus folgt: $Q_2^+ = 1$. Die 1 am Eingang des rechten NOR Gatters erzwingt $Q_1^+ = 0$.

Der vorausgehende Zustand bleibt erhalten (gespeichert).

Der vierte Eingangszustand $S = 1$ und $R = 1$ erzwingt ($Q_1^+ = 0, Q_2^+ = 0$). Es gilt also nicht mehr ($Q_1 = \overline{Q}_2$). Deshalb wird dieser Zustand irregulär genannt. Wenn in der Folge $S = 0, R = 0$ verwendet wird, so liegt kurzfristig an allen NOR Eingängen eine 0 an. Die Ausgänge versuchen auf 1 zu gehen, was aber nicht stabil sein kann. Als Ergebnis stellt sich je nach Laufzeit der Gatter ($Q_1^+ = 0, Q_2^+ = 0$) oder ($Q_1^+ = 1, Q_2^+ = 1$) ein. Nachfolgend ist eine Zusammenfassung durch die unterschiedlichen Beschreibungsmöglichkeiten der Flipflops gegeben:

S	R	Q	Q^+
0	0	0	0
0	0	1	1
0	1	0	0
0	1	1	0
1	0	0	1
1	0	1	1
1	1	0	x
1	1	1	x

	Kurzform		
S	R	Q^+	Funktion
0	0	Q	Speichern
0	1	0	Löschen
1	0	1	Setzen
1	1	x	Irregulär

Charakteristische Gleichung Q^+ :

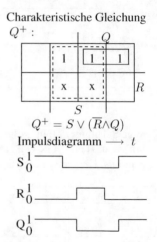

$$Q^+ = S \lor (\overline{R} \land Q)$$

Impulsdiagramm $\longrightarrow t$

Links ist die Zustandsfolgetabelle, in der Mitte die Kurzform und rechts die charakteristische Gleichung sowie das Impulsdiagramm des Basis FF zu sehen. Das Impulsdiagramm zeigt den zeitlichen Verlauf der Ein- und Ausgangssignale an.

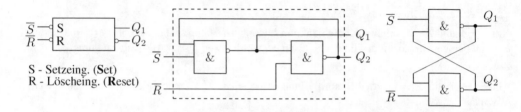

S - Setzeing. (**S**et)
R - Löscheing. (**R**eset)

In der obigen Darstellung ist ein Basis-FF, bestehend aus NAND-Gattern, zu sehen. Die nachstehende Zustandsfolgetabelle verdeutlicht die Funktionsweise dieser Schaltung.

$\overline{S}$	$\overline{R}$	$Q_1 = \overline{Q}_2$	Q_1^+	Q_2^+	Funktion
0	0	0	1	1	Irregulär
0	0	1	1	1	$(Q_1^+ \neq \overline{Q}_2)$
0	1	0	1	0	Setzen
0	1	1	1	0	$(Q_1^+ = 1)$
1	0	0	0	1	Löschen
1	0	1	0	1	$(Q_1^+ = 0)$
1	1	0	0	1	Speichern
1	1	1	1	0	$(Q_1^+ = Q_1)$

Die Funktionsweise entspricht der Schaltung mit kreuzgekoppelten NOR-Gattern, wobei die Reihenfolge der Ausgänge vertauscht wurde. Beispielsweise erhält man mit $\overline{S} = 0$ und $\overline{R} = 1$ die Funktion *Setzen*. $\overline{S} = 0$ erzwingt als Folge $Q_1^+ = 1$, somit liegt am nachfolgenden (rechten) NAND an beiden Eingängen eine 1, so dass für dessen Ausgangsfunktion $Q_2^+ = 0$ gilt.

Beispiel 2.28 Entprellschaltung

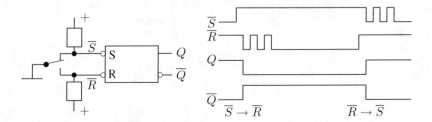

Beim Umschalten liegt an beiden Eingängen eine 1 (Speichern), so dass keine Änderung des Ausgangszustands erfolgt. Wird $\overline{R} = 0$ (Löschen) erreicht, erfolgt die Änderung. Die kurzen Rückfälle auf $\overline{R} = 1$ bewirken keine Veränderung. Der Schalter ist entprellt.

Kurzform			
$\overline{S}$	$\overline{R}$	Q^+	Funktion
0	0	x	Irregulär
0	1	1	Setzen
1	0	0	Löschen
1	1	Q	Speichern

2.5.2 RS-Flipflop mit Setzvorrang

Das RS-Flipflop mit Setzvorrang vermeidet durch ein vorgeschaltetes Netzwerk den *irregulären* Zustand. Folgende Wahrheitstabelle ist zu fordern:

NOR-FF			
S	R	S_i	R_i
0	0	0	0
0	1	0	1
1	0	1	0
1	1	1	0

$$S_i = S$$
$$R_i = R \wedge \overline{S} = \overline{(\overline{R} \vee S)}$$

Auf ganz ähnliche Weise können auch Flipflops mit Lösch- oder Speichervorrang angegeben werden.

2.5.3   Taktzustandsgesteuerte Einspeicherflipflops

Taktzustandsgesteuerte Einspeicher-FF sind dadurch gekennzeichnet, dass die beiden Eingänge R und S durch den Takt C (clock) freigegeben (aktiviert) werden.

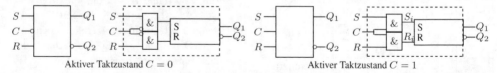

Aktiver Taktzustand $C = 0$ | Aktiver Taktzustand $C = 1$

Die links stehende Schaltung zeigt ein RS-FF, dessen Eingänge R und S nur dann wirksam werden, wenn $C = 0$ gilt. Die rechts stehende Schaltung zeigt ein RS-FF, dessen Eingänge R und S nur dann wirksam werden, wenn $C = 1$ gilt. Dieses Flipflop kann leicht in NAND-Technik realisiert werden.

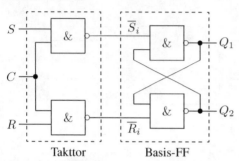

Takttor   Basis-FF

Die links stehende Schaltung wird als taktzustandsgesteuertes FF bezeichnet. Es gelten folgende Gleichungen:

$$S_i = S \land C \quad \text{und} \quad R_i = R \land C$$
$$\overline{S_i} = \neg(S \land C) \quad \text{und} \quad \overline{R_i} = \neg(R \land C)$$

Diese Schaltung kann durch Direkteingänge $\overline{S}_D$ und $\overline{R}_D$ erweitert werden.

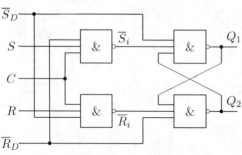

Mit den entsprechenden Signalen an den Direkteingängen $\overline{S}_D$ und $\overline{R}_D$ kann das FF gesetzt oder gelöscht werden, um z.B. nach dem Einschalten einen definierten Anfangszustand sicherzustellen. Auf den irregulären Eingangszustand $\overline{S}_D = 0$ und $\overline{R}_D = 0$ folgt $Q_1 = Q_2 = 1$. Wenn gilt: $\overline{S}_D \land \overline{R}_D = 0$, so ist kein getakteter Betrieb möglich. Getakteter Betrieb ist nur möglich, wenn $\overline{S}_D \land \overline{R}_D = 1$ gilt.

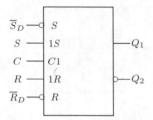

$\overline{S}_D$	$\overline{R}_D$	$\overline{S}_i$	$\overline{R}_i$	Q_1^+	Q_2^+	Funktion	getaktet
0	0	1	1	1	1	Irregulär	Nein
0	1	x	1	1	0	Setzen	Nein
1	0	1	x	0	1	Löschen	Nein
1	1	getakteter Betrieb ist möglich					

Das Verhalten des getakteten RS-FF kann auch wieder anhand eines Impulsdiagramms dargestellt werden. In der nachfolgenden Abbildung ist $C = 1$ der aktive Taktzustand. Die Vorbereitungseingänge ändern sich demnach während des passiven Taktzustandes $C = 0$. Die Übernahme der Einstellung erfolgt dann nach dem nachfolgenden Übergang $C = 0 \rightarrow C = 1$.

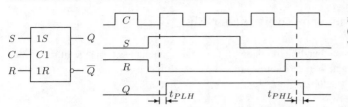

t_P bezeichnet die Verzögerungszeit (propagation delay) beim Zustandswechsel:

$$t_{PLH}: \qquad Q_L \to Q_H,$$
$$t_{PLH}: \qquad Q_H \to Q_L.$$

Der aktive Taktzustand sollte möglichst kurz gewählt werden (siehe Datenblatt des FF), damit die Zeit, in der die Signale R und S sich nicht ändern ebenfalls kurz ist.

2.5.4 D-Flipflops

D	Q	Q^+
0	0	0
0	1	0
1	0	1
1	1	1

D-Flipflops (Daten-FF) übernehmen im aktiven Taktzustand den an seinem Daten (D)-Eingang anliegenden Wert. Dieser Wert wird gespeichert und im passiven Taktzustand zur Weiterverarbeitung am Ausgang Q bereitgehalten.

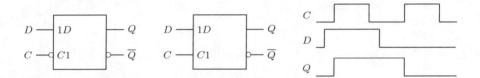

Im Folgenden werden mögliche Schaltungen für das D-FF angegeben:

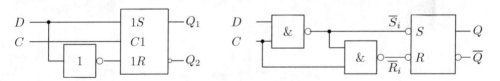

In der linken oberen Schaltung wird der Dateneingang D als Setzeingang benutzt ($S = D$). Für $D = 1$ ergibt sich $S = 1$, $R = 0$ und somit die Funktion *Setzen*. Für $D = 0$ ergibt sich $S = 0$, $R = 1$ und somit die Funktion *Löschen*. In der rechten oberen Schaltung wird eine NAND Realisierung des D-FF gezeigt. Es gilt:

$$\overline{S}_i = \overline{(D \wedge C)}$$
$$\overline{R}_i = \overline{(\overline{D} \wedge C)}$$

Die nebenstehende Wahrheitstabelle zeigt, dass damit die Funktionen *Setzen, Löschen* und *Speichern* realisiert werden.

C	D	$\overline{S}_i$	$\overline{R}_i$	Funktion
0	x	1	1	Speichern
1	0	1	0	Löschen
1	1	0	1	Setzen

2.5.5   Taktzustandsgesteuerte Zweispeicher-FF

Taktzustandsgesteuerte Zweispeicher-FF sind dadurch gekennzeichnet, dass die neue Information
am Eingang bereits übernommen werden kann, während die alte Information am Ausgang für eine
einstellbare Zeitspanne noch erhalten bleibt.

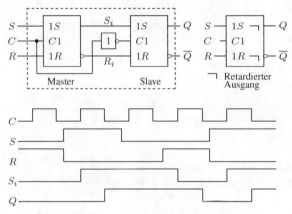

Das FF besteht aus zwei
Einspeicher-FF und ei-
nem Inverter. Nachdem
$C = 1$ gilt, werden
die Signale R und S
im Master aktiv. Das
Signal S_i ändert sich
entsprechend, nicht je-
doch der Ausgang Q
vom Slave, der noch
auf den nächsten Taktzu-
stand warten muss.

Auch ein D-FF kann als Zweispeicher-FF in der glei-
chen Weise – aus zwei D-Einspeicher FF und einem
Inverter – aufgebaut werden. Nebenstehend sind die
Symbole dargestellt.

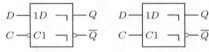

Der im Abschnitt Schaltwerke besprochene Geldwechselautomat kann mit D-FF bestückt werden.

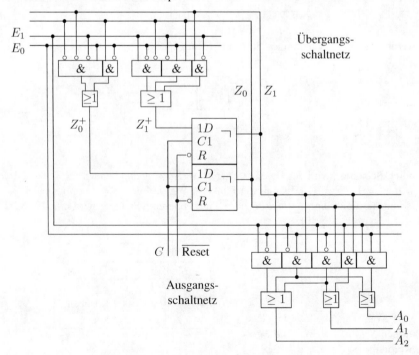

Während des Taktzustandes $C = 1$ wird der anliegende Folgezustand in den Master übernommen und im nachfolgenden Taktzustand $C = 0$ geben die Master den gespeicherten Folgezustand an die Slaves weiter. Der Folgezustand wird somit zum aktuellen Zustand. Mit dem Reset-Eingang kann nach dem Einschalten der Zustand $Z_0 = Z_1 = 0$ erzwungen werden.

2.5.6 JK-Flipflops

JK-Flipflops sind Ein- oder Zweispeicher-FF mit einem ähnlichen Übergangsverhalten wie die RS-FF. Sie weisen als Besonderheit für $J = K = 1$ keinen irregulären Zustand auf, sondern wechseln damit den Ausgangszustand $Q^+ = \overline{Q}$. Damit eignen sich diese FF besonders als Frequenzteiler.

J	K	Q	Q_1^+
0	0	0	0
0	0	1	1
0	1	0	0
0	1	1	0
1	0	0	1
1	0	1	1
1	1	0	1
1	1	1	0

Kurzform			
J	K	Q^+	Funktion
0	0	Q	Speichern
0	1	0	Löschen
1	0	1	Setzen
1	1	$\overline{Q}$	Wechseln

JK-FF werden häufig in NAND-Technik realisiert, so dass sich ein invertierter Takteingang ergibt. Nebenstehend ist auch die charakteristische Gleichung dargestellt.

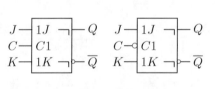

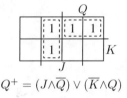

$$Q^+ = (J \wedge \overline{Q}) \vee (\overline{K} \wedge Q)$$

Beispiel 2.29 *Mit JK-Flipflops lassen sich besonders einfach* FREQUENZTEILER *realisieren.* $J = K = 1$ *bewirkt, dass beim Wechsel von* $C = 0 \rightarrow C = 1$ *auch Q wechselt.*

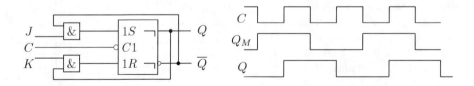

2.5.7 Taktflankengesteuerte Flipflops

Taktflankengesteuerte Flipflops geben ihre Eingänge beim Wechsel des Taktzustandes (mit der Taktflanke) frei. Eine Änderung des Ausgangszustandes kann **nur** mit einer Taktflanke erfolgen. Eine Änderung der Eingangsgrößen wird erst mit der Taktflanke aktiv.

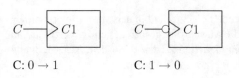

Es wird hierbei zwischen positiver Taktflanke (C: $0 \rightarrow 1$) und negativer Taktflanke (C: $1 \rightarrow 0$) unterschieden. Im linken Bild ist das Symbol eines FF zu sehen, das bei positiver Flanke die

Eingänge aktiviert. Beim rechten FF werden die Eingänge bei negativer Flanke aktiviert. Für das JK-FF soll das Liniendiagramm diesen Sachverhalt verdeutlichen.

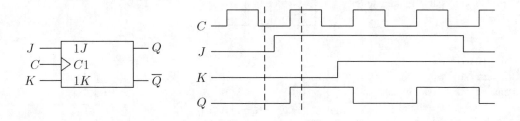

Flankengesteuerte FF benötigen eine Vorbereitungszeit t_s (setup time) und eine Haltezeit t_h (hold time), in der die Eingangssignale (J,K) konstant gehalten werden. Die Ausgangssignale ändern sich erst nach einer Verzögerungszeit t_{PHL} (propagation delay).

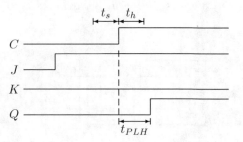

Folgerung: Werden die Signale J und K bzw. R und S zeitgleich mit der aktiven Taktflanke geschaltet (setuptime fehlt), so reagiert das FF nicht.

2.5.8 Tabelle der wichtigsten Flipflops

Tabelle unterschiedlicher Flipflops (FF)

Bezeichnung	Funktion	Symbol	Anmerkung
Basis RS–FF	S R $\mid Q^+$ 0 0 $\mid Q$ 0 1 $\mid$ 0 1 0 $\mid$ 1 1 1 $\mid x$	S—S Q R—R $\overline{Q}$	Der mit x bez. Folgezustand ist irregulär, siehe Abschn. 2.5.1
RS-FF mit Setzvorrang	S R $\mid Q^+$ 0 0 $\mid Q$ 0 1 $\mid$ 0 1 0 $\mid$ 1 1 1 $\mid$ 1	S—S_1 1 Q R—R 1 $\overline{Q}$	Gilt: $S \wedge R = 1$, so folgt: $Q^+ \to 1$
RS-FF mit Löschvorrang	S R $\mid Q^+$ 0 0 $\mid Q$ 0 1 $\mid$ 0 1 0 $\mid$ 1 1 1 $\mid$ 0	S—S 1 Q R—R_1 1 $\overline{Q}$	Gilt: $S \wedge R = 1$, so folgt: $Q^+ \to 0$
RS-FF mit Speichervorrang	S R $\mid Q^+$ 0 0 $\mid Q$ 0 1 $\mid$ 0 1 0 $\mid$ 1 1 1 $\mid Q$	$S \bullet$ G_1 Q $\overline{2}S$ $R \bullet$ G_2 $\overline{1}R$ $\overline{Q}$	Gilt: $S \wedge R = 1$, so folgt: $Q^+ \to Q$
RS-FF (getaktet) mit C=1	S R $\mid Q^+$ 0 0 $\mid Q$ 0 1 $\mid$ 0 1 0 $\mid$ 1 1 1 $\mid x$	S—$1S$ Q C—$C1$ R—$1R$ $\overline{Q}$	(Impulsdiagramm: C, S, R, Q, t_{PLH}, t_{PHL})
RS-FF mit Direkteingängen	$\overline{S}_D$ $\overline{R}_D$ $\mid Q^+$ 0 0 $\mid x$ 0 1 $\mid$ 1 1 0 $\mid$ 0 1 1 $\mid get.$	$\overline{S}_D$—S S—$1S$ Q_1 C—$C1$ R—$1R$ Q_2 $\overline{R}_D$—R	siehe Abschn. 2.5.3
RS-MS–FF	S R $\mid Q^+$ 0 0 $\mid Q$ 0 1 $\mid$ 0 1 0 $\mid$ 1 1 1 $\mid x$	S—$1S$ Q C—$C1$ R—$1R$ $\overline{Q}$	(Impulsdiagramm: C, S, R, S_i, Q)

Tabelle unterschiedlicher Flipflops (FF)			
Bezeichnung	Funktion	Symbol	Anmerkung
D–FF (getaktet)	D Q Q^+ 0 0 0 0 1 0 1 0 1 1 1 1	D—$1D$ —Q C—$C1$ ◦—$\overline{Q}$	(Zeitdiagramm C, D, Q)
D-MS–FF	D Q Q^+ 0 0 0 0 1 0 1 0 1 1 1 1	D—$1D$ ⌐—Q C—$C1$ ⌐◦—$\overline{Q}$	siehe Abschn. 2.5.3
JK–FF	J K Q^+ 0 0 Q 0 1 0 1 0 1 1 1 $\overline{Q}$	J—$1J$ —Q C—◁$C1$ K—$1K$ ◦—$\overline{Q}$	$J = K = 1$ (Zeitdiagramm C, Q)
JK-MS–FF	J K Q^+ 0 0 Q 0 1 0 1 0 1 1 1 $\overline{Q}$	J—$1J$ ⌐—Q C—$C1$ K—$1K$ ⌐◦—$\overline{Q}$	siehe Abschn. 2.5.3
Flanken gesteuerte FF	C—◦▷$C1$ C: $1 \to 0$	C—▷$C1$ C: $0 \to 1$	siehe Abschn. 2.5.7
JK–FF (flankengesteuert)	J K Q^+ 0 0 Q 0 1 0 1 0 1 1 1 $\overline{Q}$	J—$1J$ —Q C—▷$C1$ K—$1K$ —$\overline{Q}$	(Zeitdiagramm C, J, K, Q)

2.5.9   Anwendungen von Flipflops – Synchrone Zähler

Synchrone Zähler werden durch ein synchrones Schaltwerk realisiert. Zur Synthese des Schaltwerkes ist es notwendig, geeignete FF auszuwählen, sowie das Ausgangs- und Übergangsschaltnetz zu entwerfen. Das Ausgangsschaltnetz erzeugt beispielsweise den beim Zählen anfallenden Übertrag, während das Übergangsschaltnetz die Signale für die FF-Eingänge erzeugt.

Beispiel 2.30 *Modulo 5 Vorwärtszähler mit RS-FF:*
Der Modulo 5 Vorwärtszähler durchläuft zyklisch die Zustandsfolge $0, 1, 2, 3, 4, 0, 1, \ldots$. *Für den*

Zähler sollen RS-FF verwendet werden. Eine Realisierung mit D-FF oder JK-FF ist ebenfalls möglich. Folgende Festlegungen werden getroffen:

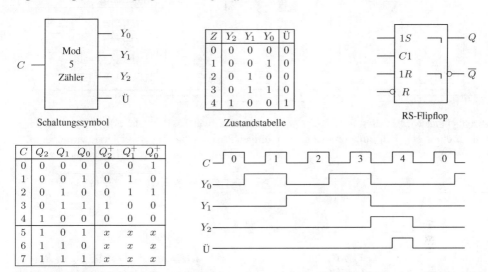

Schaltungssymbol	Zustandstabelle	RS-Flipflop

C	Q_2	Q_1	Q_0	Q_2^+	Q_1^+	Q_0^+
0	0	0	0	0	0	1
1	0	0	1	0	1	0
2	0	1	0	0	1	1
3	0	1	1	1	0	0
4	1	0	0	0	0	0
5	1	0	1	x	x	x
6	1	1	0	x	x	x
7	1	1	1	x	x	x

Das Impulsdiagramm veranschaulicht die gewünschte Funktionsweise des Modulo 5 Zählers. Bedingt durch die Wahl der FF ändert sich der Ausgangszustand, nachdem $C = 0$ gilt. Der Wert einer Dezimalzahl $0 \leq Z \leq 4$ ergibt sich durch die Wertigkeit der Ausgänge Y_i. Es gilt: $Z = Y_0 \cdot 2^0 + Y_1 \cdot 2^1 + Y_2 \cdot 2^2$. Da die möglichen Zahlen $Z = 5, 6, 7$ nicht benötigt werden, enthält die obige Tabelle an den entsprechenden Stellen *don't care* Eintragungen.

Die Festlegung der Eingangssignale S_i und R_i erfordert das Entwickeln eines Übergangsschaltnetzes. Dieses wird mit der nachstehenden Synthesetabelle und den sich daraus ergebenden KV-Tafeln festgelegt.

C	Q_2	Q_1	Q_0	Q_2^+	Q_1^+	Q_0^+	S_2	R_2	S_1	R_1	S_0	R_0
0	0	0	0	0	0	1	0	x	0	x	1	0
1	0	0	1	0	1	0	0	x	1	0	0	1
2	0	1	0	0	1	1	0	x	x	0	1	0
3	0	1	1	1	0	0	1	0	0	1	0	1
4	1	0	0	0	0	0	0	1	0	x	0	x
5	1	0	1	x	x	x	x	x	x	x	x	x
6	1	1	0	x	x	x	x	x	x	x	x	x
7	1	1	1	x	x	x	x	x	x	x	x	x

$S_2 = Q_1 \wedge Q_0$

$S_1 = \overline{Q}_1 \wedge Q_0$

$R_2 = Q_2, R_2 = \overline{Q}_0$

$R_1 = Q_1 \wedge Q_0$

$S_0 = \overline{Q}_2 \wedge \overline{Q}_0$

$R_0 = Q_0$

Bedingt durch die *don't care* Eintragungen gibt es für R_2 zwei Möglichkeiten. Die richtige Wahl gelingt hierbei durch die Kontrolle der Bedingung $S_2 \wedge R_2 = 0$, die den irregulären Zustand $S_2 = R_2 = 1$ vermeidet. Die Lösung $R_2 = Q_2$ wird verworfen, da dann gilt: $S_2 \wedge R_2 = Q_1 \wedge Q_0 \wedge Q_2 \neq 0$. Im anderen Fall $R_2 = \overline{Q}_0$ gilt: $S_2 \wedge R_2 = Q_1 \wedge Q_0 \wedge \overline{Q}_0 = 0$.

Für das Ausgangsschaltnetz zur Gewinnung des Übertrags Ü erkennt man leicht aus der Tabelle der Festlegungen, dass gilt: Ü$= Q_2$. Wird ein getakteter Übertrag verlangt, so wird Ü mit dem Takt C UND-verknüpft: Ü$^* =$Ü$\wedge C$.

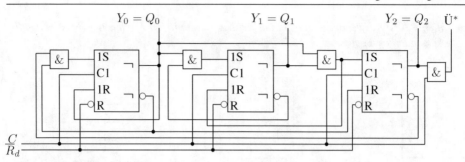

$$Y_0 = Q_0 \qquad\qquad Y_1 = Q_1 \qquad\qquad Y_2 = Q_2 \quad Ü^*$$

$$\frac{C}{R_d}$$

Abschließend wird in diesem Beispiel noch untersucht, welches Verhalten der Zähler aufweist, wenn er durch eine Fehlfunktion in einen ungültigen Zustand (5,6,7) gerät. Hierzu wird überprüft, wie bei der Herleitung die x-Felder zur Festlegung der Eingangsgrößen S_i, R_i verwendet wurden:

C	Q_2	Q_1	Q_0	S_2	R_2	S_1	R_1	S_0	R_0	Q_2^+	Q_1^+	Q_0^+	C^+
5	1	0	1	0	0	1	0	0	1	1	1	0	6
6	1	1	0	0	1	0	0	0	0	0	1	0	2
7	1	1	1	1	0	0	1	0	1	1	0	0	4

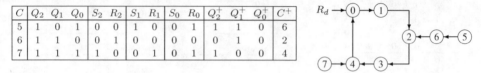

Beispielsweise gilt: $S_2 = Q_1 \wedge Q_0$ und $R_2 = \overline{Q}_0$, so dass sich in der ersten Zeile $S_2 = R_2 = 0$ ergibt. Folglich wird Q_2 gespeichert, so dass $Q_2^+ = Q_2$ gilt. Das Zustandsdiagramm verdeutlicht, dass der Zähler spätestens nach 2 Zyklen wieder im Modulo 5 Zählrythmus ist.

Beispiel 2.31 *Modulo 5 Vorwärtszähler mit D- und Jk-Flipflops:*
Im Folgenden soll die Realisierung mit D-FF und JK-FF durchgeführt werden.

C	Q_2	Q_1	Q_0	$D_2 = Q_2^+$	$D_1 = Q_1^+$	$D_0 = Q_0^+$
0	0	0	0	0	0	1
1	0	0	1	0	1	0
2	0	1	0	0	1	1
3	0	1	1	1	0	0
4	1	0	0	0	0	0
5	1	0	1	x	x	x
6	1	1	0	x	x	x
7	1	1	1	x	x	x

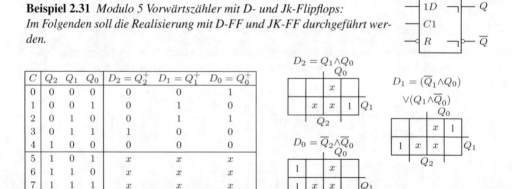

$$Y_0 = Q_0 \qquad\qquad Y_1 = Q_1 \qquad Y_2 = Q_2 \quad Ü^*$$

$$R_d$$
$$C$$

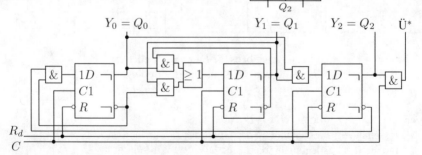

Abschließend wird wieder untersucht, welches Verhalten der Zähler aufweist, wenn er durch eine Fehlfunktion in einen ungültigen Zustand (5,6,7) gerät:

C	Q_2	Q_1	Q_0	Q_2^+	Q_1^+	Q_0^+	C^+
5	1	0	1	0	1	0	2
6	1	1	0	0	1	0	2
7	1	1	1	1	0	0	4

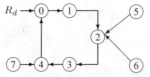

Das Zustandsdiagramm verdeutlicht, dass der Zähler bereits nach einem Takt wieder im Modulo 5 Zählrythmus ist.

Für JK-FF gilt die charakteristische Gleichung:

$$Q^+ = (J \wedge \overline{Q}) \vee (\overline{K} \wedge Q)$$

Die benötigten Eingangsfunktionen für die FF können vereinfacht aus dieser Gleichung gewonnen werden, wenn für Q Null und Eins eingesetzt wird:

$$Q^+ = J \text{ für } Q = 0, \quad \text{und} \quad Q^+ = \overline{K} \text{ für } Q = 1$$

C	Q_2	Q_1	Q_0	Q_2^+	Q_1^+	Q_0^+	J_2	K_2
0	0	0	0	0	0	1	0	x
1	0	0	1	0	1	0	0	x
2	0	1	0	0	1	1	0	x
3	0	1	1	1	0	0	1	x
4	1	0	0	0	0	0	x	1
5	1	0	1	x	x	x	x	x
6	1	1	0	x	x	x	x	x
7	1	1	1	x	x	x	x	x

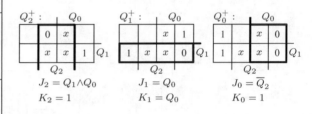

Q_2^+:

	Q_0	
0	x	
x	x	1	Q_1

Q_2

$J_2 = Q_1 \wedge Q_0$
$K_2 = 1$

Q_1^+:

	Q_0	
	x	1
1	x	x	0	Q_1

Q_2

$J_1 = Q_0$
$K_1 = Q_0$

Q_0^+:

	Q_0	
1		x	0
1	x	x	0	Q_1

Q_2

$J_0 = \overline{Q_2}$
$K_0 = 1$

$Y_0 = Q_0$ $Y_1 = Q_1$ $Y_2 = Q_2$ Ü*

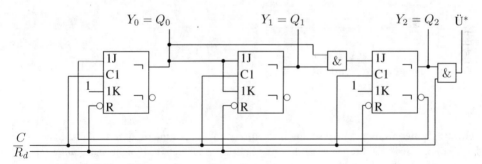

C
$\overline{R_d}$

Abschließend wird wieder untersucht, welches Verhalten der Zähler aufweist, wenn er durch eine Fehlfunktion in einen ungültigen Zustand (5,6,7) gerät:

C	Q_2	Q_1	Q_0	Q_2^+	Q_1^+	Q_0^+	C^+
5	1	0	1	0	1	0	2
6	1	1	0	0	1	0	2
7	1	1	1	0	0	0	0

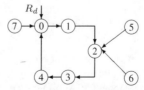

Das Zustandsdiagramm verdeutlicht, dass der Zähler bereits nach einem Takt wieder im Modulo 5 Zählrythmus ist.

Beispiel 2.32 *Dieses Beispiel behandelt einen Modulo 8 Rückwärtszähler mit JK-FF*

Folgende rechts stehende Festlegungen werden getroffen:

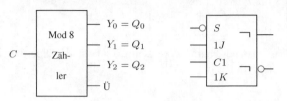

Zustandsfolgetabelle

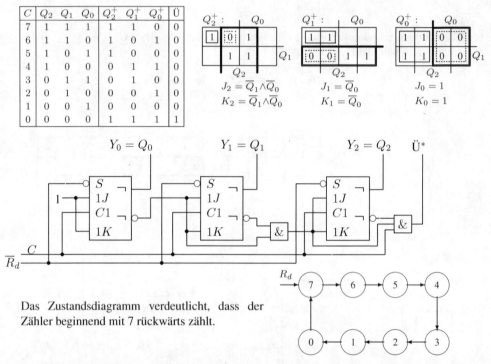

C	Q_2	Q_1	Q_0	Q_2^+	Q_1^+	Q_0^+	$Ü$
7	1	1	1	1	1	0	0
6	1	1	0	1	0	1	0
5	1	0	1	1	0	0	0
4	1	0	0	0	1	1	0
3	0	1	1	0	1	0	0
2	0	1	0	0	0	1	0
1	0	0	1	0	0	0	0
0	0	0	0	1	1	1	1

$J_2 = \overline{Q_1} \wedge \overline{Q_0}$
$K_2 = \overline{Q_1} \wedge \overline{Q_0}$

$J_1 = \overline{Q_0}$
$K_1 = \overline{Q_0}$

$J_0 = 1$
$K_0 = 1$

Das Zustandsdiagramm verdeutlicht, dass der Zähler beginnend mit 7 rückwärts zählt.

Asynchrone Zähler werden teilweise durch Impulse getaktet, die intern, d.h. im Zähler, erzeugt werden. Die maximale Zählfrequenz ist daher i.A. geringer, als die von synchronen Zählern. Die mit asynchronen Zählern erreichbare Einsparung von Bauelementen verliert mit zunehmender Integration der Schaltungen an Bedeutung.

2.5.10 Puffer- und Schieberegister

Pufferregister der Länge n sind in der Lage, n Bits aufzunehmen und für eine von ihrem Taktsignal abhängige Zeit, für die Weiterverarbeitung bereitzuhalten. Sie werden auch als Auffangregister bezeichnet. Die nachstehemde Abbildung zeigt links ein 4-Bit Pufferregister und rechts das zugehörige Schaltsymbol. Die einzelnen FF sind durch eine gemeinsame Takt- und Rücksetzleitung miteinander verbunden.

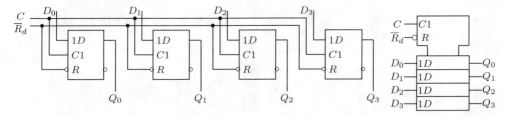

Gleichzeitig gelangen die Datenbits $D_0, \ldots, D_3$ in das Register. Ebenfalls gleichzeitig kann das Register wieder rückgesetzt werden. Diese Gleichzeitigkeit begrenzt die Länge eines solchen Registers, da der parallel anliegende Takt einen Strom benötigt, der der Summe der Teilströme entspricht.

Schieberegister finden eine sehr breite Anwendung in der digitalen Realisierung vorgegebener Funktionen und Algorithmen. Insbesondere in der Kanalcodierung sind die Schieberegister nicht wegzudenken, aber auch als Parallel-Serien-Umsetzer oder Serien-Parallel-Umsetzer können sie verwendet werden.

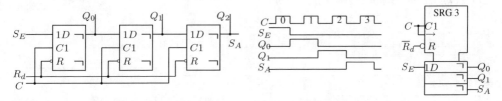

Die oben stehende Schaltung weist einen seriellen Eingang S_E sowie einen seriellen Ausgang S_A auf. Das nebenstehende Impulsdiagramm verdeutlicht die Funktionsweise. Eine Eins am Eingang wird mit dem Takt von FF zu FF weitergereicht. In dem rechts stehenden Symbol dieses Schieberegisters, ist die Schieberichtung durch den nach rechts zeigenden Pfeil angegeben.

Beispiel 2.33 *Parallel-Seriel-Umsetzer:*
Zum Entwurf eines dreistufigen Umsetzers wird die Festlegung getroffen, daß der Umsetzer durch ein Steuersignal X gesteuert wird. $X = 0$ sperrt sperrt die Dateneingänge, für $X = 1$ sind sie freigegeben.

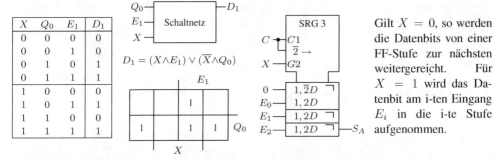

X	Q_0	E_1	D_1
0	0	0	0
0	0	1	0
0	1	0	1
0	1	1	1
1	0	0	0
1	0	1	1
1	1	0	0
1	1	1	1

$$D_1 = (X \wedge E_1) \vee (\overline{X} \wedge Q_0)$$

Gilt $X = 0$, so werden die Datenbits von einer FF-Stufe zur nächsten weitergereicht. Für $X = 1$ wird das Datenbit am i-ten Eingang E_i in die i-te Stufe aufgenommen.

Zur Entwicklung der Schaltung ist es ausreichend, eine FF-Stufe zu betrachten. Nach der obigen Tabelle kann die benötigte Ansteuerung für die erste FF-Stufe hergeleitet werden.

In die nullte FF-Stufe werden Nullen als Dummy-Bits gelagen, so dass das Register in drei Schie-
beschritten gelöscht werden kann.

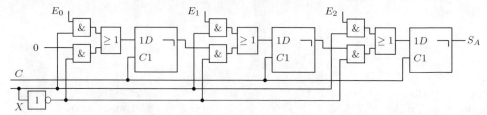

Für diesen Parallel-Serien-Umsetzer soll nun ein konkretes Beispiel analysiert werden. Hierbei ist
die Taktzeit und die parallel eingehenden Bits vorgegeben.

Beispiel 2.34 *Für einen Parallel-Seriel-Umsetzer*
soll entsprechend der rechts nebenstehenden Ta-
belle das Impulsdiagramm angegeben werden.

E_0	E_1	E_2
1	1	1
0	1	0
0	1	0

$\implies S_A = 111010010.$

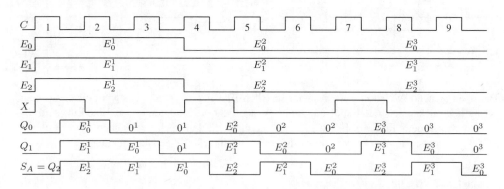

Beispiel 2.35 *Seriel-Parallel-Umsetzer:*
In der nachstehenden Abbildung ist ein Serien-Parallel-Umsetzer dargestellt. Als Steuersignal
wird X verwendet. Für $X = 0$ ist das Schieben der Information im Register freigegeben und
die parallele Ausgabe gesperrt, bzw. für $X = 1$ ist die parallele Ausgabe freigegeben.

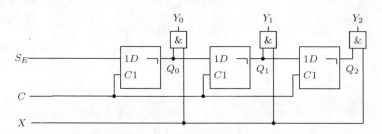

Mit Hilfe des Serien-Parallel-Umsetzer sollen die seriellen Bits wieder parallel umgesetzt werden:

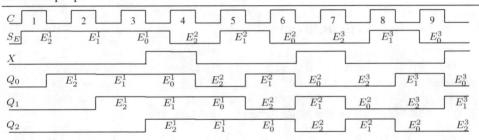

Es ist deutlich zu erkennen, dass jeweils zeitgleich mit dem Signal $X = 1$ die Bits E_i^j am i-ten Ausgang Y_i parallel anliegen. Zur Übung mögen sich die Studierenden überlegen, welcher Ausgangsbitstrom entsteht und wie die sich bildende Pausenzeit zwischen zwei Bits aufgefüllt werden kann.

2.5.11 Rückgekoppelte Schieberegister

Rückgekoppelte Schieberegister finden in der Praxis viele Anwendungen. Stichwörter hierzu sind Scambler, Codier- und Decodierschaltungen (vgl. Abschn. 5.3.6), PN-Sequenzen sowie Rechenschaltungen zur Multiplikation und Division von Polynomen. Der Name der Register kommt von der Rückführung des Ausgangs A zum Eingang E, wie im folgenden Beispiel zu sehen ist.

Beispiel 2.36 *Die folgende Schaltung dividiert ein Polynom, das durch die Eingangssequenz* $S_E = (x^n, \ldots, x^1, x^0$ *gegeben ist, durch* $g(x) = x^3 + x + 1$. *Es gilt:* $S_E = (1, 1, 0, 0, 0, 0, 0)$:

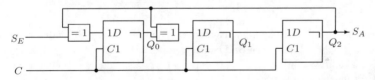

Sind alle Eingangsbits in das rückgekoppelte Schieberegister gelangt, so ist die Ausgangsfolge S_A und der im Register verbliebenen Rest bestimmt. Die Verwendung der Antivalenz generiert hier die $\mathrm{mod}\,2$ Rechnung:

$$\frac{x^6 + x^5}{x^3 + x + 1} = x^3 + x^2 + x + \frac{x}{x^3 + x + 1} \quad \mathrm{mod}\,2$$

S_E	$Q_0 = S_0$ $S_E \oplus Q_2$	$Q_1 = S_1$ $Q_0 \oplus Q_2$	$Q_2 = S_2$ $Q_2 = S_A$
1	1	0	0
1	1	1	0
0	0	1	1
0	1	1	1
0	1	0	1
0	1	0	0
0	0	1	0

Die obige Schaltung kann vereinfacht dargestellt werden:

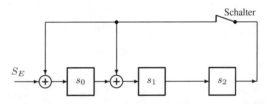

Der Rest $Q_0 \hat{=} x^0$, $Q_1 \hat{=} x^1$, $Q_2 \hat{=} x^2$ der Division ist leicht in der letzten Zeile der Tabelle ablesbar. Das Vielfache $Q_2 = x + x^2 + x^3$ steht in der Spalte S_A, beginnend mit x^0 in der vorletzten Zeile aufwärts gelesen.

2.6 Abhängigkeitsnotation

Die Abhängigkeitsnotation dient einer verkürzten und dennoch eindeutigen Beschriftung der Symbole für komplexe Schaltungen. Sie erlaubt eine Kennzeichnung voneinander abhängiger Ein- und Ausgänge. Nachfolgend sind einige wichtige Abhängigkeitsnotationen der umfangreichen DIN 40900 Teil 12 dargestellt. Eine etwas ausführlichere Darstellung findet sich in [9].

2.6.1 G-Abhängigkeit

Die nachstehende Abbildung zeigt einige Beispiele der G-Abhängigkeit (Gate), die auch als UND-Abhängigkeit bezeichnet werden kann. Der G_m Eingang ist der steuernde Eingang. Er steuert die Eingänge mit der gleichen Nummerierung m. Ist die Nummerierung invertiert, so wird sinngemäß auch die Steuerung invertiert (siehe obere Darstellung in Anschluss c).

In der linken Bildhälfte ist die Abhängigkeitsnotation und in der rechten Bildhälfte ist die ausführliche Darstellung zu sehen. Im unteren Bild ist dargestellt, dass auch ein G_m Ausgang einen Eingang beeinflussen kann. Wichtig ist hierbei, dass der innere Zustand und nicht der äußere negierte Zustand auf den Eingang rückgeführt wird.

2.6.2 V-Abhängigkeit

Die V-Abhängigkeit kann auch als ODER-Abhängigkeit bezeichnet werden, da die Verknüpfungsart eine ODER-Verknüpfung ist.

Wenn ein V_m Anschluss sich im 1-Zustand befindet, so erhalten auch alle von ihm gesteuerten Anschlüsse eine 1.

2.6.3 N-Abhängigkeit

Nachstehend ist ein Beispiel für die N-Abhängigkeit (Negativ-Abhängigkeit) dargestellt. Befindet sich ein N_m Anschluss im internen 1-Zustand, so werden die Logik-Zustände der von ihm gesteuerten Anschlüsse invertiert.

für $a = 0$ folgt $c = b$
für $a = 1$ folgt $c = \overline{b}$

2.6.4 Z-Abhängigkeit

Die Z-Abhängigkeit ist die Verbindungsabhängigkeit. Befindet sich ein Z_m Anschluss im internen 1-Zustand, so besitzen die von ihm gesteuerten Anschlüsse ebenfals den internen 1-Zustand. Befindet sich ein Z_m Anschluss im internen 0-Zustand, so besitzen die von ihm gesteuerten Anschlüsse den internen 0-Zustand.

2.6.5 C-Abhängigkeit

Die C-Abhängigkeit ist die Steuerabhängigkeit (Taktsteuerung). Befindet sich ein C_m Anschluss im internen 1-Zustand, so besitzen die von ihm gesteuerten Eingänge ihre normal definierte Wirkung auf die Funktion des Elements. Befindet sich ein C_m Anschluss im internen 0-Zustand, so besitzen die von ihm gesteuerten Eingänge keine Wirkung.

2.6.6   S- und R-Abhängigkeit

Die S-Abhängigkeit ist die Setzabhängigkeit und die R-Abhängigkeit ist die Rücksetzabhängigkeit. Befindet sich ein S_m Anschluss im internen 1-Zustand, so besitzen die von ihm gesteuerten Ausgänge den Logik-Zustand, den sie normalerweise bei der Eingangskombination $S = 1$ und $R = 0$ hätten. Befindet sich ein R_m Anschluss im internen 1-Zustand, so besitzen die von ihm gesteuerten Ausgänge den Logik-Zustand, den sie normalerweise bei der Eingangskombination $S = 0$ und $R = 1$ hätten.

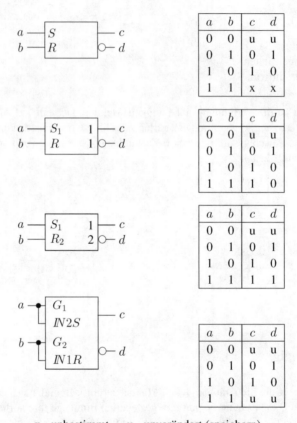

a	b	c	d
0	0	u	u
0	1	0	1
1	0	1	0
1	1	x	x

a	b	c	d
0	0	u	u
0	1	0	1
1	0	1	0
1	1	1	0

a	b	c	d
0	0	u	u
0	1	0	1
1	0	1	0
1	1	1	1

a	b	c	d
0	0	u	u
0	1	0	1
1	0	1	0
1	1	u	u

x - unbestimmt,   u - unverändert (speichern)

Befindet sich ein S_m bzw. ein R_m Anschluss im internen 0-Zustand, so besitzen sie keine Wirkung.

2.6.7   EN-Abhängigkeit

Die EN-Abhängigkeit (Enable) ist die Freigabeabhängigkeit. Befindet sich ein EN_m Anschluss im internen 0-Zustand, so besitzen die von ihm gesteuerten Eingänge keine Wirkung. Sie sind gesperrt. Befindet sich ein EN_m Anschluss im internen 1-Zustand, so besitzt er keine Wirkung. Die von ihm gesteuerten Eingänge sind freigegeben.

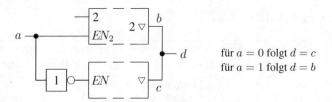

für $a = 0$ folgt $d = c$
für $a = 1$ folgt $d = b$

2.6.8 A-Abhängigkeit

Die A-Abhängigkeit ist die Adressenabhängigkeit. Die Kennzahl m eines A_m Eingangs entspricht der Adresse des angewählten Speicherwortes. Befindet sich ein A_m Anschluss im internen 1-Zustand, so besitzen die von ihm gesteuerten Eingänge ihre normal definierte Wirkung auf die Bits des Speicherwortes. Befindet sich ein A_m Anschluss im internen 0-Zustand, so besitzen die von ihm gesteuerten Eingänge keine Wirkung auf die Bits des Speicherwortes.

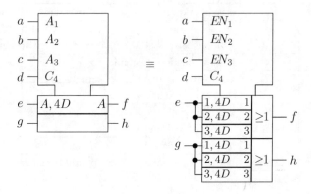

2.6.9 M-Abhängigkeit

Die M-Abhängigkeit ist die Mode-Abhängigkeit. Die Kennzahl m eines M_m Eingangs entspricht der Nummerierung des Modes. Befindet sich ein M_m Anschluss im internen 1-Zustand, so besitzen die von ihm gesteuerten Anschlüsse ihre normal definierte Wirkung, der zugehörige Mode ist ausgewählt. Befindet sich ein M_m Anschluss im internen 0-Zustand, so besitzen die von ihm gesteuerten Anschlüsse keine Wirkung.

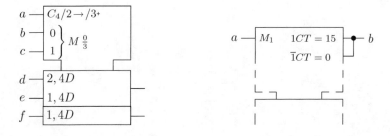

2.6.10   Übersicht

Abhängig-keitsart	Buch-stabe (n)	Wirkung auf gesteuerten Eingang oder Ausgang	
		1-Zustand	0-Zustand
Adresse	A	erlaubt Aktion (Adresse angewählt)	verhindert Aktion (Adresse nicht angewählt)
Steuerung	C	erlaubt Aktion	verhindert Aktion
Freigabe	EN	erlaubt Aktion	verhindert Aktion gesteuerter Eingänge – offene Ausgänge (z.B. OC) hochohmig (gesperrt) – 3-state-Ausgänge hochohmig (High Z) – 0-Zustand an sonstigen Ausgängen
Und	G	erlaubt Aktion	bewirkt den 0-Zustand
Mode	M	erlaubt Aktion (Modus ausgewählt)	verhindert Aktion (Modus nicht ausgewählt)
Negation	N	komplementiert Zustand	keine Wirkung
Rücksetz	R	gest. Ausgang reagiert wie bei $S=0$ und $R=1$	keine Wirkung
Setz	S	gest. Ausgang reagiert wie bei $S=1$ und $R=0$	keine Wirkung
Oder	V	bewirkt 1-Zustand	erlaubt Aktion
Verbindung	Z	bewirkt 1-Zustand	bewirkt 0-Zustand

2.7 Aufgaben zur Digitaltechnik

2.7.1 Grundlagen - Zahlensysteme - Schaltalgebra

Aufgabe 2.7.1
Wandeln Sie die folgenden Zahlen in das Dezimalsystem um. a) 110110_2, b) 110.11_2, c) 123_{16}, d) 2107_8

Lösung:
a) 54, b) 6.75, c) 291, d) 1095

Aufgabe 2.7.2
Wandeln Sie die folgenden Zahlen in das Dualsystem um.
a) 521_{10}, b) 2107_8, c) 123_{16}, d) CDE_{16}

Lösung:
a) 1000001001, b) 10001000111,
c) 100100011, d) 110011011110

Aufgabe 2.7.3
Rechnen im Dualsystem
a) $110 + 11$, b) $110 - 11$, c) $1111 + 1001$,
d) $11.11 + 10.01$
e) $111110.1011 + 101001.011 + 1001$,
f) $111110.1011 - 101001.011 - 1001$
g) Berechnen Sie mit Hilfe des B-Komplements $11000 - 10101$ im Dual- und im Dezimalsystem.

Lösung:
a) 1001, b) 11, c) 11000, d) 110
e) 1110001.0001, f) 1100.0101
g) $11000 - 10101 = 11000 + 01011 = 1|00011$, $24 - 21 = 24 + 79 = 1|03$
Das B-Komlement von $-21 = 79$. Im Ergebnis $1|03$ muss der Übertrag entfallen, so dass gilt: $24 - 21 = 03$

Aufgabe 2.7.4
Entwerfen Sie einen Binär-Code für die Dezimalzahlen $0 - 9$ mit der Wertigkeit (8, 4, -3, 2)

Lösung:

Dezimal-ziffer	Wertigkeit 8	4	-3	2	Dezimal-ziffer	Wertigkeit 8	4	-3	2
0	0	0	0	0	8	1	0	0	0
2	0	0	0	1	x	1	0	0	1
x	0	0	1	0	5	1	0	1	0
x	0	0	1	1	7	1	0	1	1
4	0	1	0	0	x	1	1	0	0
6	0	1	0	1	x	1	1	0	1
1	0	1	1	0	9	1	1	1	0
3	0	1	1	1	x	1	1	1	1

Schaltalgebra

Aufgabe 2.7.5
Stellen Sie für das ne-
benstehende NOR-Element
mit einem negierten Ein-
gang die Wahrheitstabelle
auf.

$$
\begin{array}{c}
a \ \multimap \\
b \ \longrightarrow\ \boxed{\geq 1} \multimap\ y \\
c \ \longrightarrow
\end{array}
$$

Lösung:

$$y = \overline{\overline{a} \vee b \vee c}$$
$$\overline{y} = \overline{a} \vee b \vee c$$
$$y = a \wedge \overline{b} \wedge \overline{c}$$

a	b	c	y
0	0	0	0
0	0	1	0
0	1	0	0
0	1	1	0
1	0	0	1
1	0	1	0
1	1	0	0
1	1	1	0

Aufgabe 2.7.6
Geben Sie zwei Möglichkeiten an, ein NAND-
Element bzw. ein NOR-Element mit zwei
Eingängen als Inverter zu verwenden.

Lösung:

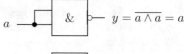

$$y = \overline{1 \wedge a} = \overline{a}$$

$$y = \overline{0 \vee a} = \overline{a}$$

$$y = \overline{a \wedge a} = \overline{a}$$

$$y = \overline{a \vee a} = \overline{a}$$

Aufgabe 2.7.7
Realisieren Sie eine UND- bzw. eine ODER-
Verknüpfung. Zur Verfügung stehen
a) nur NAND-Elemente
b) nur NOR-Elemente.

Lösung:

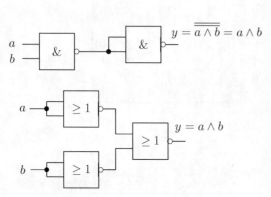

$$y = \overline{\overline{a \wedge b}} = a \wedge b$$

$$y = a \wedge b$$

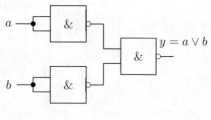

$$y = a \vee b$$

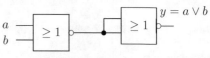

$$y = a \vee b$$

Aufgabe 2.7.8

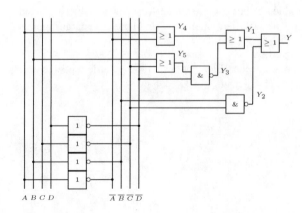

Analysieren Sie mit Hilfe der Schaltalgebra $(y = fkt(A, B, C, D))$ die nebenstehende Schaltung.

Lösung:

$$
\begin{aligned}
y &= y_1 \vee y_2 = y_1 \vee \overline{(\overline{b} \wedge \overline{c})} = y_1 \vee b \vee c \\
&= y_4 \vee y_3 \vee b \vee c = y_3 \vee (a \vee \overline{a}) \vee b \vee c \\
&= y_3 \vee 1 \vee b \vee c = 1
\end{aligned}
$$

Aufgabe 2.7.9
Durch Zusammenschaltung von NAND-Elementen mit zwei Eingängen soll eine Antivalenz-Verknüpfung entstehen. Formen Sie hierzu bitte den algebraischen Ausdruck der Antivalenz-Verknüpfung durch mehrfaches Negieren so um, daß dieser nur noch aus NAND-Verknüpfungen besteht (2 Möglichkeiten).

1. Lösung:

$$
\begin{aligned}
y &= (\overline{a} \wedge b) \vee (a \wedge \overline{b}) \\
&= \overline{\overline{(\overline{a} \wedge b) \vee (a \wedge \overline{b})}} \\
&= \overline{\overline{(\overline{a} \wedge b)} \wedge \overline{(a \wedge \overline{b})}}
\end{aligned}
$$

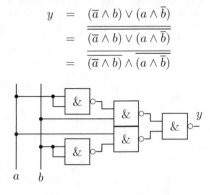

2. Lösung:

$$
\begin{aligned}
y &= (a \wedge \overline{b}) \vee (\overline{a} \wedge b) \\
&= (a \wedge \overline{b}) \vee (a \wedge \overline{a}) \vee (\overline{a} \wedge b) \vee (b \wedge \overline{b}) \\
&= (a \wedge (\overline{a} \vee \overline{b})) \vee (b \wedge (\overline{a} \vee \overline{b})) \\
&= (a \wedge \overline{\overline{(\overline{a} \vee \overline{b})}}) \vee (b \wedge \overline{\overline{(\overline{a} \vee \overline{b})}}) \\
&= \overline{\overline{(a \wedge \overline{(a \wedge b)})}} \vee \overline{\overline{(b \wedge \overline{(a \wedge b)})}} \\
&= \overline{(a \wedge \overline{(a \wedge b)})} \wedge \overline{(b \wedge \overline{(a \wedge b)})}
\end{aligned}
$$

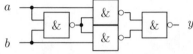

Aufgabe 2.7.10
Entwerfen Sie eine programmierbare Schaltung mit der Variablen a am Eingang und einer Setzva-

riablen S. Für $S = 0$ soll die Ausgangsvariable $y = a$ sein und für $S = 1$ soll $y = \overline{a}$ sein. Stellen Sie die Wahrheitstabelle auf, und leiten Sie daraus die benötigte Schaltfunktion ab.

Lösung:
Ein Antivalenz-Element besitzt die geforderten Eigenschaften. An einen Eingang wird S, an den anderen a gelegt.

a	S	y
0	0	0
0	1	1
1	0	1
1	1	0

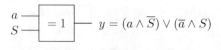

$y = (a \wedge \overline{S}) \vee (\overline{a} \wedge S)$

Aufgabe 2.7.11

Geben Sie bitte für die nebenstehende Wahrheitstabelle die disjunktive Normalform (DNF) und die konjunktive Normalform (KNF) für die Ausgangsvariable y an.

i	c	b	a	y
0	0	0	0	1
1	0	0	1	0
2	0	1	0	0
3	0	1	1	0
4	1	0	0	1
5	1	0	1	1
6	1	1	0	0
7	1	1	1	1

Lösung:

Schaltfunktion:
$$\text{DNF:} \quad y = m_0 \vee m_4 \vee m_5 \vee m_7$$
$$\text{KNF:} \quad y = M_6 \wedge M_5 \wedge M_4 \wedge M_1$$
Umkehrfunktion:
$$\text{KNF:} \quad \overline{y} = M_7 \wedge M_3 \wedge M_2 \wedge M_0$$
$$\text{DNF:} \quad \overline{y} = m_1 \vee m_2 \vee m_3 \vee m_6$$

Aufgabe 2.7.12
Stellen Sie bitte für die nachstehenden Schaltfunktionen die Wahrheitstabellen auf, und ermitteln Sie daraus dann die DNF und die KNF.
a) $y(c, b, a) = \overline{b} \vee \overline{a}$
b) $y(c, b, a) = a \wedge \overline{(\overline{c} \wedge \overline{b})}$

Lösung:

c	b	a	y
0	0	0	1
0	0	1	1
0	1	0	1
0	1	1	0
1	0	0	1
1	0	1	1
1	1	0	1
1	1	1	0

c	b	a	y
0	0	0	1
0	0	1	1
0	1	0	1
0	1	1	0
1	0	0	1
1	0	1	0
1	1	0	1
1	1	1	0

DNF:
$$y = m_0 \vee m_1 \vee m_2 \vee m_4 \vee m_5 \vee m_6$$
KNF:
$$y = M_4 \wedge M_0$$

DNF:
$$y = m_0 \vee m_1 \vee m_2 \vee m_4 \vee m_6$$
KNF:
$$y = M_4 \wedge M_2 \wedge M_0$$

2.7.2 Analyse von Schaltnetzen und Minimierung

Aufgabe 2.7.13

Geben Sie für die nebenstehende Schaltung die Minterme (Abs. 2.2.7) an. Gesucht sind die Terme, für die die Ausgangsvariable y den Wert 1 annimmt (Bewertung: $x_0 = 1, x_1 = 2$).

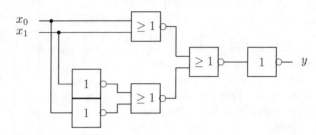

Lösung: Die Analyse ergibt: $y = x_0 \leftrightarrow x_1$ Minterme: $y = m_0 \vee m_3$

Aufgabe 2.7.14

Stellen Sie für die nebenstehende Schaltung eine Wahrheitstabelle auf. Diese Tabelle soll für die acht Ansteuerfälle der Eingangsvariablen x_2, x_1 und x_0 angeben, welche Werte die Variablen h_3 und y annehmen.

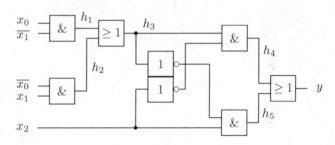

Lösung:

$$h_3 = (x_0 \leftrightarrow x_1)$$
$$y = (x_0 \leftrightarrow x_1) \leftrightarrow x_2$$

x_2	x_1	x_0	h_3	y
0	0	0	0	0
0	0	1	1	1
0	1	0	1	1
0	1	1	0	0
1	0	0	0	1
1	0	1	1	0
1	1	0	1	0
1	1	1	0	1

Aufgabe 2.7.15

Analysieren Sie die nebenstehende Schaltung. Ermitteln Sie dazu für die vier Kombinationsmöglichkeiten der Steuervariablen S_0 und S_1, welche Funktionen oder Werte die Ausgangsvariable F annimmt.

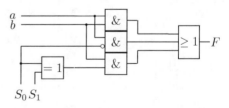

Lösung:

$$F = (a \wedge b) \vee (a \wedge \overline{S_0})$$
$$\vee (b \wedge (S_0 \leftrightarrow S_1))$$

S_1	S_0	F
0	0	$(a \wedge b) \vee a \vee 0 = a$
0	1	$(a \wedge b) \vee 0 \vee b = b$
1	0	$(a \wedge b) \vee a \vee b = a \vee b$
1	1	$(a \wedge b) \vee 0 \vee 0 = a \wedge b$

Minimierung

Aufgabe 2.7.16

Übertragen Sie die in der nebenstehenden Tabelle gegebenen Funktionen in entsprechende KV-Tafeln und bestimmen Sie jeweils disjunktive Minimalform DMF und konjunktive Minimalform KMF.

Lösung:
Die Lösungen für Y_1 bis Y_5 sind nachstehend zu finden. In diesen einfachen Fällen sind DMF und KMF der Schaltfunktionen häufig identisch.
Anschließend folgen Y_6 und Y_7. Für die DMF von Y_7 sind weitere Lösungen möglich.

d	c	b	a	Y_1	Y_2	Y_3	Y_4	Y_5	Y_6	Y_7
0	0	0	0	0	×	0	×	1	1	0
0	0	0	1	0	1	×	1	×	1	0
0	0	1	0	0	×	×	0	×	1	0
0	0	1	1	1	1	0	×	1	1	0
0	1	0	0	1	0	×	1	×	0	1
0	1	0	1	1	×	1	1	0	0	×
0	1	1	0	0	0	0	1	1	0	1
0	1	1	1	1	×	0	1	1	0	1
1	0	0	0						0	1
1	0	0	1						0	1
1	0	1	0						0	1
1	0	1	1						0	1
1	1	0	0						×	0
1	1	0	1						×	1
1	1	1	0						1	1
1	1	1	1						1	1

Y_1 :

DMF:　$Y_1 = (\overline{b} \wedge c) \vee (a \wedge b)$
KMF:　$Y_1 = (a \vee \overline{b}) \wedge (b \vee c)$

Y_2 :

DMF:　$Y_2 = a$　oder　$Y_2 = \overline{c}$
KMF:　$Y_2 = a$　oder　$Y_2 = \overline{c}$

Y_3 :

DMF:　$Y_3 = \overline{b} \wedge c$　oder　$Y_3 = a \wedge \overline{b}$
KMF:　$Y_3 = \overline{b} \wedge c$　oder　$Y_3 = a \wedge \overline{b}$

Y_4 :

DMF:　$Y_4 = a \vee c$　oder　$Y_4 = \overline{b} \vee c$
KMF:　$Y_4 = a \vee c$　oder　$Y_4 = \overline{b} \vee c$

Y_5 :

DMF:　$Y_5 = \overline{a} \vee b$　oder　$Y_5 = b \vee \overline{c}$
KMF:　$Y_5 = \overline{a} \vee b$　oder　$Y_5 = b \vee \overline{c}$

Y_6 :

DMF:　$Y_6 = (c \wedge d) \vee (\overline{c} \wedge \overline{d})$
KMF:　$\overline{Y_6} = (\overline{c} \wedge d) \vee (c \wedge \overline{d})$
　　　　$Y_6 = (c \vee \overline{d}) \wedge (\overline{c} \vee d)$

$Y_7:$

DMF:
$$Y_7 = (c \wedge \overline{d}) \vee (\overline{c} \wedge d) \vee (a \wedge d) \vee (b \wedge d)$$
KMF:
$$\overline{Y_7} = (\overline{c} \wedge \overline{d}) \vee (\overline{a} \wedge \overline{b} \wedge c \wedge d)$$
$$Y_7 = (c \vee d) \wedge (a \vee b \vee \overline{c} \vee \overline{d})$$

2.7.3 Synthese von Schaltungen

Aufgabe 2.7.17

Entwerfen Sie für den 8–4–(-3)–(-2)-Code ein Schaltnetz, das einen am Eingang anliegenden Pseudozustand mit dem Ausgangssignal $y = 1$ meldet. Die Eingangsvariablen d, c, b und a sind nur in Eigenform verfügbar. Das Schaltnetz ist mit NOR-Elementen zu entwerfen und soll möglichst einfach sein.

Lösung:
Wahrheitstabelle und Minimierung:

$y:$

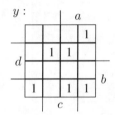

Dezimal-	8	4	−3	−2	
ziffer	d	c	b	a	y
0	0	0	0	0	0
×	0	0	0	1	1
×	0	0	1	0	1
×	0	0	1	1	1
4	0	1	0	0	0
2	0	1	0	1	0
1	0	1	1	0	0
×	0	1	1	1	1
8	1	0	0	0	0
6	1	0	0	1	0
5	1	0	1	0	0
3	1	0	1	1	0
×	1	1	0	0	1
×	1	1	0	1	1
9	1	1	1	0	0
7	1	1	1	1	0

DMF:
$$y = (\overline{b} \wedge c \wedge d) \vee (a \wedge b \wedge \overline{d})$$
$$\vee (b \wedge \overline{c} \wedge \overline{d}) \vee (a \wedge \overline{c} \wedge \overline{d})$$
$$y = \neg(\neg(\,\overline{(b \vee \overline{c} \vee \overline{d})} \vee \overline{(\overline{a} \vee \overline{b} \vee d)}$$
$$\vee \overline{(\overline{b} \vee c \vee d)} \vee \overline{(\overline{a} \vee c \vee d)}\,))$$

Aufwand (DMF):
5 Inverter, 4 NOR mit 3 Eingängen,
1 NOR mit 4 Eingängen

KMF:
$$\overline{y} = (\overline{b} \wedge c \wedge \overline{d}) \vee (\overline{a} \wedge c \wedge \overline{d})$$
$$\vee (\overline{a} \wedge \overline{b} \wedge \overline{d}) \vee (\overline{c} \wedge d) \vee (b \wedge d)$$
$$y = \neg(\,\overline{(b \vee \overline{c} \vee d)} \vee \overline{(a \vee \overline{c} \vee d)}$$
$$\vee \overline{(a \vee b \vee d)} \vee \overline{(c \vee \overline{d})} \vee \overline{(\overline{b} \vee \overline{d})}\,)$$

Aufwand (KMF):
3 Inverter, 2 NOR mit 2 Eingängen,
3 NOR mit 3 Eingängen,
1 NOR mit 5 Eingängen

Für die KMF sind hier weitere Lösungen möglich.

Aufgabe 2.7.18

Die Dezimalziffern 0 bis 9 sind im 8–4–2–1-Code gegeben (D, C, B, A). Sie sollen mit einer 7-Segment-Anzeige wie folgt dargestellt werden:

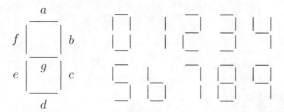

a) Geben Sie die Schaltfunktionen des Code-Umsetzers in disjunktiver Minimalform an. Dabei soll einem leuchtenden Segment der Wert 0 der entsprechenden Variablen zugeordnet sein.

b) Wie werden die Pseudozustände mit den Schaltfunktionen nach (a) angezeigt?

Lösung:

Nebenstehend ist die Wahrheits-tabelle für den Code-Umsetzer zur Ansteuerung einer 7-Segment-Anzeige gegeben. Dabei ist noch nicht festgelegt worden, wie die Anzeige für die Pseudozustände aussieht.

Ziffer	D	C	B	A	g	f	e	d	c	b	a
0	0	0	0	0	1	0	0	0	0	0	0
1	0	0	0	1	1	1	1	1	0	0	1
2	0	0	1	0	0	1	0	0	1	0	0
3	0	0	1	1	0	1	1	0	0	0	0
4	0	1	0	0	0	0	1	1	0	0	1
5	0	1	0	1	0	0	1	0	0	1	0
6	0	1	1	0	0	0	0	0	0	1	1
7	0	1	1	1	1	1	1	1	0	0	0
8	1	0	0	0	0	0	0	0	0	0	0
9	1	0	0	1	0	0	1	1	0	0	0
×	1	0	1	0	×	×	×	×	×	×	×
⋮		⋮				⋮			⋮		
×	1	1	1	1	×	×	×	×	×	×	×

Die Minimierung für die sieben Ausgangsvariablen:

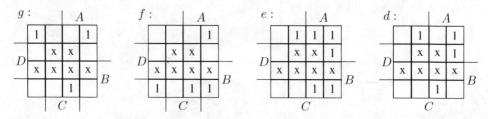

$$g = (\overline{D} \wedge \overline{C} \wedge \overline{B}) \vee (C \wedge B \wedge A) \qquad e = A \vee (C \wedge \overline{B})$$
$$f = (\overline{C} \wedge B) \vee (B \wedge A) \vee (\overline{D} \wedge \overline{C} \wedge A) \qquad d = (C \wedge \overline{B} \wedge \overline{A}) \vee (C \wedge B \wedge A) \vee (\overline{C} \wedge B \wedge A)$$

$c = \overline{C} \wedge B \wedge \overline{A}$

$b = (C \wedge B \wedge \overline{A}) \vee (C \wedge \overline{B} \wedge A)$

$a = (\overline{D} \wedge \overline{C} \wedge \overline{B} \wedge A) \vee (C \wedge \overline{A})$

Um zu ermitteln, wie Pseudozustände angezeigt werden (siehe nebenstehende Tabelle), ist einer der folgenden Wege zu gehen:

- Es wird untersucht, wie die x-Felder in Vereinfachungsblöcke einbezogen worden sind. Z.B. wurde für g nur $x = (A \wedge B \wedge C \wedge D)$ benutzt.

- Man setzt die aktuellen Werte der Eingangsvariablen in die Schaltfunktionen ein.

D	C	B	A	g	f	e	d	c	b	a	Ziffer
1	0	1	0	0	1	0	0	1	0	0	2
1	0	1	1	0	1	1	0	0	0	0	3
1	1	0	0	0	0	1	1	0	0	1	4
1	1	0	1	0	0	1	0	0	1	0	5
1	1	1	0	0	0	0	0	0	1	1	6
1	1	1	1	1	1	1	1	0	0	0	7

Aufgabe 2.7.19

Es ist eine Schaltung mit Multiplexern zu entwerfen, die das folgende Ausgangssignal liefert:

$$Y = (\overline{D} \wedge \overline{C} \wedge B \wedge \overline{A}) \vee (\overline{D} \wedge C \wedge \overline{B} \wedge \overline{A})$$
$$\vee (D \wedge \overline{C} \wedge \overline{B} \wedge \overline{A}) \vee (D \wedge \overline{C} \wedge B \wedge A) \vee (D \wedge C \wedge B \wedge \overline{A})$$

Zum Schaltungsaufbau stehen zur Verfügung:

a) Ein 16-Kanal Multiplexer.

b) Ein 8-Kanal Multiplexer.

c) Zwei 4-Kanal Multiplexer mit voneinander unabhängigen Freigabe-Eingängen.

Lösung:

Wahrheitstabelle zur Schaltfunktion Y:

D	C	B	A	Y
0	0	0	0	0
0	0	0	1	0
0	0	1	0	1
0	0	1	1	0
0	1	0	0	1
0	1	0	1	0
0	1	1	0	0
0	1	1	1	0
1	0	0	0	1
1	0	0	1	0
1	0	1	0	0
1	0	1	1	1
1	1	0	0	0
1	1	0	1	0
1	1	1	0	1
1	1	1	1	0

Die Multiplexer-Schaltungen sind nachstehend zu sehen. Links ist dabei ein 16-Kanal Multiplexer SN74150 eingesetzt worden. Zum Ausgleich des invertierenden Ausgangs dieses Bausteins liegen an den Dateneingängen die inversen Zustände.

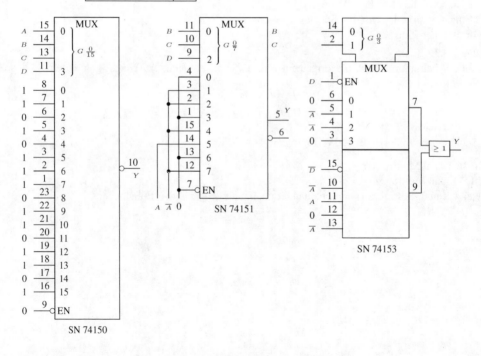

Aufgabe 2.7.20

Ein Code-Umsetzer nach nebenstehendem Bild ist mit einem 32 · 8 bit ROM TBP 18S030 zu entwerfen. Geben Sie Schaltung und Programmiertabelle an.

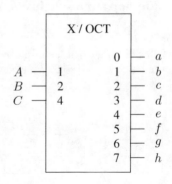

Lösung:
Programmiertabelle des Code-Umsetzers:

Adresse						Inhalt									
Sedezimal	Dual					Dual								Sedezimal	
(Hexadezimal)	–	–	C	B	A	h	g	f	e	d	c	b	a	(Hexadezimal)	
0	0	0	0	0	0	0	0	0	0	0	0	0	1	01	
1	0	0	0	0	1	0	0	0	0	0	0	1	0	02	
2	0	0	0	1	0	0	0	0	0	0	1	0	0	04	
3	0	0	0	1	1	0	0	0	0	1	0	0	0	08	
4	0	0	1	0	0	0	0	0	1	0	0	0	0	10	
5	0	0	1	0	1	0	0	1	0	0	0	0	0	20	
6	0	0	1	1	0	0	1	0	0	0	0	0	0	40	
7	0	0	1	1	1	1	0	0	0	0	0	0	0	80	
8	0	1	0	0	0										
⋮			⋮						*(Hier nicht benötigt)*						
1F	1	1	1	1	1										

Schaltung des Code-Umsetzers:

```
                    PROM 32 · 8
        10   0⎞                [ 0 ] A ▽  1   a
   A ────                                 2
        11                     [ 1 ] A ▽      b
   B ────      ⎬ A 0/31        [ 2 ] A ▽  3   c
        12                                 4
   C ────      ⎠               [ 3 ] A ▽      d
        13                     [ 4 ] A ▽  5   e
        14   4                 [ 5 ] A ▽  6   f
                                          7
                               [ 6 ] A ▽      g
        15                     [ 7 ] A ▽  9   h
   ──────○ EN
    0           TBP 18 S 030
```

2.7.4   Flipflops und synchrone Zähler

Aufgabe 2.7.21

Ergänzen Sie die folgenden Impulsdiagramme. Die jeweiligen Anfangsstellungen sind in den Bildern gekennzeichnet. Sie können davon ausgehen, daß alle Vorbereitungszeiten eingehalten werden.

a)

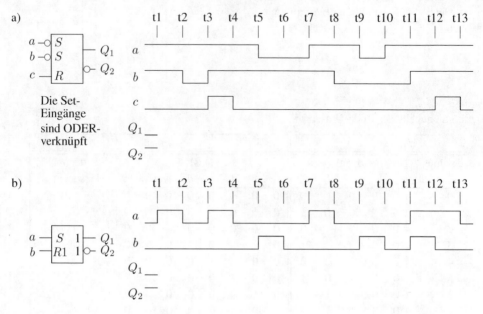

b)

b)

Lösung:

a)

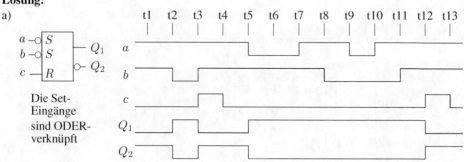

b)

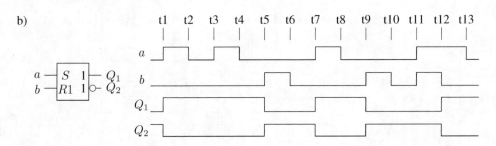

Aufgabe 2.7.22
(wie Aufgabe 2.7.21)

a)

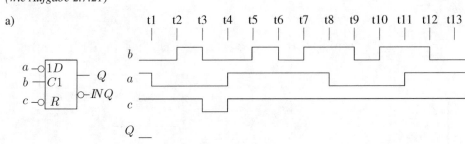

b)

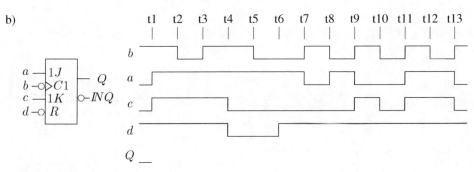

Lösung:
a)

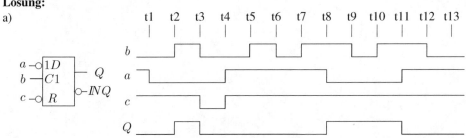

b)

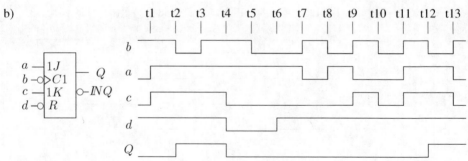

Aufgabe 2.7.23
(wie Aufgabe 2.7.21)

a)

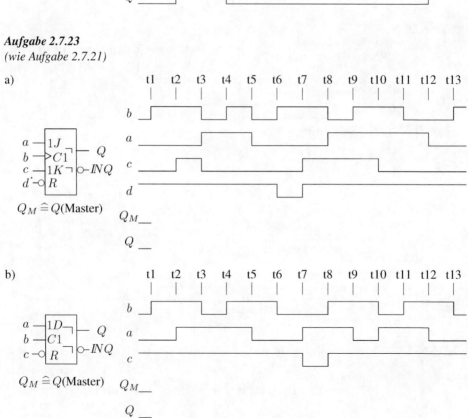

Lösung:

a)

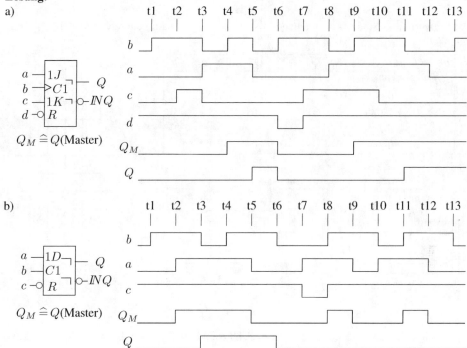

$Q_M \triangleq Q(\text{Master})$

b)

$Q_M \triangleq Q(\text{Master})$

Zähler

Aufgabe 2.7.24

Mit fünf JK-Flipflops (*siehe rechts oben*) ist ein Ringzähler gemäß Tabelle (*rechts unten*) zu entwerfen.

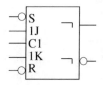

a) Geben Sie die Schaltung an.
b) Welchen Vorteil hat der Zähler?
c) Sind Änderungen erforderlich, wenn die JK-Flipflops durch RS-Flipflops ersetzt werden sollen?

	Q_4	Q_3	Q_2	Q_1	Q_0	$\ddot{U}$
0	0	0	0	0	1	0
1	0	0	0	1	0	0
2	0	0	1	0	0	0
3	0	1	0	0	0	0
4	1	0	0	0	0	1
0	0	0	0	0	1	0
			$\vdots$			

Lösung:

a) Der Entwurf einer Stufe ist ausreichend, da alle Stufen gleichartig aufgebaut sind. Die 1 wird *durchgereicht.*

	Q_4	Q_3	Q_2	Q_1	Q_0	Q_4^+	Q_3^+	Q_2^+	Q_1^+	Q_0^+	$Ü$
0	0	0	0	0	1	0	0	0	1	0	0
1	0	0	0	1	0	0	0	1	0	0	0
2	0	0	1	0	0	0	1	0	0	0	0
3	0	1	0	0	0	1	0	0	0	0	0
4	1	0	0	0	0	0	0	0	0	1	1

$$Q_1 = 0 : J1 = \quad Q_0$$
$$Q_1 = 1 : K1 = \overline{IN}\,Q_0$$

b) Es ist kein Schaltnetz zur Decodierung des Zählerstands erforderlich. Für n Zählschritte werden aber n Flipflops benötigt.

c) Beim Übergang auf RS-Flipflops sind keine Änderungen erforderlich, da für alle Flipflops $J = \overline{K}$ gilt. Die Nebenbedingung für RS-Flipflops $R \wedge S = 0$ wird damit erfüllt.

Aufgabe 2.7.25

Mit vier JK-Flipflops (*siehe vorstehende Aufgabe rechts oben*) ist ein *Johnson-Zähler* gemäß nebenstehender Tabelle zu entwerfen.

a) Geben Sie die Schaltung an.
b) Skizzieren Sie das Impulsdiagramm.
c) Welchen Vorteil hat der Zähler?

	Q_3	Q_2	Q_1	Q_0	$Ü$
0	0	0	0	0	0
1	0	0	0	1	0
2	0	0	1	1	0
3	0	1	1	1	0
4	1	1	1	1	0
5	1	1	1	0	0
6	1	1	0	0	0
7	1	0	0	0	1
0	0	0	0	0	0
				$\vdots$	

Lösung:

a) Der Entwurf ist sinngemäß wie in *2.7.4* durchzuführen. Man erhält die folgende Schaltung:

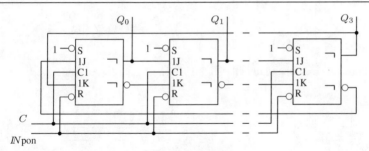

Nicht eingezeichnet:

$$\ddot{U} = I\!N\,Q_2 \wedge Q_3$$

b)

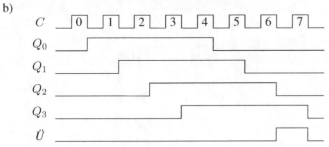

c)

Jeder Zählerstand kann durch ein UND-Element mit zwei Eingängen erkannt werden. Die jeweils zu verknüpfenden Ausgänge sind in nebenstehender Tabelle markiert. Die Decodierung des Zählerstands ist einfach, für n Zählschritte werden aber $n/2$ Flipflops benötigt.

	Q_3	Q_2	Q_1	Q_0
0	0	0	0	0
1	0	0	0	1
2	0	0	1	1
3	0	1	1	1
4	1	1	1	1
5	1	1	1	0
6	1	1	0	0
7	1	0	0	0

2.7.5 Register und Schieberegister

Aufgabe 2.7.26

Entwerfen Sie ein 6-bit-Umlaufregister, also ein Schieberegister, dessen Inhalt sich zyklisch verschieben läßt (*siehe rechts oben*). Für $M = 0$ soll der Inhalt dabei jeweils um eine Stelle, für $M = 1$ um zwei Stellen verschoben werden. Es ist hier ohne Bedeutung, wie das Schieberegister geladen wird.

a) Geben Sie die Schaltung an, wenn für den Entwurf D-Flipflops (*siehe rechts unten*) und NAND-Elemente zur Verfügung stehen.

b) Geben Sie das Schaltsymbol für das Schieberegister an.

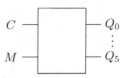

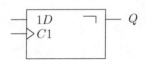

Lösung:

a) Der Entwurf einer Stufe ist ausreichend, da alle Stufen gleichartig aufgebaut sind.

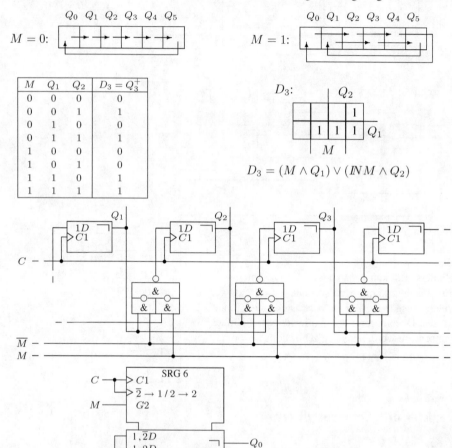

M	Q_1	Q_2	$D_3 = Q_3^+$
0	0	0	0
0	0	1	1
0	1	0	0
0	1	1	1
1	0	0	0
1	0	1	0
1	1	0	1
1	1	1	1

$$D_3 = (M \wedge Q_1) \vee (\overline{M} \wedge Q_2)$$

Kapitel 3

Einführung in die Systemtheorie

Die Analyse von Übertragungssystemen der Informations- und Nachrichtentechnik ist außerordentlich wichtig, gleichwohl häufig kompliziert und manchmal ausschließlich modellhaft möglich. Die Systemtheorie erklärt mit Hilfe geeigneter mathematischer Werkzeuge die wesentlichen Eigenschaften der Systeme und gehört heute zu den Kerngebieten der Informationstechnik. Durch die Herstellung eines funktionalen Zusammenhanges zwischen Ein- und Ausgangssignalen wird versucht, das System selbst zu definieren. In der Systemtheorie beschreibt man die Systeme durch möglichst einfache Kenngrößen. Hierfür werden wohl definierte Testsignale verwendet, die eine einfache Berechnung gestatten und andererseits eine hinreichend gute Annäherung an die wirklichen Verhältnisse gewährleisten. Die Übertragungsfunktion eines linearen Systems ist eine wichtige Kenngröße, um das System im oben genannten Sinne vollständig zu beschreiben.

Der vorliegende Abschnitt beschränkt sich auf die Behandlung linearer Systeme, die in der Informationstechnik besonders relevant sind. Hierbei wird zunächst eine Beschreibung der Signale und Systeme im Zeitbereich vorgenommen. Es entsteht durch die Anwendung von Faltungsintegral und Faltungssumme ein natürlicher Übergang der Beschreibung vom Zeit- zum Frequenzbereich, der eine Erläuterung der Transformationen erfordert und begründet. Anschließend werden dann die Eigenschaften der Signale und Systeme im Frequenzbereich betrachtet.

3.1 Klassifizierung von Signalen im Zeitbereich

Zur Übertragung von Nachrichten werden sehr unterschiedliche Übertragungsmedien benutzt, beispielsweise Leitungen, terrestische sowie Satellitenverbindungen, optische Kabel und akustische Übertragungsstrecken. Daher ist es grundsätzlich erforderlich, die zu übertragende Nachricht einer physikalischen Größe wie z.B. einer elektrischen Spannung aufzuprägen. In diesem Sinne wird die physikalische Erscheinungsform einer Nachricht als Signal $x(t)$ bezeichnet. In der Nachrichtentechnik steht ein Signal $x(t)$ in Abhängigkeit von der Zeit t für jede Darstellung einer Nachricht durch physikalische Größen.

Um eine allgemeingültige Beschreibungsform zu erhalten, werden die Signale stets als dimensionslos aufgefasst. Diese Dimensionslosigkeit wird formal durch eine geeignete Normierung erreicht. Im einfachsten Fall könnte eine als Spannung vorliegende Nachricht $u(t)$ durch Division
durch 1 V in eine dimensionslose Nachricht $x(t) = u(t)/(1\,V)$ umgewandelt werden. Die reelle Zeitvariable tritt häufig ebenfalls als normierte Größe auf. In der Regel führt man auch für
die Zeit eine Bezugsgröße t_b ein. Mit dieser Bezugszeit t_b geht eine Zeit von $\tilde{t}$ Sekunden in die
dimensionslose Zeit $t = \tilde{t}/t_b$ über. Auf diese Weise kann bei theoretischen Untersuchungen die
Bezugnahme auf eine bestimmte physikalische Größe entfallen.

wirkliches Bauelement	wirkliche Impedanz	normierte Impedanz	normiertes Bauelement	Entnormierung
R_w	R_w	$\dfrac{R_w}{R_b}$	$R_n = \dfrac{R_w}{R_b}$	$R_w = R_n R_b$
L_w	$j\omega L_w$	$\dfrac{j\omega L_w}{R_b} = j\omega_n \dfrac{\omega_b L_w}{R_b}$	$L_n = \dfrac{\omega_b L_w}{R_b}$	$L_w = L_n \dfrac{R_b}{\omega_b}$
C_w	$\dfrac{1}{j\omega_w C_w}$	$\dfrac{1}{j\omega_w C_w R_b} = \dfrac{1}{j\omega_n \omega_b C_w R_b}$	$C_n = \omega_b C_w R_b$	$C_w = C_n \dfrac{1}{\omega_b R_b}$

Tabelle 3.1: Gleichungen zur Normierung und Entnormierung von Bauelementen
(ω_b: Bezugskreisfrequenz, R_b: Bezugswiderstand)

Die Tabelle 3.1 stellt die Gleichungen zur Normierung und Entnormierung von Bauelementen
zusammen. Wenn alle Bezugsgrößen den Wert 1 besitzen, kann auf die Indizes zur Unterscheidung
verzichtet werden.

Zum Studium der Frage, wie sich reale Signale bei der Übertragung verhalten, benutzt man determinierte Signale, die mit wenig Parametern voll beschrieben werden können, und die sich gut
für Berechnungen und auch für Messungen eignen. Diese determinierten Signale werden *Elementarsignale* genannt. Mit Hilfe von Elementarsignalen gelingt es häufig, reale Signale ausreichend
gut zu approximieren. Im Abschnitt 3.3 werden die wichtigsten Elementarsignale genannt und
beschrieben.

3.2 Die Einteilung der Signale

Signale lassen sich in sehr vielfältiger Art klassifiziern. Einen wichtigen Unterschied hinsichtlich
der Signalbeschreibung erfordert eine Einteilung in Zufallssignale und in determinierte Signale.
Die Beschreibung von Zufallssignalen erfolgt mit Methoden der Wahrscheinlichkeitsrechnung.
Eine mathematisch korrekte Behandlung würde jedoch dem Umfang und den Zielen des Buches
nicht gerecht werden. In diesem Abschnitt soll vielmehr der Unterschied zwischen *analogen* und
digitalen Signalen genauer erfasst werden. Hierzu wird eine Klassifizierung von Signalen nach
einigen für die Übertragungstechnik wichtigen Kriterien durchgeführt.

3.2.1   Zeitkontinuierliche und zeitdiskrete Signale

Zunächst kann eine Einteilung danach erfolgen, ob die Signalfunktion für *alle* Werte von t (ggf. mit Ausnahme einzelner Werte) definiert ist oder nur für diskrete i.A. äquidistante Werte t_n ($n = 0, \pm 1, \pm 2, \cdots$).

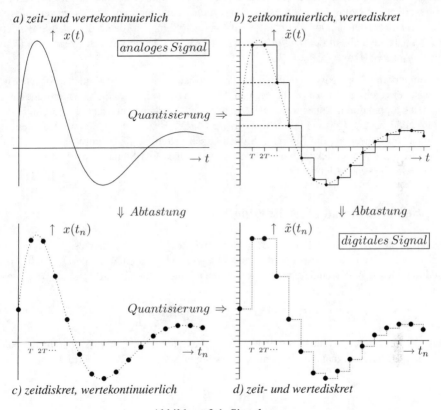

Abbildung 3.1: Signalarten

Abbildung 3.1 zeigt in a) und b) die zeitkontinuierlichen Signale $x(t)$ und $\tilde{x}(t)$. Das analoge Signal $x(t)$ kann beliebig (überabzählbar unendlich) viele Werte annehmen, während für das wertediskrete Signal $\tilde{x}(t)$ nur endlich viele Amplitudenwerte möglich sind. $\tilde{x}(t)$ wurde so gewonnen, dass die Signalwerte $x(nT)$ des analogen Signales durch die nächstliegenden zulässigen diskreten Werte $\tilde{x}(nT)$ (siehe Raster an der Ordinate) ersetzt und bis zum nächsten Abtastzeitpunkt konstant gehalten wurden. Dies führt im vorliegenden Fall z.B. zur Gleichheit der Signalwerte $\tilde{x}(T) = \tilde{x}(2T)$, während aus Bild 3.1c deutlich zu erkennen ist, dass gilt: $x(T) \neq x(2T)$. Aus $\tilde{x}(t)$ kann aufgrund des Informationsverlustes das zugrundeliegende Originalsignal prinzipiell nicht zurückgewonnen werden. Durch eine Glättung erhält man nur eine mehr oder weniger gute Approximation des Ausgangssignales.

Abbildung 3.1 zeigt in c) und d) jeweils zeitdiskrete Signale. Das zeitdiskrete wertekontinuierliche Signal $x(t_n)$ kann beliebig (überabzählbar unendlich) viele Signalwerte annehmen. Es ist

durch eine Abtastung aus dem analogen Signal $x(t)$ entstanden, $x(t_n) = x(nT)$. Eine exakte
Rückgewinnung des Originalsignales $x(t)$ durch Interpolation aus den Abtastwerten ist möglich,
wenn bestimmte Bedingungen eingehalten werden (Abtasttheorem, siehe Abschnitt 3.8.2). Die
Quantisierung der Signalwerte $x(t_n)$ oder auch die Abtastung des zeitkontinuierlichen wertediskreten Signales $\tilde{x}(t)$ führen zu dem zeitdiskreten wertediskreten Signal $\tilde{x}(t_n)$ im Bild 3.1d. Aus
diesem digitalen Signal kann das analoge Ursprungssignal immer nur näherungsweise zurückgewonnen werden, weil zumindest durch die Quantisierung der Amplitudenstufen irreversible Infor-
mationsverluste entstehen. Den Übergang vom analogen Signal $x(t)$ zum digitalen Signal $\tilde{x}(t_n)$
bezeichnet man auch als *Analog-Digital-Umsetzung* (ADU). Der umgekehrte Weg ist die *Digital-
Analog-Umsetzung* (DAU).

Zeitkontinuierliche Signale werden in den folgenden Abschnitten mit $x(t)$ und zeitdiskrete Signale in der Regel vereinfacht mit $x(n)$ bezeichnet. Dort, wo besonders deutlich werden soll, dass ein
zeitdiskretes Signal durch Abtastung aus einem zeitkontinuierlichen entstanden ist, schreiben wir
auch bisweilen $x(nT)$. Beispiel: $x(nT) = \sin(n\omega T)$. Die Bezeichnung x ohne Argument wird
in Gleichungen verwendet, die für beide Signalklassen gelten. Auf ggf. notwendige zusätzliche
Unterscheidungen von wertekontinuierlichen und wertediskreten Signalen wird an den entsprechenden Stellen gesondert hingewiesen.

3.2.2   Signale mit endlicher Energie

Besitzen Signale eine endliche Energie E, so werden diese Signale als Energiesignale bezeichnet.
Ist $u(t)$ eine an einem Ohm'schen Widerstand R anliegende Spannung und $i(t) = u(t)/R$ der
Strom durch diesen Widerstand, dann erhält man die in einem Zeitintervall $t_1 \leq t \leq t_2$ gelieferte
Energie:

$$E = \int_{t_1}^{t_2} u(t)i(t)\, dt = \frac{1}{R} \int_{t_1}^{t_2} u^2(t)\, dt = R \int_{t_1}^{t_2} i^2(t)\, dt.$$

Die Energie entspricht also im Wesentlichen (bis auf einen Faktor, hier $1/R$ oder R) der Fläche
unter dem quadrierten Signal. Die Energie E eines Signales $x(t)$ bzw. $x(n)$ wird definiert durch:

$$E = \int_{-\infty}^{\infty} x^2(t)\, dt, \qquad E = \sum_{n=-\infty}^{\infty} x^2(n). \tag{3.1}$$

Im Fall $0 < E < \infty$ spricht man von einem *Energiesignal*. Die rechts stehende Gleichung in
(3.1) bezieht sich auf zeitdiskrete Signale, auf diese wird die physikalisch begründete Definition
bei zeitkontinuierlichen Signalen (linke Gleichung) sinngemäß übertragen. Selbstverständlich ist
die Definition nach Gl. (3.1) nur sinnvoll, wenn das Integral bzw. die Summe konvergieren.

Das Bild 3.2 zeigt links ein zeitkontinuierliches Energiesignal mit der Energie $E = A^2 T$, rechts
ein zeitdiskretes Energiesignal mit $E = A^2 N$.

Im Gegensatz zu den in Abbildung 3.2 dargestellten Energiesignalen sind die Signale $x(t) =
\sin(\omega t)$ und auch $x(n) = \sin(n\omega T)$ keine Energiesignale, da das Integral bzw. die Summe nach
Gl. (3.1) in diesen Fällen nicht konvergiert. Zwei weitere Beispiele von Energiesignalen werden
nachfolgend betrachtet.

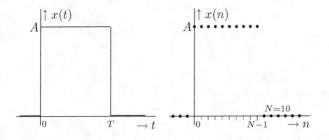

Abbildung 3.2:
Beispiel für einfache Energiesignale

Beispiel 3.1 *Die zeitkontinuierliche Funktion:*

$$x(t) = \begin{cases} 0 & \text{für} \quad t < 0 \\ e^{-t} & \text{für} \quad t \geq 0 \end{cases}$$

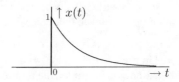

ist ein Energiesignal, da

$$E = \int_0^\infty \left(e^{-t}\right)^2 dt = \int_0^\infty e^{-2t} dt = -\frac{1}{2} e^{-2t} \Big|_0^\infty = \frac{1}{2}.$$

Beispiel 3.2 *Die zeitdiskrete Funktion:*

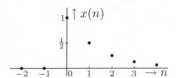

$$x(n) = \begin{cases} 0 & \text{für} \quad n < 0 \\ \left(\frac{1}{2}\right)^n & \text{für} \quad n \geq 0 \end{cases}$$

ist ein Energiesignal, da

$$E = \sum_{n=0}^\infty \left(\frac{1}{2}\right)^{2n} = \sum_{n=0}^\infty \left(\frac{1}{4}\right)^n = \frac{1}{1 - \frac{1}{4}} = \frac{4}{3}.$$

Korrelationsfunktionen bei Energiesignalen

Für einige Probleme ist es nützlich, den Begriff der Autokorrelationsfunktion für Energiesignale einzuführen:

$$R_{xx}^E(\tau) = \int_{-\infty}^\infty x(t)x(t+\tau)\, dt, \qquad R_{xx}^E(m) = \sum_{n=-\infty}^\infty x(n)x(n+m). \qquad (3.2)$$

Offenbar erhält man aus Gl. (3.2) für $\tau = 0$ bzw. für $m = 0$ die Energie:

$$E = R_{xx}^E(0). \qquad (3.3)$$

Auf eine ausführliche Darstellung der Autokorrelationsfunktion (siehe z.B. [12]) kann hier zu Gunsten eines einfachen Beispiels verzichtet werden, da in diesem Buch auf die Behandlung der zufälligen Signale verzichtet wird. Als Einführung zur Berechnung der Autokorrelationsfunktionen von Energiesignalen nach Gl. (3.2) soll wieder von den Funktionen aus den Beispielen 3.1 und 3.2 ausgegangen werden. Die beiden Skizzen dienen der Festlegung der Integralgrenzen.

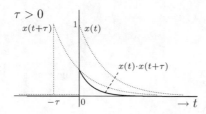
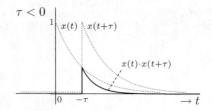

Abbildung für $\tau > 0$

Ein positives τ bewirkt eine Verschiebung der Funktion $x(t + \tau)$ nach links.

Die untere Grenze der Integration wird aber von der Funktion $x(t)$ bestimmt, die für Werte von $t < 0$ verschwindet.

$$
\begin{aligned}
R_{xx}^E(\tau) &= \int_{t=0}^{\infty} e^{-t} \cdot e^{-(t+\tau)} dt \\
&= e^{-\tau} \int_{t=0}^{\infty} e^{-2t} dt \\
&= e^{-\tau} \left. -\frac{1}{2} e^{-2t} \right|_0^{\infty} \\
&= \frac{e^{-\tau}}{2} \quad \text{für } \tau > 0
\end{aligned}
$$

Abbildung für $\tau < 0$

Ein negatives τ bewirkt eine Verschiebung der Funktion $x(t + \tau)$ nach rechts.

Die untere Grenze der Integration wird von der Funktion $x(t+\tau)$ bestimmt, die für Werte von $t < -\tau$ verschwindet.

$$
\begin{aligned}
R_{xx}^E(\tau) &= \int_{t=-\tau}^{\infty} e^{-t} \cdot e^{-(t+\tau)} dt \\
&= e^{-\tau} \int_{t=-\tau}^{\infty} e^{-2t} dt \\
&= e^{-\tau} \left. -\frac{1}{2} e^{-2t} \right|_{-\tau}^{\infty} \\
&= \frac{e^{-\tau} \cdot e^{2\tau}}{2} = \frac{e^{\tau}}{2} \quad \text{für } \tau < 0
\end{aligned}
$$

Zusammemgefasst ergeben die beiden Lösungen:

$$
R_{xx}^E(\tau) = \begin{cases} \frac{e^{-\tau}}{2} & \text{für } \tau > 0 \\ \frac{e^{\tau}}{2} & \text{für } \tau < 0 \end{cases} = \frac{e^{-|\tau|}}{2} \text{ für alle } \tau.
$$

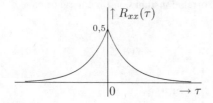

Abbildung 3.3:
Autokorrelationsfunktion
$R_{xx}(\tau) = 0,5\, e^{-|\tau|}$

Dieses Beispiel zeigt, dass Autokorrelationsfunktionen gerade Funktionen sind und bei $\tau = 0$ bzw. bei $m = 0$ ein absolutes Maximum besitzen. Allgemein gilt:

$$
\begin{aligned}
R_{xx}^E(\tau) &= R_{xx}^E(-\tau), \quad R_{xx}^E(0) \geq |R_{xx}^E(\tau)|, \\
R_{xx}^E(m) &= R_{xx}^E(-m), \quad R_{xx}^E(0) \geq |R_{xx}^E(m)|.
\end{aligned}
\tag{3.4}
$$

3.2.3   Signale mit endlicher Leistung

Besitzen Signale eine endliche Leistung EP, so werden diese Signale als Leistungssignale bezeichnet. Ist $u(t)$ eine an einem Ohm'schen Widerstand anliegende Spannung und $i(t) = u(t)/R$ der Strom durch diesen Widerstand, dann ist $u(t)i(t) = u^2(t)/R = i^2(t)R$ die in dem Widerstand umgesetzte Augenblicksleistung. Für das Zeitintervall $-T \leq t \leq T$ erhält man eine mittlere Leistung:

$$\bar{P} = \frac{1}{2T} \int_{-T}^{T} u(t)i(t)\, dt = \frac{1}{2TR} \int_{-T}^{T} u^2(t)\, dt = \frac{R}{2T} \int_{-T}^{T} i^2(t)\, dt. \tag{3.5}$$

Ausgehend von diesem Ergebnis definiert man die *mittlere Leistung* eines Signales:

$$P = \lim_{T \to \infty} \frac{1}{2T} \int_{-T}^{T} x^2(t)\, dt, \quad \text{bzw.} \quad P = \lim_{N \to \infty} \frac{1}{2N+1} \sum_{n=-N}^{N} x^2(n). \tag{3.6}$$

Gilt: $0 < P < \infty$, so wird ein Signal *Leistungssignal* genannt. Ein Vergleich der linken Beziehung in (3.6) mit Gl. (3.5) zeigt, dass die mittlere Leistung P noch mit einem Faktor zu multiplizieren ist, damit man die tatsächliche physikalische mittlere Leistung erhält. Ein weiterer Unterschied besteht darin, dass sich die zeitliche Mittelung bei Gl. (3.6) auf den gesamten Zeitbereich von $-\infty$ bis ∞ bezieht. Die rechte Beziehung 3.6 stellt die sinngemäße Übernahme des Leistungsbegriffes auf zeitdiskrete Signale dar.

Ein Vergleich von Gl. (3.6) mit der Definition von Energiesignalen (Gl. 3.1) zeigt, dass ein Energiesignal kein Leistungssignal sein kann und umgekehrt. Daraus darf aber nicht geschlossen werden, dass ein beliebiges Signal entweder ein Energie- oder ein Leistungssignal sein muß. Es gibt Signale, die in keine der beiden Klassen fallen. Ein Beispiel hierzu ist das Signal $x(t) = e^{-t}$.

Bisweilen unterscheidet man bei Leistungssignalen noch, ob sie mittelwertfrei sind oder nicht. Unter dem *Mittelwert* oder auch *Gleichanteil* eines Leistungssignales versteht man den zeitlichen Mittelwert:

$$\bar{x}(t) = \lim_{T \to \infty} \frac{1}{2T} \int_{-T}^{T} x(t)\, dt, \quad \bar{x}(n) = \lim_{N \to \infty} \frac{1}{2N+1} \sum_{n=-N}^{N} x(n). \tag{3.7}$$

Eine wichtige Untergruppe der Leistungssignale sind die *periodischen Leistungssignale*. Bei einem periodischen Leistungssignal $x(t)$ mit der Periode T_0 oder $x(n)$ mit der Periode N_0 braucht man nämlich nur über eine einzige (beliebige) Periode zu mitteln, es gilt:

$$P = \frac{1}{T_0} \int_{0}^{T_0} x^2(t)\, dt, \quad x(t) = x(t + \nu T_0), \quad \nu = 0, \pm 1, \pm 2, \cdots$$

$$P = \frac{1}{N_0} \sum_{n=0}^{N_0 - 1} x^2(n), \quad x(n) = x(n + \nu N_0), \quad \nu = 0, \pm 1, \pm 2, \cdots. \tag{3.8}$$

Als *Effektivwert* (vergl. Abschn. 1.6.3) eines Leistungssignales bezeichnet man die positive Wurzel aus der mittleren Leistung $X_{eff} = \sqrt{P}$.

Die Abbbildung 3.4 zeigt zwei ganz besonders einfache Leistungssignale, links ein zeitkontinuierliches und rechts ein zeitdiskretes. Da die quadrierten Signale hier einen konstanten Wert $x^2 = A^2$ ergeben, hat die mittlere Leistung bei beiden Signalen den Wert $P = A^2$.

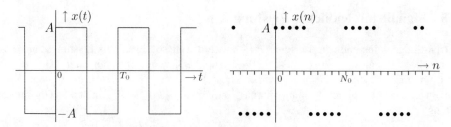

Abbildung 3.4: Beispiele für periodische Leistungssignale

Ein besonders wichtiges periodisches Leistungssignal ist das Kosinussignal $x(t) = A\cos(\omega t + \varphi)$ mit der mittleren Leistung $P = A^2/2$ und dem Effektivwert $X_{eff} = \frac{1}{2}\sqrt{2}A$.

Korrelationsfunktionen von Leistungssignalen

Ganz analog zu den Energiesignalen kann auch für Leistungssignale die Autokorrelationsfunktion eingeführt werden:

$$R_{xx}(\tau) = \lim_{T\to\infty} \frac{1}{2T} \int_{-T}^{T} x(t)x(t+\tau)\,dt,$$
$$R_{xx}(m) = \lim_{N\to\infty} \frac{1}{2N+1} \sum_{n=-N}^{N} x(n)x(n+m). \tag{3.9}$$

Offensichtlich (siehe Gl. 3.6) erhält man für $\tau = 0$ bzw. $m = 0$ die mittlere Leistung

$$P = R_{xx}(0). \tag{3.10}$$

Die Eigenschaften der Autokorrelationsfunktionen von Leistungssignalen sind denen von Energiesignalen (siehe Gl.3.4) gleich. Im Bild 3.5 sind die Autokorrelationsfunktionen der beiden Signale von Bild 3.4 dargestellt. Den Verlauf der Funktion $R_{xx}(\tau)$ gewinnt man auf ähnliche Weise, wie dies im Abschnitt der Energiesignale (vgl. S. 181) erläutert wurde.

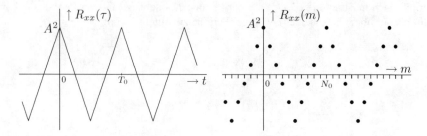

Abbildung 3.5: Autokorrelationsfunktionen der Signale von Bild 3.4

Auf die Einführung der Autokorrelationsfunktion einer Summe von Signalen $z(t) = x(t) + y(t)$ wird hier verzichtet, da sie Kenntnisse der Kreuzkorrelationsfunktionen R_{xy} und R_{yx} erfordert.

3.3   Elementarsignale

Einige Signale eignen sich besonders gut zur mathematischen Beschreibung von Messungen, Berechnungen und zusammengesetzten Signalen. Diese Signale, deren Beschreibung nur wenige Parameter erfordert, werden Elementar- oder auch Standardsignale genannt. Die zeitdiskreten Elementarsignale können häufig – eine Ausnahme bildet der Einheitsimpuls – durch Abtastung der
entsprechenden kontinuierlichen Elementarsignale gewonnen werden. Deshalb nimmt in diesem
Abschnitt die Behandlung der zeitkontinuierlichen Elementarsignale den größeren Raum ein.

3.3.1   Dirac- und Einheitsimpuls

Im vorliegenden Abschnitt werden trotz großer Verschiedenheit der Dirac- und der Einheitsimpuls
aufgrund der Bedeutungsgleichheit für analoge und digitale Systeme nacheinander behandelt.

In der Mathematik wird der Dirac-Impuls $\delta(t)$ nicht als gewöhnliche, sondern als eine *verallgemeinerte Funktion* oder *Distribution* bezeichnet. Der Dirac-Impuls kann als Grenzwert einiger
gewöhnlicher Funktionen eingeführt werden:

$$\delta(t) = \lim_{\varepsilon \to 0} \Delta(t), \quad \delta(t) = \lim_{\omega_0 \to \infty} \frac{\sin(\omega_0 t)}{\pi t}, \quad \delta(t) = \lim_{\varepsilon \to 0} \frac{1}{\sqrt{\pi \varepsilon}} e^{-t^2/\varepsilon}. \tag{3.11}$$

Besonders anschaulich ist die links stehende Definition in Gl. (3.11). $\Delta(t)$ ist der im Bild 3.6
skizzierte Rechteckimpuls der Breite ε und Höhe $1/\varepsilon$. Für kleiner werdende Werte von ε wird der

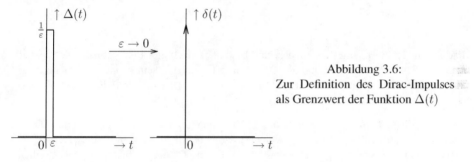

Abbildung 3.6:
Zur Definition des Dirac-Impulses
als Grenzwert der Funktion $\Delta(t)$

Impuls $\Delta(t)$ immer schmaler und höher, und für $\varepsilon \to 0$ "entsteht" aus ihm der Dirac-Impuls $\delta(t)$,
dessen Symbol rechts im Bild 3.6 dargestellt ist.

Aus dem Bild 3.6 erkennt man, dass die Fläche unter $\Delta(t)$ stets den Wert 1 hat:

$$\lim_{\varepsilon \to 0} \int_{-\infty}^{\infty} \Delta(t)\, dt = \int_{-\infty}^{\infty} \delta(t)\, dt = 1. \tag{3.12}$$

Die Gl. (3.12) bedarf für die mathematisch sensibleren LeserInnen einer Erklärung. Die Gleichung
könnte dahin gehend falsch interpretiert werden, dass es eine Funktion $\delta(t)$ gibt, die Null für alle
Werte $t \neq 0$ ist, die bei $t = 0$ über alle Grenzen strebt und unter der die Fläche trotzdem den Wert
1 hat. Eine solche Funktion ist aber in der Mathematik nicht definiert. Daher darf das Integral
rechts in Gl. (3.12) auch nicht als Integral im üblichen Sinne verstanden werden. Die Verwendung

des Integralzeichens ist aber dadurch gerechtfertigt, dass eine große Zahl von Regeln aus der Rechnung mit Integralen auch für die verallgemeinerte Funktion $\delta(t)$ anwendbar ist. Nachfolgend sind einige wichtige Beziehungen mit dem Dirac-Impuls zusammengestellt:

1. Der Dirac-Impuls $\delta(t)$ ist eine gerade (verallgemeinerte) Funktion, d.h.:

$$\delta(t) = \delta(-t). \tag{3.13}$$

   Diese Eigenschaft kann aus den beiden rechts stehenden Funktionen in Gl. (3.11) erkannt werden, da diese geraden Funktionen ($f(t) = f(-t)$) im Falle des Grenzübergangs ihre Symmetrie behalten.

2. Für eine Funktion $x(t)$, die an der Stelle $t = t_0$ stetig ist, gilt:

$$x(t)\delta(t - t_0) = x(t_0)\delta(t - t_0), \quad \text{insbesondere} \quad x(t)\delta(t) = x(0)\delta(t). \tag{3.14}$$

   Die rechte Gl. (3.14) entsteht mit $t_0 = 0$ aus der linken.

3. Unter der Voraussetzung der Stetigkeit der Funktion $x(t)$ erhält man mit Hilfe der Beziehung (3.14) die *Ausblendeigenschaft* des Dirac-Impulses:

$$\int_{-\infty}^{\infty} x(\tau)\delta(t - \tau)d\tau = x(t), \quad \int_{-\infty}^{\infty} x(\tau)\delta(\tau)d\tau = x(0). \tag{3.15}$$

4. Bei zeitlicher Dehnung gilt:

$$\delta(at) = \frac{1}{|a|}\delta(t), \ a \neq 0. \tag{3.16}$$

Der Dirac-Impuls ist ein häufig verwendetes und besonders wichtiges Elementarsignal. Aus der Darstellung im Bild 3.6 erkennt man, dass $\delta(t)$ kein Energiesignal sein kann. Die Fläche unter $\Delta^2(t)$ beträgt $1/\varepsilon$ und strebt für $\varepsilon \to 0$ gegen unendlich. Es ist jedoch möglich, $\delta(t)$ als Leistungssignal zu interpretieren (siehe z.B. [31]).

Der zeitdiskrete **Einheitsimpuls** kann nicht durch Abtastung aus dem zeitkontinuierlichen Dirac-Impuls gewonnen werden. Die "Abtastung" von $\delta(t)$ würde nämlich zu einem zeitdiskreten Signal führen, das überall Null und bei $n = 0$ unendlich groß wäre. Da diese Abtastung nicht möglich ist, tritt der im Bild 3.7 skizzierte *Einheitsimpuls* an die Stelle von $\delta(t)$:

$$\delta(n) = \begin{cases} 0 \text{ für } n \neq 0, \\ 1 \text{ für } n = 0. \end{cases} \tag{3.17}$$

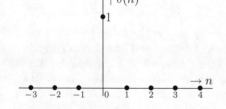

Abbildung 3.7: Einheitsimpuls $\delta(n)$

Im Gegensatz zu $\delta(t)$ gibt es bei $\delta(n)$ keinerlei mathematische Besonderheiten und Probleme. Ein Teil der für den Dirac-Impuls genannten Eigenschaften kann sinngemäß übertragen werden:

$$\delta(n) = \delta(-n)$$
$$x(n) \cdot \delta(n - n_0) = x(n_0) \cdot \delta(n - n_0), \quad x(n) \cdot \delta(n) = x(0) \cdot \delta(n),$$
$$x(n) = \sum_{\nu=-\infty}^{\infty} x(\nu)\delta(n - \nu). \tag{3.18}$$

Diese Beziehungen sind, anders als die entsprechenden mit $\delta(t)$, relativ leicht einzusehen und durch die Studierenden selbständig nachweisbar.

3.3.2 Die Sprungfunktion und die Sprungfolge

Die Sprungfunktion $s(t)$ bzw. die Sprungfolge $s(n)$ besitzen wichtige Eigenschaften, die zur Signalbeschreibung nützlich sind. Werden beispielsweise Eingangssignale von Systemen betrachtet, die erst ab einem bestimmten Zeitpunkt Werte ungleich Null besitzen, so lässt sich dieser Sachverhalt mittels $s(t)$ und $s(n)$ einfach beschreiben. Links im Bild 3.8 ist *Sprungfunktion* $s(t)$ und rechts die *Signum-Funktion* skizziert:

$$s(t) = \begin{cases} 0 \text{ für } t < 0, \\ 1 \text{ für } t > 0, \end{cases} \qquad \mathrm{sgn}(t) = \begin{cases} -1 \text{ für } t < 0, \\ 1 \text{ für } t > 0. \end{cases} \tag{3.19}$$

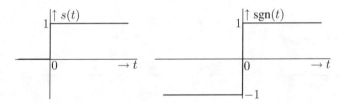

Abbildung 3.8: Sprungfunktion $s(t)$ und Signum-Funktion $\mathrm{sgn}(t)$

Die Sprungfunktion $s(t)$ kann durch die Signum-Funktion ausgedrückt werden:

$$s(t) = \frac{1}{2} \cdot [1 + \mathrm{sgn}(t)] \quad \Longleftrightarrow \quad \mathrm{sgn}(t) = 2 \cdot s(t) - 1. \tag{3.20}$$

$s(t)$ und $\mathrm{sgn}(t)$ sind an den Unstetigkeitsstellen bei $t = 0$ nicht definiert. Oft wird diesen Stellen der arithmetische Mittelwert zwischen dem jeweiligen rechts- und linksseitigen Grenzwert als Funktionswert zugewiesen, dies würde $s(0) = 0,5$ und $\mathrm{sgn}(0) = 0$ bedeuten. Eine einfache und häufig gebrauchte Anwendung der Sprungfunktion ist die mathematische Beschreibung von Funktionen, die abschnittsweise definiert sind. Für $f(t) = 1$ für $0 < t < 2$ und $f(t) = 0$ sonst, folgt:

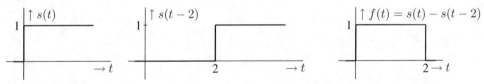

Als nichtstetige Funktion ist $s(t)$ im üblichen Sinn nicht differenzierbar. Fasst man jedoch $s(t)$ als Grenzwert der stetigen Funktion $\tilde{s}(t)$ im Bild 3.9 auf, dann hat $\tilde{s}(t)$ die Ableitung $\Delta(t)$ gemäß Bild 3.6. Im Grenzfall $\varepsilon \to 0$ gilt $\Delta(t) \to \delta(t)$ und damit folgt:

$$\delta(t) = \frac{d\,s(t)}{dt}, \quad \text{bzw.} \quad s(t) = \int_{-\infty}^{t} \delta(\tau)\,d\tau. \tag{3.21}$$

Die rechte Beziehung in (3.21) ist die Umkehrbeziehung zur linken Gleichung. Auf diese Weise konnte, unter der Zulassung der verallgemeinerten Funktion $\delta(t)$, eine im Rahmen der üblichen Mathematik nicht existente Ableitung der unstetigen Funktion $s(t)$ gebildet werden.

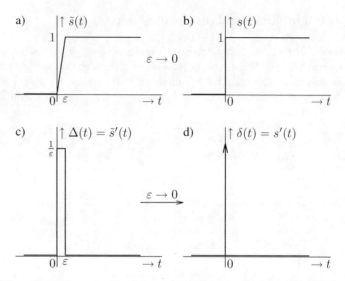

Abbildung 3.9:   Darstellung zur Ermittlung der Ableitung der Sprungfunktion

Aus Gl. (3.20) folgt $\mathrm{sgn}(t) = 2s(t) - 1$ und damit kann auch die Ableitung der Signumfunktion ermittelt werden:

$$\frac{d\,\mathrm{sgn}(t)}{d\,t} = 2\delta(t). \tag{3.22}$$

Die Sprungfunktion ist ein wichtiges und häufig verwendetes Elementarsignal. $s(t)$ kann z.B. Modellsignal für eine Spannung sein, die den Wert 0 bis zum Zeitpunkt $t = 0$ hat und dann auf den Wert 1 V "springt". Mit Hilfe von $s(t)$ gelingt es, Signale, die Unstetigkeiten in Form von Sprungstellen aufweisen, in geschlossener Form anzugeben. Für die Funktion $\Delta(t)$ aus Abbildung 3.9 gilt:

$$\Delta(t) = \frac{1}{\epsilon}(s(t) - s(t - \epsilon)). \tag{3.23}$$

Aus Gl. (3.23) ist erkennbar, dass der Grenzübergang $\epsilon \to 0$ der nachfolgenden Ableitung entspricht:

$$\lim_{\epsilon \to 0} \Delta(t) = \lim_{\epsilon \to 0} \frac{s(t) - s(t - \epsilon)}{\epsilon} = \frac{d\,s(t)}{dt} = \delta(t). \tag{3.24}$$

Als weiteres Beispiel betrachten wir das im Bild 3.10 dargestellte Signal:

$$x(t) = \left\{ \begin{array}{ll} 0 \text{ für } t < 0, \\ \cos(\omega t) \text{ für } t > 0. \end{array} \right. \qquad (3.25)$$

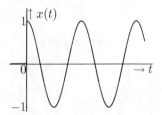

Abbildung 3.10:

Zur Darstellung des Signales nach Gl. 3.25 in der Form $x(t) = s(t) \cdot \cos(\omega t)$

Die Ableitung von $x(t)$ kann aus Gl. (3.25) nicht problemlos durch abschnittsweise Ableitung gewonnen werdern, da $x(t)$ an der Stelle $t = 0$ nicht stetig ist. Beachtenswert ist hierbei, dass die Steigung (also auch die Ableitung) von $x(t)$ links- wie rechtsseitig der Unstetigkeitsstelle den Wert Null aufweist. Abhilfe schafft hier die Beschreibung von $x(t)$ mittels $s(t)$. Der Ausdruck: $x(t) = s(t)\cos(\omega t)$ beschreibt offenbar den gleichen Zusammenhang. Für $t < 0$ ist $s(t) = 0$ und damit $x(t) = 0$ (obere Zeile in Gl. 3.25). Für $t > 0$ wird $s(t) = 1$ und damit $x(t) = \cos(\omega t)$. Die Ableitung von $x(t)$ lässt sich nunmehr aus dem geschlossenen Ausdruck für $x(t)$ mit Hilfe der Produktregel finden:

$$x'(t) = \cos(\omega t)\delta(t) - s(t)\,\omega\,\sin(\omega t) = \delta(t) - s(t)\,\omega\,\sin(\omega t).$$

Die Vereinfachung $\cos(\omega t)\delta(t) = \delta(t)$ wurde mit Hilfe der Gl. (3.14) $f(t)\delta(t) = f(0)\delta(t)$ durchgeführt. Hier war $f(t) = \cos(\omega t)$ mit $f(0) = 1$. Abschnittsweise konstante kontinuierliche Funktionen können mit Hilfe von $s(t)$ immer in geschlossener Form dargestellt werden. So hat z.B. der Rechteckimpuls links im Bild 3.2 die Form $x(t) = A\,s(t) - A\,s(t - T)$. Zur Verifikation ist es ausreichend die Funktion $A\,s(t)$ und die um T nach rechts verschobene Funktion $A\,s(t - T)$ skizzieren. Die Differenz der beiden Funktionen ergibt den Rechteckimpuls.

Die nachstehenden Funktionen $\mathrm{rect}(t)$ und $\mathrm{tri}(t)$ sind häufig verwendete Funktionen.

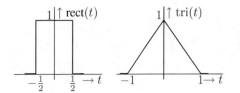

$$\mathrm{rect}(t) = s(t + 0.5) - s(t - 0.5) \qquad (3.26)$$

$$\mathrm{tri}(t) = \left\{ \begin{array}{ll} 1 - |t| & \text{für} \quad |t| < 1, \\ 0 & \text{für} \quad |t| > 1. \end{array} \right. \qquad (3.27)$$

Die im Bild 3.11 skizzierte **Sprungfolge** $s(n)$, kann als abgetastete Sprungfunktion $s(n) = s(t = nT)$ aufgefasst werden, wenn bei $t = 0$ der Wert $s(0+) = 1$ ausgewählt wird.

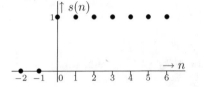

$$s(n) = \left\{ \begin{array}{ll} 0 \text{ für } n < 0, \\ 1 \text{ für } n \geq 0, \end{array} \right. \qquad (3.28)$$

Abbildung 3.11: Die Sprungfolge $s(n)$

Der Zusammenhang zum Einheitsimpuls lautet:

$$\delta(n) = s(n) - s(n-1), \quad s(n) = \sum_{\nu=-\infty}^{n} \delta(\nu). \tag{3.29}$$

Zum Beweis der linken Beziehung skizziert man $s(n)$ und die um eine Zeiteinheit nach rechts verschobene Sprungfolge $s(n-1)$. Die Differenz ist überall Null bis auf den Wert $\delta(0) = 1$. Beachtenswert ist auch hier die Analogie zwischen $\delta(t)$ und $\delta(n)$. Der Dirac-Impuls $\delta(t)$ ergibt sich aus der Differentation der Sprungfunktion $s(t)$ nach Gl. (3.21) bzw. (3.23) während sich der Einheitsimpuls $\delta(n)$ aus der Differenz von $s(n)$ und $s(n-1)$ nach Gl. (3.29) ergibt.

3.3.3 Sinusförmige Signale

Das wohl wichtigste Elementarsignal (vgl. Abschn. 1.5) ist die im Bild 3.12 skizzierte Sinusschwingung:

$$x(t) = \hat{x}\cos(\omega_0 t - \varphi) = \hat{x}\cos[\omega_0(t - \varphi/\omega_0)]. \tag{3.30}$$

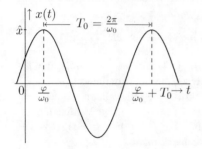

Abbildung 3.12:

Sinusförmiges Signal
$x(t) = \hat{x}\cos(\omega_0 t - \varphi)$

$\hat{x}$ ist die Amplitude, ω_0 die Kreisfrequenz, $T_0 = 2\pi/\omega_0$ die Periode und φ der Nullphasenwinkel, bzw. $t_0 = \varphi/\omega_0$ die Verschiebung von $\cos(\omega_0 t)$ nach rechts. Oft ist es günstiger, das komplexe Signal:

$$\tilde{x}(t) = \hat{X}e^{j\omega_0 t}, \; \hat{X} = \hat{x}e^{-j\varphi} \tag{3.31}$$

zu verwenden. Dabei nennt man $\hat{X}$ die *komplexe Amplitude*. Für den *Effektivwert* von $x(t)$ gilt:

$$X_{eff} = \frac{1}{2}\sqrt{2}\,|\hat{X}| = \frac{1}{2}\sqrt{2}\,\hat{x}.$$

Aus dem komplexen Signal $\tilde{x}(t)$ erhält man das reelle Signal:

$$x(t) = \mathcal{R}e\left\{\hat{X}e^{j\omega_0 t}\right\} = \frac{1}{2}\hat{X}e^{j\omega_0 t} + \frac{1}{2}\hat{X}^* e^{-j\omega_0 t} = \hat{x}\cos(\omega_0 t - \varphi). \tag{3.32}$$

$x(t)$ ist ein Leistungssignal mit der mittleren Leistung $P = \hat{x}^2/2 = X_{eff}^2$.

Periodische Funktionen können durch Sinusfunktionen approximiert werden.

Aus dem Kosinussignal $x(t) = \hat{x}\cos(\omega_0 t - \varphi)$ mit der Periode $T_0 = 2\pi/\omega_0$ erhält man durch Abtastung im Abstand T die Kosinusfolge:

$$x(n) = \hat{x}\cos(n\omega_0 T - \varphi) = \hat{x}\cos(n\,2\pi T/T_0 - \varphi), \; T < T_0. \tag{3.33}$$

Der Abtastabstand T soll dabei kleiner als die Periodendauer T_0 von $x(t)$ sein. Die zugehörende komplexe Folge lautet:

$$\tilde{x}(n) = \hat{X}e^{jn2\pi T/T_0}, \quad \hat{X} = \hat{x}e^{-j\varphi}. \tag{3.34}$$

Obwohl die Folge durch Abtastung aus einem periodischen Signal entstanden ist, handelt es sich bei ihr nicht zwingend um eine periodische Folge. Periodisch ist $x(n)$ nur dann, wenn der Quotient T/T_0 eine rationale Zahl ist. Bei genau N_0 Abtastwerten innerhalb einer Periode, d.h. $T_0/T = N_0$, hat die Folge $x(t)$ die gleiche Periodendauer $T_0 = N_0T$ wie das Ursprungssignal $x(t)$. In diesem Fall gilt $x(n) = x(n + kN_0)$, $k = 0, \pm1, \pm2, \cdots$

Eine periodische Folge:

$$x(n) = x(n + kN_0), \quad k = 0, \pm1, \pm2, \cdots \tag{3.35}$$

kann auch in Form einer *diskreten Fourier-Reihe* dargestellt werden.

3.4 Grundlagen zeitkontinuierlicher Systeme

In diesem Kapitel werden die wichtigsten Grundlagen der Signal- und Systemtheorie, soweit sie noch keine Kenntnisse der Transformationen voraussetzen, dargestellt. Der Abschnitt 3.4 führt für die zeitkontinuierlichen und der Abschnitt 3.5 für diskontinuierlichen Systeme die wichtigsten Systemeigenschaften ein. Diese Eigenschaften, wie Linearität, Zeitinvarianz, Stabilität und Kausalität werden zur Kennzeichnung von Systemen erklärt.

Die Abschnitte 3.4.2 und 3.5.1 befassen sich intensiv mit dem Faltungsintegral bzw. mit der Faltungssumme. Hiermit können, bei Kenntnis der Impulsantwort, Systemreaktionen auf beliebige Eingangssignale ermittelt werden. Die Impulsantwort ist die Systemreaktion auf einen Dirac-Impuls bzw. auf einen Einheitsimpuls als Eingangssignal. Sie ist eine wichtige Systemkenngröße. In den Abschnitten 3.4.4 und 3.5.2 wird der Begriff der Übertragungsfunktion eines Systems eingeführt und ein Zusammenhang zur komplexen Rechnung hergestellt.

3.4.1 Systemeigenschaften

Um eine möglichst allgemeine Darstellung zu erhalten, beschränken wir uns auf Systeme mit einem Eingangssignal $x(t)$ und einem Ausgangssignal $y(t)$. Die Signale $x(t)$ und $y(t)$ können sehr unterschiedliche Größen repräsentieren, z.B. Ströme und Spannungen bei elektrischen Systemen oder Kräfte und Geschwindigkeiten bei mechanischen Systemen.

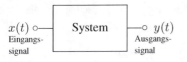

Gerechnet wird stets mit dimensionslosen (normierten) Größen, daher gelten die abgeleiteten Beziehungen für ganz unterschiedliche Realisierungen der Systeme. Das nebenstehende Bild zeigt die symbolische Darstellung eines Systems.

Symbolische Darstellung eines Systems

Der Zusammenhang zwischen dem Ein- und Ausgangssignal des Systems wird durch die *Operatorenbeziehung*:

$$y(t) = T\{x(t)\} \tag{3.36}$$

ausgedrückt. Diese Schreibweise soll andeuten, dass die Systemreaktion $y(t)$ in irgendeiner Weise vom Eingangssignal $x(t)$ abhängt.

Bei *linearen Systemen* hat der Operator folgende Eigenschaften:

$$T\{k \cdot x(t)\} = k \cdot T\{x(t)\}, \qquad T\{x_1(t) + x_2(t)\} = T\{x_1(t)\} + T\{x_2(t)\}. \qquad (3.37)$$

Das System reagiert auf $x(t)$ mit $y(t) = T\{x(t)\}$. Die linke Gleichung (3.37) sagt aus, dass ein lineares System auf das k-fache Eingangssignal $\tilde{x}(t) = k \cdot x(t)$ mit dem k-fachen Ausgangssignal $T\{k \cdot x(t)\} = k \cdot T\{x(t)\} = k \cdot y(t)$ reagiert. Die rechte Gl. (3.37) bedeutet, dass ein lineares System auf die Summe von zwei Eingangssignalen mit der Summe der Reaktionen auf diese beiden Eingangssignale reagiert:

$$y_1(t) = T\{x_1(t)\}, \, y_2(t) = T\{x_2(t)\}, T\{x_1(t) + x_2(t)\} = y_1(t) + y_2(t).$$

Aus der Gl. (3.37) lässt sich die Beziehung

$$T\left\{ \sum_{\nu=1}^{N} k_\nu \cdot x_\nu(t) \right\} = \sum_{\nu=1}^{N} k_\nu \cdot T\{x_\nu(t)\} \qquad (3.38)$$

ableiten. Ein lineares System reagiert auf die gewichtete Summe von Eingangssignalen mit der gewichteten Summe der Reaktionen auf diese Eingangssignale.

Die *Zeitinvarianz* eines Systems wird durch die nachstehende Gleichung ausgedrückt:

$$T\{x(t)\} = y(t), \qquad T\{x(t - t_0)\} = y(t - t_0). \qquad (3.39)$$

Sie bedeutet, dass das System auf ein um t_0 verzögertes Eingangssignal $x(t-t_0)$ mit dem ebenfalls verzögerten Ausgangssignal $y(t - t_0)$ reagiert. Systeme, die aus konstanten (nicht zeitabhängigen) Bauelementen aufgebaut sind, sind stets zeitinvariant. Umgangssprachlich kann dies auch so formuliert werden, dass alterungsbedingte Veränderungen unberücksichtigt bleiben oder dass ein System morgen in der gleichen Weise reagiert wie heute.

Unter der *Kausalität* eines System versteht man die Eigenschaft:

$$y(t) = T\{x(t)\} = 0 \text{ für } t < t_0 \quad \text{und } x(t) = 0 \text{ für } t < t_0. \qquad (3.40)$$

Ein kausales System kann auf ein Eingangssignal erst reagieren, wenn dieses eingetroffen ist. Der Zusammenhang $y(t) = x(t + 1)$ beschreibt ein nichtkausales System. Die Systemreaktion entspricht hier dem um eine Zeiteinheit nach links verschobenen Eingangssignal. Die Kausalität ist eine notwendige Bedingung damit die Systeme realisierbar sind.

Physikalisch realisierbare Systeme müssen nicht nur kausal, sondern zusätzlich auch noch *stabil* sein. Stabil ist ein System genau dann, wenn es auf gleichmäßig beschränkte Eingangssignale mit ebenfalls gleichmäßig beschränkten Ausgangssignalen reagiert:

$$|x(t)| < M < \infty, \qquad |y(t)| < N < \infty. \qquad (3.41)$$

Ein System mit dem Zusammenhang $y(t) = x(t - 1)$ ist kausal und stabil. Die Systemreaktion ist das um eine Zeiteinheit verzögerte Eingangssignal. Wenn $|x(t)| < M$ ist, ist auch $|y(t)| = |x(t - 1)| < M$. Ein System, das auf das Eingangssignal[1] $x(t) = s(t)$ mit $y(t) = s(t)e^t$ reagiert, ist hingegen nicht stabil. Die Beziehung (3.41) ist zur Kontrolle, ob ein System stabil

---

[1] $s(t)$ ist die im Abschnitt 3.3.2 eingeführte Sprungfunktion 3.19.

ist, oft nicht sehr geeignet. Einfachere Möglichkeiten zur Stabilitätskontrolle werden in den beiden folgenden Abschnitten angegeben. Im weiteren werden ausschließlich lineare zeitinvariante Systeme behandelt. Auf die Einhaltung der Kausalität und Stabilität wird in einigen Fällen verzichtet.

Der Begriff der *Gedächtnislosigkeit* ist bei der Klassifizierung von Systemen noch von Bedeutung. Bei gedächtnislosen Systemen gilt der Zusammenhang:

$$y(t) = f[x(t)]. \tag{3.42}$$

Ein lineares gedächtnisloses System muss dann die Form $y(t) = K \cdot x(t)$ mit $K \neq 0$ haben. Ein System mit z.B. dem Zusammenhang $y(t) = \big(x(t)\big)^2$ ist ein nichtlineares gedächtnisloses System.

3.4.2 Das Faltungsintegral

Zunächst werden die Begriffe *Sprungantwort* und *Impulsantwort* eingeführt. Zur Erklärung beziehen wir uns auf das in der Bildmitte 3.13 dargestellte einfache System, eine RC-Schaltung mit der Zeitkonstanten $RC = 1$.

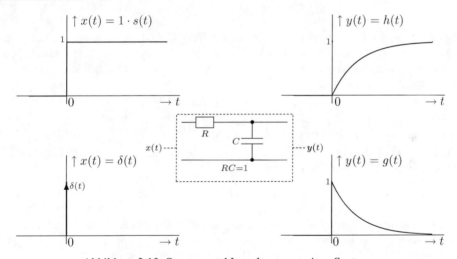

Abbildung 3.13: Sprung- und Impulsantwort eines Systems

Als *Sprungantwort* bezeichnet man die Systemreaktion auf des Eingangssignal "Sprungfunktion" $x(t) = s(t)$, dies bedeutet nach Gl. (3.36) $y(t) = T\{x(t) = s(t)\}$. Die Sprungantwort wird mit $h(t)$ bezeichnet:

$$h(t) = T\{s(t)\}. \tag{3.43}$$

Im oberen Bildteil 3.13 ist das Eingangssignal $x(t) = s(t)$ und die Systemreaktion:

$$h(t) = s(t) \cdot (1 - e^{-t}) = \begin{cases} 0 & \text{für} \quad t < 0, \\ 1 - e^{-t} & \text{für} \quad t > 0, \end{cases}$$

für die einfache RC-Schaltung mit der Zeitkonstanten $RC = 1$ skizziert[2].

Eine Möglichkeit der Berechnung der Sprungantwort ohne Kenntnis der Systemtheorie ist durch die Beschreibung und Lösung des Systems durch eine Differentialgleichung gegeben. Diese Möglichkeit wird ausführlich im Abschnitt Grundlagen der Elektrotechnik auf Seite 30 behandelt.

Die *Impulsantwort* ist die Systemreaktion auf den Dirac-Impuls, also $y(t) = T\{x(t) = \delta(t)\}$. Die Impulsantwort wird mit $g(t)$ bezeichnet:

$$g(t) = T\{\delta(t)\}. \tag{3.44}$$

Man kann leicht zeigen, dass die Impulsantwort die Ableitung der Sprungantwort ist, damit gelten die Zusammenhänge:

$$g(t) = \frac{d\,h(t)}{dt}, \qquad h(t) = \int_{-\infty}^{t} g(\tau)\,d\tau. \tag{3.45}$$

Ein System ist genau dann kausal, wenn $g(t) = 0$ für $t < 0$ ist, da dies ja auch für $x(t) = \delta(t)$ gilt. Für die RC-Schaltung im Bild 3.13 erhält man mit der oben angegebenen Sprungantwort:

$$g(t) = \frac{d\,[s(t)(1 - e^{-t})]}{dt} \; = \; s(t)\,e^{-t}.$$

Bei der Ableitung ist die Eigenschaft $f(t)\delta(t) = f(0)\delta(t)$ (Gl. 3.14) zu beachten. Die Impulsantwort ist im unteren Bildteil 3.13 skizziert. Die Impulsantwort ist eine sehr wichtige Kenngröße für das System. Bei Kenntnis der Impulsantwort können Systemreaktionen auf beliebige Eingangssignale berechnet werden, es gilt:

$$y(t) = \int_{-\infty}^{\infty} x(\tau)g(t - \tau)\,d\tau = \int_{-\infty}^{\infty} x(t - \tau)g(\tau)\,d\tau. \tag{3.46}$$

Bei diesen Integralen handelt es sich um *Faltungsintegrale* (siehe auch Abschnitt 3.6.4). Mit dem *Faltungssymbol* "∗" können die Gln. (3.46) in der Kurzform

$$y(t) = x(t) * g(t) = g(t) * x(t) \tag{3.47}$$

angegeben werden. Die Stabilitätsbedingung nach Gl. (3.41) führt mit dem Faltungsintelgral (3.46) zu der notwendigen und hinreichenden Bedingung:

$$\int_{-\infty}^{\infty} |g(t)|\,dt < K < \infty. \tag{3.48}$$

3.4.3   Beispiele zur Auswertung des Faltungsintegrals

Die Auswertung des Faltungsintegrals ist oft recht aufwendig. Im Folgenden werden deshalb relativ einfache Beispiele ausgeführt.

---

[2]Die Funktion $s(t)$ kommt hier mit zwei verschiedenen Bedeutungen vor. Zunächst ist $x(t) = s(t)$ das Eingangssignal für die RC-Schaltung. $s(t)$ in der rechten Gleichungsseite von $h(t)$ hat aber keinesfalls die Bedeutung des Eingangssignales, sondern nur die Aufgabe $h(t)$ in geschlossener Form auszudrücken (siehe hierzu auch Abschnitt 3.3.2).

Beispiel 3.3 *Gegeben ist ein Eingangssignal $x(t) = 3/2[s(t) - s(t - 3)]$ für die RC-Schaltung vom Bild 3.13 mit der Impulsantwort $g(t) = s(t)e^{-t}$. Die Berechnung der Systemreaktion soll mit dem Faltungsintegral in der Form:*

$$y(t) = \int_{-\infty}^{\infty} x(t - \tau)g(\tau)\, d\tau$$

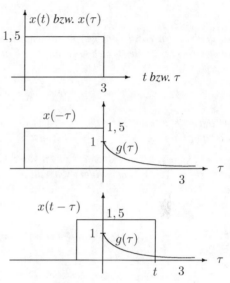

erfolgen. Hierzu ist es zunächst sinnvoll eine Skizze für $x(t)$ bzw. $x(\tau)$ und dann für $x(-\tau)$ (mittleres Bild), d.h. für $t = 0$ anzufertigen. $x(-\tau)$ bedeutet eine Spiegelung von $x(\tau)$ an der Ordinate (senkrechte Achse). Es ist klar, dass hier gilt: $x(-\tau) \cdot g(\tau) = 0$, da sich die Teilflächen nicht überlappen. Dies gilt auch für $x(t - \tau) \cdot g(\tau)$ für $t < 0$, da sich $x(t - \tau)$ weiter nach links verschiebt. Gilt $0 < t \leq 3$ (3. Skizze), so schiebt sich $x(t-\tau)$ nach rechts. Die Integralgrenzen sind durch den Bereich festgelegt, für den $x(t - \tau) \cdot g(\tau) \neq 0$ ist:

$$y(t) = \int_0^t \frac{3}{2} \cdot e^{-t} dt = \frac{3}{2}(1 - e^{-t})$$

Diese Lösung gilt aber nur im angegebenen Bereich $0 < t \leq 3$. Für $t > 3$ ändert sich die untere Integralgrenze und damit die Lösung:

$$y(t) = \int_{t-3}^t \frac{3}{2} \cdot e^{-t} dt = \frac{3}{2}(e^{-(t-3)} - e^{-t}) \implies y(t) = \begin{cases} 0 & \text{für } \quad t < 0 \\ \frac{3}{2}(1 - e^{-t}) & \text{für } \quad 0 < t \leq 3 \\ \frac{3}{2}(e^{-(t-3)} - e^{-t}) & \text{für } \quad t > 3 \end{cases}$$

Nebenstehend ist die Lösung für alle Bereiche von t skizziert. Die gleiche Lösung kann zur Übung auch mit dem Faltungsintegral in der zweiten Form gewonnen werden.

Eine einfachere Möglichkeit zum Ergebnis zu kommen, besteht im Lösungsansatz:

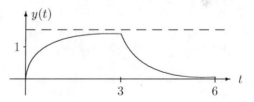

$$x(t) = \frac{3}{2}(s(t) - s(t-3)) \Rightarrow y(t) = \frac{3}{2}(h(t) - h(t-3))$$

Ein lehrreiches und gleichermaßen einfaches wie aufwendiges Beispiel wird im Folgenden besprochen. Lehrreich ist es, weil sich die gefaltete Funktion deutlich von der nichtgefalteten Funktion unterscheidet. Einfach, weil die Integrale technisch einfach zu lösen sind und aufwendig, da es den allgemeinen Fall der Faltung mit vielfacher Fallunterscheidung verdeutlicht.

Beispiel 3.4 *Für die Impulsfunktion $g(t)$ eines Systems mit dem Eingangssignal $x(t) = s(t) - s(t - 3)$ gilt:*

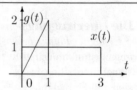

$$g(t) = \begin{cases} 2t & \text{für} \quad 0 \le t \le 1, \\ 0 & \text{sonst,} \end{cases}$$

$$= s(t) \cdot 2t - s(t-1) \cdot 2(t-1) - 2s(t-1)$$

In der zweiten Form von $g(t)$ wurde mit Hilfe der Sprungfunktion $g(t)$ in geschlossener Form ausgedrückt. Für die Berechnung mit dem Faltungsintegral:

$$y(t) = \int_{-\infty}^{\infty} x(\tau) \cdot g(t-\tau) d\tau,$$

wird jedoch die einfachere abschnittsweise gegebene Funktion verwendet. Zunächst erfolgt wieder die Spiegelung $g(\tau) \Longrightarrow g(-\tau)$. Dies ist in der nachfolgenden Skizze ($t = 0$) dargestellt.

In der Skizze für $t = 0$ ist zu erkennen, dass das Produkt $x(\tau) \cdot g(t-\tau)$ immer identisch Null ist. Dies gilt auch für $t < 0$, da dann $g(t-\tau)$ noch weiter links auftreten würde.

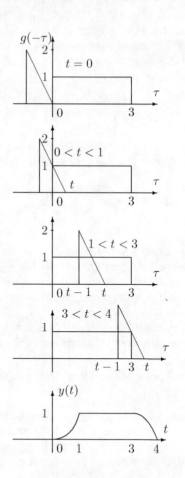

Für $0 < t \le 1$ (2. Skizze) gilt: $x(\tau) \cdot g(t-\tau) = 1 \cdot 2(t-\tau)$. Es folgt:

$$y(t) = \int_0^t 2(t-\tau) d\tau = 2(t^2 - \frac{t^2}{2}) = t^2$$

Auch für $1 < t \le 3$ (3. Skizze) gilt: $x(\tau) \cdot g(t-\tau) = 1 \cdot 2(t-\tau)$. Es folgt:

$$y(t) = \int_{t-1}^t 2(t-\tau) d\tau = 2\left[t\tau - \frac{\tau^2}{2}\right]_{t-1}^t = 1$$

Dieses Ergebnis ist auch aus der Skizze ersichtlich, da das Integral die Fläche des Dreiecks ergeben muss.

Für $3 < t \le 4$ verlässt das Dreieck wieder $x(t)$ (4. Skizze). Es gilt:

$$y(t) = \int_{t-1}^3 2(t-\tau) d\tau = 6t - 9 - t^2 + 1.$$

Zur Überprüfung dieses Ergebnisses ist es sinnvoll, die Grenzwerte $x(t = 3) = 1$ und $x(t = 4) = 0$ einzusetzen. Für $t \le 4$ gilt: $x(\tau) \cdot g(t-\tau) = 0$, also auch $y(t) = 0$.

3.4.4 Die Übertragungs- und Systemfunktion

Die Übertragungsfunktion eines Systems kann auf verschiedene Arten eingeführt werden. Wird als Eingangssignal für ein lineares zeitinvariantes System das komplexe Signal $x(t) = e^{j\omega t}$ gewählt, so ergibt sich mit der rechten Gleichung (3.46):

$$y(t) = \int_{-\infty}^{\infty} x(t-\tau)g(\tau)\,d\tau = \int_{-\infty}^{\infty} e^{j\omega(t-\tau)}g(\tau)\,d\tau =$$

$$= e^{j\omega t} \int_{-\infty}^{\infty} g(\tau)e^{-j\omega\tau}\,d\tau = e^{j\omega t} \cdot G(j\omega). \tag{3.49}$$

Das Integral:

$$G(j\omega) = \int_{-\infty}^{\infty} g(t)e^{-j\omega t}\,dt, \tag{3.50}$$

ist die *Übertragungsfunktion* des Systems. $G(j\omega)$ ist i.A. von dem Parameter ω abhängig. Die Gl. (3.49) kann so interpretiert werden, dass ein lineares zeitinvariantes System das Eingangssignal $e^{j\omega t}$ lediglich mit einem möglicherweise von ω abhängigen, komplexen Faktor der Übertragungsfunktion $G(j\omega)$, multipliziert.

$$x(t) = e^{j\omega t} \qquad\qquad y(t) = e^{j\omega t} \cdot G(j\omega)$$

$$x_1(t) = \cos(\omega t) \qquad g(t) \circ\!\!-\!\!\bullet\, G(j\omega) \qquad y_1(t) = \mathcal{R}e\{e^{j\omega t} \cdot G(j\omega)\}$$

$$x_2(t) = \sin(\omega t) \qquad\qquad y_2(t) = \mathcal{I}m\{e^{j\omega t} \cdot G(j\omega)\}$$

Interpretation und Anwendung der Übertragungsfunktion

Die Berechnung der Systemreaktion auf ein sin-förmiges Eingangssignal kann mit Hilfe der Komplexen Rechnung erfolgen (vgl. Abschn. 1.6). Das Separieren der gesuchten Lösung ist anschließend durch Realteil- bzw. Imaginärteilbildung möglich. Da $x(t) = e^{j\omega t} = \cos(\omega t) + j\sin(\omega t) = x_1(t) + jx_2(t)$ folgt, dass auch die Systemreaktion aufgrund der Linearität des Systems mit: $y(t) = y_1(t) + jy_2(t)$ reagiert.

Ein Vergleich von $G(j\omega)$ nach Gl. (3.50) mit der Fourier-Transformierten eines Signales (s. Abschnitt 3.6) zeigt, dass die Übertragungsfunktion als Fourier-Transformierte der Impulsantwort interpretiert werden kann. Es gilt also $g(t) \circ\!\!-\!\!\bullet\, G(j\omega)$ bzw.:

$$G(j\omega) = \int_{-\infty}^{\infty} g(t)e^{-j\omega t}\,dt, \quad \Longleftrightarrow \quad g(t) = \frac{1}{2\pi} \int_{-\infty}^{\infty} G(j\omega)e^{j\omega t}\,d\omega. \tag{3.51}$$

Bei Netzwerken kann die Übertragungsfunktion auf eine weitere Art eingeführt werden, nämlich als Quotient der komplexen Ausgangsgröße (komplexe Spannung oder komplexer Strom) zur komplexen Eingangsgröße (siehe hierzu das Beispiel am Abschnittsende).

Bei kausalen Systemen, $g(t) = 0$ für $t < 0$, kann mit der Variablen $s = \sigma + j\omega$ die Laplace-Transformierte (s. Abschn. 3.9) der Impulsantwort:

$$G(s) = \int_{0-}^{\infty} g(t)s^{-st}\,ds, \quad \Longleftrightarrow \quad g(t) = \frac{1}{2\pi j} \int_{\sigma-\infty}^{\sigma+\infty} G(s)e^{st}\,ds \tag{3.52}$$

berechnet werden. $G(s)$ wird als *Systemfunktion*, manchmal auch genauso wie $G(j\omega)$ als Übertragungsfunktion, bezeichnet. Bei stabilen Systemen liegt die $j\omega$-Achse im Konvergenzbereich der Laplace-Transformierten. Dann erhält man mit $s = j\omega$ aus $G(s)$ die (eigentliche) Übertragungsfunktion $G(j\omega) = G(s = j\omega)$. Für die Berechnung der Systemreaktion im Frequenzbereich (vgl. Abschn. 3.11), ist es häufig einfacher die Systemfunktion $G(s)$ zu verwenden.

Lineare zeitinvariante Netzwerke, die aus endlich vielen konzentrierten Bauelementen aufgebaut sind, können durch lineare Differentialgleichungen mit konstanten Koeffizienten beschrieben werden. Z.B. bei einem Netzwerk mit zwei unabhängigen Energiespeichern, dem Eingangssignal $x(t)$ und dem Ausgangssignal $y(t)$ hat die Differentialgleichung die Form:

$$b_2 y''(t) + b_1 y'(t) + b_0 y(t) = a_2 x''(t) + a_1 x'(t) + a_0 x(t) \quad a_i, b_j \in I\!R. \tag{3.53}$$

Die Lösung der Differentialgleichung mit dem Ansatz $x(t) = e^{j\omega t}$ und $y(t) = x(t) \cdot G(j\omega)$, bzw. $x(t) = e^{st}$ und $y(t) = x(t) \cdot G(s)$ führt direkt zur Übertragungsfunktion bzw. der Systemfunktion des Systems:

$$G(j\omega) = \frac{a_0 + a_1 j\omega + a_2(j\omega)^2}{b_0 + b_1 j\omega + b_2(j\omega)^2} \quad \Longleftrightarrow \quad G(s) = \frac{a_0 + a_1 s + \cdots + a_m s^m}{b_0 + b_1 s + \cdots + b_n s^n}. \tag{3.54}$$

Dies bedeutet gleiche Koeffizienten in der Übertragungsfunktion nach Gl. (3.54) und der Differentialgleichung in der Form (3.53). Bei stabilen Systemen müssen die Nullstellen des Nennerpolynoms von $G(s)$ alle negative Realteile haben (siehe hierzu die Bemerkungen im Folgenden Abschnitt). Die Beziehungen (3.53) und (3.54) sind sinngemäß auf Systeme mit weniger oder mehr Energiespeicher erweiterbar. Wegen der reellen Koeffizienten treten die Null- und Polstellen von $G(s)$ nur auf der reellen Achse oder als konjugiert komplexe Paare auf. Bei stabilen Systemen ist $m \leq n$ und das Nennerpolynom muss ein Hurwitzpolynom sein. Dies bedeutet, dass bei stabilen Systemen alle Pole in der linken s-Halbebene liegen. Aus der Lage der Pol- und Nullstellen von $G(s)$ können wichtige Schlüsse über den Dämpfungs- und Phasenverlauf und auch über Realierungsmöglichkeiten für das System gezogen werden (siehe [18]).

Beispiel 3.5 *Gesucht sind die Übertragungsfunktion und die Differentialgleichung des Systems vom Bild 3.13. Mit der Impulsantwort $g(t) = s(t)e^{-t}$ dieses Systems erhält man nach der Gl. (4.15)*

$$G(j\omega) = \int_{-\infty}^{\infty} g(t)e^{-j\omega t}\, dt = \int_0^{\infty} e^{-t}e^{-j\omega t}\, dt = \int_0^{\infty} e^{-t(1+j\omega)}\, dt = \frac{1}{1 + j\omega}.$$

Die Übertragungsfunktion lässt sich hier einfacher mit der komplexen Rechnung (vgl. Abschn. 1.6) ermitteln. Ist U_1 die komplexe Eingangsspannung und U_2 die komplexe Ausgangsspannung bei der RC-Schaltung nach Bild 3.13, dann erhält man nach der Spannungsteilerregel:

$$G(j\omega) = \frac{U_2}{U_1} = \frac{\frac{1}{j\omega C}}{R + \frac{1}{j\omega C}} = \frac{1}{1 + j\omega RC} \tag{3.55}$$

und mit RC=1 das zuvor ermittelte Ergebnis.

Die Übertragungsfunktion hat eine Form gemäß der Gl. (3.54) mit den Koeffizienten $a_0 = 1$, $a_1 = 0$, $a_2 = 0$, $b_0 = 1$, $b_1 = 1$ und $b_2 = 0$. Damit erhält man gemäß der Gl. (3.53) die Differentialgleichung:

$$y'(t) + y(t) = x(t).$$

Bisher wurden stillschweigend *reelle Systeme* vorausgesetzt. Diese sind dadurch definiert, dass sie eine reelle Impulsantwort haben und damit auf reelle Eingangssignale mit reellen Ausgangssignalen reagieren. Im Frequenzbereich sind reelle Systeme durch die Eigenschaft $G^*(j\omega) = G(-j\omega)$ erkennbar oder auch dadurch, dass der Realteil der Übertragungsfunktion $R(\omega) = R(-\omega)$ eine gerade und der Imaginärteil $X(\omega) = -X(-\omega)$ eine ungerade Funktion ist (siehe auch Abschnitt 3.6.3). Bei kausalen Systemen sind der Real- und Imaginärteil der Übertragungsfunktion voneinander abhängig und durch die Hilbert-Transformation miteinander verknüpft.

3.5 Grundlagen zeitdiskreter Systeme

Während in dem vorausgegangenen Abschnitt 3.4 ausschließlich zeitkontinuierliche Signale und Systeme behandelt wurden, befasst sich dieser Abschnitt mit zeitdiskreten Signalen und den für die Übertragung solcher Signale geeigneten zeitdiskreten Systemen. Ein zeitdiskretes Signal erhält man aus einem zeitkontinuierlichen durch Abtastung, wobei nach dem Abtasttheorem der Abtastabstand nicht größer als $1/(2f_g)$ sein darf, wenn f_g die höchste vorkommende Frequenz im betreffenden Signal ist. Wird diese Bedingung eingehalten, so entsteht durch die Abtastung kein Verlust an Signalinformation, da aus der Folge der Abtastwerte das ursprüngliche analoge Signal exakt wiedergewonnen werden kann. Das Abtasttheorem wird im Zusammenhang mit den Übertragungsbedingungen zeitdiskreter Signale im Abschnitt 3.8.2 erläutert.

Die Behandlung zeitdiskreter Signale baut auf den Ergebnissen der zeitkontinuierliche Signale und Systeme auf. Es lassen sich bei der Durcharbeitung grundsätzliche Ähnlichkeiten zur Theorie kontinuierlicher Signale und Systeme feststellen. Viele Begriffe, wie z.B. Linearität, Zeitinvarianz, Stabilität haben bei zeitdiskreten Systemen eine völlig gleiche Bedeutung und können sinngemäß übernommen werden. Das Prinzip der zeitdiskreten und digitalen Signalverarbeitung ist schematisch in Abb. 3.14 dargestellt.

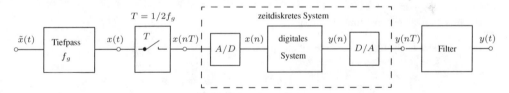

Abbildung 3.14: Schema zur Signalverarbeitung

Die höchsten Frequenzen eines analogen Signales $\tilde{x}(t)$ werden zunächst durch einen Tiefpass (vgl. Abschn. 3.11.5), der nur Signalanteile mit kleineren Frequenzen als f_g passieren lässt, auf f_g begrenzt. Dadurch ist sichergestellt, dass aus den durch Abtastung enstehenden Werten $x(nT)$ das Ursprungsignal $x(t)$ exakt rekonstruiert werden kann. Die Abtastwerte $x(nT)$ stellen das Eingangssignal für ein zeitdiskretes System dar. Aus der Ausgangsfolge $y(nT)$ dieses Systems kann, falls erforderlich, wieder ein analoges zeitkontinuierliches Signal $y(t)$ erzeugt werden. Das zeitdiskrete System kann so realisiert werden, dass die Abtastwerte $x(nT)$ unmittelbar verarbeitet werden. Bei einer digitalen Realisierung werden die Signalwerte $x(nT)$ durch eine A/D-Wandlung zunächst in eine Zahlenfolge $x(n)$ überführt. Dadurch entstehen auf jeden Fall Fehler, weil die

Darstellung eines Signalwertes $x(nT)$ durch eine Zahl $x(n)$ mit unvermeidlichen Rundungsfehlern behaftet ist. Das eigentliche digitale System (siehe Bild 3.14) kann als spezieller Rechner angesehen werden, der die Eingangszahlenfolge $x(n)$ in eine Ausgangszahlenfolge $y(n)$ umrechnet. Durch eine anschließende D/A-Wandlung entstehen die Ausgangssignalwerte $y(nT)$.

Ein digitales System ist nach Bild 3.14 nicht nur ein zeitdiskretes System sondern zusätzlich auch ein wertediskretes System. In der Praxis stellen die diskreten Signalwerte ein Problem dar, weil durch das Rechnen mit Zahlen (endlicher Stellenzahl) zusätzliche Fehler entstehen, die zu einem unerwünschten Verhalten des Systems führen können. Auf Probleme dieser Art kann hier aufgrund der Komplexität nicht eingegangen werden. Deshalb wird im Folgenden nicht zwischen digitalen und zeitdiskreten Systemen unterschieden. Insbesonders wird für Signale meist die kürzere Bezeichnung $x(n)$ anstatt $x(nT)$ verwendet.

3.5.1 Systemeigenschaften und die Faltungssumme

In diesem Abschnitt werden ebenso wie im zeitkontinuierlichen Fall, Systeme mit einem Eingangssignal $x(n)$ und einem Ausgangssignal $y(n)$ vorausgesetzt. Bei einigen Anwendungen wird auch die Schreibweise $x(nT)$ und $y(nT)$ verwendet, wenn das zeitdiskrete Signal durch Abtastung im Abstand T aus einem analogen Signal $x(t)$ bzw. $y(t)$ entstanden ist. Liegen die Werte $x(n)$ bzw. $y(n)$ in Form von Zahlen vor, so spricht man von *digitalen Signalen*[3]. Auf Unterschiede zwischen der Verarbeitung zeitdiskreter und digitaler Signale wird in diesem Abschnitt nicht eingegangen. Die Begriffe zeitdiskret und digital werden hier so wie in der Einleitung dargestellt verwendet. Ein zeitdiskretes oder digitales System wird durch das gleiche Symbol wie ein zeitkontinuierliches (Bild Seite 191) dargestellt.

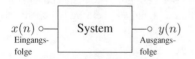

$x(n) \circ$ Eingangs-folge — System — $\circ\, y(n)$ Ausgangs-folge

Symbolische Darstellung eines Systems

Der Zusammenhang zwischen der Ein- und Ausgangsfolge wird durch eine Operatorenbeziehung beschrieben:

$$y(n) = T\{x(n)\}. \qquad (3.56)$$

Ist das zeitdiskrete System *linear*, so gilt entsprechend den Gln. (3.37) und (3.37):

$$T\{k \cdot x(n)\} = k \cdot T\{x(n)\},$$
$$T\{x_1(n) + x_2(n)\} = T\{x_1(n)\} + T\{x_2(n)\},$$
$$T\left\{ \sum_{\nu=1}^{N} k_\nu \cdot x_\nu(n) \right\} = \sum_{\nu=1}^{N} k_\nu \cdot T\{x_\nu(n)\}. \qquad (3.57)$$

Die *Zeitinvarianzbedingung* entsprechend der Gl. (3.39) lautet:

$$T\{x(n)\} = y(n), \qquad T\{x(n - n_0)\} = y(n - n_0). \qquad (3.58)$$

Bei *kausalen* Systemen gilt:

$$y(n) = T\{x(n)\} = 0 \ \text{für} \ n < n_0 \quad \text{wenn} \quad x(n) = 0 \ \text{für} \ n < n_0. \qquad (3.59)$$

---

[3] Siehe hierzu auch die Ausführungen im Abschnitt 3.2

Ein *stabiles* System reagiert auf ein gleichmäßig beschränktes Eingangssignal mit einem ebenfalls gleichmäßig beschränkten Ausgangssignal:

$$|x(n)| < M < \infty, \qquad |y(n)| < N < \infty. \tag{3.60}$$

Als Sprungantwort $h(n)$ bezeichnet man die Systemreaktion $y(n)$ auf die Sprungfolge als Eingangssignal: $x(n) = s(n)$. Es gilt: $h(n) = T\{s(n)\}$. Die Impulsantwort $g(n)$ ist die Systemreaktion $y(n)$ auf den Einheitsimpuls als Eingangssignal: $x(n) = \delta(n)$. Es gilt: $g(n) = T\{\delta(n)\}$. Zwischen den beiden Systemreaktionen $h(n)$ und $g(n)$ bestehen die Beziehungen:

$$g(n) = h(n) - h(n-1), \qquad h(n) = \sum_{\nu=-\infty}^{n} g(\nu). \tag{3.61}$$

Bei Kenntnis der Impulsantwort können die Systemreaktionen mit den Gleichungen:

$$y(n) = \sum_{\nu=-\infty}^{\infty} x(\nu)g(n-\nu) = \sum_{\nu=-\infty}^{\infty} x(n-\nu)g(\nu) \tag{3.62}$$

berechnet werden. Es handelt sich hier um Faltungssummen, die in der Kurzschreibweise:

$$y(n) = x(n) * g(n) = g(n) * x(n) \tag{3.63}$$

angegeben werden können.

Ein zeitdiskretes System ist kausal, wenn $g(n) = 0$ für $n < 0$ ist. Die Stabilitätsforderung führt mit der Faltungssumme zu der notwendigen und hinreichenden Stabilitätsbedingung:

$$\sum_{n=-\infty}^{\infty} |g(n)| < K < \infty. \tag{3.64}$$

Zur Berechnung der Faltungssummen werden im Folgenden häufig Summen geometrischer Reihen benötigt. Bekanntlich gilt:

$$\sum_{\nu=0}^{N-1} q^{\nu} = \frac{1-q^N}{1-q}, \qquad \sum_{\nu=0}^{\infty} q^{\nu} = \frac{1}{1-q} \text{ bei } |q| < 1. \tag{3.65}$$

3.5.2 Die Übertragungs- und die Systemfunktion

Das Eingangssignal für ein zeitdiskretes System sei das im Abstand T abgetastete komplexe Signal $e^{j\omega t}$, also $x(n) = e^{jn\omega T}$. Mit der Faltungssumme (3.62) erhält man die Systemreaktion auf dieses Eingangssignal:

$$\begin{aligned} y(t) &= \sum_{\nu=-\infty}^{\infty} x(n-\nu)g(\nu) = \sum_{\nu=-\infty}^{\infty} e^{j(n-\nu)\omega T}g(\nu) = \\ &= e^{jn\omega T} \sum_{\nu=-\infty}^{\infty} g(\nu)e^{-j\nu\omega T} = e^{jn\omega T}G(j\omega). \end{aligned} \tag{3.66}$$

Darin ist:

$$G(j\omega) = \sum_{n=-\infty}^{\infty} g(n)e^{-jn\omega T} \qquad (3.67)$$

die *Übertragungsfunktion* des zeitdiskreten Systems. Somit reagiert ein lineares, zeitinvariantes, zeitdiskretes System auf die komplexe Eingangsfolge $e^{jn\omega T}$ mit der mit dem Faktor $G(j\omega)$ multiplizierten Eingangsfolge $G(j\omega) \cdot e^{jn\omega T}$.

$$x(n) = e^{j\omega n T}$$
$$x_1(n) = \cos(\omega n T)$$
$$x_2(n) = \sin(\omega n T)$$

$$g(n) \ \circ\!\!-\!\!\bullet\ G(j\omega)$$

$$y(n) = e^{j\omega n T} \cdot G(j\omega)$$
$$y_1(n) = \mathcal{R}e\{e^{j\omega n T} \cdot G(j\omega)\}$$
$$y_2(n) = \mathcal{I}m\{e^{j\omega n T} \cdot G(j\omega)\}$$

Interpretation und Anwendung der Übertragungsfunktion

Die Berechnung der Systemreaktion auf ein sin-förmiges Eingangssignal kann entsprechend dem Abschnitt 3.4.4 erfolgen. Das separieren der gesuchten Lösung ist anschließend durch Realteil- bzw. Imaginärteilbildung möglich. Da $x(n) = e^{j\omega n T} = \cos(\omega n T) + j\sin(\omega n T) = x_1(n) + jx_2(n)$ folgt, dass auch die Systemreaktion aufgrund der Linearität des Systems mit: $y(n) = y_1(n) + jy_2(n)$ reagiert. Aus der Gl. (3.67) erkennt man, dass Übertragungsfunktionen zeitdiskreter Systeme periodische Funktionen mit einer Periode $2\pi/T$ sind. Auf diese Eigenschaft und sich daraus ergebende Folgerungen wird in dem Beispiel am Abschnittsende kurz eingegangen.

Bei *kausalen Systemen*, d.h. $g(n) = 0$ für $n < 0$, kann auch die z-Transformierte der Impulsantwort:

$$G(z) = \sum_{n=0}^{\infty} g(n)z^{-n} \qquad (3.68)$$

berechnet werden (siehe Gl. (3.172) im Abschnitt 3.10.6). $G(z)$ wird als *Systemfunktion*, oft aber auch genauso wie $G(j\omega)$ als Übertragungsfunktion bezeichnet. Aus $G(z)$ erhält man mit $z = e^{j\omega T}$ die Übertragungsfunktion:

$$G(j\omega) = G\big(z = e^{j\omega T}\big). \qquad (3.69)$$

Bei kausalen Systemen erhält man mit $j\omega = \frac{1}{T}\ln z$ die Systemfunktion:

$$G(z) = G\big(j\omega = \frac{1}{T}\ln z\big). \qquad (3.70)$$

Realisierbare gebrochen rationale Systemfunktionen müssen einen Zählergrad nicht größer als den Grad des Nennerpolynoms aufweisen und alle Polstellen müssen im Inneren des Einheitskreises $|z| < 1$ liegen. Diese Stabilitätsbedingung folgt aus der Forderung nach Gl. (3.64) und der Eigenschaft, dass "abnehmende" Funktionen im $z-$Bereich alle Pole im Bereich $|z| < 1$ haben (siehe Abschnitt 3.10.8 und das nachfolgende Beispiel).

Beispiel 3.6 *Für ein System mit der Impulsantwort:*

$$g(n) = s(n)(1-a)\,a^n, \quad |a| < 1$$

sollen die Übertragungs- und die Systemfunktion berechnet werden. Die Impulsantwort ist im linken Bildteil 3.15 für den Wert $a = 3/4$ skizziert.

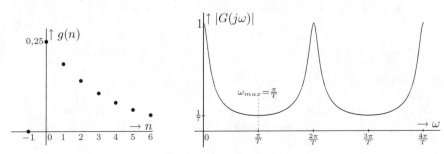

Abbildung 3.15: Impulsantwort und Betrag der Übertragungsfunktion im Fall $a = 3/4$

Nach Gl. (3.67) erhält man:

$$G(j\omega) = \sum_{n=-\infty}^{\infty} g(n)e^{-jn\omega T} = \sum_{n=0}^{\infty}(1-a)a^n e^{-jn\omega T} =$$

$$= (1-a)\sum_{n=0}^{\infty}\left(a\,e^{-j\omega T}\right)^n = \frac{1-a}{1-ae^{-j\omega T}} = (1-a)\frac{e^{j\omega T}}{e^{j\omega T} - a}, \quad |a| < 1.$$

Die Summe konvergiert nur bei $|a| < 1$. Aus $G(j\omega)$ erhält man mit $z = e^{j\omega T}$ die Systemfunktion

$$G(z) = (1-a)\frac{z}{z-a}, \quad |a| < 1.$$

Die Bedingung $|a| < 1$ bedeutet, dass das System stabil ist, $G(z)$ hat bei $z = a$ eine im Inneren des Einheitskreises liegende Polstelle.

Es soll nun noch den Betrag der Übertragungsfunktion berechnet werden:

$$G(j\omega) = (1-a)\frac{e^{j\omega T}}{e^{j\omega T} - a} = (1-a)\frac{e^{j\omega T}}{\cos(\omega T) - a + j\sin(\omega T)},$$

$$|G(j\omega)| = \frac{1-a}{\sqrt{(\cos(\omega T) - a)^2 + \sin^2(\omega T)}} = \frac{1-a}{\sqrt{(1 + a^2 - 2\cos(\omega T)}}.$$

Bei $\omega = 0$, $\omega = 2\pi/T$, $\omega = 4\pi/T \cdots$ erhält man $G(0) = 1$, bei $\omega = \pi/T$, $\omega = 3\pi/T \cdots$ wird $|G(j\pi/T)| = \frac{1-a}{1+a}$. Der Verlauf von $|G(j\omega)|$ ist im rechten Bild 3.15 für $a = 3/4$ skizziert.

In der Praxis sorgt man im Allgemeinen dafür, dass die Spektren der Eingangssignale keine Frequenzanteile oberhalb der Frequenz $f_{max} = \frac{1}{2T}$ bzw. der Kreisfrequenz $\omega_{max} = \frac{\pi}{T}$ haben[4].

Signale mit einem derart begrenzten Spektrum erfüllen die Bedingungen des Abtasttheorems (siehe Abschnitt 3.8.2) und werden durch ihre Abtastwerte vollständig beschrieben. Bei diesen Signalen ist der periodische Verlauf der Übertragungsfunktion ohne Einfluss, relevant ist nur der Bereich bis zur (im Bild 3.15 eingetragenen) maximalen Kreisfrequenz $\omega_{max} = \pi/T$.

---

[4]Filter, die diese Bandbegrenzung vornehmen, werden oft als *Antialiasing-Filter* bezeichnet.

3.5.3 Die Beschreibung zeitdiskreter Systeme durch Differenzengleichungen

Zeitdiskrete Systeme, die mit einer endlichen Anzahl von Bauelementen[5] realisierbar sind, können durch Differenzengleichungen beschrieben werden:

$$\begin{aligned} y(n) + d_0 y(n-1) &= c_1 x(n) + c_0 x(n-1), \\ y(n) + d_1 y(n-1) + d_0 y(n-2) &= c_2 x(n) + c_1 x(n-1) + c_0 x(n-2). \end{aligned} \tag{3.71}$$

Die obere Gl. (3.71) ist eine Differenzengleichung 1. Grades. Hier treten neben der Ein- und Ausgangsfolge $x(n)$ und $y(n)$ die um einen "Takt" verzögerten Signale $x(n-1)$ und $y(n-1)$ auf. Bei der Differenzengleichung 2. Grades kommen auch noch die um zwei Takte verzögerten Signale $x(n-2)$ und $y(n-2)$ vor. Die Gln. (3.71) können sinngemäß auf Differenzengleichungen höheren Grades erweitert werden.

Wir berechnen zunächst die Übertragungsfunktion eines Systems, das durch eine Differenzengleichung 2. Grades beschrieben wird. Die Differenzengleichung soll für das Eingangssignal $x(n) = e^{jn\omega T}$ gelöst werden. Weil ein lineares zeitinvariantes System vorliegt, muss die Lösung $y(n) = G(j\omega) \cdot e^{jn\omega T}$ lauten. Setzt man diese Funktionen in die Differenzengleichung 2. Grades ein, dann erhält man:

$$\begin{aligned} G(j\omega)e^{jn\omega T} + d_1 G(j\omega)e^{j(n-1)\omega T} + d_0 G(j\omega)e^{j(n-2)\omega T} = \\ = c_2 e^{jn\omega T} + c_1 e^{j(n-1)\omega T} + c_0 e^{j(n-2)\omega T}. \end{aligned}$$

In dieser Gleichung kann $e^{jn\omega T}$ weggekürzt werden und wir erhalten:

$$G(j\omega) = \frac{c_2 + c_1 e^{-j\omega T} + c_0 e^{-2j\omega T}}{1 + d_1 e^{-j\omega T} + d_0 e^{-2j\omega T}} = \frac{c_0 + c_1 e^{j\omega T} + c_2 e^{2j\omega T}}{d_0 + d_1 e^{j\omega T} + e^{2j\omega T}}. \tag{3.72}$$

Mit $z = e^{j\omega T}$ erhält man die Systemfunktion des Systems mit der Differenzengleichung 2. Grades

$$G(z) = \frac{c_0 + c_1 z + c_2 z^2}{d_0 + d_1 z + z^2}. \tag{3.73}$$

Die Gln. (3.72) und (3.73) sind auf Systeme niedrigeren und höheren Grades sinngemäß erweiterbar. Bei stabilen Systemen darf der Grad des Zählerpolynoms von $G(z)$ nicht größer als der Grad des Nennerpolynoms sein. Die Polstellen von $G(z)$ müssen im Bereich $|z| < 1$ liegen. Ein Vergleich der Beziehungen (3.71) und (3.73) zeigt, dass die Koeffizienten c_μ, d_ν bei der Systemfunktion und der Differenzengleichung übereinstimmen.

Für Eingangssignale mit der Bedingung $x(n) = 0$ für $n < n_0$, und damit auch $y(n) = 0$ für $n < n_0$, können Differenzengleichungen *rekursiv* gelöst werden. Wir beziehen uns auf eine Differenzengleichung 2. Grades und ein Eingangssignal $x(n) = 0$ für $n < 0$ und damit auch $y(n) = 0$ für $n < 0$. Aus der Gl. (3.71) erhält man zunächst:

$$y(n) = c_2 x(n) + c_1 x(n-1) + c_0 x(n-2) - d_1 y(n-1) - d_0 y(n-2). \tag{3.74}$$

---

[5]Die "Bauelemente" zeitdiskreter/digitaler Systeme sind Addierer, Multiplizierer und Verzögerungsglieder (Speicher).

Daraus folgt mit $x(n) = 0$ für $n < 0$ und $y(n) = 0$ für $n < 0$ schrittweise:

$$
\begin{aligned}
n = 0: \quad & y(0) = c_2 x(0) \\
n = 1: \quad & y(1) = c_2 x(1) + c_1 x(0) - d_1 y(0) \\
n = 2: \quad & y(2) = c_2 x(2) + c_1 x(1) + c_0 x(0) - d_1 y(1) - d_0 y(0) \\
n = 3: \quad & y(3) = c_2 x(3) + c_1 x(2) + c_0 x(1) - d_1 y(2) - d_0 y(1) \cdots
\end{aligned}
\tag{3.75}
$$

Die z.B. bei der Berechnung von $y(3)$ erforderlichen Werte von $y(2)$ und $y(1)$ wurden in den Schritten davor berechnet.

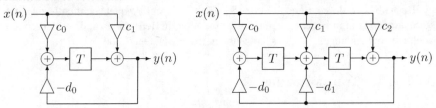

Abbildung 3.16: Zeitdiskrete Systeme 1. und 2. Grades

Aus der Gl. (3.74) erhält man die rechts im Bild 3.16 dargestellte Realisierungsstruktur für ein zeitdiskretes/digitales System 2. Grades. Links im Bild 3.16 ist die Schaltung für ein System 1. Grades mit der Differenzengleichung $y(n) = c_1 x(n) + c_0 x(n-1) - d_0 y(n-1)$ skizziert. Aus den Bildern erkennt man sofort, wie die Schaltungen höheren Grades aussehen. I.A. werden aber Schaltungen höheren Grades durch Hintereinanderschaltungen von Systemen 1. und 2. Grades realisiert.

Beispiel 3.7 *Gesucht wird die Differenzengleichung eines Systems mit der Impulsantwort $g(n) = s(n)(1-a)\,a^n$, $|a| < 1$ und deren rekursive Lösung für das Eingangssignal $x(n) = s(n) \cdot n$.*

Die Impulsantwort ist links im Bild 3.15 skizziert. Im Beispiel 3.6 des Abschnittes 3.5.2 wurde die Systemfunktion:

$$
G(z) = \frac{(1-a)\,z}{z - a} = \frac{c_0 + c_1 z}{d_0 + z}
$$

dieses Systems berechnet. Die Koeffizienten $c_0 = 0$, $c_1 = 1-a$, $d_0 = -a$ führen gemäß Gl. (3.71) zu der Differenzengleichung:

$$
y(n) - a y(n-1) = (1-a)\,x(n).
$$

Eine Realisierungsstruktur für dieses System erhält man mit der linken Schaltung 3.16, wenn dort die Koeffizienten die Werte $d_0 = -a$, $c_0 = 0$ und $c_1 = (1-a)$ haben.

Zur rekursiven Lösung der Differenzengleichung für das Eingangssignal $x(n) = s(n) \cdot n$ schreiben wir:

$$
y(n) = (1-a)x(n) + a\,y(n-1), \quad y(n) = (1-a)s(n)\,n + a\,y(n-1)
$$

und erhalten dann für $n \geq 0$ rekursiv:

$$
\begin{aligned}
& y(0) = 0, \ y(1) = (1-a), \ y(2) = (1-a)2 + a(1-a), \\
& y(3) = (1-a)3 + a[(1-a)2 + a(1-a)] \ usw.
\end{aligned}
$$

Für $x(n)$ und $y(n)$ erhält man mit $a = 3/4$ die Werte $y(0) = 0$, $y(1) = 0,25$, $y(2) = 0,6875$, $y(3) = 1,2656$.

3.6   Beschreibung von Signalen im Frequenzbereich

In diesem Abschnitt werden verschiedene Transformationen behandelt. Diese Transformationen erlauben die Beschreibung von Funktionen sowohl im Originalbereich als auch im Transformationsbereich. In der Systemtheorie wird der Originalbereich als der Zeitbereich aufgefasst, so dass die kontinuierlichen Funktionen $f(t)$ in Abhängigkeit vom Parameter t und die diskontinuierlichen Funktionen $f(n)$ vom Parameter n dargestellt (siehe Abschnitt 3.10.1) werden. Der Transformationsbereich der Funktionen erlaubt eine Aussage über ihre spektrale (frequenzmäßige) Zusammensetzung. Deshalb wird dieser Bereich in der Systemtheorie mit Frequenzbereich bezeichnet. Den Transformationen kommt in der Systemtheorie eine zentrale Bedeutung zu, da nur durch ihre Kenntnis wichtige Anwendungen, z.B. des Abtasttheorems zu verstehen sind.

3.6.1   Die Fourier-Transformation

Mittels der Fourier-Reihe, die hier aber nicht ausführlich behandelt werden soll, gelingt es, ein periodisches Signal als Summe sinusförmiger Teilschwingungen darzustellen. Für periodische Signale $x(t)$ mit der Periodendauer T_0 werden deshalb die Fourierkoeffizienten, also die Amplituden der Teilschwingungen, aus denen sich die Signale $x(t)$ zusammen setzen lassen, als *Spektrum* bezeichnet. Im Abschnitt 3.6.2 erfolgt eine etwas allgemeinere Definition des Spektrums. Für die periodische Fortsetzung der Rechteckfunktion $f(t) = s(t+T/2) - s(t-T/2)$ von Seite 216 (vgl. Absch. 3.3.2 und Abb. 3.23) lautet die Fourier-Reihe:

$$f(t) = \sum_{\nu=-\infty}^{\infty} F_\nu e^{j\nu\omega_0 t} = \sum_{\nu=-\infty}^{\infty} \left\{ \frac{1}{\nu\pi} \sin(\nu\pi/2) \right\} e^{j\nu\omega_0 t}, \quad \omega_0 = \frac{2\pi}{T_0}, \qquad (3.76)$$

$$= a_0 + \sum_{\nu=1}^{\infty} a_\nu \cos(\nu\omega_0 t) = \frac{1}{2} + \sum_{\nu=1}^{\infty} \left\{ \frac{2}{\nu\pi} \sin(\nu\pi/2) \right\} \cos(\nu\omega_0 t),$$

$$F_\nu = \frac{1}{T_0} \int_{-T/2}^{T/2} f(t) e^{-j\nu 2\pi t/T_0}\, dt.$$

Die Fourier-Koeffizienten a_ν der unteren reellen Form ergeben sich aus den komplexen Koeffizienten F_ν. Geht man zunächst von der reellen Form der Fourier-Reihe aus, dann erhält man das rechts im Bild 3.17 skizzierte Spektrum. Bei $\omega = 0$ ist der Gleichanteil 0,5 aufgetragen.

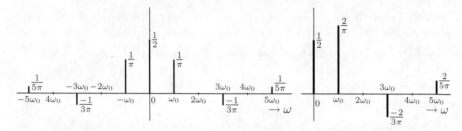

Abbildung 3.17:   Spektrum von $f(t)$ links gemäß der komplexen und rechts nach der reellen Form

Bei der Grundkreisfrequenz $\omega = \omega_0$ besitzt die Schwingung $a_1 \cos(\omega_0 t)$ die Amplitude $a_1 = 2/\pi$. Bei $\omega = 3\omega_0$ ist der nächste nicht verschwindende Fourier-Koeffizient $a_3 = -2/(3\pi)$ dargestellt. Die zugehörige Schwingung lautet: $a_3 \cos(3\omega_0 t)$. Da hier $f(t) = f(-t)$ eine gerade Funktion ist, treten Fourier-Koeffizienten b_ν nicht auf. Bei Kenntnis des so erklärten *Spektrums* liegen offenbar alle Informationen über das zugrundeliegende Signal vor. Aus dem Bild 3.17 erklärt sich auch die Bezeichnung *Linienspektrum*, die aussagt, dass Frequenzanteile nur bei diskreten Frequenzwerten vorliegen. Das Spektrum kann auch auf einfache Art mit einem durchstimmbaren selektiven Spannungsmessgerät gemessen werden. Hierbei werden die Effektivwerte der einzelnen harmonischen Schwingungen gemessen.

Bei der Darstellung von $f(t)$ nach der oberen Form von Gl. (3.76) treten komplexe Schwingungen mit positiven und negativen Indizes $F_\nu e^{j\nu\omega_0 t}$ und $F_{-\nu} e^{-j\nu\omega_0 t}$ auf. Zur Darstellung des Spektrums wird eine Teilschwingung $F_\nu e^{j\nu\omega_0 t}$ durch F_ν an der Stelle $\omega = \nu \cdot \omega_0$ markiert. Die Teilschwingung $F_{-\nu} e^{-j\nu\omega_0 t} = F_{-\nu} e^{j(-\nu\omega_0)t}$ wird bei der negativen Frequenz $\omega = -\nu \cdot \omega_0$ aufgetragen. Dadurch entsteht das links im Bild 3.17 dargestellte Spektrum, das von der oberen Reihendarstellung (3.76) ausgeht und ansonsten die gleichen Informationen wie das rechts skizzierte Spektrum enthält. Es bleibt noch nachzutragen, dass die Fourier-Koeffizienten F_ν i.A. komplex sind: $F_\nu = |F_\nu| e^{j\varphi_\nu}$, so dass dann bei $\nu\omega_0$ bzw. $-\nu\omega_0$ Betrag und Phasenwinkel der Fourier-Koeffizienten aufzutragen sind.

3.6.2 Die Grundgleichungen der Fourier-Transformation

Wir setzen zunächst eine absolut integrierbare Funktion $f(t)$ voraus:

$$\int_{-\infty}^{\infty} |f(t)|\, dt < \infty. \tag{3.77}$$

Dieser Funktion wird eine von der reellen Variablen ω abhängige Funktion, die *Fourier-Transformierte* zugeordnet:

$$F(j\omega) = \int_{-\infty}^{\infty} f(t) e^{-j\omega t}\, dt, \quad F(j\omega) = \mathcal{F}\{f(t)\}. \tag{3.78}$$

Statt $F(j\omega)$ könnte man auch $F(\omega)$ schreiben. Die hier gewählte Form ist aber im Sinne einer einheitlichen Darstellung vorzuziehen. Bei Kenntnis der Fourier-Transformierten $F(j\omega)$ kann die zugrundeliegende Zeitfunktion $f(t) \circ\!\!-\!\!\bullet F(j\omega)$ durch die Beziehung:

$$f(t) = \frac{1}{2\pi} \int_{-\infty}^{\infty} F(j\omega) e^{j\omega t}\, d\omega, \quad f(t) = \mathcal{F}^{-1}\{F(j\omega)\} \tag{3.79}$$

zurückgewonnen werden. Den Beweis für diese Rücktransformationsgleichung kann man auf unterschiedliche Weise führen. Häufig geht man dabei von der Fourier-Reihendarstellung einer mit der Periode T_0 periodischen Funktion aus und macht den Grenzübergang $T_0 \to \infty$. $F(j\omega)$ wird auch als *Spektralfunktion* oder kurz *Spektrum* von $f(t)$ bezeichnet.

3.6.3 Darstellungsarten für Fourier-Transformierte

Die Fourier-Transformierte ist i.A. eine komplexe Funktion, die daher in einen Realteil $R(\omega)$ und Imaginärteil $X(\omega)$ aufgespalten werden kann:

$$F(j\omega) = R(\omega) + jX(\omega). \tag{3.80}$$

Wir setzen zunächst reelle Zeitfunktionen $f(t)$ voraus und erhalten nach Gl. (3.78):

$$\begin{aligned} F(j\omega) &= \int_{-\infty}^{\infty} f(t)e^{-j\omega t}\,dt = \int_{-\infty}^{\infty} f(t)[\cos(\omega t) - j\sin(\omega t)]\,dt = \\ &= \int_{-\infty}^{\infty} f(t)\cos(\omega t)\,dt - j\int_{-\infty}^{\infty} f(t)\sin(\omega t)\,dt. \end{aligned} \tag{3.81}$$

Ein Vergleich mit Gl. (3.80) führt *bei reellen Zeitfunktionen* zu den Beziehungen:

$$\begin{aligned} R(\omega) &= \int_{-\infty}^{\infty} f(t)\cos(\omega t)\,dt = R(-\omega), \\ X(\omega) &= -\int_{-\infty}^{\infty} f(t)\sin(\omega t)\,dt = -X(-\omega). \end{aligned} \tag{3.82}$$

Man erkennt unmittelbar, dass der Realteil $R(\omega)$ eine gerade und der Imaginärteil $X(\omega)$ eine ungerade Funktion ist und daraus folgt bei reellen Zeitfunktionen die Eigenschaft $F^*(j\omega) = F(-j\omega)$.

In diesem Zusammenhang stellt sich die Frage, welche Eigenschaften reelle Zeitfunktionen $f(t)$ haben müssen, damit $F(j\omega)$ entweder reell oder imaginär ist. Die Studierenden können selbst leicht nachprüfen, dass eine gerade Zeitfunktion $f(t) = f(-t)$ zu dem Imaginärteil $X(\omega) = 0$ führt. Insgesamt erhält man folgende Ergebnisse:

$$\begin{aligned} f(t) = f(-t), \;\; \text{f(t) reell}: \quad F(j\omega) = R(\omega) = R(-\omega), \\ f(t) = -f(-t), \;\; \text{f(t) reell}: \quad F(j\omega) = jX(\omega) = -jX(-\omega). \end{aligned} \tag{3.83}$$

Gerade reelle Zeitfunktionen besitzen eine reelle, ungerade reelle Zeitfunktionen haben eine imaginäre Fourier-Transformierte. Neben der Darstellung einer Fourier-Transformierten durch ihren Real- und Imaginärteil ist natürlich auch eine Darstellung nach Betrag und Phasenwinkel möglich:

$$F(j\omega) = |F(j\omega)|\, e^{j\varphi(\omega)},$$
$$|F(j\omega)| = \sqrt{R^2(\omega) + X^2(\omega)}, \quad \varphi(\omega) = \arctan\frac{X(\omega)}{R(\omega)}, \tag{3.84}$$
$$\text{reelle Funktionen f(t): } |F(j\omega)| = |F(-j\omega)|, \quad \varphi(\omega) = -\varphi(-\omega).$$

Der Betrag $|F(j\omega)|$ wird auch als *Amplitudenspektrum*, der Phasenwinkel $\varphi(\omega)$ als *Phasenspektrum* des zugrundeliegenden Signales $f(t)$ bezeichnet.

Beispiel 3.8 *Untersucht wird die Fourier-Transformierte eines Rechteckimpulses der Breite T und Höhe A, wie auch links im Bild 3.19 skizziert. Aus Gl. (3.78) folgt:*

$$F(j\omega) = \int_{-\infty}^{\infty} f(t)e^{-j\omega t}\, dt = \int_{0}^{T} Ae^{-j\omega t}\, dt =$$

$$= \frac{A}{j\omega}(1 - e^{-j\omega T}) = \frac{A[1 - \cos(\omega T) + j\sin(\omega T)]}{j\omega}.$$

Aus der rechten Form erhalten wir (Gln. 3.80, 3.84):

$$R(\omega) = A\frac{\sin(\omega T)}{\omega}, \quad X(\omega) = -A\frac{1 - \cos(\omega T)}{\omega},$$

$$|F(j\omega)| = \frac{A}{|\omega|}\sqrt{2[1 - \cos(\omega T)]}, \quad \varphi(\omega) = -\arctan\left(\frac{1 - \cos(\omega T)}{\sin(\omega T)}\right).$$

Im Bild 3.18 sind links der Real- und Imaginärteil, rechts der Betrag (das Amplitudenspektrum) und der Phasenwinkel (das Phasenspektrum) aufgetragen.

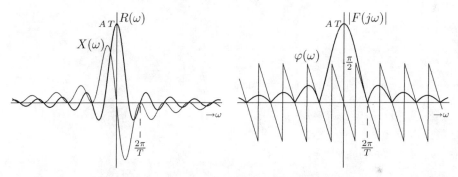

Abbildung 3.18: Real- und Imaginärteil, Betrag- und Phasenwinkel der Fourier-Transformierten eines Rechteckimpulses (Bild 3.19) der Breite T und Höhe A (Darstellung für $AT = \pi$)

3.6.4 Wichtige Eigenschaften der Fourier-Transformation

Die wichtigsten Eigenschaften der Fourier-Transformation werden zusammengestellt und zumeist nur in kurzer und mathematisch wenig strenger Form bewiesen. Auf Beweise sowie erläuternde Beispiele und graphische Darstellungen wird in diesem Abschnitt meistens verzichtet.

1. *Linearität*

$$f(t) = k_1 f_1(t) + k_2 f_2(t) \circ\!\!-\!\!\bullet\; F(j\omega) = k_1 F_1(j\omega) + k_2 F_2(j\omega). \tag{3.85}$$

Die Funktion $f(t) = k_1 f_1(t) + k_2 f_2(t)$ hat die Fourier-Transformierte:

$$F(j\omega) = \int_{-\infty}^{\infty} [k_1 f_1(t) + k_2 f_2(t)]e^{-j\omega t}\, dt =$$

$$= k_1\int_{-\infty}^{\infty} f_1(t)e^{-j\omega t}\, dt + k_2\int_{-\infty}^{\infty} f_2(t)e^{-j\omega t}\, dt = k_1 F_1(j\omega) + k_2 F_2(j\omega).$$

2. *Symmetrie der Fourier-Transformation, Vertauschungssatz*
Schreibt man die beiden Gleichungen (3.78) und (3.79) in der Form:

$$F(j\omega) = \int_{-\infty}^{\infty} f(t)e^{-j\omega t}\,dt, \qquad 2\pi f(t) = \int_{-\infty}^{\infty} F(j\omega)e^{j\omega t}\,d\omega,$$

dann erkennt man den symmetrischen Aufbau der beiden Gleichungen. Ersetzt man in diesen Gleichungen ω durch t und t durch $-\omega$, so erhält man die Korrespondenz:

$$F(jt) \circ\!\!-\!\!\bullet 2\pi f(-\omega). \tag{3.86}$$

3. *Zeitverschiebungssatz*

$$f(t - t_0) \circ\!\!-\!\!\bullet F(j\omega)e^{-j\omega t_0}. \tag{3.87}$$

Die Rücktransformation von $\tilde{F}(j\omega) = F(j\omega)e^{-j\omega t_0}$ liefert:

$$\tilde{f}(t) = \frac{1}{2\pi}\int_{-\infty}^{\infty} F(j\omega)e^{-j\omega t_0}e^{j\omega t}\,d\omega = \frac{1}{2\pi}\int_{-\infty}^{\infty} F(j\omega)e^{-j\omega(t-t_0)}\,d\omega = f(t - t_0).$$

4. *Frequenzverschiebungssatz*

$$F(j\omega - j\omega_0) \bullet\!\!-\!\!\circ f(t)e^{j\omega_0 t}. \tag{3.88}$$

Die Fourier-Transformierte $\tilde{F}(j\omega)$ von $f(t)e^{j\omega_0 t}$ lautet:

$$\tilde{F}(j\omega) = \int_{-\infty}^{\infty} f(t)e^{j\omega_0 t}e^{-j\omega t}\,dt = \int_{-\infty}^{\infty} f(t)e^{-j(\omega-\omega_0)t}\,dt = F(j\omega - j\omega_0).$$

5. *Differentiation im Zeitbereich*

$$f^{(n)}(t) \circ\!\!-\!\!\bullet (j\omega)^n F(j\omega). \tag{3.89}$$

aus $f(t) = \dfrac{1}{2\pi}\displaystyle\int_{-\infty}^{\infty} F(j\omega)e^{j\omega t}\,d\omega$ folgt $f'(t) = \dfrac{1}{2\pi}\displaystyle\int_{-\infty}^{\infty} \{j\omega F(j\omega)\}e^{j\omega t}\,d\omega$ usw.

6. *Integration im Zeitbereich*

$$\int_{-\infty}^{t} f(\tau)\,d\tau \circ\!\!-\!\!\bullet \frac{F(j\omega)}{j\omega} + F(0)\cdot\pi\delta(\omega). \tag{3.90}$$

7. *Differentiation im Frequenzbereich*

$$\frac{d^n\,F(j\omega)}{d\,\omega^n} \bullet\!\!-\!\!\circ (-jt)^n f(t). \tag{3.91}$$

aus $F(j\omega) = \displaystyle\int_{-\infty}^{\infty} f(t)e^{-j\omega t}\,dt$ folgt $\dfrac{d\,F(j\omega)}{d\,\omega} = \displaystyle\int_{-\infty}^{\infty} \{-jt\,f(t)\}e^{-j\omega t}\,dt$ usw.

8. *Ähnlichkeitssatz (Zeitdehnung)*

$$f(at) \circ\!\!-\!\!\bullet \frac{1}{|a|}F(j\omega/a),\ a \neq 0. \tag{3.92}$$

9. *Faltung im Zeitbereich*

$$\int_{-\infty}^{\infty} f_1(\tau)\, f_2(t-\tau)\, d\tau = f_1(t) * f_2(t) \;\circ\!\!-\!\!\bullet\; F_1(j\omega) \cdot F_2(j\omega). \qquad (3.93)$$

10. *Gerade und ungerade Funktionen*

Gerade Zeitfunktionen haben gerade und ungerade Zeitfunktionen ungerade Fourier-Transformierte:

$$\begin{aligned} f(t) = f(-t): & \quad F(j\omega) = F(-j\omega), \\ f(t) = -f(-t): & \quad F(j\omega) = -F(-j\omega). \end{aligned} \qquad (3.94)$$

11. *Zerlegung einer Zeitfunktion in einen geraden und ungeraden Teil*

Man kann eine beliebige Funktion $f(t)$ stets in einen geraden Anteil und einen ungeraden Anteil zerlegen:

$$f(t) = f_g(t) + f_u(t),$$
$$f_g(t) = \frac{1}{2}[f(t) + f(-t)] = f_g(-t), \quad f_u(t) = \frac{1}{2}[f(t) - f(-t)] = -f_u(t). \qquad (3.95)$$

Auf gleiche Weise kann man auch die Fourier-Transformierte eindeutig in einen geraden und ungeraden Anteil aufspalten:

$$F(j\omega) = F_g(j\omega) + F_u(j\omega),$$
$$F_g(j\omega) = \frac{1}{2}[F(j\omega) + F(-j\omega)] = F_g(-j\omega), \qquad (3.96)$$
$$F_u(j\omega) = \frac{1}{2}[F(j\omega) - F(-j\omega)] = -F_u(-j\omega).$$

Aus den oben genannten Eigenschaften (Gl. 3.94) folgt dann:

$$f_g(t) \;\circ\!\!-\!\!\bullet\; F_g(j\omega), \quad f_u(t) \;\circ\!\!-\!\!\bullet\; F_u(j\omega). \qquad (3.97)$$

Bei reellen Zeitfunktionen ist $F_g(j\omega) = R(\omega)$ und $F_u(j\omega) = jX(\omega)$. Besonders einfach kann die Zerlegung bei *rechtsseitigen* bzw. *kausalen* Zeitfunktionen durchgeführt werden. Als rechtsseitig oder kausal bezeichnet man eine Zeitfunktion mit der Eigenschaft $f(t) = 0$ für $t < 0$. In diesem Fall erhält man:

$$t > 0: \; f_g(t) = f_u(t) = \frac{1}{2}f(t), \; t < 0: \; f_g(t) = -f_u(t). \qquad (3.98)$$

12. *Das Verhalten von Fourier-Transformierten bei hohen Frequenzen*

Wir beziehen uns hier nur auf solche Zeitfunktionen, bei denen die Berechnung der Fourier-Transformierten auf keine Konvergenzprobleme stößt. Dies sind auf jeden Fall absolut integrierbare Funktionen. Ausgeschlossen sind damit verallgemeinerte Funktionen und auch Leistungssignale. Wenn von einer unstetigen Funktion die Rede ist, soll es sich um eine stückweise stetige und differenzierbare Funktion mit Unstetigkeiten in Form von Sprüngen handeln. Für solche Funktionen kann man Aussagen über das Verhalten ihrer Fourier-Transformierten bei großen Frequenzwerten machen:

$$f(t) \text{ unstetig } \Rightarrow |F(j\omega)| \approx \frac{1}{|\omega|} \text{ für } \omega \to \infty,$$

$$f(t) \text{ stetig, } f'(t) \text{ unstetig } \Rightarrow |F(j\omega)| \approx \frac{1}{|\omega|^2} \text{ für } \omega \to \infty, \qquad (3.99)$$

$$f(t), \ f'(t) \text{ stetig, } f''(t) \text{ unstetig } \Rightarrow |F(j\omega)| \approx \frac{1}{|\omega|^3} \text{ für } \omega \to \infty.$$

Je *glatter* die Funktion $f(t)$ ist, desto *schneller* erfolgt der Abfall von $F(j\omega)$ bei großen Frequenzen.

Diese Aussagen entsprechen dem Konvergenzverhalten von Fourier-Reihen. Bei unstetigen periodischen Funktionen nehmen die Fourier-Koeffizienten F_ν mit $1/\nu$ ab, sonst mindestens mit $1/\nu^2$.

Beispiel 3.9 *Das links im Bild 3.19 skizzierte kausale Signal wird nach Gl. (3.98) in einen geraden und ungeraden Anteil zerlegt (rechter Bildteil). Offenbar ist $f(t) = f_g(t) + f_u(t)$. Die Fourier-Transformierten $F_g(j\omega) = R(\omega)$ und $F_u(\omega) = jX(\omega)$ des geraden und ungeraden Signalanteils sind übrigens links im Bild 3.18 skizziert.*

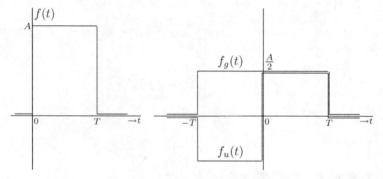

Abbildung 3.19:   Zerlegung einer kausalen Zeitfunktion in einen geraden und ungeraden
                  Anteil

3.7   Fourier-Transformierte einiger Leistungs- und Energiesignale

Nach Gl. (3.6) (Abschnitt 3.2.3) beträgt die mittlere Leistung eines (reellen) Signales:

$$P = \lim_{T \to \infty} \frac{1}{2T} \int_{-T}^{T} f^2(t) \, dt. \qquad (3.100)$$

Im Fall $0 < P < \infty$ ist $f(t)$ ein *Leistungssignal*. Leistungssignale sind keine absolut integrierbaren Signale (siehe Gl. 3.77). Damit ist die Existenz von Fourier-Transformierten von Leistungssignalen nicht gesichert. Dennoch lassen sich auch für Leistungssignale Fourier-Transformierte berechnen, wenn Rechenregeln für verallgemeinerte Funktionen benutzt und die Ergebnisse auch als verallgemeinerte Funktionen aufgefasst werden. Bei den Beispielen in den folgenden Abschnitten wird auf die Mathematik der verallgemeinerten Funktionen nur kurz eingegangen.

3.7.1 Der Dirac-Impuls und das Gleichsignal

Wie bereits erwähnt wurde, gehört der Dirac-Impuls zu den Leistungssignalen. Mit der Definitionsgleichung 3.78, $f(t) = \delta(t)$ und bei Beachtung der Ausblendeigenschaft des Dirac-Impulses (rechte Gleichungsseite 3.15) erhält man:

$$F(j\omega) = \int_{-\infty}^{\infty} f(t)e^{-j\omega t}\, dt = \int_{-\infty}^{\infty} \delta(t)e^{-j\omega t}\, dt = 1,$$

also die Korrespondenz:

$$f(t) = \delta(t) \;\circ\!\!-\!\!\bullet\; 1 = F(j\omega) = R(\omega). \tag{3.101}$$

Zur Berechnung der Fourier-Transformierten des *Gleichsignals* $f(t) = 1$, benutzen wir den Vertauschungssatz (Gl. 3.86):

$$f(t) \;\circ\!\!-\!\!\bullet\; F(j\omega), \; F(jt) \;\circ\!\!-\!\!\bullet\; 2\pi f(-\omega) \Rightarrow \delta(t) \;\circ\!\!-\!\!\bullet\; 1, \; 1 \;\circ\!\!-\!\!\bullet\; 2\pi\delta(-\omega) = 2\pi\delta(\omega).$$

Ergebnis:

$$f(t) = 1 \;\circ\!\!-\!\!\bullet\; 2\pi\delta(\omega) = F(j\omega) = R(\omega). \tag{3.102}$$

Im Bild 3.20 sind die Ergebnisse nach den Gln. (3.101) und (3.102) dargestellt. Setzt man die

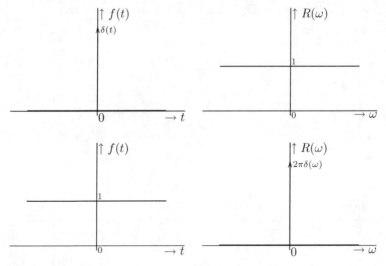

Abbildung 3.20: Fourier-Transformierte der Signale $f(t) = \delta(t)$ und $f(t) = 1$

Fourier-Transformierte $F(j\omega) = 1$ des Dirac-Impulses in die Rücktransformationsgleichung (3.79) ein, so folgt im Sinne der Theorie der verallgemeinerten Funktionen:

$$\delta(t) = \frac{1}{2\pi} \int_{-\infty}^{\infty} 1\, e^{j\omega t}\, d\omega = \frac{1}{2\pi} \lim_{\omega_0 \to \infty} \int_{-\omega_0}^{\omega_0} e^{j\omega t}\, d\omega =$$
$$= \frac{1}{2\pi} \lim_{\omega_0 \to \infty} \frac{e^{j\omega_0 t} - e^{-j\omega_0 t}}{jt} = \lim_{\omega_0 \to \infty} \frac{\sin(\omega_0 t)}{\pi t}.$$

Damit wurde die mittlere Gleichung (3.11) zur Definition des Dirac-Impulses bewiesen.

3.7.2   Der Zusammenhang von Fourier-Reihen und dem Spektrum

Wir berechnen zunächst die Fourier-Transformierte des komplexen Signales $f(t) = e^{j\omega_0 t}$. Die Berechnung erfolgt am einfachsten mit dem Frequenzverschiebungssatz (Gl. 3.88) und der Korrespondenz (Gl. 3.102) $1 \circ\!\!-\!\!\bullet 2\pi\delta(\omega)$:

$$2\pi\delta(\omega) \bullet\!\!-\!\!\circ 1, \ 2\pi\delta(\omega - \omega_0) \bullet\!\!-\!\!\circ e^{j\omega_0 t}. \tag{3.103}$$

Mit diesem Ergebnis erhält man unmittelbar die Fourier-Transformierte einer (in Form einer Fourier-Reihe) vorliegenden periodischen Funktion:

$$f(t) = \sum_{\nu=-\infty}^{\infty} F_\nu e^{j\nu\omega_0 t} \circ\!\!-\!\!\bullet \sum_{\nu=-\infty}^{\infty} 2\pi F_\nu \, \delta(\omega - \nu\omega_0) = F(j\omega). \tag{3.104}$$

Die Sonderfälle $F_\nu = 0$ für $\nu \neq \pm 1$, $F_1 = F_{-1} = 0,5$ bzw. $F_\nu = 0$ für $\nu \neq \pm 1$, $F_1 = -F_{-1} = 0,5/j$ führen zu den Signalen:

$$\begin{aligned} \frac{1}{2}e^{j\omega_0 t} + \frac{1}{2}e^{-j\omega_0 t} &= \cos(\omega_0 t) \circ\!\!-\!\!\bullet \pi\delta(\omega - \omega_0) + \pi\delta(\omega + \omega_0), \\ \frac{1}{2j}e^{j\omega_0 t} - \frac{1}{2j}e^{-j\omega_0 t} &= \sin(\omega_0 t) \circ\!\!-\!\!\bullet \frac{\pi}{j}\delta(\omega - \omega_0) - \frac{\pi}{j}\delta(\omega + \omega_0). \end{aligned} \tag{3.105}$$

Im Bild 3.21 sind diese Funktionen mit ihren Fourier-Transformierten dargestellt.

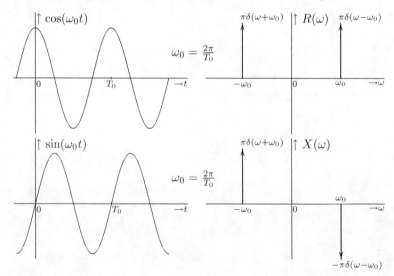

Abbildung 3.21: Fourier-Transformierte der Signale $\cos(\omega_0 t)$ und $\sin(\omega_0 t)$

Beispielhaft ermitteln wir die Fourier-Transformierte $\tilde{f}(t) \circ\!\!-\!\!\bullet \tilde{F}(j\omega)$ der periodischen Fortsetzung eines Rechteckimpulses $f(t) = rect(2t/T_0)$ (Abb. 3.23). Mit der Reihendarstellung von $\tilde{f}(t)$ und der Korrespondenz (3.104) erhält man:

$$\tilde{f}(t) = \sum_{\nu=-\infty}^{\infty} \frac{\sin(\nu\pi/2)}{\nu\pi} e^{j\nu\omega_0 t} \circ\!\!-\!\!\bullet \sum_{\nu=-\infty}^{\infty} \frac{2\sin(\nu\pi/2)}{\nu}\delta(\omega - \nu\omega_0) = \tilde{F}(j\omega). \tag{3.106}$$

Die Fourier-Transformierte nach GL. 3.106 ist im Bild 3.22 skizziert.

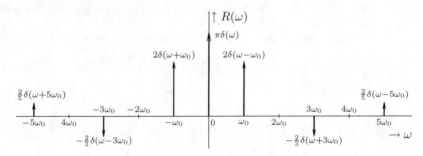

Abbildung 3.22: Spektrum der periodischen Fortsetzung von $f(t) = rect(2t/T_0)$

Die Korrespondenz (3.104) stellt bei periodischen Signalen einen unmittelbaren Zusammenhang zwischen der Fourier-Reihe und der Fourier-Transformierten dar. Die Darstellung von $F(j\omega)$, wie z.B. in Bild 3.22, entspricht daher der Darstellung des im Abschnitt 3.6.1 für periodische Funktionen eingeführten Spektrums (linker Bildteil 3.17). Im Abschnitt 3.6.1 wurde ausgeführt, dass das Spektrum eines periodischen Signales Auskunft darüber gibt, aus welchen Teilschwingungen (Fourier-Koeffizienten, Periode) das Signal besteht. Die Fourier-Transformierte enthält die gleichen Informationen. Daher steht die Bezeichnung *Spektrum* für Fourier-Transformierte nicht im Widerspruch zu den Erklärungen im Abschnitt 3.6.1 für periodische Signale. Die Bezeichnung Spektrum für Fourier-Transformierte wird aber generell verwandt, also auch bei nichtperiodischen Zeitfunktionen. Wir wollen kurz zeigen, wie dies begründet werden kann.

Wir gehen dazu von einem zeitlich begrenzten Signal aus, etwa dem oben links im Bild 3.23 skizzierten Rechteckimpuls der Breite T. Die Fourier-Transformierte, das Spektrum dieses Signales, wird nach Gl. (3.78) berechnet:

$$F(j\omega) = \int_{-T/2}^{T/2} f(t)e^{-j\omega t}\, dt = \int_{-T/2}^{T/2} 1\, e^{-j\omega t}\, dt = \frac{2\sin(\omega T/2)}{\omega}. \tag{3.107}$$

Rechts im Bild 3.23 ist dieses Spektrum dargestellt. $f(t)$ ist keine periodische Funktion und kann daher selbstverständlich nicht durch eine Fourier-Reihe dargestellt werden. Unten im Bild 3.23 ist eine periodische Funktion $\tilde{f}(t)$ skizziert, die eine *periodische Fortsetzung* von $f(t)$ darstellt. Als Periodendauer wurde hier die vierfache Impulsbreite $T_0 = 4T$ gewählt.

Die periodische Funktion $\tilde{f}(t)$ kann als Fourier-Reihe (vgl. Gl. (3.76), S. 206) dargestellt werden:

$$\tilde{f}(t) = \sum_{\nu=-\infty}^{\infty} F_\nu e^{j\nu 2\pi/T_0}, \qquad F_\nu = \frac{1}{T_0}\int_{-T/2}^{T/2} f(t)e^{-j\nu 2\pi t/T_0}\, dt. \tag{3.108}$$

Dabei wurde $T_0 > T$ vorausgesetzt und außerdem noch die Eigenschaft $\tilde{f}(t) = f(t)$ für $-T_0/2 < t < T_0/2$. Ein Vergleich der Fourier-Koeffizienten (Gl. 3.108) der Reihe für $\tilde{f}(t)$ mit der Fourier-Transformierten (Gl. 3.107) des Signales $f(t)$ zeigt den Zusammenhang:

$$F_\nu = \frac{1}{T_0}F(j\nu 2\pi/T_0). \tag{3.109}$$

Das bedeutet, dass man aus der Fourier-Transformierten $F(j\omega)$ eines nichtperiodischen (zeitlich begrenzten) Signales $f(t)$ die Fourier-Koeffizienten F_ν des periodisch fortgesetzten Signales $\tilde{f}(t)$ entnehmen kann. Im Bild 3.23 sind einige dieser (mit T_0 multiplizierten) Fourier-Koeffizienten im Fall $T_0 = 4T$ eingetragen. Diese Zusammenhänge erklären auch eine Methode zur Messung von

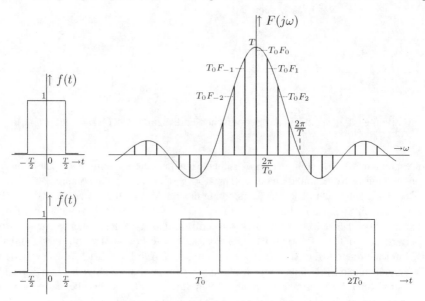

Abbildung 3.23: Signal $f(t)$ mit seinem Spektrum $F(j\omega)$ und die mit T_0 multiplizierten Fourier-Koeffizienten nach Gl. (3.76) (oberer Bildteil), periodische
Fortsetzung $\tilde{f}(t)$ von $f(t)$ mit $T_0 = 4T$ (unterer Bildteil)

Fourier-Transformierten nichtperiodischer Funktionen. Das betreffende Signal, z.B. der oben im Bild 3.23 dargestellte Impuls, wird periodisch fortgesetzt, es entsteht ein periodisches Signal $\tilde{f}(t)$. Bei diesem aus Sinusschwingungen aufgebauten Signal kann man mit einem selektiven Messgerät die Effektivwerte (und auch die Nullphasenwinkel) der Teilschwingungen messen. Damit sind die Fourier-Koeffizienten F_ν bekannt und gestatten die punktweise Konstruktion der Funktion $F(j\omega)$. Die Messpunkte bei $F(j\omega)$ werden umso dichter, je größer die Periode T_0 bei der periodischen Fortsetzung gewählt wurde. Gleichzeitig werden aber die gemessenen Amplituden $|F_\nu|$ der Teilschwingungen immer kleiner. Das Signal $f(t)$ kann schließlich als Grenzfall von $\tilde{f}(t)$ für $T_0 \to \infty$ angesehen werden. Auf diese Weise wurde ein Zusammenhang zwischen der Fourier-Transformierten eines nichtperiodischen Signales und der Fourier-Reihendarstellung eines zugehörigen periodischen Signales, der *periodischen Fortsetzung*, hergestellt. Diese Überlegungen begründen die Bezeichnung Spektrum für Fourier-Transformierte, unabhängig davon, ob es sich um periodische oder nichtperiodische Signale handelt.

Abschließend soll noch angemerkt werden, dass es sich bei den negativen Werten der Frequenzvariablen ω, die in den Spektren auftreten, um Rechengrößen handelt, die physikalisch ohne Bedeutung sind. Sie vereinfachen die notwendigen Rechenvorgänge. Negative Frequenzen traten erstmals im Abschnitt 3.6.1 bei den Spektren periodischer Funktionen auf. Dort wurde einer komplexen Schwingung $e^{-j\nu\omega_0 t} = e^{j(-\nu\omega_0)t}$ eine negative Frequenz $\omega = -\nu\omega_0$ zugeordnet. Auf diese Weise entstand das im links im Bild 3.17 skizzierte Spektrum.

3.7.3 Rechteck- und die Spaltfunktion

Die Rechteck- und die Spaltfunktion sind Signale endlicher Energie. Nach Gl. (3.1) hat ein Signal $f(t)$ die Energie:

$$E = \int_{-\infty}^{\infty} f^2(t)\, dt.$$

Im Fall $0 < E < \infty$ spricht man von einem *Energiesignal*.

Die *Rechteckfunktion* wurde bereits im 1. Abschnitt eingeführt:

$$\text{rect}(t) = \begin{cases} 1 \text{ für } |t| < 0,5, \\ 0 \text{ für } |t| > 0,5. \end{cases} \tag{3.110}$$

Unter der *Spaltfunktion* oder si-*Funktion* versteht man die Funktion:

$$\text{si}(x) = \frac{\sin(x)}{x}. \tag{3.111}$$

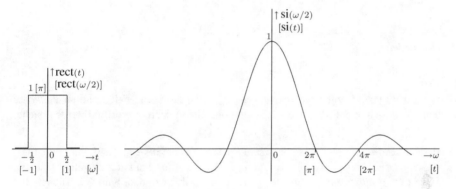

Abbildung 3.24: Signale und Spektren von $\text{rect}(t)$ und [mit den Bezeichnungen in Klammern] von $\text{si}(t)$

Die Fourier-Transformierte der nochmals links im Bild 3.24 skizzierten Rechteckfunktion wird nach Gl. (3.78) berechnet:

$$F(j\omega) = \int_{-\infty}^{\infty} f(t)e^{-j\omega t}\, dt = \int_{-0,5}^{0,5} e^{-j\omega t}\, dt = \frac{2\sin(\omega/2)}{\omega}.$$

Ein Vergleich mit der si-Funktion nach Gl. (3.111) führt zu der Korrespondenz:

$$\text{rect}(t) \circ\!\!-\!\!\bullet \frac{\sin(\omega/2)}{\omega/2} = \text{si}(\omega/2). \tag{3.112}$$

Diese Fourier-Transformierte ist rechts im Bild 3.24 skizziert. Zur Ermittlung des Spektrums des Signales $f(t) = \text{si}(t)$ wird auf die Korrespondenz (3.112) zunächst der Vertauschungssatz (3.86) angewandt:

$$\text{si}(t/2) \circ\!\!-\!\!\bullet 2\pi \cdot \text{rect}(-\omega) = 2\pi \cdot \text{rect}(\omega).$$

Der Ähnlichkeitssatz (3.92) führt mit $a = 2$ zu der gesuchten Korrespondenz:

$$\frac{\sin(t)}{t} = \text{si}(t) \;\circ\!\!-\!\!\bullet\; \pi\,\text{rect}(\omega/2) = \begin{cases} \pi \text{ für } |\omega| < 1, \\ 0 \text{ für } |\omega| > 1. \end{cases} \tag{3.113}$$

Die Ergebnisse nach den Gln. (3.112), (3.113) sind zusammen im Bild 3.24 dargestellt. Im linken Bildteil ist $\text{rect}(t)$ bzw. mit den Achsenbezeichnungen in Klammern $\pi \cdot \text{rect}(\omega/2)$ dargestellt. Rechts das Spektrum von $\text{rect}(t)$ bzw. wieder mit den Achsenbezeichnungen in Klammern die Zeitfunktion $\text{si}(t)$.

3.7.4 Der Gaußimpuls

Als *Gaußimpuls* bezeichnet man das Signal:

$$f(t) = e^{-at^2}, \quad a > 0.$$

Nach Gl. (3.78) erhält man das Spektrum:

$$F(j\omega) \;=\; \int_{-\infty}^{\infty} e^{-at^2} e^{-j\omega t}\, dt \;=\; \sqrt{\frac{\pi}{a}}\, e^{-\omega^2/(4a)},$$

also die Korrespondenz:

$$e^{-at^2} \;\circ\!\!-\!\!\bullet\; \sqrt{\frac{\pi}{a}}\, e^{-\omega^2/(4a)}. \tag{3.114}$$

Die Auswertung des Integrals zur Berechnung von $F(j\omega)$ ist in diesem Fall nicht auf einfache Weise möglich. Es muss hier auf Methoden der Funktionentheorie zurückgegriffen werden (siehe z.B. [27]).

Eine Besonderheit des Gaußimpulses ist, dass sein Spektrum ebenfalls eine Gaußfunktion ist, es gilt: $f(t) \;\circ\!\!-\!\!\bullet\; k_1 f(k_2\omega)$ mit $k_1 = \sqrt{\pi/a}$ und $k_2 = 0,5/a$. Eine Funktion mit einer solchen Eigenschaft nennt man *selbstreziprok*. Ein Beispiel für eine selbstreziproke Funktion ist auch die Abtastfunktion (Dirac-Kamm):

$$d(t) = \sum_{\nu=-\infty}^{\infty} \delta(t - \nu T_0) \;\circ\!\!-\!\!\bullet\; \omega_0 \sum_{\nu=-\infty}^{\infty} \delta(\omega - \nu\omega_0) = D(j\omega), \quad \omega_0 = \frac{2\pi}{T_0}. \tag{3.115}$$

Der Gaußimpuls ist beliebig oft ableitbar, daher nimmt sein Spektrum bei großen Frequenzen schneller als jede Potenz von $1/\omega$ ab (Begründung siehe Gl. 3.99).

3.8 Bandbegrenzte Signale

Bandbegrenzte Signale sind Signale $f(t)$, die keine Frequenzanteile oberhalb einer bestimmbaren Grenzfrequenz ω_g besitzen. Das Spektrum, also die Fouriertransformierte $F(j\omega)$ von $f(t)$ muss ab dieser Grenzfrequenz verschwinden. Für die Möglichkeit analoge Signale sinnvoll durch Abtastung in diskrete Signale zu wandeln und zu verarbeiten, ist dies von großer Bedeutung. Im nachfolgenden Abschnitt wird deshalb auf eine einfache Definition von Impuls- und Bandbreite eingegangen und danach das Abtasttheorem im Zeitbereich erläutert.

3.8.1   Impuls- und Bandbreite

Wir betrachten zunächst ein zeitlich begrenztes Signal $f(t)$, das innerhalb der Grenzen $-T \leq t \leq T$ liegt. Ein Beispiel für ein solches Signal ist der Rechteckimpuls $\text{rect}[t/(2T)]$, der im Bereich von -T bis T die Höhe 1 hat und außerhalb des Bereichs die Höhe 0 besitzt. Offenbar kann jeder auf den Bereich von -T bis T zeitlich begrenzte Impuls $f(t)$ auch in der Form:

$$f(t) = f(t) \cdot \text{rect}[t/(2T)]$$

dargestellt werden. Mit der Korrespondenz (3.112) und dem Ähnlichkeitssatz (3.92) erhält man:

$$\text{rect}[t/(2T)] \quad \circ\!\!-\!\!\bullet \quad 2T \cdot \text{si}(\omega T).$$

Das Ergebnis dieser Überlegungen kann dahingehend verallgemeinert werden, *dass ein zeitbegrenztes Signal kein bandbegrenztes Spektrum besitzen kann*. Aus der Symmetrie der Fourier-Transformation (Gl. 3.86) folgt damit auch, dass ein bandbegrenztes Signal nicht gleichzeitig auch zeitbegrenzt sein kann. Zusammenfassend lässt sich formulieren: *Ein Signal kann nicht zugleich exakt zeitbegrenzt und exakt bandbegrenzt sein.*

Nach diesem Ergebnis liegt es nahe, nach einer Definition für die Dauer D und die Bandbreite B eines Signales zu suchen, die auch bei keiner strengen Begrenzung noch zu sinnvollen Ergebnissen führt. Eine dieser Möglichkeiten ist auf reelle gerade Signale beschränkt, bei denen somit ein reelles Spektrum $F(j\omega) = R(\omega) = R(-\omega)$ vorliegt. Bei diesen Signalen kann folgende Definition zu sinnvollen Ergebnissen führen:

$$D = \frac{1}{f(0)} \int_{-\infty}^{\infty} f(t)\,dt, \qquad B = \frac{1}{F(0)} \int_{-\infty}^{\infty} F(j\omega)\,d\omega. \qquad (3.116)$$

Die Fläche unter dem Impuls wird durch eine Rechteckfläche der Höhe $f(0)$ und der Breite (Dauer) D aufgefasst. Ebenso wird die Fläche unter dem Spektrum als Rechteckfläche der Höhe $F(0)$ und der Bandbreite B definiert. Aus den Definitionsgleichungen (3.78) und (3.79) für die Fourier-Transformation erhält man dann:

$$D \cdot f(0) = \int_{-\infty}^{\infty} f(t)\,dt = F(0), \qquad B \cdot F(0) = \int_{-\infty}^{\infty} F(j\omega)\,d\omega = 2\pi\,f(0),$$

und daraus folgt die wichtige Beziehung:

$$D \cdot B \; = \; 2\pi. \qquad (3.117)$$

Dies bedeutet ein konstantes Produkt aus Impulsbreite und Bandbreite. Kurze Impulse haben ein breites Spektrum und breite Impulse ein schmales Spektrum. Dieser außerordentlich wichtige Zusammenhang ergibt sich vom Prinzip her auch aus dem Ähnlichkeitssatz der Fourier-Transformation (Gl. 3.92). Diese Aussagen bezeichnet man in Analogie zu einer formal ähnlichen Beziehung in der Quantenmechanik auch als *Unschärferelation*.

Für einen Rechteckimpuls $f(t) = \text{rect}(t)$ der Höhe und Breite 1 (links im Bild 3.24) erhält man aus Gl. (3.116) die Breite $D = 1$, die hier mit der tatsächlichen Impulsbreite übereinstimmt. Die Bandbreite wird am besten mit Gl. (3.117) berechnet, es wird $B = 2\pi/D = 2\pi$. Im rechts im Bild 3.24 skizzierten Spektrum von $\text{rect}(t)$ geht die Bandbreite von $-\pi$ bis π.

3.8.2   Abtasttheorem für bandbegrenzte Signale

Unter einem bandbegrenzten Signal wird ein Signal $f(t)$ verstanden, dessen Spektrum oberhalb einer Grenzkreisfrequenz ω_g die Eigenschaft aufweist:

$$|F(j\omega)| = 0 \text{ für } |\omega| > \omega_g. \tag{3.118}$$

Für ein derartiges mit ω_g bzw. f_g bandbegrenztes Signal gilt folgende wichtige Aussage:

> Ein mit der Grenzfrequenz f_g bandbegrenztes Signal $f(t)$ wird vollständig durch einzelne Signalwerte beschrieben, die im Abstand $\Delta t = 1/(2f_g) = \pi/\omega_g$ entnommen werden.

Oben im Bild 3.25 ist ein mit ω_g bandbegrenztes Signal $f(t)$ und die Abtastwerte $f(n)$ im Abstand $\Delta t = 1/(2f_g)$ skizziert. Für das Signal $f(t)$ ist unten links schematisch sein Spektrum $F(j\omega)$ dargestellt. Unten rechts hingegen, ist – bis auf einen Amplitudenfaktor – das Spektrum $F_0(j\omega)$ der Abtastwerte $f(n)$ zu sehen (vgl. Bsp. 3.6 im Abschn. 3.5.2). Es ist zu erkennen, dass das Spektrum $F_0(j\omega)$ die periodische Fortsetzung von $F(j\omega)$ ist (vgl. Abschnitt 3.10.2):

$$\begin{aligned} F_0(j\omega) &= F(j\omega) \text{ für } |\omega| < \omega_g, \\ F_0(j\omega) &= F_0[j(\omega + k2\omega_g)], \ k = 0, \pm 1, \pm 2, \cdots \end{aligned} \tag{3.119}$$

Die Einhaltung des Abtasttheorems bewirkt, dass es bei der periodischen Fortsetzung von $F(j\omega)$ zu keiner Überschneidung der Spektren kommt.

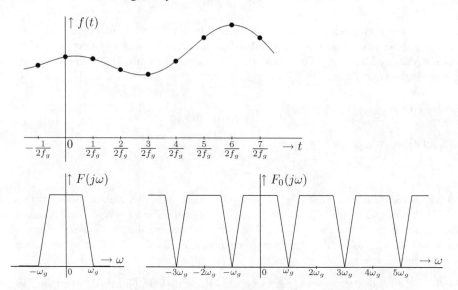

Abbildung 3.25: Zeitfunktion mit Abtastwerten im Abstand $1/(2f_g)$ (oberer Bildteil), schematische Darstellung des Spektrums $F(j\omega)$ von $f(t)$ (unten links), periodische Fortsetzung $F_0(j\omega)$ des Spektrums von $f(t)$ (unten rechts)

Prinzipiell können durch die markierten Abtastwerte $f[\nu/(2f_g)]$ unendlich viele unterschiedliche Kurven gezeichnet werden. Nach Aussage des Abtasttheorems muss es aber eine Methode geben, mit der die Werte von $f(t)$ zwischen den Abtastpunkten eindeutig zurückgewonnen werden können. Auf einen strengen Beweis des Abtasttheorems wird hier verzichtet, es soll jedoch der Beweisweg aufgezeit werden. $F_0(j\omega)$ ist eine periodische Funktion mit der Periode $2\omega_g$, die in Form einer Fourier-Reihe dargestellt werden kann. Hierdurch gelingt es, einen Zusammenhang zwischen den Abtastwerten $f(n)$ und der analogen Funktion $f(t)$ herzustellen. Das Endergebnis zeigt die nachfolgende Gleichung:

$$
\begin{aligned}
f(t) &= \sum_{\nu=-\infty}^{\infty} f(\nu\pi/\omega_g)\frac{\sin[\omega_g(t-\nu\pi/\omega_g)]}{\omega_g(t-\nu\pi/\omega_g)} = \\
&= \sum_{\nu=-\infty}^{\infty} f(\nu\pi/\omega_g)\,\sigma[\omega_g(t-\nu\pi/\omega_g)].
\end{aligned}
\tag{3.120}
$$

$f(t)$ ist eindeutig durch seine eigenen Funktionswerte $f(\nu\pi/\omega_g) = f[\nu \cdot 1/(2f_g)]$ im Abstand $1/(2f_g)$ bestimmt. Diese Werte sind im Bild 3.25 markiert und aus diesen Punkten lässt sich $f(t)$ für alle Werte von t berechnen lässt.

Für ein Beispiel wird angenommen, dass $f(0) = 1$, $f(\pi/\omega_g) = 1,5$, $f(2\pi/\omega_g) = 2$, $f(3\pi/\omega_g) = 1,8$, $f(4\pi/\omega_g) = 1,5$, $f(5\pi/\omega_g) = 2,1$ sein soll. Bild 3.26 zeigt die 6 Summanden $f(\nu\pi/\omega_g) \cdot \sigma[\omega_g(t - \nu\pi/\omega_g)]$ für $\nu = 0$ bis $\nu = 5$. Man erkennt, dass an den *Abstandspunkten* $\nu\pi/\omega_g$ alle Funktionen $\sigma[\omega_g(t - \nu\pi/\omega_g)]$, bis auf jeweils eine einzige, verschwinden. Z.B. ist bei $t = 0$ die Funktion si(0) $= 1$ und somit wird dort $f(0) \cdot$ si(0) $= f(0) = 1$. Entsprechendes gilt an den Zeitpunkten π/ω_g, $2\pi/\omega_g$ usw. An den Zwischenwerten findet man $f(t)$ durch Addition der Teilfunktionen, die nun nicht mehr verschwinden.

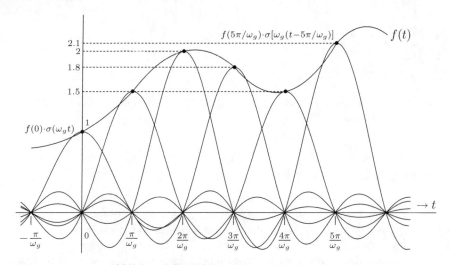

Abbildung 3.26: Erklärung des Abtasttheorems

Zusätzliche Bemerkungen zum Abtasttheorem

1. Bei der Ableitung des Abtasttheorems wird vorausgesetzt, dass die Abtastwerte $f(\nu T)$ genau im Abstand $T = 1/(2f_g)$ entnommen wurden. Es stellt sich die Frage, wie das Signal bei einer

Überabtastung, d.h. bei enger liegenden Abtastwerten $f(\nu\tilde{T})$ mit $\tilde{T} < T = 1/(2f_g)$ rekonstruiert werden kann. Nun entspricht ein kleinerer Abtastabstand der Annahme einer theoretisch unnötig höheren Grenzfrequenz $\tilde{f}_g = 1/(2\tilde{T})$ für das Signal. Ein Signal, das mit f_g bandbegrenzt ist, ist natürlich ebenfalls mit $\tilde{f}_g > f_g$ bandbegrenzt. Eine Überabtastung bewirkt, dass die periodische Fortsetzung des Spektrums auseinander gezogen wird (s. Bild 3.27).

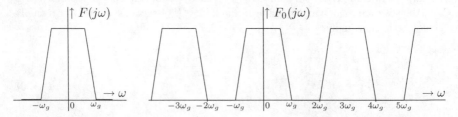

Abbildung 3.27:   Periodische Fortsetzung $F_0(j\omega)$ des Spektrums von $f(t)$ bei Überabtastung

2. Bei sogenannten bandpassbegrenzten Signalen kann eine genügende Rekonstruktion des Signales unter Umständen auch dann möglich sein, wenn die Abtastabstände größer als $1/(2f_g)$ sind, man spricht hier von Unterabtastung. Die Versuche gehen hierbei häufig von zufällig verteilten Abtastzeitabständen aus. Die Darstellung der periodischen Fortsetzung des Spektrums (s. Bild 3.28) kann nun aber Überschneidungen zeigen, so dass es nicht gelingt, durch einfache Tiefpassfilterung das Spektrum von $f(t)$ aus dem Spektrum von $f(n)$ zurückzugewinnen.

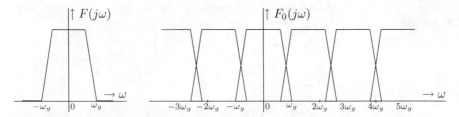

Abbildung 3.28:   Periodische Fortsetzung $F_0(j\omega)$ des Spektrums von $f(t)$ bei Unterabtastung

3.9   Die Laplace-Transformation

Bereits im Abschnitt 3.4.4 wurden die Grundgleichungen der Laplace-Transformation eingeführt. In diesem Abschnitt werden ergänzend einige Eigenschaften und Rechenregeln der Laplace-Transformation, insbesondere die Rücktransformation mittels Partialbruchzerlegung eingeführt. Auf eine vertiefende Einführung wird im Rahmen der kompakten Darstellung der System- und Signaltheorie in diesem Buch verzichtet.

Unter der Voraussetzung, dass kausale Zeitfunktionen vorliegen ($f(t) = 0$ für $t < 0$), kann die Fourier-Transformation durch die Laplace-Transformation ersetzt werden. Man erhält sie formal aus der Fourier-Transformation, wenn man dort $j\omega$ durch die komplexe Frequenzvariable

$s = \sigma + j\omega$ ersetzt. Neben der hier besprochenen Laplace-Transformation gibt es auch noch eine sogenannte *zweiseitige* Laplace-Transformation, bei der die Beschränkung auf Signale mit der Eigenschaft $f(t) = 0$ für $t < 0$ entfällt.

3.9.1 Die Grundgleichungen und einführende Beispiele

Ist $f(t)$ eine Funktion mit der Eigenschaft $f(t) = 0$ für $t < 0$, so kann die Fourier-Transformation durch die Laplace-Transformation ersetzt werden:

$$F(s) = \int_{0-}^{\infty} f(t)e^{-st}\,dt, \quad f(t) = \frac{1}{2\pi j}\int_{\sigma-j\infty}^{\sigma+j\infty} F(s)e^{st}\,ds. \tag{3.121}$$

Dabei ist s eine *komplexe Variable* (komplexe Frequenz), im Sonderfall $\sigma = 0$ gilt $s = j\omega$ und die Laplace-Transformierte geht *formal* in die Fourier-Transformierte über:

$$F(s = j\omega) = \int_{0-}^{\infty} f(t)e^{-j\omega t}\,dt = F(j\omega). \tag{3.122}$$

Die Gln. (3.121) und (3.122) sind nur gültig, wenn gewisse *Konvergenzbedingungen* erfüllt sind, auf die noch später eingegangen wird. Wegen der engen Verwandtschaft zur Fourier-Transformation, sind viele Eigenschaften auch bei der Laplace-Transformation gültig und sollen nicht bewiesen werden. Wir verwenden auch bei der Laplace-Transformation das Korrespondenz-symbol ○——●, also $f(t)$ ○——● $F(s)$. Ohne Unterschied spricht man häufig sowohl bei $F(j\omega)$ als auch bei $F(s)$ vom Frequenzbereich. Bei $F(s)$ ist auch die Bezeichnung *Bildbereich* üblich.

Die rechte Beziehung in Gl. (3.121) beschreibt die Rücktransformation der Laplace-Transformation. Bei der Integration muss darauf geachtet werden, dass der Integrationsweg voll im *Konvergenzbereich* von $F(s)$ liegt. Der Konvergenzbereich ist derjenige Wertebereich von s, für den das linke Integral in (3.121) konvergiert.

Beispiel 3.10 *Die Laplace-Transformierte der Funktion $f(t) = s(t)e^{at}$ ist zu berechnen, dabei sollen die Fälle $a < 0$, $a = 0$ und $a > 0$ unterschieden werden. Nach Gl. (3.121) folgt:*

$$F(s) = \int_{0-}^{\infty} f(t)e^{-st}\,dt = \int_{0}^{\infty} e^{at}e^{-st}\,dt = \int_{0}^{\infty} e^{-t(s-a)}\,dt = \left.\frac{-1}{s-a}e^{-t(s-a)}\right|_{0}^{\infty}.$$

Zur Festlegung des Wertes an der oberen Grenze setzen wir $s = \sigma + j\omega$: $e^{-t(s-a)} = e^{-t(\sigma-a)}$. $e^{-j\omega t}$. Man erkennt, dass $e^{-t(s-a)} = 0$ für $t \to \infty$ wird, wenn $\sigma > a$ ist. Den Wertebereich von s, hier $\mathcal{R}e\{s\} = \sigma > a$, für den das Integral (3.121) konvergiert, nennt man den Konvergenzbereich der Laplace-Transformierten. Hier folgt:

$$F(s) = \frac{1}{s-a}, \quad \mathcal{R}e\{s\} > a.$$

Der Konvergenzbereich ist von a, d.h. von der Funktion $f(t) = s(t)e^{at}$ abhängig. Im Bild 3.29 sind $f(t)$ und die Konvergenzbereiche für die drei Fälle $a = -2$, $a = 0$ und $a = 2$ skizziert.

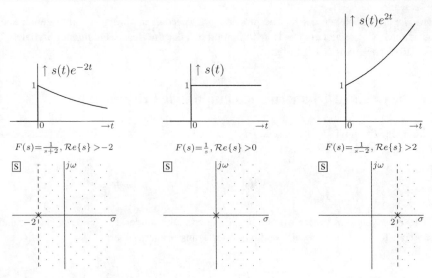

Abbildung 3.29: $f(t) = s(t)e^{at}$ und die Konvergenzbereiche der Laplace-Transformierten für $a = -2$, $a = 0$ und $a = 2$

Bei diesem Beispiel erkennt man auch, wie die Fourier- und die Laplace-Transformierte zusammenhängen. Falls die $j\omega$−Achse im Konvergenzbereich der Laplace-Transformierten liegt, erhält man die Fourier-Transformierte des zugrunde liegenden Signales einfach dadurch, dass in $F(s)$ die Variable s durch $j\omega$ ersetzt wird, d.h. $F(j\omega) = F(s = j\omega)$. Dies ist bei $a < 0$ der Fall (linker Bildteil 3.29). Wenn hingegen die $j\omega$ Achse nicht im Konvergenzbereich liegt (Fall $a > 0$, rechter Bildteil 3.29), dann kann das Integral für $F(s)$ für $s = j\omega$ nicht ausgewertet werden und es existiert keine Fourier-Transformierte für das zugrunde liegende Zeitsignal. Schwieriger und nicht so einfach ist es, wenn die $j\omega$ Achse die Grenze des Konvergenzbereiches bildet. Dies ist hier bei $f(t) = s(t)$ in der Bildmitte 3.29 der Fall. für $f(t) = s(t)$ existiert zwar eine Fourier-Transformierte $F(j\omega) = 1/(j\omega) + \pi\delta(\omega)$, sie geht aber nicht in der oben beschriebenen Art aus der Laplace-Transformierten $F(s) = 1/s$ hervor.

Beispiel 3.11 *Gesucht wird $F(s)$ und der Konvergenzbereich bei einer Rechteckfunktion der Höhe A im Bereich von 0 bis T $f(t) = A(s(t) - s(t - T))$ (siehe z.B. linker Bildteil 3.19). Die unmittelbare Anwendung von Gl. (3.121) führt zu:*

$$F(s) = \int_{0-}^{\infty} f(t)e^{-st}\, dt = \int_{0}^{T} Ae^{-st}\, dt = \frac{-A}{s}e^{-st}\bigg|_{0}^{T} = \frac{A}{s}(1 - e^{-sT}).$$

In diesem Falle treten bei der Berücksichtigung der (endlichen) Integrationsgrenzen keine Schwierigkeiten auf. Sowohl an der unteren Grenze 0, als auch an der oberen Grenze T war eine Auswertung ohne Einschränkung des Wertebereiches von s möglich. Der Konvergenzbereich ist also die ganze komplexe s Ebene.

3.9.2   Zusammenstellung von Eigenschaften der Laplace-Transformation

Die in diesem Abschnitt besprochenen Eigenschaften werden ohne Beweis angegeben. Teilweise ist die Beweisführung die gleiche wie bei den entsprechenden Eigenschaften der Fourier-Transformation (Abschnitt 3.6.4).

Zur Frage nach der Existenz von Laplace-Transformierten soll folgender kurzer Hinweis genügen. Eine Funktion mit der Eigenschaft $f(t) = 0$ für $t < 0$ besitzt eine Laplace-Transformierte, wenn eine Konstante σ so gewählt werden kann, dass gilt:

$$\int_0^\infty |f(t)| e^{-\sigma t}\, dt < \infty \qquad (3.123)$$

Dies bedeutet, dass auch Funktionen Laplace-Transformierte besitzen, die für $t \to \infty$ exponentiell ansteigen (Form e^{kt} für $t \to \infty$).

Im Folgenden gelten stets die Korrespondenzen

$$f(t) \circ\!\!-\!\!\bullet F(s), \quad f_1(t) \circ\!\!-\!\!\bullet F_1(s), \quad f_2(t) \circ\!\!-\!\!\bullet F_2(s).$$

Der Konvergenzbereich von $F(s)$ soll bei $\mathcal{R}e\,\{s >\}\sigma$, der von $F_1(s)$ bei $\mathcal{R}e\,\{s\} > \sigma_1$ und der von $F_2(s)$ bei $\mathcal{R}e\,\{s\} > \sigma_2$ liegen.

1. *Linearität* (vgl. Gl. 3.85)

$$k_1 f_1(t) + k_2 f_2(t) \circ\!\!-\!\!\bullet k_1 F_1(s) + k_2 F_2(s), \quad \mathcal{R}e\,\{s\} > \max(\sigma_1, \sigma_2). \qquad (3.124)$$

2. *Zeitverschiebungssatz* (vgl. Gl. 3.87)

$$f(t - t_0) \circ\!\!-\!\!\bullet F(s)e^{-st_0} \text{ mit } t_0 > 0, \ \mathcal{R}e\,\{s\} > \sigma. \qquad (3.125)$$

Im Gegensatz zur Fourier-Transformation muss man darauf achten, dass die Funktion $\tilde{f}(t) = f(t - t_0)$ kausal ist, d.h. $\tilde{f}(t) = 0$ für $t < 0$. Im Falle $t_0 > 0$ ist dies gewährleistet.

3. *Differentiation im Zeitbereich* (vgl. Gl. 3.89)

$$f^{(n)}(t) \circ\!\!-\!\!\bullet s^n F(s), \ \mathcal{R}e\,\{s\} > \sigma. \qquad (3.126)$$

4. *Differentiation im Frequenzbereich* (vgl. Gl. 3.91)

$$F^{(n)}(s) \bullet\!\!-\!\!\circ (-t)^n f(t), \ \mathcal{R}e\,\{s\} > \sigma. \qquad (3.127)$$

5. *Faltung im Zeitbereich* (vgl. Gl. 3.93)

$$f_1(t) * f_2(t) \circ\!\!-\!\!\bullet F_1(s) \cdot F_2(s), \ \mathcal{R}e\,\{s\} > \max(\sigma_1, \sigma_2). \qquad (3.128)$$

6. *Anfangswert-Theorem*

$$f(0+) = \lim_{s \to \infty} \{s \cdot F(s)\}. \qquad (3.129)$$

Der (als existent vorausgesetzte) Wert $f(0+)$ ist ohne Rücktransformation bestimmbar.

7. *Endwert-Theorem*

$$f(\infty) = \lim_{s \to 0} \{s \cdot F(s)\}. \qquad (3.130)$$

Der (als existent vorausgesetzte) Wert $f(\infty)$ kann ohne Rücktransformation ermittelt werden.

3.9.3 Rationale Laplace-Transformierte

Rationale Laplace-Transformierte sind in der Praxis besonders wichtig. Viele Standardsignale haben rationale Laplace-Transformierte. Lineare Systeme, die aus endlich vielen konzentrierten Bauelementen aufgebaut sind, besitzen rationale Übertragungsfunktionen. Als Darstellungsmittel für rationale Laplace-Transformierte ist das Pol-Nullstellenschema von Bedeutung. Pol-Nullstellenschemata geben Auskunft über Stabilitätsfragen und sind für Entwurfsmethoden in der Netzwerktheorie von grundlegender Bedeutung.

Es werden rationale Laplace-Transformierte:

$$F(s) = \frac{P_1(s)}{P_2(s)} = \frac{a_0 + a_1 s + \cdots + a_m s^m}{b_0 + b_1 s + \cdots + b_n s^n} \quad m \le n, \tag{3.131}$$

mit reellen Koeffizienten a_μ, b_ν ($\mu = 0 \cdots m$, $\nu = 0 \cdots n$) behandelt. Das Zählerpolynom $P_1(s)$ hat m Nullstellen $s_{01}, s_{02}, \cdots, s_{0m}$. Die n Nullstellen des Nennerpolynoms $P_2(s)$ werden mit $s_{\infty 1}, s_{\infty 2}, \cdots, s_{\infty n}$ bezeichnet, da $F(s)$ an diesen Stellen Pole besitzt, d.h. unendlich groß wird.

Sind die Null- und Polstellen bekannt, so kann $F(s)$ auch in folgender Form dargestellt werden:

$$F(s) = \frac{a_m}{b_n} \frac{(s - s_{01})(s - s_{02}) \cdots (s - s_{0m})}{(s - s_{\infty 1})(s - s_{\infty 2}) \cdots (s - s_{\infty n})}, \quad b_n \ne 0. \tag{3.132}$$

Markiert man die Nullstellen in der komplexen s-Ebene durch Kreise, die Polstellen durch Kreuze, so erhält man das *Pol-Nullstellenschema* (PN-Schema) von $F(s)$. Das PN-Schema beschreibt die zugehörige rationale Funktion bis auf einen konstanten Faktor.

Falls es sich um rationale Funktionen mit reellen Koeffizienten a_μ, b_ν handelt, treten Pol- und Nullstellen entweder auf der reellen Achse oder als konjugiert komplexe Paare auf.

Aus dem PN-Schema kann man auch erkennen, wo der Konvergenzbereich der betreffenden Laplace-Transformierten liegt. Er ist (nach links) durch die am weitesten rechts liegende Polstelle begrenzt.

Falls alle Polstellen in der linken s-Halbebene ($\mathcal{Re}\,\{s\} < 0$) liegen, handelt es sich um die Laplace-Transformierte einer abnehmenden Funktion $|f(t)| \to 0$ für $t \to \infty$. Falls mindestens ein Pol in der rechten s-Halbebene ($\mathcal{Re}\,\{s\} > 0$) liegt, gilt $|f(t)| \to \infty$ für $t \to \infty$. Diese Aussagen werden hier nicht bewiesen, sie bestätigen sich aus den Ergebnissen der Rücktransformation im Folgenden Abschnitt.

3.9.4 Die Rücktransformation bei einfachen Polstellen

$F(s)$ sei eine echt gebrochen rationale Funktion. Dies bedeutet, dass der Grad m des Zählerpolynoms $P_1(s)$ kleiner als der des Nennerpolynoms $P_2(s)$ ist. Ist diese Bedingung nicht erfüllt, so wird vorher von $F(s)$ ein Polynom vom Grade $m - n$ abgespalten. Weiterhin wird vorausgesetzt, dass die n Polstellen einfach sind, also das Nennerpolynom n verschiedene Nullstellen $s_{\infty 1}$, $s_{\infty 2}, \cdots, s_{\infty n}$ hat. In diesem Fall kann $F(s)$ wie folgt in Partialbrüche zerlegt werden:

$$F(s) = \frac{a_0 + a_1 s + \cdots + a_m s^m}{b_n (s - s_{\infty 1})(s - s_{\infty 2}) \cdots (s - s_{\infty n})} \quad \text{mit } m < n$$

$$= \frac{A_1}{(s - s_{\infty 1})} + \frac{A_2}{(s - s_{\infty 2})} + \cdots + \frac{A_n}{(s - s_{\infty n})}. \tag{3.133}$$

Zur Ermittlung von z.B. A_1 multipliziert man Gl. (3.133) mit dem unter A_1 stehenden Ausdruck $(s - s_{\infty 1})$ und erhält:

$$F(s)(s - s_{\infty 1}) = \frac{a_0 + a_1 s + \cdots + a_m s^m}{b_n (s - s_{\infty 2}) \cdots (s - s_{\infty n})} =$$

$$= A_1 + (s - s_{\infty 1}) \left[\frac{A_2}{s - s_{\infty 2}} + \cdots + \frac{A_n}{s - s_{\infty n}} \right].$$

Setzt man in diesem Ausdruck $s = s_{\infty 1}$, so steht rechts die gesuchte Größe A_1 alleine:

$$A_1 = \frac{a_0 + a_1 s_{\infty 1} + \cdots + a_m s_{\infty 1}^m}{b_n (s_{\infty 1} - s_{\infty 2})(s_{\infty 1} - s_{\infty 3}) \cdots (s_{\infty 1} - s_{\infty n})} = \left\{ F(s)(s - s_{\infty 1}) \right\}_{s = s_{\infty 1}}.$$

Der rechte Ausdruck in dieser Gleichung ist so zu verstehen, dass die Funktion $F(s)$ zunächst mit $s - s_{\infty 1}$ multipliziert wird. Dieser Faktor kürzt sich dabei gegen den gleichen im Nenner auftretenden Ausdruck, anschließend wird $s = s_{\infty 1}$ gesetzt. Entsprechend erhält man allgemein

$$A_\nu = \left\{ F(s)(s - s_{\infty \nu}) \right\}_{s = s_{\infty \nu}}, \quad \nu = 1 \cdots n. \tag{3.134}$$

Nach der Berechnung der A_ν kann die Rücktransformation erfolgen. Wir verwenden die Korrespondenz (s. Tabelle im Abschn. 3.14, dort $s_\infty = -(\alpha + j\beta)$)

$$s(t) e^{s_\infty t} \circ\!\!-\!\!\bullet \frac{1}{s - s_\infty}, \quad \mathcal{R}e \left\{ s \right\} > \mathcal{R}e \left\{ s_\infty \right\} \tag{3.135}$$

und erhalten

$$f(t) = s(t) A_1 e^{s_{\infty 1} t} + s(t) A_2 e^{s_{\infty 2} t} + \cdots + s(t) A_n e^{s_{\infty n} t}. \tag{3.136}$$

Am Ende des vorhergehenden Abschnittes wurde ausgeführt, dass der Konvergenzbereich einer Laplace-Transformierten durch den Pol mit dem größten Realteil festgelegt ist. Diese Aussage wird im Falle einfacher Pole durch die Korrespondenz (3.135) (und bei mehrfachen Polen durch die Korrespondenz 3.140) bestätigt. Weiterhin folgt aus diesen Korrespondenzen, dass ein negativer Realteil einer Polstelle zu einer abnehmenden Funktion führt: $s(t) e^{s_\infty t} = s(t) e^{\sigma_\infty t} e^{j \omega_\infty t} \to 0$ für $t \to \infty$ bei $\mathcal{R}e\, s_\infty = \sigma_\infty < 0$. Eine Polstelle in der rechten s Halbebene ($\mathcal{R}e \left\{ s_\infty \right\} = \sigma_\infty > 0$) führt hingegen zu einer ansteigenden Funktion $|f(t)| \to \infty$ für $t \to \infty$. Diese Aussagen bestätigen sich bei dem folgenden Beispiel.

3.9.5 Die Rücktransformation bei mehrfachen Polen

Zur Erklärung genügt es, eine echt gebrochen rationale Funktion ($m < n$) zu betrachten, die (neben möglicherweise weiteren Polstellen) eine k-fache Polstelle bei $s = s_\infty$ aufweist. Dann gilt:

$$F(s) = \frac{P_1(s)}{(s - s_\infty)^k \tilde{P}_2(s)}. \tag{3.137}$$

Das Polynom $\tilde{P}_2(s)$ hat die möglicherweise weiteren Nullstellen des Nennerpolynoms von $F(s)$. Die Partialbruchentwicklung von $F(s)$ führt auf die Form:

$$F(s) = \frac{A_1}{s - s_\infty} + \frac{A_2}{(s - s_\infty)^2} + \cdots \frac{A_k}{(s - s_\infty)^k} + \tilde{F}(s). \tag{3.138}$$

$\tilde{F}(s)$ enthält die restlichen zu den anderen Polen gehörenden Partialbrüche. Die Koeffizienten in Gl. (3.138) berechnen sich nach folgender Beziehung:

$$A_\mu = \frac{1}{(k-\mu)!} \frac{d^{k-\mu}}{d\,s^{k-\mu}} \left\{ F(s)(s - s_\infty)^k \right\}_{s=s_\infty}, \ \mu = 1 \cdots k. \tag{3.139}$$

Ein Beweis für diese Gleichung wird nicht angegeben. Im Falle einer einfachen Polstelle ($k = 1$) erhält man aus Gl. (3.139) die vorne abgeleitete Beziehung (3.134).

Zur Rücktransformation benötigt man die Korrespondenz (s. Tabelle in Abschn. 3.14, dort $s_\infty = -(\alpha + j\beta)$):

$$s(t)\frac{t^n}{n!}e^{s_\infty t} \ \circ\!\!-\!\!\bullet \ \frac{1}{(s - s_\infty)^{n+1}}, \ n = 0, 1, 2, \cdots, \ \mathcal{Re}\,\{s\} > \mathcal{Re}\,\{s_\infty\}. \tag{3.140}$$

Dann wird mit $F(s)$ entsprechend Gl. (3.138):

$$f(t) = A_1 s(t)e^{s_\infty t} + A_2 s(t)\,t\,e^{s_\infty t} + \cdots + A_k s(t)\frac{t^{k-1}}{(k-1)!}e^{s_\infty t} + \tilde{f}(t). \tag{3.141}$$

$\tilde{f}(t)$ ist die zu $\tilde{F}(s)$ in Gl. (3.138) gehörende Zeitfunktion. Solange $\tilde{F}(s)$ nur einfache Pole hat, erfolgt die Rücktransformation nach der im Abschnitt 3.9.4 besprochenen Methode. Enthält $\tilde{F}(s)$ mehrfache Pole, so erfolgt nochmals eine Behandlung entsprechend Gl. (3.138).

Beispiel 3.12 *Wir betrachten die Laplace-Transformierte:*

$$F(s) = \frac{s}{(s + 1)^2(s + 2)},$$

die bei $s = -1$ eine doppelte Polstelle und bei $s = -2$ eine einfache Polstelle aufweist. Dann erhält man mit den oben angegebenen Beziehungen:

$$F(s) = \frac{s}{(s + 1)^2(s + 2)} = \frac{A_1}{s + 1} + \frac{A_2}{(s + 1)^2} + \frac{B}{s + 2} =$$
$$= \frac{2}{s + 1} - \frac{1}{(s + 1)^2} - \frac{2}{s + 2},$$
$$f(t) = 2s(t)e^{-t} - s(t)te^{-t} - 2s(t)e^{-2t}.$$

Im obigen Beispiel handelt es sich um eine echt gebrochene Funktion $F(s)$, $m < n$. Deshalb konnte die auf Seite 226 beschriebene Division ausbleiben. Für eine Funktion $F(s)$ mit $m = n = 2$ erhält man z.B. durch Division die folgende Zerlegung:

$$F(s) = \frac{s^2}{(s + 1)^2} = 1 + \frac{-2s - 1}{(s + 1)^2} = 1 + \frac{A_1}{s + 1} + \frac{A_2}{(s + 1)^2}$$

Nach Gl. (3.139) ergibt sich für diesen Fall: $A_1 = -2$ und $A_2 = 1$.

3.10   Diskrete Transformationen

3.10.1   Die Grundgleichungen der zeitdiskreten Fourier-Transformation

Gegeben sei ein zeitdiskretes Signal $f(n)$, z.B. $f(n) = \text{rect}(n)$ (Abb. 3.30, S. 230). Mit einem im Prinzip beliebigen reellen Wert $\infty > T > 0$ wird eine Funktion definiert:

$$f_D(t) = \sum_{n=-\infty}^{\infty} f(n)\,\delta(t - nT). \tag{3.142}$$

Mit der Korrespondenz $\delta(t)$ ∘—• 1 und dem Zeitverschiebungssatz (3.87) erhält man die Fourier-Transformierte von $f_D(t)$:

$$F_D(j\omega) = \sum_{n=-\infty}^{\infty} f(n)\,e^{-jn\omega T}. \tag{3.143}$$

Bei $F_D(j\omega)$ handelt es sich offenbar um eine periodische Funktion mit der Periode $2\pi/T$, die hier in der Form einer Fourier-Reihe mit den Fourier-Koeffizienten $f(n)$ vorliegt. Gemäß der Fourier-Reihe gilt damit:

$$f(n) = \frac{T}{2\pi} \int_{-\pi/T}^{\pi/T} F_D(j\omega) e^{jn\omega T}\,d\omega. \tag{3.144}$$

Das Gleichungspaar in (3.145) beschreibt die *zeitdiskrete* Fourier-Transformation:

$$F_D(j\omega) = \sum_{n=-\infty}^{\infty} f(n)\,e^{-jn\omega T}, \qquad f(n) = \frac{T}{2\pi} \int_{-\pi/T}^{\pi/T} F_D(j\omega)\,e^{jn\omega T}\,d\omega. \tag{3.145}$$

So wie bei der kontinuierlichen Fourier-Transformation wird auch hier das Korrespondensymbol verwendet: $f(n)$ ∘—• $F_D(j\omega)$. Wenn Missverständnisse ausgeschlossen sind, wird bei den Fourier-Transformierten auf den Index D verzichtet: $f(n)$ ∘—• $F(j\omega)$. Neben der Darstellung in Gl. (3.145) sind auch die Schreibweisen üblich:

$$F(e^{j\omega T}) = \sum_{n=-\infty}^{\infty} f(n)\big(e^{j\omega T}\big)^{-n}, \quad F(e^{j\Omega}) = \sum_{n=-\infty}^{\infty} f(n)\big(e^{j\Omega}\big)^{-n}, \;\; \Omega = \omega T. \tag{3.146}$$

Eine hinreichende Bedingung für die Existenz einer zeitdiskreten Fourier-Transformierten ist die absolute Summierbarkeit des Zeitsignals:

$$\sum_{n=-\infty}^{\infty} |f(n)| < \infty. \tag{3.147}$$

Die Klasse der transformierbaren Funktionen kann allerdings durch die Zulassung von Leistungssignalen erweitert werden. Hierzu betrachten wir eine zeitdiskrete Fourier-Transformierte:

$$F_D(j\omega) = \frac{2\pi}{T} \sum_{\nu=-\infty}^{\infty} \delta(\omega - \omega_0 - \nu 2\pi/T), \quad |\omega_0| < \frac{\pi}{T}.$$

Mit der rechten Beziehung in Gl. (3.145) und der Ausblendeigenschaft des Dirac-Impulses (3.15) erhält man das zugehörende diskontinuierliche Signal:

$$f(n) = \frac{T}{2\pi} \int_{-\pi/T}^{\pi/T} F_D(j\omega)e^{jn\omega T}\,d\omega = \int_{-\pi/T}^{\pi/T} \delta(\omega - \omega_0)e^{jn\omega T}\,d\omega = e^{jn\omega_0 T},$$

und damit die Korrespondenz:

$$e^{jn\omega_0 T} \circ\!\!-\!\!\bullet \frac{2\pi}{T} \sum_{\nu=-\infty}^{\infty} \delta(\omega - \omega_0 - \nu 2\pi/T), \quad \omega_0 < \frac{\pi}{T}. \qquad (3.148)$$

Das Signal $f(n) = e^{jn\omega_0 T}$ ist nicht absolut summierbar. Durch die Zulassung verallgemeinerter Funktionen hat es dennoch eine zeitdiskrete Fourier-Transformierte.

Beispiel 3.13 *Der Einheitsimpuls* $f(n) = \delta(n)$ *(siehe Gl. 3.17, Bild 3.7).*
Mit der Gl. (3.145) erhält man die zeitdiskrete Fourier-Transformierte $F_D(j\omega) = 1$, *also die Korrespondenz:* $\quad \delta(n) \circ\!\!-\!\!\bullet 1.$

Die Rechteckfunktion $f(n) = rect(n)$
Mit der Gl. (3.145) erhält man:

$$F_D(j\omega) = \sum_{n=-\frac{N-1}{2}}^{\frac{N-1}{2}} e^{-jn\omega T} = 1 + \sum_{n=1}^{\frac{N-1}{2}} \left(e^{-jn\omega T} + e^{jn\omega T}\right) = 1 + 2\sum_{n=1}^{\frac{N-1}{2}} \cos\left(n\omega T\right).$$

Die Funktion $rect(n)$ *und ihre Fourier-Transformierte sind im Bild 3.30 skizziert.*

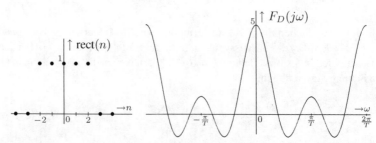

Abbildung 3.30: Signal $f(n) = rect(n)$ und seine Fourier-Transformierte ($N = 5$)

Die Cosinusfolge $f(n) = \cos\left(n\omega_0 T\right)$, $|\omega_0| < \pi/T$.
Mit $f(n) = 0{,}5\,e^{jn\omega_0 T} + 0{,}5\,e^{-jn\omega_0 T}$ *folgt mit der Korrespondenz (3.148):*

$$F_D(j\omega) = \frac{\pi}{T} \sum_{\nu=-\infty}^{\infty} \left[\delta(\omega - \omega_0 - 2\pi/T) + \delta(\omega + \omega_0 - 2\pi/T)\right], \quad \omega_0 < \frac{\pi}{T}.$$

Man beachte, dass $f(n)$ nur dann eine periodische Folge ist, wenn $N_0 = \frac{2\pi}{\omega_0 T} = \frac{T_0}{T}$ eine ganze Zahl (vgl. Gl. 3.35) ist.

3.10.2   Der Zusammenhang zu den Spektren kontinuierlicher Signale

Wir nehmen nun an, dass die Signalwerte $f(n)$ die Abtastwerte eines kontinuierlichen Signales $f(t)$ im Abstand T sind, also $f(n) = f(nT)$. Bei $f(t)$ soll es sich um ein mit ω_g bandbegrenztes Signal handeln, d.h. $F(j\omega) = 0$ für $|\omega| > \omega_g$. Der Abtastabstand soll den Wert $T = \frac{\pi}{\omega_g} = \frac{1}{2f_g}$ haben. In diesem Fall sind die Bedingungen für das Abtasttheorem (Abschnitt 3.8.2) erfüllt und aus den Abtastwerten $f(nT)$ kann das zugrunde liegende kontinuierliche Signal exakt zurückgwonnen werden:

$$f(t) = \sum_{\nu=-\infty}^{\infty} f(\nu T)\, \sigma\left[\omega_g(t - \nu\pi/\omega_g)\right], \quad T = \frac{\pi}{\omega_g}. \tag{3.149}$$

Das nach der Gl. (3.142) eingeführte Abtastsignal $f_D(t)$ kann auch in der Form:

$$f_D(t) = f(t) \cdot \sum_{n=-\infty}^{\infty} \delta(t - nT) = f(t) \cdot d(t), \tag{3.150}$$

als Produkt des kontinuierlichen Ausgangssignales $f(t)$ mit einem Dirac-Kamm $d(t)$ (siehe Gl. 3.115) dargestellt werden. Einer Multiplikation im Zeitbereich entspricht eine Faltung im Frequenzbereich. Damit erhält man mit dem Spektrum $F(j\omega)$ von $f(t)$ mit der Korrespondenz von (3.115) (dort mit $T_0 = T$):

$$F_D(j\omega) = \frac{1}{2\pi}\, F(j\omega) * \frac{2\pi}{T} \sum_{\nu=-\infty}^{\infty} \delta(\omega - \nu 2\pi/T),$$

$$F_D(j\omega) = \frac{1}{T} \int_{-\infty}^{\infty} F(ju) \sum_{\nu=-\infty}^{\infty} \delta(\omega - u - \nu 2\pi/T)\, du.$$

Das Integral kann mit Hilfe der Ausblendeigenschaft (3.15) ausgewertet werden, wir erhalten das wichtige Ergebnis:

$$F_D(j\omega) = \frac{1}{T} \sum_{\nu=-\infty}^{\infty} F(j\omega - j\nu 2\pi/T). \tag{3.151}$$

Dies bedeutet, dass die Fourier-Transformierte des zeitdiskreten Signales $f(nT)$ so entsteht, dass das Spektrum $F(j\omega)$ des zugrunde liegenden kontinuierlichen Signales $f(t)$ mit der Frequenz $2\pi/T$ periodisch fortgesetzt wird.

Zur Erklärung können wir auf das Bild 3.25 zurückgreifen. Dort ist oben die Funktion $f(t)$ mit ihren Abtastwerten $f(nT)$ mit $T = \frac{\pi}{\omega_g} = \frac{1}{2f_g}$ skizziert. Links unten ist das mit ω_g bandbegrenzte Spektrum $F(j\omega)$ dargestellt und unten rechts die periodische Fortsetzung $F_0(j\omega)$, die bis auf den Faktor $1/T$ mit $F_D(j\omega)$ nach der Gl. (3.151) übereinstimmt.

Wegen der Bandbegrenzung überlappen sich die verschobenen Spektren $F(j\omega - j\nu 2\pi/T)$ nicht. Deshalb stimmt $F_D(j\omega)$ im Bereich $|\omega| < \omega_g = \pi/T$ bis auf den Faktor $1/T$ mit dem Spektrum $F(j\omega)$ des kontinuierlichen Signales überein:

$$F_D(j\omega) = \frac{1}{T}\, F(j\omega) \quad \text{für } |\omega| < \omega_g = \frac{\pi}{T}. \tag{3.152}$$

Durch eine Tiefpassfilterung des Signales $f_D(t)$ (Gln. 3.142, 3.150) erhält man aus den Abtastwerten das kontinuierliche Ausgangssignal $f(t)$ zurück. Die Tiefpassfilterung wird im Abschnitt 3.11 genauer behandelt.

Die Rückgewinnung von $f(t)$ aus $f_D(t)$ (und damit aus den Abtastwerten $f(nT)$) kann im Zeit- und im Frequenzbereich erklärt werden. Wir gehen dabei von einem idealen Tiefpass aus (siehe Gl. 3.197 und 3.198 mit $K = 1$ und $t_0 = 0$):

$$G(j\omega) = \text{rect}\left(\frac{\omega}{2\omega_g}\right), \quad g(t) = \frac{1}{T}\text{si}(\omega_g t), \quad \omega_g = \frac{\pi}{T}.$$

Für die Erklärung im Zeitbereich beachten wir, dass der Tiefpass auf $\delta(t)$ mit der Impulsantwort $g(t)$ reagiert und damit gilt:

$$\text{Eingangssignal:} \quad x(t) = f_D(t) = \sum_{\nu=-\infty}^{\infty} f(\nu T)\delta(t - \nu T),$$

$$\text{Tiefpassreaktion:} \quad y(t) = \frac{1}{T}\sum_{\nu=-\infty}^{\infty} f(\nu T)\,\text{si}[\omega_g(t - \nu T)] = \frac{1}{T}f(t).$$

Die Tiefpassreaktion stimmt bis auf den Faktor $1/T$ mit $f(t)$ nach Gl. (3.149) überein.

Zur Erklärung im Frequenzbereich verwenden wir die Beziehung (vgl. Gl. 3.93) $Y(j\omega) = X(j\omega)G(j\omega)$. Dabei ist $X(j\omega) = F_D(j\omega)$ das Spektrum von $f_D(t)$, das nach der Gl. (3.152) im Durchlassbereich des Tiefpasses bis auf den Faktor $1/T$ mit $F(j\omega)$ übereinstimmt. Der Tiefpass eliminiert die Frequenzanteile im Bereich $|\omega| > \omega_g$, wir erhalten $Y(j\omega) = F(j\omega)/T$ und nach der Rücktransformation das oben im Zeitbereich gefundene Ergebnis $y(t) = f(t)/T$.

Im Gegensatz zur Gl. (3.152) ist die Beziehung (3.151) auch bei nicht bandbegrenzten Signalen gültig. In diesem Fall überlagern sich allerdings die verschobenen Spektren $F(j\omega - j\nu 2\pi/T)$. Das Signal $f(t)$ kann dann nicht mehr (fehlerfrei) durch eine Tiefpassfilterung von $f_D(t)$ zurückgewonnen werden. Man spricht in diesem Zusammenhang von Überlagerungsfehlern (engl. aliasing). Diese bei nicht bandbegrenzten Signalen entstehenden Überlagerungsfehler können durch eine Reduzierung des Abtastabstandes T im Prinzip beliebig klein gemacht werden.

In der Praxis geht man oft so vor, dass das kontinuierliche Signal $f(t)$ zunächst bandbegrenzt und erst danach abgetastet wird. Dieser Vorgang ist im Bild 3.31 dargestellt. Das Signal $f(t)$

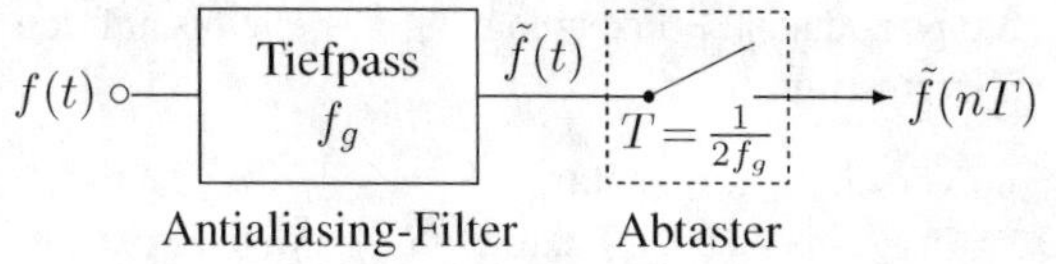

Abbildung 3.31: Bandbegrenzung eines Signales vor der anschließenden Signalabtastung

ist das Eingangssignal für einen sogenannten Antialiasing-Tiefpass mit einer Grenzfrequenz f_g. Das Ausgangssignal $\tilde{f}(t)$ ist mit f_g bandbegrenzt. Aus den Abtastwerten $\tilde{f}(nT)$ kann $\tilde{f}(t)$ exakt zurückgewonnen werden. Die Grenzfrequenz des Antialiasing-Tiefpasses muss natürlich so festgelegt werden, dass die Fehler gegenüber dem Ursprungsignal $f(t)$ toleriert werden können.

3.10.3 Eigenschaften der zeitdiskreten Fourier-Transformation

Auf eine besondere Kennzeichnung der zeitdiskreten Fourier-Transformierten durch einen Index (siehe Gl. 3.145) wird verzichtet. Es gelten also die Beziehungen:

$$F(j\omega) = \sum_{n=-\infty}^{\infty} f(n)\, e^{-jn\omega T}, \; f(n) = \frac{T}{2\pi} \int_{-\pi/T}^{\pi/T} F(j\omega)\, e^{jn\omega T}\, d\omega, \; f(n) \circ\!\!-\!\!\bullet F(j\omega). \quad (3.153)$$

Einige Eigenschaften sind mit Eigenschaften der kontinuierlichen Fourier-Transformation (Abschnitt 3.6.4) identisch oder diesen sehr ähnlich. Ein Teil der Eigenschaften wird in knapper Form aufgelistet:

Linearität:
$$k_1 f_1(t) + k_2 f_2(t) \circ\!\!-\!\!\bullet k_1 F_1(j\omega) + k_2 F_2(j\omega). \quad (3.154)$$

Zeitverschiebungssatz:
$$f(n - n_0) \circ\!\!-\!\!\bullet F(j\omega)\, e^{-jn_0\omega T}. \quad (3.155)$$

Frequenzverschiebungssatz:
$$F(j\omega - j\omega_0) \bullet\!\!-\!\!\circ f(n)\, e^{jn\omega_0 T}. \quad (3.156)$$

Differentiation im Frequenzbereich:
$$n \cdot f(n) \circ\!\!-\!\!\bullet \frac{j}{T} \frac{d\, F(j\omega)}{d\omega}. \quad (3.157)$$

Die Ableitung von $F(j\omega)$ nach der Gl. (3.153) ergibt:

$$\frac{d\, F(j\omega)}{d\omega} = \sum_{n=-\infty}^{\infty} (-jnT) f(n) e^{-jn\omega T} = -jT \sum_{n=-\infty}^{\infty} [n \cdot f(n)] e^{-jn\omega T}.$$

Aus dieser Beziehung erhält man die Korrespondenz (3.157).

Faltung im Zeitbereich:
$$\sum_{\nu=-\infty}^{\infty} f_1(\nu) f_2(n - \nu) = f_1(t) * f_2(t) \circ\!\!-\!\!\bullet F_1(j\omega) \cdot F_2(j\omega). \quad (3.158)$$

Faltung im Frequenzbereich:
$$\int_{-\pi/T}^{\pi/T} F_1(ju) F_2(j\omega - ju)\, du = F_1(j\omega) * F_2(j\omega) \bullet\!\!-\!\!\circ \frac{2\pi}{T} f_1(n) \cdot f_2(n). \quad (3.159)$$

Eigenschaften der Fourier-Transformierten bei reellen Signalen:
$$F(j\omega) = F^*(-j\omega), \qquad f(n) \text{ reell.} \quad (3.160)$$

Aus der Eigenschaft (3.160) folgt, dass der Betrag $|F(j\omega)|$ und der Realteil $\mathcal{R}e\,F(j\omega)$ gerade Funktionen sind und die Phase $\arg F(j\omega)$ und der Imaginärteil $\mathcal{I}m\,F(j\omega)$ ungerade Funktionen. Zerlegt man die reelle Funktion $f(n)$ in einen geraden und ungeraden Teil:

$$F(j\omega) \quad\bullet\!\!-\!\!\circ\quad f(n) = f_g(n) + f_u(n),$$

$$f_g(n) = \frac{1}{2}\big[f(n) + f(-n)\big], \quad f_u(n) = \frac{1}{2}\big[f(n) - f(-n)\big],$$

(3.161)

dann gelten die Korrespondenzen:

$$f_g(n) \circ\!\!-\!\!\bullet \mathcal{R}e\,F(j\omega), \qquad f_u(n) \circ\!\!-\!\!\bullet \mathcal{I}m\,F(j\omega).$$

(3.162)

3.10.4 Grundgleichungen der diskreten Fourier-Transformation (DFT)

In diesem Abschnitt wird die diskrete Fourier-Transformation (DFT) zunächst als eigenständige Transformation eingeführt. Auf Zusammenhänge zur zeitdiskreten und zur kontinuierlichen Fourier-Transformation wird erst in den folgenden Abschnitten eingegangen. Ausgangspunkt für die DFT ist ein N-Tupel von Werten der Funktion[6] $f(n)$ bzw. $f(t)$:

$$f[0],\ f[1],\ f[2],\ \cdots,f[N-1].$$

Obschon es sich bei diesen Werten keinesfalls zwangsläufig um Abtastwerte einer Zeitfunktion ($f[n] = f(nT)$) handeln muss, sprechen wir bei den $f[n]$ von *Zeitwerten*. Diesem N-Tupel von Zeitwerten wird ein N-Tupel von *Spektralwerten* umkehrbar eindeutig zugeordnet:

$$F[0],\ F[1],\ F[2],\ \cdots,F[N-1].$$

Dabei gelten folgende Beziehungen:

$$
\begin{aligned}
f[n] &= \frac{1}{N}\sum_{m=0}^{N-1} F[m]e^{j2\pi n\,m/N}, \ n = 0,1,\cdots,N-1, \\
F[m] &= \sum_{n=0}^{N-1} f[n]e^{-j2\pi m\,n/N}, \ m = 0,1,\cdots,N-1.
\end{aligned}
$$

(3.163)

Man spricht bei diesen Beziehungen von der *diskreten Fourier-Transformation* und verwendet in diesem Zusammenhang auch die Darstellung $f[n] \circ\!\!-\!\!\bullet F[m]$.

Die numerische Auswertung der DFT für eine Folge von N Werten erfordert i.A. insgesamt $(N-1)^2$ komplexe Multiplikationen. Es zeigt sich, dass der Rechenaufwand in der Regel reduziert werden kann. Diese Verfahren sind unter der Bezeichnung *Schnelle Fourier-Transformation* (engl. FFT für Fast Fourier Transform) bekannt. Besonders leistungsfähig sind diese Verfahren, wenn N eine Zweierpotenz ist. In diesem Fall reduziert sich die Zahl der komplexen Multiplikationen von $(N-1)^2$ auf bis zu $0,5\,N\cdot\log_2(N)$. Bei z.B. $N = 2^{10} = 1024$ Werten sind nur noch

---

[6]Zur eindeutigen Unterscheidung gegenüber den anderen Transformationen werden die Argumente bei der DFT in eckige Klammern gesetzt.

ca. 5100 statt über 10^6 Multiplikationen erforderlich. Die große Bedeutung der diskreten Fourier-Transformation in der Praxis ist nicht zuletzt in der Existenz dieser leistungsfähigen, schnellen FFT-Algorithmen begründet. Eine Behandlung der FFT-Verfahren würde den Umfang dieses Buches aber sprengen. Die Studierenden werden auf die einschlägige Literatur verwiesen (z.B. [1], [7]).

Wenn man die N-Tupel $f[n]$ und $F[m]$ als Spaltenvektoren darstellt, lassen sich die Transformationsbeziehungen auch in einer Matrizenschreibweise formulieren. Mit der Abkürzung:

$$W = e^{-j2\pi/N},$$

erhält man die Beziehungen:

$$
\begin{bmatrix} f[0] \\ f[1] \\ f[2] \\ \vdots \\ f[N-1] \end{bmatrix} = \frac{1}{N} \begin{bmatrix} 1 & 1 & 1 & \cdots & 1 \\ 1 & W^{-1} & W^{-2} & \cdots & W^{-(N-1)} \\ 1 & W^{-2} & W^{-4} & \cdots & W^{-2(N-1)} \\ \vdots & \vdots & \vdots & \cdots & \vdots \\ 1 & W^{-(N-1)} & W^{-2(N-1)} & \cdots & W^{-(N-1)^2} \end{bmatrix} \cdot \begin{bmatrix} F[0] \\ F[1] \\ F[2] \\ \vdots \\ F[N-1] \end{bmatrix},
$$

$$
\begin{bmatrix} F[0] \\ F[1] \\ F[2] \\ \vdots \\ F[N-1] \end{bmatrix} = \begin{bmatrix} 1 & 1 & 1 & \cdots & 1 \\ 1 & W^{1} & W^{2} & \cdots & W^{(N-1)} \\ 1 & W^{2} & W^{4} & \cdots & W^{2(N-1)} \\ \vdots & \vdots & \vdots & \cdots & \vdots \\ 1 & W^{(N-1)} & W^{2(N-1)} & \cdots & W^{(N-1)^2} \end{bmatrix} \cdot \begin{bmatrix} f[0] \\ f[1] \\ f[2] \\ \vdots \\ f[N-1] \end{bmatrix}.
$$

$$(3.164)$$

In Kurzform lautet die Gleichung:

$$\boldsymbol{f} = \boldsymbol{W}^{-1} \cdot \boldsymbol{F}, \qquad \boldsymbol{F} = \boldsymbol{W} \cdot \boldsymbol{f}. \tag{3.165}$$

Die Bedeutung der Vektoren und Matrizen ergibt sich aus der Darstellung (3.164).

Normalerweise wird die Berechnung der diskreten Fourier-Transformation mit einem Rechner durchgeführt. Wir können uns hier daher nur auf einen sehr einfachen Fall beschränken, bei dem die Rechnungen noch überschaubar sind.

Beispiel 3.14 *Gegeben sind die im oberen Bildteil 3.32 dargestellten $N = 7$ Zeitfunktionswerte:*

$$f[0] = 1, \ f[1] = 1, \ f[2] = \frac{1}{2}, \ f[3] = 0, \ f[4] = 0, \ f[5] = \frac{1}{2}, \ f[6] = 1.$$

Die Spektralwerte ergeben sich zu:

$$F[m] = 1 + e^{-j2\pi m/7} + \frac{1}{2}e^{-j2\pi m2/7} + \frac{1}{2}e^{-j2\pi m5/7} + e^{-j2\pi m6/7}.$$

Mit $e^{-j2\pi m5/7} = e^{-j2\pi m}e^{j2\pi m2/7} = e^{j2\pi m2/7}$, $e^{-j2\pi m6/7} = e^{-j2\pi m}e^{j2\pi m/7} = e^{j2\pi m/7}$ *erhält man:*

$$F[m] = 1 + 2\cos(2\pi\,m/7) + \cos(2\pi\,m\,2/7)$$

und daraus die im unteren Bild 3.32 dargestellten Werte:

$$F[0] = 4,\ F[1] = 2,024,\ F[2] = -0,346,\ F[3] = -0,178,$$
$$F[4] = -0,178,\ F[5] = -0,346,\ F[6] = 2,024.$$

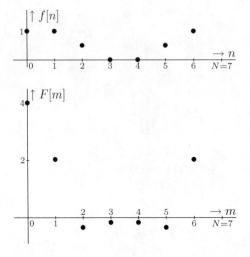

Abbildung 3.32:
Folge $f[n]$ mit $N = 7$ Werten und die zugehörende diskrete Fourier-Transformierte $F[m]$

3.10.5 Einige Eigenschaften der diskreten Fourier-Transformation

Die Eigenschaften werden ohne Beweise zusammengestellt. Sie ergeben sich meistens unmittelbar aus der Definitionsgleichung (3.78) oder auf ganz ähnliche Weise wie bei der zeitdiskreten Fourier-Transformation (Abschnitt 3.10.3). Bei Beziehungen zwischen unterschiedlichen Folgen wird die gleiche Anzahl N von Elementen vorausgesetzt.

Bei der Auswertung einiger der Beziehungen sind die *periodischen Eigenschaften* der Folgen zu beachten. Läßt man nämlich in der oberen Gl. (3.163) für n auch (ganzzahlige) Werte außerhalb des Bereiches von 0 bis $N-1$ zu, dann gilt $f[n] = f[n + kN]$ mit $k = 0, \pm1, \pm2 \cdots$. In diesem Sinne ist $f[n]$ eine periodische Folge mit der Periode N. In dem gleichen Sinne ist auch die Spektralfolge $F[m]$ periodisch. Es gilt demnach, wenn in den Gl. (3.163) auch Argumente m und n außerhalb des Grundbereiches von 0 bis $N-1$ zugelassen werden:

$$f[n] = f[n \pm k \cdot N],\ k = 0,1,2\cdots, \quad F[m] = F[m \pm k \cdot N],\ k = 0,1,2\cdots \quad (3.166)$$

Linearität

$$k_1\,f_1[n] + k_2\,f_2[n] \ \circ\!\!-\!\!\bullet\ k_1\,F_1[m] + k_2\,F_2[m]. \quad (3.167)$$

Verschiebung der Zeitfolge

$$f[n - n_0] \ \circ\!\!-\!\!\bullet\ F[m]\,e^{-j2\pi n_0\,m/N}. \quad (3.168)$$

Verschiebung der Spektralfolge

$$F[m - m_0] \; \bullet\!\!-\!\!\circ \; f[n] \, e^{j2\pi m_0 \, n/N}. \tag{3.169}$$

Faltung von Zeitfolgen

$$f_1[n] * f_2[n] \; \circ\!\!-\!\!\bullet \; F_1[m] \cdot F_2[m], \tag{3.170}$$

dabei ist:

$$f_1[n] * f_2[n] = \sum_{\nu=0}^{N-1} f_1[\nu] \, f_2[n - \nu].$$

Faltung von Spektralfolgen

$$F_1[m] * F_2[m] \; \bullet\!\!-\!\!\circ \; N \, f_1[n] \cdot f_2[n], \tag{3.171}$$

dabei ist:

$$F_1[m] * F_2[m] = \sum_{\nu=0}^{N-1} F_1[\nu] \, F_2[m - \nu].$$

Bei der Auswertung der Faltungssumme muss die Periodizitätseigenschaft (3.166) beachtet werden.

3.10.6 Die Grundgleichungen der z-Transformation

Wir gehen von einem kausalen, zeitdiskreten Signal $f(n)$ aus (d.h. $f(n) = 0$ für $n < 0$) und ordnen diesem eine Funktion[7] $F(z)$ mit einer komplexen Variablen z zu:

$$F(z) = \sum_{n=0}^{\infty} f(n) \, z^{-n}, \qquad f(n) = \frac{1}{2\pi j} \oint F(z) \, z^{n-1} \, dz. \tag{3.172}$$

Die rechte Gl. (3.172) ist die Rücktransformationsbeziehung. Die Integration muss dabei auf einem einfach geschlossenen Weg in mathematisch positiver Richtung im Konvergenzbereich der z-Transformierten erfolgen. So wie bei den anderen Transformationen, wird für die Beziehungen (3.172) häufig die Kurzform $f(n) \; \circ\!\!-\!\!\bullet \; F(z)$ verwendet.

Für die Existenz einer z-Transformierten muss die diskrete Zeitfunktion die Bedingung $|f(n)| < K \cdot R^n$ mit geeignet gewählten Konstanten K und R erfüllen. In diesem Fall konvergiert die Summe für $F(z)$ für alle Werte $|z| > R$. Diesen Bereich nennt man den *Konvergenzbereich* der z-Transformierten. Ein Vergleich von $F(z)$ nach der Gl. (3.172) mit der zeitdiskreten Fourier-Transformierten (linke Gl. 3.145) zeigt, dass bei kausalen Zeitfunktionen die Zusammenhänge bestehen:

$$F_D(j\omega) = F(z = e^{j\omega T}), \quad F(z) = F_D\left(j\omega = \frac{1}{T} \ln z\right). \tag{3.173}$$

Diese Beziehungen gelten allerdings nur bei absolut summierbaren kausalen Zeitsignalen, da sonst die Existenz von $F_D(j\omega)$ nicht gesichert ist.

---

[7]Man spricht hier genauer von der *einseitigen* z-Transformation. Bei der zweiseitigen z-Transformation werden auch nichtkausale Signale $f(n)$ zugelassen.

Beispiel 3.15 *Für drei einfache Signale $f(n)$ wird die z-Transformierte berechnet.*

Einheitsimpuls: $f(n) = \delta(n)$ (siehe Bild 3.7)
Nach der linken Gl. (3.172) wird $F(z) = 1$, die Summe konvergiert für beliebige Werte der Variablen z und gemäß der Gl. (3.173) gilt $F_D(j\omega) = 1$.

Sprungfolge: $f(n) = s(n)$ (siehe Bild 3.11)
Mit der Gl. (3.172) erhält man

$$F(z) = \sum_{n=0}^{\infty} f(n)\, z^{-n} = \sum_{n=0}^{\infty} \left(z^{-1}\right)^n = \frac{1}{1 - z^{-1}} = \frac{z}{z - 1}, \quad |z| > 1.$$

Es handelt sich um die Summe einer geometrischen Reihe, die bei Werten der Variablen $|z| > 1$ konvergiert, Ergebnis:

$$s(n) \;\circ\!\!-\!\!\bullet\; \frac{z}{z - 1}, \quad |z| > 1,$$

Der Bereich $|z| > 1$ ist der Konvergenzbereich der z-Transformierten von $s(n)$. Die Beziehung (3.173) zur Ermittlung der zeitdiskreten Fourier-Transformierten ist hier nicht anwendbar, weil $s(n)$ nicht absolut summierbar ist (siehe Gl. 3.6).

Exponentialfolge: $f(n) = s(n) \cdot e^{-knT}$.
Mit der Gl. (3.172) erhält man

$$F(z) = \sum_{n=0}^{\infty} e^{-knT}\, z^{-n} = \sum_{n=0}^{\infty} \left(e^{-kT} z^{-1}\right)^n = \frac{1}{1 - e^{-kT} z^{-1}}, \quad |z| > e^{-kT},$$

$$s(n) e^{-knT} \;\circ\!\!-\!\!\bullet\; \frac{z}{z - e^{-kT}}, \quad |z| > e^{-kT}.$$

Der Bereich $|z| > e^{-kT}$ ist der Konvergenzbereich der z-Transformierten.

Im Fall $k > 0$ ist das Signal $f(n) = s(n)e^{-knT}$ absolut summierbar, dann hat es gemäß der Gl. (3.173) die zeitdiskrete Fourier-Transformierte

$$F_D(j\omega) = F(z = e^{j\omega T}) = \frac{e^{j\omega T}}{e^{j\omega T} - e^{-kT}}, \quad k > 0.$$

Im Fall $k < 0$ ist das Signal nicht absolut summierbar, in diesem Fall existiert keine zeitdiskrete Fourier-Transformierte.

3.10.7 Zusammenstellung von Eigenschaften der z-Transformation

Die Eigenschaften werden ohne Beweis angegeben. Im Folgenden gelten die Korrespondenzen:

$$f(n) \;\circ\!\!-\!\!\bullet\; F(z), \; |z| > |\tilde{z}|,$$
$$f_1(n) \;\circ\!\!-\!\!\bullet\; F_1(z), \; |z| > |\tilde{z}_1|, \; f_2(n) \;\circ\!\!-\!\!\bullet\; F_2(z), \; |z| > |\tilde{z}_2|.$$

Linearität:

$$k_1 f_1(n) + k_1 f_2(n) \;\circ\!\!-\!\!\bullet\; k_1 F_1(z) + k_2 F_2(z), \; |z| > \max(|\tilde{z}_1|, |\tilde{z}_2|). \tag{3.174}$$

Verschiebungssatz:

$$f(n-i) \circ\!\!-\!\!\bullet z^{-i} \cdot F(z), \ |z| > |\tilde{z}|, \ i \geq 0. \tag{3.175}$$

Multiplikation mit n:

$$n \cdot f(n) \circ\!\!-\!\!\bullet -z\frac{d\,F(z)}{dz}, \ |z| > |\tilde{z}|. \tag{3.176}$$

Faltungssatz:

$$f_1(n) * f_2(n) \circ\!\!-\!\!\bullet F_1(z) \cdot F_2(z), \ |z| > \max(|\tilde{z}_1|, |\tilde{z}_2|), \tag{3.177}$$

darin ist:

$$f_1(n) * f_2(n) = \sum_{\nu=0}^{n} f_1(\nu) f_2(n-\nu).$$

Multiplikation:

$$f_1(n) \cdot f_2(n) \circ\!\!-\!\!\bullet \frac{1}{2\pi j} \oint F_1(u) F_2\left(\frac{z}{u}\right) \frac{du}{u}. \tag{3.178}$$

Die Integration ist über einem einfach geschlossenen Weg in mathematisch positiver Richtung im Bereich $|z| > \max(|\tilde{z}_1|, |\tilde{z}_2|)$ durchzuführen.

Anfangs- und Endwertsatz:

$$f(0) = \lim_{z \to \infty} \{F(z)\}, \ f(\infty) = \lim_{z \to 1} \{(z-1) F(z)\}. \tag{3.179}$$

Diese Beziehungen setzen die Existenz der Werte $f(0)$ bzw. $f(\infty)$ voraus.

3.10.8 Rationale z-Transformierte

Bei den z-Transformierten soll es sich in diesem Abschnitt um gebrochen rationale Funktionen handeln:

$$\begin{aligned} F(z) &= \frac{P_1(z)}{P_2(z)} = \frac{c_0 + c_1 z + \cdots + c_q z^q}{d_0 + d_1 z + \cdots + d_r z^r} \\ &= \frac{c_q}{d_r} \frac{(z-z_{01})(z-z_{02})\cdots(z-z_{0q})}{(z-z_{\infty1})(z-z_{\infty2})\cdots(z-z_{\infty r})}, \ d_r \neq 0. \end{aligned} \tag{3.180}$$

$z_{0\mu}$ sind die Nullstellen des Zählerpolynoms $P_1(z)$ und $z_{\infty\mu}$ die Nullstellen des Nennerpolynoms $P_2(z)$ bzw. die Polstellen von $F(z)$. Wenn die Koeffizienten c_μ, d_ν alle reell sind, dann sind die Null- und Polstellen entweder reell oder sie treten als konjugiert komplexe Paare auf.

Das *Pol-Nullstellenschema* erhält man dadurch, dass die Nullstellen (als Kreise) und die Polstellen (als Kreuze) in die komplexe z-Ebene eingetragen werden.

Man kann zeigen, dass der Konvergenzbereich von $F(z)$ außerhalb eines Kreises liegt, der durch den vom Koordinatenursprung am weitesten entfernten Pol geht. Wenn alle Polstellen im Einheitskreis, d.h. im Bereich $|z| < 1$ liegen, handelt es sich bei der zugehörenden Zeitfunktion um eine "abklingende" Funktion $|f(n)| \to 0$ für $n \to \infty$. Liegt mindestens ein Pol außerhalb des Einheitskreises, dann gilt $|f(n)| \to \infty$ für $n \to \infty$.

Zur Rücktransformation gebrochen rationaler z–Transformierter entwickelt man $F(z)$ in Partialbrüche. Dabei gelten die gleichen Formeln zur Berechnung der Koeffizienten wie bei der Partialbruchentwicklung gebrochen rationaler Laplace-Transformierter. Die Rücktransformation der Partialbrüche kann mit den folgenden Korrespondenzen durchgeführt werden:

$$\frac{1}{z^i} \quad \bullet\!\!-\!\!\circ \quad \delta(n-i), \; i = 0, 1, 2, \cdots$$

$$\frac{1}{z - z_\infty} \quad \bullet\!\!-\!\!\circ \quad s(n-1) z_\infty^{n-1} = \begin{cases} 0 \text{ für } n < 1 \\ z_\infty^{n-1} \text{ für } n \geq 1 \end{cases} \tag{3.181}$$

$$\frac{1}{(z - z_\infty)^i} \quad \bullet\!\!-\!\!\circ \quad s(n-i) \binom{n-1}{i-1} z_\infty^{n-i} = \begin{cases} 0 \text{ für } n < i \\ \binom{n-1}{i-1} z_\infty^{n-i} \text{ für } n \geq i \end{cases}, \; i = 1, 2, \cdots$$

In Abschnitt 3.14, sind weitere Korrespondenzen der z-Transformation zusammengestellt.

3.11 Die Beschreibung der Systeme im Frequenzbereich

Die Behandlung der Systeme im Frequenzbereich geschieht in ähnlicher Weise wie die Beschreibung der Signale im Frequenzbereich. Dieser Abschnitt gehört zu den Grundlagen der Systemtheorie und wurde wegen der notwendigen Kenntnisse der Transformationen zurückgestellt. Es behandelt neben der Berechnung der Systemreaktionen im Frequenzbereich einige der grundlegenden analogen und zeitdiskreten Übertragungssysteme. Ein besonderer Schwerpunkt liegt auf der Behandlung der Nyquistbedingungen bei der Übertragung zeitdiskreter Signale.

Die Übertragungsfunktion $G(j\omega)$ eines Systems wurde bereits im Abschnitt 3.4.4 eingeführt. Dort wurde als Eingangssignal für ein lineares zeitinvariantes System das komplexe Signal $x(t) = e^{j\omega t}$ gewählt, so dass sich $G(j\omega)$ aus dem Faltungsintegral nach Gl. (3.46) ergab:

$$G(j\omega) = \int_{-\infty}^{\infty} g(t) e^{-j\omega t} \, dt. \tag{3.182}$$

Die Gl. (3.182) kann natürlich auch so interpretiert werden, dass die Übertragungsfunktion $G(j\omega)$ als Fourier-Transformierte (s. Kap. 3.6) der Impulsantwort $g(t)$ verstanden wird $g(t) \circ\!\!-\!\!\bullet G(j\omega)$. Das System wird durch $G(j\omega) = |G(j\omega)| \cdot \exp(-jB(\omega))$ im Frequenzbereich beschrieben. Durch $|G(j\omega)|$ können Aussagen über das Amplitudenverhalten, z.B. Dämpfung oder Verstärkung bestimmter Frequenzen des Eingangsinals, des Systems getroffen werden. Der Phasenwinkel von $G(j\omega)$ lässt Laufzeiten des Systems erkennen.

3.11.1 Berechnung von Systemreaktionen im Frequenzbereich

Nach der Gl. (3.46) erhält man die Systemreaktion eines linearen zeitinvarianten Systems als Faltung des Eingangssignales mit der Impulsantwort. Einer Faltung im Zeitbereich entspricht der Multiplikation der Fourier-Transformierten (siehe Abschnitt 3.6.4):

$$Y(j\omega) = G(j\omega) \cdot X(j\omega). \tag{3.183}$$

Dieser Zusammenhang ist im Bild 3.33 dargestellt. Neben der Berechnung der Systemreaktion im Zeitbereich durch das Faltungsintegral ist eine Berechnung im Frequenzbereich möglich. Dazu ermittelt man die Fourier-Transformierte $X(j\omega)$ des Eingangssignales $x(t)$. Das Produkt mit der Übertragungsfunktion ergibt die Fourier-Transformierte $Y(j\omega)$ der Systemreaktion und durch Rücktransformation erhält man $y(t)$.

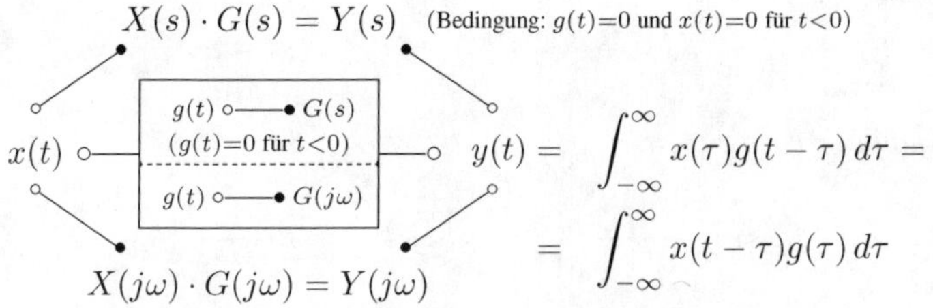

$$X(s) \cdot G(s) = Y(s) \quad \text{(Bedingung: } g(t)=0 \text{ und } x(t)=0 \text{ für } t<0)$$

$$x(t) \quad \boxed{\begin{array}{c} g(t) \circ\!\!-\!\!\bullet G(s) \\ (g(t)=0 \text{ für } t<0) \\ g(t) \circ\!\!-\!\!\bullet G(j\omega) \end{array}} \quad y(t) = \int_{-\infty}^{\infty} x(\tau)g(t-\tau)\,d\tau =$$

$$= \int_{-\infty}^{\infty} x(t-\tau)g(\tau)\,d\tau$$

$$X(j\omega) \cdot G(j\omega) = Y(j\omega)$$

Abbildung 3.33: Die Berechnung von Systemreaktionen im Zeit- und im Frequenzbereich

Bei kausalen Systemen ($g(t) = 0$ für $t < 0$) und ebenfalls kausalen Eingangssignalen ($x(t) = 0$ für $t < 0$) kann die Rechnung auch mit der Laplace-Transformation erfolgen:

$$Y(s) = G(s) \cdot X(s). \tag{3.184}$$

Dieser Rechnungsweg ist ebenfalls im Bild 3.33 angegeben.

Beispiel 3.16 *Die Systemreaktion der RC-Schaltung vom Bild 3.13 auf das Eingangssignal $x(t) = s(t)$ soll mit der Fourier-Transformation berechnet werden. Die Systemreaktion $y(t) = h(t)$ wurde bereits in einfacherer Weise im Abschnitt 3.4.2 berechnet. Es gilt:*

$$g(t) \circ\!\!-\!\!\bullet G(j\omega) = \frac{1}{1+j\omega}, \quad x(t) \circ\!\!-\!\!\bullet X(j\omega) = \pi\delta(\omega) + \frac{1}{j\omega}$$

Bei der folgenden Multiplikation müssen die besonderen Regeln für den Dirac-Impuls berücksichtigt werden:

$$Y(j\omega) = G(j\omega) \cdot X(j\omega) = \pi\delta(\omega) \cdot \frac{1}{1+j\omega} + \frac{1}{j\omega} \cdot \frac{1}{1+j\omega}.$$

Mit $\delta(x-x_0) \cdot f(x) = \delta(x-x_0) \cdot f(x_0)$ folgt nach der Partialbruchzerlegung des zweiten Terms:

$$Y(j\omega) = \pi\delta(\omega) + \frac{1}{j\omega} \cdot \frac{1}{1+j\omega} = \pi\delta(\omega) + \frac{1}{j\omega} - \frac{1}{1+j\omega}$$

Die Rücktransformation liefert:

$$Y(j\omega) \bullet\!\!-\!\!\circ y(t) = \frac{1}{2} + \frac{1}{2}\operatorname{sgn}(t) - s(t)e^{-t}.$$

Die Terme $1/2 + 1/2\operatorname{sgn}(t)$ ergänzen sich im Bereich $t < 0$ zu Null und im Bereich $t > 0$ zu Eins. Somit wird die bekannte Lösung bestätigt:

$$y(t) = s(t) \cdot (1 - e^{-t}).$$

Beispiel 3.17 *Die Systemreaktion der RC-Schaltung vom Bild 3.13 auf das Eingangssignal $x(t) = s(t)kt$ soll mit der Laplace-Transformation berechnet werden. Diese Aufgabe müsste sonst wie im Beispiel des Abschnittes 3.4.2 mit dem Faltungsintegral gelöst werden.*

Die Impulsantwort des Systems lautet $g(t) = s(t)e^{-t}$. Mit Hilfe einer Tabelle über Laplace-Transformierte (vgl. Seite 277) findet man:

$$G(s) = \frac{1}{1+s}, \; X(s) = \frac{k}{s^2}, \; Y(s) = G(s)X(s) = \frac{k}{s^2(1+s)}.$$

$Y(s)$ wird in Partialbrüche entwickelt:

$$Y(s) = \frac{k}{s^2(1+s)} = -k\frac{1}{s} + k\frac{1}{s^2} + k\frac{1}{1+s}$$

und die Rücktransformation liefert:

$$y(t) = -ks(t) + ks(t)t + ks(t)e^{-t} = s(t)\,k[(t-1) + e^{-t}].$$

Eine Berechnung mit der Fourier-Transformation ist in diesem Fall nicht möglich, weil das Eingangssignal $x(t) = s(t)kt$ keine Fourier-Transformierte besitzt.

Beispiel 3.18 *Die Systemfunktion $F(s)$ ist durch das folgende PN-Schema beschrieben.*

Der Konvergenzbereich von $F(s)$ wird durch $\mathcal{R}e\{s\} > 1$ bestimmt, da hier der Pol mit dem größten Realteil liegt. Besitzt die freiwählbare Konstante den Wert 1, so folgt:

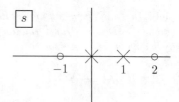

$$F(s) = k\frac{(s+1)(s-2)}{s(s-1)} = \frac{(s+1)(s-2)}{s(s-1)}.$$

Eine Fouriertransformierte $F(j\omega) \bullet\!\!-\!\!\circ f(t) \circ\!\!-\!\!\bullet F(s)$ existiert nicht, da die $j\omega$-Achse nicht im Konvergenzbereich liegt.

$F(s)$ *ist keine echt gebrochen rationale Funktion, da der Zählergrad von $F(s)$ gleich groß dem Nennergrad ist. Vor der Partialbruchzerlegung muss deshalb eine Konstante (i.A. durch Polynomdivision) abgespalten werden:*

$$F(s) = 1 + \tilde{F}(s) = 1 + \frac{(-2)}{s(s-1)} = 1 + \frac{A_1}{s} + \frac{A_2}{s-1}.$$

Die Berechnung der Konstanten erfolgt gemäß der folgenden Formel:

$$A_1 = \left[\tilde{F}(s) \cdot s\right]_{s=0} = \left.\frac{-2}{s-1}\right|_{s=0} = 2, \quad A_2 = \left[\tilde{F}(s-1) \cdot s\right]_{s=1} = \left.\frac{-2}{s}\right|_{s=1} = -2$$

Durch die Rücktransformation ergibt sich:

$$F(s) \bullet\!\!-\!\!\circ f(t) = \delta(t) + 2s(t) - 2s(t)e^t.$$

3.11.2 Die Übertragungs- und die Systemfunktion zeitdiskreter Systeme

Die Übertragungsfunktion $G(j\omega)$ eines zeitdiskreten Systems wurde bereits im Abschnitt 3.5.2 eingeführt. Dort wurde als Eingangssignal für ein lineares zeitinvariantes System das komplexe Signal $x(n) = e^{jn\omega t}$ gewählt, so dass sich $G(j\omega)$ aus der Faltungssumme nach Gl. (3.62) (s. Abschn. 3.5.1) ergab:

$$G(j\omega) = \sum_{n=-\infty}^{\infty} g(n)e^{-jn\omega T} \qquad (3.185)$$

Bei *kausalen Systemen*, d.h. $g(n) = 0$ für $n < 0$, erhält man durch Substitution: $j\omega = \frac{1}{T}\ln z$ die Systemfunktion:

$$G(z) = G\big(j\omega = \frac{1}{T}\ln z\big) = \sum_{n=0}^{\infty} g(n)z^{-n} \qquad (3.186)$$

Diese Gleichung kann auch so aufgefasst werden, dass $G(z)$ als z-Transformierte der Impulsantwort $g(n)$ (s. Kap. 3.6) interpretiert wird. Realisierbare gebrochen rationale Systemfunktionen müssen einen Zählergrad nicht größer als den Grad des Nennerpolynoms aufweisen und alle Polstellen müssen im Inneren des Einheitskreises $|z| < 1$ liegen. Diese Stabilitätsbedingung folgt aus der Forderung nach Gl. (3.64) und der Eigenschaft, dass "abnehmende" Funktionen im $z-$Bereich alle Pole im Bereich $|z| < 1$ haben (siehe Abschnitt 3.10.8). Aus $G(z)$ erhält man mit $z = e^{j\omega T}$ die Übertragungsfunktion:

$$G(j\omega) = G\big(z = e^{j\omega T}\big). \qquad (3.187)$$

Beispiel 3.19 *Ein zeitdiskretes System ist durch seine Differenzengleichung gegeben:*

$$y(n) + y(n-1) + 0,5y(n-2) = x(n).$$

Zur Bestimmung der Übertragungsfunktion dieses Systems wird zunächst die Systemfunktion durch Transformation der Differenzengleichung bestimmt:

$$Y(z) + Y(z) \cdot z^{-1} + 0.5Y(z) \cdot z^{-2} = X(z) \implies \frac{Y(z)}{X(z)} = \frac{z^2}{0.5 + z + z^2} = G(z)$$

Mit $z = e^{j\omega T}$ erhält man schließlich:

$$G(j\omega) = \frac{e^{2j\omega T}}{0,5 + e^{j\omega T} + e^{2j\omega T}} = \frac{\cos(2\omega T) + j\sin(2\omega T)}{[0,5 + \cos(\omega T) + \cos(2\omega T)] + j[\sin(\omega T) + \sin(2\omega T)]},$$

Der Betrag ergibt sich unter Berücksichtigung von $\cos^2(x) + \sin^2(x) = 1$:

$$|G(j\omega)| = \frac{1}{\sqrt{[0,5 + \cos(\omega T) + \cos(2\omega T)]^2 + [\sin(\omega T) + \sin(2\omega T)]^2}}$$

Der Betrag der Übertragungsfunktion ist periodisch mit der Periode $2\pi/T$ Das nebenstehende Bild zeigt den Verlauf von $|G(j\omega)|$.

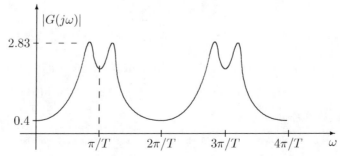

In der Praxis sorgt man i.A. dafür, dass die Spektren der Eingangssignale keine Frequenzanteile oberhalb der Frequenz $f_{max} = \frac{1}{2T}$ bzw. der Kreisfrequenz $\omega_{max} = \frac{\pi}{T}$ haben[8].

Signale mit einem derart begrenzten Spektrum erfüllen die Bedingungen des Abtasttheorems (siehe Abschnitt 3.8.2) und werden durch ihre Abtastwerte vollständig beschrieben. Bei diesen Signalen ist der periodische Verlauf der Übertragungsfunktion ohne Einfluss, relevant ist nur der Bereich bis zur (im Bild 3.15 eingetragenen) maximalen Kreisfrequenz $\omega_{max} = \pi/T$.

3.11.3   Berechnung der Systemreaktion mit der z-Transformation

Neben der Berechnung von Systemreaktionen mit der Faltungssumme (3.62) und der rekursiven Berechnung gemäß Gl. (3.74) kann bei kausalen Systemen ($g(n) = 0$ für $n < 0$) und kausalen Eingangssignalen ($x(n) = 0$ für $n < 0$) auch eine Berechnung mit der z-Transformation erfolgen. Die Faltung (3.62) im Zeitbereich entspricht einer Multiplikation der z-Transformierten (siehe Abschnitt 3.10.7):

$$Y(z) = G(z) \cdot X(z). \tag{3.188}$$

Das Produkt der Systemfunktion und der z-Transformierten des Eingangssignales ergibt die z-Transformierte der Ausgangsfolge und nach der Rücktransformation das Ausgangssignal $y(n)$. Diese Berechnungsart entspricht der Berechnung von Systemreaktionen bei zeitkontinuierlichen Systemen im Frequenzbereich (siehe Bild 3.33).

Beispiel 3.20 *Für ein zeitdiskretes System mit der Differenzengleichung:*
$y(n) + y(n-1) + 0,25y(n-2) = x(n-1)$ ergibt sich die Systemfunktion $G(z)$ zu:

$$G(z) = \frac{z}{0.25 + z + z^2} = \frac{z}{(z+0,5)^2}.$$

Für das Eingangssignal: $x(n) \circ\!\!-\!\!\bullet X(z) = z/(z-1)$ folgt für die z-Transformierte der Sprungantwort $y(n) = h(n) \circ\!\!-\!\!\bullet Y(z)$:

$$Y(z) = G(z) \cdot X(z) = \frac{z}{(z+0,5)^2} \cdot \frac{z}{z-1}.$$

Die Partialbruchzerlegung für $Y(z)$ liefert:

$$Y(z) = \frac{A_0}{(z+0,5)^2} + \frac{A_1}{(z+0,5)} + \frac{B}{z-1}.$$

Die Sprungantwort $y(n) = h(n) \circ\!\!-\!\!\bullet Y(z)$ berechnet sich durch die Rücktransformation von $Y(z)$:

$$h(n) = A_0 \cdot s(n-2) \cdot (n-1) \left(\frac{1}{2}\right)^{n-2} + A_1 \cdot s(n-1) \left(\frac{1}{2}\right)^{n-1} + B \cdot s(n-1).$$

Ein Vergleich mit der rekursiven Sprungantwort, die aus der Differenzengleichung ablesbar ist:

$$h(n) = s(n-1) - h(n-1) - 0,25 \cdot h(n-2),$$

kann die Richtigkeit der geschlossenen Lösung zeigen.

---

[8]Filter, die diese Bandbegrenzung vornehmen, werden oft als *Antialiasing-Filter* bezeichnet.

Beispiel 3.21 *Gesucht wird die Systemreaktion eines Systems mit der Impulsantwort* $g(n) = s(n)(1-a)\,a^n$, $|a| < 1$ *auf das Eingangssignal* $x(n) = s(n) \cdot n$.

Die Systemfunktion für das vorliegende System wurde bereits im Beispiel am Abschnittsende 3.5.2 berechnet. Die z-Transformierte von $x(n)$ *wird der Tabelle in Abschnitt 3.14 entnommen. Wir erhalten:*

$$G(z) = \frac{(1-a)\,z}{z-a}, \quad X(z) = \frac{z}{(z-1)^2}, \quad Y(z) = (1-a)\frac{z^2}{(z-a)(z-1)^2}.$$

Partialbruchentwicklung und Rücktransformation:

$$Y(z) = (1-a)\frac{z^2}{(z-a)(z-1)^2} = \frac{a^2}{1-a}\frac{1}{z-a} + \frac{(1-2a)}{1-a}\frac{1}{z-1} + \frac{1}{(z-1)^2},$$

$$y(n) = \frac{a^2}{1-a}s(n-1)\,a^{n-1} + \frac{(1-2a)}{1-a}s(n-1) + s(n-2)\,(n-1).$$

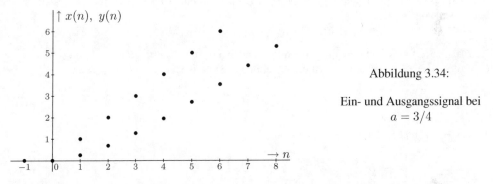

Abbildung 3.34:

Ein- und Ausgangssignal bei $a = 3/4$

Diese Funktion $y(n)$ ist im Bild 3.34 zusammen mit dem Eingangssignal $x(n) = s(n) \cdot n$ skizziert. Die Studierenden können mit etwas Mühe kontrollieren, dass man für die ersten vier Ausgangswerte $y(0)$ bis $y(3)$ die gleichen Werte wie bei der Berechnung mit der Differenzengleichung im Beispiel 3.7 am Abschnittsende 3.5.3 erhält.

3.11.4   Verzerrungsfreie Übertragung

Eine wichtige Aufgabe der Nachrichtentechnik ist die möglichst verzerrungsfreie Übertragung von Nachrichten, z.B. eine naturgetreue Übertragung von Sprache und Musik zu erreichen.

Bei einem verzerrungsfrei übertragenden System gilt:

$$y(t) = K\,x(t - t_0), \quad K > 0, \, t_0 \geq 0. \tag{3.189}$$

Das bedeutet, dass das Eingangssignal lediglich mit einem konstanten Faktor multipliziert und um die Zeit t_0 verzögert, am Empfänger ankommt. Mit dem Zeitverschiebungssatz (Gl. 3.87) erhält man durch Fourier-Transformation der Beziehung (3.189):

$$Y(j\omega) = K\,X(j\omega)e^{-j\omega t_0},$$

und mit dem Zusammenhang $Y(j\omega) = G(j\omega)X(j\omega)$ die Übertragungsfunktion des verzerrungsfrei übertragenden Systems:

$$G(j\omega) = Ke^{-j\omega t_0}, \quad K > 0, \, t_0 \geq 0. \tag{3.190}$$

Übertragungsfunktionen werden in der Nachrichtentechnik oft in der Form:

$$G(j\omega) = e^{-(A(\omega)+jB(\omega))} = e^{-A(\omega)} \cdot e^{-jB(\omega)} = |G(j\omega)|e^{-jB(\omega)} \tag{3.191}$$

dargestellt. Dabei gilt für die Dämpfung in *Neper*:

$$A(\omega) = -\ln|G(j\omega)|. \tag{3.192}$$

In der Praxis geht man meistens von der Darstellung:

$$|G(j\omega)| = 10^{-\tilde{A}(\omega)/20}, \quad \tilde{A}(\omega) = -20 \cdot \lg|G(j\omega)| \tag{3.193}$$

aus. Darin ist $\tilde{A}(\omega)$ die Dämpfung in *Dezibel*. Zwischen beiden Dämpfungsmaßen besteht der
Zusammenhang:

$$\tilde{A}/\mathrm{dB} = 20 \cdot \lg e \cdot A/\mathrm{N} \approx 8,686\, A/\mathrm{N}.$$

Die *Phase* $B(\omega)$ entspricht dem negativen Phasenwinkel φ der Übertragungsfunktion ($G(j\omega) = |G(j\omega)|e^{j\varphi}$). Die *Gruppenlaufzeit* ist die Ableitung der Phase nach der Kreisfrequenz:

$$T_G = \frac{d\,B(\omega)}{d\omega}, \tag{3.194}$$

als *Phasenlaufzeit* bezeichnet man den Quotienten:

$$T_P = \frac{B(\omega)}{\omega}. \tag{3.195}$$

Mit den Beziehungen (3.190) und (3.191) folgt für ein verzerrungsfrei übertragendes System:

$$G(j\omega) = K\,e^{-j\omega t_0} = |G(j\omega)|e^{-jB(\omega)}. \tag{3.196}$$

Der Betrag $|G(j\omega)| = K$, und damit ist auch die Dämpfung $\tilde{A}(\omega) = -20\lg K$ konstant und die
Phase $B(\omega) = \omega \cdot t_0$ steigt linear mit der Frequenz an. Die Proportionalitätskonstante t_0 bei der
Phase entspricht hier der Gruppen- und auch der Phasenlaufzeit (Gln. 3.194, 3.195).

3.11.5 Der ideale Tiefpass

Ein idealer Tiefpass hat die Übertragungsfunktion:

$$G(j\omega) = \begin{cases} Ke^{-j\omega t_0} \text{ für } |\omega| < \omega_g \\ 0 \text{ für } |\omega| > \omega_g \end{cases} = K\,\mathrm{rect}\left(\frac{\omega}{2\omega_g}\right)e^{-j\omega t_0}. \tag{3.197}$$

Diese Übertragungsfunktion entspricht im *Durchlassbereich* $|\omega| < \omega_g$ der eines verzerrungsfrei
übertragenden Systems (Gl. 3.196). Im *Sperrbereich* $|\omega| > \omega_g$ ist $G(j\omega) = 0$, in diesem Bereich

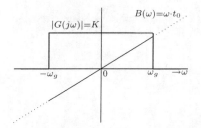

Abbildung 3.35:
Betrag und Phase eines idealen Tiefpasses

hat der ideale Tiefpass eine unendlich große Dämpfung. Der Betrag $|G(j\omega)|$ und die Phase $B(\omega)$ sind im Bild 3.35 skizziert.

Aus der Beziehung $Y(j\omega) = G(j\omega)X(j\omega)$ folgt, dass *bandbegrenzte Signale* mit einer Begrenzungsfrequenz $\omega_0 < \omega_g$ durch den idealen Tiefpass verzerrungsfrei übertragen werden. Ist z.B.: $x(t) = \sin\left(\frac{\omega_g}{2}t\right)$, so folgt für $y(t) = Kx(t - t_0) = K\sin\left(\frac{\omega_g}{2}(t - t_0)\right)$. Falls $X(j\omega)$ nur Frequenzanteile im Bereich $\omega > \omega_g$ hat, wird $Y(j\omega) = 0$ und somit auch $y(t) = 0$. Für den Zeitbereich bedeutet das z.B.: $x(t) = \sin(2\omega_g t)$, $y(t) = 0$.

Im Allgemeinen ist die Übertragung nicht verzerrungsfrei, weil die Spektralanteile der Eingangssignale oberhalb der Grenzfrequenz ω_g des Tiefpasses "abgeschnitten" werden. Ein Beispiel hierzu ist die unten berechnete Sprungantwort des idealen Tiefpasses.

Durch die Fourier-Rücktransformation (Gl. 3.79) der Übertragungsfunktion (3.197) erhält man die links im Bild 3.36 skizzierte Impulsantwort[9] des idealen Tiefpasses:

$$
\begin{aligned}
g(t) &= \frac{1}{2\pi}\int_{-\infty}^{\infty} G(j\omega)e^{j\omega t}\,d\omega = \frac{1}{2\pi}\int_{-\omega_g}^{\omega_g} Ke^{-j\omega t_0}\,e^{j\omega t}\,d\omega = \\
&= \frac{K}{2\pi}\int_{-\omega_g}^{\omega_g} e^{j\omega(t - t_0)}\,d\omega = \frac{K}{2\pi}\frac{1}{j(t - t_0)}\left(e^{j\omega_g(t - t_0)} - e^{-j\omega_g(t - t_0)}\right),
\end{aligned}
$$

$$
g(t) = \frac{K}{\pi}\frac{\sin\left[\omega_g(t - t_0)\right]}{t - t_0} = \frac{K\omega_g}{\pi}\sigma[\omega_g(t - t_0)]. \tag{3.198}
$$

Wie man erkennt, ist der ideale Tiefpass ein nichtkausales System ($g(t) \neq 0$ für $t < 0$, siehe Abschnitt 3.4.2), und außerdem ist er auch nicht stabil, weil seine Impulsantwort (3.198) nicht absolut integrierbar ist (siehe Gl. 3.64). Insofern ist der ideale Tiefpass ein physikalisch nicht realisierbares System.

Die Sprungantwort des idealen Tiefpasses wird mit der Gl. (3.45) berechnet und mit der Substitution $u = \omega_g(t - t_0)$ folgt:

$$
\begin{aligned}
h(t) &= \int_{-\infty}^{t} g(\tau)\,d\tau = \frac{K}{\pi}\int_{-\infty}^{t}\frac{\sin\left[\omega_g(\tau - t_0)\right]}{\tau - t_0}\,d\tau = \\
&= \frac{K}{\pi}\int_{-\infty}^{0}\frac{\sin u}{u}\,du + \frac{K}{\pi}\int_{0}^{\omega_g(t - t_0)}\frac{\sin u}{u}\,du.
\end{aligned}
$$

---

[9]Die Rücktransformation kann auch mit der Korrespondenz $\mathrm{si}(t/2) \circ\!\!-\!\!\bullet 2\pi\mathrm{rect}(\omega)$, der Anwendung des Ähnlichkeitssatzes (3.92) und des Zeitverschiebungssatzes (3.87) durchgeführt werden.

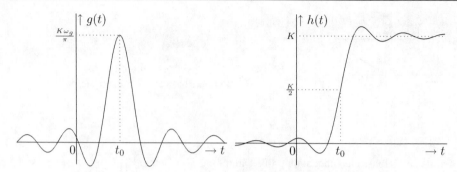

Abbildung 3.36: Impuls- und Sprungantwort eines idealen Tiefpasses

Diese Integrale sind nur numerisch auswertbar. Eine *kompaktere* Darstellung für $h(t)$ erhält man mit der *Integralsinusfunktion*:

$$\Sigma(x) = \int_0^x \frac{\sin u}{u}\,du = \int_0^x \text{si}(u)\,du. \qquad (3.199)$$

Mit $\Sigma(\infty) = \pi/2$ erhält man dann die Form:

$$h(t) = \frac{K}{2} + \frac{K}{\pi}\Sigma[\omega_g(t - t_0)]. \qquad (3.200)$$

Diese Sprungantwort ist rechts im Bild 3.36 skizziert. Wegen der Eigenschaft $\Sigma(x) = \Sigma(-x)$ hat sie einen zu t_0 *punktsymmetrischen* Verlauf. Eine vereinfachte Sprungantwort $\tilde{h}(t)$ des idealen Tiefpasses erhält man folgendermaßen (Bild 3.37): An $h(t_0)$ wird eine Tangente mit der Steigung $h'(t_0) = g(t_0) = K\omega_g/\pi$ gelegt. Diese Tangente ersetzt den ansteigenden Teil der Sprungantwort. Unterhalb des Schnittpunktes der Tangente mit der Abszisse wird $\tilde{h}(t) = 0$ gesetzt und oberhalb der Stelle, an der die Tangente den Wert K erreicht, ist $\tilde{h}(t) = K$. Die korrekte und die angenäherte Sprungantwort sind im Bild 3.37 skizziert.

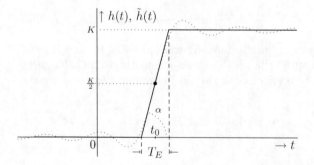

Abbildung 3.37:
Sprungantwort $h(t)$, die angenäherte Sprungantwort $\tilde{h}(t)$ und die Einschwingzeit $T_E = \frac{1}{2f_g}$ eines idealen Tiefpasses

Als *Einschwingzeit* T_E des idealen Tiefpasses bezeichnet man die Zeit, in der die angenäherte Sprungantwort $\tilde{h}(t)$ von 0 auf den Endwert K ansteigt. Mit dem im Bild 3.37 eingetragenen Winkel α erhält man die Tangentensteigung $\tan\alpha = K/T_E = h'(t_0) = K\omega_g/\pi$ und daraus die Einschwingzeit:

$$T_E = \frac{\pi}{\omega_g} = \frac{1}{2f_g}. \qquad (3.201)$$

Erzwingung der Kausalität und Stabilität

Linearphasige Tiefpässe sind nicht kausal und ebenso nicht stabil. Wir wollen kurz zeigen, auf welche Weise diese Tiefpässe durch kausale stabile Systeme approximiert werden können. Die Erklärungen beziehen sich auf den idealen Tiefpass, sie können sinngemäß auf allgemeine linearphasige Tiefpässe übertragen werden.

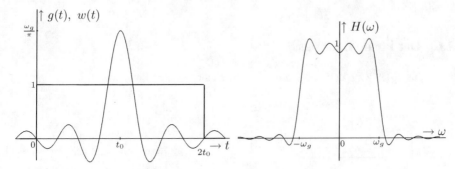

Abbildung 3.38: Zur Konstruktion eines kausalen und stabilen Tiefpasses

Im Bild 3.38 ist links nochmals die Impulsantwort eines idealen Tiefpasses (Gl. 3.198 mit $K = 1$) skizziert. Gegenüber der Darstellung im Bild 3.36 wurde ein größerer Wert t_0 angenommen. Im linken Bild 3.38 ist weiterhin eine *Fensterfunktion* eingetragen:

$$w(t) = \begin{cases} 1 \text{ für } 0 < t < 2t_0, \\ 0 \text{ sonst.} \end{cases}$$

Offenbar gilt für das Produkt von $g(t)$ und der Fensterfunktion: $w(t)$

$$\begin{aligned} \tilde{g}(t) &= \operatorname{rect}\left(\frac{t - t_0}{2t_0}\right) \cdot g(t) = \operatorname{rect}\left(\frac{t - t_0}{2t_0}\right) \cdot \frac{\omega_g}{\pi}\, \sigma[\omega_g(t - t_0)] = \\ &= \begin{cases} \frac{\omega_g}{\pi}\, \sigma[\omega_g(t - t_0)] \text{ für } 0 < t < 2t_0, \\ 0 \text{ sonst.} \end{cases} \end{aligned} \tag{3.202}$$

Es ist die Impulsantwort eines kausalen und stabilen Systems. Je größer t_0 ist, umso besser approximiert $\tilde{g}(t)$ die Impulsantwort eines idealen Tiefpasses.

Ein Produkt von Funktionen im Zeitbereich entspricht einer Faltung im Frequenzbereich. Mit den Korrespondenzen (Gln. 3.112, 3.113) $\operatorname{rect}(t) \circ\!\!-\!\!\bullet\, \sigma(\omega/2)$, $\sigma(t) \circ\!\!-\!\!\bullet\, \pi\operatorname{rect}(\omega/2)$, dem Ähnlichkeitssatz (3.92) und dem Zeitverschiebungssatz 3.87 erhält man die Fourier-Transformierte von $\tilde{g}(t)$:

$$\begin{aligned} \tilde{G}(j\omega) &= \frac{1}{2\pi}\left\{2t_0\,\sigma(\omega t_0) * \operatorname{rect}\left(\frac{\omega}{2\omega_g}\right)\right\}e^{-j\omega t_0} = \\ &= \left\{\frac{t_0}{\pi}\int_{-\infty}^{\infty}\operatorname{rect}\left(\frac{u}{2\omega_g}\right)\sigma[(\omega - u)t_0]\,du\right\}e^{-j\omega t_0} = \\ &= \left\{\frac{t_0}{\pi}\int_{-\omega_g}^{\omega_g}\sigma[(\omega - u)t_0]\,du\right\}e^{-j\omega t_0} = H(\omega) \cdot e^{-j\omega t_0}. \end{aligned} \tag{3.203}$$

Mit der Integralsinusfunktion (Gl. 3.199) hat $H(\omega)$ auch die Form:

$$H(\omega) = \frac{1}{\pi}\Sigma[(\omega + \omega_g)t_0] - \frac{1}{\pi}\Sigma[(\omega - \omega_g)t_0]. \tag{3.204}$$

Die (reelle) Funktion $H(\omega)$ ist rechts im Bild 3.38 skizziert. Im Bereich $|\omega| < \omega_g$ ist $H(\omega) > 0$ und dort gilt $\tilde{G}(j\omega) = |\tilde{G}(j\omega)|e^{-j\omega t_0} = H(\omega)e^{-j\omega t_0}$. Bei negativen Werten von $H(\omega)$ kann man schreiben $H(\omega) = |H(\omega)|e^{j\pi}$ und dies bedeutet einen "Phasensprung" um den Winkel π an den Stellen, an denen $H(\omega)$ sein Vorzeichen ändert. Tiefpässe mit Übertragungsfunktion dieser Art (Gl. 3.203, Bild 3.38) lassen sich besonders einfach als zeitdiskrete/digitale Systeme realisieren (siehe z.B. [18]).

3.11.6   Der ideale Bandpass

Die Abbildung 3.39 zeigt den Betrag und die Phase eines idealen Bandpasses.

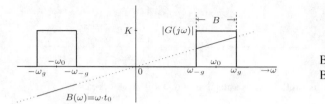

Abbildung 3.39:
Betrag und Phase eines idealen Bandpasses

Für die Übertragungsfunktion des idealen Bandpasses gilt:

$$G(j\omega) = \begin{cases} Ke^{-j\omega t_0} & \text{für} \quad \omega_{-g} < |\omega| < \omega_g, \\ 0 & \text{sonst.} \end{cases} \qquad (3.205)$$

In geschlossener Form lautet die Übertragungsfunktion:

$$G(j\omega) = K \operatorname{rect}\left(\frac{\omega + \omega_0}{B}\right)e^{-j\omega t_0} + K \operatorname{rect}\left(\frac{\omega - \omega_0}{B}\right)e^{-j\omega t_0}. \qquad (3.206)$$

$\omega_0 = \frac{1}{2}(\omega_{-g} + \omega_g)$ ist die *Mittenfrequenz* und $B = \omega_g - \omega_{-g}$ die *Bandbreite* des Bandpasses. Diese Bandpassübertragungsfunktion kann auch als Differenz von zwei Tiefpassübertragungsfunktionen dargestellt werden:

$$\begin{aligned} G(j\omega) &= G_{\omega_g}(j\omega) - G_{\omega_{-g}}(j\omega) = \\ &= K \operatorname{rect}\left(\frac{\omega}{2\omega_g}\right)e^{-j\omega t_0} - K \operatorname{rect}\left(\frac{\omega}{2\omega_{-g}}\right)e^{-j\omega t_0}. \end{aligned} \qquad (3.207)$$

Darin sind $G_{\omega_g}(j\omega)$ und $G_{\omega_{-g}}(j\omega)$ die Übertragungsfunktionen idealer Tiefpässe (Gl. 3.197) mit den Grenzfrequenzen ω_g und ω_{-g}. Aus dieser Darstellungsart folgt, dass Systemreaktionen von Bandpässen als Differenz der Reaktionen von zwei Tiefpässen ausgedrückt werden können. Dies führt zu der Impulsantwort des idealen Bandpasses (Siehe Gl. 3.198):

$$g(t) = \frac{K\omega_g}{\pi} \cdot \operatorname{si}[\omega_g(t - t_0)] - \frac{K\omega_{-g}}{\pi} \cdot \operatorname{si}[\omega_{-g}(t - t_0)]. \qquad (3.208)$$

Eine andere Form für $g(t)$ findet man durch die Rücktransformation der Gl. (3.206) Mit der Korrespondenz $\operatorname{si}(t/2) \circ\!\!-\!\!\bullet\, 2\pi \operatorname{rect}(\omega)$ und dem Ähnlichkeits-, Frequenzverschiebungs- und Zeitverschiebungssatzes erhält man die im Bild 3.40 skizzierte Impulsantwort:

$$g(t) = K\frac{B}{2\pi} \cdot \operatorname{si}\left(\frac{B(t - t_0)}{2}\right) \cdot 2\cos[\omega_0(t - t_0)] = 2\,g_T(t)\cos[\omega_0(t - t_0)]. \qquad (3.209)$$

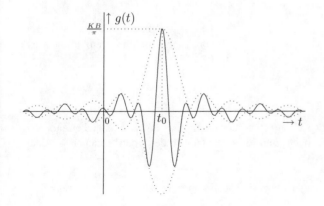

Abbildung 3.40:
Impulsantwort eines idealen
Bandpasses

Bei $g(t)$ im Bild 3.40 handelt sich um eine Kosinusschwingung $2\cos\left[\omega_0(t - t_0)\right]$ mit der *Einhüllenden* $g_T(t)$. Der ideale Bandpass ist offensichtlich ein nichtkausales System ($g(t) \neq 0$ im Bereich $t < 0$). Darin ist $g_T(t)$ die Impulsantwort eines Tiefpasses mit der Übertragungsfunktion:

$$G_T(j\omega) = K \operatorname{rect}\left(\frac{\omega}{B}\right) e^{-j\omega t_0}. \qquad (3.210)$$

Man spricht in diesem Zusammenhang auch von einem *äquivalenten Tiefpass*.

3.11.7   Gruppen- und Phasenlaufzeit

Wir wollen die Reaktion eines Bandpasses auf ein amplitudenmoduliertes Signal berechnen und dabei die Begriffe *Gruppenlaufzeit* und *Phasenlaufzeit* (Gln. 3.194, 3.195) erläutern. Dazu gehen wir allerdings nicht von der im Bild 3.39, sondern von der im Bild 3.41 dargestellten Übertragungsfunktion aus[10]. Diese Übertragungsfunktion unterscheidet sich von der des idealen Bandpasses durch den nichtlinearen Phasenverlauf. Wir setzen aber voraus, dass die Phase im Durchlassbereich linear verläuft und erhalten:

$$B(\omega) = \begin{cases} (\omega - \tilde{\omega}_0)t_0 & \text{für } \omega_{-g} < \omega < \omega_g \\ (\omega + \tilde{\omega}_0)t_0 & \text{für } -\omega_g < \omega < -\omega_{-g} \\ \text{beliebig in den anderen Bereichen.} \end{cases} \qquad (3.211)$$

Im Bild 3.41 wurde der Wert $\tilde{\omega}_0 = \omega_0 + B/4$ gewählt. Der Phasenverlauf nach Gl. (3.211) enthält den (streng) linearen Phasenverlauf $B(\omega) = \omega t_0$ als Sonderfall bei $\tilde{\omega}_0 = 0$. Der Phasenverlauf nach Gl. (3.211) führt mit den Gln. (3.194), (3.195) (im Durchlassbereich) zu der Gruppen- und Phasenlaufzeit:

$$T_G = \frac{d\,B(\omega)}{d\omega} = t_0, \qquad T_P = \frac{B(\omega)}{\omega} = \left(1 \mp \frac{\tilde{\omega}_0}{\omega}\right) \cdot t_0. \qquad (3.212)$$

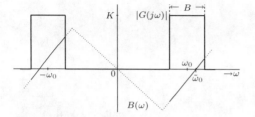

Abbildung 3.41:
Bandpass mit nichtlinearem Phasenverlauf

Das obere Vorzeichen bei T_P bezieht sich auf den "positiven", das untere Vorzeichen auf den "negativen" Durchlassbereich. Die Gruppen- und Phasenlaufzeit in den Sperrbereichen ist ohne jede Bedeutung, da dort $G(j\omega) = 0$ ist.

Das Eingangssignal für den Bandpass ist jetzt ein mit der Mittenfrequenz ω_0 amplitudenmoduliertes Signal:

$$x(t) = a(t) \cdot \cos(\omega_0 t) = \frac{1}{2}a(t)e^{j\omega_0 t} + \frac{1}{2}a(t)e^{-j\omega_0 t}. \tag{3.213}$$

Das *Nachrichtensignal* $a(t)$ soll mit $B/2$ bandbegrenzt sein. Das Spektrum $A(j\omega)$ von $a(t)$ ist im linken Bildteil (3.42) schematisch dargestellt.

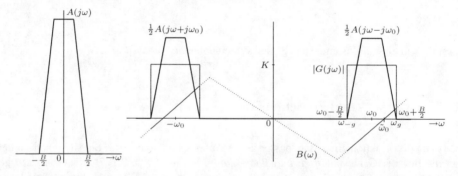

Abbildung 3.42: Zur Berechnung der Bandpassreaktion auf ein amplitudenmoduliertes Signal

Aus der rechten Form (3.213) erhält man mit dem Frequenzverschiebungssatz das Spektrum:

$$X(j\omega) = \frac{1}{2}A(j\omega + j\omega_0) + \frac{1}{2}A(j\omega - j\omega_0), \tag{3.214}$$

es ist im rechten Bildteil (3.42) skizziert. In dem Bild ist zusätzlich der Betrag und die Phase der Übertragungsfunktion des Bandpasses nach Bild 3.41 eingetragen.

Die Berechnung der Bandpassreaktion soll mit Hilfe der Beziehung $Y(j\omega) = X(j\omega)G(j\omega)$ erfolgen. Auf Grund unserer Annahmen liegt das Spektrum des Eingangssignales voll in dem Durch-

---

[10]In der Praxis realisierte Bandpässe haben in der Regel keinen linearen Phasenverlauf und werden besser durch Übertragungsfunktionen der Form nach Bild 3.41 approximiert.

lassbereich des Bandpasses und wir erhalten daher:

$$Y(j\omega) = \frac{1}{2}A(j\omega + j\omega_0)Ke^{-j(\omega+\tilde{\omega}_0)t_0} + \frac{1}{2}A(j\omega - j\omega_0)Ke^{-j(\omega-\tilde{\omega}_0)t_0} =$$

$$= \frac{1}{2}K\left\{A(j\omega + j\omega_0)e^{-j\tilde{\omega}_0 t_0} + A(j\omega - j\omega_0)e^{j\tilde{\omega}_0 t_0}\right\}e^{-j\omega t_0}.$$

Die Rücktransformation führt unter Anwendung des Frequenz- und Zeitverschiebungssatzes (Abschnitt 3.6.4) zu dem Ausgangssignal:

$$y(t) = \frac{1}{2}K\left\{a(t-t_0)e^{-j\omega_0(t-t_0)}e^{-j\tilde{\omega}_0 t_0} + a(t-t_0)e^{j\omega_0(t-t_0)}e^{j\tilde{\omega}_0 t_0}\right\} =$$

$$= \frac{1}{2}K\,a(t-t_0)\left\{e^{-j(\omega_0(t-t_0)+\tilde{\omega}_0 t_0)} + e^{j(\omega_0(t-t_0)+\tilde{\omega}_0 t_0)}\right\} =$$

$$= K\,a(t-t_0)\,\cos\left(\omega_0(t-t_0) + \tilde{\omega}_0 t_0\right) =$$

$$= K\,a(t-t_0)\,\cos\left(\omega_0[t - t_0(1 - \tilde{\omega}_0/\omega_0)]\right).$$

Die Beziehung in der untersten Gleichungszeile kann mit der Gruppenlaufzeit $T_G = t_0$ und der Phasenlaufzeit $T_P = (1 - \tilde{\omega}_0/\omega_0)t_0$ in der Form:

$$y(t) = K\,a(t - T_G) \cdot \cos\left[\omega_0(t - T_P)\right] \tag{3.215}$$

dargestellt werden. Das Ausgangssignal ist eine Kosinusschwingung mit dem Nachrichtensignal als "Einhüllende".

Im Sonderfall einer streng linearen Phase $B(\omega) = \omega t_0$ wird $T_G = T_P = t_0$ und das amplitudenmodulierte Signal $x(t) = a(t)\cos(\omega_0 t)$ wird verzerrungsfrei übertragen : $y(t) = Ka(t - t_0)\cos[\omega_0(t - t_0)]$.

Bei einer nur im Durchlassbereich linearen Phase, so wie im Bild 3.41 skizziert, werden die "Einhüllende" $a(t)$ und die Kosinusschwingung $\cos(\omega_0 t)$ unterschiedlich weit verschoben. $x(t)$ wird jetzt nicht verzerrungsfrei übertragen. Dies spielt aber i.A. keine Rolle, weil es nur darauf ankommt, das Nachrichtensignal $a(t)$ verzerrungsfrei zu übertragen und die Verschiebungszeit des Trägersignales dabei ohne Bedeutung ist.

Die Phasenlaufzeit $T_P = (1 - \tilde{\omega}_0/\omega_0)t_0$ hat bei $\tilde{\omega}_0 = \omega_0$ den Wert 0. Sie wird bei $\tilde{\omega}_0 > \omega_0$ sogar negativ. Dies liegt daran, dass Phasendifferenzen bei der Kosinusschwingung nur bis auf ganze Vielfache von 2π unterschieden werden können. Je nach dem Vorzeichen des Nullphasenwinkels, erhält man positive oder negative Werte für T_P.

3.11.8 Allgemeine Bandpasssysteme

Das Bild 3.43 zeigt links den Realteil $R(\omega)$ und den Imaginärteil $X(\omega)$ der Übertragungsfunktion $G(j\omega) = R(\omega) + jX(\omega)$ eines Bandpasses. Weil es sich bei dem Bandpass um ein reelles System handelt, ist der Realteil $R(\omega) = R(-\omega)$ eine gerade und der Imaginärteil $X(\omega) = -X(-\omega)$ eine ungerade Funktion und damit gilt $G^*(j\omega) = G(-j\omega)$ (siehe hierzu Abschnitt 3.4.4). In dem Bild

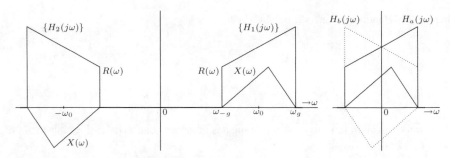

Abbildung 3.43: Real- und Imaginärteile der Übertragungsfunktion eines Bandpasses und die Funktionen $H_a(j\omega)$, $H_b(j\omega)$ nach der Gl. (3.217)

ist eine im Prinzip beliebig festlegbare Mittenfrequenz ω_0 eingetragen. Sinnvoll ist natürlich ein Wert in der Mitte des Durchlassbereiches.

Die Übertragungsfunktion wird additiv in zwei Teile zerlegt:

$$G(j\omega) = H_1(j\omega) + H_2(j\omega) = s(\omega)\,G(j\omega) + s(-\omega)\,G(j\omega). \qquad (3.216)$$

Offensichtlich entspricht $H_1(j\omega)$ der Übertragungsfunktion für $\omega > 0$ und $H_2(j\omega)$ der für $\omega < 0$.

Wir definieren zwei weitere Funktionen:

$$H_a(j\omega) = H_1(j\omega + j\omega_0), \qquad H_b(j\omega) = H_2(j\omega - j\omega_0). \qquad (3.217)$$

$H_a(j\omega)$ ist die um ω_0 nach links verschobene Funktion $H_1(j\omega) = s(\omega)G(j\omega)$ und $H_b(j\omega)$ die um ω_0 nach rechts verschobene Funktion $H_2(j\omega) = s(-\omega)G(j\omega)$. Die Funktionen $H_a(j\omega)$ und $H_b(j\omega)$, bzw. deren Real- und Imaginärteile, sind im rechten Bild 3.43 skizziert. Man erkennt, dass die Realteile dieser Funktionen i.A. keine geraden und die Imaginärteile i.A. keine ungeraden Funktionen sind. Daher sind $H_a(j\omega)$ und $H_b(j\omega)$ i.A. keine Übertragungsfunktionen reeller Systeme. Falls eine Mittenfrequenz ω_0 so gewählt werden kann, dass die Realteile gerade und die Imaginärteile ungerade sind, spricht man von einem *symmetrischen Bandpass*. Die Bedingung gerader Real- und ungerader Imaginärteil entspricht einer geraden Betragsfunktion von $H_{a,b}(j\omega)$ und ungeraden Phasenfunktionen[11].

Aus dem rechten Bild 3.43 erkennt man die Zusammenhänge:

$$H_b^*(j\omega) = H_a(-j\omega), \qquad H_a^*(j\omega) = H_b(-j\omega). \qquad (3.218)$$

Wir definieren jetzt zwei (Tiefpass-) Übertragungsfunktionen:

$$G_{T_1}(j\omega) = H_a(j\omega) + H_b(j\omega), \qquad G_{T_2}(j\omega) = \frac{1}{j}[H_a(j\omega) - H_b(j\omega)]. \qquad (3.219)$$

Der Leser kann mit Hilfe der Gl. (3.218) leicht nachprüfen, dass die für reelle Systeme notwendigen Bedingungen $G_{T_1}^*(j\omega) = G_{T_1}(-j\omega)$ und $G_{T_2}^*(j\omega) = G_{T_2}(-j\omega)$ erfüllt sind.

---

[11]Dies sind hinreichende, aber nicht notwendige Bedingungen. Auf die genauen Eigenschaften symmetrischer Bandpässe wird in einem Hinweis im Anschluss an das Beispiel eingegangen.

Mit den bisher eingeführten Funktionen erhalten wir folgende Darstellung für die Bandpassübertragungsfunktion:

$$
\begin{aligned}
G(j\omega) =\ & H_1(j\omega) + H_2(j\omega) = H_a(j\omega - j\omega_0) + H_b(j\omega + j\omega_0) = \\
=\ & \tfrac{1}{2}[G_{T_1}(j\omega - j\omega_0) + jG_{T_2}(j\omega - j\omega_0)] + \\
+\ & \tfrac{1}{2}[G_{T_1}(j\omega + j\omega_0) - jG_{T_2}(j\omega + j\omega_0)] = \\
=\ & \tfrac{1}{2}[G_{T_1}(j\omega - j\omega_0) + G_{T_1}(j\omega + j\omega_0)] + \\
+\ & \tfrac{j}{2}[G_{T_2}(j\omega - j\omega_0) - G_{T_2}(j\omega + j\omega_0)].
\end{aligned}
\tag{3.220}
$$

Mit den Korrespondenzen $g_{T_1}(t)$ ○—● $G_{T_1}(j\omega)$, $g_{T_2}(t)$ ○—● $G_{T_2}(j\omega)$ und dem Frequenzverschiebungssatz (3.88) erhält man durch Fourier-Rücktransformation die Impulsantwort des Bandpasses:

$$
g(t) = g_{T_1}(t) \cdot \cos(\omega_0 t) - g_{T_2}(t) \cdot \sin(\omega_0 t).
\tag{3.221}
$$

Beispiel 3.22 *Die Impulsantwort des Bandpasses vom Bild 3.41 mit der Phase nach Gl. (3.211) soll berechnet werden. Nach den Gln. (3.216) und (3.217) erhält man:*

$$
H_1(j\omega) = s(\omega)G(j\omega) = K\,rect\big(\tfrac{\omega-\omega_0}{B}\big)e^{-j(\omega-\tilde{\omega}_0)t_0},
$$

$$
H_2(j\omega) = s(-\omega)G(j\omega) = K\,rect\big(\tfrac{\omega+\omega_0}{B}\big)e^{-j(\omega+\tilde{\omega}_0)t_0},
$$

$$
H_a(j\omega) = H_1(j\omega + j\omega_0) = K\,rect\big(\tfrac{\omega}{B}\big)e^{-j(\omega+\omega_0-\tilde{\omega}_0)t_0} = K\,rect\big(\tfrac{\omega}{B}\big)e^{-j\Theta_1(\omega)},
$$

$$
H_b(j\omega) = H_2(j\omega - j\omega_0) = K\,rect\big(\tfrac{\omega}{B}\big)e^{-j(\omega-\omega_0+\tilde{\omega}_0)t_0} = K\,rect\big(\tfrac{\omega}{B}\big)e^{-j\Theta_2(\omega)}.
$$

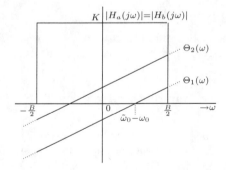

Abbildung 3.44:

Funktionen $H_a(j\omega)$ und $H_b(j\omega)$

$|H_a(j\omega)| = |H_b(j\omega)| = K\,rect(\omega/B)$ und die Phasen $\Theta_1(\omega) = (\omega + \omega_0 - \tilde{\omega}_0)t_0$, $\Theta_2(\omega) = (\omega - \omega_0 + \tilde{\omega}_0)t_0$ sind im Bild 3.44 skizziert. Dabei wurde (wie im Bild 3.41) $\tilde{\omega}_0 - \omega_0 = B/4$ gewählt. Bei der Darstellung im rechten Bild 3.43 wurden die Real- und Imaginärteile und nicht die Beträge und Phasenwinkel von $H_a(j\omega)$ und $H_b(j\omega)$ skizziert.*

Der Sonderfall: $\tilde{\omega}_0 = \omega_0$ führt zu ungeraden Funktionen $\Theta_1(\omega) = \Theta_2(\omega) = -\Theta_1(-\omega)$ und wegen der geraden Betragsfunktion zu einem symmetrischen Bandpass. Aus dem Hinweis im Anschluss an dieses Beispiel folgt aber, dass der hier untersuchte Bandpass auf jeden Fall symmetrisch ist, also auch bei $\tilde{\omega}_0 \neq \omega_0$.

Nach der Gl. (3.219) erhalten wir die beiden Tiefpassübertragungsfunktionen:

$$G_{T_1}(j\omega) = Ke^{j(\tilde{\omega}_0 - \omega_0)t_0} \, rect\left(\tfrac{\omega}{B}\right)e^{-j\omega t_0} + Ke^{-j(\tilde{\omega}_0 - \omega_0)t_0} \, rect\left(\tfrac{\omega}{B}\right)e^{-j\omega t_0} =$$

$$= 2K\cos\left[(\tilde{\omega}_0 - \omega_0)t_0\right] rect\left(\tfrac{\omega}{B}\right)e^{-j\omega t_0},$$

$$G_{T_2}(j\omega) = \tfrac{K}{j}e^{j(\tilde{\omega}_0 - \omega_0)t_0} \, rect\left(\tfrac{\omega}{B}\right)e^{-j\omega t_0} - \tfrac{K}{j}e^{-j(\tilde{\omega}_0 - \omega_0)t_0} \, rect\left(\tfrac{\omega}{B}\right)e^{-j\omega t_0} =$$

$$= 2K\sin\left[(\tilde{\omega}_0 - \omega_0)t_0\right] rect\left(\tfrac{\omega}{B}\right)e^{-j\omega t_0}.$$

Mit der Korrespondenz $2\pi\, rect(\omega)$ •——∘ $si(t/2)$, *dem Ähnlichkeits- und Zeitverschiebungssatz (Abschnitt 3.6.4) findet man die Impulsantworten:*

$$g_{T_1}(t) = K\frac{B}{\pi}\, si\left[\frac{B(t - t_0)}{2}\right]\cos\left[(\tilde{\omega}_0 - \omega_0)t_0\right],$$

$$g_{T_2}(t) = K\frac{B}{\pi}\, si\left[\frac{B(t - t_0)}{2}\right]\sin\left[(\tilde{\omega}_0 - \omega_0)t_0\right]$$

und mit Gl. (3.221) die Impulsantwort des Bandpasses vom Bild 3.41:

$$g(t) = K\frac{B}{\pi}\, si\left[\frac{B(t - t_0)}{2}\right]\times$$

$$\times\left\{\cos\left[(\tilde{\omega}_0 - \omega_0)t_0\right]\cdot\cos(\omega_0 t) - \sin\left[(\tilde{\omega}_0 - \omega_0)t_0\right]\cdot\sin(\omega_0 t)\right\} =$$

$$= K\frac{B}{\pi}\, si\left[\frac{B(t - t_0)}{2}\right]\cdot\cos\left[\omega_0 t - (\omega_0 - \tilde{\omega}_0)t_0\right].$$

Der Sonderfall $\tilde{\omega}_0 = 0$ *führt auf den idealen Bandpass (Bild 3.39) mit der Impulsantwort nach Gl. (3.209).*

Hinweise zum Begriff des symmetrischen Bandpasses

Als Bedingung für einen symmetrischen Bandpass wurde oben gefordert, dass die Funktionen $H_a(j\omega)$ und $H_b(j\omega)$ die Eigenschaften von Übertragungsfunktionen reeller Systeme haben, also gerade Real- und ungerade Imaginärteile. Aus der Gl. (3.218) lässt sich leicht zeigen, dass dann $H_a(j\omega) = H_b(j\omega)$ wird und mit der Gl. (3.219) folgt $G_{T_1}(j\omega) = 2H_a(j\omega)$, $G_{T_2}(j\omega) = 0$. Dies führt nach der Gl. (3.221) zu einer Impulsantwort eines symmetrischen Bandpasses $g(t) = 2g_{T_1}(t)\cos(\omega_0 t) = g_T(t)\cdot\cos(\omega_0 t)$.

Allgemeiner spricht man von einem symmetrischen Bandpass, wenn die Impulsantwort die Form $g(t) = g_T(t)\cdot\cos(\omega_0 t - \varphi_0)$ aufweist. Man kann vergleichsweise einfach zeigen, dass diese Form der Impulsantwort genau dann entsteht, wenn die Beträge $|H_a(j\omega)| = |H_b(j\omega)|$ gerade Funktionen sind. Die Phasen von $H_{a,b}(j\omega)$ müssen nicht notwendig ungerade Funktionen sein. Es muss aber eine Konstante geben, die zu den Phasen addiert oder subtrahiert, zu ungeraden Funktionen führt. In diesem Sinne ist der in dem Beispiel besprochene Bandpass symmetrisch. Subtrahiert man von $\Theta_1(\omega)$ im Bild 3.44 den Wert $\Theta_1(0) = -(\tilde{\omega}_0 - \omega_0)t_0$ und von $\Theta_2(\omega)$ den Wert $\Theta_2(0) = (\tilde{\omega}_0 - \omega_0)t_0$, dann entstehen ungerade Funktionen. Insofern ist der in dem Beispiel behandelte Bandpass in jedem Fall symmetrisch, die Impulsantwort hat stets die Form $g(t) = g_T(t)\cdot\cos(\omega_0 t - \varphi_0)$.

Im Gegensatz zu einem allgemeinen Bandpass kann ein symmetrischer Bandpass durch eine (reelle) Tiefpass-Impulsantwort $g_T(t)$ beschrieben werden.

3.11.9   Bandpassreaktionen auf amplitudenmodulierte Eingangssignale

Gegeben sei ein amplitudenmoduliertes Signal:

$$x(t) = a(t) \cdot \cos(\omega_0 t). \tag{3.222}$$

Das Spektrum von $a(t)$ soll mit ω_g bandbegrenzt sein, d.h. $A(j\omega) = 0$ für $|\omega| > \omega_g$. Die Mittenfrequenz des Bandpasses soll mit der Trägerfrequenz ω_0 des amplitudenmodulierten Signales übereinstimmen. Außerdem nehmen wir an, dass ω_0 genau in der (arithmetischen) Mitte des Durchlassbereiches liegt[12]. Schließlich fordern wir noch $\omega_g \leq \frac{B}{2}$ und $2\omega_g < 2\omega_0 - B$. Diese

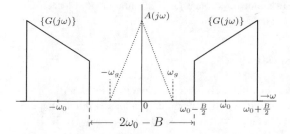

Abbildung 3.45:
Darstellung zur Berechnung von Bandpaßreaktionen auf amplitudenmodulierte Ein- gangssignale

Verhältnisse sind im Bild 3.45 schematisch dargestellt. Offensichtlich muss das Spektrum $A(j\omega)$ in die "Lücke" bei dem Bandpass "hineinpassen".

Die Fourier-Transformierte von $x(t)$ lautet (siehe Gl. 3.214):

$$X(j\omega) = \frac{1}{2}A(j\omega + j\omega_0) + \frac{1}{2}A(j\omega - j\omega_0)$$

und mit $G(j\omega)$ nach der Gl. (3.220) erhalten wir:

$$\begin{aligned} Y(j\omega) = \quad & G(j\omega)X(j\omega) = \\ = \quad & \{\tfrac{1}{2}[G_{T_1}(j\omega - j\omega_0) + G_{T_1}(j\omega + j\omega_0)] + \tfrac{j}{2}[G_{T_2}(j\omega - j\omega_0) - G_{T_2}(j\omega + j\omega_0)]\} \times \\ & \times [\tfrac{1}{2}A(j\omega + j\omega_0) + \tfrac{1}{2}A(j\omega - j\omega_0)]. \end{aligned}$$

Nach unseren Voraussetzungen (siehe Bild 3.45) entstehen bei der Ausmultiplikation eine ganze Reihe verschwindender Produkte. So ist z.B. $G_{T_1}(j\omega - j\omega_0)A(j\omega + j\omega_0) = 0$, weil $G_{T_1}(j\omega - j\omega_0)$ die um ω_0 nach rechts verschobene Tiefpassübertragungsfunktion und $A(j\omega + j\omega_0)$ das nach der anderen Richtung nach links verschobene Spektrum des Nachrichtensignals ist. Unter Weglassung der verschwindenden Produkte erhalten wir:

$$\begin{aligned} Y(j\omega) = \quad & \tfrac{1}{4}\big[G_{T_1}(j\omega - j\omega_0)A(j\omega - j\omega_0) + G_{T_1}(j\omega + j\omega_0)A(j\omega + j\omega_0)\big] + \\ + \quad & \tfrac{j}{4}\big[G_{T_2}(j\omega - j\omega_0)A(j\omega - j\omega_0) - G_{T_2}(j\omega + j\omega_0)A(j\omega + j\omega_0)\big]. \end{aligned}$$

Wir bezeichnen jetzt mit $y_{a_1}(t)$ die Reaktion des Tiefpasses mit der Übertragungsfunktion $G_{T_1}(j\omega)$ auf das Nachrichtensignal $a(t)$. Dann ist $Y_{a_1}(j\omega) = G_{T_1}(j\omega)A(j\omega)$ und wir erhalten mit dem Frequenzverschiebungssatz die Korrespondenzen:

$$Y_{a_1}(j\omega \pm j\omega_0) = G_{T_1}(j\omega \pm j\omega_0)A(j\omega \pm j\omega_0) \; \bullet\!\!-\!\!\circ \; y_{a_1}(t)e^{\mp j\omega_0 t}.$$

---

[12]Anders als in der Darstellung im Bild 3.43 sind hier $\omega_0 - B/2$ und $\omega_0 + B/2$ die Durchlassfrequenzen des Bandpasses und ω_g ist die Grenzfrequenz des Nachrichtensignales $a(t)$.

Diese Ausdrücke entsprechen, bis auf den Faktor $\frac{1}{4}$, den ersten beiden Summanden in der Gleichung für $Y(j\omega)$. Entsprechend bezeichnen wir mit $y_{a_2}(t)$ die Systemreaktion des Tiefpasses mit der Übertragungsfunktion $G_{T_2}(j\omega)$ auf $a(t)$ und erhalten dann:

$$y(t) = \frac{1}{4}\, y_{a_1}(t)\left(e^{j\omega_0 t} + e^{-j\omega_0 t}\right) - \frac{1}{4j}\, y_{a_2}(t)\left(e^{j\omega_0 t} - e^{-j\omega_0 t}\right),$$

$$y(t) = \frac{1}{2}\, y_{a_1}(t)\cdot\cos(\omega_0 t) - \frac{1}{2}\, y_{a_2}(t)\cdot\sin(\omega_0 t). \tag{3.223}$$

Darin sind

$$y_{a_1}(t) = a(t) * g_{T_1}(t),\ \ y_{a_2}(t) = a(t) * g_{T_2}(t)$$

die Reaktionen der Tiefpässe mit den Übertragungsfunktionen $G_{T_1}(j\omega)$ und $G_{T_2}(j\omega)$ nach Gl. (3.219) auf das Nachrichtensignal $a(t)$ in der Gl. (3.222).

3.11.10   Das äquivalente Tiefpasssystem

Der Begriff des äquivalenten Tiefpasses wurde erstmals bei der Besprechung des idealen Bandpasses im Abschnitt 3.11.6 eingeführt. Dort konnte die Impulsantwort des Bandpasses durch eine mit einer Kosinusschwingung multiplizierte Tiefpassimpulsantwort ausgedrückt werden (Gl. 3.210).

Auch bei allgemeinen Bandpasssystemen kann die Impulsantwort (Gl. 3.221) auf entsprechende Weise durch i.A. Impulsantworten zweier Tiefpässe mit den Übertragungsfunktionen (3.219) ausgedrückt werden. Das äquivalente Tiefpasssystem besteht i.A. aus zwei Tiefpässen. Mit Hilfe dieser beiden Tiefpässe können auch Systemreaktionen auf amplitudenmodulierte Signale beschrieben werden (Gl. 3.223).

Mit dem Ziel einer "kompakteren" Schreibweise kann ein i.A. komplexer äquivalenter Tiefpass eingeführt werden. Dazu fasst man die beiden Impulsantworten $g_{T_1}(t)$ und $g_{T_2}(t)$ zu einer komplexen Tiefpassimpulsantwort zusammen:

$$g_T(t) = g_{T_1}(t) + j\, g_{T_2}(t). \tag{3.224}$$

Mit dieser Impulsantwort erhält man die Bandpassimpulsantwort (Gl. 3.221):

$$g(t) = \mathcal{R}e\{g_T(t)e^{j\omega_0 t}\}. \tag{3.225}$$

Zur Ermittlung der Übertragungsfunktion $G_T(j\omega)$ des komplexen äquivalenten Tiefpasses transformieren wir $g_T(t)$ nach Gl. (3.224) in den Frequenzbereich und erhalten mit $G_{T_1}(j\omega)$ und $G_{T_2}(j\omega)$ nach Gl. (3.219):

$$G_T(j\omega) = 2\cdot H_a(j\omega). \tag{3.226}$$

Dabei ist $H_a(j\omega)$ die nach der Gl. 4.83 definierte Funktion, die dadurch entsteht, dass der rechte "Ast" der Bandpassübertragungsfunktion um ω_0 nach links verschoben wird (siehe rechtes Bild 3.43). Als Übertragungsfunktion eines nicht reellen Systems hat $H_a(j\omega)$ i.A. keinen geraden Realteil und ungeraden Imaginärteil.

In entsprechender Weise wie bei der Impulsantwort können auch Bandpassreaktionen auf amplitudenmodulierte Signale beschrieben werden. Es gilt (vgl. Gl. 3.223):

$$y(t) = \frac{1}{2}\mathcal{R}e\{y_a(t)e^{j\omega_0 t}\} = \frac{1}{2}\mathcal{R}e\{[a(t)*g_T(t)]e^{j\omega_0 t}\}. \tag{3.227}$$

Darin ist $y_a(t)$ das (i.A. komplexe) Ausgangssignal des Tiefpasses mit der Übertragungsfunktion $G_T(j\omega)$ nach Gl. (3.226) auf das Nachrichtensignal $a(t)$.

3.12 Die Übertragung zeitdiskreter Signale

3.12.1 Die Übertragungsbedingungen

Eine verzerrungsfreie Signalübertragung erfordert eine konstante Dämpfung und eine linear ansteigende Phase der Übertragungsstrecke (siehe Abschnitt 3.11.4). Tiefpasssignale, das sind Signale mit einem "begrenztem" Spektrum, können durch Tiefpassübertragungskanäle mit einer ausreichend großen Grenzfrequenz verzerrungsfrei übertragen werden, wenn die oben genannten Bedingungen im Durchlassbereich des Übertragungskanales erfüllt sind.

Zur Übertragung zeitdiskreter Signale gibt es andere Bedingungen für eine korrekte Übertragung. Es kommt hier ja nicht darauf an, ein Signal "insgesamt" verzerrungsfrei zu übertragen. Am Kanalausgang müssen lediglich die zu übertragenden Abtastwerte korrekt empfangen werden. Diese Aussagen sollen durch die Darstellung im Bild 3.46 verdeutlicht werden.

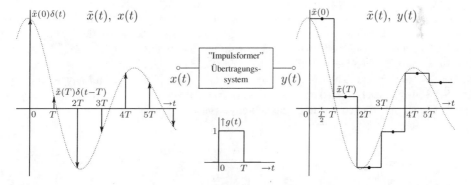

Abbildung 3.46: Übertragung zeitdiskreter Signale

Ein mit ω_0 bandbegrenztes Signal[13] $\tilde{x}(t)$ wird im Abstand $T = \frac{\pi}{\omega_0} = \frac{1}{2f_0}$ abgetastet. Dadurch ist nach dem Abtasttheorem (Abschnitt 3.8.2) gewährleistet, dass das Signal $\tilde{x}(t)$ aus den Abtastwerten $\tilde{x}(\nu T)$ exakt rekonstruiert werden kann. Der Einfachheit halber nehmen wir an, dass aus den Abtastwerten ein Signal $x(t)$ gebildet wird:

$$x(t) = \sum_{\nu=-\infty}^{\infty} \tilde{x}(\nu T)\delta(t - \nu T). \tag{3.228}$$

In der Praxis treten schmale Impulse an die Stelle der Dirac-Impulse Das Signal $x(t)$ ist das Eingangssignal für den in der Bildmitte 3.46 angedeuteten *Impulsformer* mit einer Impulsantwort $g(t)$. Auf Grund der angenommenen Linearität und Zeitinvarianz lautet das Ausgangssignal:

$$y(t) = \sum_{\nu=-\infty}^{\infty} \tilde{x}(\nu T)g(t - \nu T). \tag{3.229}$$

---

[13]Die Grenzfrequenz des analogen Signales wird hier mit ω_0 bezeichnet. ω_g ist in diesem und den folgenden Abschnitten die Grenzfrequenz des Übertragungskanales.

Im Bild 3.46 wurde ein Impulsformer mit einer Rechteckimpulsantwort verwendet:

$$g(t) = \text{rect}\left(\frac{t - T/2}{T}\right) \tag{3.230}$$

Aus dem rechts im Bild skizzierten Ausgangssignal $y(t)$ erkennt man, dass die zu übertragenden Abtastwerte $\tilde{x}(\nu T)$ durch eine Abtastung, zweckmäßig in der Mitte des jeweiligen Abtastintervalles, zurückgewonnen werden können:

$$\tilde{x}(\nu T) = y\left[(2\nu + 1)\frac{T}{2}\right], \ \nu = 0, \pm 1, \pm 2 \cdots \tag{3.231}$$

Aus den so empfangenen Signalwerten kann nach dem Abtasttheorem das ursprüngliche analoge Signal $\tilde{x}(t)$ berechnet werden. Obschon das vorliegende Übertragungssystem mit der Rechteck-Impulsantwort kein verzerrungsfrei übertragendes System im Sinne der Forderungen vom Abschnitt 3.11.4 ist, kann das analoge Signal $\tilde{x}(t)$ auf dem "Umweg" über eine Diskretisierung und eine anschließende Rekonstruktion fehlerfrei übertragen werden.

Wir wollen nun noch einige Aspekte besprechen, auf die in den folgenden Abschnitten genauer eingegangen wird. Die durchgeführten Überlegungen gelten in gleicher Weise für die Übertragung digitaler Signalwerte. Dies bedeutet lediglich, dass die Abtastwerte $\tilde{x}(\nu T)$ vor der Übertragung quantisiert werden (siehe hierzu Bild 3.1). Die Digitalisierung hat bei der Übertragung den Vorteil, dass es nur noch endlich viele Signalwerte gibt und (kleine) Fehler beim Empfang im Sinne einer Schwellwertentscheidung korrigiert werden können. Im Folgenden setzen wir immer digitale Signale voraus und drücken das durch die Schreibweise aus:

$$y(t) = \sum_{\nu=-\infty}^{\infty} d(\nu)g(t - \nu T). \tag{3.232}$$

Dieser Ausdruck beschreibt ein sogenanntes *digitales Basisbandsignal*. Häufig tritt auch in der Beschreibung an die Stelle der Impulsantwort $g(t)$ ein Signalimpuls $i(t)$. Das Bild 3.47 zeigt verschiedene Arten des Signales gemäß der Gl. (3.232). Ein besonders wichtiger Fall ist ein binäres Datensignal, bei dem $d(\nu)$ nur zwei verschiedene Werte, z.B. die 0 und die 1 annehmen kann.

Die Impulsantwort des Impulsformers kann einen beliebigen Verlauf haben, solange sie nur streng auf den Bereich von 0 bis T begrenzt ist. Wenn wir sinnvollerweise annehmen, dass $g(T/2) = 1$ ist, dann kann der Empfang der Signalwerte nach der Gl. (3.231) erfolgen. Wichtig ist nur die Eigenschaft $g(t) = 0$ für $t < 0$ und für $t > T$. Diese zeitliche Begrenzung der Impulsantwort führt dazu, dass sich die zeitverschobenen Impulsantworten zu keiner Zeit, also auch nicht an den Abtastpunkten, überlappen. Man spricht in diesem Zusammenhang von der *1. Nyquistbedingung*, die bei zeitlich mit T begrenzten Impulsantworten stets erfüllt ist.

Die für die Signalrückgewinnung günstige Eigenschaft der zeitliche Begrenzung von $g(t)$ hat in der Praxis einen entscheidenden Nachteil. Ein streng zeitbegrenztes Signal kann nicht gleichzeitig auch streng bandbegrenzt sein (siehe Abschnitt 3.8.1). Eine Begrenzung der Bandbreite ist aber aus wirtschaftlichen Gründen sehr wichtig. Es ist also zu untersuchen, ob es zeitlich begrenzte Impulsformen mit einer einer möglichst kleinen Bandbreite gibt, oder ob es gar zeitlich nicht begrenzte Impulsantworten gibt, bei denen dennoch eine Signaldedektion gemäß der Gl. (3.231) möglich ist.

3.12.2 Die 1. Nyquistbedingung im Zeitbereich

Für die weiteren Untersuchungen erweist es sich als vorteilhaft, das Ausgangssignal $y(t)$ des Impulsformers (siehe Bild 3.46) um einen halben "Takt" $T/2$ nach links zu verschieben. Systemtheoretisch erreicht man diesen Effekt durch eine Verschiebung der Impulsantwort um $T/2$ nach links. Die in der Bildmitte 3.46 skizzierte Impulsantwort $g(t)$ nach Gl. (3.230) muss dann durch $g_1(t) = \text{rect}(t/T)$ (siehe oberes Bild 3.47) ersetzt werden.

Im diesem Fall mit der Rechteck-Impulsantwort $g_1(t) = \text{rect}(t/T)$ liegt ein *nichtkausales System* mit einer *geraden Impulsantwort* und damit einer *reellen Übertragungsfunktion* vor (siehe Abschnitt 3.6.3, Gl. 3.83).

Wir lassen im Folgenden ausschließlich gerade Impulsantworten und damit reelle Übertragungsfunktionen zu. Bei zeitlich begrenzten Impulsantworten erhält man dann kausale Systeme, wenn die Impulsantwort um t_0 nach rechts verschoben wird. Dabei ist t_0 so groß zu wählen, dass $g(t) = 0$ für $t < 0$ wird. Im Frequenzbereich bedeutet diese Zeitverschiebung eine Multiplikation der reellen Übertragungsfunktion mit $e^{-j\omega t_0}$.

Die Abtastung des Ausgangssignales in der Intervallmitte nach Gl. (3.231) kann nach der um $T/2$ nach links vorgenommenen Verschiebung und unter der Voraussetzung eines digitalen Signales gemäß der Gl. (3.232) durch die etwas einfachere Beziehung ersetzt werden:

$$d(\nu) = \frac{1}{g(0)}\, y(\nu T), \ \ \nu = 0, \pm 1, \pm 2 \cdots \tag{3.233}$$

Wir setzen im Folgenden ein *binäres unipolares* Signal mit den Werten $d(\nu) = 0$ oder $d(\nu) = 1$ voraus. Unter diesen Voraussetzungen soll jetzt untersucht werden, wie sich unterschiedliche Formen der Impulsantworten auf die Übertragung auswirken. Im Bild 3.47 sind drei verschiedene

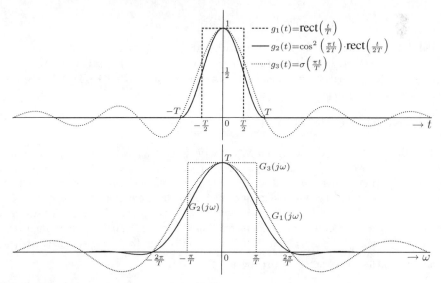

Abbildung 3.47: *Rechteckimpuls*, $\cos^2$-Impuls, σ-Impuls und deren Spektren

Impulsantworten und die zugehörenden Übertragungsfunktionen für den Impulsformer skizziert.
Das Bild 3.48 zeigt die zugehörenden Ausgangssignale gemäß Gl. (3.232) bei einer angenommenen Datenfolge $d(\nu)$.

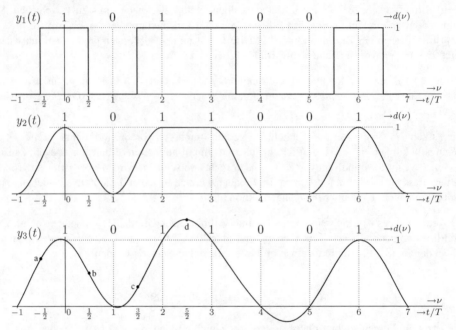

Abbildung 3.48: $y(t)$ nach Gl. (3.232) mit den Impulsantworten nach Bild 3.47

Wir untersuchen zunächst die Verhältnisse bei der Rechteck-Impulsantwort:

$$g_1(t) = \text{rect}\left(\frac{t}{T}\right) \circ\!\!-\!\!\bullet\; T\,\text{si}\left(\frac{\omega T}{2}\right) = G_1(j\omega). \tag{3.234}$$

Das Bild 3.48 zeigt im oberen Teil die Reaktion dieses Impulsformers auf die Datenfolge
$1011001\cdots$. Diese Werte entsprechen (mit $g(0) = 1$) gemäß der Gl. (3.233) den Abtastwerten
$d(\nu) = y_1(\nu T)$ des Ausgangssignales. Bei der Impulsantwort $g_2(t)$ (Bild 3.47) handelt es sich um
einen sogenannten $\cos^2$-Impuls:

$$g_2(t) = \cos^2\left(\frac{\pi t}{2T}\right) \cdot \text{rect}\left(\frac{t}{2T}\right) \circ\!\!-\!\!\bullet\; \frac{\sin(\omega T)}{\omega[1 - (\omega T/\pi)^2]} = G_2(j\omega). \tag{3.235}$$

Diese Impulsantwort hat die doppelte Breite $2T$ wie die Rechteck-Impulsantwort $g_1(t)$. Trotzdem
können die Datenwerte $d(\nu)$ auch hier wegen der Eigenschaft $g_2(\pm T) = 0$ korrekt zurückgewonnen werden. Der Impuls, der $d(0) = 1$ bei $t = 0$ überträgt, hat am darauf folgenden Abtastzeitpunkt $t = T$ den Wert 0 und beeinflusst dadurch nicht den korrekten Empfang des nachfolgenden
Datenwertes, hier $d(1) = 0$. Die größere Breite des Impulses $g_2(t)$, aber auch der stetige und
glatte Verlauf, führt zu einer wesentlich kleineren Bandbreite wie bei dem Rechteckimpuls $g_1(t)$
(siehe unteres Bild 3.47). Als Bandbreite kann hier etwa der Wert $2\pi/T$ angenommen werden.

Die dritte im Bild 3.47 skizzierte Impulsantwort:

$$g_3(t) = \text{si}\left(\frac{\pi t}{T}\right) \circ\!\!-\!\!\bullet\; T\,\text{rect}\left(\frac{\omega T}{2\pi}\right) = G_3(j\omega), \tag{3.236}$$

ist zeitlich nicht begrenzt und wegen der Eigenschaft $g_3(0) = 1$, $g_3(\nu T) = 0$ für $\nu \neq 0$ dennoch für eine Datenübertragung geeignet. Dies erkennt man aus dem ganz unten im Bild 3.48 skizzierten Ausgangssignal $y_3(t)$. Der Signalanteil $d(0) \cdot \text{si}(\pi t/T) = 1 \cdot \text{si}(\pi t/T)$ liefert bei $t = 0$ den Wert $d(0) \cdot \text{si}(0) = d(0) = 1$. An den Abtastzeitpunkten νT, $\nu \neq 0$ für die anderen Datenwerte ist $g_3(\nu T) = 0$. In gleicher Weise beeinflusst der folgende Signalanteil $d(1) \cdot g_3(t-T)$ keine früheren oder späteren Abtastwerte. Die Abtastung benachbarter Werte wird in keinem Fall beeinflusst, es entstehen keine sogenannten *Intersymbol-Interferenzen*. Offenbar sind alle Impulsantworten für eine Datenübertragung geeignet, die die Bedingung erfüllen:

$$g(t) \neq 0 \text{ für } t = 0, \quad g(t) = 0 \text{ für } t = \nu \cdot T, \quad \nu \neq 0 \tag{3.237}$$

Dazu gehören insbesonders alle mit der Breite T streng begrenzten Impulsantworten (z.B. $g_1(t)$ nach Bild 3.47).

Die Forderung (3.237) wird als *1. Nyquistbedingung* bezeichnet. Übertragungskanäle zur Übertragung zeitdiskreter Signale müssen immer die 1. Nyquistbedingung erfüllen.

Nach den bisherigen Überlegungen sieht es so aus, als ob die Impulsantwort $g_3(t) = \text{si}(\pi t/T)$ die günstigste ist, weil einmal die 1. Nyquistbedingung erfüllt wird und zum anderen die erforderliche Bandbreite π/T (siehe unterer Bildteil 3.47) besonders klein ist. Bevor wir über dieses Probleme weiterdiskutieren, soll zunächst einmal festgestellt werden, dass eine Übertragung mit einer kleineren Bandbreite als π/T grundsätzlich nicht möglich ist. Zu dieser Erkenntnis können wir auf zwei Wegen kommen.

Zunächst nehmen wir einmal an, dass das binäre Datensignal über lange Zeit abwechseld aus Nullen und Einsen besteht, also $d(\nu) = \cdots 010101 \cdots$ Dann ist das digitale Basisbandsignal (Gl. 3.232) unabhängig von der Impulsantwort eine periodische Funktion mit der Periode $2T$, die daher in eine Fourier-Reihe entwickelt werden kann. Diese Reihe enthält einen Summanden mit der Grundkreisfrequenz π/T und ggf. Summanden mit Vielfachen dieser Frequenz. Die Übertragung dieses Signales erfordert einen Übertragungskanal mit einer Grenzfrequenz, die mindestens den Wert $\omega_g = \pi/T$ hat und nicht kleiner sein kann.

Für eine zweite Überlegung, die nicht auf binäre Daten beschränkt ist, gehen wir von der im Bild 3.46 skizzierten Aufgabenstellung aus. Das mit ω_0 bandbegrenzte analoge Signal $\tilde{x}(t)$ muss nach dem Abtasttheorem (Abschnitt 3.8.2) mindestens im Abstand $T = \pi/\omega_0$ abgetastet werden. Aus dieser Bedingung folgt umgekehrt, dass die Mindestgrenzfrequenz eines Kanales zur Übertragung von $\tilde{x}(t)$ den Wert $\omega_g = \omega_0 = \pi/T$ haben muss. Wenn dies nicht so wäre, könnte ein mit ω_0 bandbegrenztes Signal auf dem "Umweg" über eine Diskretisierung über einen Kanal mit einer kleineren Grenzfrequenz als ω_0 korrekt übertragen werden.

3.12.3 Augendiagramme und das 2. Nyquistkriterium

Die Impulsantwort $g_3(t) = \text{si}(\pi t/T)$ (siehe Bild 3.47) erfüllt die 1. Nyquistbedingung. Der große Vorteil dieses Impulses ist, dass er streng bandbegrenzt ist und überdies hinaus die kleinstmögliche Bandbreite $\omega_g = \omega_0 = \pi/T$ aufweist. Zur Untersuchung, welchen Einfluss die Bandbreite auf die Übertragung in der Praxis hat, eignet sich das *Augendiagramm*.

Um das Augendiagramm für das Signal $y_3(t)$ (Bild 3.48) zu konstruieren, wird es zunächst in (zu den Abtastzeitpunkten symmetrische) Bereiche der Breite T aufgeteilt. Das Augendiagramm

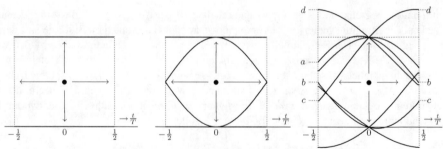

Abbildung 3.49: Augendiagramme bei den drei Signalen von Bild 4.25

entsteht jetzt dadurch, dass die Signalverläufe aus diesen Abschnitten überlagert werden. Dadurch erhält man eine Darstellung, die auch bei einer Messung mit einem Oszilloskop entstehen würde.

Zur genaueren Erklärung des Augendiagrammes ganz rechts im Bild 3.49 betrachten wir zunächst den Signalverlauf $y_3(t)$ im Intervall von $-T/2$ bis $T/2$ im unteren Bild 3.48. Der Anfangs- und Endwert ist dort durch die Buchstaben a und b markiert. Dieser Signalverlauf wird in das Augendiagramm unmittelbar übernommen (siehe dortige Markierungen a und b). Der Signalverlauf im nächsten Zeitabschnitt von b nach c im Bild 3.48 wird im Augendiagramm dem Signal aus dem 1. Abschnitt überlagert. Wegen der Stetigkeit von $y_3(t)$ entspricht der Endwert b aus dem 1. Bereich dem Anfangswert für den 2. Signalteil. Der 3. Signalabschnitt im Bild 3.48 von c bis d wird ebenfalls in das Augendiagramm eingetragen usw.

Wirkliche Signale sind wesentlich länger als die im Bild 3.48 und daher enthält ein wirkliches Augendiagramm auch sehr viel mehr Linien. Für die Signaldedektion ist nur wichtig, dass der innere durch einen Punkt markierte Teil des Auges frei bleibt. Wenn ein Signalwert oberhalb der Augenmitte auftritt, wurde eine 1 gesendet und bei einem Signalwert unterhalb der Augenmitte eine 0.

Die hier für ein binäres Datensignal durchgeführten Überlegungen gelten in ganz ähnlicher Weise für mehrstufige Signale. In diesen Fällen muss das Auge mehrere freie Augenöffnungen besitzen.

Links im Bild 3.49 ist das Augendiagramm für das Signal $y_1(t)$ im Bild 3.48 mit der Rechteck-Impulsantwort dargestellt. Das Signal kann hier nur die Werte 0 oder 1 annehmen und dadurch entsteht ein Augendiagramm mit einem vollständig "offenem" Auge. Schließlich zeigt die Bildmitte 3.49 das Augendiagramm für das Signal $y_2(t)$ mit dem $\cos^2$-Impuls als Impulsantwort.

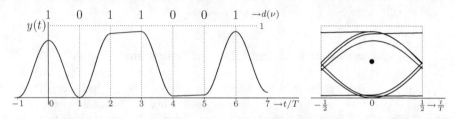

Abbildung 3.50: Fehlerhaft übertragenes Signal $y(t)$ mit Augendiagramm

Bisher wurde vorausgesetzt, dass bei der Übertragung keine Störungen und keine Verzerrungen auf dem Übertragungsweg auftreten. Das Bild 3.50 zeigt links ein verzerrt empfangenes Signal mit dem $\cos^2$-Impuls und rechts das zugehörende Augendiagramm, das sich schon wesentlich von dem Augendiagramm bei unverzerrter Übertragung in der Bildmitte 3.49 unterscheidet. Offenbar führen Übertragungsverzerrungen dazu, dass der freie Teil in der Augenmitte kleiner wird. Starke Verzerrungen und natürlich auch Störungen können ein vollständig geschlossenes Auge und damit keine sichere Signaldetektion zur Folge haben.

Wir untersuchen nun etwas genauer die im Bild 3.49 durch die senkrechten Pfeile angedeuteten *vertikalen Augenöffnungen*. Die Augenmitte $t = 0$ repräsentiert die Abtastpunkte von $y(t)$ an den Zeitpunkten nT. Nach der Gl. (3.232) erhalten wir für $t = nT$:

$$y(nT) = \sum_{\nu=-\infty}^{\infty} d(\nu)g[(n - \nu)T] = d(n) \cdot g(0).$$

Nach der 1. Nyquistbedingung (3.237) gilt ja: $g(\nu T) = 0$ für $\nu \neq 0$. Daraus folgt mit $g(0) = 1$, dass $y(nT)$ nur die Werte 0 oder 1 annehmen kann. Im Augendiagramm treten diese Werte bei $t = 0$ auf, das Auge hat dort eine maximale vertikale Öffnung von 1 bzw. $g(0)$. Von der vertikalen Augenöffnung her gesehen, spielt es keine Rolle, welche Impulsform gewählt wird. Bei allen zulässigen Impulsen hat sie den Maximalwert $g(0)$.

Wesentliche Unterschiede bei den Impulsformen ergeben sich bei den (durch die waagerechten Pfeile angedeuteten) *horizontalen Augenöffungen*. Bei den Augendiagrammen für die Signale $y_1(t)$ und $y_2(t)$ (Bilder 3.48, 3.49) hat diese immer den maximal möglichen Wert T. Dieser Effekt entsteht offensichtlich dadurch, dass die Impulsantworten $g_1(t)$ und $g_2(t)$ bei $\pm T/2$ den Wert $1/2$ haben[14]. Dadurch können in der Mitte zwischen den Abtastzeitpunkten nur die Signalwerte 0, $1/2$ oder 1 auftreten und dies sind auch die möglichen Werte rechts und links auf der halben Augenhöhe.

Eine möglichst breite horizontale Augenöffnung ist deshalb wichtig, weil dadurch kleine oder auch größere Abweichungen der Abtastzeitpunkte zugelassen werden können. Am günstigsten ist hier natürlich das Signal $y_1(t)$ mit dem ganz offenen Auge links im Bild 3.49. Auch bei dem Signal $y_2(t)$ mit dem $\cos^2$-Impuls sind die Verhältnisse noch günstig. Völlig anders sieht es bei dem Signal $y_3(t)$ mit dem Auge ganz rechts im Bild 3.49 aus. Die horizontale Augenöffnung ist deutlich kleiner als bei den anderen Signalen. Wie schon oben erwähnt, enthalten wirkliche Augendiagamme wesentlich mehr Linien und dann kann bei dem Signal $y_3(t)$ nicht ausgeschlossen werden, dass die horizontale Augenöffnung immer kleiner wird und sich das Auge sogar ganz schließt. Das bedeutet, dass die Verwendung der Impulsantwort $g_3(t) = \mathrm{si}(\pi t/T)$ eine vollkommen korrekte Synchronisation erfordert, weil kleinste Ungenauigkeiten bei den Abtastzeitpunkten zu Fehlern bei der Signaldetektion führen können. Der Vorteil der minimalen Bandbreite $\omega_g = \pi/T$ bei der Impulsantwort $g_3(t)$ kann offenbar in der Praxis nicht ausgenutzt werden.

Die 1. Nyquistbedingung (3.237) führt zu einer maximalen vertikalen Augenöffnung $g(0)$. Als *2. Nyquistbedingung* bezeichnet man die Eigenschaft, dass auch die horizontale Augenöffung den Maximalwert T hat. Wie oben ausgeführt wurde, entsteht dieser Maximalwert dadurch, dass die Impulsantwort, zusätzlich zu den Bedingungen des 1. Nyquistkriteriums, noch die Eigenschaft $g(\pm T/2) = g(0)/2$ aufweisen muss.

---

[14]Bei der Rechteck-Impulsantwort wird der Funktion $g_1(t)$ an den Unstetigkeitsstellen $t = \pm T/2$ der Wert $1/2$ zugeordnet.

Die 1. und die 2. Nyquistbedingung können durch folgende Beziehung zusammengefasst werden:

$$g\left(n\frac{T}{2}\right) = \begin{cases} g(0)/2 \text{ für } n = \pm 1 \\ 0 \text{ für } n = \pm 2, \pm 3, \pm 4 \cdots \end{cases} . \tag{3.238}$$

Ohne Beweis wird angegeben, dass die 2. Nyquistbedingung eine Bandbreite von mindestens $\omega_g = 2\omega_0 = 2\pi/T$ erfordert. Dies ist die doppelte Mindestbandbreite, die durch den Impuls $g_3(t) = \mathrm{si}(\pi t/T)$ erreicht wird. Als Kompromiss in Bezug auf den Bandbreitenbedarf und eine nicht zu geringe horizontale Augenöffnung verwendet man oft Tiefpässe mit einer sogenannten Kosinus-roll-off-Flanke, die ein ähnliches Zeitverhalten aufweisen, wie der in Gl. (3.235) angegebene $\cos^2$-Impuls. Die Impulsantwort erfüllt mit $\omega_0 = \pi/T$ die 1. Nyquistbedingung. Dieser Tiefpass geht mit dem Roll-off-Faktor $r = 0$ in den idealen Tiefpass über und mit $r = 1$ in den Kosinus-Tiefpass, dort mit der Grenzfrequenz $\omega_g = 2\omega_0 = 2\pi/T$. Der Kosinus-Tiefpass erfüllt zusätzlich die 2. Nyquistbedingung.

3.13 Aufgaben zur Systemtheorie

3.13.1 Einführende Aufgaben in die Systemtheorie

In diesen einführenden Aufgaben in die Systemtheorie soll inhaltlich auf *bekanntes Handwerkszeug* aus der Mathematik zurückgegriffen werden, um die Aufgaben zu lösen. Unter Vorlesungsbedingungen sollte dieser Aufgabenkomplex nach Ende der zweiten Vorlesung sollte abgeschlossen sein.

Übungsziel ist es, den Begriff der Linearität zu festigen, sowie die Erinnerung an das Verschieben von Funktionen $f(x) \rightarrow f(x - x_0)$ zu erneuern. Darüberhinaus können die Studierenden den Aufgabenstil des Fachgebietes kennenlernen.

Aufgabe 3.13.1 *In der nebenstehenden Skizze ist die Systemreaktion $y_1(t)$ eines linearen zeitinvarianten Systems auf das Eingangssignal $x_1(t) =$*
$$s(t) = \begin{cases} 0 & \text{für} \quad t < 0 \\ 1 & \text{für} \quad t > 0 \end{cases} \text{ dargestellt.}$$
Stellen Sie bitte das Signal $x_1(t)$ und $x_2(t) = s(t) - 2s(t-2) + s(t-4)$ graphisch dar.

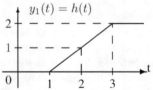

a) *Bestimmen Sie die Systemreaktion $y_2(t)$ auf $x_2(t)$ als Funktion von $y_1(t)$ und stellen Sie bitte das Signal $y_2(t)$ graphisch dar.*

b) *Geben Sie bitte mittels $s(t)$ einen mathematisch geschlossenen Ausdruck für $y_1(t)$ an.*

Lösung 3.13.1

a) $y_2(t) = y_1(t) - 2y_1(t-2) + y_1(t-4)$

b) $y_1(t) = s(t-1) \cdot (t-1) - s(t-3) \cdot (t-3)$

Aufgabe 3.13.2 *Mit Hilfe der Systemreaktion: $y_1(t) = h(t) = s(t) \cdot \frac{1}{2} \cdot e^{-t/3}$ auf das Eingangssignal $s(t)$, bestimmen Sie bitte die Systemreaktion $y(t)$ auf $x(t) = 2s(t) + 2s(t-9) - 4s(t-18)$ Stellen Sie bitte die Signale $s(t)$, $h(t)$, $x(t)$ und $y(t)$ graphisch dar.*

Lösung 3.13.2

$y(t) = 2h(t) + 2h(t-9) - 4h(t-18)$

Aufgabe 3.13.3 *Gegeben ist das Eingangssignal $x(t) = 2(s(t) - s(t - 5))$ für ein lineares, zeitinvariantes System, das durch die Impulsantwort $g(t) = 3(s(t) - s(t - 2))$ beschrieben ist. Die Sprungantwort ist gegeben als $h(t) = \int_{-\infty}^{t} g(\tau)d\tau$.*
a) Geben Sie die graphische Darstellung der Signale $x(t)$ und $g(t)$ an.
b) Berechnen Sie $h(t)$ durch Fallunterscheidung $t < 0$, $0 < t < 2$ und $2 < t$ rechnerisch und graphisch.
c) Berechnen Sie $y(t)$ mit Hilfe von $h(t)$. Unterscheiden Sie die Bereiche $t < 0$, $0 < t < 2$, $2 < t < 5$, $5 < t < 7$ und $t > 7$.
d) Geben Sie einen mathematisch geschlossenen Ausdruck für $h(t)$ an.

Lösung 3.13.3

b) $h(t) = 0$ *für* $t < 0$, $h(t) = 3t$ *für* $0 < t < 2$, $h(t) = 6$ *für* $t > 2$.

c) $y(t) = 2(h(t) - h(t - 5))$

d) $h(t) = 3(s(t)t - s(t - 2)(t - 2))$

Aufgabe 3.13.4 *Gegeben ist die stetige Funktion $f(t)$:*

$$f(t) = \begin{cases} 0 & \text{für} & t \leq 1 & \text{sowie} & t \geq 2 + \varepsilon \\ \frac{2}{\varepsilon}(t - 1) & \text{für} & 1 & < t < & 1 + \varepsilon \\ 2 & \text{für} & 1 + \varepsilon & \leq t < & 2 \\ 2 - \frac{2}{\varepsilon}(t - 2) & \text{für} & 2 & \leq t < & 2 + \varepsilon \end{cases}$$

a) Stellen Sie $f(t)$ graphisch dar.

b) Stellen Sie $f'(t)$ graphisch dar.

c) Bilden Sie bitte die Grenzfunktion $f_g(t) = \lim_{\varepsilon \to 0} f(t)$

d) Bilden Sie die Ableitung $f'_g(t)$ der Grenzfunktion durch $f'_g(t) = \lim_{\varepsilon \to 0} f'(t)$

Lösung 3.13.4
Graphische Lösung vgl. Abschnitt 3.3.2.

Aufgabe 3.13.5 *Die nachstehende Schaltung zeigt ein lineares Übertragungssystem:*

Bestimmen Sie bitte die Übertragungsfunktion $G(j\omega)$ als Verhältnis der komplexen Amplituden $\underline{y}/\underline{x}$ und die DGL. $x(t) = fkt\ y(t)$, die dieses System beschreibt.

Lösung 3.13.5

$$Z_p = \frac{R}{1 + j\omega RC},$$

$$G(j\omega) = \frac{1}{2 + j\omega RC},$$

$$x(t) = 2y(t) + RC \cdot y'(t)$$

3.13.2   Elementare Signale

Aufgabe 3.13.6 *Skizzieren Sie die folgenden Signale und ordnen Sie diese in die Gruppe der Energie- und Leistungssignale ein.*

a) $x_1(t) = \begin{cases} 1 \text{ für } |t| < 1, \\ 1/|t| \text{ für } |t| > 1. \end{cases}$

b) $x_2(n) = e^{-|n|}$.

c) $x_3(t) = e^{-t^2}$.

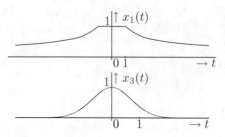

Lösung 3.13.6

a) *Das Signal $x_1(t)$ ist weder ein Energie- noch ein Leistungssignal.*

b) $x_2(n) = e^{-|n|}$ *ist ein* Energiesignal.
Es gilt $\displaystyle\sum_{-\infty}^{\infty} e^{-2|n|} = \sum_{-\infty}^{-1}(e^2)^{-n} +$

$\displaystyle\sum_{0}^{\infty}(e^{-2})^n$. *Die 2. Summe ist eine unendliche geometrische Reihe mit $S_2 = 1/(1 - e^{-2})$. Die 1. Summe hat bis auf das 0-te Reihenglied den gleichen Wert, d.h. $S_1 = 1/(1 - e^{-2}) - 1$. Ergebnis: $E = \frac{2}{1-e^{-2}} - 1$.*

c) $x_3(t)$ *ist ein Energiesignal.*

Aufgabe 3.13.7 *Gegeben sind die zwei in dem Bild skizzierten Funktionen. Stellen Sie diese Funktionen (soweit möglich) mit s(t), rect(t) und tri(t) in geschlossener Form dar, und ermitteln und skizzieren Sie die Ableitungen der Funktionen.*

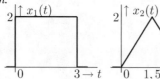

Lösung 3.13.7
$x_1(t) = 2s(t) - 2s(t - 3)$ *oder*
$x_1(t) = 2\,\text{rect}[(t - 1,5)/3]$,
$x_1'(t) = 2\delta(t) - 2\delta(t - 3)$,

$x_2(t) = \frac{4}{3}s(t)\cdot t - \frac{8}{3}s(t-1,5)\cdot(t-1,5) + \frac{4}{3}s(t-3)\cdot(t-3)$ *oder*
$x_2(t) = 2\,\text{tri}[(t - 1,5)/1,5]$,
$x_2'(t)$: *Ableitung abschnittsweise berechnen und skizzieren (nicht formal!).*

Aufgabe 3.13.8 *Die unten dargestellte Funktion soll mit Hilfe von s(n) und $\delta(n)$ in geschlossener Form dargestellt werden.*

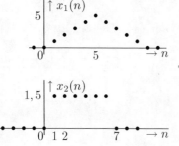

Lösung 3.13.8
$x_1(n) = s(n)\cdot n - 2s(n - 5)\cdot(n - 5) + s(n - 10)\cdot(n - 10)$ *oder*
$x_1(n) = \delta(n - 1) + 2\delta(n - 2) + 3\delta(n - 3) + 4\delta(n - 4) + 5\delta(n - 5) + 4\delta(n - 6) + 3\delta(n - 7) + 2\delta(n - 8) + \delta(n - 9)$.

$x_2(n) = 1,5s(n - 1) - 1,5s(n - 7)$ *oder*
$x_2(n) = 1,5\delta(n - 1) + 1,5\delta(n - 2) + 1,5\delta(n - 3) + 1,5\delta(n - 4) + 1,5\delta(n - 5) + 1,5\delta(n - 6)$.

3.13.3 Zeitkontinuierliche Systeme

Aufgabe 3.13.9 *Gegeben ist ein lineares zeitinvariantes System mit der Impulsantwort* $g(t) = s(t)e^{-2t}$.
a) Begründen Sie, dass das System kausal und stabil ist.
b) Berechnen Sie die Systemreaktion auf das Eingangssignal $x(t) = s(t)e^{-2t}$. *Die Berechnung erfolgt mit dem Faltungsintegral in der Form:*

$$y(t) = \int_{-\infty}^{\infty} x(\tau)g(t - \tau)d\tau$$

Zur Festlegung der Integrationsgrenzen sind Skizzen für $x(\tau)$ *und* $g(t - \tau)$ *anzufertigen.*
c) Skizzieren Sie die in Frage b) berechnete Systemreaktion $y(t)$. *Maxima/Minima der Funktion sind zu berechnen und in die Skizze einzutragen*

Lösung 3.13.9 *a) Das System ist kausal, weil* $g(t) = 0$ *für* $t < 0$ *ist. Es ist stabil, weil*

$$\int_{-\infty}^{\infty} |g(t)|\, dt = \int_{0}^{\infty} e^{-2t}\, dt = \frac{1}{2}$$

einen endlichen Wert hat.
b) Im Bereich $t < 0$ *ist* $y(t) = 0$, *siehe hierzu das untere linke Bild. Im Bereich* $t > 0$ *gilt entsprechend dem mittleren Bild* $y(t) = \int_{0}^{t} x(\tau)g(t - \tau)\, d\tau =$

$$\int_{0}^{t} e^{-2\tau}e^{-2(t-\tau)}\, d\tau = e^{-2t}\int_{0}^{t} d\tau =$$

$t\,e^{-2t}$. *Gesamtlösung:* $y(t) = s(t)\,t\,e^{-2t}$. *Diese Funktion ist unten rechts skizziert, Maxima bei* $t = 0,5$.

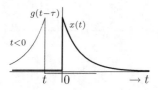

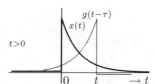

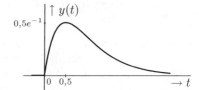

Aufgabe 3.13.10 *Das Bild zeigt die Impulsantwort* $g(t)$ *eines Systems.*

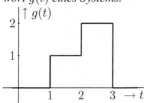

a) Begründen Sie, dass es sich hier um kein verzerrungsfrei übertragendes System handelt.
b) Ermitteln und skizzieren Sie die Systemreaktion auf das Eingangssignal $x(t) = \frac{1}{2}\delta(t + 1)$.
c) Begründen Sie, dass die Sprungantwort des Systems eine stetige Funktion sein muss.
d) Ermitteln und skizzieren Sie die Sprungantwort des Systems.
Hinweis: Die Sprungantwort kann durch einfache Überlegungen (ohne formale Rechnung) gefunden werden.

Lösung 3.13.10 *a) Bei einem verzerrungsfrei übertragenden System gilt* $y(t) = Kx(t - t_0)$, *also müsste die Impulsantwort* $g(t) = K\delta(t - t_0)$ *lauten. Dies ist nicht der Fall. b) Auf* $\delta(t)$ *reagiert das System mit* $g(t)$, *also auf* $x(t) = \frac{1}{2}\delta(t + 1)$ *mit* $y(t) = \frac{1}{2}g(t + 1)$. *Diese Systemreaktion ist im linken Bild skizziert.*
c,d) Man erhält unmittelbar die skizzierte Sprungantwort, die stetig ist, da $g(t)$ *keine Dirac-Anteile besitzt. Kontrolle:* $g(t) = \frac{d\,h(t)}{dt}$.

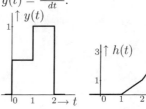

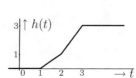

Aufgabe 3.13.11 *Das nachstehende Bild*

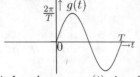

zeigt die Impulsantwort $g(t)$ eines Systems:

$$g(t) = \begin{cases} 0 \,\text{für}\, t < 0 \\ \frac{2\pi}{T} \cdot \sin(2\pi t/T)\,\text{für}\, 0 < t < T \\ 0 \,\text{für}\, t > T \end{cases} .$$

Zu berechnen ist die Sprungantwort mit dem Faltungsintegral in der Form:

$$y(t) = \int\limits_{-\infty}^{\infty} x(t-\tau)g(\tau)\,d\tau.$$

a) *Geben Sie für alle relevanten Zeitbereiche Skizzen für $x(t-\tau)$ und $g(\tau)$. Berechnen Sie die Sprungantwort für die Zeitbereiche.*

b) *Skizzieren Sie die Sprungantwort. Tragen Sie die Werte von $h(t)$ für $t = 0$, $t = T/4$, $t = T/2$, $t = 3T/4$ und $t = T$ in die Skizze ein.*

Aufgabe 3.13.12 *Das nebenstehende Bild zeigt die Sprungantwort $h(t)$ eines Systems.*

a) *Ermitteln und skizzieren Sie die Impulsantwort des Systems.*

b) *Weisen Sie nach, dass das System stabil ist.*

c) *Berechnen Sie die Übertragungsfunktion des Systems.*

d) *Ermitteln und skizzieren Sie die Systemreaktion auf das Eingangssignal $x(t) = 0,5s(t+1)$.*

Lösung 3.13.11 *Zu unterscheiden sind die drei im unteren Bild dargestellten Bereiche. Weil $y(t) = h(t)$ zu berechnen ist, gilt $x(t) = s(t)$. $t < 0$: $h(t) = 0$.*
$0 < t < T$:

$$
\begin{aligned}
h(t) &= \int_0^t \frac{2\pi}{T} \sin(2\pi\tau/T)d\tau \\
&= \left. -\cos(2\pi\tau/T)\right|_0^t \\
&= 1 - \cos(2\pi t/T).
\end{aligned}
$$

$t > T$: $h(t) = 0$. *Die Sprungantwort ist unten skizziert. Man erhält die Werte:*

$$
\begin{aligned}
h(0) &= 0 \\
h(T/4) &= 1 \\
h(T/4) &= 2 \\
h(3T/4) &= 1 \\
h(T) &= 0
\end{aligned}
$$

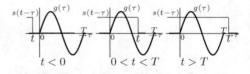

$$\underset{t<0}{\qquad} \qquad \underset{0<t<T}{\qquad} \qquad \underset{t>T}{\qquad}$$

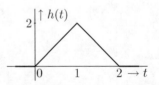

Lösung 3.13.12 *a) Abschnittweise differenzieren:*
$$g(t) = 2(s(t) - 2s(t-1) + s(t-2))$$

b) $\int_{-\infty}^{\infty} |g(t)|\,dt = 4$, *also stabil.*

c) $G(j\omega) = \int_0^1 2e^{-j\omega t}\,dt - \int_1^2 2e^{-j\omega t}\,dt =$
$\frac{2}{j\omega}\left(1 - 2e^{-j\omega} + e^{-2j\omega}\right).$

d) $y(t) = \frac{1}{2}h(t+1)$, $h(t)$ *mit 1/2 skalieren und um $t_0 = 1$ nach links verschieben.*

Aufgabe 3.13.13 *Gegeben ist die Fourier-Transformierte* $H(j\omega) = \dfrac{2 + j\omega}{(2 + j\omega)^2 + \omega_0^2}$ *der Sprungantwort* $h(t)$ *eines Systems.*

a) Ermitteln und skizzieren Sie die Sprungantwort.
b) Berechnen Sie die Impulsantwort des Systems.

Lösung 3.13.13 *a) Aus Tabelle A1:*
$h(t) = s(t)e^{-2t}\cos(\omega_0 t)$.
Bild unten, Darstellung mit $\omega_0 = 4$.

b) $g(t) = \dfrac{d\,h(t)}{dt} = \delta(t) -$
$s(t)e^{-2t}\Big(2\cos(\omega_0 t) + \omega_0 \sin(\omega_0 t)\Big)$.

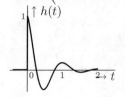

Aufgabe 3.13.14 *Das Bild zeigt die Impulsantwort eines Systems. Berechnen Sie die Sprungantwort mit dem Faltungsintegral in der Form:*

$$y(t) = \int_{-\infty}^{\infty} x(t - \tau)g(\tau)\, d\tau.$$

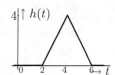

Bei der Lösung sind Skizzen für $x(t - \tau)$ *und* $g(\tau)$ *für alle zu unterscheidenden Zeitbereiche anzugeben. Skizzieren Sie die Sprungantwort.*

Lösung 3.13.14 *In dem unteren Bild sind die Funktionen* $g(\tau)\,x(t - \tau)$ *und für die hier vier Zeitbereiche skizziert. Man erhält unmittelbar:*
Bereich $t < 2$: $h(t) = 0$
Bereich $2 < t < 4$: $h(t) = 2 \cdot (t - 2)$
Bereich $4 < t < 6$: $h(t) = 4 - 2 \cdot (t - 4)$
Bereich $t > 6$: $h(t) = 0$
Die Sprungantwort ist unten skizziert.

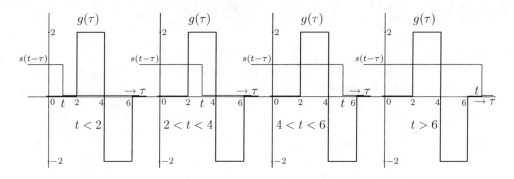

Aufgabe 3.13.15 *Gegeben ist die Laplace-Transformierte* $H(s) = \dfrac{1}{(2+s)^3}$ *der Sprungantwort* $h(t)$ *eines Systems.*

a) *Ermitteln und skizzieren Sie die Sprungantwort des Systems.*

b) *Die Impulsantwort soll mit der Sprungantwort des Systems berechnet werden.*

c) *Die Übertragungsfunktion* $G(s)$ *soll aus b) ermittelt werden. Gesucht ist weiterhin das PN-Schema von* $G(s)$.

d) *Neben dem hier beschrittenen Weg zur Ermittlung von* $G(s)$ *gibt es noch einen weiteren. Ermitteln Sie* $G(s)$ *auf jenem Weg. Vergleichen Sie mit dem Ergebnis aus c).*

Lösung 3.13.15

a) *Aus Tabelle A2:* $h(t) = \frac{1}{2}s(t)t^2e^{-2t}$.

b) $g(t) = \dfrac{d\,h(t)}{dt} = s(t)te^{-2t}(1-t)$.

c) *Aus Tabelle A2:*
$$G(s) = \frac{1}{(2+s)^2} - \frac{2}{(2+s)^3} = \frac{s}{(2+s)^3}.$$
PN-Schema: Nullstelle bei 0 und 3—fache Polstelle bei -2.

d) *Aus* $H(s) = G(s) \cdot \frac{1}{s}$ *folgt* $G(s) = \dfrac{s}{(2+s)^3}$.

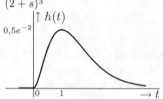

Aufgabe 3.13.16 *Die Übertragungsfunktion* $G(s)$ *eines Systems hat bei* -2 *eine doppelte Polstelle und bei* $s = 0$ *eine doppelte Nullstelle. Weiterhin ist* $G(\infty) = 1$.

a) *Skizzieren Sie das PN-Schema und ermitteln Sie* $G(s)$.

b) *Ermitteln Sie* $G(j\omega)$, *berechnen und skizzieren Sie die Betragsfunktion* $|Gj\omega|$.

c) *Berechnen Sie die Impulsantwort des Systems.*

d) *Berechnen Sie die Systemreaktion auf das Eingangssignal* $x(t) = s(t) \cdot t$.

Lösung 3.13.16

a) *Null- und Polstellen nach Aufgabenstellung (ohne Bild)*
$$G(s) = K\frac{s^2}{(s+2)^2}. \text{ Aus } G(\infty) = 1 \text{ folgt}$$
$K = 1$.

b) $G(j\omega) = \dfrac{(j\omega)^2}{(j\omega+2)^2}$, $|G(j\omega)| = \dfrac{\omega^2}{4+\omega^2}$

c) *Partialbruchentwicklung von* $G(s)$ *ergibt:*
$$G(s) = 1 - \frac{4}{s+2} + \frac{4}{(s+2)^2}. \text{ Rücktransfor-}$$
mation nach Abschnitt 3.14: $g(t) = \delta(t) - 4s(t)e^{-2t} + 4s(t)\,t\,e^{-2t}$.

d) $X(s) = \dfrac{1}{s^2}$, $Y(s) = X(s)G(s) = \dfrac{1}{(s+2)^2}$.

Rücktransformation: $y(t) = s(t)\,t\,e^{-2t}$.

3.13.4 Zeitdiskrete Systeme

Aufgabe 3.13.17 *Gegeben ist die folgende z-Transformierte der Impulsantwort eines digitalen Systems:* $G(z) = \dfrac{1}{z - 0,5} + \dfrac{1}{z + 0,5}$.

a) *Sikzzieren Sie das PN-Schema des Systems und begründen Sie, dass es sich hier um ein stabiles System handelt.*

b) *Stellen Sie die Differenzengleichung für das System auf und berechnen Sie mit dieser die Impulsantwort. Dabei sind soviele Werte von $g(n)$ zu ermitteln, dass in der Folge insgesamt drei nichtverschwindende Werte auftreten.*

c) *Ermitteln Sie die Impulsantwort als geschlossenen Ausdruck.*

d) *Geben Sie eine Schaltung für das digitale Sytem an.*

Lösung 3.13.17

a) $G(z) = \dfrac{1}{z - 0,5} + \dfrac{1}{z + 0,5} = \dfrac{2z}{(z - 0,5)(z + 0,5)}$. *Nullstelle bei $z = 0$, Polstellen bei $z = \pm 0,5$. Weil die Pole im Bereich $|z| < 1$ liegen, ist das System stabil.*

b) $G(z) = \dfrac{2z}{-0,25 + z^2}$, *daraus folgt* $y(n) - 0,25y(n - 2) = 2x(n - 1)$. *Daraus folgt mit* $x(n) = \delta(n)$: $g(n) = 2\delta(n - 1) + 0,25g(n - 2)$. $g(0) = 0$. $g(1) = 2$. $g(2) = 0$. $g(3) = 0,5$.

c) $G(z) = \dfrac{2z}{(z - 0,5)(z + 0,5)} = \dfrac{A_1}{z - 0,5} + \dfrac{A_2}{z + 0,5} = \dfrac{1}{z - 0,5} + \dfrac{1}{z + 0,5}$. *Aus der Tabelle A3 folgt* $g(n) = s(n - 1) \cdot 0,5^{n-1} + s(n - 1) \cdot (-0,5)^{n-1}$.

d) *Schaltung:*

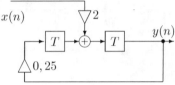

Aufgabe 3.13.18 *Die z-Transformierte der Sprungantwort $h(n)$ eines zeitdiskreten Systems lautet $H(z) = \dfrac{0,25z}{(z - 0,5)^2(z - 1)}$.*

a) *Entwickeln Sie $H(z)$ in Partialbrüche und ermitteln Sie $h(n)$. Der Formelausdruck für $h(n)$ soll keine Binomialkoeffizienten enthalten!*

b) *Unter Verwendung der Beziehung $Y(z) = G(z)X(z)$ soll die Funktion $G(z)$ berechnet und dann die Impulsantwort $g(n)$ des Systems ermittelt werden.*

c) *Ermitteln Sie die Übertragungsfunktion $G(j\omega)$ und danach den Betrag $|G(j\omega)|$.*

Lösung 3.13.18

a) $H(z) = \dfrac{0,25z}{(z - 0,5)^2(z - 1)} = \dfrac{A_1}{z - 0,5} + \dfrac{A_2}{(z - 0,5)^2} + \dfrac{A_3}{z - 1}$. *Mit $A_3 = 1$, $A_2 = -0,25$ folgt zunächst* $H(z) = \dfrac{0,25z}{(z - 0,5)^2(z - 1)} = \dfrac{A_1}{z - 0,5} - \dfrac{0,25}{(z - 0,5)^2} + \dfrac{1}{z - 1}$, *daraus findet man mit $z = 0$: $A_1 = -1$ und* $H(z) = -\dfrac{1}{z - 0,5} - \dfrac{0,25}{(z - 0,5)^2} + \dfrac{1}{(z - 1)}$. *Daraus aus Tabelle A3:* $h(n) = -s(n - 1)0,5^{n-1} - 0,25s(n - 2)(n - 1)0,5^{n-2} + s(n - 1)$

b) $H(z) = G(z)\dfrac{z}{z - 1}$. $G(z) = \dfrac{0,25}{(z - 0,5)^2}$. *Daraus mit Tabelle A3:* $g(n) = 0,25s(n - 2)(n - 1)0,5^{n-2}$.

c) $G(j\omega) = \dfrac{0,25}{(0,5 - e^{j\omega T})^2} = \dfrac{0,25}{(0,5 - \cos(\omega T) - j\sin(\omega T))^2}$. *Daraus wird* $|G(j\omega)| = \dfrac{0,25}{[0,5 - \cos(\omega T)]^2 + \sin^2(\omega T)} = \dfrac{0,25}{1,25 - \cos(\omega T)}$.

Aufgabe 3.13.19 *Gegeben ist die folgende z-Transformierte der Sprungantwort eines digitalen Systems:*

$$H(z) = \frac{z^2}{(z - 0,5)^2(z - 1)}.$$

a) Ermitteln Sie die Übertragungsfunktion $G(z)$ des Systems. Zeichnen Sie das PN-Schema. Ist das System stabil?
b) Entwickeln Sie $G(z)$ in Partialbrüche und ermitteln Sie die Impulsantwort. Wie groß sind die drei ersten nichtverschwindenden Werte der Impulsantwort?
c) Wie lautet die Differenzengleichung des digitalen Systems, zeichnen Sie eine Realisierungsschaltung.
d) Berechnen Sie mittels der Differenzengleichung die ersten drei ersten nichtverschwindenden Werte der Sprungantwort.

$x(n)$

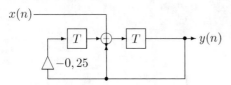

$y(n)$

$-0,25$

Lösung 3.13.19

a) $H(z) = G(z) \cdot \dfrac{z}{z-1}$, $G(z) = \dfrac{z}{(z-0,5)^2}$.
PN-Schema: Nullstelle bei $z = 0$, doppelte Polstelle bei $z = 0,5$. Das System ist stabil, weil die Pole im Bereich $|z| < 1$ liegen.

b) $G(z) = \dfrac{z}{(z-0,5)^2} = \dfrac{A_1}{z-0,5} + \dfrac{A_2}{(z-0,5)^2}$.
$A_2 = 0,5$, *dann folgt* $\dfrac{z}{(z-0,5)^2} = \dfrac{A_1}{z-0,5} +$
$\dfrac{0,5}{(z-0,5)^2}$, *mit $z = 0$ erhält man daraus*
$A_1 = 1$. *Damit wird* $G(z) = \dfrac{1}{z-0,5} +$
$\dfrac{0,5}{(z-0,5)^2}$ *und aus Tabelle A3 findet man*
$g(n) = s(n-1) \cdot 0,5^{n-1} + 0,5 s(n-2) \cdot (n-1) 0,5^{n-2}$. *Werte:* $g(0) = 0$, $g(1) = 1$,
$g(2) = 1$, $g(3) = 0,75$.

c) Aus $G(z) = \dfrac{z}{0,25 - z + z^2}$ *erhält man die Differenzengleichung* $y(n) - y(n-1) + 0,25 y(n-2) = x(n-1)$, $y(n) = x(n-1) + y(n-1) - 0,25 y(n-2)$. *Aus dieser Differenzengleichung erhält man die nebenstehende Realisierungsschaltung.*

d) $h(n) = s(n-1) + h(n-1) - 0,25 h(n-2)$.
$h(0) = 0$, $h(1) = 1$, $h(2) = 2$,

Aufgabe 3.13.20 *Ein zeitdiskretes System wird durch die Differenzengleichuung $y(n) - 0,5 y(n-1) = x(n-1)$ beschrieben.*

a) Geben Sie eine Realisierungstruktur für das System an.
b) Ermitteln Sie $G(z)$ und begründen Sie, dass das System stabil ist.
c) Ermitteln Sie die Impulsantwort durch Rücktransformation von $G(z)$.
d) Berechnen Sie die ersten 4 nichtverschwindenden Werte der Impulsantwort rekursiv.

Lösung 3.13.20

a) Schaltung (unten) aus Gleichung $y(n) = x(n-1) + 0,5 y(n-1)$.
b) $G(z) = \dfrac{1}{-0,5 + z}$, *Pol bei $z = 0,5$, also im Bereich $|z < 1|$, daher stabil.*
c) Aus Tabelle A3: $g(n) = s(n-1) \cdot 0,5^{n-1}$.
d) $g(n) = \delta(n-1) + 0,5 g(n-1)$,
$g(0) = 0$, $g(1) = 1$, $g(2) = 0,5$,
$g(3) = 0,25$.

$x(n)$

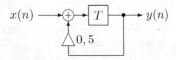

$y(n)$

$0,5$

3.13.5   Tiefpasssysteme

Aufgabe 3.13.21 *Gegeben ist ein* idealer *Tiefpass mit einer Dämpfung von 2 dB im Durchlassbereich und einer Grenzfrequenz* f_g = 10 *kHz. Der Tiefpass reagiert auf das Eingangssignal* $x(t) = \cos\left(\frac{\omega_g}{2}t\right)$ *mit* $y(t) = k \cdot \cos\left(\frac{\omega_g}{2}t - \pi\right)$.

a) *Ermitteln und skizzieren Sie den Betrag* $|G(j\omega)|$ *des Tiefpasses.*

b) *Ermitteln Sie den Wert der Konstanten* k *bei der oben angegebenen Systemreaktion* $y(t)$. *Ermitteln Sie die Gruppenlaufzeit* t_0. *Skizzieren Sie den Phasenverlauf* $B(\omega)$.

Lösung 3.13.21

a) $A = -20 \cdot \lg |G(j\omega)|$, *daraus folgt* $|G(j\omega)| = 10^{-A/20}$, *hier im Durchlassbereich:* $|G(j\omega)| = K = 10^{-0,1} = 0,794$. *Für* $|G(j\omega)|$ *und den Phasenverlauf siehe Bild 3.35 Seite 247.*

b) *Das Signal wird verzerrungsfrei übertragen, daher:*

$$y(t) = Kx(t - t_0) = K\cos\left[\frac{\omega_g}{2}(t - t_0)\right] = k\cos\left(\frac{\omega_g}{2}t - \pi\right).$$

Daraus folgt $k = K = 0,794$ *und* $\pi = \frac{\omega_g}{2}t_0$, *Gruppenlaufzeit:* $t_G = t_0 = \frac{2\pi}{\omega_g} = \frac{1}{f_g} = 10^{-4}\ s$.

Aufgabe 3.13.22 *Gegeben ist ein* idealer *Tiefpass mit einer Dämpfung von 0 dB im Durchlassbereich und einer Gruppenlaufzeit* $T_G = 10^{-5}\ s$. *Das Eingangssignal lautet* $x(t) = 1 + \cos(\omega_0 t)$ *mit* $f_0 = 10\ kHz$.

a) *Berechnen Sie die Reaktion des Tiefpasses bei einer Grenzfrequenz* $f_g = 5\ kHz$.
b) *Berechnen Sie die Reaktion des Tiefpasses bei einer Grenzfrequenz* $f_g = 11,5\ kHz$.

Lösung 3.13.22

a) *Mit* $K = 1$ *und* $t_0 = T_G = 10^{-5}\ s$ *erhält man* $y(t) = 1$, *die 10 kHz Schwingung liegt im Sperrbereich.*
b) $y(t) = 1 + \cos[\omega_0(t - 10^{-5})]$ *mit* $\omega_0 = 2\pi \cdot 10^4$.

Aufgabe 3.13.23 *Gegeben ist ein System mit der Übertragungsfunktion* $G(j\omega) = -2e^{-j\omega t_0}$.

a) *Skizzieren Sie den Dämpfungsverlauf dieses Systems in Dezibel.*
b) *Ermitteln Sie die Sprungantwort des Systems.*

Lösung 3.13.23

a) $A = -20\lg |G| = -20\lg 2 = 6,02\ dB$ *(frequenzunabhängiger Wert).*
b) *Aus* $G(j\omega) = -2e^{-j\omega t_0}$ *folgt durch Rücktransformation (Zeitverschiebungssatz):* $g(t) = -2\delta(t - t_0)$, *es liegt (bis auf das Vorzeichen) ein verzerrungsfrei übertragendes System vor, d.h.* $h(t) = -2s(t - t_0)$.

Aufgabe 3.13.24 *Gegeben ist ein idealer Tiefpass mit der unten angegebenen Übertragungsfunktion und Eingangssignal.*

$$G(j\omega) = \begin{cases} \frac{1}{2}e^{-j\omega t_0} \text{ für } |\omega| < \omega_g \\ 0 \text{ für } |\omega| > \omega_g \end{cases}$$

$$x(t) = 2\frac{\sin(\omega_0 t)}{\pi t}.$$

a) Skizzieren Sie $x(t)$, ermitteln und skizzieren Sie das Spektrum $X(j\omega)$ von $x(t)$.
b) Wie lautet das Ausgangssignal $y(t)$ des idealen Tiefpasses, wenn $\omega_0 < \omega_g$ ist. Die Lösung kann unmittelbar angegeben werden, Sie ist zu begründen!
c) Wie lautet das Ausgangssignal $y(t)$ des idealen Tiefpasses, wenn $\omega_0 > \omega_g$ ist. Die Lösung kann auch hier unmittelbar angegeben werden, Sie ist zu begründen!

Lösung 3.13.24
a) $x(t)$ ist unten links skizziert. Zur Ermittlung des Spektrums schreibt man:
$$x(t) = \frac{2\omega_0}{\pi} \cdot \frac{\sin(\omega_0 t)}{\omega_0 t} = \frac{2\omega_0}{\pi} \cdot si(\omega_0 t) \text{ (siehe Gl. 2.62). Mit der Korrespondenz:}$$
$si(t) \circ\!\!-\!\!\bullet \pi\text{rect}(\omega/2)$ (s. Gl.3.112) und dem Ähnlichkeitssatz 3.92 erhält man dann das unten rechts skizzierte Spektrum:
$$X(j\omega) = 2\,\text{rect}\left(\frac{\omega}{2\omega_0}\right).$$
b) Wenn $\omega_0 < \omega_g$ liegt das Signalspektrum voll im Durchlassbereich des Tiefpasses, dann gilt $y(t) = Kx(t - t_0)$, hier mit $K = 0,5$:
$$y(t) = \frac{\omega_0}{\pi} \cdot si[\omega_0(t - t_0)] = \frac{\omega_0}{\pi} \cdot \frac{\sin[\omega_0(t - t_0)]}{\omega_0(t - t_0)}.$$
c) Dann wird das Spektrum von $x(t)$ bei ω_g "abgeschnitten". Im Bild von $X(j\omega)$ ist ω_0 durch ω_g zu ersetzen. Demgemäss gilt jetzt
$$y(t) = \frac{\omega_g}{\pi} \cdot si[\omega_g(t - t_0)] = \frac{\omega_g}{\pi} \cdot \frac{\sin[\omega_0(t - t_0)]}{\omega_g(t - t_0)}.$$

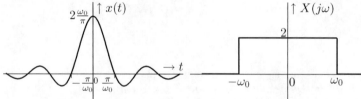

3.14 Korrespondenzen der Transformationen

Korrespondenzen der Fourier-Transformation

$f(t)$	$F(j\omega)$
$\delta(t)$	1
1	$2\pi\,\delta(\omega)$
$\cos(\omega_0 t)$	$\pi\,\delta(\omega - \omega_0) + \pi\,\delta(\omega + \omega_0)$
$\sin(\omega_0 t)$	$\frac{\pi}{j}\delta(\omega - \omega_0) - \frac{\pi}{j}\delta(\omega + \omega_0)$
$\text{sgn}(t)$	$\frac{2}{j\omega}$
$s(t)$	$\pi\,\delta(\omega) + \frac{1}{j\omega}$
$s(t)\cos(\omega_0 t)$	$\frac{\pi}{2}\delta(\omega - \omega_0) + \frac{\pi}{2}\delta(\omega + \omega_0) + \frac{j\omega}{\omega_0^2 - \omega^2}$
$s(t)\sin(\omega_0 t)$	$\frac{\pi}{2j}\delta(\omega - \omega_0) - \frac{\pi}{2j}\delta(\omega + \omega_0) + \frac{\omega_0}{\omega_0^2 + \omega^2}$

$f(t)$	$F(j\omega)$
$s(t)e^{-(\alpha+j\beta)t}$, $\alpha > 0$	$\dfrac{1}{(\alpha + j\beta) + j\omega}$
$s(t)\dfrac{t^n}{n!}e^{-(\alpha+j\beta)t}$, $\alpha > 0$, $n = 0, 1 \ldots$	$\dfrac{1}{[(\alpha + j\beta) + j\omega]^{n+1}}$
$s(t)e^{-\alpha t}\cos(\omega_0 t)$, $\alpha > 0$	$\dfrac{\alpha + j\omega}{(\alpha + j\omega)^2 + \omega_0^2}$
$s(t)e^{-\alpha t}\sin(\omega_0 t)$, $\alpha > 0$	$\dfrac{\omega_0}{(\alpha + j\omega)^2 + \omega_0^2}$
$e^{-\alpha|t|}$, $\alpha > 0$	$\dfrac{2\alpha}{\alpha^2 + \omega^2}$
$e^{-\alpha t^2}$, $\alpha > 0$	$\sqrt{\dfrac{\pi}{\alpha}}e^{-\omega^2/(4\alpha)}$
$\mathrm{rect}(t)$	$\mathrm{si}(\omega/2)$
$\mathrm{tri}(t)$	$\mathrm{si}^2(\omega/2)$
$\mathrm{si}(t)$	$\pi\,\mathrm{rect}(\omega/2)$

Korrespondenzen der Laplace-Transformation

$f(t)$	$F(s)$, Konvergenzbereich
$\delta(t)$	1, alle s
$s(t)$	$\dfrac{1}{s}$, $\mathcal{R}e\,s > 0$
$s(t)\cos(\omega_0 t)$	$\dfrac{s}{\omega_0^2 + s^2}$, $\mathcal{R}e\,s > 0$
$s(t)\sin(\omega_0 t)$	$\dfrac{\omega_0}{\omega_0^2 + s^2}$, $\mathcal{R}e\,s > 0$
$s(t)e^{-(\alpha+j\beta)t}$	$\dfrac{1}{(\alpha + j\beta) + s}$, $\mathcal{R}e\,s > -\alpha$
$s(t)\dfrac{t^n}{n!}e^{-(\alpha+j\beta)t}$, $n = 0, 1 \ldots$	$\dfrac{1}{[(\alpha + j\beta) + s]^{n+1}}$, $\mathcal{R}e\,s > -\alpha$
$s(t)\dfrac{t^n}{n!}$, $n = 0, 1 \ldots$	$\dfrac{1}{s^{n+1}}$, $\mathcal{R}e\,s > 0$
$s(t)e^{-\alpha t}\cos(\omega_0 t)$,	$\dfrac{\alpha + s}{(\alpha + s)^2 + \omega_0^2}$, $\mathcal{R}e\,s > -\alpha$
$s(t)e^{-\alpha t}\sin(\omega_0 t)$	$\dfrac{\omega_0}{(\alpha + s)^2 + \omega_0^2}$, $\mathcal{R}e\,s > -\alpha$
$s(t)\,t\cos(\omega_0 t)$	$\dfrac{s^2 - \omega_0^2}{(s^2 + \omega_0^2)^2}$, $\mathcal{R}e\,s > 0$
$s(t)\,t\sin(\omega_0 t)$	$\dfrac{2s\omega_0}{(s^2 + \omega_0^2)^2}$, $\mathcal{R}e\,s > 0$

Korrespondenzen der z-Transformation

$f(n)$	$F(z)$, Konvergenzbereich
$\delta(n)$	1, alle z
$\delta(n-i)$, $i = 0, 1 \ldots$	$\dfrac{1}{z^i}$, alle z
$s(n)$	$\dfrac{z}{z-1}$, $|z| > 1$
$s(n)\cos(n\,\omega_0 T)$	$\dfrac{z[z - \cos(\omega_0 T)]}{z^2 - 2z\cos(\omega_0 T) + 1}$, $|z| > 1$
$s(n)\sin(n\,\omega_0 T)$	$\dfrac{z\sin(\omega_0 T)}{z^2 - 2z\cos(\omega_0 T) + 1}$, $|z| > 1$
$s(n)e^{-\alpha nT}\cos(n\,\omega_0 T)$	$\dfrac{z[z - e^{-\alpha T}\cos(\omega_0 T)]}{z^2 - 2ze^{-\alpha T}\cos(\omega_0 T) + e^{-2\alpha T}}$, $|z| > e^{-\alpha T}$
$s(n)e^{-\alpha nT}\sin(n\,\omega_0 T)$	$\dfrac{ze^{-\alpha T}\sin(\omega_0 T)}{z^2 - 2ze^{-\alpha T}\cos(\omega_0 T) + e^{-2\alpha T}}$, $|z| > e^{-\alpha T}$
$s(n)e^{-\alpha nT}$	$\dfrac{z}{z - e^{-\alpha T}}$, $|z| > e^{-\alpha T}$
$s(n)\,n$	$\dfrac{z}{(z-1)^2}$, $|z| > 1$
$s(n)\,ne^{-\alpha nT}$	$\dfrac{ze^{-\alpha T}}{(z - e^{-\alpha T})^2}$, $|z| > e^{-\alpha T}$
$s(n-1)\,\gamma^{n-1}$	$\dfrac{1}{z - \gamma}$, $\gamma = \alpha + j\beta$, $|z| > |\gamma|$
$s(n-i)\dbinom{n-1}{i-1}\gamma^{n-i}$, $i = 1, 2 \ldots$	$\dfrac{1}{(z - \gamma)^i}$, $\gamma = \alpha + j\beta$, $|z| > |\gamma|$

Kapitel 4

Informationstheorie und Quellencodierung

Die Informationstheorie ist ein relativ neuer Zweig der Nachrichten- und Informationstechnik. C.E. Shannon[1] veröffentlichte 1948 seine grundlegenden Arbeiten zu diesem Themenkreis und gilt als der Begründer der Informationstheorie.[2] Im naturwissenschaftlich- technischen Sinne beschreibt die Informationstheorie die Übertragung und Codierung von Information. Durch die Beschreibung mittels der Wahrscheinlichkeitsrechnung gelingt es, den Fluss der Information in technischen Systemen zu analysieren und zu optimieren. Hierzu ist es erforderlich, die Modellierung einer Informationsquelle bzw. einer Informationssenke als Zufallsprozess zu erläutern.

Der technische Informationsbegriff ist hierbei grundsätzlich von der alltäglichen Deutung des Informationsbegriffes abzugrenzen. Für die technische Übertragung einer Nachricht spielt die inhaltliche Bedeutung der Nachricht keine Rolle. Wichtig ist lediglich der Informationsgehalt der Nachricht (die Quantität der Information). C.E. Shannon[25] hat in seiner Arbeit *The Mathematical Theorie of Communication* den Informationsbegriff zu einer experimentell erfassbaren Größe geformt. Ein einfaches Beispiel, das Shannon anführt, betrifft die Speicherkapazität von Lochkarten. Eine Lochkarte, die N Positionen für ein Loch besitzt, kann 2^N verschiedene Einträge (Loch oder kein Loch) enthalten. Für zwei Lochkarten ist zu erwarten, dass sie die doppelte Information speichern können. Andererseits steigen die möglichen Einträge quadratisch ($2^{2N} = (2^N)^2$) an.

Mit Hilfe der Logarithmusfunktion gelingt es, diesen Sachverhalt mathematisch zu beschreiben:

$$\log(2^N) = N \cdot \log(2) \quad \text{bzw.} \quad \log(2^N)^2 = \log(2^{2N}) = 2 \cdot N \log(2).$$

Es ergibt sich für zwei Lochkarten die erwartete Verdopplung des Zahlenwertes.

Ganz wesentliche Aussagen der Informationstheorie beziehen sich auf ein einfaches Kommunikationsmodell, das in Bild 4.1 dargestellt ist. Die Nachrichtenquelle, kurz Quelle genannt, generiert Nachrichten, die mit einer bestimmten Wahrscheinlichkeit auftreten. Eine Nachricht kann hierbei

---

[1]Claude E. Shannon wurde 1916 in Amerika geboren.
[2]Frühe Erfindungen der Elektrotechnik wie z.B. die Glühlampe stammen aus den Jahren 1854 von Goebel, bzw. 1878 von Edison. Die Telegraphie, insbesondere die nichtelektrische, ist natürlich noch viel älter.

eine Zahl, ein Buchstabe, ein Satzzeichen ö.Ä. sein. Im Sinne der Informationstheorie ist es hierbei wesentlich, dass jeder Information eindeutig eine Wahrscheinlichkeit zugeordnet ist. Die Gesamtheit der Möglichkeiten, die eine Quelle besitzt, verschiedene Informationen zu bilden, heißt Quellenalphabet. Für eine Quelle X können dies die Symbole $x_1, x_2, \ldots x_n$ sein. Der Informationsgehalt der Symbole soll durch *Quellcodierung* möglichst redundanzfrei übertragen werden.

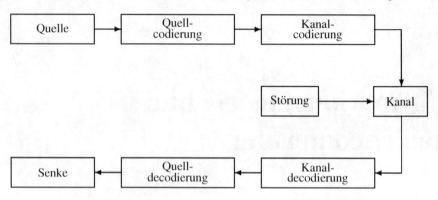

Abbildung 4.1: Modell für eine Informationsübertragung

Diese relative Redundanzfreiheit macht gleichwohl die Symbole empfindlich gegenüber Störungen wie z.B. Rauschen des Übertragungskanals. Trotz dieser unvermeidbaren Störungen sollen die Symbole bei der Informationssenke wieder als die gesendeten Symbole erkannt werden. Diese Aufgabe führt direkt zur Bewertung von Übertragungskanälen und den Möglichkeiten, die Information durch *Kanalcodierung* weitgehend störungssicher zu übertragen.

Um die codierte Information über einen Kanal zu übertragen, bedient man sich Signalen wie sie im vorausgegangenen Kapitel erläutert wurden. Die Information kann dann beispielsweise in der zeitlichen Veränderung des Signals enthalten sein. Die Aufprägung der Information auf die Signale, die Modulation, erfordert eine ausführliche Behandlung, die den Rahmen dieses Buches sprengen würde. In Bild 4.1 sind auf dem Weg vom Kanal zur Senke die notwendigen Umkehrbausteine, die Quell- und Kanaldecodierung angegeben. Die Kanalcodierung und Decodierung, d.h. die Codierung zur Fehlerkorrektur, wird im nachfolgenden Kapitel ausführlich behandelt. Im Gegensatz zur Quellencodierung vergrößert die Kanalcodierung die Redundanz der zu übertragenden Information. Durch hinzugefügte Prüfsymbole gelingt es, Übertragungsfehler zu erkennen und zu korrigieren. Die modernen Verfahren der Datenspeicherung auf DVD oder der PC-Festplatte wären ohne Kanalcodierung nicht möglich.

Information und Codierung sind die zentralen Begriffe dieses Kapitels, ohne die die Informationsübertragung heute nicht denkbar wäre. In den folgenden Abschnitten werden die Begriffe und Anwendungen wie z. B. die Grenzwerte für die Informationsübertragung über einen gestörten Kanal erläutert.

4.1   Grundbegriffe der Wahrscheinlichkeitsrechnung

Grundlage für die Beschreibung zufälliger Ereignisse ist die Wahrscheinlichkeitsrechnung. Werden die Ergebnisse von Zufallsexperimenten auf Zahlen abgebildet, so erhält man Zufallsvariablen. Den Zufallsergebnissen können auch Funktionen zugeordnet werden. In diesem Fall der Verallgemeinerung spricht man von stochastischen Prozessen.

4.1.1   Annahmen und Voraussetzungen

Als ein *Zufallsexperiment* wird ein Versuch bezeichnet, der beliebig oft unter gleichartigen Voraussetzungen wiederholt werden kann und dessen Ergebnis trotzdem nicht vorbestimmt ist. In der Literatur wird hierfür auch der Begriff des *zulässigen Versuchs* verwendet. Jedes Durchführen eines Zufallsexperimentes soll ein Ereignis E_i liefern, das *Elementarereignis* genannt wird. Die Menge aller möglichen Elementarereignisse $\mathbb{E} = \{E_i\}$ wird *Ereignismenge* $\mathbb{E} = \{E_1, E_2, \cdots, E_n\}$ genannt.

Beispiel 4.1 *Das Würfeln mit einem Würfel ist ein Zufallsexperiment, bei dem die geworfenen Augenzahlen als Elementarereignisse aufgefasst werden können. Die Elementarereignisse sind dann: $E_1 = 1$, $E_2 = 2$, $\cdots$, $E_6 = 6$ und die Ereignismenge $\mathbb{E} = \{1, 2, 3, 4, 5, 6\}$ ist die Menge der möglichen Elementarereignisse.*

Es kann eine Menge $\mathbb{F}$ von Teilmengen aus $\mathbb{E}$ gebildet werden, die bestimmte Merkmale, wie z.B. gerade oder ungerade Augenzahl, besitzen. Diese Teilmengen werden *zufällige Ereignisse* genannt. Die nachfolgenden Beispiele beziehen sich ebenfalls auf das Würfeln.

Beispiel 4.2 *Als Teilmengen und somit als zufällige Ereignisse können die gerade bzw. ungerade Augenzahl gewählt werden. $A = \{1, 3, 5\}$, $B = \{2, 4, 6\}$.*
Das zufällige Ereignis A ist genau dann eingetreten, wenn das Zufallsexperiment ein Elementarereignis liefert, das zur Menge A gehört. Das zufällige Ereignis "ungerade Augenzahl" $A = \{1, 3, 5\}$ ist eingetreten, wenn das Zufallsexperiment z.B. das Elementarereignis $E_3 = 3$ zur Folge hatte.

Bei zwei zufälligen Ereignissen A und B, d.h. bei zwei Teilmengen von Elementen aus der Ereignismenge E, gelten folgende Beziehungen:

1. Das Ereignis $A + B$ oder $A \cup B$ ist die Menge aller Elementarereignisse, die zu A oder zu B gehören. Ist z.B. $A = \{1, 2\}$ und $B = \{1, 5, 6\}$, dann folgt: $A + B = \{1, 2, 5, 6\}$.

2. Das Ereignis $A \cdot B$ oder $A \cap B$ ist die Menge aller Elementarereignisse, die sowohl in A als auch in B enthalten sind. Ist z.B. $A = \{1, 2\}$ und $B = \{1, 5, 6\}$, so folgt: $A \cdot B = \{1\}$.

3. Das Komplementärereignis $\overline{A}$ von A enthält alle Elemente aus E, die nicht zu A gehören. Ist z.B. $A = \{1, 2\}$, dann gilt: $\overline{A} = \{3, 4, 5, 6\}$.

4. Das Ereignis $A - B = A \cdot \overline{B}$ (sprich A ohne B) enthält die Elemente von E, die gleichzeitig Elemente von A und $\overline{B}$ sind. Ist z.B. $A = \{1, 2\}$ und $B = \{1, 5, 6\}$, so gilt: $\overline{B} = \{2, 3, 4\}$ und $A - B = \{2\}$.

Mit den folgenden Aussagen wird der *Borelschen Mengenkörper* eingeführt. Erfüllt die Menge $\mathbb{F}$ der Teilmengen von Elementen aus der Ereignismenge E die folgende Eigenschaften:

1. $\mathbb{F}$ enthält als Element die Menge E,

2. sind A und B Elemente aus $\mathbb{F}$, dann sind auch $(A + B)$, $(A \cdot B)$ sowie $(\overline{A})$ und $(\overline{B})$ in $\mathbb{F}$ enthalten,

so nennt man $\mathbb{F}$ einen *Borelschen Mengenkörper* oder auch $\sigma-K\ddot{o}rper$.

Da E ein Element von $\mathbb{F}$ ist, muss auch die "leere" oder *Nullmenge* $\overline{E} = \emptyset$ in $\mathbb{F}$ enthalten sein. Diese Regeln sind auf mehr als zwei Teilmengen erweiterbar. Bei endlich vielen Ereignissen A_1, $A_2, \cdots, A_n$ gehören auch stets die Ereignisse $A_1 + A_2 + \cdots + A_n$ und $A_1 \cdot A_2 \cdots A_n$ zur Menge $\mathbb{F}$. Schließlich sollen auch noch Zufallsexperimente zugelassen werden, bei denen abzählbar unendlich viele Elementarereignisse auftreten können. In diesem Fall sollen auch die Summen und Produkte *abzählbar unendlich* vieler Ereignisse in $\mathbb{F}$ enthalten sein.

Einige weitere Aussagen ergänzen die oben genannten Grundbegriffe:

1. Wenn zwei Ereignisse A und B keine gemeinsamen Elemente enthalten, d.h. $A \cdot B = \emptyset$, nennt man A und B *unvereinbar* oder spricht von *sich ausschließenden Ereignissen*. Z.B. $A = \{1, 2\}$ und $B = \{3, 4\}$ sind unvereinbare Ereignisse.

2. Ein Ereignis A wird *zusammengesetztes Ereignis* genannt, wenn es als Summe von Elementarereignissen dargestellt werden kann. Für das Ereignis "gerade Augenzahl" beim Würfel gilt: $A = \{2, 4, 6\}$. A ist ein zusammengesetztes Ereignis, denn es gilt: $A = E_2 + E_4 + E_6 = \{2\} + \{4\} + \{6\}$.

3. Ist $A = E$, so spricht man von dem *sicheren Ereignis*. Beim Würfel ist $A = \{1, 2, 3, 4, 5, 6\} = E$ das sichere Ereignis, weil jedes Zufallsexperiment zu diesem Ergebnis führt.

4. Ist $A = \overline{E} = \emptyset$, so spricht man von dem *unmöglichen Ereignis*.

4.1.2 Die axiomatische Definition der Wahrscheinlichkeit

Der Definition des Wahrscheinlichkeitsbegriffes liegt ein Borelsches Ereignisfeld $\mathbb{F}$ zugrunde, wie es im vorangehenden Abschnitt eingeführt wurde. Die axiomatische Definition der Wahrscheinlichkeit gründet sich auf ihre Zweckmäßigkeit und ordnet jedem Ereignis eine Wahrscheinlichkeit zu:

Axiom 1: Jedem zufälligen Ereignis A aus dem Ereignisfeld $\mathbb{F}$ wird eine nicht negative Zahl, die Wahrscheinlichkeit $0 \leq P(A) \leq 1$, zugeordnet.

Axiom 2: Es gilt: $P(E) = 1$, d.h. die Wahrscheinlichkeit für das sichere Ereignis ist 1.

Axiom 3: Sind die Ereignisse A und B unvereinbar, d.h. $A \cdot B = \emptyset$, dann gilt: $P(A + B) = P(A) + P(B)$.

Aus den Axiomen der Definition der Wahrscheinlichkeit können einige wichtige Folgerungen abgeleitet werden.

1. Das *unmögliche Ereignis* $\overline{E}$ hat die Wahrscheinlichkeit $P(\overline{E} = \emptyset) = 0$. Wegen der Unvereinbarkeit von E und $\overline{E}$ ist $P(E + \overline{E}) = P(E) + P(\overline{E}) = 1$. Nach dem Axiom 2 ist $P(E) = 1$ und damit folgt $P(\overline{E}) = P(\emptyset) = 0$.

2. Sind $A_1, A_2, \cdots, A_m$ paarweise unvereinbare Ereignisse, dann erhält man aus dem Axiom 3 das *Additionsgesetz:*

$$
\begin{aligned}
P(A_1 + A_2 + \cdots + A_m) &= P(A_1) + P(A_2) + \cdots + P(A_m), \\
A_i \cdot A_j &= 0 \text{ für } i \neq j.
\end{aligned}
\tag{4.1}
$$

3. Ersetzt man in Gl. 4.1 die Ereignisse A_i durch die n (unvereinbaren) Elementarereignisse der Ereignismenge E, dann folgt:

$$
P(E_1 + E_2 + \cdots + E_n) = P(E_1) + P(E_2) + \cdots + P(E_n) = P(E) = 1,
$$

also gilt:

$$
\sum_{i=1}^{n} P(E_i) = 1.
\tag{4.2}
$$

Die Summe der Wahrscheinlichkeiten der Elementarereignisse ist 1.

Die axiomatische Definition der Wahrscheinlichkeit klammert jedoch das Problem, wie für reale Ereignisse die Wahrscheinlichkeit gefunden werden kann, aus. Auf dieses Problem wird im folgenden Abschnitt eingegangen.

4.1.3 Relative Häufigkeit und Wahrscheinlichkeit

Die axiomatische Definition der Wahrscheinlichkeit hat den Nachteil, dass sie keinen Hinweis gibt, wie groß die Wahrscheinlichkeiten in einem konkreten Fall sind. So müssen nach den Axiomen bei einem Würfel mit den Elementarereignissen $E = \{1, 2, \cdots, 6\}$ lediglich die folgenden Bedingungen eingehalten werden:

$$
\sum_{i=1}^{6} P(E_i) = 1, \qquad P(E_i) \geq 0
$$

Nur im Sonderfall eines gleichmäßigen Würfels ist der Schluss zulässig, dass die Wahrscheinlichkeiten für alle Elementarereignisse gleich groß sind. Dies bedeutet: $P(E_i) = 1/6$, $i = 1 \cdots 6$.

Zum Auffinden von *Schätzwerten* für eine Wahrscheinlichkeit $P(A)$ kann die *relative Häufigkeit:*

$$
h_N(A) = \frac{N_A}{N}
\tag{4.3}
$$

benutzt werden. Dabei ist N die Zahl der durchgeführten Zufallsexperimente und N_A die Anzahl, bei der das Ereignis A aufgetreten ist.

Die in Gl. (4.3) vorgenommene Definition der relativen Häufigkeit geht auf den Mathematiker Mieses (1930) zurück. Für große Werte von N, hat man den Begriff der Wahrscheinlichkeit in Anlehnung an die relative Häufigkeit geprägt. Diese Vorstellung der Wahrscheinlichkeit hat gegenüber der axiomatischen Definition den Vorteil, dass sie für messbare Ereignisse einen Hinweis gibt wie die Wahrscheinlichkeit sich näherungsweise bestimmen lässt. Ein Zufallsexperiment wie z.B. Würfeln ergibt Zufallsereignisse x_i. Im Falle des Würfelns gilt für die Zufallsereignisse: $x_i \in \{1, 2, 3, 4, 5, 6\}$.

Beispiel 4.3 *Bei $N = 10000$ Würfen, wurde 1650 mal die 5 gewürfelt:*

$$h_N(x_i = 5) = \frac{1650}{10000} = 0.165$$

Wird die relative Häufigkeit $h_N(x_i)$ bestimmter Werte x_i eines gleichmäßigen Würfels experimentell untersucht, so kann festgestellt werden, dass sich mit wachsender Anzahl N von Würfen, die relative Häufigkeit dem festen Grenzwert $1/6$ nähert.

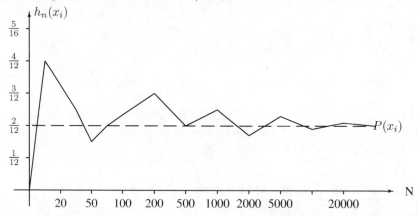

Nachteilig erweist sich bei der relativen Häufigkeit, dass sie nicht im strengen mathematischen Sinne als Grenzwert der Wahrscheinlichkeit:

$$P(x_i) \overset{?}{=} \lim_{N \to \infty} h_N(x_i) = \lim_{N \to \infty} \frac{N_i}{N}$$

aufgefasst werden darf. Es ist wegen der Zufälligkeit der Ereignisse nicht beweisbar, dass sich ab einer bestimmten Anzahl von Versuchen, die Häufigkeiten der Ergebnisse nicht mehr verändern.

Den Übergang von der relativen Häufigkeit zur Wahrscheinlichkeit beschreibt indes das Gesetz *der großen Zahlen*. Es kann gezeigt werden, dass nach N Versuchen die Wahrscheinlichkeit dafür, dass die Differenz zwischen der Wahrscheinlichkeit $P(x_i)$ und der relativen Häufigkeit unter eine im Prinzip beliebig kleine Schranke ε zu bringen ist, gegen den Wert *Eins* geht:

$$\lim_{N \to \infty} P(|P(x_i) - h_N(x_i)| \leq \varepsilon) = 1. \tag{4.4}$$

4.1.4 Das Additionsgesetz

In Axiom 3 der Definition der Wahrscheinlichkeit im Abschnitt 4.1.2 ist bereits das Additionsgesetz festgehalten. Das folgende Beispiel für die relative Häufigkeit erläutert die Additionsregel.

Beispiel 4.4 *Bei einem Würfelexperiment mit $N = 10000$ Würfen werden folgende Ergebnisse erzielt:*

x_i	$x_1 = 1$	$x_2 = 2$	$x_3 = 3$	$x_4 = 4$	$x_5 = 5$	$x_6 = 6$
N_i	1600	1550	1750	1700	1650	1750

$$N = \sum_{i=1}^{6} N_i = 10000$$

Näherungsweise gilt also: $P(x_2) \approx N_2/N = 0.155$ und $P(x_5) \approx 0.165$. Wie groß ist die Wahrscheinlichkeit, dass x_2 oder x_5 gewürfelt wird?

$$P(x_2 \ oder \ x_5) = P(x_2 \cup x_5) = P(x_2) + P(x_5) \approx 0.32.$$

Wie groß ist die Wahrscheinlichkeit, dass x_i eine gerade Augenzahl ist?

$$P(x_i = gerade) = P(x_2 \cup x_4 \cup x_6) = P(x_2) + P(x_4) + P(x_6) \approx 0.5.$$

Allgemein gilt unter der Voraussetzung, dass zwei Ereignisse x_i und x_j nicht gleichzeitig auftreten können:

$$P(x_i \cup x_j) = P(x_i) + P(x_j). \tag{4.5}$$

Hieraus folgt für ein Ereignisfeld, bestehend aus n Elementarereignissen:
$P(x_1 \cup x_2 \cup \ldots \cup x_n) = 1.$

In der Mengenschreibweise lässt sich dieser Zusammenhang wie folgt formulieren:

$$P(A \cup B) = P(A) + P(B), \quad A \cap B = \emptyset \tag{4.6}$$

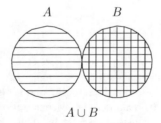

$$A \cup B$$

Abbildung 4.2: Mengendarstellung der Wahrscheinlichkeiten

Die Ereignisse A und B werden als Mengen betrachtet, die in Bild 4.2 als Flächen dargestellt werden. Die gesamte von A und B eingeschlossene Fläche entspricht der Summe von $P(A)$ und $P(B)$. Sie wird als Vereinigungsmenge $A \cup B$ bezeichnet. Der Mengenanteil, der in beiden Mengen A und B enthalten ist, wird als Durchschnittsmenge $A \cap B$ bezeichnet. Ist die Durchschnittsmenge $A \cap B = \emptyset$ leer, so schließen sich die Ereignisse A und B gegenseitig aus.

4.1.5 Das Multiplikationsgesetz

Die Erläuterung des Multiplikationsgesetzes erfolgt an Hand eines Würfelexperimentes mit zwei
Würfeln. Das Beispiel setzt hierbei voraus, dass jedes der beiden Würfelergebnisse ein unabhängi-
ges Zufallsereigniss darstellt. Die Augenzahl des ersten Würfels wird mit x_i, die des zweiten mit
y_j bezeichnet. Es stellt sich die Frage nach der Größe der Wahrscheinlichkeit $P(x_i, y_j)$ für den
Fall, dass mit dem ersten Würfel eine Augenzahl x_i und mit dem zweiten Würfel die Augenzahl
y_j geworfen wird.

Beispiel 4.5 *Die Ereignisse von Würfen mit 2 Würfeln sind:*

$$\{11, 12, \ldots 16, 21, 22, \ldots, 61, 62, \ldots, 66\}$$

*Überlegen wir, wie groß die Wahrscheinlichkeit dafür ist, mit dem ersten Würfel X eine 1 und mit
dem zweiten Würfel Y eine 3 zu würfeln, so ergibt sich:*

$$P(x_i = 1, y_j = 3) = P(x_i = 1) \cdot P(y_j = 3) = \frac{1}{6} \cdot \frac{1}{6} = \frac{1}{36}$$

*Hierbei muss vorausgesetzt werden, dass das Ergebnis des zweiten Würfels vom Ergebnis des
ersten Würfels statistisch unabhängig ist.*

*Kommt es aber nur auf eine bestimmte Würfelkombination an, z.B. beim Mäxchen-Spiel auf die
Kombination 1 und 2, unabhängig von der Reihenfolge der Würfel, so ergibt sich:*

$$\begin{aligned} P(z = 12) &= P(x_i = 1, y_j = 2 \cup x_i = 2, y_j = 1) \\ &= P(x_i = 1) \cdot P(y_j = 2) + P(x_i = 2) \cdot P(y_j = 1) \\ &= \frac{2}{36} = \frac{1}{18} \end{aligned}$$

Allgemein gilt für die sogenannte Verbundwahrscheinlichkeit $P(x_i, y_j)$ zweier statistisch unabhängiger Ereignisse x_i und y_j:

$$P(x_i, y_j) = P(x_i) \cdot P(y_j). \tag{4.7}$$

Die Gleichung (4.7) wird als Multiplikationsregel bezeichnet. Für abhängige Zufallsereignisse
muss das Multiplikationsgesetz anders als für unabhängige Ereignisse formuliert werden. Nicht
alle technischen Prozesse, die es zu modellieren gilt, sind statistisch unabhängig. In deutschen
Texten gibt es z.B. kein Wort, in dem auf den Buchstaben q (Q) nicht der Buchstabe u folgt, wie
z.B. bei den Wörtern: Quark, Quelle, usw.. Dieser Sachverhalt führt zu den bedingten Wahrscheinlichkeiten.

4.1.6 Bedingte Wahrscheinlichkeiten

Ein zufälliger Versuch liefert als Ergebnis genau ein Ereignis aus der Menge der möglichen Ergebnisse $E = \{E_1, E_2, \cdots, E_n\}$. Ein Zufallsereignis X ist dann eingetreten, wenn das bei dem
Zufallsexperiment aufgetretene Elementarereignis zu X gehört.

Häufig kommt es vor, dass Wahrscheinlichkeiten von Ereignissen gesucht werden, deren Eintreffen von weiteren Bedingungen abhängen. Ein solcher Fall ist gegeben, wenn bei einem Würfel die Wahrscheinlichkeit für gerade Augenzahl: ($Y = \{2, 4, 6\}$) unter der Bedingung X gesucht wird. X bedeutet, dass eine größere Augenzahl als 2 geworfen wird ($X = \{3, 4, 5, 6\}$).

Die Wahrscheinlichkeit $P(Y|X)$ (sprich: Y unter der Bedingung X) wird bedingte Wahrscheinlichkeit oder *a-posteriori Wahrscheinlichkeit* genannt. Im Gegensatz hierzu wird $P(X)$ als *a-priori Wahrscheinlichkeit* bezeichnet. Es gilt:

$$P(Y|X) = \frac{P(X \cap Y)}{P(X)} = \frac{P(X,Y)}{P(X)}, \tag{4.8}$$

wobei $P(X \cap Y) = P(X,Y)$ die Verbundwahrscheinlichkeit von *X und Y* ist.

Beispiel 4.6 *Entsprechend dem oben genannten Fall sei $X = \{3, 4, 5, 6\}$ das Ereignis, dass eine größere Zahl als 2 geworfen wurde. $Y = \{2, 4, 6\}$ ist das Zufallsereignis "gerade Augenzahl". Für die Verbundwahrscheinlichkeit gilt hier: $X \cap Y = \{4, 6\}$. Damit folgt für die bedingte Wahrscheinlichkeit:*

$$P(Y|X) = \frac{P(\{4, 6\})}{P(\{3, 4, 5, 6\})} = \frac{P(\{4\}) + P(\{6\})}{P(\{3\}) + P(\{4\}) + P(\{5\}) + P(\{6\})} = \frac{2/6}{4/6} = \frac{1}{2},$$

eine gerade Augenzahl unter der Bedingung, dass eine größere Zahl als 2 geworfen wurde. Bei einem gleichmäßigen Würfel ($P(E_i) = 1/6$) würde man das Ergebnis $P(Y|X) = 1/2$ erhalten.

Entsprechend der Gleichung (4.8) kann unter der Voraussetzung $P(Y) > 0$ auch eine bedingte Wahrscheinlichkeit unter der Bedingung Y definiert werden:

$$P(X|Y) = \frac{P(X \cap Y)}{P(Y)}. \tag{4.9}$$

Die Wahrscheinlichkeiten $P(Y|X)$ und $P(X|Y)$ sind im Allgemeinen unterschiedlich. Aus den Gln. (4.8) und (4.9) wird der Zusammenhang:

$$P(X \cap Y) = P(Y|X) \cdot P(X) = P(X|Y) \cdot P(Y) = P(Y \cap X) \tag{4.10}$$

deutlich. Diese Beziehung kann auf mehrere Ereignisse erweitert werden. Z.B. gilt bei drei Zufallsereignissen:

$$P(A \cap B \cap C) = P(A|B \cap C) \cdot P(B \cap C) = P(A|B \cap C) \cdot P(B|C) \cdot P(C).$$

Wählt man unter n möglichen Elementarereignissen eines als Bedingung $X = E_i$ aus, dann gilt:

$$P(Y) = \sum_{i=1}^{n} P(Y|E_i) \, P(E_i). \tag{4.11}$$

Für diese wichtige Beziehung ist die Bezeichnung *totale Wahrscheinlichkeit* üblich.

Von besonderer Bedeutung sind *unabhängige Zufallsereignisse* (vgl. Abschn. 4.1.5). Ein Zufallsereignis Y ist von einem Zufallsereignis X unabhängig, wenn $P(Y|X) = P(Y)$ gilt. Dann vereinfacht sich die Beziehung (4.10) zu dem *Multiplikationsgesetz*:

$$P(X \cap Y) = P(X) \cdot P(Y) \text{ (Bedingung: } A \text{ unabhägig von } B). \tag{4.12}$$

Diesen Abschnitt schließt ein Beispiel (s.o.) von den Abhängigkeiten der Buchstaben in Texten ab.

Beispiel 4.7 *Für deutsche Texte gilt:* $P(Q) \approx 0.0005$ *und* $P(u) \approx 0.0422$.
Falsch wäre aber zu behaupten: $P(Q \cap u) = P(Q, u) = P(Q) \cdot P(u) \approx 2 \cdot 10^{-5}$
Richtig ist: $P(Q, u) = P(Q) \approx 5 \cdot 10^{-4}$, *da nach jedem Q mit Sicherheit ein u folgen muss.*
$P(u|Q)$ *ist die Wahrscheinlichkeit für das Ereignis u, unter der Bedingung, dass das Ereignis Q*
bereits eingetreten ist. Im diesem Beispiel gilt: $P(u|Q) = 1$.

4.1.7   Verteilungs- und Dichtefunktion diskreter Zufallsgrößen

Die Wahrscheinlichkeitsverteilungs- und Wahrscheinlichkeitsdichtefunktion sind für das
Verständnis der Erwartungswerte, die für die Bewertung der Quellencodierung substantielle
Bedeutung besitzen, notwendig. Eine diskrete Zufallsgröße X liegt vor, wenn die Zufallsgröße
X nur endlich viele Werte $X = x_1, X = x_2, \ldots, X = x_n$, mit den Wahrscheinlichkeiten
$P(x_1), P(x_2), \ldots, P(x_n)$ annehmen kann. Dies ist selbstverständlich nicht für alle Zufallsgrößen
denkbar. Ein Beispiel für eine nicht diskrete Zufallsgröße ist z.B. das Speerwerfen, bei dem sich
eine im Prinzip unendliche Vielzahl von Ergebnissen ereignen kann. Hierbei wird eine beliebige
Messgenauigkeit der Wurfentfernung vorausgesetzt.

Die Wahrscheinlichkeitsverteilungsfunktion

Eine Verteilungsfunktion $F(x)$ einer Zufallsgröße X gibt die Wahrscheinlichkeit an:

$$F(x_i) = P(X \leq x_i). \tag{4.13}$$

$F(x_i)$ gibt die Wahrscheinlichkeit an, dass die Zufallsgröße X keinen größeren Wert als x_i annimmt.

Beispiel 4.8 *Für die Wahrscheinlichkeitsverteilungsfunktion beim Würfeln mit einem Würfel gilt:*

$$\begin{aligned}
F(1) &= P(X \leq 1) &= 1/6 \\
F(2) &= P(X \leq 2) &= 2/6 \\
&\vdots \\
F(n) &= P(X \leq 6) &= 1
\end{aligned}$$

Das Bild 4.3 zeigt diese Wahrscheinlichkeitsverteilungsfunktion eines gleichmäßigen Würfels.

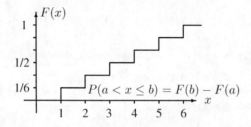

Abbildung 4.3: Verteilungsfunktion $F(x)$ beim Würfeln

Die Werte an den Sprungstellen gehören jeweils zum oberen Wert von $F(x)$. Zum Beispiel gilt: $P(1 \leq X < 2) = 1/6$, d.h. solange $X < 2$ ist, bleibt F(x) auf dem Wert 1/6.

Einige allgemeine Eigenschaften der Wahrscheinlichkeitsverteilungsfunktion können aus den vorausgegangenen Betrachtungen abgeleitet werden:

1. $F(x)$ ist eine monoton ansteigende, rechtsseitig stetige Funktion.

2. Es gilt: $\lim\limits_{x \to \infty} F(x) = 1, \qquad \lim\limits_{x \to -\infty} F(x) = 0.$

3. Für alle diskreten Zufallsgrößen ist $F(x)$ abschnittsweise konstant.

Die Wahrscheinlichkeitsdichtefunktion

Eine Wahrscheinlichkeitsdichtefunktion $p(x)$ ist die Ableitung der Verteilungsfunktion $F(x)$:

$$p(x) = \frac{d\,F(x)}{dx} \qquad (4.14)$$

Das nachfolgende Beispiel beschreibt anschaulich den in Gl.(4.14) beschriebenen Zusammenhang.

Beispiel 4.9 *Bereits aus Beispiel 4.8 ist die Wahrscheinlichkeitsverteilungsfunktion beim Würfeln mit einem Würfel bekannt. Aus Gl. (4.14) erhält man als Wahrscheinlichkeitsdichtefunktion die nachfolgend skizzierten Dirac-Impulse, die bereits im vorangehenden Kapitel, siehe Abschnitt 3.3 in Gl. (3.11) auf Seite 185 eingeführt wurden.*

$$F(x) \;=\; \sum_{i=1}^{6} \frac{1}{6} s(x - i), \quad \text{wobei } s(x) = \begin{cases} 0 & \text{für} \quad x < 0, \\ 1 & \text{für} \quad x > 1. \end{cases}$$

$$p(x) \;=\; \sum_{i=1}^{6} \frac{1}{6} \delta(x - i) \quad vgl.\ Gl.(3.12)$$

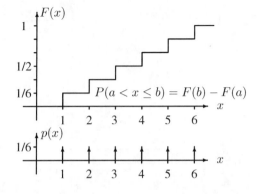

Abbildung 4.4: Verteilungsfunktion und Dichtefunktion $p(x)$ beim Würfeln

Im Falle diskreter Zufallsgrößen (vgl. Bild 4.4) ist die für die Differenzierbarkeit nach Gl. (4.14) notwendige Bedingung der Stetigkeit nicht erfüllt. Das Ergebnis der Differentation führt dann auf die verallgemeinerte Funktion $\delta(x)$, wie sie im Abschnitt 3.3 eingeführt wurde. Nachfolgend sind vier wichtige Eigenschaften der Wahrscheinlichkeitsdichtefunktion aufgeführt.

Eigenschaften der Dichtefunktion:

1. $p(x) \geq 0$ für alle x

2. $P(a < x \leq b) = \int_a^b p(x)dx = F(b) - F(a)$

3. $\int_{-\infty}^{\infty} p(x)dx = 1$

4. $F(x) = \int_{-\infty}^{x} p(u)du$

Im folgenden Abschnitt werden die Eigenschaften der Verteilungs- und Dichtefunktion in einigen Beispielen von kontinuierlichen Zufallsgrößen verdeutlicht.

4.1.8   Verteilungs- und Dichtefunktion kontinuierlicher Zufallsgrößen

Bisher wurde davon ausgegangen, dass der Wertevorrat der Zufallsgröße x auf $n < \infty$ Werte beschränkt ist. Im Folgenden soll ein Beispiel betrachtet werden, bei dem zwar der Wertebereich, nicht jedoch die Anzahl der auftretenden Ereignisse beschränkt ist.

Beispiel 4.10 *Bei der Herstellung von Widerständen mit einem Sollwert von 600 Ω wird festgestellt, dass die produzierten Widerstände im Bereich von 540Ω bis 660Ω gleichverteilt liegen.*

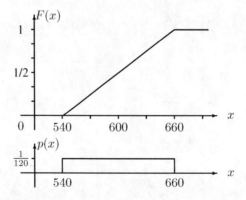

Abbildung 4.5: $F(x)$ und $p(x)$ von gleichverteilten Widerständen mit einem Sollwert von 600 Ω

Die für eine Verteilung wichtigen Parameter Mittelwert und Streuung werden im nachfolgenden Abschnitt 4.1.9 erläutert. Für die in Bild 4.5 dargestellte Gleichverteilung ist zu erwarten, dass der Mittelwert in der Mitte der Verteilung, bei 600 Ω, liegt.

Eine der wichtigsten Verteilungen, die Normalverteilung, die auch Gaussverteilung genannt wird, ist durch die nachstehende Wahrscheinlichkeitsdichtefunktion $p(x)$ gegeben:

$$p(x) = \frac{1}{\sqrt{2\pi}\sigma} e^{-\frac{(x-m)^2}{2\sigma^2}} . \tag{4.15}$$

Die Bedeutung der Parameter m als der Mittelwert und σ^2 als die Streuung der Verteilung wird im nächsten Abschnitt erläutert.

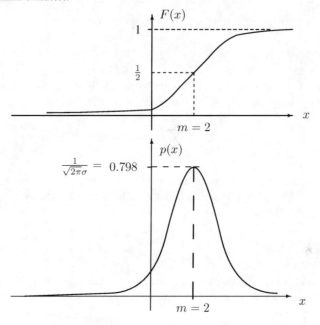

Abbildung 4.6: $F(x)$ und $p(x)$ bei Normalverteilung mit $m = 2$ und $\sigma = 0.5$

Die Verteilungsfunktion (oben im Bild 4.6) kann mit der Gl. 4.16 berechnet werden:

$$F(x) = \int_{-\infty}^{x} p(u)\, du = \frac{1}{\sqrt{2\pi}\sigma} \int_{-\infty}^{x} e^{-(u-m)^2/(2\sigma^2)}\, du. \tag{4.16}$$

Die Berechnung dieses Integrals kann allerdings nur numerisch ausgewertet werden. Nachfolgend sind einige wichtige Wahrscheinlichkeitsbereiche angegeben:

$$
\begin{aligned}
P(m - \sigma &< X \le m + \sigma) &= 0,6827 && \text{"}1\sigma-\text{Bereich"} \\
P(m - 2\sigma &< X \le m + 2\sigma) &= 0,954 && \text{"}2\sigma-\text{Bereich"} \\
P(m - 3\sigma &< X \le m + 3\sigma) &= 0,9973 && \text{"}3\sigma-\text{Bereich"} \\
P(m - 4\sigma &< X \le m + 4\sigma) &= 0,99994 && \text{"}4\sigma-\text{Bereich"}
\end{aligned}
\tag{4.17}
$$

4.1.9 Erwartungswerte – Mittelwert und Streuung

Wichtige Größen einer statistischen Auswertung zur Bestimmung einer möglichen Verteilungsfunktion sind *Mittelwert und Streuung*. Der Unterschied zwischen dem Erwartungswert und dem
statistischen Mittelwert soll wieder am Beispiel des Würfelns (vgl. Beispiel 4.4) erläutert werden:

Beispiel 4.11 *Bei einem Würfelexperiment mit $N = 10000$ Würfen wurden folgende Ergebnisse
erzielt:*

x_i	$x_1 = 1$	$x_2 = 2$	$x_3 = 3$	$x_4 = 4$	$x_5 = 5$	$x_6 = 6$
N_i	1600	1550	1750	1700	1650	1750

$$N = \sum_{i=1}^{6} N_i = 10000$$

Das arithmetische Mittel $\overline{x}$ der Augenzahl berechnet sich dann wie folgt:

$$\overline{x} = \frac{1}{10000}(N_1 \cdot x_1 + N_2 \cdot x_2 + \cdots + N_6 \cdot x_6) = 3.55.$$

Multipliziert man den Faktor N in die Klammer hinein und berücksichtigt man, dass $h_N(x_i) =
N_i/N$ die relative Häufigkeit (vgl. Gl. 4.3) ist, so ergibt sich die folgende Formel:

$$\overline{X} = \sum_{i=1}^{n} x_i \cdot h_N(x_i). \tag{4.18}$$

Wird nun berücksichtigt, dass im Grenzfall die relative Häufigkeit $h_N(x_i)$ gegen die Wahrscheinlichkeit $P(x_i)$ (vgl. Abschn. 4.1.2) strebt, so ergibt sich für die Berechnung des Mittelwertes als
Erwartungswert erster Ordnung:

$$m = E[X] = \sum_{i=1}^{n} x_i \cdot P(x_i). \tag{4.19}$$

Im Falle des Würfelns berechnet sich der Erwartungswert (Mittelwert) zu $m = 3.5$. Hieraus ist
deutlich zu sehen, dass der Mittelwert kein gültiges Ergebnis des Zufallsexperimentes sein muss.

Für kontinuierliche Zufallsgrößen geht die Summe in Gleichung (4.19) in ein Integral über:

$$m = E[X] = \int_{-\infty}^{\infty} x \cdot p(x) \, dx. \tag{4.20}$$

Zur Unterscheidung zu $E[X^2]$ wird $E[X] = E[X^1]$ auch als Erwartungswert 1. Ordnung bezeichnet.

Die Standardabweichung σ ist die positive Wurzel der Streuung σ^2:

$$\sigma^2 = E[(X - m)^2] = \sum_{i=1}^{n} (x_i - m)^2 \cdot P(x_i). \tag{4.21}$$

Der Wert der Streuung σ^2 wird häufig auch als Varianz bezeichnet. Für kontinuierliche Zufallsgrößen geht die Summe in Gleichung (4.21) in ein Integral über:

$$\sigma^2 = E[(X - m)^2] = \int_{-\infty}^{\infty} (x_i - m)^2 \cdot p(x) \, dx. \tag{4.22}$$

Die Varianz kann auch einfacher durch die Verwendung des Erwartungswertes zweiter Ordnung $E[X^2]$ berechnet werden:

$$
\begin{aligned}
\sigma^2 = E[(x - m)^2] &= E[X^2 - 2mx + m^2], \\
&= E[X^2] - E[2mx] + E[m^2], \\
&= E[X^2] - 2mE[X] + m^2, \\
&= E[X^2] - m^2.
\end{aligned}
$$

Der Erwartungswert zweiter Ordnung $E[X^2]$ berechnet sich gemäß der Gleichungen (4.19) und (4.20) zu:

$$
E[X^2] = \sum_{i=1}^{n} x_i^2 \cdot P(x_i) \qquad \text{bzw.} \qquad E[X^2] = \int_{-\infty}^{\infty} x^2 \cdot p(x)\, dx. \tag{4.23}
$$

Der Erwartungswert zweiter Ordnung wird auch als das zweite Moment der Zufallsgröße X bezeichnet.

4.2 Grundmodell einer Informationsübertragung

Im Rahmen der Informationstheorie wird unter einer Nachrichtenquelle ein Algorithmus verstanden, der aus einer Menge von möglichen Zeichen, dem Nachrichtenvorrat $X = \{x_1, x_2, \ldots, x_n\}$, ein bestimmtes Zeichen x_i mit einer Wahrscheinlichkeit $P(x_i)$ auswählt. Dieses Zeichen wird anschließend zu einem bestimmten Ort, der Nachrichtensenke, gesendet. Quelle und Senke sind über den Nachrichtenkanal, bestehend aus dem Sender, dem Empfänger sowie dem eigentlichen Übertragungskanal verbunden, wie im nachstehenden Bild dargestellt.

Die Aufgabe des Senders liegt in der Umwandlung der Zeichen in geeignete Signale und enthält somit alle hierfür notwendigen Einrichtungen wie z.B. einen Codierer (für die Übertragung diskreter Nachrichten). Der Empfänger ist das Gegenstück zum Sender. Er wandelt die empfangenen Signale in die ursprünglichen Zeichen zurück. Die Signale sind hierbei die physikalische Darstellung der Nachrichten. Das Modell des Nachrichtenkanals besteht aus der Gesamtheit aller zur Übertragung notwendigen Komponenten. Der physikalische Übertragungskanal hingegen ist der Übertragungsweg wie z.B. eine Fernmeldeleitung oder eine Funkverbindung. Eine wichtige Eigenschaft des Kanals sind stochastisch auftretende Störungen.

Bei einer sinnvollen Übertragung unter Verwendung von Optimalcodes muss vorausgesetzt werden, dass ein störungsfreier Kanal zur Verfügung steht, da sonst die Störungen zu fehlerhaft empfangenen Nachrichten führen würden. Treten Störungen innerhalb des Kanals auf, muss die Information der Quelle durch einen Kanalcodierer geschützt werden.

4.2.1   Diskrete Informationsquellen

Unter der Annahme, dass der Zeichenvorrat einer Quelle X endlich ist und durch die Menge der Zeichen:

$$X = \{x_1, x_2, \ldots, x_n\}$$

gekennzeichnet ist, handelt es sich um eine diskrete Informationsquelle. Die Modellierung der Quelle zur Informationserzeugung soll nun als zufälliger Prozess aufgefasst werden. Das bedeutet, dass die Informationsquelle das zu sendende Zeichen x_i zufällig aus dem Zeichenvorrat auswählt. Somit entsteht die Wahrscheinlichkeit P(x_i), dass gerade das Zeichen x_i (i = 1,2,...,n) gesendet wird. Wir erhalten nun eine Quelle X, die durch das Wahrscheinlichkeitsfeld:

$$X = \begin{pmatrix} x_1, & x_2, & \ldots & x_n \\ P(x_1), & P(x_2), & \ldots & P(x_n) \end{pmatrix} \quad \text{mit} \quad \boxed{\sum P(x_i) = 1} \tag{4.24}$$

gekennzeichnet ist. Sendet die Quelle im zeitlichen Abstand T ein Zeichen aus, so entsteht eine Folge von Zeichen am Quellenausgang. Zwei Fälle werden hierbei unterschieden:

1. Die Wahrscheinlichkeiten P(x_i) sind für jeden Zeitpunkt T gleich groß

2. Die Wahrscheinlichkeiten P(x_i) sind zeitabhängig.

Trifft die erste Möglichkeit zu – der zeitunabhängige Fall – dann spricht man von einer **stationären Informationsquelle**.

Ein einfaches Beispiel für eine stationäre Quelle ist ein Würfel. Die Wahrscheinlichkeiten eine bestimmte Zahl zu würfeln, sind zu allen Zeitpunkten gleich groß:

$$X = \begin{pmatrix} x_1 & x_2 & x_3 & x_4 & x_5 & x_6 \\ 1/6 & 1/6 & 1/6 & 1/6 & 1/6 & 1/6 \end{pmatrix}.$$

Quellen, die die Zeichen unabhängig voneinander aussenden, werden als statistisch unabhängige Quellen oder auch als Quellen ohne Gedächtnis bezeichnet. Eine unabhängige Quelle, die z.B. als Zeichenvorrat die Buchstaben a - z beinhaltet (vgl. Bsp. 4.19), ist also in der Lage, einen Text in der folgenden Art und Weise auszugeben:

rein asen aeipoent chenq ueabtn mei.

Bei dieser Buchstabenfolge kann jedoch nicht von einem "deutschen Text" gesprochen werden, obwohl er der Statistik in deutschen Texten entspricht. Die Buchstabenkombinationen wurden allerdings voneinander unabhängig gewählt. Abhängigkeiten, dass z.B. auf den Buchstaben Q immer der Buchstabe u folgt, wurden nicht berücksichtigt.

Die Wahrscheinlichkeit, dass in zwei aufeinanderfolgenden Zeitpunkten die Zeichenfolge x_i und x_j auftritt, kann bei Quellen ohne Gedächtnis (vgl. Gleichung 4.7) wie folgt ermittelt werden:

$$P(x_i, y_j) = P(x_i) \cdot P(y_j)$$

Dies lässt sich entsprechend für mehrere Zeichen, z.B. drei x_i, x_j und x_k erweitern:

$$P(x_i, y_j, x_k) = P(x_i) \cdot P(y_j) \cdot P(y_k)$$

Soll nun ein deutscher Text von der Quelle ausgegeben werden, muss eine abhängige Informationsquelle bzw. eine Quelle mit Gedächtnis verwendet werden. Hierbei werden zusätzlich zu den Wahrscheinlichkeiten $P(x_i)$ noch die bedingten Wahrscheinlichkeiten $P(y_j|x_i)$ (vgl. Gleichung 4.8) berücksichtigt. Hierunter versteht man die Wahrscheinlichkeit, dass das Zeichen x_j auftritt, wenn das Zeichen x_i zuvor aufgetreten ist.

4.2.2 Der Entscheidungsgehalt

Eine Informationsquelle ohne Gedächtnis bestehend aus n gleichwahrscheinlichen Zeichen, wird wie folgt dargestellt:

$$X = \left(\begin{array}{cccc} x_1 & x_2 & \ldots & x_n \\ 1/n & 1/n & \ldots & 1/n \end{array} \right)$$

Für diesen Sonderfall kann der Informationsgehalt $H(X)$ der Quelle X einfach definiert werden.

Definition 4.1 *Der Informationsgehalt einer Menge von n gleichwahrscheinlichen Zeichen aus einem Zeichenvorrat X beträgt:*

$$H(X) = \operatorname{ld} n \quad [\text{bit}], \quad \text{wobei gilt: } \operatorname{ld} x = \frac{\ln x}{\ln 2}.$$

Der Informationsgehalt bei gleichwahrscheinlichen Zeichen wird häufig auch als Entscheidungsgehalt $H_0 = \operatorname{ld} n$ bezeichnet. Später wird noch gezeigt, dass der Wert für H_0 der Maximalwert der Entropie ist, den eine Quelle besitzen kann.

Die Fragestrategie
Eine Begründung für die Definition des Entscheidungsgehaltes lässt sich leicht angeben, wenn die Gesamtzahl der Zeichen eine Zweierpotenz ist. Drei Quellen werden hierfür betrachtet:

- Quelle 1 besteht aus zwei gleichwahrscheinlichen Zeichen. Hieraus folgt, dass diese Quelle einen Informationsgehalt von $H(X) = \operatorname{ld} 2 = 1$ bit besitzt.

- Quelle 2 besteht aus vier gleichwahrscheinlichen Zeichen. Hieraus folgt, dass diese Quelle einen Informationsgehalt von $H(X) = \operatorname{ld} 4 = 2$ bit besitzt.

- Quelle 3 besteht aus acht gleichwahrscheinlichen Zeichen. Hieraus folgt, dass diese Quelle einen Informationsgehalt von $H(X) = \operatorname{ld} 8 = 3$ bit besitzt.

In binärer Schreibweise sehen die Zeichen der Quellen wie folgt aus:

	Quelle1	Quelle2	Quelle3
	a:0	a:00	a:000
	b:1	b:01	b:001
		c:10	c:010
		d:11	d:011
			e:100
			f:101
			g:110
			h:111

Stellen wir einmal die Frage, wieviele Ja/Nein Antworten sind in einem Ratespiel notwendig, um eine Zahl zwischen Null und Sieben zu bestimmen, die willkürlich ausgewählt wurde. Die oben angegebenen Dualzahlen können durch eine einfache Fragestrategie abgebildet werden.

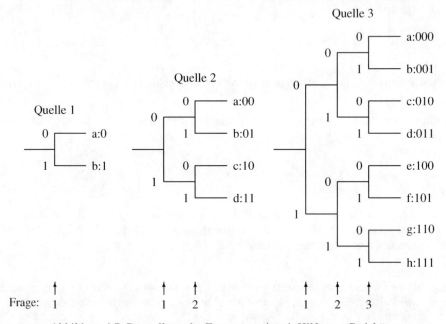

Abbildung 4.7: Darstellung der Fragestrategie mit Hilfe von Codebäumen

1. Zuerst stellen wir die Frage, ob die Zahl größer als Drei ist. Durch diese Frage wird die zu Grunde gelegte Zahlenmenge halbiert. Die Antwort sei ein Ja!

2. Die verbliebene Zahlenmenge $\{4, 5, 6, 7\}$ wird wieder halbiert, so dass die zweite Frage lautet: Ist die Zahl größer als Fünf? Die Antwort sei ein Nein!

3. Die verbliebene Zahlenmenge $\{4, 5\}$ wird wieder halbiert, so dass die dritte Frage lautet: Ist die Zahl größer als Vier? Die Antwort sei ein Ja!

Damit ist die gesuchte Zahl zu Fünf bestimmt, denn da die Zahl nicht größer als Fünf, aber größer als Vier ist, muss sie Fünf sein! Analog hierzu kann man herleiten, dass bei Quelle 2 insgesamt 2 Fragen benötigt werden, um das richtige Zeichen zu ermitteln.

Im Codebaum der Abbildung 4.7 kann diese Fragestrategie besser veranschaulicht werden. Mit jeder Frage wird ein bit der binären Darstellung der Zeichen abgefragt und damit die verbleibende Zeichenmenge halbiert. Wird diese Fragestellung in gleicher Art und Weise fortgeführt, erhält man schließlich das gesendete Zeichen.

Beispiel 4.12 *Eine besondere Denksportaufgabe ist das Herausfinden einer falschen Euromünze mit Hilfe einer Balkenwaage, die sich innerhalb von 12 gleich aussehenden Münzen durch ihr Gewicht unterscheidet. Die falsche Münze ist entweder leichter oder schwerer als die 11 anderen Münzen. Zu unterscheiden sind damit insgesamt 24 Möglichkeiten, denn jede der 12 Münzen könnte sowohl leichter als auch schwerer sein.*

Die Balkenwaage unterscheidet mit jeder Wägung drei Möglichkeiten. Wäre das Problem dahingehend eingegrenzt, dass nur noch drei Münzen in Frage kämen, von denen die gesuchte schwerer ist, so würde eine Wiegung ausreichen. Zwei der drei Münzen werden dann auf die Waage gelegt, eine wird nicht gewogen. Neigt sich die Waage, so ist die Gesuchte Münze die, auf der geneigten Seite. Bleibt die Waage im Gleichgewicht, so ist die nicht gewogene Münze die gesuchte.

Unser Problem muss also mit 3 Wiegungen lösbar sein, da damit $3 \cdot 3 \cdot 3 = 27$ Merkmale unterscheidbar sind. Wie dies zu erreichen ist, bleibt aber zunächst unklar. Gerne wird geraten, dass zunächst jeweils sechs Münzen auf jede Seite der Waage gelegt werden. Dies ist aber i.d.R. nicht zielführend, denn nachdem sich die Waage geneigt hat, verbleiben von den ursprünglich 24 Möglichkeiten noch 12. Entweder ist die gesuchte Münze auf der geneigten Seite und schwerer oder die gesuchte Münze ist auf der nicht geneigten Seite und leichter.

Richtig ist, entsprechend der Wertigkeit der Balkenwaage, die 12 Münzen in drei Pakete je vier Münzen aufzuteilen und je zwei dieser Pakete mit einander zu wiegen. Bleibt die Wage im Gleichgewicht, so ist die gesuchte Münze bei den 4 nicht gewogenen und kann sowohl leichter als auch schwerer sein. Dies sind acht Möglichkeiten. Im Falle der Neigung der Waage, ist die gesuchte Münze auf der geneigten Seite und schwerer, oder auf der nicht geneigten Seite und leichter. Dies sind wieder acht Möglichkeiten, die mit den verbliebenen zwei Wiegungen unterscheidbar sind, denn damit können ja noch $3 \cdot 3 = 9$ Merkmale unterschieden werden.

Beispiel 4.13 *Der Entscheidungsgehalt einer gewürfelten Zahl beträgt $H(X) = \text{ld}\,6 = 2.585\,bit$. Bei einer Kombination, die durch Würfeln mit drei Würfeln entsteht gilt:*

$$H(X) = \text{ld}\,6^3 = 3\text{ld}\,6 = 7.75\,\text{bit}$$

Überlegt man sich, dass bei einer Fragestrategie 8 bit benötigt werden, so wird deutlich, dass $2^8 - 6^3 = 256 - 216 = 40$ Zahlen unbenutzt bleiben.

Beispiel 4.14 *Ein SW-Fernsehbild mit 625 Zeilen und einem Seitenverhältnis von 4:3 kann je Bildpunkt (BP) 40 Helligkeitsstufen aufweisen. Fragen wir wieder nach dem Entscheidungsgehalt eines Fernsehbildes, so stellen wir fest:*

$$625 \cdot 625 \cdot \frac{4}{3} = 521000\,BP$$

je BP $H_0 = \text{ld}\,40 = 5.322\,\text{bit} \Longrightarrow 521000 \cdot 5.322 = 2.77 \cdot 10^6\,\text{bit/Bild}$

4.2.3   Der mittlere Informationsgehalt – die Entropie

Es wird davon ausgegangen, dass eine Quelle mit dem Wahrscheinlichkeitsfeld X vorliegt:

$$X = \left(\begin{array}{cccc} x_1 & x_2 & \cdots & x_n \\ P(x_1) & P(x_2) & \cdots & P(x_n) \end{array} \right) \quad \text{mit } \sum_{i=1}^{n} P(x_i) = 1.$$

Bei einer solchen Quelle wird gemäß der DIN 44301 einem einzelnen Quellenzeichen ein Informationsgehalt zugeordnet:

Definition 4.2 *Jedes Zeichen x_i einer stationären Informationsquelle besitzt abhängig von seiner Auftrittswahrscheinlichkeit $P(x_i)$ den Informationsgehalt:*

$$H(x_i) = \text{ld } \frac{1}{P(x_i)} = \text{ld } P(x_i)^{-1} = -\text{ld } P(x_i) \geq 0. \qquad (4.25)$$

Eine direkte Folgerung aus dieser Definition ist, dass der Wert jedes $H(x_i)$ niemals negativ werden kann, da gilt: $0 \leq P(x_i) \leq 1$.

Aufgrund der Gleichung (4.25) besitzen selten auftretende Zeichen ($P(x_i)$ klein) einen großen Informationsgehalt und häufig auftretende Zeichen ($P(x_i)$ groß) einen kleinen Informationsgehalt. Bei gleichwahrscheinlichen Zeichen ($P(X_i) = 1/n$ für $i = 1, 2, \ldots, n$) entspricht $H(X_i)$ dem Entscheidungsgehalt $H_0 = \text{ld } n$. Diese Beschreibung der Quelle ist jedoch nur für den Fall der Gleichverteilung ausreichend. Sind die Zeichen nicht gleichverteilt, so ist es besser, den Mittelwert über $H(x_i)$ zu bilden. Nach Gleichung (4.19) wird der Mittelwert wie folgt berechnet:

$$\begin{aligned} E[H(x)] = H(X) &= \sum_{i=1}^{n} H(x_i) \cdot P(x_i), \\ &= \sum_{i=1}^{n} P(x_i) \cdot \text{ld } \frac{1}{P(x_i)}, \\ &= -\sum_{i=1}^{n} P(x_i) \cdot \text{ld } P(x_i) \quad [bit]. \end{aligned} \qquad (4.26)$$

$H(X)$ wird als *mittlerer Informationsgehalt* oder auch als *Entropie* der Nachrichtenquelle bezeichnet. Für den mittleren Informationsgehalt $H(X)$ kann eine untere und obere Grenze angegeben werden. Es gilt:

$$0 \leq H(X) \leq \text{ld } n = H_0.$$

Für den Sonderfall der Gleichwahrscheinlichkeit aller Zeichen, $P(x_i) = 1/n$, folgt:

$$H(X) = \sum_{i=1}^{n} \frac{1}{n} \text{ld } n = \frac{1}{n} \text{ld } n \sum_{i=1}^{n} 1 = \text{ld } n = H_0(X).$$

Als weitere Größe soll die Redundanz R angesprochen werden. Sie ergibt sich aus der Differenz von Entscheidungsgehalt und Entropie:

$$R = H_0 - H(X). \qquad (4.27)$$

Mit Redundanz wird hier der Unterschied zwischen dem tatsächlichen mittleren Informationsgehalt $H(X)$ und dem Informationsgehalt H_0 bei gleichwahrscheinlichem Auftreten der Zeichen x_i bezeichnet. Die relative Redundanz ergibt sich, wenn man R auf den Entscheidungsgehalt H_0 bezieht:

$$r = R/H_0 = 1 - H/H_0. \qquad (4.28)$$

Beispiel 4.15 *Eine Quelle X sei durch folgendes Wahrscheinlichkeitsfeld gegeben:*

$$X = \begin{pmatrix} A & B & C & D & E & F & G \\ 1/4 & 1/4 & 1/8 & 1/8 & 1/8 & 1/16 & 1/16 \end{pmatrix}.$$

Der Informationsgehalt $H(x_i)$ der einzelnen Zeichen beträgt:

$$H(A) = H(B) = \operatorname{ld} \frac{1}{P(A)} = \operatorname{ld} \frac{1}{\frac{1}{4}} = \operatorname{ld} 4 = 2 \text{ bit},$$

$$H(C) = H(D) = H(E) = \operatorname{ld} \frac{1}{P(C)} = \operatorname{ld} \frac{1}{\frac{1}{8}} = \operatorname{ld} 8 = 3 \text{ bit},$$

$$H(F) = H(G) = \operatorname{ld} \frac{1}{P(F)} = \operatorname{ld} \frac{1}{\frac{1}{16}} = \operatorname{ld} 16 = 4 \text{ bit}.$$

Wird hieraus der Mittelwert berechnet, so ergibt sich die Entropie:

$$H(X) = \sum_{i=1}^{n} P(x_i)H(x_i) = 2 \cdot \frac{1}{4} \cdot 2 \text{ bit} + 3 \cdot \frac{1}{8} \cdot 3 \text{ bit} + 2 \cdot \frac{1}{16} \cdot 4 \text{ bit} = 2.625 \text{ bit}.$$

Der Entscheidungsgehalt $H_0(X) = \operatorname{ld} 7$ beträgt 2.807 bit *und ist wie erwartet größer als $H(X)$.*

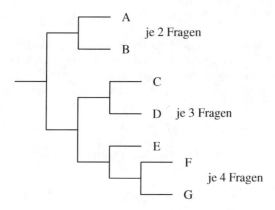

Abbildung 4.8: Fragestrategie bei nicht gleichwahrscheinlichen Zeichen

Die mittlere Fragezahl F_m berechnet sich aus:

$$F_m = \sum_{i=1}^{7} f_i \cdot P(f_i) = 2 \cdot 2 \cdot \frac{1}{4} + 3 \cdot 3 \cdot \frac{1}{8} + 2 \cdot 4 \cdot \frac{1}{16} = 2.625 \text{ bit}.$$

Dieses Beispiel zeigt, dass die mittlere Fragezahl F_m identisch der Entropie $H(X)$ sein kann. Dies kann aber nur gelten, wenn die Wahrscheinlichkeiten inverse Zweierpotenzen sind: $P(x_i) = 2^{-j}$.

4.2.4 Eigenschaften der Entropie

Zunächst wird eine Quelle mit nur zwei Zeichen und den dazu gehörigen Wahrscheinlichkeiten $P(x_1)$ und $P(x_2)$ betrachtet:

$$X = \begin{pmatrix} x_1 & x_2 \\ P(x_1) & P(x_2) \end{pmatrix} \qquad \text{mit } P(x_1) + P(x_2) = 1.$$

Durch die Eigenschaft $P(x_1) + P(x_2) = 1$ gelingt es, die Wahrscheinlichkeit $P(x_2)$ mittels der Wahrscheinlichkeit $P(x_1)$ auszudrücken. Die Entropie ermittelt sich aus:

$$H(X) = -\sum_{i=1}^{2} P(x_i) \cdot \operatorname{ld} P(x_i) \quad = \quad -P(x_1) \cdot \operatorname{ld} P(x_1) - P(x_2) \cdot \operatorname{ld} P(x_2),$$

$$= \quad -P(x_1) \cdot \operatorname{ld} P(x_1) - (1 - P(x_1)) \cdot \operatorname{ld} (1 - P(x_1)).$$

Es sollen nun die Sonderfälle $P(x_1) = 0$ und $P(x_1) = 1$ betrachtet werden. In beiden Fällen kann man erkennen, dass der undefinierte Ausdruck:

$$0 \cdot \operatorname{ld} 0$$

auftritt, denn der Logarithmus strebt gegen $-\infty$. Mittels der Grenzwertbetrachtung nach der Regel von L'Hospital ergibt sich folgendes Ergebnis:

$$\lim_{x \to 0} x \cdot \operatorname{ld} x = \lim_{x \to 0} \frac{\operatorname{ld} x}{\frac{1}{x}} = \lim_{x \to 0} \frac{k \frac{d \ln x}{dx}}{\frac{d\,x^{-1}}{dx}},$$

$$= \lim_{x \to 0} \frac{k/x}{-1/x^2} = \lim_{x \to 0} (-k \cdot x) = 0. \tag{4.29}$$

Daraus lässt sich folgern, dass sowohl bei einem sicher auftretenden Ereignis x_i mit der Wahrscheinlichkeit $P(x_i) = 1$ als auch bei einem unwahrscheinlich auftretenden Ereignis mit der Wahrscheinlichkeit $P(x_i) = 0$, die Entropie $H(x_i) = 0$ ist. Als nächstes soll untersucht werden, unter welchen Bedingungen $H(X)$ einen Maximalwert annimmt. Vereinfacht schreiben wir: $P(x_1) = P(x)$ und $P(x_2) = 1 - P(x)$. Damit erhalten wir für die Entropie:

$$H(X) = -P(x) \cdot \operatorname{ld} P(x) - (1 - P(x)) \cdot \operatorname{ld} (1 - P(x)).$$

Wird diese Gleichung unter Beachtung des Zusammenhanges $\operatorname{ld} x = k \cdot \ln x$ nach $P(x)$ differenziert, so erhält man:

$$\frac{dH(X)}{dP(x)} = -\operatorname{ld} P(x) + \operatorname{ld} (1 - P(x)) = 0,$$

$$\Rightarrow \quad \operatorname{ld} P(x) = \operatorname{ld} (1 - P(x)),$$

$$\Rightarrow \quad P(x) = (1 - P(x)) \Rightarrow P(x) = 1/2.$$

Es zeigt sich, dass $H(X)$ seinen Maximalwert bei $P(x) = 0.5$ erreicht. Das Maximum besitzt den Wert:

$$H(X)_{max} = -2 \left[P(x) \cdot \operatorname{ld} P(x) \right]_{P(x)=0.5} = 1.$$

Mit den nunmehr bekannten drei Werten der Entropiefunktion $H(X)$ bei $P(x) = 0$, $P(x) = 1$ und bei $P(x) = 0.5$ kann ohne weitere Schwierigkeiten eine grafische Darstellung in Abbildung 4.9 angegeben werden.

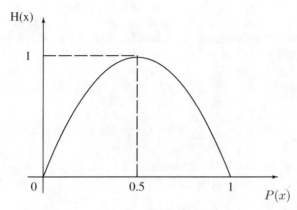

Abbildung 4.9: Entropie einer Binärquelle in Abhängigkeit von $P(x)$

Die oben genannten Eigenschaften der Entropie können auf Quellen mit n Zeichen erweitert werden:

$$H(X)_{max} = \left[-\sum_{i=1}^{n} P(x_i) \cdot \text{ld}\, P(x_i)\right]_{P(x)=n^{-1}} = H_0 = \text{ld}\, n. \qquad (4.30)$$

Allgemein gilt, dass eine Quelle mit n Zeichen genau dann maximale Entropie besitzt, wenn alle Zeichen gleichwahrscheinlich sind.

4.3 Verbundquellen

Besteht eine Quelle Z aus mehreren Teilquellen $X, Y, \ldots$, so sprechen wir von einer Verbundquelle. Zur Erläuterung soll zunächst von zwei Teilquellen ausgegangen werden, die durch ihre Wahrscheinlichkeitsfelder beschrieben sind.

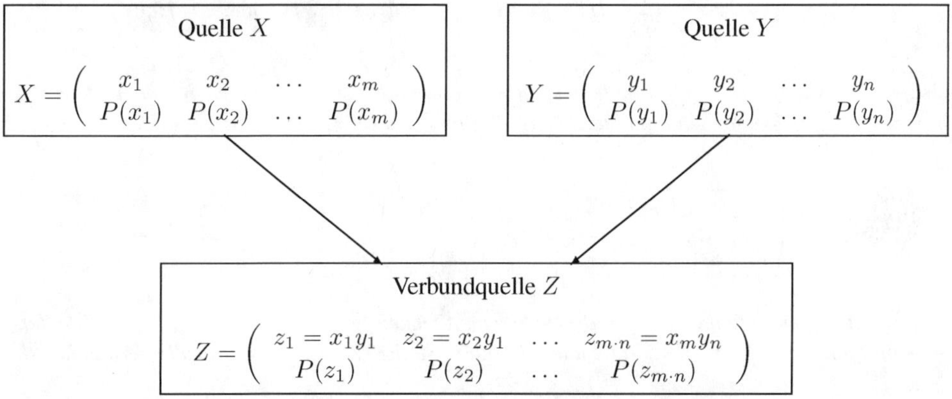

Quelle X

$$X = \begin{pmatrix} x_1 & x_2 & \ldots & x_m \\ P(x_1) & P(x_2) & \ldots & P(x_m) \end{pmatrix}$$

Quelle Y

$$Y = \begin{pmatrix} y_1 & y_2 & \ldots & y_n \\ P(y_1) & P(y_2) & \ldots & P(y_n) \end{pmatrix}$$

Verbundquelle Z

$$Z = \begin{pmatrix} z_1 = x_1 y_1 & z_2 = x_2 y_1 & \ldots & z_{m\cdot n} = x_m y_n \\ P(z_1) & P(z_2) & \ldots & P(z_{m\cdot n}) \end{pmatrix}$$

Abbildung 4.10: Modell einer Verbundquelle

Die Verbundquelle Z besteht aus Elementen z_k, die durch alle möglichen Kombinationen der Elemente der Quellen X und Y gebildet werden können. Besitzt die Quelle X m Elemente und die Quelle Y n Elemente, so beträgt die Anzahl der Elemente von Z $m \cdot n$. Für die Entropie $H(Z)$ der Verbundquelle gilt:

$$H(Z) = -\sum_{\nu=1}^{m \cdot n} P(z_\nu) \cdot \operatorname{ld} P(z_\nu), \tag{4.31}$$

$$= -\sum_{i=1}^{m} \sum_{j=1}^{n} P(x_i, y_j) \cdot \operatorname{ld} P(x_i, y_j) = H(X, Y). \tag{4.32}$$

Für den allgemeinen Verbundfall mit k Quellen $X_1, X_2, \ldots, X_k$, die $n_1, n_2, \ldots, n_k$ Elemente besitzen, gilt entsprechend der Gleichung (4.32):

$$H(Z) = H(X_1, X_2, \ldots, X_k),$$

$$= -\sum_{i_1=1}^{n_1} \sum_{i_2=1}^{n_2} \cdots \sum_{i_k=1}^{n_k} P(x_{i_1}, x_{i_2} \ldots, x_{i_k}) \operatorname{ld} P(x_{i_1}, x_{i_2} \ldots, x_{i_k}). \tag{4.33}$$

Beispiel 4.16 *Eine Nachrichtenquelle besteht aus den statistisch unabhängigen Teilquellen X und Y. Diese werden durch gleiche Wahrscheinlichkeitsfelder dargestellt:*

$$X = \begin{pmatrix} x_1 = a & x_2 = b & x_3 = c \\ 1/3 & 1/3 & 1/3 \end{pmatrix}, \qquad Y = \begin{pmatrix} y_1 = a & y_2 = b & y_3 = c \\ 1/3 & 1/3 & 1/3 \end{pmatrix}.$$

Da nach der Voraussetzung X und Y statistisch unabhängig sind, gilt nach Gleichung (4.7): $P(x_i, y_j) = P(x_i) \cdot P(y_j)$. Für die Verbundquelle folgt:

$$Z = \begin{pmatrix} aa & ab & ac & ba & bb & bc & ca & cb & cc \\ 1/9 & 1/9 & 1/9 & 1/9 & 1/9 & 1/9 & 1/9 & 1/9 & 1/9 \end{pmatrix}.$$

Für die Verbundentropie gilt:

$$H(Z) = H(X, Y) = -9 \cdot \frac{1}{9} \cdot \operatorname{ld} \frac{1}{9} = \operatorname{ld} 9 = 3.17 \,\text{bit},$$

$$= H(X, Y) = H(X) + H(Y) = \operatorname{ld} 3 + \operatorname{ld} 3 = \operatorname{ld} 9 = H_0(Z).$$

Beispiel 4.17 *Eine Nachrichtenquelle besteht wiederum aus zwei Teilquellen X und Y. Die Verbundwahrscheinlichkeiten sind in einer Matrixanordnung dargestellt:*

$$[P(x_i, y_j)] = \begin{pmatrix} & y_1 = a & y_2 = b & y_3 = c \\ \hline x_1 = a & 0 & 4/15 & 1/15 \\ x_2 = b & 8/27 & 8/27 & 0 \\ x_3 = c & 1/27 & 4/135 & 1/135 \end{pmatrix} \qquad \text{mit} \quad \sum_{i=1}^{3} \sum_{j=1}^{3} P(x_i, y_j) = 1.$$

Aus dieser Anordnung findet man z.B. die Wahrscheinlichkeit für $P(x = b, Y = a) = 8/27$, indem der Schnittpunkt aus der zweiten Zeile und der ersten Spalte gebildet wird. Für die Verbundquelle folgt:

$$Z = \begin{pmatrix} aa & ab & ac & ba & bb & bc & ca & cb & cc \\ 0 & 4/15 & 1/15 & 8/27 & 8/27 & 0 & 1/27 & 4/135 & 1/135 \end{pmatrix}.$$

Für die Verbundentropie gilt:

$$
\begin{aligned}
H(X,Y) &= -\sum_{i=1}^{3}\sum_{j=1}^{3} P(x_i, y_j) \cdot \operatorname{ld} P(x_i, y_j), \\
&= \frac{4}{15}\operatorname{ld}\frac{15}{4} + \frac{1}{15}\operatorname{ld} 15 + 2\cdot\frac{8}{27}\operatorname{ld}\frac{27}{8} + \frac{1}{27}\operatorname{ld} 27 + \frac{4}{135}\operatorname{ld}\frac{135}{4} + \frac{1}{135}\operatorname{ld} 135, \\
&= 2.22\,\text{bit}.
\end{aligned}
$$

Bei der Rechnung wurde das Gesetz: $-\log x = \log(1/x)$ *verwendet. Zur Berechnung der Entropien der Teilquellen ist es erforderlich, die Wahrscheinlichkeitsfelder der Teilquellen zu bestimmen. Aus den Verbundwahrscheinlichkeiten lassen sich die Wahrscheinlichkeiten* $P(x_i)$ *und* $P(y_j)$ *bestimmen:*

$$
P(x_i) = \sum_{j=1}^{3} P(x_i, y_j) \quad \text{und} \quad P(y_j) = \sum_{i=1}^{3} P(x_i, y_j). \tag{4.34}
$$

Die Wahrscheinlichkeiten $P(x_i)$ *bestimmen sich gemäß der Gleichung (4.34) als Zeilensumme und* $P(y_j)$ *als Spaltensumme aus der Matrix der Verbundwahrscheinlichkeiten* $[P(x_i, y_j)]$:

$$
X = \begin{pmatrix} x_1 = a & x_2 = b & x_3 = c \\ 1/3 & 16/27 & 10/135 \end{pmatrix}, \qquad
Y = \begin{pmatrix} y_1 = a & y_2 = b & y_3 = c \\ 1/3 & 16/27 & 10/135 \end{pmatrix}.
$$

Damit kann nun die Entropie $H(X) = H(Y) = 1.287\,\text{bit}$ *berechnet werden. Im Gegensatz zu Beispiel 4.16 kann festgestellt werden, dass hier gilt:*

$$
H(X,Y) = 2.22\,\text{bit} < H(X) + H(Y) = 2.574\,\text{bit}.
$$

Der Grund hierfür liegt in der statistischen Abhängigkeit der Quellen X *und* Y.

4.3.1 Bedingte Entropien

Im Rahmen dieses Kapitels folgt eine der wenigen Herleitungen, die einen allgemeinen Zusammenhang zwischen den Quellentropieen und der Verbundentropie ergeben.

Für den Zusammenhang der Wahrscheinlichkeiten (vgl. Gleichung 4.8) gilt:

$$
P(x_i, y_j) = P(x_i) \cdot P(y_j|x_i) = P(y_j) \cdot P(x_i|y_j).
$$

Wird dies in die Beziehung (4.32) der Verbundentropie eingesetzt, so folgt:

$$
\begin{aligned}
H(X,Y) &= -\sum_{i=1}^{m}\sum_{j=1}^{n} P(x_i, y_j) \cdot \operatorname{ld} P(x_i, y_j), \\
&= -\sum_{i=1}^{m}\sum_{j=1}^{n} P(x_i) \cdot P(y_j|x_i) \cdot \operatorname{ld}\left[P(x_i) \cdot P(y_j|x_i)\right], \\
&= -\sum_{i=1}^{m}\sum_{j=1}^{n} P(x_i) \cdot P(y_j|x_i) \cdot \left(\operatorname{ld} P(x_i) + \operatorname{ld} P(y_j|x_i)\right), \\
&= \underbrace{-\sum_{i=1}^{m} P(x_i)\operatorname{ld} P(x_i)}_{=H(X)} \underbrace{\sum_{j=1}^{n} P(y_j|x_i)}_{=1} - \underbrace{\sum_{i=1}^{m} P(x_i)\sum_{j=1}^{n} P(y_j|x_i)\operatorname{ld} P(y_j|x_i)}_{:=H(Y|X)}.
\end{aligned}
$$

Mit dieser so definierten bedingten Entropie $H(Y|X)$ folgt für den gesuchten Zusammenhang:

$$H(X,Y) = H(X) + H(Y|X). \tag{4.35}$$

Aus Symmetriegründen gilt auch:

$$H(X,Y) = H(Y) + H(X|Y). \tag{4.36}$$

Der formelhafte Zusammenhang in den Gleichungen (4.35) und (4.36) kann durch das einfache Mengenbild 4.11 dargestellt werden.

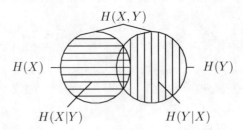

Abbildung 4.11: Verbundentropie und bedingte Entropie

In Bild 4.11 entspricht der Entropie $H(X)$ der linke Kreis mit der horizontalen Schraffur und $H(Y)$ der rechte Kreis mit der vertikalen Schraffur. Der Verbundentropie $H(X,Y)$ entspricht die schraffierte Gesamtfläche, wobei berücksichtigt werden muss, dass die in der Mitte befindliche Ellipse nicht doppelt gezählt wird. Im Allgemeinen setzt sich demnach $H(X,Y)$ nicht aus der Summe von $H(X)$ und $H(Y)$ zusammen. Anschaulich wird aus Bild 4.11 deutlich, dass die Summe von $H(X)$ und $H(Y)$ nie kleiner sein kann als $H(X,Y)$:

$$H(X) \leq H(X,Y) \leq H(X) + H(Y). \tag{4.37}$$

Das nachfolgende Beispiel soll den abstrakten Sachverhalt erläutern.

Beispiel 4.18 *Eine Nachrichtenquelle besteht wiederum aus zwei Teilquellen X und Y. Für das Wahrscheinlichkeitsfeld der Quelle Y gilt:*

$$Y = \begin{pmatrix} y_1 = a & y_2 = b & y_3 = c & y_3 = c \\ 1/4 & 1/4 & 1/4 & 1/4 \end{pmatrix}.$$

Die Verbundwahrscheinlichkeiten in der Matrixanordnung sind nur teilweise bekannt:

$$[P(x_i, y_j)] = \begin{pmatrix} & y_1 = a & y_2 = b & y_3 = c & y_4 = d \\ x_1 = a & 1/8 & 1/8 & 1/8 & 1/8 \\ x_2 = b & ? & 0 & ? & ? \\ x_3 = c & ? & ? & ? & 1/8 \\ x_4 = d & 1/8 & 0 & 1/8 & ? \end{pmatrix}.$$

*Die Fragezeichen entsprechen hierbei nicht bekannten Wahrscheinlichkeiten. Aus den vorgege-
benen Wahrscheinlichkeiten können die fehlenden Wahrscheinlichkeiten bestimmt werden, da bekannt ist, dass für jede Spaltensumme von $[P(x_i, y_j)]$ gilt:*

$$P(y_j) = \sum_{i=1}^{4} P(x_i, y_j) = \frac{1}{4}.$$

*Für die erste Spalte gilt beispielsweise: $P(y_1) = \frac{1}{8} + P(x_2, y_1) + P(x_3, y_1) + \frac{1}{8} = \frac{1}{4}$. Hieraus
folgt, dass $P(x_2, y_1) = P(x_3, y_1) = 0$ gilt, da die Summe $1/8 + 1/8$ bereits ein $1/4$ ergibt. Die
anderen Spalten werden auf ähnliche Weise ergänzt:*

$$\implies [P(x_i, y_j)] = \begin{pmatrix} & y_1 = a & y_2 = b & y_3 = c & y_4 = d \\ \hline x_1 = a & 1/8 & 1/8 & 1/8 & 1/8 \\ x_2 = b & 0 & 0 & 0 & 0 \\ x_3 = c & 0 & 1/8 & 0 & 1/8 \\ x_4 = d & 1/8 & 0 & 1/8 & 0 \end{pmatrix}.$$

*Die $P(x_i)$ bestimmen sich jetzt aus der Zeilensumme, so dass das Wahrscheinlichkeitsfeld der
Quelle X bestimmt ist:*

$$X = \begin{pmatrix} x_1 = a & x_2 = b & x_3 = c & x_3 = c \\ 1/2 & 0 & 1/4 & 1/4 \end{pmatrix}.$$

Nun können alle Entropien bestimmt werden:

$$H(X) = -\frac{1}{2}\text{ld}\,\frac{1}{2} - 2\frac{1}{4}\text{ld}\,\frac{1}{4} = 1.5\,\text{bit}, \qquad H(Y) = 2\,\text{bit}.$$

Für die Verbundentropie gilt:

$$\begin{aligned} H(X,Y) &= -\sum_{i=1}^{4}\sum_{j=1}^{4} P(x_i, y_j) \cdot \text{ld}\,P(x_i, y_j), \\ &= -8 \cdot \frac{1}{8}\text{ld}\,\frac{1}{8} = 8 \cdot \frac{1}{8}\text{ld}\,8 = \text{ld}\,8 = 3\,\text{bit}. \end{aligned}$$

Für die bedingten Entropien folgt:

$$\begin{aligned} H(Y|X) &= H(X,Y) - H(X) = 3\,\text{bit} - 1.5\,\text{bit} = 1.5\,\text{bit}, \\ H(X|Y) &= H(X,Y) - H(Y) = 3\,\text{bit} - 2.0\,\text{bit} = 1.0\,\text{bit}. \end{aligned}$$

4.3.2 Die Markhoff'sche Entropie

Bei gedächtnislosen Quellen werden die nacheinander auftretenden Zeichen unabhängig voneinander gesendet. Quellen mit Gedächtnis senden Zeichen, die Abhängigkeiten aufweisen. Zu dieser Quellenart gehören Quellen, bei denen ein innerer Zusammenhang, wie z.B. bei Sprache oder

oder Texten, besteht. Das Wahrscheinlichkeitsfeld X und ebenso die Entropie $H(X)$ einer solchen Quelle sind wieder durch die Zeichen x_i und deren Wahrscheinlichkeiten beschrieben:

$$X = \begin{pmatrix} x_1, & x_2, & \dots & x_n \\ P(x_1) & P(x_2) & \dots & P(x_n) \end{pmatrix}, \qquad H(x) = -\sum_{i=1}^{n} P(x_i) \operatorname{ld} P(x_i).$$

Sendet diese Quelle k-Zeichen hintereinander aus, so lässt sich dieser Prozess als Verbundquelle, bestehend aus k Quellen, die das gleiche Wahrscheinlichkeitsfeld besitzen, modellieren. Die Gesamtentropie dieser so erhaltenen Verbundquelle Z kann gemäß der Gleichung (4.33) berechnet werden:

$$
\begin{aligned}
H(Z) \quad &= \quad H(X_1, X_2, \dots, X_k) = \\
&= \quad -\sum_{i_1=1}^{n} \sum_{i_2=1}^{n} \dots \sum_{i_k=1}^{n} P(x_{i_1}, x_{i_2} \dots, x_{i_k}) \operatorname{ld} P(x_{i_1}, x_{i_2} \dots, x_{i_k}).
\end{aligned}
\qquad (4.38)
$$

Da im Unterschied zu gedächtnislosen Quellen, bei Quellen mit Gedächtnis Abhängigkeiten zwischen aufeinanderfolgenden Zeichen bestehen, kann man zur Ermittlung der Entropie der Verbundquelle zwei Sonderfälle unterscheiden.

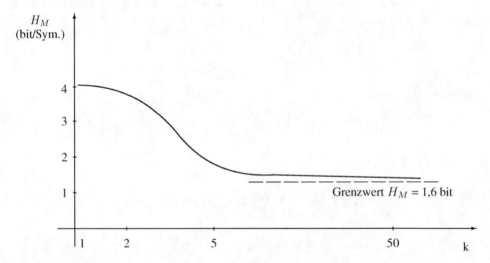

Abbildung 4.12: Markhoff'sche Entropie bei deutschem Text in Abhängigkeit von der Länge k der betrachteten Zeichenfolge

Sonderfall A Sind die Zeichen nicht voneinander abhängig, so gilt:

$$H(X_1, X_2, \dots, X_k) = k \cdot H(X).$$

Sonderfall B Sind die Zeichen vollständig voneinander abhängig, so gilt:

$$H(X_1, X_2, \dots, X_k) = H(X).$$

Die Gesamtentropie liegt somit im Allgemeinen zwischen den beiden Grenzwerten:

$$H(x) < H(X_1, X_2, \ldots, X_k) < k \cdot H(x) \, . \tag{4.39}$$

Als Markoff'sche Entropie $H_M(x)$ bezeichnet man den Anteil der Gesamtentropie, der auf ein Zeichen entfällt:

$$H_M(x) = 1/k \cdot H(X_1, X_2, \ldots, X_k) \tag{4.40}$$

Beispiel 4.19 *In der nachstehenden Tabelle sind die Wahrscheinlichkeiten $P(x_i)$ für das Auftreten der Buchstaben x_i, einschließlich des Zwischenraums $\sqcup$ (blank) angegeben.*

x_i	$P(x_i)$	x_i	$P(x_i)$	x_i	$P(x_i)$
a	0.0549	j	0.0028	s	0.0646
b	0.0138	k	0.0071	t	0.0536
c	0.0255	l	0.0345	u	0.0422
d	0.0546	m	0.0172	v	0.0079
e	0.1440	n	0.0865	w	0.0113
f	0.0078	o	0.0211	x	0.0008
g	0.0236	p	0.0067	y	0.0000
h	0.0361	q	0.0005	z	0.0092
i	0.0628	r	0.0622	$\sqcup$	0.1442

Tabelle 4.1: Wahrscheinlichkeiten der Buchstaben in deutschen Texten

Für die Quellentropie gilt: $H(X) = 4,037$ bit. Der Entscheidungsgehalt beträgt im vorliegenden Fall: $H_0 = \mathrm{ld}\, 27 = 4,75$ bit.

Die Abbildung 4.12 zeigt den Verlauf der Markhoff'schen Entropie bei deutschem Text. Man kann erkennen, dass $H_M(X)$ sich bei zehn Zeichen, einem Wert von 1.6 bit annähert. Dass dieser Wert deutlich kleiner ist als die Entropie $H(X)$ bedeutet, dass bei deutschen Texten nur ein kleiner Teil der möglichen Buchstabenkombinationen vorkommt und bestimmte Kombinationen, wie z.B. *Qu* fest sind. Buchstaben, die weiter als zehn Zeichen entfernt sind, weisen im Allgemeinen nur noch geringe Abhängigkeiten voneinander auf.

4.4   Diskretes Informationsübertragungsmodell

Diskrete Übertragungskanäle übertragen diskrete Nachrichten von einer Nachrichtenquelle zur Nachrichtensenke, wie dies bereits in Abbildung 4.1 angegeben ist. Die nachstehende Abbildung 4.13 zeigt diesen Sachverhalt in vereinfachter Form. Ein fiktiver Beobachter, der sowohl die Informationsquelle wie auch dei Informationssenke sieht, nimmt die mittlere Information $H(X,Y)$ wahr. Diese Verbundentropie wurde im letzten Abschnitt eingeführt.

In diesem Abschnitt werden ausschließlich gedächtnislose Übertragungskanäle betrachtet. Die einzelnen Störungen treten somit voneinander unabhängig auf. Eine aufgetretene Störung besitzt keine Nachwirkungen auf die nachfolgend übertragenen Zeichen. Weiterhin wird vorausgesetzt, dass sich die auftretenden Wahrscheinlichkeiten nicht mit der Zeit verändern. Dies entspricht einem Übertragungskanal, der im stationären Zustand betrieben wird. Beim stationären Betrieb sind alle statistischen Größen (vgl. Abschn. 4.1), wie z.B. die Erwartungswerte, zeitunabhängig.

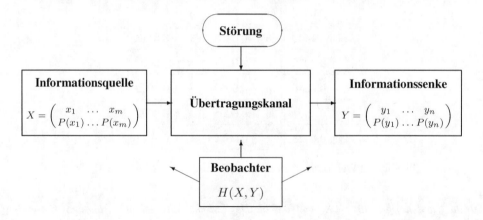

Abbildung 4.13: Vereinfachtes Modell einer Informationsübertragung

In Abbildung 4.13 sind Sender und Empfänger durch einen Kanal gekoppelt. Ein Beobachter beim Sender *sieht* die mittlere Information $H(X)$, die die Informationsquelle abgibt. Für einen Beobachter beim Empfänger hingegen, der nur die mittlere Information $H(Y)$ der Informationssenke *sieht*, wird diese selber zur Informationsquelle. Dies gilt auch für einen externen Beobachter. Für ihn sind sowohl Sender wie Empfänger Informationsquellen. Es wird deutlich, dass diese Sichtweise der Informationsübertragung sich stark an die bei den Verbundquellen geschaffenen Voraussetzungen anlehnen kann.

Wenn es sich um eine sinnvolle Übertragung handelt, müssen die Zeichen der einen Quelle (der Informationssenke) Rückschlüsse auf die Zeichen der anderen zulassen. Wie dies geschieht, wird insbesondere im Folgenden durch die Beispiele zu den symmetrischen und unsymmetrischen Übertragungskanälen verdeutlicht.

4.4.1 Entropien diskreter Übertragungskanäle

Für die Beschreibung diskreter Übertragungskanäle sind die bedingten Wahrscheinlichkeiten von besonderer Bedeutung. Die bedingte Wahrscheinlichkeit $P(y_j|x_i)$ wird hierbei so verstanden, dass sie die Wahrscheinlichkeit dafür ist, dass die Informationssenke Y ein Zeichen y_j empfängt unter der Voraussetzung, dass die Informationsquelle X ein Zeichen x_i gesendet hat. Die Wahrscheinlichkeit $P(y_j|x_i)$ wird auch als Übergangswahrscheinlichkeit bezeichnet. Dies führt uns zu den Verbundwahrscheinlichkeiten: $P(x_i, y_j) = P(x_i) \cdot P(y_j|x_i)$ und damit auch zur Verbundentropie.

In Abbildung 4.14 ist dargestellt, wie die Information, genauer der Informationsfluss von der Quelle zur Senke verläuft. Durch Störungen, die dem Kanal zugeordnet werden, geht einige Information verloren, *die Äquivocation*, bzw. wird Information empfangen, die nicht gesendet wurde, *die Irrelevanz*. Zwischen diesen beiden Abzweigungen liegt die korrekt übertragene Information, *die Transinformation*. In der nachfolgenden Abbildung, 4.14 ist dieser Sachverhalt als Diagramm des Informationsflusses dargestellt.

Quelle				Senke			
$X = \begin{pmatrix} x_1 & x_2 & \dots & x_m \\ P(x_1) & P(x_2) & \dots & P(x_m) \end{pmatrix}$				$Y = \begin{pmatrix} y_1 & y_2 & \dots & y_n \\ P(y_1) & P(y_2) & \dots & P(y_n) \end{pmatrix}$			
$\sum_{i=1}^{m} P(x_i) = 1$				$\sum_{j=1}^{n} P(y_j) = 1$			

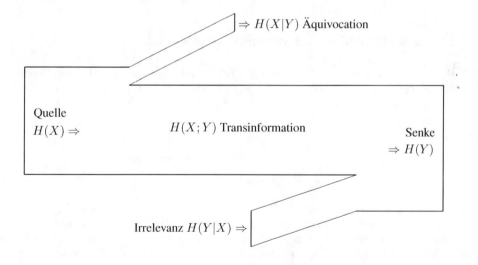

Abbildung 4.14: Darstellung des Informationsflusses

Die *Äquivocation* $H(X|Y)$ gibt die Ungewissheit über das gesendete Zeichen wieder, wenn das empfangene Zeichen bekannt ist. Sie wird auch als Rückschlussentropie bezeichnet. Für einen fehlerfreien Kanal ist die Äquivokation gleich Null und die Quellinformation gelangt vollständig zum Kanalausgang. Ist der Kanal vollständig gestört, so gilt: $H(X|Y) = H(X)$ und es gelangt von der Quellenentropie nichts zum Ausgang. Die *Irrelevanz* $H(Y|X)$ gibt die Ungewissheit der empfangenen Zeichen wieder, wenn das gesendete Zeichen vorgegeben ist. Im Sinne der Informationstheorie kann die Übertragung bei gestörten Kanal als Zufallsexperiment aufgefasst werden, wobei die Störung selber eine Informationsquelle darstellt. Diese wirkt allerdings störend und vermindert die Empfangsqualität.

Für einen externen Beobachter, der Quelle und Senke wie zwei Informationsquellen betrachtet, stellt sich dieses Modell wie das Verbundmodell von zwei Quellen dar. Er beobachtet die Verbundentropie $H(X,Y)$. Entsprechend den Mengenbildern 4.11 bei der Verbundentropie kann der oben beschriebene Sachverhalt auch veranschaulicht werden.

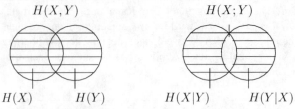

Abbildung 4.15: Mengendarstellung der Entropie bei Informationsübertragung

Im Vergleich zu Bild 4.11 ist in Abbildung 4.15 zusätzlich die Transinformation $H(X;Y)$ dargestellt. Sie stellt die Information dar, die sowohl in $H(X)$ als auch in $H(Y)$ liegt. Die *Transinformation* ist demnach die Information (vgl. Abb. 4.14), die von der Quelle zur Senke übertragen wird.

4.4.2 Transinformation und Informationsfluss

Die Mengendarstellung nach Bild 4.15 legt es nahe, die zwischen den verschiedenen Entropien bestehenden Zusammenhänge in Gleichungen zu formulieren. Diese Gleichungen werden im Folgenden ohne Beweis angegeben. Fasst man die in Bild 4.15 dargestellten Entropien so auf, dass ihre Quantität durch die entsprechenden Flächeninhalte repräsentiert werden, so folgt für deren Zusammenhang:

$$\begin{aligned} H(X;Y) &= H(X) - H(X|Y) = H(Y) - H(Y|X) \\ &= H(X) + H(Y) - H(X,Y). \end{aligned} \tag{4.41}$$

Die Transinformation $H(X;Y)$ stellt den Teil der Quellinformation dar, der zur Senke übertragen wird. Durch die Kopplung der beiden Quellen durch den Kanal, nimmt die Ungewissheit in dem Maße ab, wie die Ergebnisse der einen Quelle Aussagen über die andere Quelle erlauben. Für die Berechnung der Transinformation wird die zweite Zeile in Gl. (4.41) am häufigsten verwendet. $H(X;Y)$ kann entsprechend der ersten Zeile in Gl. (4.41) auch direkt berechnet werden:

$$H(X;Y) = \sum_{i=1}^{m} \sum_{j=1}^{n} P(x_i, y_j) \cdot \operatorname{ld} \frac{P(x_i|y_j)}{p(x_i)} = \sum_{i=1}^{m} \sum_{j=1}^{n} P(x_i, y_j) \cdot \operatorname{ld} \frac{P(y_j|x_i)}{p(y_j)}.$$

Die Transinformation ist nicht negativ: $H(X;Y) \geq 0$. Der Wert $H(X;Y) = 0$ kann nur dann angenommen werden, wenn die Quellen am Kanalein- und Kanalausgang voneinander unabhängig sind. Einen Beweis zu diesen Aussagen findet sich z.B. in [31].

Die Äquivocation:

$$H(X|Y) = H(X,Y) - H(Y) = H(X) - H(X;Y), \qquad (4.42)$$

ist der Teil der Quellinformation $H(X)$, der während der Übertragung verloren geht. Die Äquivocation steht für die Ungewissheit des gesendeten Zeichens unter der Voraussetzung, dass das empfangene Zeichen bekannt ist. $H(X|Y)$ kann auch direkt berechnet werden:

$$H(X|Y) = \sum_{i=1}^{m}\sum_{j=1}^{n} P(x_i, y_j) \cdot \operatorname{ld} P(x_i|y_j).$$

Die Äquivocation kann nie größer sein als die Quellentropie: $H(X|Y) \leq H(X)$.

Die Irrelevanz:

$$H(Y|X) = H(X,Y) - H(X) = H(Y) - H(X;Y), \qquad (4.43)$$

stellt eine zusätzlich empfangene Störinformation dar. Sie ist der Teil der Quellinformation $H(Y)$, der während der Übertragung hinzugekommen ist. Die Irrelevanz steht für die Ungewissheit des empfangenen Zeichens unter der Voraussetzung, das das gesendete Zeichen bekannt ist. $H(Y|X)$ kann auch direkt berechnet werden:

$$H(Y|X) = \sum_{i=1}^{m}\sum_{j=1}^{n} P(x_i, y_j) \cdot \operatorname{ld} P(y_j|x_i).$$

Die Irrelevanz $H(Y|X)$ wird bisweilen auch als Streuentropie bezeichnet [31].

Die Verbundentropie:

$$\begin{aligned} H(X,Y) &= H(X) + H(Y|X) = H(Y) + H(X|Y) \\ &= H(X) + H(Y) - H(X;Y), \end{aligned} \qquad (4.44)$$

ist die Entropie, die ein externer Beobachter beider Quellen X und Y wahrnimmt. Für die Verbundentropie (vgl. Abschn. 4.3) gilt, dass die Verbundentropie nicht größer werden kann als die Summe der Quellentropien: $H(X,Y) \leq H(X) + H(Y)$. Der Wert $H(X,Y) = H(X) + H(Y)$ kann nur dann angenommen werden, wenn die Quellen am Kanalein- und Kanalausgang voneinander unabhängig sind.

Der Informationsfluss I von der Quelle zur Senke, wird definiert als Entropie pro Zeit:

$$I = \frac{\text{Entropie}}{\text{Zeit}}. \qquad (4.45)$$

Hierbei ist zu unterscheiden, an welcher Stelle des Übertragungsweges der Informationsfluss betrachtet wird. Für den von der Quelle ausgehenden Informationsfluss I_Q gilt:

$$I_Q = H(X)/T \qquad \text{bzw.} \qquad I_Q = H_M(X)/T. \qquad (4.46)$$

Wird hingegen der Informationsfluss I_T auf dem Übertragungskanal betrachtet, so gilt:

$$I_T = H(X;Y)/T\,. \tag{4.47}$$

Hierbei steht T für die Dauer der Übertragung eines Zeichens.

Der Informationsfluss ist heute, im Zeitalter des Internet, eine wichtige Größe, denn die erreichbaren Datenraten und Zugriffszeiten bestimmen wesentlich die dabei entstehenden Kosten.

Es stellt sich somit unmittelbar die Frage nach dem maximalen Informationsfluss, der sogenannten Kanalkapazität. Hierzu gibt der folgende Abschnitt einen Einblick.

4.4.3 Die Kanalkapazität

Der Transinformation, die die Informationsübertragung über Nachrichtenkanäle beschreibt, kommt in der Informationstheorie eine wichtige Bedeutung zu. Aus der Gleichung (4.41) ist zu schließen, dass sie sowohl von den Übergangswahrscheinlichkeiten $P(y_j|x_i)$ des Kanals als auch von den Wahrscheinlichkeiten $P(x_i)$ der Zeichen der Quelle am Eingang abhängt.

Zur Beantwortung der Frage, wie viel Information maximal über einen Kanal übertragen werden kann, gehen wir von einem diskreten gedächtnislosen Kanal aus, von dem die Übergangswahrscheinlichkeiten $P(y_j|x_i)$ bekannt sind. Die *Kanalkapazität* wird zunächst als dieses Maximum der Transinformation je Zeiteinheit definiert:

$$C = I_{max} = \nu \cdot H(X;Y)_{max}. \tag{4.48}$$

Hierbei ist $H(X;Y)_{max}$ die maximale Transinformation, mit der Einheit *bit/Zeichen* und ν die Anzahl der Zeichen je Zeiteinheit. Die Einheit der Kanalkapazität bestimmt sich demnach in *bit/Zeiteinheit*, z.B. in *bit/Sekunde*.

Die Kanalkapazität ist eine den Kanal charakterisierende Kenngröße. Sie gibt den grösstmöglichen übertragbaren Nachrichtenfluss über einen gestörten Kanal an. Für die Praxis wird der Informationsfluss geringer als die Kanalkapazität gewählt: $I < C$. Dadurch gelingt es, mittels Kanalcodierung und Decodierung, die Fehlerwahrscheinlichkeit der übertragenen Zeichen beliebig klein zu halten. Dies ist nicht mehr der Fall, sobald $I > C$ wird.

Ohne Beweis soll noch der wichtige Fall tiefpassbegrenzter Übertragungskanäle, die bereits in Kapitel 3 Seite 246 eingeführt wurden, hervor gehoben werden. Besitzt ein Kanal die Grenzfrequenz f_g, so ergibt sich für die Kanalkapazität:

$$C = 2f_g \cdot H(X;Y)_{max}. \tag{4.49}$$

Im den nachfolgenden Abschnitten, insbesondere 4.5.1 und 4.5.4 werden die Gleichungen zur Kanalkapazität an konkreten Kanälen verdeutlicht.

4.5 Übertragungskanäle

4.5.1 Der symmetrische Binärkanal

Das Modell des binären symmetrischen Übertragungskanals (BSC, binary symmetric channel) geht von einer symmetrischen Störung der übertragenen bits aus. Dies bedeutet, dass die logische NULL mit der gleichen Wahrscheinlichkeit in eine EINS verfälscht wird, wie die logische EINS in eine NULL. Es stellt ein einfaches Beispiel für die Kopplung zweier diskreter gedächtnisloser Quellen dar. Der BSC wird auch als digitaler Ersatzkanal bei Übertragungen verwendet, die als Störquelle ein mittelwertfreies Gaussches Rauschen aufweisen.

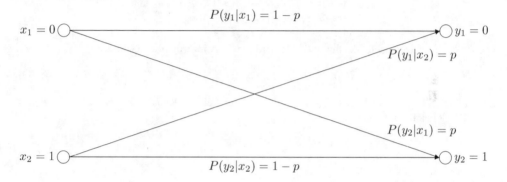

Abbildung 4.16: Modell des symmetrischen Binärkanals

Der symmetrische Binärkanal wird durch das Übergangsdiagramm in Abbildung 4.16 beschrieben. Die möglichen Übergänge, die die Zeichen der Quelle X zur Senke Y besitzen, werden durch bedingte Wahrscheinlichkeiten – den Übergangswahrscheinlichkeiten repräsentiert. Die Übergänge mit der Fehlerwahrscheinlichkeit p entsprechen dem Auftreten eines Fehlers. Die Übergänge mit der Wahrscheinlichkeit $1 - p$ entsprechen einer fehlerfreien Übertragung.

Der BSC kann durch die Matrix der Übergangswahrscheinlichkeiten in äquivalenter Form zur Abbildung 4.16 beschrieben werden. Diese Matrix (4.50) wird Übergangsmatrix, Kanalmatrix oder auch Rauschmatrix genannt:

$$\ddot{\mathbf{U}} = [P(y_j|x_i)] = \left(\begin{array}{cc} P(y_1|x_1) & P(y_2|x_1) \\ P(y_1|x_2) & P(y_2|x_2) \end{array} \right) = \left(\begin{array}{cc} 1-p & p \\ p & 1-p \end{array} \right). \tag{4.50}$$

Die Übergangsmatrix ist eine *stochastische Matrix*, in der die Summe der Zeilenelemente stets Eins ist. Für die Fehlerwahrscheinlichkeit p sind realistische Werte kleiner als 10^{-3}.

Es stellt sich nun die Frage, welche mittlere Transinformation $H(X;Y)$ übertragen werden kann. Für die Transinformation $H(X;Y)$ gilt nach Gleichung (4.41):

$$H(X;Y) = H(X) + H(Y) - H(X,Y)$$

Wird maximale Quellentropie vorausgesetzt, d.h.: $P(x_1) = P(x_2) = 1/2$, so gilt auch wegen der Symmetrie der Übergänge: $P(y_1) = P(y_2) = 1/2$. Demzufolge sind die Entropien für die Quelle und Senke gleich groß: $H(X) = H(Y) = \text{ld}\, 2 = 1\,\text{bit}$.

Mit Hilfe der Beziehung $P(x_i, y_j) = P(y_j|x_i) \cdot P(x_i)$ kann aus Gleichung (4.50) die Matrix $\mathbf{V}$ der Verbundwahrscheinlichkeiten gewonnen werden:

$$\mathbf{V} = [P(x_i, y_j)] = \begin{pmatrix} P(x_1, y_1) & P(x_1, y_2) \\ P(x_2, y_1) & P(x_2, y_2) \end{pmatrix} = \begin{pmatrix} \frac{1-p}{2} & \frac{p}{2} \\ \frac{p}{2} & \frac{1-p}{2} \end{pmatrix}. \tag{4.51}$$

Aus der Matrix $\mathbf{V}$ nach Gl. (4.51) bestimmt sich die Verbundentropie $H(X,Y)$ zu:

$$\begin{aligned}
H(X,Y) &= -2 \cdot \left[\frac{1-p}{2} \cdot \operatorname{ld} \frac{1-p}{2} + \frac{p}{2} \cdot \operatorname{ld} \frac{p}{2} \right] \\
&= -\left[(1-p) \cdot (\operatorname{ld}(1-p) - \operatorname{ld} 2) + p \cdot (\operatorname{ld} p - \operatorname{ld} 2) \right] \\
&= -\left[(1-p) \cdot \operatorname{ld}(1-p) - (1-p) + p \cdot \operatorname{ld} p - p \right] \\
&= 1 - (1-p) \cdot \operatorname{ld}(1-p) - p \cdot \operatorname{ld} p. \tag{4.52}
\end{aligned}$$

Gemäß des Ansatzes nach Gleichung (4.41) wird die Transinformation bestimmt:

$$H(X;Y) = H(X) + H(Y) - H(X,Y) = 1 + (1-p) \cdot \operatorname{ld}(1-p) + p \cdot \operatorname{ld} p. \tag{4.53}$$

In Abbildung 4.17 ist die Transinformation in Abhängigkeit der Kanalfehlerwahrscheinlichkeit p gemäß der Gleichung (4.53) dargestellt.

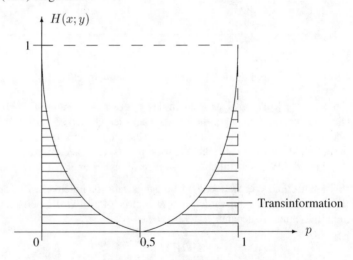

Abbildung 4.17: Verlauf der Transinformation $H(X;Y)$ über p

Besonders interessant sind in Abbildung 4.17 die Werte der Transinformation für $P = 0$, $P = 0.5$ und $p = 1$. Für den fehlerfreien Fall $p = 0$ wird die mittlere Information der Quelle $H(X) = 1$ bit ohne Verlust zur Senke $H(Y) = 1$ bit übertragen. Die sich kreuzenden Übergänge in Bild 4.16 verschwinden. Für $P = 1$ bleiben nur die sich kreuzenden Übergänge erhalten. Aus jeder NULL wird eine EINS und umgekehrt. Die Information bleibt erhalten, denn es handelt es sich nur um eine Umcodierung. Im Fall $p = 0.5$ wird keine Information mehr übertragen. Dies bedeutet, dass von einem angekommenen bit kein Rückschluss mehr auf das abgeschickte möglich ist. In Abbildung 4.16 sind alle Übergänge gleich stark ausgebildet.

Für den Fall des BSC ist es ebenfalls interessant, die bedingten Entropien $H(y_j|x_i)$ der Übergänge und der daraus resultierenden Informationsgehalte $H(x_i; y_j)$ der Transinformation von einzelnen Zeichenpaare zu berechnen.

Hierfür beschränken wir uns auf die Übertragung des Zeichens $X = x_1$ und fragen nach dem Zeichen $Y = y_1$. Für $P = 0$ beträgt die übertragene Information $H(x_1; y_1)$ genau 1 bit und die Ungewissheit $H(y_1|x_1)$ 0 bit. Für $P = 0.5$ beträgt die übertragene Information $H(x_1; y_1)$ genau 0 bit und die Ungewissheit $H(y_1|x_1)$ 1 bit. Die Berechnungen für die anderen Zeichen ergeben sich ganz analog, wenn die entsprechenden Indizes eingesetzt werden.

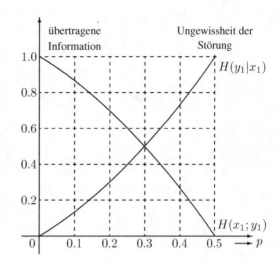

$$H(y_1|x_1) = -\operatorname{ld} P(y_1|x_1) = -\operatorname{ld}(1-p)$$
$$H(y_1; x_1) = \operatorname{ld}\frac{P(y_1|x_1)}{P(y_1)} = \operatorname{ld}\frac{(1-p)}{0.5} = 1 + \operatorname{ld}(1-p)$$

Aus diesen Gleichungen ist ersichtlich, dass gilt: $H(y_1|x_1) = 0$ bit und $H(x_1; y_1) = 1$ für $p = 0$. Handelt es sich bei der Übertragung um zufällige bits, $p = 0.5$ so gilt: $H(y_1|x_1) = 1$ bit und $H(x_1; y_1) = 0$.

4.5.2 Der symmetrische Kanal mit n Zeichen

Das im vorherigen Abschnitt behandelte BSC-Modell kann auf einen Kanal mit n Zeichen erweitert werden. Hierbei wird ebenfalls davon ausgegangen, dass jedes Zeichen x_i mit der Wahrscheinlichkeit $(1-p)$ richtig in das Zeichen y_i übertragen wird. Damit die Störung auf dem Kanal als symmetrisch bezeichnet werden kann, müssen sich die verbleibenen $n - 1$ Zeichen y_j die Fehlerwahrscheinlichkeit p teilen. Es gilt:

$$P(y_{j=i}|x_i) = 1 - p \implies P(y_{j\neq i}|x_i) = \frac{p}{n-1}. \tag{4.54}$$

Für die Summe der Wahrscheinlichkeiten der Übergänge, die von einem Zeichen x_i ausgehen gilt:

$$\sum_{j=1}^{n} P(y_j|x_i) = 1.$$

Der symmetrische Kanal mit n Zeichen wird durch das Übergangsdiagramm in Abbildung 4.18 beschrieben. Die möglichen Übergänge, die die Zeichen der Quelle X zur Senke Y besitzen, werden durch bedingte Wahrscheinlichkeiten – den Übergangswahrscheinlichkeiten repräsentiert. Die Übergänge mit der Fehlerwahrscheinlichkeit $P(y_{j\neq i}|x_i) = p/(n-1)$ entsprechen dem Auftreten

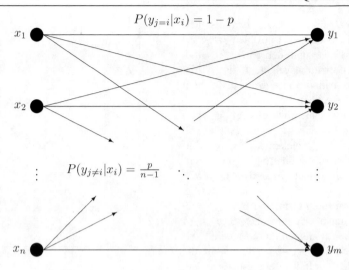

Abbildung 4.18: Modell des symmetrischen Kanals mit n Zeichen

eines Fehlers. Die Übergänge mit der Wahrscheinlichkeit $P(y_{j=i}|x_i) = 1 - p$ entsprechen einer fehlerfreien Übertragung.

Der Kanal kann durch die Matrix der Übergangswahrscheinlichkeiten in äquivalenter Form zur Abbildung 4.18 beschrieben werden. Diese Matrix (4.55) wird ebenfalls (wie Gl. 4.50) Übergangsmatrix, Kanalmatrix oder auch Rauschmatrix genannt:

$$\ddot{\mathbf{U}} = [P(y_j|x_i)] = \begin{pmatrix} 1-p & \frac{p}{n-1} & \cdots & \frac{p}{n-1} \\ \frac{p}{n-1} & 1-p & \ddots & \frac{p}{n-1} \\ \vdots & & \ddots & \vdots \\ \frac{p}{n-1} & \ddots & 1-p & \frac{p}{n-1} \\ \frac{p}{n-1} & \cdots & \frac{p}{n-1} & 1-p \end{pmatrix} \qquad (4.55)$$

Die Übergangsmatrix ist eine *stochastische Matrix*, in der die Summe der Zeilenelemente stets Eins ist. Für die Fehlerwahrscheinlichkeit p sind realistische Werte kleiner als 10^{-3}.

Es stellt sich nun wieder die Frage, welche mittlere Transinformation $H(X;Y)$ übertragen werden kann. Für die Transinformation $H(X;Y)$ gilt nach Gleichung (4.41):

$$H(X;Y) = H(X) + H(Y) - H(X,Y)$$

Wird maximale Quellentropie vorausgesetzt, d.h.: $P(x_i) = 1/n$, so gilt auch wegen der Symmetrie der Übergänge: $P(y_i) = 1/n$. Demzufolge sind die Entropien für die Quelle und Senke gleich groß: $H(X) = H(Y) = \operatorname{ld} n$. Mit Hilfe der Beziehung $P(x_i, y_j) = P(y_j|x_i) \cdot P(x_i)$ kann aus Gleichung (4.55) die Matrix $\mathbf{V}$ der Verbundwahrscheinlichkeiten gewonnen werden:

$$\mathbf{V} = [P(x_i, y_j)] = \begin{pmatrix} \frac{1-p}{n} & \frac{\tilde{p}}{n} & \cdots & \frac{\tilde{p}}{n} \\ \frac{\tilde{p}}{n} & \frac{1-p}{n} & \ddots & \frac{\tilde{p}}{n} \\ \vdots & & \ddots & \vdots \\ \frac{\tilde{p}}{n} & \ddots & \frac{1-p}{n} & \frac{\tilde{p}}{n} \\ \frac{\tilde{p}}{n} & \cdots & \frac{\tilde{p}}{n} & \frac{1-p}{n} \end{pmatrix} \quad \text{mit } \tilde{p} = \frac{p}{n-1}. \tag{4.56}$$

Nach Gl. (4.56) bestimmt sich die Verbundentropie $H(X, Y)$ zu:

$$H(X, Y) = -n\frac{1-p}{n} \cdot \operatorname{ld} \frac{1-p}{n} - n \cdot (n-1)\frac{\tilde{p}}{n} \cdot \operatorname{ld} \frac{\tilde{p}}{n}. \tag{4.57}$$

Damit ist gemäß des Ansatzes nach Gleichung (4.41) die Transinformation bestimmt:

$$H(X; Y) = 2 \cdot \operatorname{ld} n + n\frac{1-p}{n} \cdot \operatorname{ld} \frac{1-p}{n} + n \cdot (n-1)\frac{\tilde{p}}{n} \cdot \operatorname{ld} \frac{\tilde{p}}{n}. \tag{4.58}$$

Durch Rücksubstitution $\tilde{p} = \frac{p}{n-1}$ erhält man schließlich:

$$H(X; Y) = \operatorname{ld} n + (1 - p) \cdot \operatorname{ld}(1 - p) + p \cdot \operatorname{ld} \frac{p}{n-1}. \tag{4.59}$$

In der Abbildung 4.19 ist die Transinformation $H(X; Y)$ in Abhängigkeit der Kanalfehlerwahrscheinlichkeit p, gemäß der Gleichung (4.59) dargestellt.

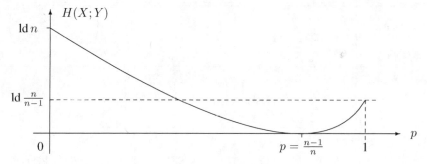

Abbildung 4.19: Transinformation des Kanals mit n Zeichen

Die Nullstelle bei $p = (n-1)/n$ lässt sich leicht durch Einsetzen in die Übergangswahrscheinlichkeiten erklären. Es gilt:

$$P(y_{j=i}|x_i) = 1 - p = \left.\frac{p}{n-1}\right|_{p=(n-1)/n} = P(y_{j\neq i}|x_i) = \frac{1}{n}.$$

Ganz ähnlich wie beim BSC, bei dem für $p = 0.5$ keine Informationsübertragung mehr stattfindet, gilt dies für den Kanal mit n Zeichen bei $p = (n-1)/n$. In diesem Fall sind alle bedingten Wahrscheinlichkeiten an den möglichen Übergängen gleich groß, so dass für ein ankommendes Zeichen kein Rückschluss auf seine Herkunft mehr möglich ist. Für den Sonderfall $n = 2$ stimmen alle Beziehungen des symmetrischen Kanals mit n Zeichen mit denen vom BSC überein.

4.5.3 Die Transinformation bei unsymmetrischer Störung

In diesem Abschnitt wird ein Kanal mit unsymmetrischer Störung vorausgesetzt. Das bedeutet, dass die von der Quelle X ausgesendeten Zeichen x_i unterschiedlich starken Störungen unterworfen sind. Unter Beibehaltung des bisherigen Kanalmodels, nach dem der Kanal durch das Übergangsverhalten charakterisiert wird, folgt, dass nun die Übertragungsposition eines Zeichens maßgeblich für dessen Störung ist. Durch Anpassung der Quelle an diesen Kanal soll versucht werden, die Transinformation zu maximieren. Anpassung bedeutet im o.g. Sinne, dass Zeichen, die häufiger gesendet werden, auf dem Übertragungskanal Plätze einnehmen, die weniger stark gestört sind und Zeichen, die seltener übertragen werden, Plätze einnehmen dürfen, die stärker gestört sind. Das folgende Beispiel veranschaulicht diese Aussagen.

Beispiel 4.20 *Ein Kanal ist durch seine Rauschmatrix* $\ddot{\mathbf{U}}$ *vorgegeben:*

$$\ddot{\mathbf{U}} = [P(y_j|x_i)] = \begin{pmatrix} 0 & 1 & 0 \\ 0.7 & 0 & 0.3 \\ 0.3 & 0 & 0.7 \end{pmatrix}.$$

Es werden nun drei Quellen mit unterschiedlichen Wahrscheinlichkeitsfeldern betrachtet, die zu unterschiedlichen Ergebnissen der übertragenen Information führen:

	Fall 1	Fall 2	Fall 3
Quellen	$\begin{pmatrix} a & b & c \\ 1/3 & 1/3 & 1/3 \end{pmatrix}$	$\begin{pmatrix} a & b & c \\ 1/2 & 1/4 & 1/4 \end{pmatrix}$	$\begin{pmatrix} a & b & c \\ 1/4 & 1/4 & 1/2 \end{pmatrix}$
$H(X)$	1.585 bit	1.5 bit	1.5 bit
$\mathbf{V} = [P(x_i, y_j)]$	$\begin{pmatrix} 0 & 1/3 & 0 \\ 7/30 & 0 & 1/10 \\ 1/10 & 0 & 7/30 \end{pmatrix}$	$\begin{pmatrix} 0 & 1/2 & 0 \\ 7/40 & 0 & 3/40 \\ 3/40 & 0 & 7/40 \end{pmatrix}$	$\begin{pmatrix} 0 & 1/4 & 0 \\ 7/40 & 0 & 3/40 \\ 3/20 & 0 & 7/20 \end{pmatrix}$
Senken	$\begin{pmatrix} a & b & c \\ 1/3 & 1/3 & 1/3 \end{pmatrix}$	$\begin{pmatrix} a & b & c \\ 1/4 & 1/2 & 1/4 \end{pmatrix}$	$\begin{pmatrix} a & b & c \\ 13/40 & 1/4 & 17/40 \end{pmatrix}$
$H(Y)$	1.585 bit	1.5 bit	1.552 bit
$H(X, Y)$	2.172 bit	1.941 bit	2.161 bit
$H(X;Y) = H(X) + H(Y) - H(X,Y)$			
$H(X;Y)$	0.998 bit	1.06 bit	0.891 bit

Wichtige Ergebnisse dieses Beispiels:

- Die maximale Transinformation tritt nicht immer im Falle der maximalen Quellentropie auf.

- Bei gleicher Quellentropie können unterschiedliche Werte der Transentropie auftreten.

Da die Quelle 2 besser an den Kanal angepasst ist, wird in diesem Fall die größte Transinformation erreicht. In der Rauschmatrix $\ddot{\mathbf{U}}$ beträgt die Übergangswahrscheinlichkeit: $P(y = b|x = a) = 1$, d.h. es wird mit Sicherheit das Zeichen $x = a$ in das Zeichen $y = b$ umcodiert. Dies entspricht einer fehlerfreien Übertragung, weil diese Umcodierung wieder rückgängig gemacht werden kann. So wird deutlich, dass die Transinformation groß wird, wenn das Zeichen $x = a$ besonders häufig gesendet wird.

4.5.4 Beispiele von Übertragungskanälen

Bereits in Abschnitt 4.4.3 wurde der Begriff der Kanalkapazität als das Maximum des Informationsflusses $I = \nu \cdot H(X;Y)$ eingeführt:

$$C = I_{max} = \nu \cdot H(X;Y)_{max} \tag{4.60}$$

Im Abschnitt 4.5.1 wurde bereits die Transinformation $H(X;Y)$ (vgl. 4.53) für den symmetrischen Binärkanal berechnet:

$$H(X;Y) = H(X) + H(Y) - H(X,Y) = 1 + (1-p) \cdot \mathrm{ld}\,(1-p) + p \cdot \mathrm{ld}\,p. \tag{4.61}$$

Hierbei wurde vorausgesetzt, dass die Quellentropie $H(X)$ maximal ist, d.h. $P(x_1) = P(x_2) = 0.5$. Unter dieser Voraussetzung ist auch $H(Y) = 1$ bit maximal und somit auch die Transinformation $H(X;Y)$. Damit gilt für die Kanalkapazität C des symmetrischen Binärkanals:

$$C = \nu \cdot [1 + (1-p) \cdot \mathrm{ld}\,(1-p) + p \cdot \mathrm{ld}\,p]. \tag{4.62}$$

Die **Kanalkapazität eines symmetrischen Binärkanals mit Auslöschungen** (Binary Erasure Channel BEC) wird im nachfolgenden Beispiel betrachtet. Beim BEC wird die harte binäre Entscheidung des Empfängers zugunsten einer zusätzlichen Möglichkeit aufgeweicht. Ein Zeichen wird als ausgelöscht (erasured) betrachtet, wenn beispielsweise durch eine Pegelentscheidung das bit nicht sicher genug entschieden werden konnte.

Das nebenstehende Übergangsdiagramm zeigt einen Kanal mit zwei möglichen Eingangszeichen und drei Ausgangszeichen. Für die Übergangsmatrix gilt:

$$\ddot{\mathbf{U}}^{BEC} = \begin{pmatrix} 1-p-q & q & p \\ p & q & 1-p-q \end{pmatrix}$$

Die maximale Transinformation wird bei diesem Kanal aufgrund der vorliegenden Symmetrie für $P(x_1) = P(x_2) = 0.5$ angenommen. Zur Berechnung von $H(X;Y)$ gehen wir von Gl. (4.41) aus.

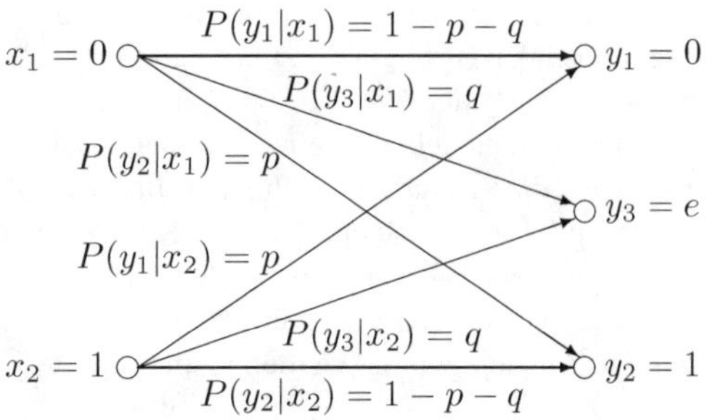

$x_1 = 0$ $P(y_1|x_1) = 1-p-q$ $y_1 = 0$
$P(y_3|x_1) = q$
$P(y_2|x_1) = p$
$P(y_1|x_2) = p$ $y_3 = e$
$x_2 = 1$ $P(y_3|x_2) = q$ $y_2 = 1$
$P(y_2|x_2) = 1-p-q$

Abbildung 4.20: Der symmetrische Binärkanals mit Auslöschungen

Wird jedes Element der Matrix $\ddot{\mathbf{U}}$ mit $P(x_i) = 0.5$ multipliziert, so erhält man die Elemente $P(x_i, y_j)$ der Verbundmatrix. Aus der Matrix $\mathbf{V} = [P(x_i, y_j)]$ ergeben sich als Spaltensumme die Wahrscheinlichkeiten $P(y_j)$:

$$P(y_1) = \frac{1-q}{2}, \quad P(y_2) = q, \quad P(y_1) = \frac{1-q}{2}.$$

Nach Gleichung (4.41) gilt für die maximale Transinformation:

$$H(X;Y)_{max} = \sum_{i=1}^{2} \sum_{j=1}^{3} P(x_i, y_j) \cdot \operatorname{ld} \frac{P(y_j|x_i)}{p(y_j)}.$$

Nach dem Einsetzen der bekannten Elemente der unterschiedlichen Wahrscheinlichkeiten erhält man unter Verwendung von: $C = I_{max} = \nu \cdot H(X;Y)_{max}$, schließlich die Kanalkapazität des symmetrischen Binärkanals mit Auslöschungen:

$$C^{BEC} = \nu \cdot \left(1 - q + (1 - q - p) \cdot \operatorname{ld} \frac{1-q-p}{1-q} + p \cdot \operatorname{ld} \frac{p}{1-q} \right) \qquad (4.63)$$

Die Kanalkapazität des BEC hängt von den Übergangswahrscheinlichkeiten p und q ab. Für $p = 0$ bzw. für $q = 0$ ergeben sich zwei interessante Sonderfälle.

1. Sonderfall Für $q = 0$ erhält man den symmetrischen Binärkanal (BSC) ohne Auslöschungen.

2. Sonderfall Für $p = 0$ besitzt der Kanal nur Auslöschungen und keine Fehler. Für die Kanalkapazität ergibt sich:

$$C^{BEC} = \nu \cdot (1 - q)$$

Im nebenstehenden Diagramm ist für diese beiden Sonderfälle die maximale Transinformation $H(X;Y)_{max}/bit$ eingetragen. Bis auf den Faktor ν (Anzahl der Zeichen pro Zeiteinheit) entspricht dies den Kanalkapazitäten $C^{BSC} = fkt(P)$ und $C^{BEC} = fkt(q)$. Deutlich ist zu erkennen, dass der BEC eine höhere Kapazität aufweist als der BSC. Die Informationstheorie macht jedoch keine Aussage darüber, wie dies genutzt werden kann. Im letzten Kapitel dieses Buches, in der Kanalcodierung, werden praktische Verfahren vorgestellt, wie die Kenntnis über unzuverlässige Zeichen genutzt werden kann.

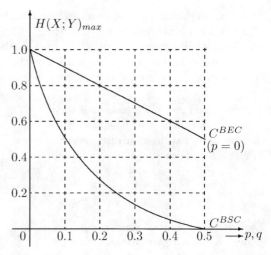

Nachfolgend wird kurz auf einen analogen Übertragungskanal eingegangen, der bereits aus dem in Kapitel 3 Systemtheorie Seite 246 eingeführt wurde.

Wählen wir als Übertragungssystem (Kanal) das Modell eines idealen Tiefpasses, so ist der folgende Zusammenhang aus der Systemtheorie (vgl. Abschn. 3.11.5, S. 246) bekannt.

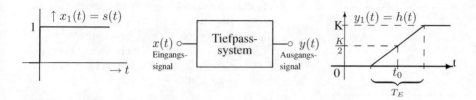

Für das Signal $x_1(t) = s(t)$ ist rechts in der Abbildung die genäherte Sprungantwort $h(t)$ eines idealen Tiefpasses skizziert. Im Folgenden wird diskutiert, wie bei diesem Kanalmodell die Übertragung eines bits der Signalform: $x_2(t) = s(t) - s(t - T)$ in Abhängigkeit von der Bitbreite T und der Anstiegszeit T_E verläuft. Wir erwarten:

$$x_2(t) = s(t) - s(t - T) \quad \Longleftrightarrow \quad y_2(t) = h(t) - h(t - T).$$

Wir diskutieren nachfolgend die drei Fälle: $T_E < T$, $T_E = T$ und $T_E > T$. Kleine Bitdauern T entsprechen großen Datenraten und große Bitdauern kleinen Datenraten.

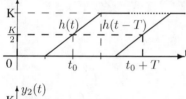

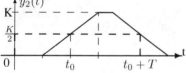

Der erste Fall ($T_E < T$) entspricht einer Datenrate, die unterhalb der möglichen Maximalrate liegt. Hierbei ist die Anstiegszeit kleiner als die Bitdauer. Dadurch erreicht der ausgangsseitige Impuls seine maximale Amplitude. Das bit kann dann nach der Übertragung durch eine Schwellendetektion erkannt und regeneriert werden.

Der zweite Fall ($T_E = T$) entspricht einer Datenrate, die gleich der möglichen Maximalrate ist. Es wird vom Grenzfall der Übertragung gesprochen:

$$T = T_E = \frac{1}{2 \cdot f_g}.$$

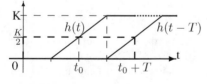

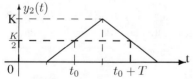

Die Anstiegszeit ist der Bitdauer gleich. Hierdurch erreicht der ausgangsseitige Impuls seine maximale Amplitude nur in einem Punkt. Eine sichere Übertragung durch eine Schwellendetektion ist insbesondere bei Störungen (Rauschen) nicht mehr gewährleistet.

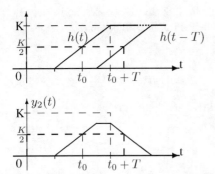

Im dritten Fall ($T_E > T$) ist die Anstiegs-zeit größer als die Bitdauer. Hierdurch kann der ausgangsseitige Impuls seine maxima-le Amplitude nicht mehr erreichen. Das bit kann dann nach der Übertragung durch ei-ne Schwellendetektion nicht mehr erkannt und regeneriert werden. Es kann im Rauschen ganz verloren gehen.

Aus dem Grenzfall ($T_E = T$) folgt nach Gl. (4.60), wenn $\nu = 1/T$ eingesetzt wird:

$$C_{TP} = 2f_g \cdot H(X;Y)_{max}, \tag{4.64}$$

wobei f_g die Grenzfrequenz des idealen Tiefpasses ist.

Beispiel 4.21 *Ein Fernsprechkanal mit einer Grenzfrequenz von 3400 Hz wird für ein PCM Über-tragungsverfahren mit 64 Amplitudenstufen genutzt:*

$$H_{max}(X;Y) = \mathrm{ld}\, 64\,\mathrm{bit} \implies C_{sp} = 2f_g \cdot H_{max}(X;Y) = 40800\,\mathrm{bit}/sec$$

Die früher beliebten Ticker im TV-Studio, ein Fernschreibgerät, mit einem Zeichenvorrat von 32 Zeichen kann 10 Zeichen je Sekunde verarbeiten.

$$I_Q = \nu \cdot H(X) = 10 \cdot \mathrm{ld}\, 32 = 50\,\mathrm{bit}/sec$$

Wird zur Übertragung ein Binärcode ($H_{max}(X;Y) = 1\,\mathrm{bit}$) verwendet, so kann die notwendige Grenzfrequenz des Kanals berechnet werden:

$$C_{sr} = I_Q = 50\,\mathrm{bit}/sec \implies f_g = \frac{C_{sr}}{2H_{max}(X;Y)} = 25 Hz.$$

Der Vergleich im Beispiel 4.21 zeigt, dass theoretisch 800 Fernschreibkanäle in einen Fernsprech-kanal passen. Praktisch hat man sich mit 24 begnügt, so dass ein Informationsfluss I entsteht:

$$I = 24 \cdot 50\,\mathrm{bit}/sec = 1200\,\mathrm{bit}/sec.$$

Abschließend wird noch der analoge bandbegrenzte Kanal angeführt, der durch additives Rau-schen gestört ist. Es wird vom AWGN-Kanal (Additive White Gaussian Noise) gesprochen. Nach

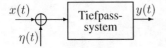

einem Lehrsatz der Informationstheorie der auf Shannon und Hartley zurückgeht, kann für den AWGN-Kanal die Kanalka-pazität berechnet werden. Vorausgesetzt wird hierbei, dass der

Kanal die Bandbreite B besitzt und die Varianz des weißen gaußschen Rauschens $N = N_0 B$ beträgt. Für die Kanalkapazität, die in bit/s angegeben wird, gilt, wenn die Signalleistung des Nachrichtensignals S ist:

$$C_{AWGN} = B \cdot \mathrm{ld}\left(1 + \frac{S}{N}\right). \tag{4.65}$$

4.6 Quellcodierung mit Optimalcodes

Unter dem Begriff der Quellcodierung werden unterschiedliche Maßnahmen verstanden, Information effizient zu übertragen. Zum einen wird versucht, die Quellenentropie zu reduzieren. Dies muss zwangsläufig die Qualität der ursprünglichen Information verschlechtern. Eine solche Maßnahme ist z.B. die Einschränkung der Telefonbandbreite auf 300 bis 3400 Hz. Eine andere Art der Quellencodierung, die keine Qualitätseinbuße nach sich zieht, ist die Redundanzreduktion durch die Verwendung von Optimalcodes. In diesem Abschnitt werden drei Codierverfahren für die Erstellung von Optimalcodes anhand ihrer Codierungsvorschriften näher erläutert. Dabei wird sowohl auf die Konstruktion von Binärcodes (Radix r = 2) als auch auf die Konstruktion von nichtbinären Codes eingegangen.

Der erste Hauptsatz der Informationstheorie (Shannon 1948) ist hierfür besonders wichtig. Ohne Beweis wird dieser Satz verbal formuliert:

Satz 4.1 ÜBER EINEN GESTÖRTEN KANAL KANN DURCH EINEN OPTIMALEN QUELLCODE – ALSO DURCH ANPASSUNG DER QUELLE AN DEN KANAL – ERREICHT WERDEN, DASS DER INFORMATIONSFLUSS I, VON DER QUELLE ZUR SENKE, DIE KANALKAPAZITÄT C ERREICHT.

4.6.1 Problematik der Codierverfahren

Ein einführendes Beispiel soll die Problematik der Quellcodierung veranschaulichen. Als ein wichtiges Bewertungskriterium für Quellcodes wird die mittlere Zeichenlänge L_m verwendet:

$$L_m = \sum_{i=1}^{n} l_i \cdot P(l_i) = \sum_{i=1}^{n} l_i \cdot P(x_i) \tag{4.66}$$

Die Gleichung (4.66) gilt für eine Quelle nit n Zeichen, wobei ein Zeichen x_i die Codewortlänge l_i besitzt. Für die Wahrscheinlichkeit des Auftretens der Länge l_i gilt: $P(l_i) = P(x_i)$.

Beispiel 4.22 *Eine gedächtnislose Quelle X sei durch ihr Wahrscheinlichkeitsfeld beschrieben:*

$$X = \begin{pmatrix} a & b & c \\ 0.6 & 0.3 & 0.1 \end{pmatrix}$$

Die Quelle soll 100 Zeichen/sec über einen Kanal mit einer Kanalkapazität von 135 bit/sec *senden. Für die Übertragung sind hierfür mögliche Codes gesucht. Diese kann nur dann gelingen, wenn die Quellentropie H(X) kleiner als* 1.35 bit *ist:*

$$H(X) = -\sum_{i=1}^{3} P(x_i) \cdot \operatorname{ld} P(x_i) = 1.295 \, \text{bit}$$

Da der Informationsfluss $I_Q = \nu \cdot H(X) = 129.5$ bit/sec *beträgt und damit kleiner als die Kanalkapazität ist, muss die Übertragung möglich sein. Die Frage ist: Wie muss die Quellcodierung aussehen? Hierzu betrachen wir zunächst die drei einfachen Codes in der nachstehenden Tabelle.*

Quelle		Code 1		Code 2		Code 3	
x_i	$P(x_i)$	$Cw^{(1)}$	$l_i^{(1)}$	$Cw^{(2)}$	$l_i^{(2)}$	$Cw^{(3)}$	$l_i^{(3)}$
a	0.6	0	1	0	1	0	1
b	0.3	01	2	10	2	10	2
c	0.1	10	2	110	3	11	2
$\Longrightarrow$		$L_m = 1.4$		$L_m = 1.5$		$L_m = 1.4$	

Code 1 und Code 3 besitzen die gleiche mittlere Länge $L_m = 1.4$. Code 1 ist jedoch nicht eindeutig decodierbar, da das Zeichen b das Codewort $Cw = 0$ vom Zeichen a enthält. Der Code 2 ist der sogenannte Kommacode, der sehr einfach zu codieren und zu decodieren ist. Mit wachsender Anzahl der Zeichen wird jedoch die mittlere Codewortlänge rasch groß.

Code 3 ist der beste Code. Er besitzt eine kurze mittlere Länge und erfüllt die **Prefix-Bedingung**. Sie besagt, dass kein Codewort Teil eines anderen sein darf. Diese Aussage ist äquivalent zur Forderung, dass im Codebaum eines Codes nur Endpunkte als Codewörter benutzt werden dürfen.

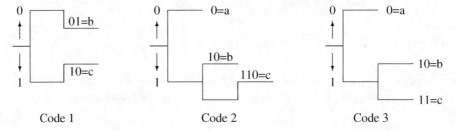

Abbildung 4.21: Die Codebäume der Codes von Beispiel 4.22

Es muss jedoch festgestellt werden, dass mit dieser direkten Codierung das Ziel, einen Quellfluss zu erhalten, der unterhalb der Kanalkapazität liegt, nicht erreicht wurde. Eine Möglichkeit den mittleren Entropiefluss zu verkleinern, besteht in der Zusammenfassung mehrerer Zeichen. Diese Möglichkeit wird im folgenden Beispiel behandelt.

Beispiel 4.23 *Zunächst werden je 2 Zeichen der gedächtnislosen Quelle X zu einem Zeichen y_j zusammengefasst:*

$$X = \begin{pmatrix} a & b & c \\ 0.6 & 0.3 & 0.1 \end{pmatrix} \implies$$

$$Y = \begin{pmatrix} aa & ab & ba & bb & ac & ca & bc & cb & cc \\ 0.36 & 0.18 & 0.18 & 0.09 & 0.06 & 0.06 & 0.03 & 0.03 & 0.01 \end{pmatrix}$$

Zwei mögliche Codes, deren Konstruktionsverfahren später noch erläutert werden, sollen zeigen, dass es gelingt unterhalb der vorgegebenen Kanalkapazität zu bleiben.

Quelle		Huffman – Code		Fano – Code	
y_i	$P(y_i)$	$Cw^{(H)}$	$l_i^{(H)}$	$Cw^{(F)}$	$l_i^{(F)}$
aa	0.36	00	2	00	2
ab	0.18	10	2	01	2
ba	0.18	11	2	100	3
bb	0.09	0100	4	101	3
ac	0.06	0110	4	1100	4
ca	0.06	0111	4	1101	4
bc	0.03	01011	5	1110	4
cb	0.03	010100	6	11110	5
cc	0.01	010101	6	11111	5
$\Longrightarrow$		$L_m = 2.67$		$L_m = 2.69$	

Beide Codes liegen durch die Zusammenfassung von zwei Buchstaben zu einem Zeichen jetzt unter der durch die Kanalkapazität vorgegebenen Grenze von 1.35 bit/Buchstabe. Der Huffman-Code benötigt $L_m/2$ = 1.335 bit/Buchstabe und der Fano-Code $L_m/2$ = 1.345 bit/Buchstabe. Um die Rate von 100 Buchstaben je Sekunde zu erreichen, müssen jetzt nur noch 50 Zeichen (Doppelbuchstabe) gesendet werden.

Es entsteht im Falle des Huffman-Codes ein Informationsfluss von 133.5 bit/s und im Falle des Fano-Codes ein Informationsfluss von 134.5 bit/s.

Durch die Zusammenfassung von Zeichen zu Zeichenketten gelingt es, den Informationsfluss unter der Kanalkapazität von 135.0 bit/s zu halten. Nach Gleichung (4.27) kann für das Beispiel 4.23 noch die relative Redundanz berechnet werden:

$$r = \frac{R}{H_0} = \frac{C - I_Q}{C} = \frac{133.5 - 129.5}{133.5} = 0.03$$

In der nachstehenden Abbildung 4.22 ist der Codebaum des Fano-Codes dargestellt.

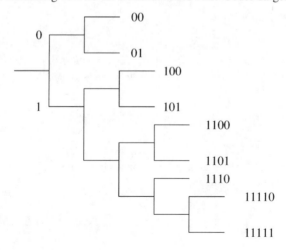

Abbildung 4.22: Der Codebaum des Fano-Codes aus Beispiel 4.23

Erfolgt im Codebaum eine Bewegung nach oben, so wird immer eine Null zugewiesen. Eine Bewegung nach unten zieht eine Eins nach sich. Deutlich ist zu erkennen, dass die Prefix-Bedingung eingehalten wird, denn im Codebaum sind nur Endpunkte besetzt.

4.6.2 Konstruktionsverfahren für Optimalcodes

Bereits im vorausgegangenen Abschnitt wurde ausgeführt, dass ein Code decodierbar ist, wenn er die Prefix-Bedingung erfüllt. In diesem Abschnitt wird der Frage nachgegangen, für welche Parameter sich ein decodierbarer Code finden lässt. Die Ungleichung (4.67) von Kraft gibt eine Existenzbedingung an, die die Parameter eines Codes erfüllen müssen, damit dieser gebildet werden kann:

$$\sum_{i=1}^{n} r^{-l_i} \leq 1. \tag{4.67}$$

Die Parameter besitzen hierbei die folgende Bedeutung:

n ist die Anzahl der Zeichen,

l_i ist die Codewortlänge des Zeichens x_i,

r ist die Wertigkeit (Radix) des Codes (Binärcode $r = 2$).

Gilt in der Ungleichung (4.67) das Gleichheitszeichen, so entsteht ein Codebaum, in dem alle Endpunkte einem Codewort zugeordnet werden. Das Beispiel 4.24 erläutert eine mögliche Fragestellung, die durch die Ungleichung von Kraft beantwortet wird.

Beispiel 4.24 *Gibt es einen Binärcode mit den Längen $l_1 = 1$, $l_2 = 2, l_3 = 3$ und $l_4 = 3$?*

$$\sum_{i=1}^{4} 2^{-l_i} = 2^{-1} + 2^{-2} + 2^{-3} + 2^{-3} = 1$$

Die Ungleichung ist mit Gleichheit erfüllt. Dieser Code existiert somit. Aber einen Code mit den Längen $l_1 = l_2 = l_3 = 2$ und $l_4 = l_5 = l_6 = 3$ kann es nicht geben, denn:

$$\sum_{i=1}^{6} 2^{-l_i} = 3 \cdot \frac{1}{4} + 3 \cdot \frac{1}{8} = \frac{9}{8} > 1.$$

Für die aus dem Beispiel 4.23 bekannten Fano- bzw. Huffman-Codes wird nachfolgend die Berechnung nach Gleichung (4.67) angegeben:

$$\text{Fano:} \quad \sum_{i=1}^{9} 2^{-l_i} = 2 \cdot 2^{-2} + 2 \cdot 2^{-3} + 3 \cdot 2^{-4} + 2 \cdot 2^{-5} = 1$$

$$\text{Huffman:} \quad \sum_{i=1}^{9} 2^{-l_i} = 3 \cdot 2^{-2} + 3 \cdot 2^{-4} + 2^{-5} + 2 \cdot 2^{-6} = 1$$

Folgender von Shannon aufgestellter Satz gibt sowohl eine untere als auch eine obere Schranke für die erreichbare mittlere Codewortlänge L_m.

Satz 4.2 *Es gelingt immer einen Quellcode mit der mittleren Länge L_m zu konstruieren, wobei gilt:*

$$\frac{H(X)}{\operatorname{ld} r} \leq L_m \leq \frac{H(X)}{\operatorname{ld} r} + 1, \tag{4.68}$$

$$H(X) \leq L_m \leq H(X) + 1 \quad \text{für Binärcodes.} \tag{4.69}$$

Die Aussage von Satz 4.2 ist besonders anschaulich für Binärcodes und erlaubt einen neuen Zugang zur Entropie zu formulieren, denn die Entropie einer Quelle bestimmt die mittlere erreichbare Codewortlänge L_m. Im Umkehrschluss folgt hieraus, dass es nicht gelingen kann, einen Binärcode für eine Informationsquelle anzugeben, der eine mittlere Länge besitzt, die unterhalb der durch die Entropie gegebenen Grenze liegt.

4.6.3 Quellcodierung nach Shannon

In diesem und in den folgenden Abschnitten werden die unterschiedlichen Codierverfahren jeweils in der Form eines Algorithmusses vorgestellt. Die Quellcodierung nach der Methode von Shannon wird in vier Schritten durchgeführt:

1. Zunächst müssen die n zu codierenden Zeichen nach fallender Wahrscheinlichkeit $P(x_i)$ sortiert werden:

$$P(x_1) \geq P(x_2) \geq \cdots \geq P(x_n)$$

Zur Ermittlung der Codewortlängen l_i dient dabei die folgende Beziehung:

$$\frac{-\operatorname{ld} P(x_i)}{\operatorname{ld} r} \leq l_i < \frac{-\operatorname{ld} P(x_i)}{\operatorname{ld} r} + 1, \quad \text{für } i = 1, 2, \ldots, n. \tag{4.70}$$

Die Codewortlänge l_i nimmt mit abnehmender Wahrscheinlichkeit $P(x_i)$ zu und kann nur aus der Menge der ganzen Zahlen stammen. Sie muss somit auf die nächste ganze Zahl gerundet werden.

2. Als nächstes wird die kummulierte Wahrscheinlichkeit W_i ermittelt:

$$W_i = \sum_{\nu=1}^{i-1} P(x_\nu), \; i = 1, 2, \ldots, n, \quad W_1 = 0 \tag{4.71}$$

3. Danach wird eine Zahl Z_i derart gebildet, dass dieser Wert möglichst nahe an die jeweilige kummulierte Wahrscheinlichkeit heranreicht, diese aber nicht überschreitet. Die Zahl besteht aus l_i Summanden $(b_j \cdot r^{-j})$, wobei jeder einzelne Faktor b_j die Wertigkeit $0, 1, \ldots, r-1$ annehmen kann:

$$Z_i = b_1 \cdot r^{-1} + b_2 \cdot r^{-2} + \cdots + b_{l_i} \cdot r^{-l_i} \tag{4.72}$$

$$W_i - r^{-l_i} < Z_i \leq W_i \tag{4.73}$$

4. Das Codewort besteht aus l_i Stellen, besetzt mit den Koeffizienten $b_1, b_2, \ldots b_{l_i}$.

Bedingt durch diese Konstruktionsvorschrift ist die Prefix-Bedingung erfüllt. Ein besonderer Vorteil der Quellcodierung nach Shannon ist der einfache Algorithmus, der in den nachfolgenden Beispielen in tabellarischer Form dargestellt wird. Jede Spalte einer solchen Tabelle kann durchgehend in Abhängigkeit der vorhergehenden Spalten berechnet werden. Besonders gute Ergebnisse, d.h. kurze mittlere Codewortlängen ergibt der Shannon-Code jedoch nur für Wahrscheinlichkeiten $P(x_i)$, die durch reziproke Zweierpotenzen $P(x_i) = 2^{-l_i}$ gegeben sind. Die folgenden Beispiele sollen zunächst die Vorgehensweise bei der Codierung nach Shannon verdeutlichen.

Beispiel 4.25 *Für die Konstruktion dieses Codierungsverfahrens soll eine Quelle mit acht Zeichen betrachtet werden. Die Quelle hat die Form:*

$$X = \begin{pmatrix} x_1 & x_2 & x_3 & x_4 & x_5 & x_6 & x_7 & x_8 \\ P(x_1) & P(x_2) & P(x_3) & P(x_4) & P(x_5) & P(x_6) & P(x_7) & P(x_8) \end{pmatrix}.$$

x_i	$P(x_i)$	l_i	kummulierte Wahrscheinlichkeit	Code
x_1	1/4	2	0	00
x_2	1/4	2	$0.25 = P(x_1)$	01
x_3	1/8	3	$0.5 = P(x_1) + P(x_2)$	100
x_4	1/8	3	$0.625 = 2/4 + 1/8$	101
x_5	1/16	4	$0.75 = 2/4 + 2/8$	1100
x_6	1/16	4	0.8125	1101
x_7	1/16	4	0.875	1110
x_8	1/16	4	0.9375	1111

In der ersten Spalte sind die Zeichen nach fallenden Wahrscheinlichkeiten sortiert. Die Spalte der kummulierten Wahrscheinlichkeiten beginnt mit Null. Die vorangehenden Wahrscheinlichkeiten werden addiert. Die Codezuweisung erfolgt gemäß den kummulierten Wahrscheinlichkeiten. Für x_6 gilt z.B.:

$$w_6 = 2/4 + 2/8 + 1/16 = 0.8125 = $$
$$= 1 \cdot 2^{-1} + 1 \cdot 2^{-2} + 0 \cdot 2^{-3} + 1 \cdot 2^{-4}$$

Als weiteres binäres Beispiel wird die Quelle aus Beispiel 4.23 betrachtet, bei der durch Zusammenfassung von Einzelzeichen zu Zeichenketten die relative Redundanz reduziert werden konnte.

Beispiel 4.26 *Die Quelle hat die Form:*

$$X = \begin{pmatrix} aa & ab & ba & bb & ac & ca & bc & cb & cc \\ 0.36 & 0.18 & 0.18 & 0.09 & 0.06 & 0.06 & 0.03 & 0.03 & 0.01 \end{pmatrix}$$

x_i	$P(x_i)$	l_i	W_i	Code	$Z_i \leq W_i$
x_1	0.36	2	0.00	00	0.00000
x_2	0.18	3	0.36	010	0.25000
x_3	0.18	3	0.54	100	0.50000
x_4	0.09	4	0.72	1011	0.68750
x_5	0.06	5	0.81	11001	0.78125
x_6	0.06	5	0.87	11011	0.84375
x_7	0.03	6	0.93	111011	0.92250
x_8	0.03	6	0.96	111101	0.95375
x_9	0.01	7	0.99	1111110	0.98500

Die Bestimmung dieses Codes erfolgt genau wie im Beispiel 4.25. Dieses Beispiel verdeutlicht die oben getroffene Aussage, dass die Längenbestimmung des Shannon-Codes nur dann günstig ist, wenn die Wahrscheinlichkeiten $P(x_i)$ reziproke Zweierpotenzen sind. Für das Zeichen x_9 ist es sofort einsichtig, dass die Zeichenlänge $l_9 = 6$ ausreichend wäre. Das Codewort x_9 könnte dann (111111) lauten.

Als letztes Beispiel der Quellcodierung nach Shannon soll ein nichtbinärer Code betrachtet werden. Die Vorgehensweise ist bis auf das Alphabet des Codes die gleiche wie bei den binären Codes.

Beispiel 4.27 *Gegeben ist eine Informationsquelle mit dem Wahrscheinlichkeitsfeld:*

$$X = \begin{pmatrix} a & b & c & d & e & f & g \\ 1/4 & 1/4 & 1/16 & 1/16 & 1/4 & 1/16 & 1/16 \end{pmatrix}$$

Zunächst berechnen wir die kleinstmögliche mittlere Codewortlänge eines Quadrinärecodes, d.h. für den Radix gilt: $(r = 4)$.

$$l_{min} = \frac{H(X)}{\operatorname{ld} r} = 1.25, \qquad H(X) = 3 \cdot \frac{1}{4} \cdot \operatorname{ld} 4 + 4 \cdot \frac{1}{16} \cdot \operatorname{ld} 16 = \frac{5}{2}.$$

x_i	l_i	W_i	$Z_i \le W_i$	Code
a	1	0	$0 \cdot 4^{-1}$	0
b	1	1/4	$1 \cdot 4^{-1}$	1
e	1	1/2	$2 \cdot 4^{-1}$	2
c	2	3/4	$3 \cdot 4^{-1} + 0 \cdot 4^{-2}$	30
d	2	13/16	$3 \cdot 4^{-1} + 1 \cdot 4^{-2}$	31
f	2	14/16	$3 \cdot 4^{-1} + 2 \cdot 4^{-2}$	32
g	2	15/16	$3 \cdot 4^{-1} + 3 \cdot 4^{-2}$	33

Für die Ermittelung des Quadrinärcodes $(r = 4)$ *nach Shannon werden die Zeichen nach fallenden Wahrscheinlichkeiten sortiert. Für die Berechnung von* l_i *gilt:*

$$l_i \ge -\frac{\operatorname{ld} P(x_i)}{\operatorname{ld} 4} = -\frac{\operatorname{ld} P(x_i)}{2}.$$

Die Ermittlung der mittleren Codewordlänge L_m *zeigt, dass hier gilt:*

$$L_m = \sum_{i=1}^{6} P(x_i) \cdot l_i = \frac{3}{4} \cdot 1 + \frac{4}{16} \cdot 2 = 1.25 = l_{min}.$$

4.6.4 Quellcodierung nach der Methode von Fano

Die Quellcodierung nach der Methode von Fano wird fast ausschließlich für $r = 2$ durchgeführt. Nachstehend ist das Dreischrittverfahren des Algorithmusses jedoch allgemein formuliert. In der Regel führt jedoch der Algorithmus für nicht binäre Codes zu keinen guten Ergebnissen.

1. Zunächst müssen die n zu codierenden Zeichen nach fallenden Wahrscheinlichkeiten $P(x_i)$ sortiert werden:

$$P(x_1) \ge P(x_2) \ge \cdots \ge P(x_n)$$

2. Die Menge der n Zeichen wird in r Gruppen $G_1, G_2, \ldots, G_r$ möglichst gleicher Wahrscheinlichkeiten $P(G_1) \approx P(G_2) \approx \cdots \approx P(G_r)$ aufgeteilt:

$$P(G_1) = \sum_{i=1}^{n_1} P(x_i), \quad P(G_2) = \sum_{i=n_1+1}^{n_2} P(x_i), \quad \cdots, \quad P(G_r) = \sum_{i=n_{r-1}}^{n} P(x_i).$$

Die erste Gruppe erhält die Codestelle 0, die zweite die Codestelle 1, usw. bis zur letzten Gruppe, die die Codestelle $r - 1$ erhält.

3. Diese Gruppen müssen danach in weitere Untergruppen gemäß der 2. Vorschrift unterteilt werden, solange dies möglich ist. Dies bedeutet, dass das Verfahren solange fortgesetzt wird, bis Gruppen entstehen, die nur noch ein Zeichen enthalten.

Als Beispiele für die Konstruktion dieses Codierverfahrens sollen wieder die gleichen Quellen wie für das Codierverfahren nach Shannon verwendet werden.

Beispiel 4.28 *Für die Quelle X (vgl. Bsp. 4.25) gilt:*

$$X = \begin{pmatrix} x_1 & x_2 & x_3 & x_4 & x_5 & x_6 & x_7 & x_8 \\ 1/4 & 1/4 & 1/8 & 1/8 & 1/16 & 1/16 & 1/16 & 1/16 \end{pmatrix}$$

x_i	$P(x_i)$			Code	
x_1	0.25	0	00		
x_2	0.25	0	01	entfällt	entfällt
x_3	0.125	1	10	100	
x_4	0.125	1	10	101	entfällt
x_5	0.0625	1	11	110	1100
x_6	0.0625	1	11	110	1101
x_7	0.0625	1	11	111	1110
x_8	0.0625	1	11	111	1111

Die Erstellung des Fanocodes ist in der nebenstehenden Tabelle dargestellt. Im ersten Schritt wird für jeden Binärcode danach gesucht, welche der geordneten Zeichen x_i in der Summe ihrer Wahrscheinlichkeiten möglichst nahe bei 0.5 liegen. In diesem Beispiel gilt: $P(x_1) + P(x_2) = 0.5$. Damit muss die zweite Gruppe auch die Wahrscheinlichkeit 0.5 besitzen.

Die erste Gruppe erhält die Codewortstelle 0 und die zweite Gruppe die Codewortstelle 1. Da die erste Gruppe nur noch aus zwei Elementen (x_1, x_2) besteht, erhält x_1 die 0 und x_2 die 1 angehängt. Für die zweite Gruppe wird versucht, wieder die Mitte der Gruppenwahrscheinlichkeit $0.5/2 = 0.25$ zu finden. Da gilt: $P(x_3) + P(x_4) = 0.25$, werden diese beiden Elemente zu einer Gruppe zusammengefasst. Die Zeichen x_3 und x_4 erhalten damit als zweite Stelle die Null zugewiesen. Da diese Gruppe wieder nur zwei Elemente besitzt, bekommt x_3 eine Null und x_4 eine Eins als dritte Stelle zugewiesen. Die Elemente x_5, x_6, x_7 und x_8 erhalten als zweite Codewortstelle die Eins. Für diese Gruppe wird versucht, wieder die Mitte der Gruppenwahrscheinlichkeit $0.25/2 = 0.125$ zu finden. Das ist hier ebenso durch die Zusammenfassung der Elemente x_5, x_6 und x_7, x_8 möglich.

Beispiel 4.29 *Als nächstes soll die Quelle aus Beispiel 4.23 betrachtet werden. Die Quelle hat die Form:*

$$X = \begin{pmatrix} aa & ab & ba & bb & ac & ca & bc & cb & cc \\ 0.36 & 0.18 & 0.18 & 0.09 & 0.06 & 0.06 & 0.03 & 0.03 & 0.01 \end{pmatrix}$$

x_i	$P(x_i)$	1. Stelle	2. Stelle	3. Stelle	4. Stelle	5. Stelle	Code
x_1	0.36	0	0	entfällt	entfällt	entfällt	00
x_2	0.18	0	1	entfällt	entfällt	entfällt	01
x_3	0.18	1	0	0	entfällt	entfällt	100
x_4	0.09	1	0	1	entfällt	entfällt	101
x_5	0.06	1	1	0	0	entfällt	1100
x_6	0.06	1	1	0	1	entfällt	1101
x_7	0.03	1	1	1	0	entfällt	1110
x_8	0.03	1	1	1	1	0	11110
x_9	0.01	1	1	1	1	1	11111

Beispiel 4.29 verdeutlicht, dass das Problem und der Aufwand der Quellcodierung nach Fano darin besteht, möglichst Gruppen gleich großer Wahrscheinlichkeiten zu bilden, ohne die anfängliche Sortierung zu verändern. Im nachfolgenden Abschnitt wird der Unterschied zur Huffman Codierung deutlich, die mit erneuter Sortierung arbeitet.

Als letzte Beispiele der Quellcodierung nach Fano sollen wieder nichtbinäre Codes betrachtet werden.

Beispiel 4.30 *Gegeben ist die Informationsquelle aus Beispiel 4.27 mit dem Wahrscheinlichkeitsfeld:*

$$X = \begin{pmatrix} a & b & c & d & e & f & g \\ 1/4 & 1/4 & 1/16 & 1/16 & 1/4 & 1/16 & 1/16 \end{pmatrix}.$$

x_i	$P(x_i)$	1. Stelle	2. Stelle	code
a	1/4	0	entfällt	0
b	1/4	1	entfällt	1
e	1/4	2	entfällt	2
c	1/16	3	0	30
d	1/16	3	1	31
f	1/16	3	2	32
g	1/16	3	3	33

Zur Bestimmung des quadrinären Fano-Codes ($r = 4$) werden zunächst die Zeichen nach fallenden Wahrscheinlichkeiten sortiert. Der Versuch, $r = 4$ Gruppen zu bilden, die gleich der Wahrscheinlichkeit $1/r = 0.25$ sind, gelingt problemlos. Die Zeichen a, b und e bilden Gruppen mit nur einem Element und erhalten keine weitere Wertzuweisung.

Die Zeichen c, d, f und g erhalten als weitere Codezuweisung die Werte $0 - 3$.

Das letzte Beispiel wird geringfügig abgewandelt und der quadrinäre ($r = 4$) Fano-Code bestimmt.

Beispiel 4.31 *Gegeben ist eine Informationsquelle mit dem Wahrscheinlichkeitsfeld:*

$$X = \begin{pmatrix} a & b & c & d & e & f & g & h \\ 1/4 & 1/4 & 1/8 & 1/8 & 1/16 & 1/16 & 1/16 & 1/16 \end{pmatrix}$$

x_i	$P(x_i)$	1. Stelle	2. Stelle	Code
a	1/4	0	entfällt	0
b	1/4	1	entfällt	1
c	1/8	2	0	20
d	1/8	2	1	21
e	1/16	3	0	30
f	1/16	3	1	31
g	1/16	3	2	32
h	1/16	3	3	33

In diesem Beispiel ist auffällig, dass die Wahrscheinlichkeiten der Zeichen c und d keine Potenzen der Form: r^{-l_i} bilden. Hierdurch werden bei der zweiten Wertzuweisung, die möglichen Codewörter (22) und (23) nicht vergeben und es kann kein redundanzfreier Code entstehen.

In der folgenden Quellcodierung nach Huffman wird auf die in diesem Abschnitt beschriebenen Schwierigkeiten der Fano Codierung eingegangen und aufgezeigt, in welcher Weise die Huffman Codierung einen neuen Weg beschreitet.

4.6.5 Quellcodierung nach Huffman

Die Quellcodierung nach der Methode von Huffman wird in fünf Schritten durchgeführt:

1. Zunächst müssen die n zu codierenden Zeichen wieder nach fallenden Wahrscheinlichkeiten $P(x_i)$ sortiert werden:
$$P(x_1) \geq P(x_2) \geq \cdots \geq P(x_n)$$

2. Den letzten r Zeichen, mit den kleinsten Wahrscheinlichkeiten, werden die Codewortstellen $0, 1, \ldots, r-1$ zugeordnet.

3. Diese r Zeichen werden zu einem neuen Zeichen y zusamengefasst, wobei:
$$P(y) = \sum_{i=n-(r-1)}^{n} P(x_i)$$

   die Wahrscheinlichkeit des neuen Zeichens y ist, die aus der Summe der Wahrscheinlichkeiten der zusammengefassten r Zeichen $x_{n-(r-1)}, \ldots x_n$ gebildet wird.

4. Dieser so neu gebildete Zeichensatz $x_1, x_2, \ldots, x_{n-r}, y$, der aus $n-r+1$ Zeichen besteht, wird gemäß der 1. Vorschrift geordnet. Danach werden die Schritte 2. und 3. durchlaufen. Das Verfahren wird solange fortgesetzt, bis im letzten Schritt genau die letzten r Zeichen ihre Codewortstellen enthalten.
   Achtung: Bei Gleichheit der Wahrscheinlichkeiten wird das neue Zeichen nach oben sortiert.

5. Die schrittweise zugeordneten Codewortstellen ergeben in umgekehrter Folge ausgelesen, das Codewort eines einzelnen Zeichens.

Beispiel 4.32 *Für die Quelle X (vgl. Bsp. 4.25 und 4.28) gilt:*

$$X = \begin{pmatrix} x_1 & x_2 & x_3 & x_4 & x_5 & x_6 & x_7 & x_8 \\ 1/4 & 1/4 & 1/8 & 1/8 & 1/16 & 1/16 & 1/16 & 1/16 \end{pmatrix}$$

Die Codierung des binären Huffmancodes kann in tabellarischer Form dargestellt werden.

x_i	$P(x_i)$		1. Reduktion			2. Reduktion			3. Reduktion		
x_1	1/4		x_1	1/4		x_1	1/4		x_{34}	1/4	
x_2	1/4		x_2	1/4		x_2	1/4		x_1	1/4	
x_3	1/8		x_{78}	1/8		x_{56}	1/8		x_2	1/4	
x_4	1/8		x_3	1/8		x_{78}	1/8		x_{56}	1/8	0
x_5	1/16		x_4	1/8		x_3	1/8	0	x_{78}	1/8	1
x_6	1/16		x_5	1/16	0	x_4	1/8	1			
x_7	1/16	0	x_6	1/16	1						
x_8	1/16	1									

4. Reduktion			5. Reduktion			6. Reduktion		
x_{5678}	1/4		x_{12}	1/2		x_{345678}	1/2	0
x_{34}	1/4		x_{5678}	1/4	0	x_{12}	1/2	1
x_1	1/4	0	x_{34}	1/4	1			
x_2	1/4	1						

Den geordneten Zeichen x_7 und x_8 mit den kleinsten Wahrscheinlichkeiten werden die Codestellen 0 und 1 zugeordnet. Dies entspricht den am weitesten rechts stehenden Binärstellen im Codewort. Das neue Zeichen $y = x_{78}$ mit der Wahrscheinlichkeit $P(x_7) + P(x_8) = 1/8$ wird einsortiert. Da die Wahrscheinlichkeit $P(x_{78})$ gleich groß mit der des Zeichens x_3 ist, wird das Zeichen $y = x_{78}$ vor x_3 einsortiert. Dies hat zur Folge, dass gegebenenfalls bei einer weiteren Wertzuweisung zuerst das Zeichen x_3 einen Wert erhält und danach erst das Zeichen $y = x_{78}$. Dies vermeidet eine unnötig große Varianz der entstehenden Codewortlängen. x_3 erhält in der 2. Reduktion seinen ersten Wert, $y = x_{78}$ erhält erst in der 3. Reduktion einen weiteren Wert.

In jeder Reduktion wird der Zeichensatz um ein Zeichen verringert, da zwei Zeichen zu einem neuen Zeichen zusammengefasst werden. Nach der letzten Reduktion (der 7.) wird mit dem Auslesen der Codewörter begonnen. Die Zeichen x_2 und x_3 erhalten jeweils eine 1 als erste (linksstehende) Binärstelle. Alle anderen erhalten eine 0. In der 6. Reduktion erhielt das Zeichen x_1 eine 0, deshalb ist die zweite Binärstelle von x_1 eine 0. Dieses Verfahren wird rückwärts bis zur ersten Reduktion fortgesetzt. Der hieraus resultierende Code lautet:

x_i	x_1	x_2	x_3	x_4	x_5	x_6	x_7	x_8
Code	10	11	010	011	0000	0001	0010	0011

Als weiteres binäres Beispiel soll die Quelle aus Beispiel 4.23 und 4.29 betrachtet werden.

Beispiel 4.33 *Die Quelle hat die Form:*

$$X = \begin{pmatrix} aa & ab & ba & bb & ac & ca & bc & cb & cc \\ 0.36 & 0.18 & 0.18 & 0.09 & 0.06 & 0.06 & 0.03 & 0.03 & 0.01 \end{pmatrix}$$

x_i	$P(x_i)$		1. Reduktion		2. Reduktion		3. Reduktion		4. Reduktion	
x_1	0.36		x_1	0.36	x_1	0.36	x_1	0.36	x_1	0.36
x_2	0.18		x_2	0.18	x_2	0.18	x_2	0.18	x_2	0.18
x_3	0.18		x_3	0.18	x_3	0.18	x_3	0.18	x_3	0.18
x_4	0.09		x_4	0.09	x_4	0.09	x_{56}	0.12	x_{4789}	0.16 0
x_5	0.06		x_5	0.06	x_{789}	0.07	x_4	0.09 0	x_{56}	0.12 1
x_6	0.06		x_6	0.06	x_5	0.06 0	x_{789}	0.07 1		
x_7	0.03		x_{89}	0.04 0	x_6	0.06 1				
x_8	0.03 0	x_7	0.03 1						
x_9	0.01 1								

	5. Reduktion			6. Reduktion			7. Reduktion	
x_1	0.36		x_{23}	0.36		$x_{1456789}$	0.64 0
x_{456789}	0.28		x_1	0.36 0		x_{23}	0.36 1
x_2	0.18 0		x_{456789}	0.28 1			
x_3	0.18 1						

Beispiel 4.33 lässt einen Vorteil der Huffman Codierung gegenüber der Fano- und Shannon Codierung erkennen. Die umständliche Suche nach der Mitte einer Gruppenwahrscheinlichkeit entfällt zu Gunsten der Einsortierung des neu gebildeten Zeichens. Tatsächlich erreicht der Huffman-Code eine kleinere mittlere Länge als der Fano-Code (vgl. Bsp. 4.23, S. 324).

Als letzte Beispiele der Quellcodierung nach Huffman sollen wieder nichtbinäre Codes betrachtet werden. Wichtig ist es, vor der Codierung zu prüfen, ob die Anzahl n der Quellzeichen günstig für die zu erwartende Anzahl der Reduzierungen ist. Gemäß des 4. Schrittes der Huffman-Codierung müssen zur letzten Reduktion genau r Zeichen übrig bleiben. Da bei jeder Reduktion die n Zeichen um $r - 1$ Zeichen reduziert werden, ist zu prüfen, ob nach k Reduktionen die Beziehung gilt:

$$n - k \cdot (r - 1) = r. \tag{4.74}$$

Ist dies der Fall, so geht das Verfahren auf, d.h. es bleiben zur letzten Reduktion genau r Zeichen übrig. Ist die Gleichung (4.74) aber nicht erfüllt, so müssen n_D Dummy Zeichen eingeführt werden, die mit der Wahrscheinlichkeit $P(dummy) = 0$ auftreten. Die Gleichung (4.74) geht dann in die folgende Gleichung über:

$$n + n_D - k \cdot (r - 1) = r. \tag{4.75}$$

Die Gleichung (4.75) ist für ein geeignetes n_D immer erfüllbar.

Beispiel 4.34 *Gegeben ist die Informationsquelle (vgl. Bsp. 4.27 und 4.30) mit $n = 7$ Zeichen:*

$$X = \begin{pmatrix} a & b & c & d & e & f & g \\ 1/4 & 1/4 & 1/16 & 1/16 & 1/4 & 1/16 & 1/16 \end{pmatrix}$$

x_i	$P(x_i)$		1. Reduktion			Codeworte
x_1	1/4		x_{4567}	1/4	0	1
x_2	1/4		x_1	1/4	1	2
x_3	1/4		x_2	1/4	2	3
x_4	1/16	0	x_3	1/4	3	00
x_5	1/16	1				01
x_6	1/16	2				02
x_7	1/16	3				03

Gesucht ist der quadrinäre ($r = 4$) Huffman-Code. Zunächt wird geprüft, ob die Gleichung (4.74) für ein k erfüllbar ist: $7 - 1 \cdot 3 = 4 = r$ ist mit $k = 1$ erfüllt. Das Verfahren muss also in 2 Zuweisungsschritten beendet sein, ohne dass Dummy Zeichen benötigt werden.

Das letzte Beispiel wird geringfügig abgewandelt. Die Anzahl der Zeichen hat sich auf acht erhöht.

Beispiel 4.35 *Gegeben ist eine Informationsquelle mit acht Zeichen:*

$$X = \begin{pmatrix} a & b & c & d & e & f & g & h \\ 1/4 & 1/4 & 1/8 & 1/8 & 1/16 & 1/16 & 1/16 & 1/16 \end{pmatrix}$$

x_i	$P(x_i)$		1. Reduktion			2. Reduktion			Code
x_1	1/4		x_1	1/4		x_{3456}	3/8	0	1
x_2	1/4		x_2	1/4		x_1	1/4	1	2
x_3	1/8		x_{78}	1/8		x_2	1/4	2	00
x_4	1/8		x_3	1/8	0	x_{78}	1/8	3	01
x_5	1/16		x_4	1/8	1				02
x_6	1/16		x_5	1/16	2				03
x_7	1/16	0	x_6	1/16	3				30
x_8	1/16	1							31
x_9	0	2							32
x_{10}	0	3							33

Gesucht ist der quadrinäre ($r = 4$) Huffman-Code. Die Gleichung (4.74) liefert:

$$8 - 2 \cdot 3 = 2 \neq r.$$

Es müssen 2 Dummy Zeichen eingeführt werden. Die Gleichung (4.75) liefert dann:

$$8 + 2 - 2 \cdot 3 = 4 = r.$$

Die Gleichung (4.75) kann auch etwas kompakter formuliert werden. Die Anzahl der Dummy Zeichen n_D kann auch durch:

$$n_D = (r - n) \bmod (r - 1) \qquad (4.76)$$

berechnet werden. Die Gleichung (4.76) geht aus (4.75) hervor, wenn diese modulo $(r - 1)$ berechnet wird. Ist z.B. $r = 4$ und $n = 8$ so ergibt: $r - n = -4$. $-4 \bmod 3 = -1 = 2 = n_D$.

4.7 Aufgaben zur Informationstheorie und Quellencodierung

4.7.1 Diskrete Informationsquellen

Aufgabe 4.7.1
Eine Informationsquelle liefert die 4 Zeichen a, b, c und d mit den Wahrscheinlichkeiten $P(a) = P(b) = 1/4$, $P(c) = 1/2$. Man berechne die fehlende Wahrscheinlichkeit und die Entropie H. Wie groß kann H maximal werden und wie groß sind dann die Wahrscheinlichkeiten für die Zeichen?

Lösung:
$P(d) = 1 - P(a) - P(b) - P(c) = 0$,
$H = 2\frac{1}{4}\mathrm{ld}\left(\frac{1}{1/4}\right) + \frac{1}{2}\mathrm{ld}\left(\frac{1}{1/2}\right) = 1.5\,\mathrm{bit}$,
$H_{max} = 4\frac{1}{4}\mathrm{ld}\left(\frac{1}{1/4}\right) = 2\,\mathrm{bit}$,
wenn alle 4 Zeichen gleich wahrscheinlich auftreten.

Aufgabe 4.7.2
Eine Quelle sendet die Zeichen a, b, c und d. Bekannt sind die Wahrscheinlichkeiten $P(a) = 1/4$ und $P(b) = 1/8$. Warum kann man die Wahrscheinlichkeiten $P(c)$ und $P(d)$ nicht so wählen, dass die Entropie den Wert 2 annimmt?

Lösung:
Dies wäre nur möglich, wenn alle Zeichen gleichwahrscheinlich auftreten würden.

Aufgabe 4.7.3
Eine diskrete Quelle sendet Zahlen $x_i \in N$ mit folgenden Wahrscheinlichkeiten:

Zahlenbereich	Wahrsch.
1 bis 25	0.5
26 bis 50	0.25
51 bis 100	0.25

Innerhalb dieser Zahlenbereiche sind die Zahlen gleichwahrscheinlich.

a) Berechnen Sie den mittleren Informationsgehalt der Quelle.

b) Wie groß kann die Entropie maximal werden? Wie groß sind dann die Wahrscheinlichkeiten für die oben angegebenen Zahlenbereiche?

Lösung:
a)
$$\begin{aligned} H &= 25 \cdot h(0.5/25) + 25 \cdot h(0.25/25) \\ &\quad + 50 \cdot h(0.25/50) \\ &= 6.39\,\mathrm{bit} \end{aligned}$$
$mit:$
$$h(x) = x \cdot ld(1/x).$$

b)
$H_{max} = ld(100) = 6.64\,\mathrm{bit}$, wenn alle Zahlen gleichwahrscheinlich wären. Die kommulierten Wahrscheinlichkeiten sind dann:
1. Gruppe: 0.25,
2. Gruppe: 0.25,
3. Gruppe: 0.50.

Aufgabe 4.7.4

Gegeben sind zwei unabhängige Signalquellen X und Y:

$$X = \begin{pmatrix} a & b & c \\ 0.2 & 0.4 & 0.4 \end{pmatrix}$$

$$Y = \begin{pmatrix} a & b & c \\ 0.3 & 0.4 & 0.3 \end{pmatrix}$$

Berechnen Sie $H(X)$, $H(Y)$, $H(X,Y)$ und die Matrix $[P(x_i, y_j)]$.

Lösung:

Die Matrix $[P(x_i, y_j)]$ erhält man durch Multiplikation der Einzelwahrscheinlickeiten, da sie statistisch unabhängig sind.

$$[P(x_i, y_j)] = \begin{pmatrix} 0.06 & 0.08 & 0.06 \\ 0.12 & 0.16 & 0.12 \\ 0.12 & 0.16 & 0.12 \end{pmatrix}$$

$$\begin{aligned} H(X) &= h(0.2) + 2 \cdot h(0.4) = 1.522 \\ H(Y) &= 2 \cdot h(0.3) + h(0.4) = 1.571 \\ H(X,Y) &= 2 \cdot h(0.06) + 4 \cdot h(0.12) + \\ &\quad + 2 \cdot h(0.16) + h(0.08) \\ &= 3.093 \text{ bit} \end{aligned}$$

mit: $h(n) = n \cdot \mathrm{ld}\,(1/n)$.

Aufgabe 4.7.5

Eine Quelle sendet die Zeichen a, b, c und d. Bekannt sind nur die Wahrscheinlichkeiten $P(a) = 1/2$ und $P(b) = 1/4$. Welchen Wert der Entropie kann die Quelle unter diesen Umständen maximal annehmen?

Lösung:

Die größtmögliche Entropie ergibt sich durch Aufteilen der Restwahrscheinlichkeit auf die beiden fehlenden Zeichen.

$$\begin{aligned} H_{max} &= h(1/2) + h(1/4) \\ &\quad + 2 \cdot h(1/8) = 1.75 \text{ bit} \end{aligned}$$

mit: $h(n) = n \cdot \mathrm{ld}\,(1/n)$.

Aufgabe 4.7.6

Zwei Quellen X und Y senden die Zeichen a, b, c. Die Matrix gibt die Wahrscheinlichkeiten $P(x_i, y_j)$ an:

$$[P(x_i, y_j)] = \begin{pmatrix} 1/8 & 1/4 & 1/16 \\ 1/4 & 1/16 & 1/16 \\ 1/16 & 1/16 & 1/16 \end{pmatrix}$$

Berechnen Sie die Entropien beider Quellen und geben Sie an, ob die Quellen unabhängig voneinander sind. Geben Sie hierfür eine Begründung an.

Lösung:

$$\begin{aligned} P(x_i) &= \sum_{j=1}^{3} [P(x_i, y_j)] \\ P(y_j) &= \sum_{i=1}^{3} [P(x_i, y_j)] \\ H(X) &= H(Y) \\ &= h(7/16) + h(3/8) + h(3/16) \\ &= 1.5052 \text{ bit} \\ H(X,Y) &= 6h(1/16) + 2h(1/4) + h(1/8) \\ &= 2.875 \text{ bit} \\ mit: &\quad h(n) = n \cdot \mathrm{ld}\,(1/n). \end{aligned}$$

$H(X,Y) \neq H(X) + H(Y) \Rightarrow$ Teilsignale abhängig.

Aufgabe 4.7.7

Ein Signal setzt sich aus 3 Teilsignalen X, Y, Z zusammen. Die Teilquellen X, Y, Z senden jeweils die Signale a, b, c. Für die Teilquelle Z gilt: $P(z = a) = 0.5$,

$$[P(x_i, y_j)] = \begin{pmatrix} 1/16 & 1/4 & 1/16 \\ 1/16 & 1/8 & 1/4 \\ 1/16 & 1/16 & 1/16 \end{pmatrix}$$

$P(z = b) = P(z = c) = 0.25$. Die Teilquelle Z ist unabhängig von den beiden anderen Quellen. Von den Quellen X, Y sind die Wahrscheinlichkeiten $P(x_i, y_j)$ bekannt.

a) Berechnen Sie die Entropien $H(X)$, $H(Y)$, $H(Z)$ der drei Teilquellen.

b) Berechnen Sie die Entropie der Gesamtquelle.

c) Wie groß kann die Entropie einer Verbundquelle bestehend aus 3 Teilquellen mit je 3 Elementen maximal werden?

Lösung:

$$P(x_i) = \sum_{j=1}^{3}[P(x_i, y_j)]$$

$$P(y_j) = \sum_{i=1}^{3}[P(x_i, y_j)]$$

$$H(X) = H(Y)$$

$$= h(\frac{7}{16}) + h(\frac{3}{8}) + h(\frac{3}{16})$$

$$= 1.5052\,\text{bit}$$

$$H(Z) = h(0.5) + 2 \cdot h(0.25)$$

$$H(Z) = 1.5\,\text{bit}$$

$$H(X, Y, Z) = H(X, Y) + H(Z)$$

$$= 2.875 + 1.5 = 4.375\,\text{bit}$$

$$H_{max} = 3 \cdot \text{ld}\,(3) = 4.755\,\text{bit}$$

$$mit: \quad h(n) = n \cdot \text{ld}\,(1/n).$$

Aufgabe 4.7.8

Eine Quelle besteht aus zwei Teilquellen X und Y. Das Wahrscheinlichkeitsfeld der Quelle X und weiterhin die Matrix der Wahrscheinlichkeiten $[P(y_j|x_i)]$ sind unten angegeben:

$$X = \begin{pmatrix} a & b & c \\ 1/2 & 1/4 & 1/4 \end{pmatrix}$$

$$[P(y_j|x_i)] = \begin{pmatrix} 0 & 1 & 0 \\ 1 & 0 & 0 \\ 0 & 0 & 1 \end{pmatrix}$$

Ermitteln Sie die Entropien $H(X)$, $H(Y)$ und $H(X, Y)$.

Lösung:

$$H(X) = H(Y) = H(X, Y) = 1.5\ bit$$

Grund:

$$[P(x_i, y_j)] = \begin{pmatrix} 0 & 1/2 & 0 \\ 1/4 & 0 & 0 \\ 0 & 0 & 1/4 \end{pmatrix}$$

Zeilensummen $\rightarrow P(x_i)$
sind gleich den
Spaltensummen $\rightarrow P(y_j)$.

Aufgabe 4.7.9

Eine Quelle mit dem Wahrscheinlichkeitsfeld:

$$X = \begin{pmatrix} a & b \\ 1/2 & 1/2 \end{pmatrix}$$

sendet Zweierkombinationen (x_i, x_{i+1}) aa, ab, ba, bb. Von der Matrix mit den Wahrscheinlichkeiten der Zweierkombinationen ist nur ein einziges Element bekannt, es gilt:

$$[P(x_i, x_{i+1})] = \begin{pmatrix} 0.2 & ? \\ ? & ? \end{pmatrix}$$

Ermitteln Sie die fehlenden Matrixelemente und begründen Sie Ihre Lösung. Berechnen Sie die Markoff'sche Entropie der Zeichen innerhalb der Zweierkombination. Wie groß kann die Markoff'sche Entropie maximal sein?

Lösung:

Spalten- und Zeilensummen müssen 1/2 ergeben:

$$[P(x_i, y_j)] = \begin{pmatrix} 0.2 & 0.3 \\ 0.3 & 0.2 \end{pmatrix}$$

$$H_M = \frac{1}{2} H(X, Y) = 0.985 \text{ bit.}$$

Aufgabe 4.7.10

Eine Verbundquelle Z besteht aus den Teilquellen X und Y:

$$X = \begin{pmatrix} x_0 = 0 & x_1 = 1 & x_2 = -1 \\ \frac{1}{4} & p(x_1) & \frac{1}{4} \end{pmatrix}$$

$$Y = \begin{pmatrix} y_0 = 0 & y_1 = 1 \\ p(y_0) & p(y_1) \end{pmatrix}$$

Bekannt ist teilweise auch die Matrix der bedingten Wahrscheinlichkeiten:

$$[P(y_j|x_i)] = \begin{pmatrix} \frac{3}{4} & \frac{1}{4} \\ \frac{1}{4} & P(y = 1|x = 1) \\ \frac{1}{2} & \frac{1}{2} \end{pmatrix}$$

a) Ergänzen Sie bitte die fehlenden Wahrscheinlichkeiten.

b) Geben Sie die Verbundquelle an (Elemente und deren Wahrscheinlichkeiten).

c) Sind die Quellen X und Y statistisch unabhängig? Begründung!

d) Berechnen Sie bitte die Entropien $H(X)$, $H(Y)$, $H(Z)$, $H(X, Y)$ und $H(Y|X)$.

Lösung:

a) $p(x_1) = 1/2, p(y_1 = 1|x_1 = 1) = 3/4$.

b) $P(x_i, y_j) = P(x_i) \cdot P(y_j|x_i)$

$$[P(x_i, y_j)] = \begin{pmatrix} \frac{3}{16} & \frac{1}{16} \\ \frac{1}{8} & \frac{3}{8} \\ \frac{1}{8} & \frac{1}{8} \end{pmatrix}$$

$$Y = \begin{pmatrix} y_0 = 0 & y_1 = 1 \\ \frac{7}{16} & \frac{9}{16} \end{pmatrix}$$

c) Nein. Dann müßte gelten:
$P(x_i, y_j) = P(x_i) \cdot P(y_j)$

d) $H(X) = 1.5 bit, H(Y) = 0.989$ bit
$H(Z) = H(X, Y) = 2.36$ bit
$H(Y|X) = H(X, Y) - H(X) = 0.86$ bit.

Aufgabe 4.7.11

Eine Verbundquelle V besteht aus den binären Teilquellen X_1 und Y_1, sowie X_2 und Y_2. Die Elemente der binären Teilquellen treten gleich wahrscheinlich auf. Die Quellen X_1 und Y_1 sind von den Teilquellen X_2 und Y_2, statistisch unabhängig. Für den Zusammenhang der Quellen X_1 und Y_1, sowie X_2 und Y_2 gilt, dass die bedingte Wahrscheinlichkeit für zwei gleiche Elemente

$$P(y_j|x_{i=j}) = \frac{3}{8} \qquad \text{beträgt.}$$

a) Bestimmen Sie die Matrizen der Verbund– und der bedingten Wahrscheinlichkeiten von X_1 und Y_1, von X_2 und Y_2 sowie von V.

b) Berechnen Sie bitte die Entropien $H(X_1)$, $H(Y_1)$, $H(X_2)$, $H(Y_2)$, $H(X_1, Y_1)$, $H(Y_2|X_2)$ und $H(V) = H(X_1, Y_1, X_2, Y_2)$.

Lösung: $X_1 = X_2 = Y_1 = Y_2 = \begin{pmatrix} 0 & 1 \\ \frac{1}{2} & \frac{1}{2} \end{pmatrix}$

$$[P(Y_1|X_1)] = [P(Y_2|X_2)] = \begin{pmatrix} \frac{3}{8} & \frac{5}{8} \\ \frac{5}{8} & \frac{3}{8} \end{pmatrix}$$

$$[P(X_1, Y_1)] = [P(X_2, Y_2)] = \begin{pmatrix} \frac{3}{16} & \frac{5}{16} \\ \frac{5}{16} & \frac{3}{16} \end{pmatrix}$$

$[P(V)] =$

$$\begin{pmatrix} X_1Y_1/X_2Y_2 & 00 & 01 & 10 & 11 \\ \hline 00 & \frac{9}{(16)^2} & \frac{15}{(16)^2} & \frac{15}{(16)^2} & \frac{9}{(16)^2} \\ 01 & \frac{15}{(16)^2} & \frac{25}{(16)^2} & \frac{25}{(16)^2} & \frac{15}{(16)^2} \\ 10 & \frac{15}{(16)^2} & \frac{25}{(16)^2} & \frac{25}{(16)^2} & \frac{15}{(16)^2} \\ 11 & \frac{9}{(16)^2} & \frac{15}{(16)^2} & \frac{15}{(16)^2} & \frac{9}{(16)^2} \end{pmatrix}$$

$[P(X_2, Y_2|X_1, Y_1)] =$

$$\begin{pmatrix} X_1Y_1/X_2Y_2 & 00 & 01 & 10 & 11 \\ \hline 00 & \frac{3}{16} & \frac{5}{16} & \frac{5}{16} & \frac{3}{16} \\ 01 & \frac{3}{16} & \frac{5}{16} & \frac{5}{16} & \frac{3}{16} \\ 10 & \frac{3}{16} & \frac{5}{16} & \frac{5}{16} & \frac{3}{16} \\ 11 & \frac{3}{16} & \frac{5}{16} & \frac{5}{16} & \frac{3}{16} \end{pmatrix}$$

b) $H(X_1) = H(Y_1) = H(X_2) = H(Y_2) = 1$ bit, $H(X_1, Y_1) = 1.954$ bit, $H(V) = 2H(X_1, Y_1) = 3.9088$ bit.

4.7.2 Diskrete Übertragungskanäle

Aufgabe 4.7.12

Die Zeichen a, b, c werden über einen gestörten Kanal übertragen. Gegeben ist die Matrix der Wahrscheinlichkeiten $P(x_i, y_j)$.

$$[P(x_i, y_j)] = \begin{pmatrix} 1/4 & 1/8 & 1/8 \\ 0 & 1/8 & 0 \\ 1/4 & 0 & 1/8 \end{pmatrix}$$

a) Man berechne die Wahrscheinlichkeiten $P(x_i)$, $P(y_j)$.

b) Man berechne $H(X)$, $H(Y)$ und $H(X, Y)$.

c) Wie groß ist die Transinformation?

d) Wie groß kann $H(X; Y)$ bei störungsfreier Übertragung maximal werden?

Lösung:

a)

$$X = \begin{pmatrix} a & b & c \\ 1/2 & 1/8 & 3/8 \end{pmatrix}$$

$$Y = \begin{pmatrix} a & b & c \\ 1/2 & 1/4 & 1/4 \end{pmatrix}$$

b) $H(X) = 1.4056$
$H(Y) = 1.5$
$H(X, Y) = 2.5$

c) $H(X; Y) = H(X) + H(Y) - H(X, Y)$
$H(X; Y) = 0.4056$

d) $H(X; Y)_{max} = H(X)$.

Aufgabe 4.7.13

Ein gestörter Kanal überträgt die von der Quelle gleichwahrscheinlich gesendeten Signale a, b, c derart, dass gilt:

$$P(y = \xi | x = y) = 0.8 \; \forall \xi \in \{a, b, c\}.$$

Die Wahrscheinlichkeiten, dass andere Zeichen empfangen als gesendet wurden, sind alle gleich groß.

a) Stellen Sie die Matrix der bedingten Wahrscheinlichkeiten $P(y_j | x_i)$ auf.

b) Berechnen Sie die Matrix der Wahrscheinlichkeiten $P(x_i, y_j)$.

c) Berechnen Sie $H(X)$, $H(Y)$ und die Transinformation $H(X; Y)$.

Lösung:

a)

$$P(y_j | x_i) = \begin{pmatrix} 0.8 & 0.1 & 0.1 \\ 0.1 & 0.8 & 0.1 \\ 0.1 & 0.1 & 0.8 \end{pmatrix}$$

b)

$$P(x_i, y_j) = \begin{pmatrix} 0.26\overline{6} & 0.03\overline{3} & 0.03\overline{3} \\ 0.03\overline{3} & 0.26\overline{6} & 0.03\overline{3} \\ 0.03\overline{3} & 0.03\overline{3} & 0.26\overline{6} \end{pmatrix}$$

c) $H(X) = H(Y) = 1.585$
$H(X; Y) = 0.663$.

Aufgabe 4.7.14

Eine Quelle gibt 4 gleichwahrscheinliche Zeichen a, b, c, d ab. Die Matrix der Übergangswahrscheinlichkeiten des zur Verfügung stehenden Kanals ist gegeben: $[P(y_j | x_i)] =$
$$\begin{pmatrix} 1/4 & 1/4 & 1/2 & 0 \\ 0 & 0 & 1/2 & 1/2 \\ 1 & 0 & 0 & 0 \\ 1/4 & 1/4 & 1/4 & 1/4 \end{pmatrix}$$

a) Man berechne die Matrix $[P(x_i, y_j)]$.

b) Man berechne die Wahrscheinlichkeiten $P(y_j)$.

c) Man berechne Transinformation, Irrelevanz und Äquivokation.

Lösung:

a)
$$[P(x_i, y_j)] = P(x_i) \cdot P(y_j | x_i) =$$
$$\begin{pmatrix} 1/16 & 1/16 & 1/8 & 0 \\ 0 & 0 & 1/8 & 1/8 \\ 1/4 & 0 & 0 & 0 \\ 1/16 & 1/16 & 1/16 & 1/16 \end{pmatrix}$$

b) $P(y = a) = 3/8$, $P(y = b) = 1/8$, $P(y = c) = 5/16$, $P(y = d) = 3/16$

c) $H(X; Y) = 0.7579$,
$H(X|Y) = 1.2421$,
$H(Y|X) = 1.125$.

Aufgabe 4.7.15

Wie groß ist die Grenzfrequenz eines tiefpassbegrenzten binären Kanals, wenn seine Kanalkapazität 60 kbit/sec beträgt?

Lösung:

Der periodische Vorgang mit der höchsten Frequenz in einem Datenstrom ist die 1010101010...-Folge. Dabei entspricht die Dauer eines Binärzeichen einer halben Periode. Daraus folgt: $f = 60kbit/sec \cdot 0.5 = 30kHz$.

Aufgabe 4.7.16
Über einen tiefpassbegrenzten Kanal mit $f_g = 10\ kHz$ wird ein Signal $x(t)$ angeschlossen. Bei dem Ausgangssignal $y(t)$ sollen 1024 Amplitudenstufen unterschieden werden können.

a) Wie groß ist $H(Y)$ maximal?

b) Welche Informationsmenge *enthält* $y(t)$ nach einer Zeit T=30 Minuten?

Lösung:

a) $H_{max}(Y) = ld(1024) = 10$ Bit

b) $M = 2f_g \cdot H \cdot T = 3.6 \cdot 10^8$ Bit.

Aufgabe 4.7.17
Zwei binäre Übertragungskanäle mit den Rauschmatrizen:

$$\ddot{U}_1 = \begin{pmatrix} 0.9 & 0.1 \\ 0.05 & 0.95 \end{pmatrix}$$

$$\ddot{U}_2 = \begin{pmatrix} 0.9421 & 0.0579 \\ 0.1 & 0.9 \end{pmatrix}$$

sind hintereinander geschaltet. Berechnen Sie die Kanalkapazität C des (gesamten) Übertragungskanals, wenn die Quelle 1000 Zeichen je Sekunde sendet. Begründen Sie die von Ihnen getroffene Annahme über die Wahrscheinlichkeiten der Quellenzeichen.

Lösung:

$$\ddot{U} = \ddot{U}_1 \cdot \ddot{U}_2 = \begin{pmatrix} 0.85789 & 0.1421 \\ 0.1421 & 0.85789 \end{pmatrix}$$

Der Gesamtkanal ist symmetrisch gestört, daher ist es sinnvoll anzunehmen, dass die Quellenzeichen gleich wahrscheinlich auftreten.

$$V = \begin{pmatrix} 0.4289 & 0.0711 \\ 0.0711 & 0.4289 \end{pmatrix}$$

$$H(X;Y) = 0.4103, \quad C = 410.3\ bit/s.$$

Aufgabe 4.7.18
Die Zeichen a, b, c, d einer Quelle X sollen über einen gestörten Kanal zur Sinke Y übertragen werden. Die Matrix der Verbundwahrscheinlichkeiten ist teilweise bekannt:

$$[P(x_i, y_j)] = \begin{pmatrix} ? & \frac{1}{16} & \frac{1}{16} & 0 \\ 0 & ? & \frac{1}{16} & \frac{1}{16} \\ ? & ? & \frac{1}{4} & ? \\ ? & ? & ? & \frac{1}{8} \end{pmatrix}$$

a) Ergänzen Sie bitte die fehlenden Verbundwahrscheinlichkeiten so, dass H(X) maximal wird und die übertragene Information H(X;Y) möglichst groß wird. Begründen Sie bitte kurz Ihre Wahl.

b) Berechnen Sie bitte die Entropien $H(X)$, $H(Y)$, $H(X,Y)$ und $H(X;Y)$ und geben Sie die Rauschmatrix des Kanals an.

Lösung:

$$[P(x_i, y_j)] = \begin{pmatrix} 1/8 & 1/16 & 1/16 & 0 \\ 0 & 1/8 & 1/16 & 1/16 \\ 0 & 0 & 1/4 & 0 \\ 1/8 & 0 & 0 & 1/8 \end{pmatrix}$$

a) Hinweis: Alle anderen zulässigen Aufteilungen in der 4. Zeile führen zu kleineren Werten der Transinformation. Zudem muss jede Zeilensumme 1/4 ergeben, damit H(X) maximal wird.

b) $H(X) = 2$ bit, $H(Y) = 1.936$ bit, $H(X,Y) = 3.0$ bit, $H(X;Y) = 0.936$ Bit.

Aufgabe 4.7.19
Über einen gestörten Kanal werden die vier
Zeichen a, b, c und d übertragen:

$$[P(x_i, y_j)] = \begin{pmatrix} \frac{1}{6} & 0 & \frac{1}{12} & \frac{1}{12} \\ 0 & \frac{1}{8} & \frac{1}{16} & \frac{1}{16} \\ \frac{1}{16} & \frac{1}{16} & \frac{1}{8} & 0 \\ \frac{1}{24} & \frac{1}{24} & 0 & \frac{1}{12} \end{pmatrix}.$$

a) Bestimmen Sie bitte die Übertragungs-
matrix $[P(y_j|x_i)]$. Wie groß ist die
Transinformation und die Entropie der
Informationssenke?

b) Wie groß ist der Informationsfluss auf
dem Kanal, wenn die Quelle 1000 Zeichen je Sekunde sendet?

Aufgabe 4.7.20
Über einen gestörten Kanal werden die vier
Zeichen a, b, c und d der Quelle X zur Senke
Y übertragen: $X = \begin{pmatrix} a & b & c & d \\ \frac{4}{9} & \frac{1}{3} & \frac{1}{9} & \frac{1}{9} \end{pmatrix}$

$$[P(y_j|x_i)] = \begin{pmatrix} \frac{3}{4} & 0 & \frac{1}{8} & \frac{1}{8} \\ 0 & \frac{3}{4} & \frac{1}{8} & \frac{1}{8} \\ \frac{1}{8} & \frac{1}{8} & \frac{3}{4} & 0 \\ \frac{1}{8} & \frac{1}{8} & 0 & \frac{3}{4} \end{pmatrix}.$$

Bestimmen Sie bitte die Matrix der Verbundwahrscheinlichkeiten und geben Sie die Senke
Y an. Wie groß ist die Transinformation, die
Irrelevanz und die Entropie der Informationssenke? Wie groß ist der Informationsfluss auf
dem Kanal, wenn die Quelle 3000 Zeichen je
Sekunde sendet?

Aufgabe 4.7.21
Über einen gestörten Kanal werden die vier
Zeichen a, b, c und d übertragen:

$$X = \begin{pmatrix} a & b & c & d \\ 3/8 & 1/4 & 1/4 & ? \end{pmatrix}$$

$$[P(x_i, y_j)] = \begin{pmatrix} ? & 1/16 & 1/16 & 0 \\ 0 & ? & 1/16 & 1/16 \\ ? & ? & 1/4 & ? \\ ? & ? & ? & 1/16 \end{pmatrix};$$

Lösung:

a) $X = \begin{pmatrix} a & b & c & d \\ \frac{1}{3} & \frac{1}{4} & \frac{1}{4} & \frac{1}{6} \end{pmatrix}$

$Y = \begin{pmatrix} a & b & c & d \\ \frac{13}{48} & \frac{11}{48} & \frac{13}{48} & \frac{11}{48} \end{pmatrix}$,

$$[P(y_j|x_i)] = \begin{pmatrix} \frac{1}{2} & 0 & \frac{1}{4} & \frac{1}{4} \\ 0 & \frac{1}{2} & \frac{1}{4} & \frac{1}{4} \\ \frac{1}{4} & \frac{1}{4} & \frac{1}{2} & 0 \\ \frac{1}{4} & \frac{1}{4} & 0 & \frac{1}{2} \end{pmatrix}$$

b) $H(Y) = 1.995, H(X) = 1.959,$
$H(X,Y) = 3.459$
$H(X;Y) = H(X) + H(Y) - H(X,Y)$
$H(X;Y) = 0.495$ bit, $I_T = 495$ bit/s.

Lösung:

$$[P(x_i, y_j)] = \begin{pmatrix} \frac{1}{3} & 0 & \frac{1}{18} & \frac{1}{18} \\ 0 & \frac{1}{4} & \frac{1}{24} & \frac{1}{24} \\ \frac{1}{72} & \frac{1}{72} & \frac{1}{12} & 0 \\ \frac{1}{72} & \frac{1}{72} & 0 & \frac{1}{12} \end{pmatrix},$$

$$y = \begin{pmatrix} a & b & c & d \\ \frac{13}{36} & \frac{10}{36} & \frac{13}{72} & \frac{13}{72} \end{pmatrix},$$

$H(X;Y) = H(X) + H(Y) - H(X,Y)$ bit,
$I_T = 3000 \cdot H(x;y)$ bit/s.

Lösung:
$X = \begin{pmatrix} a & b & c & d \\ \frac{3}{8} & \frac{1}{4} & \frac{1}{4} & \frac{1}{8} \end{pmatrix}$,

$$[P(x_i, y_j)] = \begin{pmatrix} \frac{2}{8} & \frac{1}{16} & \frac{1}{16} & 0 \\ 0 & \frac{1}{8} & \frac{1}{16} & \frac{1}{16} \\ 0 & 0 & \frac{1}{4} & 0 \\ 0 & \frac{1}{16} & 0 & \frac{1}{16} \end{pmatrix},$$

$Y = \begin{pmatrix} a & b & c & d \\ 1/4 & 1/4 & 3/8 & 1/8 \end{pmatrix}.$

a) Ergänzen Sie die fehlenden Wahrscheinlichkeiten so, dass unter den vorgegebenen Bedingungen die übertragene Information $H(X;Y)$ möglichst groß wird. Begründen Sie bitte Ihre Wahl.

b) Geben Sie bitte die Rauschmatrix des des Kanals an.

c) Berechnen Sie bitte die Entropien $H(X), H(Y), H(X,Y), H(X;Y)$.

b)

$$[P(y_j|x_i)] = \begin{pmatrix} \frac{2}{3} & \frac{1}{6} & \frac{1}{6} & 0 \\ 0 & \frac{1}{2} & \frac{1}{4} & \frac{1}{4} \\ 0 & 0 & 1 & 0 \\ 0 & \frac{1}{2} & 0 & \frac{1}{2} \end{pmatrix}.$$

c) $H(x) = H(Y) = 1,906$ bit, $H(X;Y) = 2H(X) - H(X,Y) = 0,937$ bit.

4.7.3 Quellcodierung und Optimalcodes

Aufgabe 4.7.22
Die Zeichen a,b,c,d,e,f werden durch folgende Codeworte optimal codiert: $00, 01, 10, 110, 1110, 1111$. Mit welchen Wahrscheinlichkeiten treten die Zeichen auf, wie groß ist die Quellenentropie? Zeigen Sie, dass der Code die Decodierungsbedingung erfüllt.

Aufgabe 4.7.23
Eine Quelle sendet die Zeichen A bis G mit den Wahrscheinlichkeiten $P(A) = 0.24$, $P(B) = 0.13$, $P(C) = 0.12$, $P(D) = 0.26$, $P(E) = 0.12$, $P(F) = 0.06$, $P(G) = 0.07$.

a) Entwerfen Sie einen möglichst redundanzfreien Code nach dem Verfahren von Fano.

b) Berechnen Sie die mittlere Codewortlänge dieses Codes.

c) Begründen Sie (ohne Rechnung), warum im vorliegenden Fall die mittlere Codewortlänge größer als die Entropie H sein muss.

Lösung:
$P(a) = P(b) = P(c) = 1/4$, $P(d) = 1/8$, $P(e) = P(f) = 1/16$, $H = 2.375$, Codebaum skizzieren oder Ungleichung von Kraft (Gl. 5.3, Abschnitt 5.2.1) anwenden.

Lösung:

a) 01 100 101 00 110 1111 1110.

b) $l_m = 2.63$.

c) $l_m = H$ nur dann, wenn die Wahrscheinlichkeiten reziproke Zweierpotenzen sind.

Aufgabe 4.7.24

Eine gedächtnislose Quelle X sendet 100 Zeichen je Sekunde:

$$X = \begin{pmatrix} a & b & c \\ 0.7 & 0.25 & 0.05 \end{pmatrix}$$

a) Berechnen Sie den Informationsfluss der Quelle. Codieren Sie die drei Quellenzeichen möglichst redundanzfrei (Code angeben) und ermitteln Sie die in diesem Fall notwendige Kanalkapazität.

b) Zur Verminderung der für die Übertragung notwendigen Kanalkapazität soll ein Codierer (nach Fano) entworfen werden, bei dem jeweils zwei Quellenzeichen zusammengefasst und dann codiert werden sollen.

c) Ermitteln Sie die bei der Fano-Codierung erforderliche Kanalkapazität und geben Sie an, wie groß die relative Redundanz bei dieser Codierung ist.

Lösung:

a) $I_Q = 107,6$ bit/s.
   0 10 11, $l_m = 1.3$, $C = 130$ bit/s.

b) aa 0
   ab 10
   ba 110
   bb 11100
   ac 11101
   ca 11110
   bc 111110
   cb 1111110
   cc 1111111

c) $l_m = 2.2075$, $C = 110.375$ bit/s, $r = (C - I_Q)/C = 0.0256$.

Aufgabe 4.7.25

Gegeben ist eine Informationsquelle mit dem Wahrscheinlichkeitsfeld:

$$X = \begin{pmatrix} x_1 & x_2 & x_3 & x_4 & x_5 \\ 0.36 & 0.18 & 0.18 & 0.09 & 0.06 \end{pmatrix}$$

$$= \begin{pmatrix} \cdots & x_6 & x_7 & x_8 & x_9 \\ \cdots & 0.06 & 0.03 & 0.03 & 0.01 \end{pmatrix}$$

Gesucht wird ein Huffman-Code mit den Symbolen $0, 1, 2, 3$ (d.h. mit einer Radix r=4).

a) Berechnen Sie die Quellenentropie und den Minimalwert der erreichbaren mitteleren Codewortlänge.

b) Führen Sie die Codierung durch und berechnen Sie die mittlere Codewortlänge des Codes.

Lösung:

a) $H(X) = 2.5905$ bit, $l_m = H(X)/\mathrm{ld}\, r = 1.295$.

b) Zunächst Zeichen x_{10} mit der Wahrscheinlichkeit 0 hinzufügen, $l_m = 1.35$

$$\text{Code} = \begin{pmatrix} x_1 & x_2 & x_3 & x_4 & x_5 \\ 0 & 2 & 3 & 12 & 13 \end{pmatrix}$$

$$= \begin{pmatrix} \cdots & x_6 & x_7 & x_8 & x_9 \\ \cdots & 110 & 111 & 112 & 113 \end{pmatrix}.$$

Aufgabe 4.7.26
Gegeben ist eine Quelle mit dem Wahrscheinlichkeitsfeld:

$$X = \begin{pmatrix} a & b & c & d & e & f & g \\ \frac{1}{4} & \frac{1}{4} & \frac{1}{8} & \frac{1}{8} & \frac{1}{8} & \frac{1}{16} & \frac{1}{16} \end{pmatrix}.$$

a) Wie groß ist die minimal erreichbare Codewortlänge bei einem Ternärcode
(r=3)?

b) Entwickeln Sie einen Shannon
Ternärcode $\{0,1,2\}$ und berechnen
Sie dessen mittlere Codewortlänge.

c) Entwickeln Sie einen Huffman
Ternärcode. Wie groß ist die mittlere Codewortlänge dieses Codes?

Aufgabe 4.7.27
Gegeben ist eine Informationsquelle mit dem
Wahrscheinlichkeitsfeld:

$$X = \begin{pmatrix} x_1 & x_2 & x_3 & x_4 \\ 0.5 & 0.25 & P(x_3) & p(x_4) \end{pmatrix}$$

a) Berechnen Sie die Entropie der Quelle
unter der Bedingung $P(x_3) = 3P(x_4)$.

b) Ermitteln Sie einen Binärcode nach
Huffman. Berechnen Sie die mittlere
Codewortlänge und die Standardabwei-
chung der Codewortlängen.

Aufgabe 4.7.28
Eine Informationsquelle mit 7 Zeichen besitzt
das Wahrscheinlichkeitsfeld:

$$X = \begin{pmatrix} a & b & c & d & e & f & g \\ \frac{1}{4} & \frac{1}{4} & \frac{1}{4} & \frac{1}{16} & \frac{1}{16} & \frac{1}{16} & \frac{1}{16} \end{pmatrix}$$

a) Berechnen Sie die kleinstmögliche mittlere Codewortlänge eines Quadrinärecodes (r=4) und ermitteln Sie den Code
nach Shannon.

b) Berechnen Sie die mittlere Codewortlänge und die Standardabweichung
der Codewortlängen. Begründen Sie,
dass das Verfahren nach Huffman im
vorliegenden Fall zu keiner kleineren
mittleren Codewortlänge führen kann.

Lösung:

a) $l_m \geq 1.656$.

b) Shannon-Code, $l_m = 2.125$.

$$\begin{bmatrix} a & b & c & d & e & f & g \\ 00 & 02 & 11 & 12 & 20 & 212 & 221 \end{bmatrix}$$

c) Huffman-Code, $l_m = 1.75$

$$\begin{bmatrix} a & b & c & d & e & f & g \\ 2 & 00 & 01 & 02 & 10 & 11 & 12 \end{bmatrix}.$$

Lösung:

a) $H(X) = 1.7028$ bit.

b)

$$Code = \begin{bmatrix} x_1 & x_2 & x_3 & x_4 \\ 1 & 01 & 000 & 001 \end{bmatrix}.$$

$l_m = 1.75, \sigma = 0.829$.

Lösung:

a) $l_{min} = H(X)/\mathrm{ld}\, r = 1.25$, $H(X) = 3/4 \cdot 2 + 4/16 \cdot 4 = 2.5$.
$a : 0,\ b : 1,\ e : 2,\ c : 30,\ d : 31,\ f : 32,\ g : 33$.

x_i	l_i	$\sum P_{i-1}$	code
a	1	0	$0 \cdot 4^{-1}$
b	1	1/4	$1 \cdot 4^{-1}$
e	1	1/2	$2 \cdot 4^{-1}$
c	2	3/4	$3 \cdot 4^{-1} + 0 \cdot 4^{-2}$
d	2	13/16	$3 \cdot 4^{-1} + 1 \cdot 4^{-2}$
f	2	14/16	$3 \cdot 4^{-1} + 2 \cdot 4^{-2}$
g	2	15/16	$3 \cdot 4^{-1} + 3 \cdot 4^{-2}$

b) $l_m = 1.25$, $\sigma = 0.43301$. Weil l_m den
kleinst möglichsten Wert hat.

Kapitel 5

Codierung für zuverlässige digitale Übertragung und Speicherung

Bereits 1948 hat C. E. Shannon[25] in seiner berühmten informationstheoretischen Arbeit gezeigt, dass es unter Verwendung geeigneter, langer fehlerkorrigierender Codes möglich ist, Daten trotz eines gestörten Kanals beliebig zuverlässig zu übertragen, solange die Informationsrate unterhalb der Grenze liegt, die durch die Kanalkapazität bestimmt ist. Im Anschluss an diese Arbeit entwickelten sich rasch und in großer Zahl Theorien fehlererkennender und fehlerkorrigierender Codes. Im Jahre 1950 gelang es C. W. Hamming, eine mathematische Beschreibung einer Klasse von systematischen einfehlerkorrigierenden Codes zu formulieren und die Berechnung einer Schranke für die erreichbare Fehlersicherheit bei der Verwendung solcher Blockcodes anzugeben. Vier Jahre später wurden von D. E. Muller und I. S. Reed mehrfehlerkorrigierende Blockcodes angegeben. Diese nach ihnen benannten Reed-Muller-Codes fanden 1964 in der Raumfahrt eine Anwendung und werden heute, bedingt durch ihre orthogonalen Eigenschaften, für Codemultiplexverfahren vorgeschlagen.

R. C. Bose, D. K. Ray–Chaudhuri und A. Hocquenghem [5] entwickelten 1960 die Klasse der BCH-Codes. Die BCH-Codes gehören, genau wie die im gleichen Jahr von I. S. Reed und G. Solomon entwickelten RS-Codes, zu der Klasse der zyklischen Blockcodes, die in der Lage sind, auch mehrere Fehler eines Codewortes zu korrigieren. Ebenfalls im Jahre 1960 gab W. W. Peterson einen Decodieralgorithmus für die Klasse der binären BCH-Codes an, der von D. C. Gorenstein und A. Zierler auch für nichtbinäre BCH- und RS-Codes verallgemeinert werden konnte. 1966 gelang es E. R. Berlekamp, durch die Entwicklung eines effizienten iterativen Decodieralgorithmus, den Einzug der algebraischen Codier- und Decodierverfahren in praktische Übertragungssysteme zu erreichen.

Faltungscodes wurden zuerst von Elias 1955 als eine Alternative zu den Blockcodes eingeführt. Kurze Zeit später wurden von Wozencraft die sequentielle und von J. L. Massey 1963 die Schwellwert-Decodierung für Faltungscodes veröffentlicht, die in der Folge Anwendungen in der digitalen Übertragungstechnik nach sich zogen.

Der große Durchbruch gelang den Faltungscodes 1967 durch die von Viterbi vorgeschlagene *"maximum likelihood decodierung"*, die, bedingt durch ihre einfache Implementierbarkeit, in den frühen 70er Jahren erste Anwendungen in der Raumfahrt fanden.

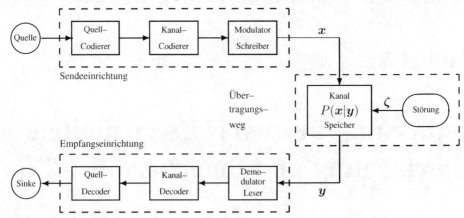

Abbildung 5.1: Aufbau einer codierten Nachrichtenstrecke

In Abb. 5.1 sind einige der Gemeinsamkeiten zwischen Speicher- und Übertragungssystemen zu erkennen. Die von der Quelle abgegebene Information wird quellcodiert, was üblicherweise eine Datenkompression bewirkt, bevor diese Daten vom Kanalcodierer mit Redundanz versehen über einen Modulator oder eine Schreibeinheit auf den Kanal bzw. in den Speicher gelangen. Als Speichermedium könnten die heute üblichen verschiedenartigen elektrischen oder magnetischen Speicher gedacht werden. Jedes dieser physikalischen Medien wird von spezifischen Störungen beeinflußt, die durch ζ repräsentiert werden.

In der Empfangseinrichtung werden die zur Sendeeinrichtung dualen Module in umgekehrter Reihenfolge durchlaufen und bewirken so eine Rückabbildung der übertragenen Nachricht zur Sinke. Erst die Kanalcodierung vermag beim Design von Übertragungs- und Speichersystemen die Anforderungen an hohe Zuverlässigkeit zu erfüllen und wurde so zu einem integralen Bestandteil der modernen Kommunikationstechnik.

5.1   Grundbegriffe und Codebeispiele

Der Betrachtung des Problems der Codekonstruktion stellt uns zunächst vor die Aufgabe wichtige Grundbegriffe zu definieren und zu erklären. Eine solche trockene, deduktive Vorgehensweise wird jedoch nicht dem Anspruch gerecht, auch Lektüre für das Selbststudium für Studierende außerhalb des Fachgebietes zu sein. Aus diesem Grund wird in diesem ersten Abschnitt auf komplizierte mathematische Beschreibung der Begriffe zu Gunsten einer eher beispielhaften Erklärung verzichtet.

Für die folgenden Beispiele wird vorausgesetzt, dass die betrachteten Codes $\mathcal{C}$ binär sind, also Codes, die aus Codewörtern c bestehen, deren Elemente c_i nur aus der Menge $\{0, 1\}$ sind:

$$c = \{c_0, c_1, \ldots, c_{n-1}\} \quad c \in \mathcal{C} \text{ mit } c_i \in \{0, 1\}$$

In diesem Fall spricht man von einem Code über dem Galois Feld zwei ($GF(2)$). Die Bezeichnung $GF(2)$ meint einen endlichen Zahlenkörper, der nur die zwei Elemente $\{0, 1\}$ besitzt. Dieser Zahlenkörper besitzt die normalen Rechenregeln bezüglich der Addition und der Multiplikation, die jedoch modulo zwei ausgeführt werden müssen, damit das Ergebnis wieder in der Menge $\{0, 1\}$ sind. Insbesondere gilt:

$$c_i \oplus c_j = c_k \quad \Longleftrightarrow \quad c_i + c_j = c_k \bmod 2 \quad \text{mit } c_i, c_j, c_k \in \{0, 1\}. \tag{5.1}$$

Die Bezeichnung $\mathrm{mod}2$ wurde bereits in Kapitel 2 eingeführt und seine Realisierung Antivalenz genannt. Für $c_i = c_j = 1$ ergibt sich: $c_k = 1 \oplus 1 = 0$.

5.1.1 Aufbau eines Codewortes

Ein Codewort $\boldsymbol{c}$ eines Codes $\mathcal{C}$ besteht aus einer Anzahl von n Elementen c_i eines festgelegten Zahlenkörpers. Diese n Elemente setzen sich aus einer Anzahl von k Informationszeichen und einer Anzahl von m Prüfelementen zusammen, so dass gilt: $n = k + m$.

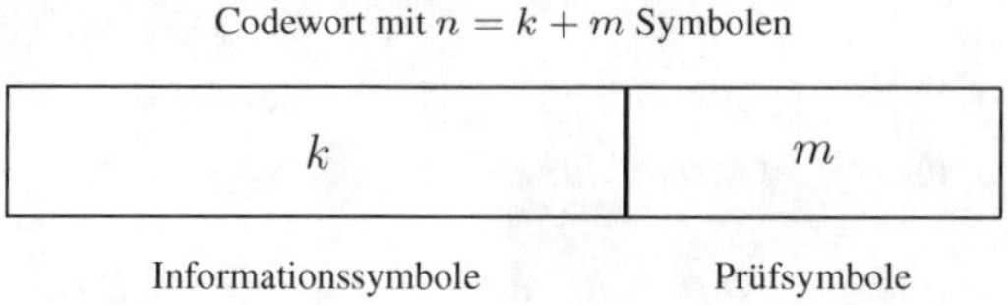

Codewort mit $n = k + m$ Symbolen
k
m
Informationssymbole
Prüfsymbole

$$R = \frac{k}{n} \tag{5.2}$$

Abbildung 5.2: Aufbau eines Codewortes und Coderate R

Die Coderate R ist ein Maß zur Beurteilung der Effizienz eines Codes. Lassen sich die Informationselemente direkt aus dem Codewort herauslesen, so sprechen wir von einem systematischen Code, anderenfalls von einem nicht systematischen Code.

5.1.2 Fehlervektor und Empfangsvektor

Ein Codewort $\boldsymbol{c}$ kann bei der Übertragung über einen Kanal gestört werden. Diese Störung soll durch einen additiven Fehlervektor: $\boldsymbol{f} = (f_0, f_1, \ldots, f_{n-1}), \quad f_i \in \{0, 1\}$, der ebenfalls aus einer Anzahl von n Elementen besteht, modelliert werden. Die Vektoraddition (siehe Abb. 5.3) von Codevektor (Codewort $\boldsymbol{c}$) und Fehlervektor $\boldsymbol{f}$ ergibt den Empfangsvektor $\boldsymbol{r}$.

Störung $\boldsymbol{f}$
gesendet
$\boldsymbol{c}$
+
empfangen
$\boldsymbol{r}$

Exor-Verknüpfung

$\oplus$	1	0
1	0	1
0	1	0

mod2 Addition

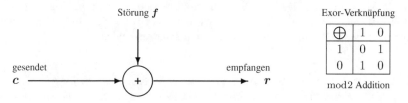

Abbildung 5.3: Additiver Fehler auf dem Übertragungskanal

Für die Vektoraddition gilt: $\boldsymbol{r} = \boldsymbol{c} + \boldsymbol{f} \iff r_i = c_i \oplus f_i$, Diese Exor-Verknüpfung (siehe Abb. 5.3) der Komponenten von $\boldsymbol{c}$ und $\boldsymbol{f}$ ergibt den Vektor $\boldsymbol{r} = (r_0, r_1, \ldots, r_{n-1})$.

5.1.3   Der Repetition Code

Der Repetition Code ist ein einfaches Beispiel für einen fehlerkorrigierenden Code. Vervielfacht man ein Informationselement durch Wiederholung, so entsteht hieraus ein REPETITION CODE (Wiederhol-Code). Ist die Codewortlänge ungerade, so können durch Mehrheitsentscheidung E Fehler korrigiert werden:

$$E = \frac{n-1}{2}.$$

Die Anzahl der Prüfstellen beträgt: $m = n - 1$. Wir stellen fest, dass es nur $2^k = 2^1 = 2$ verschiedene Codewörter gibt:

$$c_0 = (0, 0, \ldots, 0) \quad \text{und} \quad c_1 = (1, 1, \ldots, 1).$$

Beispiel 5.1 *Die Länge eines Codewortes des Repetition Codes ist mit $(n = 7)$ vorgegeben. Sind bei der Übertragung Fehler aufgetreten, so werden z.B. die folgenden r_i empfangen:*

1. $r_0 = (1, 0, 0, 1, 0, 0, 1) \Rightarrow$ *Entscheidung:* c_0 *gesendet,*
2. $r_1 = (1, 1, 0, 1, 0, 0, 1) \Rightarrow$ *Entscheidung:* c_1 *gesendet.*

Der Empfänger entscheidet im 1. Fall, dass das Codewort c_0 gesendet wurde bzw. im 2. Fall, dass das Codewort c_1 gesendet wurde.

Die Bezeichnung r_i für einen Empfangsvektor rührt vom englischen Wort *received* her. Im Beispiel 5.1 wird deutlich, dass der Empfänger versucht, sich für ein Codewort zu entscheiden, bei dem möglichst wenig Fehler korrigiert werden müssen. Dies ist eine wichtige Grundannahme der Decodierung, die Entscheidung zum nächsten Nachbarn (nearest neighbour decision) genannt wird und uns bei der Berechnung der Fehlerwahrscheinlichkeiten im Abschnitt 5.1.8 noch begegnen wird.

5.1.4   Ein Parity-Check Bit

Eine in der Praxis häufig auftretende Aufgabe für die Kanalcodierung ist, im Gegensatz zum vorherigen Beispiel, möglichst wenig zu korrigieren, dafür aber eine sichere Fehlererkennung zu erreichen. Das folgende Beispiel zeigt hierfür eine einfache Anwendung.

Beispiel 5.2 *Gegeben sei ein Code C, dessen Codewörter jeweils k Informationselemente und nur ein Prüfelement (parity bit) $m = 1$ enthalten. Die Codewortlänge n beträgt deshalb $n = k+1$.*

Da die zu übertragende Information beliebige Bitkombinationen annehmen kann, gibt es 2^k verschiedene Codewörter. Die Vorschrift für die Wahl des Prüfelementes laute: Ergänze die Informationsstellen zu einem vollständigen Codewort so, dass die Anzahl der "Einsen" eines jeden Codewortes gerade ist.

Codewort	Information	Prüfstelle
	k = 3	m = 1
c_0	0 0 0	0
c_1	0 0 1	1
c_2	0 1 0	1
c_3	0 1 1	0
c_4	1 0 0	1
c_5	1 0 1	0
c_6	1 1 0	0
c_7	1 1 1	1

Tabelle 5.1: Beispiel eines parity check Codes mit $n = 4$ und $k = 3$.

Überlegen wir nun, wie ein möglicher Empfänger diese hinzugefügte Prüfstelle ausnutzen kann. Ist $r = (1, 1, 0, 1)$ empfangen worden, so ist klar, dass mindestens 1 Fehler aufgetreten ist, denn die *Anzahl der Einsen*[1] ist ungerade.

Wollen wir diesen Fehler aber korrigieren, so stoßen wir auf Uneindeutigkeiten. Wir können nicht entscheiden, ob c_6 gesendet wurde und nur das Prüfelement falsch empfangen wurde, oder ob c_4 gesendet wurde und die zweite Informationsstelle auf dem Übertragungswege verfälscht wurde. Allgemein können wir aber feststellen, dass ein Code $\mathcal{C}$ mit k Informationsstellen und einer Prüfstelle in der Lage ist, jede ungerade Anzahl von Fehlern zu erkennen, da diese zu einer Paritätsverletzung führen. Eine gerade Anzahl von Fehlern kann in der Regel nicht erkannt werden.

5.1.5 Prüfsummencodes – ein einfacher Blockcode

Prüfsummencodes sind Codes, deren Prüfteil durch die Summe verschiedener Informationssymbole gebildet wird. Als ein einfaches Beispiel soll ein Blockcode betrachtet werden (siehe Tabelle 5.2), dessen Codewörter c die folgende Form besitzen:

$$
\begin{aligned}
c &= (c_0, c_1, c_2, c_3, c_4, c_5, c_6, c_7), \\
&= (i_0, i_1, i_2, i_3, p_0, p_1, p_2, p_3).
\end{aligned}
\tag{5.3}
$$

Ein solcher Code, der gleich viele Informationssymbole wie Prüfsymbole besitzt, wird als halbratiger binärer Code bezeichnet (vgl. Abb. 5.2). Die Prüfelemente p_0, p_1, p_2 und p_3 wurden wie folgt berechnet:

$$
\begin{aligned}
p_0 &= i_0 \oplus i_1 \oplus i_2, \\
p_1 &= i_1 \oplus i_2 \oplus i_3, \\
p_2 &= i_0 \oplus i_1 \oplus i_3, \\
p_3 &= i_0 \oplus i_1 \oplus i_2 \oplus i_3 \oplus p_0 \oplus p_1 \oplus p_2, \\
&= i_0 \oplus i_2 \oplus i_3, \quad \text{da } p_0 \oplus p_1 \oplus p_2 = i_1.
\end{aligned}
$$

---

[1] Die *Anzahl der Einsen* wird auch das *Gewicht* von r genannt: $w(r)$.

Wir stellen fest, dass das Prüfelement p_3 die Anzahl der "Einsen" eines Codewortes immer zu einer geraden Zahl ergänzt.

Codewort	Information	Prüfstellen	Gewicht
c_i	k = 4	m = 4	$w(c_i)$
c_0	0 0 0 0	0 0 0 0	0
c_1	0 0 0 1	0 1 1 1	4
c_2	0 0 1 0	1 1 0 1	4
c_3	0 0 1 1	1 0 1 0	4
c_4	0 1 0 0	1 1 1 0	4
c_5	0 1 0 1	1 0 0 1	4
c_6	0 1 1 0	0 0 1 1	4
c_7	0 1 1 1	0 1 0 0	4
c_8	1 0 0 0	1 0 1 1	4
c_9	1 0 0 1	1 1 0 0	4
c_{10}	1 0 1 0	0 1 1 0	4
c_{11}	1 0 1 1	0 0 0 1	4
c_{12}	1 1 0 0	0 1 0 1	4
c_{13}	1 1 0 1	0 0 1 0	4
c_{14}	1 1 1 0	1 0 0 0	4
c_{15}	1 1 1 1	1 1 1 1	8

Tabelle 5.2: Beispiel eines (n,k)-Blockcodes mit $n = 8$ und $k = 4$

Auffällig ist auch, dass mit Ausnahme von c_0 jedes Codewort mindestens 4 Einsen enthält. Wir formulieren:

$$w(c_i) \geq 4 \quad \text{für} \quad i = 1, 2, \ldots, 15.$$

Das Gewicht $w(c)$ eines Codewortes oder Vektors $v = (v_0, v_1, \ldots, v_{n-1})$ ist definiert durch:

$$w(v) = \sum_{i=0}^{n-1} v_i \quad \text{mit } v_i \in \{0, 1\}. \tag{5.4}$$

Später werden wir noch untersuchen, wie dieses Mindestgewicht eines Codes $\mathcal{C}$ in die Korrekturfähigkeit eingeht. Die Hamming-Distanz D zweier Codewörter a und b ist die Anzahl der Stellen, in denen sie sich unterscheiden:

$$D(a, b) = w(a + b) = \sum_{i=0}^{n-1} a_i \oplus b_i \quad \text{mit } a_i, b_i \in \{0, 1\} \tag{5.5}$$

Durch die Addition der Vektoren in Gleichung (5.5) werden die Komponenten des Summenvektors zu Null bestimmt, in denen a und b gleich sind. Somit wird durch die Gewichtsbestimmung des Summenvektors die Anzahl der Komponenten bestimmt, in denen a und b verschieden sind.

Mit der Mindestdistanz d, wird die kleinste im Code vorkommende Distanz bezeichnet. Aus der Art der Bestimmung der Distanz nach Gleichung (5.5) wird klar, dass das Mindestgewicht eines Codes gleich der Mindestdistanz ist, denn die Summe (bzw. die Differenz) zweier Codewörter ist ja selber wieder ein Codewort. Diese Eigenschaft wird als die Linearität des Codes bezeichnet.

Schreiben wir die Gleichungen für die vier Prüfelemente unter Verwendung der Modulo-2 Rechenregeln ('+' = '−') in ein Gleichungssystem, so erhalten wir:

$$
\begin{array}{cccccccccc}
i_0 & \oplus & i_1 & \oplus & i_2 & & & \oplus & p_0 & & & & & = & 0 \\
 & & i_1 & \oplus & i_2 & \oplus & i_3 & & & \oplus & p_1 & & & = & 0 \\
i_0 & \oplus & i_1 & & & \oplus & i_3 & & & & & \oplus & p_2 & & = & 0 \\
i_0 & & & \oplus & i_2 & \oplus & i_3 & & & & & & & \oplus & p_3 & = & 0.
\end{array}
\tag{5.6}
$$

Dieses Gleichungssystem (5.6) kann nun in eine Matrixform gebracht werden, wobei der Vektor $c^{(T)}$ dem transponierten Codewort c entspricht:

$$
\boldsymbol{H} \cdot \boldsymbol{c}^{(T)} = \boldsymbol{0}
\tag{5.7}
$$

Wir erhalten somit:

$$
\underbrace{\begin{pmatrix}
1 & 1 & 1 & 0 & 1 & 0 & 0 & 0 \\
0 & 1 & 1 & 1 & 0 & 1 & 0 & 0 \\
1 & 1 & 0 & 1 & 0 & 0 & 1 & 0 \\
1 & 0 & 1 & 1 & 0 & 0 & 0 & 1
\end{pmatrix}}_{\boldsymbol{H}} \cdot
\begin{pmatrix}
i_0 \\ i_1 \\ i_2 \\ i_3 \\ p_0 \\ p_1 \\ p_2 \\ p_3
\end{pmatrix}
=
\begin{pmatrix}
0 \\ 0 \\ 0 \\ 0
\end{pmatrix}.
$$

Durch die Darstellung in Gl. (5.7) haben wir eine Prüfbedingung für eine fehlerfreie Übertragung erhalten. Für jedes fehlerfrei empfangene Codewort muss diese Bedingung, nach der die Prüfsymbole des Codewortes berechnet wurden, gelten. Die Matrix $\boldsymbol{H}$ wird deshalb auch die Prüfmatrix eines Codes genannt.

Überlegen wir nun, wie mit Hilfe der Prüfmatrix $\boldsymbol{H}$ Fehler erkannt bzw. korrigiert werden können. Wir setzen zunächst voraus, dass ein fehlerbehafteter Vektor $\boldsymbol{r}$ empfangen wurde:

$$
\boldsymbol{r} = \boldsymbol{c} + \boldsymbol{f}.
\tag{5.8}
$$

Die Multiplikation mit der Prüfmatrix liefert dann:

$$
\boldsymbol{H} \cdot \boldsymbol{r}^{(T)} = \boldsymbol{H} \cdot (\boldsymbol{c}^{(T)} + \boldsymbol{f}^{(T)}) = \underbrace{\boldsymbol{H} \cdot \boldsymbol{c}^{(T)}}_{\boldsymbol{0}} + \boldsymbol{H} \cdot \boldsymbol{f}^{(T)}
$$

$$
= \boldsymbol{H} \cdot \boldsymbol{f}^{(T)}.
\tag{5.9}
$$

In Gleichung (5.9) ist zu erkennen, dass das Ergebnis der Multiplikation nur noch vom Fehler, jedoch nicht mehr vom Codewort abhängig ist. Weiterhin können wir auch sofort die Position des

Fehlers erkennen, solange nur *ein Fehler* aufgetreten ist. Für das Gewicht des Fehlervektors gilt zunächst:

$$w(\boldsymbol{f}) \;=\; 1\,.$$

Die Multiplikation $\boldsymbol{H} \cdot \boldsymbol{r}^{(T)}$ liefert genau eine Spalte der Matrix, so dass die Position des Fehlers in der gleichen Spalte des Fehlervektors $\boldsymbol{f}$ ablesbar ist:

$$\begin{pmatrix} 1 & 1 & 1 & 0 & 1 & 0 & 0 & 0 \\ 0 & 1 & 1 & 1 & 0 & 1 & 0 & 0 \\ 1 & 1 & 0 & 1 & 0 & 0 & 1 & 0 \\ 1 & 0 & 1 & 1 & 0 & 0 & 0 & 1 \end{pmatrix} \cdot \begin{pmatrix} 0 \\ 1 \\ 0 \\ 0 \\ 0 \\ 0 \\ 0 \\ 0 \end{pmatrix} = \begin{pmatrix} 1 \\ 1 \\ 1 \\ 0 \end{pmatrix}\,.$$

Wird durch die Multiplikation die j-te Spalte der Prüfmatrix ausgewählt, so ist damit ein Fehler in der j-ten Stelle des Empfangsvektors falsch.

Nun wollen wir die Anzahl der Fehler auf zwei erhöhen, um herauszufinden, ob auch diese so einfach korrigiert werden können. Sind genau *zwei Fehler* aufgetreten, so gilt für das Gewicht des Fehlervektors:

$$w(\boldsymbol{f}) \;=\; 2\,.$$

Wir stellen nun fest, dass das Ergebnis der Multiplikation $\boldsymbol{H} \cdot \boldsymbol{r}^{(T)}$ kein Spaltenvektor der Matrix ist:

$$\begin{pmatrix} 1 & 1 & 1 & 0 & 1 & 0 & 0 & 0 \\ 0 & 1 & 1 & 1 & 0 & 1 & 0 & 0 \\ 1 & 1 & 0 & 1 & 0 & 0 & 1 & 0 \\ 1 & 0 & 1 & 1 & 0 & 0 & 0 & 1 \end{pmatrix} \cdot \begin{pmatrix} 0 \\ 1 \\ 1 \\ 0 \\ 0 \\ 0 \\ 0 \\ 0 \end{pmatrix} = \begin{pmatrix} 0 \\ 0 \\ 1 \\ 1 \end{pmatrix}\,.$$

Offenbar kann der Empfangsvektor noch als falsch erkannt werden, da gilt: $\boldsymbol{H} \cdot \boldsymbol{r}^{(T)} \neq \boldsymbol{0}$. Die Position der Fehler ist aber unbestimmt und somit ist der Fehlervektor nicht korrigierbar. Dies ist darin begründet, dass es viele verschiedene Möglichkeiten gibt zwei Spalten der Prüfmatrix so zu addieren, um auf das gleiche Ergebnis zu kommen. Beispielsweise liefert die Addition der letzten beiden Spalten von $\boldsymbol{H}$ das gleiche Ergebnis wie die Addition vom zweiten und dritten Spaltenvektor.

Sind *drei oder mehr Fehler* aufgetreten so gilt:

$$w(\boldsymbol{f}) \;\geq\; 3\,.$$

Das Korrekturverfahren versagt jetzt vollständig, da das Ergebnis der Multiplikation $H \cdot r^{(T)}$ genau ein Spaltenvektor der Matrix ist:

$$\begin{pmatrix} 1 & 1 & 1 & 0 & 1 & 0 & 0 & 0 \\ 0 & 1 & 1 & 1 & 0 & 1 & 0 & 0 \\ 1 & 1 & 0 & 1 & 0 & 0 & 1 & 0 \\ 1 & 0 & 1 & 1 & 0 & 0 & 0 & 1 \end{pmatrix} \cdot \begin{pmatrix} 1 \\ 1 \\ 1 \\ 0 \\ 0 \\ 0 \\ 0 \\ 0 \end{pmatrix} = \begin{pmatrix} 1 \\ 0 \\ 0 \\ 0 \end{pmatrix}.$$

Es wird somit ein einzelner Fehler in der Position: $p_0 = c_4$ (vgl. Gl. 5.3) vorgetäuscht. War in diesem Fall z. B. das gesendete Codewort $c_{15} = (1,1,1,1,1,1,1,1)$, so wird ein Vektor $r = (0,0,0,1,1,1,1,1)$ empfangen und fälschlicherweise das Codewort $c_1 = (0,0,0,1,0,1,1,1)$ decodiert.

Dies macht deutlich, dass ein Codierverfahren nur dann zu sinnvollen Korrekturergebnissen führt, wenn die Korrekturfähigkeit eines Codes nicht überschritten wird. Dies zu vermeiden, ist Aufgabe einer Untersuchung des Übertragungskanals. Erst wenn eine ausreichende Fehlerstatistik des Kanals vorliegt, kann eine sinnvolle Codierung entwickelt werden.

5.1.6   Generatormatrix und Prüfmatrix

Im vorausgegangenen Abschnitt wurde erläutert, wie durch ein System von Prüfsummen die Prüfmatrix entsteht. In diesem Abschnitt wird nun der Zusammenhang zwischen der Prüfmatrix und der Generatormatrix beschrieben.

Unter der Generatormatrix wollen wir die den Code erzeugende Matrix G vestehen:

$$c = i \cdot G, \tag{5.10}$$

wobei der Vektor $i = (i_0, i_1, \ldots, i_{k-1})$ die zu codierende Information enthält. Das Codewort c entsteht durch die Multiplikation des Informationsvektors i mit der Generatormatrix G. Die Matrix G muss hierfür in k Zeilen linear unabhängige Code-Vektoren vom Code $\mathcal{C}$ enthalten:

$$G = \begin{pmatrix} g_{00} & g_{01} & g_{02} & \cdots & g_{0,n-1} \\ g_{10} & g_{11} & g_{12} & \cdots & g_{1,n-1} \\ \vdots & \vdots & \vdots & & \vdots \\ g_{k-1,0} & g_{k-1,1} & g_{k-1,2} & \cdots & g_{k-1,n-1} \end{pmatrix} = \begin{pmatrix} g_0 \\ g_1 \\ \vdots \\ g_{k-1} \end{pmatrix}. \tag{5.11}$$

Betrachten wir wieder das Beispiel aus Tabelle 5.2, so könnte G wie folgt aussehen:

$$G = \begin{pmatrix} 1 & 0 & 0 & 0 & 1 & 0 & 1 & 1 \\ 0 & 1 & 0 & 0 & 1 & 1 & 1 & 0 \\ 0 & 0 & 1 & 0 & 1 & 1 & 0 & 1 \\ 0 & 0 & 0 & 1 & 0 & 1 & 1 & 1 \end{pmatrix}.$$

Die Codewörter c_8, c_4, c_2 und c_1 bilden die Zeilen der Generatormatrix. Diese Codewörter stellen eine natürliche Basis des Codes dar, da sie in den ersten vier Stellen jeweils nur in einer Komponente besetzt sind. Selbstverständlich müssen sie auch unabhängig sein. Sie sind unabhängig, wenn keine mögliche Summenbildung der Codewörter auf das Nullcodewort c_0 führt. Durch unterschiedliche Addition dieser vier Codewörter gelingt es vielmehr, alle anderen Codewörter zu bilden. Beispielsweise ergibt die Addition: $c_8 + c_4 = c_{12}$. Dies entspricht einer Multiplikation des Informationsvektors $i = (1,1,0,0)$ mit der Generatormatrix G. Zur Codierung mit der Generatormatrix finden sich in den nachfolgenden Abschnitten noch weitere erläuternde Beispiele.

In diesem Abschnitt ist der Zusammenhang von Generatormatrix und Prüfmatrix wichtig. Dieser Zusammenhang wird durch die Gleichung (5.12) gegeben:

$$ G \cdot H^{(T)} = 0 \qquad \Longleftrightarrow \qquad H \cdot G^{(T)} = 0 . \qquad (5.12) $$

In Gleichung (5.12) ist H die Prüfmatrix eines systematischen Codes. Die $(m \times n)$–Prüfmatrix besitzt die Form:

$$ H = (A | \, I_m) . $$

Die Matrix A ist eine $(m \times k)$–Matrix und I_m ist eine $(m \times m)$–Einheitsmatrix. Die Generatormatrix G eines systematischen Codes ist eine $(k \times n)$–Matrix der Form:

$$ G = (I_k \,|\, B) = (I_k \,|\, A^{(T)}) . $$

Die Matrix B ist eine $(k \times m)$–Matrix, und I_k ist eine $(k \times k)$–Einheitsmatrix. Die Matrizen A und B sind transponiert zueinander. Für das obige Beispiel aus Tabelle 5.2 besitzen die Matrizen A und B folgendes Aussehen:

$$ A = \begin{pmatrix} 1 & 1 & 1 & 0 \\ 0 & 1 & 1 & 1 \\ 1 & 1 & 0 & 1 \\ 1 & 0 & 1 & 1 \end{pmatrix} \qquad \Longleftrightarrow \qquad B = A^{(T)} = \begin{pmatrix} 1 & 0 & 1 & 1 \\ 1 & 1 & 1 & 0 \\ 1 & 1 & 0 & 1 \\ 0 & 1 & 1 & 1 \end{pmatrix} . $$

Deutlich ist zu erkennen, dass die Zeilen der Matrix A den Spalten der Matrix B entsprechen. So ist z.B. die erste Zeile von A mit der ersten Spalte von B gleich. Dies bedeutet, dass die Matrizen A und B zueinander transponiert sind.

5.1.7 Korrekturfähigkeit linearer Blockcodes

Zur Erläuterung der Fehlerkorrekturfähigkeit von Codes soll noch einmal das Codebeispiel aus Tabelle 5.2 dienen. Der Code besitzt eine Codewortlänge $n = 8$, die Anzahl $k = 4$ der Informationsstellen und die Anzahl der hinzugefügten Redundanzen $m = 4$. Die Mindestdistanz $d = 4$ dieses Codes ist gleich dem Mindestgewicht des Codes, da sich alle Codewörter untereinander um mindestens 4 Stellen unterscheiden. Der Code ist in der Lage, einen Übertragungsfehler zu korrigieren bzw. zwei Fehler noch erkennen zu können.

Da durch jeweils einen Übertragungsfehler die Hamming-Distanz eines Codewortes gegenüber allen restlichen Codewörtern um höchstens 1 verändert werden kann, benötigt ein E-fehlerkorrigierender Code eine Hamming-Distanz von mindestens $(2E + 1)$. Demzufolge hat das mit e Übertragungsfehlern behaftete Codewort eine Hamming-Distanz von e zum gesendeten

Codewort, aber immer noch mindestens die Distanz $(E + 1)$ zu allen anderen Codewörtern. Es kann daher das verfälschte Codewort dem ursprünglichen, d.h. dem richtigen Codewort zugeordnet werden, solange $e \leq E$ gilt.

Codes, deren Codewörter der Länge n k Informationsstellen beinhalten und eine Mindestdistanz d haben, werden als (n, k, d)-Codes bezeichnet.

Man kann die Fehlerkorrekturfähigkeit eines Codes auch anhand eines geometrischen Modells[2] erklären. Dabei werden die Eckpunkte eines n-dimensionalen Einheitswürfels als Codewörter interpretiert. Jede Achse des n-dimensionalen Achsenkreuzes entspricht hier einer Stelle des Codewortes.

Zur geometrischen Darstellung wird ein systematischer $(3,1,3)$-Code verwendet, dessen Codewörter $(0,0,0)$ und $(1,1,1)$ lauten. Die Codewörter werden als Eckpunkte des drei-dimensionalen Einheitswürfels aufgetragen (siehe Abbildung 5.4 a). Da der Code die Hamming-Distanz 3 besitzt, gelangt man von einem Codewort zum anderen über jeweils mindestens zwei Eckpunkte, d.h. es müssen mindestens 3 Kantenabschnitte durchlaufen werden.

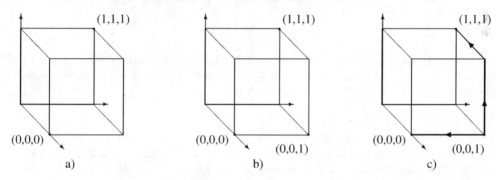

Abbildung 5.4: Geometrische Darstellung eines $(3,1,3)$-Codes

Tritt beispielsweise bei der Übertragung des Codewortes $(0,0,0)$ eine Störung in der letzten Stelle des Codewortes auf, so wird der Vektor $(0,0,1)$ vom Empfänger detektiert (siehe Abbildung 5.4 b). Der Übertragungsfehler kann sofort vom Empfänger erkannt werden, da der Eckpunkt $(0,0,1)$ nicht zum Code gehört. Das verfälschte Codewort hat zu einem gültigen Codewort die Distanz[3] $D = 1$, zum anderen gültigen Codewort die Distanz $D = 2$ (siehe Abbildung 5.4 c). Der Decoder wird das empfangene Codewort dem „näheren" gültigen Codewort zuordnen, d.h. dem Codewort mit der kleineren Distanz. Mit dieser Entscheidung wird der Übertragungsfehler korrigiert.

5.1.8 Berechnung der Fehlerwahrscheinlichkeit

Wie wir in den letzten beiden Abschnitten gesehen haben, kann ein Decodierverfahren stets nur in begrenztem Umfang richtig korrigieren und sogar für den Fall, dass die Fehlererkennbarkeit

---

[2]Dieses Modell ist hier auf drei Dimensionen beschränkt, da die Erklärung einsichtig und noch zeichnerisch darstellbar sein soll.

[3]Die Distanz $D = 1$ entspricht einer Kantenlänge.

überschritten ist, weitere Fehler hinzufügen. Deshalb ist es von besonderem Interesse, die Wahrscheinlichkeit zu berechnen, mit der ein Codewort richtig oder falsch empfangen bzw. decodiert wird. Voraussetzung für eine solche Berechnung ist eine Kenntnis des Übertragungskanals bzw. des Modells, das diesem Kanal entspricht. Bei den nun folgenden Überlegungen wird der BSC als Kanalmodell vorausgesetzt.

Fragen wir zunächst einmal nach der Wahrscheinlichkeit, dass überhaupt kein Fehler ($e = 0$) in dem Codewort der Länge n aufgetreten ist:

$$P(e = 0) \quad = \quad \underbrace{(1 - p) \cdot (1 - p) \cdots (1 - p)}_{n\,\text{Faktoren}} \quad = \quad (1 - p)^n \; .$$

Bei dieser Berechnung wird vorausgesetzt, dass das Codewort aus n Bit besteht und jedes Bit statistisch unabhängig mit der Bitfehlerwahrscheinlichkeit p gestört wird. Jedes einzelne der n Bits wird mit der Wahrscheinlichkeit $(1 - p)$ richtig übertragen. Die Gesamtwahrscheinlichkeit ergibt sich dann aus der Multiplikation von n Faktoren.

Fragen wir uns nun, mit welcher Wahrscheinlichkeit ein bestimmtes Bit des Codewortes falsch übertragen wurde ($e = 1$), so erhalten wir:

$$P_{bst}(e = 1) \quad = \quad p \cdot (1 - p)^{n-1} \; ,$$

denn genau 1 Bit ist mit der Wahrscheinlichkeit p falsch *und* die anderen $n - 1$ Bits sind mit der Wahrscheinlichkeit $1 - p$ richtig. Wollen wir die Wahrscheinlichkeit berechnen, dass ein beliebiges Bit der n möglichen falsch ist ($e = 1$), so erhalten wir:

$$P(e = 1) \quad = \quad n \cdot p \cdot (1 - p)^{n-1} \quad .$$

Der Faktor n berücksichtigt die n Möglichkeiten, die existieren, einen Fehler in n unterschiedlichen Positionen des Codewortes zu finden. Allgemein kann die Wahrscheinlichkeit, dass e beliebige der n möglichen Stellen bei der Übertragung verfälscht werden, wie folgt berechnet werden:

$$P(e) \quad = \quad \binom{n}{e} \cdot p^e \cdot (1 - p)^{n-e} \; . \tag{5.13}$$

Der Faktor *n über e* gibt hierbei die Anzahl der verschiedenen Möglichkeiten an, e Fehler in n Stellen zu verteilen:

$$\binom{n}{e} \quad = \quad \frac{n \cdot (n - 1) \cdots (n - (e - 1))}{1 \cdot 2 \cdots e} \quad = \quad \frac{n!}{e! \cdot (n - e)!} \; .$$

Entsprechend der Gl. (5.13) lässt sich die Wahrscheinlichkeit, mit der ein Code, der maximal E-Fehler korrigieren kann, richtig korrigiert, berechnen:

$$P_{richtig} \quad = \quad \sum_{e=0}^{E} \binom{n}{e} \cdot p^e \cdot (1 - p)^{n-e} \; . \tag{5.14}$$

Die Wahrscheinlichkeit, dass ein Empfangswort nicht korrigierbar ist oder gar falsch korrigiert wird, bestimmt sich zu:

$$P_{falsch} \quad = \quad 1 - P_{richtig}$$

$$= \quad \sum_{e=E+1}^{n} \binom{n}{e} \cdot p^e \cdot (1 - p)^{n-e} \; . \tag{5.15}$$

Vergleichen wir die Fehlerwahrscheinlichkeiten, die ein einfaches Codierverfahren, wie im Abschnitt 5.1.5 angegeben, bei einer Bitfehlerwahrscheinlichkeit $p = 0.01$ erreichen kann, mit denen einer uncodierten Übertragung der 4 Informationsbits, so stellen wir fest:

uncodiert $\quad P_{richtig} = (1 - p)^4 = 0.961,$
$\qquad\qquad\quad P_{falsch} = 1 - (1 - p)^4 = 0.039,$

codiert $\quad P_{richtig} = (1 - p)^8 + 8p(1 - p)^7 = 0.9973,$
$\qquad\qquad P_{falsch} = 1 - P_{richtig} = 0.0027.$

Dieser Vergleich zeigt, dass bereits durch diese einfache Codierung die Wahrscheinlichkeit, dass eines der 4 Informationsbits falsch übertragen wird, um den Faktor $0.039/0.0027 \approx 15$ verringert werden kann. Noch deutlicher wird dieser Vergleich, wenn die Bitfehlerwahrscheinlichkeit auf $p = 0.001$ verringert wird:

uncodiert $\quad P_{richtig} = (1 - p)^4 = 0.996005996,$
$\qquad\qquad\quad P_{falsch1} = 1 - (1 - p)^4 = 0.003994003,$

codiert $\quad P_{richtig} = (1 - p)^8 + 8p(1 - p)^7 = 0.999972111,$
$\qquad\qquad P_{falsch2} = 1 - P_{richtig} = 0.000027888.$

Der oben berechnete Faktor der verringerten Fehlerwahrscheinlichkeit ändert sich auf: $P_{falsch1}/P_{falsch2} \approx 143.$

Mittelwert und Varianz der Binomialverteilung

Mit der in Gleichung (5.13) angegebenen Wahrscheinlichkeitsverteilung der Binomialverteilung können der Mittelwert und die Varianz berechnet werden. Der Mittelwert berechnet sich aus $E\{i\} = \sum_{i=0}^{n} i \cdot P(i)$ unter Berücksichtigung von:

$$\sum_{i=0}^{n} \binom{n}{i} \cdot p^i \cdot (1 - p)^{n-i} = 1 \quad \text{und} \quad i \cdot \binom{n}{i} = n \cdot \binom{n-1}{i-1} \quad \text{zu:} \quad E\{i\} = np. \qquad (5.16)$$

Ganz entsprechend berechnet sich das zweite Moment:

$$\begin{aligned} E\{i^2\} &= \sum_{i=0}^{n} i^2 \cdot P(i) = \sum_{i=0}^{n} i^2 \cdot \binom{n}{i} \cdot p^i \cdot (1 - p)^{n-i}, \\ &= np + n(n - 1)p^2. \end{aligned} \qquad (5.17)$$

Für die Varianz $\sigma^2 = E\{i^2\} - (E\{i\})^2$ und der Standardabweichung σ gilt:

$$\sigma^2 = np(1 - p) \implies \sigma = \sqrt{np(1 - p)}. \qquad (5.18)$$

5.2   Lineare Codes

Lineare Codes stellen eine Untergruppe aller Codes dar, in der Tat jedoch eine sehr wichtige. Denn die Codes, die bislang Eingang in die Praxis gefunden haben, wie Hamming-, BCH-, RS- und auch Faltungscodes, gehören zu dieser Klasse. Die besondere Bedeutung der Linearität für Fehler korrigierende Codes liegt darin begründet, dass sich die Codierung und Decodierung durch lineare Operationen realisieren lässt.

Die folgende Definition der Linearität besagt, dass das Ergebnis einer beliebigen Addition zweier Codewörter wieder ein gültiges Codewort ist. Die Definition ist für binäre Codes gültig, d.h. die Komponenten der Codevektoren a,b und c besitzen nur Komponenten $a_i, b_i, c_i \in \{0,1\}$.

Definition 5.1 *Ist jede Linearkombination zweier beliebiger Codewörter a und b eines Codes $\mathcal{C}$ wieder ein Codewort $c \in \mathcal{C}$:*

$$k \cdot a + l \cdot b = c \quad \text{mit } a,b,c \in \mathcal{C}, \quad wobei \tag{5.19}$$

$$k \cdot a_i \oplus l \cdot b_i = c_i \bmod 2 \quad mit\ k,l \in \{0,1\}, \tag{5.20}$$

so heißt der Code $\mathcal{C}$ LINEAR.

Aufgrund dieser Definition besitzt jeder lineare Code das Nullcodewort, dessen Komponenten alle Null sind. Dies folgt sofort aus der Definition, wenn gilt: $a = b$. Die Addition ergibt: $a + b = a + a = 0$.

Lineare Codes können auf Zahlenkörpern (Galois Feld) beliebiger Größe $GF(q = p^s)$ konstruiert werden, wobei p eine Primzahl ist. In diesem Buch werden ausschließlich Codes behandelt, die über $GF(2)$ definiert sind. Hierdurch gelingt es, ohne großen mathematischen Aufwand, die wesentlichen Eigenschaften von Fehler korrigierenden Codes zu behandeln, da lediglich die mod2 Rechnung benötigt wird. Weiterführende Fachliteratur (z.B. [35], [6], [24]) behandelt die Mathematik auf endlichen Zahlenkörpern.

5.2.1   Mindestdistanz und Mindestgewicht eines Codes

Bereits im Abschnitt 5.1.5 wurde auf die Bedeutung von Gewicht (s. Gl. 5.4) und Distanz (s. Gl. 5.5) hingewiesen. In den folgenden Abschnitten sollen die Aussagen zum Hamming-Gewicht und zur Hamming-Distanz erweitert und vertieft werden.

Das Hamming-Gewicht $w(c)$ eines Vektors c ist definiert als die Anzahl der Elemente von c, die nicht Null sind. Dementsprechend wird als Mindestgewicht, dass kleinste im Code vorkommende Gewicht eines Codevektors bestimmt. Der Nullvektor muss bei dieser Definition ausgeschlossen werden.

Definition 5.2 *Das* MINDESTGEWICHT *w^* eines Codes ist das kleinste Gewicht eines beliebigen Codevektors des Codes – mit Ausnahme des Nullvektors:*

$$w^* = \min_{c_i \in \mathcal{C}, c_i \neq 0} w(c_i). \tag{5.21}$$

Das Gewicht von $c_1 = (1, 1, 1, 1, 1)$ ist z.B. gleich fünf und von $c_2 = (0, 0, 1, 1, 1)$ gleich drei. Da aber auch $c_1 + c_2 = c_3 = (1, 1, 0, 0, 0)$ im Code liegen müssen, kann das Mindestgewicht nicht größer als zwei sein.

Die Hamming-Distanz D zwischen zwei Vektoren a und b ist durch die Anzahl der Stellen bestimmt, in denen sie sich unterscheiden. Hieraus folgt sofort weiter, dass die Distanz zwischen zwei beliebigen Codewörtern mindestens so groß ist, wie das kleinste Gewicht w^* eines Codewortes von $c \in C$ (Mindestgewicht von C), denn jede Addition (oder Subtraktion) zweier Codewörter ergibt wieder ein Codewort. Dieser Tatbestand soll nun noch mathematisch formuliert werden.

Definition 5.3 *Die* MINDESTDISTANZ *d eines Codes C ist die kleinste Distanz D zweier voneinander verschiedener Codewörter c_i , c_j $\in C$:*

$$d = \min_{\substack{c_i, c_j \in C \\ c_i \neq c_j}} D(c_i, c_j) .\qquad(5.22)$$

Für lineare Codes ist die Aussage ganz wichtig, dass die Mindestdistanz d gleich dem Mindestgewicht w^* des Codes ist. Dies kann einfach bewiesen werden:

$$d = \min_{\substack{c_i, c_j \in C \\ c_i \neq c_j}} D(c_i, c_j) = \min_{\substack{c_i, c_j \in C \\ c_i \neq c_j}} w(c_i - c_j) = \min_{\substack{c_k \in C \\ c_k \neq 0}} w(c_k) = w^* .$$

Die praktische Bedeutung dieser Aussage liegt darin begründet, dass sich i.d.R. das Mindestgewicht eines Codes viel leichter bestimmen lässt, als die Mindestdistanz. Das folgende Beispiel zeigt einen linearen, binären (7,3)-Blockcode.

Beispiel 5.3 $n = 7$ *und* $k = 3$ *ergibt eine Redundanz* $m = n - k = 4$:

Nr.	Information	Redundanz	Codewort	$w(c_i)$
0	0 0 0	0 0 0 0	0 0 0 0 0 0 0	0
1	0 0 1	0 0 1 1	0 0 1 0 0 1 1	3
2	0 1 0	0 1 0 1	0 1 0 0 1 0 1	3
3	0 1 1	0 1 1 0	0 1 1 0 1 1 0	4
4	1 0 0	1 0 0 1	1 0 0 1 0 0 1	3
5	1 0 1	1 0 1 0	1 0 1 1 0 1 0	4
6	1 1 0	1 1 0 0	1 1 0 1 1 0 0	4
7	1 1 1	1 1 1 1	1 1 1 1 1 1 1	7

Tabelle 5.3: Beispiel eines linearen, binären (7,3)-Blockcodes

Es ist zu erkennen, dass der Code das Mindestgewicht $w^* = 3$ besitzt. Deshalb gilt auch für die Mindestdistanz $d = 3$. Der (7,3) Code kann einen Fehler korrigieren. Der Code ist auch linear. Addiert man Codewort Nr. 1 und Nr. 4 aus Tabelle 5.3, so erkennt man, dass wiederum ein Codewort entsteht (Codewort 5). Die Addition zweier Codewörter bedeutet, dass die $j-ten$ Stellen, $j = 0, 1, \cdots, n - 1$, jeweils mod 2 addiert werden (Exor-Verknüpfung).

Codewort 1	0010011
Codewort 4	$\oplus\, 1001001$
Codewort 5	1011010

Die Linearkombination zweier Codewörter eines linearen Codes muss ebenfalls ein Codewort sein. Wenn bei der Übertragung eines Codewortes weniger als e Bitfehler auftreten $(0 < e < d)$, so ist das Codewort so verfälscht, dass es mit keinem Codewort aus der Tabelle übereinstimmt.

Beispiel 5.4 *Gewicht und Distanz im* $(7,4)$ *Codes*

Codewort c_i	Information $k = 4$	Prüfstellen $m = 3$	Gewicht $w(c_i)$
c_0	0 0 0 0	0 0 0	0
c_1	0 0 0 1	0 1 1	3
c_2	0 0 1 0	1 1 0	3
c_3	0 0 1 1	1 0 1	4
c_4	0 1 0 0	1 1 1	4
c_5	0 1 0 1	1 0 0	3
c_6	0 1 1 0	0 0 1	3
c_7	0 1 1 1	0 1 0	4
c_8	1 0 0 0	1 0 1	3
c_9	1 0 0 1	1 1 0	4
c_{10}	1 0 1 0	0 1 1	4
c_{11}	1 0 1 1	0 0 0	3
c_{12}	1 1 0 0	0 1 0	3
c_{13}	1 1 0 1	0 0 1	4
c_{14}	1 1 1 0	1 0 0	4
c_{15}	1 1 1 1	1 1 1	7

Tabelle 5.4: Beispiel eines (n,k)-Blockcodes mit $n = 7$ und $k = 4$

Der nebenstehende (7,4) Code geht aus dem (8,4) Code nach Tabelle 5.2 hervor, wenn das letzte Prüfzeichen p_3 weggelassen wird. Genau wie der (8,4) Code besitzt der (7,4) Code 16 Codewörter, da $k = 4$ ist. Der (7,4) Code kommt aber mit einem Prüfzeichen weniger aus. Welche Auswirkungen dies hat wird im nachfolgenden Abschnitt 5.2.2 diskutiert.

Deutlich ist zu erkennen, dass die Gewichtsverteilung des Codes eine andere ist. Sieben Codewörter besitzen nur das Gewicht drei, so dass auch die Mindestdistanz nur drei sein kann. Im Abschnitt 5.2.3 wird diese Gewichtsverteilung eine weitere Rolle spielen.

Eine Möglichkeit zur Fehlerkorrektur erhält man durch den Vergleich des Empfangscodewortes mit jedem Codewort aus der Tabelle. Man ordnet die Empfangsfolge b dem Codewort a zu, bei dem die geringste Distanz $D(a, b)$ festgestellt worden ist. Treten mehr Fehler[4] als $\lfloor \frac{d}{2} \rfloor$ auf, so kann eine falsche Zuordnung entstehen, d.h. das Empfangswort kann einem falschen Codewort zugeordnet werden. Dieses Verfahren bezeichnet man mit MINIMUM DISTANCE DECODING. Es ist immer dann optimal, wenn die Übertragungsfehler statistisch unabhängig sind, d.h. wenn wenige Bitfehler wahrscheinlicher sind als mehr Bitfehler. Treten Bündelfehler auf, so ist dieses Verfahren nicht mehr optimal.

---

[4]Die Bezeichnung $\lfloor \frac{d}{2} \rfloor$ bedeutet, dass der Wert von $\frac{d}{2}$ für ungerade d auf die nächste kleinere Zahl abgerundet wird.

5.2.2   Fehlererkennnungs- und Fehlerkorrekturfähigkeit

Bereits im Abschnitt 5.1.7 wurde die Bedeutung des Abstandes der Codewörter zueinander – der Hamming-Distanz – für die Korrekturfähigkeit veranschaulicht. In diesem Abschnitt kann nun, nach der Einführung der Begriffe Mindestdistanz und Mindestgewicht, ein etwas allgemeinerer Zusammenhang von Mindestdistanz sowie Fehlererkennnungs- und Fehlerkorrekturfähigkeit hergestellt werden.

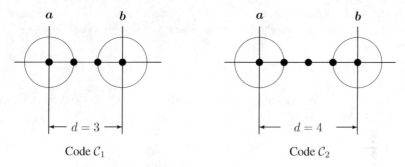

Abbildung 5.5: Darstellung der Hamming-Distanz

Wird über einen Kanal ein Codewort c übertragen und ein Vektor r empfangen, so dass e Fehler aufgetreten sind, so gilt für den Abstand des Empfangsvektors r und dem Codewort c:

$$D(c, r) = w(c - r) = e \,.$$

Besitzt der Code die Mindestdistanz d, so kann r als falsch erkannt werden, solange die Anzahl der Fehler e nicht größer als $d-1$ ist. Erst wenn $e = d$ Fehler aufgetreten, so könnte das Codewort c in ein anderes Codewort $r = \tilde{c}$ verfälscht werden, wie in Abb. 5.5 dargestellt. Ein Fehler, der auf ein anderes Codewort führt, kann prinzipiell nicht mehr – aufgrund der Codeeigenschaften – erkannt werden.

Für die FEHLERERKENNBARKEIT S OHNE KORREKTUR gilt demnach:

$$S \;\leq\; d - 1 \,. \tag{5.23}$$

Betrachten wir in Abb. 5.5 (Code $\mathcal{C}_1$) a als gesendetes Codewort, so wird deutlich, dass jeder Empfangsvektor dem Codewort a zugeordnet werden kann, der nicht weiter als einen Distanzschritt ($e = 1$) von a entfernt liegt. Werden zwei Distanzschritte ($e = 2$) durchgeführt, so kann der Empfangsvektor näher an b liegen. Die Decodierung führt dann zum falschen Ergebnis.

Dies bedeutet, dass der Empfangsvektor r solange eindeutig und richtig dem gesendeten Codewort a zugeordnet werden kann, wie die Anzahl der aufgetretenen Fehler e kleiner als die halbe Distanz zwischen a und b ist. In diesem Fall ist der Abstand zwischen a und r kleiner als von r zu einem anderen Codewort b. Für die maximale Anzahl E RICHTIG KORRIGIERBARER FEHLER gilt:

$$E \leq \left\lfloor \frac{d - 1}{2} \right\rfloor \,. \tag{5.24}$$

Die Klammer $\lfloor \ \rfloor$ bedeutet, dass der in der Klammer errechnete Wert auf die nächste ganze Zahl abgerundet wird. Ist z.B. $d = 5$, so folgt: $E \leq 2$.

Die Aussage von Gleichung (5.24) gilt für ungerade (Code $\mathcal{C}_1$) und gerade Mindestdistanz d (Code $\mathcal{C}_2$). Der Unterschied zwischen den beiden Codes liegt darin, dass beim Überschreiten der halben Mindestdistanz beim Code $\mathcal{C}_1$ eine falsche Korrektur erfolgt, beim Code $\mathcal{C}_2$ für $e = 2$ ein Empfangsvektor entsteht, der keinem der beiden Codewörter zugeordnet werden kann.

Die Gleichungen (5.23) und (5.24) geben jeweils an, wieviele Fehler maximal erkannt bzw. korrigiert werden können. Der Zusammenhang zwischen der Mindestdistanz d, der Anzahl der erkennbaren Fehler s und der Anzahl der korrigierbaren Fehler e ist in der folgenden Gleichung dargestellt:

$$d - 1 \ \geq \ 2 \cdot e + s \,. \tag{5.25}$$

Für einen zweifehlerkorrigierenden Code $\mathcal{C}$ mit der Mindestdistanz $d = 5$ ergeben sich z.B. folgende Kombinationsmöglichkeiten:

$$
\begin{aligned}
s &= 4, \ e = 0 \quad &\text{oder} \\
s &= 3, \ e = 0 \quad &\text{oder} \\
s &= 2, \ e = 1 \quad &\text{oder} \\
s &= 0, \ e = 2 \,.
\end{aligned}
$$

5.2.3   Gewichtsverteilung linearer Codes

Im Abschnitt 5.2.2 wurde die Bedeutung der Mindestdistanz für die Korrekturfähigkeit eines Codes erläutert. Berücksichtigt man die Aussage, dass Mindestdistanz gleich Mindestgewicht ist, so wird einsichtig, dass der Gewichtsverteilung eines Codes besondere Wichtigkeit zukommt.

Definition 5.4 *Die* GEWICHTSVERTEILUNG *eines linearen (n,k) Blockcodes wird durch eine Folge* $A_0, \ldots, A_i, \ldots, A_n$ *von ganzen Zahlen beschrieben. Die Zahl* A_i *gibt an, wieviele Codewörter der Code mit dem Hamminggewicht i besitzt. Dieser Gewichtsverteilung ist umkehrbar eindeutig eine* GEWICHTSFUNKTION $W_\mathcal{C}(x, y)$ *des Codes* $\mathcal{C}$ *zugeordnet:*

$$W_\mathcal{C}(x, y) \ = \ \sum_{i=0}^{n} A_i \cdot x^{n-i} y^i \ = \ \sum_{\boldsymbol{c} \in \mathcal{C}} x^{n-w(\boldsymbol{c})} y^{w(\boldsymbol{c})} \,. \tag{5.26}$$

Die Gewichtsfunktion $W_\mathcal{C}(x, y)$ ist ein Polynom vom Grad n in den Variablen x und y. Wird $x = 1$ gesetzt, so erhält man ein Polynom in einer Variablen:

$$W_\mathcal{C}(1, y) = W_\mathcal{C}(y) = \sum_{i=0}^{n} A_i \cdot y^i = \sum_{\boldsymbol{c} \in \mathcal{C}} y^{w(\boldsymbol{c})} \,. \tag{5.27}$$

Die ursprüngliche Gewichtsfunktion $W_\mathcal{C}(x, y)$ wird aus Gleichung (5.27) durch Substitution zurückgewonnen:

$$W_\mathcal{C}(x, y) = x^n \cdot W_\mathcal{C}(\frac{y}{x}) \,. \tag{5.28}$$

Für lineare (n, k) Codes mit der Mindestdistanz d sind folgende Eigenschaften einsichtig:

$$
\begin{align}
W_C(0) &= A_0 = 1\,, \tag{5.29}\\
A_n &\leq (q-1)^n\,, \tag{5.30}\\
A_i &= 0 \text{ für } 0 < i < d\,, \tag{5.31}\\
W_C(1) &= \sum_{i=0}^{n} A_i = q^k\,. \tag{5.32}
\end{align}
$$

Ist die Gewichtsverteilung eines Codes symmetrisch, so sind die drei Aussagen äquivalent:

$$
W_C(x,y) = W_C(y,x) \iff A_i = A_{n-i} \text{ für alle } i \iff W_C(y) = y^n \cdot W_C(y^{-1})\,. \tag{5.33}
$$

Die Gewichtsverteilung kann nur für wenige Codes in geschlossener Form berechnet werden. Zu diesen Codes gehören der Hamming- und Simplex-Code (siehe Abschnitt 5.2.9) sowie die MDS-Codes[5] (siehe Definition 5.5).

Beispiel 5.5 *Gewichtsverteilung eines Parity-Check-Codes*

Gegeben sei ein Code C, dessen Codewörter jeweils k Informationselemente und nur ein Prüfelement (parity bit) $m = 1$ (siehe Bsp. 5.2) enthalten. Die Codewortlänge n beträgt deshalb $n = k + 1 = 4$. Das Codewort c_0 hat das Gewicht null. Sechs Codeworte, c_1 bis c_6 besitzen das Gewicht zwei und c_7 hat das Gewicht vier.

Codewort c_i	Information $k = 3$	Prüfstelle $m = 1$	Gewicht $w(c_i)$
c_0	0 0 0	0	0
c_1	0 0 1	1	2
c_2	0 1 0	1	2
c_3	0 1 1	0	2
c_4	1 0 0	1	2
c_5	1 0 1	0	2
c_6	1 1 0	0	2
c_7	1 1 1	1	4

Die Gewichtsfunktion hat deshalb die Form:

$$
W_C(x,y) = x^4 + 6x^2y^2 + y^4 = W_C(y,x)\,.
$$

Die Gewichtsfunktion ist symmetrisch. In einer Variablen lautet die Funktion:

$$
W_C(1,y) = W_C(y) = 1 + 6y^2 + y^4\,.
$$

Die Gewichtsfunktion für den (7,3) Code aus Beispiel 5.3 Seite 361 lautet:

$$
W_{C(7,3)}(x,y) = x^7 + 3x^4y^3 + 3x^3y^4 + y^7 \iff W_{C(7,3)}(y) = 1 + 3y^3 + 3y^4 + y^7\,,
$$

und für den (7,4) Code aus Beispiel 5.4 Seite 362:

$$
W_{C(7,4)}(x,y) = x^7 + 7x^4y^3 + 7x^3y^4 + y^7 \iff W_{C(7,4)}(y) = 1 + 7y^3 + 7y^4 + y^7\,.
$$

Die Summe der A_i einer Gewichtsfunktion entspricht der jeweiligen Anzahl der 2^k Codewörter.

Die Bedeutung der Gewichtsverteilung wird in den Abschnitten 5.2.6 *Dualer Code* und 5.2.12 *MacWilliams-Identität* vertiefend behandelt.

---

[5]maximum distance separable

5.2.4   Schranken für lineare Codes

In diesem Abschnitt wird der Frage nach dem Zusammenhang der Codeparameter n, k, und d untersucht. Für welche Parameter können Codes existieren und für welche nicht? Diese für die Praxis wichtige Frage wird aber überlagert von der Frage, wie gute Codes mit diesen Parametern gefunden werden können. Leider kann die Beantwortung dieser Fragen bislang nicht miteinander verknüpft werden. Deshalb wird zunächt in diesem Abschnitt auf die Frage nach möglichen Codeparametern eingegangen.

Die SINGLETON-SCHRANKE zeigt, dass die Mindestdistanz d höchstens so gross ist, wie die Anzahl der Prüfzeichen plus eins. Für die Mindestdistanz d eines Codes C mit der Länge n und der Dimension k gilt:

$$d \leq n - k + 1. \tag{5.34}$$

Ein Beweis dieser Aussage findet sich z.B. in [24]. Kombinieren wir die Aussage der Singleton-Schranke mit der Gleichung (5.23) so folgt, dass ein Code mit der Mindestdistanz d, $S \leq n - k$ Fehler erkennen kann. Ein Einsetzen in Gleichung (5.24) ergibt für einen E-Fehler korrigierenden Code, $2E \leq n - k$. Diese Aussagen können so interpretiert werden, dass zur Korrektur eines Fehlers mindestens zwei Prüfstellen benötigt werden, während zum Erkennen eines Fehlers nur eine Prüfstelle erforderlich ist.

Definition 5.5 *Ein Code, der die Singleton–Schranke mit Gleichheit erfüllt, heißt "maximum distance separable" (MDS).*

Codes, die diese MDS Eigenschaft besitzen, kommen für eine vorgegebene Korrektureigenschaft mit der kleinst möglichen Anzahl von Prüfstellen aus. Zu diesen Codes gehören die RS-Codes, die im Rahmen dieses Buches nicht behandelt werden können. Die einzigen bekannten binären MDS Codes sind die Repetition Codes (siehe Abschnitt 5.1.3) ungerader Länge.

Die HAMMING-SCHRANKE beantwortet ein wichtiges Problem der Kanalcodierung, wie der Zusammenhang zwischen der Anzahl der Codewörter eines Codes bei vorgegebener Mindestdistanz und Länge ist. Die Hamming-Schranke stellt eine obere Schranke dar, die angibt, wieviele Codewörter mit vorgegebenen Parametern höchstens existieren. Zu einem Codewort $c \in \mathcal{C}(n,k,d)$ gibt es $\binom{n}{1}$ Vektoren mit der Distanz 1, $\binom{n}{2}$ Vektoren mit der Distanz 2, usw., $\binom{n}{e}$ Vektoren mit der Distanz e. Hierbei gilt:

$$\binom{n}{e} = \frac{n \cdot (n-1) \ldots (n-(e-1))}{e \cdot (e-1) \ldots 1}.$$

Da es maximal 2^n verschiedene binäre Vektoren der Länge n geben kann, ist die folgende Aussage einsichtig.

Für alle linearen $E \leq \lfloor \frac{d-1}{2} \rfloor$ fehlerkorrigierenden binären Codes $\mathcal{C}(n,k,d)$ gilt die HAMMING-UNGLEICHUNG:

$$2^k \left(1 + \binom{n}{1} + \cdots + \binom{n}{E}\right) \leq 2^n. \tag{5.35}$$

Für die Fehlerkorrektur bedeutet dies, dass alle Fehler, die zu Vektoren führen, die in den Korrekturkugeln (siehe Abb. 5.5) liegen, die mit dem maximalen Radius E um die 2^k Codewörter ohne

Überschneidung zu bilden sind, eindeutig zu den entsprechenden Codewörtern im Kugelmittelpunkt korrigiert werden können.

Wichtig ist noch einmal zu betonen, dass die Hamming-Schranke eine obere Schranke darstellt. Es existiert kein Code, der die Ungleichung nicht erfüllt. Andererseits garantiert die Einhaltung der Schranke noch nicht die Existenz eines Codes. Ebensowenig gibt sie Auskunft darüber, wie ein solcher Code konstruiert werden kann.

Beispiel 5.6 *Der $(7,4)$-Code mit $d = 3$ aus dem Beispiel 5.4 erfüllt die Hamming-Ungleichung, denn $2^4 \cdot (1 + 7) = 2^7$. Jeder mögliche Empfangsvektor liegt im Korrekturbereich eines Codewortes.*

Fragen wir wie, groß die Anzahl der Informationsstellen k eines Codes werden kann, der die Länge $n = 63$ besitzt und zwei Fehler korrigieren kann, so folgt:

$$2^{63-k} \geq (1 + 63 + 63 \cdot 31) = 2017.$$

Wird $k = 52$ gewählt, so ist die Ungleichung erfüllt, denn $2^{11} = 2048 \geq 2017$. Tatsächlich existiert ein solcher Code nicht. Es gibt aber es einen $(63, 51)$-Code, der die Mindestdistanz $d = 5$ besitzt.

5.2.5 Perfekte Codes

Um Missverständnissen zu diesem Abschnitt vorzubeugen, sollen zunächst zwei Tatsachen herausgestellt werden. Perfekte Codes müssen nicht unbedingt lineare Codes sein – es existieren auch nichtlineare Codes[6], die perfekt sind, aber in diesem Kapitel werden nur lineare Codes behandelt. Die Eigenschaft der Perfekten Codes ist es nicht, perfekt im Sinne von unfehlbar Fehler korrigieren zu können.

Mit Hilfe der Hamming-Schranke können nun Perfekte Codes definiert werden.

Definition 5.6 *Wenn für einen Code $C(n, k, d)$ die Gleichheit in der Hamming-Schranke gilt, so heisst er* PERFEKT.

Für binäre Codes bedeutet dies anschaulich, dass sich alle 2^n möglichen Vektoren eines Raumes $GF(2^n)$ innerhalb der Korrekturkugeln der 2^k Codewörter befinden (vgl. die Anmerkung auf Seite 366). Die Hamming-Schranke ist demnach ein Maß, wie gut die Korrekturkugeln den Raum überdecken. Somit können bei Perfekten Codes *alle* verfälschten Codewörter eindeutig einem *korrekten* Codewort zugeordnet werden.

Dies bedeutet nicht, dass diese Zuordnung im Sinne der Fehlerkorrektur auch richtig ist. Treten mehr als $E = \lfloor \frac{d-1}{2} \rfloor$ Fehler auf, so erfolgt zwangsläufig eine Falschkorrektur. Das so *korrigierte* Empfangswort enthält nach der Korrektur mehr Fehler als vor der Korrektur.

Es existieren jedoch nur wenige lineare Perfekte Codes. Einen perfekten Code – den Wiederholcode ungerader Länge – haben wir bereits kennengelernt. Desweiteren werden wir noch die Hamming-Codes und den Golay-Code kennenlernen.

---

[6]Vergleiche z.B. den Nordstrom-Robinson-Code

5.2.6   Der Duale Code

Wird die Prüfmatrix H eines Codes C als Generatormatrix verwendet, so kann damit ein zu C dualer Code C_d erzeugt werden. Die Bildung aller 2^{n-k} Linearkombinationen der Zeilen der Prüfmatrix H generiert den linearen Code C_d. Dieser $(n, n-k)$ Code C_d wird dualer Code von C genannt.

Definition 5.7 *Ist die $(k \times n)$-Matrix G die Generatormatrix, und die $(n - k \times n)$-Matrix H die Prüfmatrix eines linearen (n, k) Codes C, so erzeugt $G_d = H$ einen linearen $(n, n - k)$ Code C_d. Die Matrix $H_d = G$ ist die Prüfmatrix des Codes C_d. Der Code C_d wird als* DUALER CODE *zu C bezeichnet.*

Eine Folgerung aus Definition 5.7 und der Orthogonalität von Generator- und Prüfmatrix ist, dass auch für alle Codewörter $c_i = i \cdot G \in C$ und $c_j = j \cdot H \in C_d$ die Orthogonalität gilt:

$$c_i \cdot c_j^{(T)} = (i \cdot G) \cdot (j \cdot H)^T = iG \cdot H^T j^T = i \cdot 0 \cdot j^T = 0. \tag{5.36}$$

Da diese Orthogonalität $c_i \perp c_j$ für alle Codewortpaare $c_i \in C$ und $c_j \in C_d$ gilt, bezeichnet man die beiden Codes als orthogonal: $C \perp C_d$, bzw. $C_d = C^\perp$. Ohne Beweis werden diese Aussagen nachfolgend mathematisch formuliert zusammengefasst:

$$C_d = C^\perp = \left\{ c_j \in GF(2^n) | c_i \perp c_j \ \forall \ c_i \in C \right\}, \tag{5.37}$$

$$= \left\{ (c_0, c_1, \ldots, c_{n-1}) | \sum_{i=0}^{n-1} c_i b_i = 0 \ \forall \ (b_0, b_1, \ldots, b_{n-1}) \in C \right\}. \tag{5.38}$$

Die Anzahl k_d der Informationssymbole des dualen Codes C_d ist gleich der Anzahl der Prüfbits $m = n - k$ des Codes C.

Beispiel 5.7 *Der duale Code zu dem $(7, 4)$ Code aus Beispiel 5.4 ist ein $(7, 3)$ Code. Dieser $(7, 3)$ Code ist nicht identisch mit dem Code aus Beispiel 5.3. Die Generatormatrix des $(7, 4)$ Codes wird aus den vier Codewörtern c_1, c_2, c_4 und c_8 der Tabelle 5.4 gebildet.*

$$G_{(7,4)} = \begin{pmatrix} 1 & 0 & 0 & 0 & 1 & 1 & 0 \\ 0 & 1 & 0 & 0 & 1 & 0 & 1 \\ 0 & 0 & 1 & 0 & 0 & 1 & 1 \\ 0 & 0 & 0 & 1 & 1 & 1 & 1 \end{pmatrix} \iff H_{(7,4)} = \begin{pmatrix} 1 & 1 & 0 & 1 & 1 & 0 & 0 \\ 1 & 0 & 1 & 1 & 0 & 1 & 0 \\ 0 & 1 & 1 & 1 & 0 & 0 & 1 \end{pmatrix} = G_{(7,3)}$$

Im Unterschied zum Beispiel 5.11 trägt die Matrix $G_{(7,3)}$ die Systematik in den oberen Stellen.

Definition 5.8 *Bildet ein (n, k) Code C eine Teilmenge des dualen Codes $C^\perp \supseteq C$, so heißt C* SELBSTORTHOGONAL. *Gilt die Gleichheit $C^\perp = C$, so heißt C* SELBSTDUAL.

Eine Folgerung aus Definition 5.8 und der Orthogonalität von Generator- und Prüfmatrix ist, dass auch für die Generatormatrizen die Orthogonalität gilt: $G \cdot G^\perp = 0$.

Beispiel 5.8 a) *Der* $(4, 2)$ *Code* $\mathcal{C} = \{0000, 1001, 0110, 1111\}$ *ist selbstdual:*

$$G_{(4,2)} = \begin{pmatrix} 1 & 0 & 0 & 1 \\ 0 & 1 & 1 & 0 \end{pmatrix} \Longleftrightarrow H_{(4,2)} = G^{\perp}{}_{(4,2)} = \begin{pmatrix} 0 & 1 & 1 & 0 \\ 1 & 0 & 0 & 1 \end{pmatrix}.$$

Da lediglich die Zeilen von $G_{(4,2)}$ *und* $G^{\perp}{}_{(4,2)}$ *vertauscht sind, wird der gleiche Code erzeugt.*

b) *Der* $(5, 2)$ *Code* $\mathcal{C} = \{00000, 10010, 01001, 11011\}$ *ist selbstorthogonal:*

$$G_{(5,2)} = \begin{pmatrix} 1 & 0 & 0 & 1 & 0 \\ 0 & 1 & 0 & 0 & 1 \end{pmatrix} \Longleftrightarrow H_{(5,2)} = G^{\perp}{}_{(5,2)} = G_{(5,3)} = \begin{pmatrix} 0 & 0 & 1 & 0 & 0 \\ 1 & 0 & 0 & 1 & 0 \\ 0 & 1 & 0 & 0 & 1 \end{pmatrix}.$$

Da die zwei Zeilen von $G_{(5,2)}$ *auch in* $G_{(5,3)}$ *enthalten sind, ist auch* $\mathcal{C}$ *in* $\mathcal{C}^{\perp}$ *enthalten:* $\mathcal{C}^{\perp} \supseteq \mathcal{C}$. *Der Code* $\mathcal{C}$ *ist selbstorthogonal.*

5.2.7 Längenänderungen linearer Codes

In der Praxis kann die Codewortlänge durch die technischen Anforderungen in einem System vorgegeben sein, so dass – aufgrund seiner festgelegten Länge – kein bekannter linearer Code verwendbar ist. In diesem Abschnitt wird deshalb beschrieben, wie ausgehend von einem bekannten (n, k)-Code, durch Längenänderung, ein linearer $(\tilde{n}, \tilde{k})$ Code vorgegebener Länge entsteht. Hierbei werden vier Möglichkeiten unterschieden.

Definition 5.9 *Ein linearer* (n, k) *Code mit der Mindestdistanz* d *wird durch Längenänderung in einen linearern* $(\tilde{n}, \tilde{k})$ *Code mit der Mindestdistanz* $\tilde{d}$ *geändert:*

KÜRZEN: *Informationsbits werden verringert*
$\tilde{n} < n, \tilde{k} < k, \tilde{m} = m, \tilde{d} \geq d$

PUNKTIEREN: *Prüfbits werden verringert*
$\tilde{n} < n, \tilde{k} = k, \tilde{m} < m, \tilde{d} \leq d$

VERLÄNGERN: *Informationsbits werden angehängt*
$\tilde{n} > n, \tilde{k} > k, \tilde{m} = m, \tilde{d} \leq d$

EXPANDIEREN: *Prüfbits werden angehängt*
$\tilde{n} > n, \tilde{k} = k, \tilde{m} > m, \tilde{d} \geq d$

Auf die Methode des Kürzens wird im Abschnitt 5.4.4 *Kürzen zyklischer Codes* ausführlich eingegangen. In diesem Abschnitt soll das Expandieren näher erläutert werden.

Bereits in den Abschnitten 5.1.4 und 5.1.5 (Tabelle 5.2) wurde deutlich, dass durch Anfügen eines Paritätsbits (Expandieren) die Mindestdistanz erhöht werden kann. Die nachfolgende Aussage fasst diesen Sachverhalt genauer. Besitzt ein binärer (n, k) Code eine ungerade Mindestdistanz d, so kann er zu einem $\tilde{n} = n + 1, \tilde{k} = k$ Code mit der Mindestdistanz $\tilde{d} = d + 1$ expandiert werden. Jedes Codewort mit geradem Gewicht erhält als zusätzliches Prüfbit eine Null, und jedes Codewort mit ungeradem Gewicht erhält als zusätzliches Prüfbit eine Eins angehängt.

Nach Gleichung (5.11) besteht die Generatormatrix aus k Zeilen linear unabhängiger Codevektoren:

$$
\boldsymbol{G} = \begin{pmatrix} \boldsymbol{g}_0 \\ \boldsymbol{g}_1 \\ \vdots \\ \boldsymbol{g}_{k-1} \end{pmatrix}.
$$ (5.39)

Jeder der Zeilenvektoren $\boldsymbol{g}_i = (g_0^{(i)}, g_1^{(i)}, \ldots, g_{n-1}^{(i)})$ wird durch ein Bit p_i expandiert:

$$
p_i = g_0^{(i)} \oplus g_1^{(i)} \oplus \cdots \oplus g_{n-1}^{(i)} \quad \text{für } 0 \leq i \leq k-1.
$$ (5.40)

Hieraus ergibt sich die Matrix $\tilde{\boldsymbol{G}}$ des expandierten Codes:

$$
\tilde{\boldsymbol{G}} = \left(\quad \boldsymbol{G} \quad \middle| \begin{array}{c} p_0 \\ p_1 \\ \vdots \\ p_{k-2} \\ p_{k-1} \end{array} \right).
$$ (5.41)

Besitzt die Matrix $\tilde{\boldsymbol{G}}$ die Form $\tilde{\boldsymbol{G}} = (\boldsymbol{I}_k \,|\, \tilde{\boldsymbol{A}})$, so kann die Prüfmatrix $\tilde{\boldsymbol{H}}$ des expandierten Codes in der Form $\tilde{\boldsymbol{H}} = (\tilde{\boldsymbol{A}}^{(T)} \,|\, \boldsymbol{I}_{m+1})$ angegeben werden.

Überlegt man, dass alle Prüfgleichungen des (n, k) Codes erhalten bleiben, und dass zusätzlich gilt: $\tilde{\boldsymbol{H}} \cdot \boldsymbol{c}^{(T)} = \boldsymbol{0}$ (siehe Gl. 5.40), so folgt:

$$
\tilde{\boldsymbol{H}} = \left(\begin{array}{c|c} \boldsymbol{H} & \begin{array}{c} 0 \\ 0 \\ \vdots \\ 0 \end{array} \\ \hline 1 \quad 1 \quad \cdots & 1 \end{array} \right).
$$ (5.42)

Beispiel 5.9 *Der $(7,3)$ Code aus Beispiel 5.3 wird zum $(8,3)$ Code expandiert.*

$$
\tilde{\boldsymbol{G}} = \left(\begin{array}{ccccccc|c} 1 & 0 & 0 & 1 & 0 & 0 & 1 & 1 \\ 0 & 1 & 0 & 0 & 1 & 0 & 1 & 1 \\ 0 & 0 & 1 & 0 & 0 & 1 & 1 & 1 \end{array} \right), \qquad \tilde{\boldsymbol{H}} = \left(\begin{array}{ccccccc|c} 1 & 0 & 0 & 1 & 0 & 0 & 0 & 0 \\ 0 & 1 & 0 & 0 & 1 & 0 & 0 & 0 \\ 0 & 0 & 1 & 0 & 0 & 1 & 0 & 0 \\ 1 & 1 & 1 & 0 & 0 & 0 & 1 & 0 \\ \hline 1 & 1 & 1 & 1 & 1 & 1 & 1 & 1 \end{array} \right).
$$

Im folgenden Abschnitt soll die Fehlerkorrektur mit Hilfe der Prüfmatrix behandelt werden.

5.2.8   Syndrom und Fehlerkorrektur

In diesem Abschnitt wollen wir das Problem betrachten, dass beim Empfänger ein verfälschter Vektor $\boldsymbol{r}$ detektiert wird:

$$
\boldsymbol{r} = \boldsymbol{c} + \boldsymbol{f}.
$$ (5.43)

Definition 5.10 *Der vom Codewort unabhängige, nur vom Fehlervektor abhängige Teil der Multiplikation:*

$$\boldsymbol{H} \cdot \boldsymbol{r}^{(T)} \; = \; \boldsymbol{H} \cdot (\boldsymbol{c}^{(T)} + \boldsymbol{f}^{(T)}) \; = \; \boldsymbol{H} \cdot \boldsymbol{f}^{(T)} \; = \; \boldsymbol{s}^{(T)}$$

wird SYNDROM $\boldsymbol{s}$ *genannt.*

Die Decodierung muss das Problem lösen, von diesem Syndrom auf den Fehlervektor zu schließen. Die Aufgabe des Decoders besteht demnach darin, den tatsächlich aufgetretenen Fehlervektor aus den 2^k möglichen Fehlermustern auszuwählen. Um die Wahrscheinlichkeit eines Decodierfehlers möglichst klein zu halten, muss das Fehlermuster ausgewählt werden, das am wahrscheinlichsten aufgetreten ist. Für den BSC ist das das Fehlermuster vom kleinsten Gewicht, also das Fehlermuster mit der kleinsten Anzahl von Komponenten, die ungleich Null sind.

Beispiel 5.10 *Für den in Beispiel 5.3 gegebenen $(7,3)$-Blockcode, sei der Vektor $\boldsymbol{r} = (1,0,1,1,0,0,1)$ empfangen. Das Syndrom bestimmt sich aus $\boldsymbol{H} \cdot \boldsymbol{r}^{(T)}$ zu $(0,0,1,1)$:*

$$\underbrace{\begin{pmatrix} 1 & 0 & 0 & 1 & 0 & 0 & 0 \\ 0 & 1 & 0 & 0 & 1 & 0 & 0 \\ 0 & 0 & 1 & 0 & 0 & 1 & 0 \\ 1 & 1 & 1 & 0 & 0 & 0 & 1 \end{pmatrix}}_{\boldsymbol{H}_{(7,3)}} \cdot \begin{pmatrix} 1 \\ 0 \\ 1 \\ 1 \\ 0 \\ 0 \\ 1 \end{pmatrix} = \begin{pmatrix} 1 \\ 1 \\ 0 \\ 1 \end{pmatrix} + \begin{pmatrix} 0 \\ 1 \\ 1 \\ 1 \end{pmatrix} + \begin{pmatrix} 1 \\ 0 \\ 0 \\ 0 \end{pmatrix} + \begin{pmatrix} 0 \\ 0 \\ 0 \\ 1 \end{pmatrix} = \begin{pmatrix} 0 \\ 0 \\ 1 \\ 1 \end{pmatrix}$$

Aus dem Gleichungssystem nach der Definition 5.10 folgt damit:

$$\begin{aligned} 0 &= f_0 + f_3\,, \\ 0 &= f_1 + f_4\,, \\ 1 &= f_2 + f_5\,, \\ 1 &= f_0 + f_1 + f_2 + f_6\,. \end{aligned}$$

Der Decoder muss nun aus den 2^3 möglichen Lösungen $\boldsymbol{f} = (f_0, f_1, f_2, f_3, f_4, f_5, f_6)$ den wahren Fehlervektor aussuchen:

Nr.	f_0	f_1	f_2	f_3	f_4	f_5	f_6
1	0	0	1	0	0	0	0
2	0	1	1	0	1	0	1
3	0	0	0	0	0	1	1
4	0	1	0	0	1	1	0
5	1	0	1	1	0	0	1
6	1	1	1	1	1	0	0
7	1	0	0	1	0	1	0
8	1	1	0	1	1	1	1

Bereits in Abschnitt 5.1.5 wurde ausgeführt, dass die Wahrscheinlichkeit für wenige Fehler stets größer ist, als die für viele Fehler. In der nebenstehenden Tabelle gibt es genau einen Fehlervektor mit minimalem Gewicht, der das obige Gleichungssystem erfüllt.

Der Vektor $\boldsymbol{f}_1 = (0,0,1,0,0,0,0)$ hat das kleinste Gewicht und muss somit der gesuchte Fehlervektor sein.

Abschließend folgen noch zwei Beispiele für Codierung und Decodierung mit Generator- und Prüfmatrix.

Beispiel 5.11 *Für zwei Codes (s. auch Beispiel 5.3) wollen wir Codierung und Decodierung mit Hilfe von Generatormatrix und Prüfmatrix betrachten. Zuerst betrachten wir den* $(7,3)$-*Code aus Beispiel 5.3:*

$$c = i \cdot G = (111) \cdot \begin{pmatrix} 1 & 0 & 0 & 1 & 0 & 0 & 1 \\ 0 & 1 & 0 & 0 & 1 & 0 & 1 \\ 0 & 0 & 1 & 0 & 0 & 1 & 1 \end{pmatrix} = (111\,1111),$$

$$H \cdot r^{(T)} = \begin{pmatrix} 1 & 0 & 0 & 1 & 0 & 0 & 0 \\ 0 & 1 & 0 & 0 & 1 & 0 & 0 \\ 0 & 0 & 1 & 0 & 0 & 1 & 0 \\ 1 & 1 & 1 & 0 & 0 & 0 & 1 \end{pmatrix} \cdot \begin{pmatrix} 0 \\ 1 \\ 0 \\ 0 \\ 1 \\ 1 \\ 0 \end{pmatrix} = \begin{pmatrix} 0 \\ 1 \\ 0 \\ 1 \end{pmatrix} + \begin{pmatrix} 0 \\ 1 \\ 0 \\ 0 \end{pmatrix} \begin{pmatrix} 0 \\ 0 \\ 1 \\ 0 \end{pmatrix} = \begin{pmatrix} 0 \\ 0 \\ 1 \\ 1 \end{pmatrix}.$$

Für den $(7,4)$-*Code gilt:*

$$i \cdot G = (1111) \cdot \begin{pmatrix} 1 & 0 & 0 & 0 & 1 & 1 & 0 \\ 0 & 1 & 0 & 0 & 1 & 0 & 1 \\ 0 & 0 & 1 & 0 & 0 & 1 & 1 \\ 0 & 0 & 0 & 1 & 1 & 1 & 1 \end{pmatrix} = (1111\,111),$$

$$H \cdot r^{(T)} = \begin{pmatrix} 1 & 1 & 0 & 1 & 1 & 0 & 0 \\ 1 & 0 & 1 & 1 & 0 & 1 & 0 \\ 0 & 1 & 1 & 1 & 0 & 0 & 1 \end{pmatrix} \cdot \begin{pmatrix} 1 \\ 0 \\ 0 \\ 0 \\ 0 \\ 1 \\ 1 \end{pmatrix} = \begin{pmatrix} 1 \\ 1 \\ 0 \end{pmatrix} + \begin{pmatrix} 1 \\ 0 \\ 1 \end{pmatrix} + \begin{pmatrix} 0 \\ 1 \\ 0 \end{pmatrix} = \begin{pmatrix} 0 \\ 0 \\ 1 \end{pmatrix}.$$

Deutlich ist zu erkennen, dass durch die Multiplikation $H \cdot r^{(T)}$ jeweils ein Spaltenvektor der Prüfmatrix ausgeblendet wird. In der gleichen Spalte des Empfangsvektors r ist dann ein Fehler zu korrigieren.

5.2.9 Hamming-Codes

Zur Beschreibung eines (n, k)-Blockcodes durch seine Generatormatrix benötigt man $m = n - k$ linear unabhängige *Generatorcodeworte* der Länge n. Über die Bestimmung der Prüfmatrix sind die einfehlerkorrigierenden Hamming-Codes wie folgt definiert.

Definition 5.11 *Die Spalten der Prüfmatrix* H *eines* BINÄREN HAMMING-CODES *enthalten alle* $2^m - 1$ *Vektoren aus* $GF(2^m)$ *(ohne den Nullvektor).*

Die so definierten binären Hamming-Codes besitzen festgelegte Parameter: Länge, Dimension und Mindestdistanz.

Für jede Zahl $m > 2$, $m \in I\!N$ existiert ein einfehlerkorrigierender, binärer (n,k)-Hamming-Code mit den Parametern:

$$
\begin{aligned}
\text{Länge:} \quad & \text{n} &=& \quad 2^m - 1 \;, \\
\text{Dimension:} \quad & \text{k} &=& \quad n - m \;, \\
\text{Mindestdistanz:} \quad & \text{d} &=& \quad 3 \;.
\end{aligned}
$$

Für einige Parameter sind in der nachstehenden Tabelle Hamming-Codes angegeben.

Hamming-Codes					Hamming-Codes			
m	n	k	R		m	n	k	R
2	3	1	0.33		7	127	120	0.945
3	7	4	0.57		8	255	247	0.969
4	15	11	0.73		9	511	502	0.982
5	31	26	0.84		10	1023	1013	0.990
6	63	57	0.90		11	2047	2036	0.994

Im Weiteren wollen wir noch zeigen, dass alle E=1 fehlerkorrigierenden Hamming-Codes ungerader Länge perfekt sind. Setzt man die Parameter eines Hamming-Codes ein, so folgt:

$$
\begin{aligned}
2^k \cdot \left(1 + \binom{n}{1}\right) &= 2^n \;, \\
2^k \cdot (1 + n) &= 2^n \;, \\
1 + n &= 2^{n-k} \;, \\
n &= 2^m - 1 \;.
\end{aligned}
$$

Gemäß Definition 5.11 ist $n = 2^m - 1$ und $n - k = m$. Damit gilt die Gleichheit der Hamming-Schranke. Da für einen E-fehlerkorrigierenden Code allgemein gilt:

$$
w^* \geq 2 \cdot E + 1 \;,
$$

muss ein Hamming-Code eine minimale Distanz d bzw. ein minimales Gewicht w^* von drei haben.

5.2.10 Prüfmatrix und Generatormatrix

Zur Bildung eines Hamming-Codes ist es vorteilhaft von der Prüfmatrix H auszugehen. H ist eine $(m \times n)$–Matrix und es gibt genau 2^m Kombinationen, m Bits anzuordnen. Ohne den Nullvektor v_0 ergeben sich somit $n = 2^m - 1$ verschiedene Spalten für die Prüfmatrix.

Eine praktische Möglichkeit ist es, in jede der n Spalten die m–bittige Binärdarstellung der Spaltennummer zu schreiben. $(1, 2, \ldots, n)$. Das Syndrom s zeigt dann beim Decodieren direkt die

Fehlerstelle an. Die Decodiervorschrift lautet dann: Der Binärwert des Syndroms ist die Nummer der Fehlerstelle.

Die Generatormatrix G mit der Eigenschaft $c = i \cdot G$ eines Hamming-Codes erhält man durch:

$$G = \left(I_k \mid -A^{(T)} \right) .$$

Dabei ist I_k eine $(k \times k)$–Einheitsmatrix und G ist die Generatormatrix des Codes in systematischer Form. Für binäre Codes sei bemerkt, dass natürlich $-A^{(T)} = A^{(T)}$ ist, da die einzelnen Elemente $c_i \in c$ aus $GF(2)$ stammen $(-1 = +1)$.

Zur Tabelle der 2^k möglichen Codeworte $c_0 , c_1 , \dots , c_{n-1}$ gelangt man, indem man Linearkombinationen aus Zeilen der Generatormatrix bildet. Die Zeilen von G stellen gerade diejenigen Codeworte dar, bei denen nur ein einziges Informationsbit 1 ist. Somit ergibt die Gleichung:

$$c_j = i_j \cdot G \quad \text{für } j = 0, 1, \dots, 2^{k-1} ,$$

das Codewort c_j als Summe der Zeilen von G, die einer 1 in i_j entsprechen.

Um aus einem gegebenen Code die Generatormatrix G zu bestimmen, wählt man diejenigen Codeworte der Tabelle als Zeilen von G aus, bei denen nur eine 1 in den Informationsbits enthalten ist. Es muss sich eine systematische Form von G ergeben.

Beispiel 5.12 *Für einen binären $(7,4)$-Hamming-Code muss $m = 3$ gewählt werden. Mit $m = 3$ ergibt sich $n = 7$ und $k = 4$. Der Code hat eine Coderate $R = k/n = 0.75$ und kann einen Fehler an beliebiger Stelle korrigieren.*

$$H = \begin{pmatrix} 0 & 0 & 0 & 1 & 1 & 1 & 1 \\ 0 & 1 & 1 & 0 & 0 & 1 & 1 \\ 1 & 0 & 1 & 0 & 1 & 0 & 1 \\ 1 & 2 & 3 & 4 & 5 & 6 & 7 \end{pmatrix}$$

Die Decodiervorschrift lautet: Das Syndrom s ist die binäre Darstellung der Fehlerstelle. Diese Vorschrift setzt voraus, dass den Bits der ersten Zeile von H die Wertigkeit 2^2, der zweiten Zeile 2^1 und der dritten Zeile 2^0 zugeordnet wird. Der erste Spaltenvektor $(001)^T$ von H entspricht dann der 1 und der letzte Spaltenvektor $(111)^T$ von H der 7.

Eine Prüfung der Mindestdistanz ergibt, dass keine Spaltenpaare linear abhängig sind, während z.B. die Spalten 1, 4 und 5 linear abhängig sind. Hieraus folgt: $d = 3$.

Die Prüfmatrix H kann auch systematisiert werden:

$$
\begin{array}{ccccccc|ll}
0 & 0 & 0 & 1 & 1 & 1 & 1 & I & I' = I + II \\
0 & 1 & 1 & 0 & 0 & 1 & 1 & II & \\
1 & 0 & 1 & 0 & 1 & 0 & 1 & III &
\end{array}
$$

$$
\begin{array}{ccccccc|ll}
0 & 1 & 1 & 1 & 1 & 0 & 0 & I' & \\
0 & 1 & 1 & 0 & 0 & 1 & 1 & II & \\
1 & 0 & 1 & 0 & 1 & 0 & 1 & III & III' = III + I'
\end{array}
$$

$$
\begin{array}{ccccccc|ll}
0 & 1 & 1 & 1 & 1 & 0 & 0 & I' & \\
0 & 1 & 1 & 0 & 0 & 1 & 1 & II & II' = II + III' \\
1 & 1 & 0 & 1 & 0 & 0 & 1 & III' &
\end{array}
$$

$$
\begin{array}{ccccccc|l}
0 & 1 & 1 & 1 & 1 & 0 & 0 & I' \\
1 & 0 & 1 & 1 & 0 & 1 & 0 & II' \\
1 & 1 & 0 & 1 & 0 & 0 & 1 & III'
\end{array}
$$

Die Prüfmatrix H besitzt dann die folgende Form:

$$
H = (A|I_3) = \begin{pmatrix} 0 & 1 & 1 & 1 & 1 & 0 & 0 \\ 1 & 0 & 1 & 1 & 0 & 1 & 0 \\ 1 & 1 & 0 & 1 & 0 & 0 & 1 \end{pmatrix}, \quad -A^{(T)} = \begin{pmatrix} 0 & 1 & 1 \\ 1 & 0 & 1 \\ 1 & 1 & 0 \\ 1 & 1 & 1 \end{pmatrix}.
$$

$$
G = (I_4 \,|\, -A^{(T)}) = \begin{pmatrix} 1 & 0 & 0 & 0 & 0 & 1 & 1 \\ 0 & 1 & 0 & 0 & 1 & 0 & 1 \\ 0 & 0 & 1 & 0 & 1 & 1 & 0 \\ 0 & 0 & 0 & 1 & 1 & 1 & 1 \end{pmatrix}.
$$

Der Code hat ein minimales Gewicht von drei. Deshalb kann der Code nur einen Fehler korrigieren. Mit Hilfe der Generatormatrix lassen sich die 16 Codewörter des (7,4) Hamming-Codes angeben.

(7,4) Hamming-Code							
Nr.	||	k			m		w(c)
0	0	0	0	0	0	0	–
1	0	0	0	1	1	1	4
2	0	0	1	0	1	0	3
3	0	0	1	1	0	1	3
4	0	1	0	0	0	1	3
5	0	1	0	1	1	0	3
6	0	1	1	0	1	1	4
7	0	1	1	1	0	0	4
8	1	0	0	0	1	1	3
9	1	0	0	1	0	0	3
10	1	0	1	0	0	1	4
11	1	0	1	1	1	0	4
12	1	1	0	0	1	0	4
13	1	1	0	1	0	1	4
14	1	1	1	0	0	0	4
15	1	1	1	1	1	1	7

Das minimale Gewicht ist auch an der Generatormatrix ablesbar. Da das Nullcodewort c_0 nicht berücksichtigt wird, kann die minimale Anzahl der Einsen in einem Informationswort nur eins sein. Wertet man die Prüfbits der Generatormatrix aus, so erkennt man, dass dort die minimale Anzahl je Codewort gleich zwei ist. Also ist $w^* = 3$. Eine Verknüpfung von zwei Codeworten ergibt minimal zwei Einsen in der Information. Für ein minimales Gewicht von zwei müssten nun die Prüfbits dieses neuen Wortes alle Null sein. Dies ist aber gerade bei der Aufstellung der Prüfmatrix H überprüft worden und ist somit nicht möglich. Nach Definition 5.4 lautet die Gewichtsfunktion des $(7, 4)$ Hamming-Codes:

$$W_{\mathcal{C}_{(7,4)}}(x,y) = x^7 + 7x^4y^3 + 7x^3y^4 + y^7$$

Die Gewichtsverteilung eines beliebigen (n,k) Hamming-Codes $\mathcal{C}_\mathcal{H}$ kann durch die MacWilliams-Identität (siehe Abschnitt 5.2.12) besonders einfach angegeben werden:

$$W_{\mathcal{C}_\mathcal{H}}(x,y) = \frac{1}{n+1}\left[(x+y)^n + n \cdot (x+y)^{(n-1)/2}(x-y)^{(n+1)/2}\right] \tag{5.44}$$

$$W_{\mathcal{C}_\mathcal{H}}(y) = \frac{1}{n+1}\left[(1+y)^n + n \cdot (1+y)^{(n-1)/2}(1-y)^{(n+1)/2}\right]$$

$$= \frac{1}{n+1}\left[(1+y)^n + n \cdot (1-y)(1-y^2)^{(n-1)/2}\right]. \tag{5.45}$$

Zu dieser einfachen Berechnung ist jedoch die Kenntnis des dualen Codes $\mathcal{C}_\mathcal{H}^\perp$ notwendig. Eine rekursive Berechnung der Gewichtsfunktion findet sich in [35].

5.2.11 Der Simplex-Code

Im Folgenden soll der zum Hamming-Code $\mathcal{C}$ duale Code $\mathcal{C}^\perp$ betrachtet werden.

Definition 5.12 *Der duale Code* $\mathcal{C}^{\perp}$ *zu einem binären* $(2^m - 1, 2^m - 1 - m)$ *Hamming-Code* $\mathcal{C}$ *wird als* SIMPLEX-CODE *bezeichnet. Der duale Code* $\mathcal{C}^{\perp}$ *hat die Parameter* $(n = 2^m - 1, k = m)$.

Nach der Definition 5.11 der Hamming-Codes besteht die Prüfmatrix $\boldsymbol{H}$ eines binären Hamming-Codes aus allen $2^m - 1$ Vektoren aus $GF(2^m)$ (ohne den Nullvektor). Für den (15,11) Code kann die Prüfmatrix, die die Generatormatrix des dualen (15,4) Codes darstellt, wie folgt gebildet werden:

$$
\boldsymbol{G}_{(15,4)} = \boldsymbol{H}_{(15,11)} = \begin{pmatrix}
1 & 0 & 0 & 0 & 0 & 0 & 1 & 0 & 1 & 1 & 0 & 1 & 1 & 1 & 1 \\
0 & 1 & 0 & 0 & 0 & 1 & 0 & 1 & 0 & 1 & 1 & 0 & 1 & 1 & 1 \\
0 & 0 & 1 & 0 & 1 & 0 & 0 & 1 & 1 & 0 & 1 & 1 & 0 & 1 & 1 \\
0 & 0 & 0 & 1 & 1 & 1 & 1 & 0 & 0 & 0 & 1 & 1 & 1 & 0 & 1
\end{pmatrix}
$$

Bedingt durch die Bildungsvorschrift dieser Generatormatrix besitzt jede Zeile genau $2^m \div 2 = 2^{m-1}$ (hier $2^{4-1} = 2^3 = 8$) Stellen ungleich Null. Deshalb weist auch jedes Codewort $\boldsymbol{c} \neq \boldsymbol{0}$ des Simplex-Codes das Gewicht 2^{m-1} auf. Die Mindestdistanz des Simplex-Code beträgt somit $d = 2^{m-1}$. Eine Folgerung hieraus ist, dass alle Codewörter des Codes den gleichen Abstand besitzen. Denn aufgrund der Linearität des Codes gilt: $\boldsymbol{a} + \boldsymbol{b} = \boldsymbol{c}$, mit $\boldsymbol{a}, \boldsymbol{b}, \boldsymbol{c} \in \mathcal{C}^{\perp}$. In der Geometrie wird ein solches Gebilde mit gleichen Abständen Simplex genannt.

Für die Gewichtsfunktion eines Simplex-Codes $\mathcal{C}_S$ muss gelten:

$$
W_{\mathcal{C}_S}(x, y) = x^n + (2^m - 1)x^{(n-1)/2}y^{(n+1)/2}, \tag{5.46}
$$

$$
W_{\mathcal{C}_S}(y) = 1 + n \cdot y^{(n+1)/2}, \tag{5.47}
$$

In Abschnitt 5.2.9 wurde gezeigt, dass die Hamming-Codes die Hamming-Schranke mit Gleichheit erfüllen. Es zeigt sich, dass die Simplex-Codes die Plotkin-Schranke (5.48) mit Gleichheit erfüllen. Für binäre Codes $(q = 2)$ nit $n = 2^m - 1$ gilt:

$$
d \leq \frac{n(q-1)q^{k-1}}{q^k - 1} = \frac{n \cdot 2^{m-1}}{2^m - 1} = 2^{m-1}. \tag{5.48}
$$

5.2.12 MacWilliams-Identität

Bereits in den Abschnitten 5.2.1 und 5.2.3 wurde auf die Bedeutung der Gewichtsverteilung für die Korrekturfähikeit der Codes hingewiesen. In diesem Abschnitt wird der Zusammenhang der Gewichtsverteilung eines Codes $\mathcal{C}$ mit der Gewichtsverteilung des dualen Codes $\mathcal{C}^{\perp}$ (siehe Abschnitt 5.2.6) erläutert. Dieser Zusammenhang wird als MacWilliams-Identität bezeichnet.

Das von Frau F.J. MacWilliams 1969 veröffentlichte Theorem wurde von einigen Autoren (siehe z.B. [34] 1969, [8] 1980) auf unterschiedlichen Wegen bewiesen, so dass an dieser Stelle auf einen Beweis des wichtigen Theorems verzichtet wird. Ist $W_{\mathcal{C}}(x, y)$ die Gewichtfunktion (siehe Def. 5.4) des (n, k) Codes $\mathcal{C}$, so ist die Gewichtfunktion des dualen $(n, n-k)$ Codes $\mathcal{C}^{\perp}$ wie folgt festgelegt:

$$
W_{\mathcal{C}^{\perp}}(x, y) = \frac{1}{2^k} \cdot W_{\mathcal{C}}(x + y, x - y), \tag{5.49}
$$

$$
W_{\mathcal{C}^{\perp}}(y) = \frac{(1 + y)^n}{2^k} \cdot W_{\mathcal{C}}\left(\frac{1 - y}{1 + y}\right). \tag{5.50}
$$

Für die Umkehrung gilt:

$$W_{\mathcal{C}}(x, y) = \frac{1}{2^{n-k}} \cdot W_{\mathcal{C}^{\perp}}(x+y, x-y), \tag{5.51}$$

$$W_{\mathcal{C}}(y) = \frac{(1+y)^n}{2^{n-k}} \cdot W_{\mathcal{C}^{\perp}}\left(\frac{1-y}{1+y}\right). \tag{5.52}$$

Ist die direkte Berechnung der Gewichtsverteilung eines Codes $\mathcal{C}$ schwierig, so ist es nach Aussage der MacWilliams-Identität möglich, diese aus der Gewichtsverteilung des dualen Codes $\mathcal{C}^{\perp}$ zu gewinnen.

Beispiel 5.13 Gewichtsverteilung des $(4, 3)$ Parity-Check-Codes
Im Beispiel 5.5 auf Seite 365 wurde bereits die Gewichtsverteilung des $(4, 3)$ Parity-Check-Codes angegeben: $W_{\mathcal{C}}(x, y) = x^4 + 6x^2y^2 + y^4$. Der zu $\mathcal{C}$ duale Code $\mathcal{C}^{\perp}$ ist der $(4, 1)$ Wiederholcode $\{0000, 1111\}$ mit der Gewichtsfunktion $W_{\mathcal{C}^{\perp}}(x, y) = x^4 + y^4$. Aus $W_{\mathcal{C}^{\perp}}(x, y)$ lässt sich die Gewichtverteilung $W_{\mathcal{C}}(x, y)$ des $(4, 3)$ Parity-Check-Codes gewinnen:

$$\begin{aligned}
W_{\mathcal{C}}(x, y) &= \frac{1}{2^{n-k}} \cdot W_{\mathcal{C}^{\perp}}(x+y, x-y) \\
&= \frac{1}{2}[(x+y)^4 + (x-y)^4] \\
&= \frac{1}{2}[(x^4 + 4x^3y + 6x^2y^2 + 4xy^3 + y^4) + \\
&\quad + (x^4 - 4x^3y + 6x^2y^2 - 4xy^3 + y^4)] \\
&= x^4 + 6x^2y^2 + y^4
\end{aligned}$$

Das Beispiel 5.13 lässt sich verallgemeinern. Zu jedem $(n, 1)$ Wiederholcode gehört ein dualer $(n, k = n - 1)$ Parity-Check-Code. Der Wiederholcode besitzt lediglich die zwei Codewörter $c_0 = (0, 0, \ldots, 0)$ und $c_1 = (1, 1, \ldots, 1)$. Die Gewichtsfunktion des Wiederholcodes $\mathcal{C}_W$ lautet deshalb: $W_{\mathcal{C}_W}(x, y) = x^n + y^n$. Nach Gleichung (5.51) folgt für die Gewichtsfunktion $W_{\mathcal{C}_P}(x, y)$ des Parity-Check-Code $\mathcal{C}_P$:

$$W_{\mathcal{C}_P}(x, y) = \frac{1}{2}[(x+y)^n + (x-y)^n], \tag{5.53}$$

$$= \frac{1}{2} \cdot \sum_{i=0}^{n} \binom{n}{i} \left[x^{n-i}y^i + x^{n-i}(-y)^i\right], \tag{5.54}$$

$$= \sum_{i \; gerade} \binom{n}{i} x^{n-i}y^i. \tag{5.55}$$

Durch das alternatierende Vorzeichen entfallen die Summenterme für ungerades i, während die Summenterme für gerades i doppelt auftreten.

Im Abschnitt 5.2.11 wurde die Gewichtsfunktion des Simplex-Codes $\mathcal{C}_S$ ermittelt:

$$\begin{aligned}
W_{\mathcal{C}_S}(x, y) &= x^n + (2^m - 1)x^{(n-1)/2}y^{(n+1)/2}, \\
W_{\mathcal{C}_S}(y) &= 1 + n \cdot y^{(n+1)/2}.
\end{aligned}$$

Mit Hilfe der MacWilliams-Identität kann hieraus die Gewichtsfunktion (siehe Gl. 5.44) der dualen binären (n, k) Hamming-Codes $\mathcal{C}_{\mathcal{H}} = \mathcal{C}_{\mathcal{S}}^{\perp}$ berechnet werden. Für den Zusammenhang der Parameter gilt hierbei: $k_S = n - k$ und $n = 2^m - 1 \Leftrightarrow n + 1 = 2^m$:

$$
\begin{aligned}
W_{\mathcal{C}_{\mathcal{H}}}(y) &= \frac{(1 + y^n)}{2^{(n-k)}} W_{\mathcal{C}^{\perp}}\left(\frac{1 - y}{1 + y}\right), \\
&= \frac{(1 + y^n)}{2^m}\left[1 + n \cdot \left(\frac{1 - y}{1 + y}\right)^{(n+1)/2}\right], \\
&= \frac{1}{n + 1}\left[(1 + y)^n + n \cdot (1 + y)^{(n-1)/2}(1 - y)^{(n+1)/2}\right], \\
W_{\mathcal{C}_{\mathcal{H}}}(x, y) &= \frac{1}{n + 1}\left[(x + y)^n + n \cdot (x + y)^{(n-1)/2}(x - y)^{(n+1)/2}\right].
\end{aligned}
$$

5.3 Zyklische Codes

Zyklische Codes stellen eine wichtige Untergruppe der *Linearen Codes* dar. Durch Schieberegisterschaltungen ist die Codierung und Syndromberechnung einfach zu implementieren. Aufgrund der mathematischen Struktur der zyklischen Codes gibt es für die Realisierung der Decodierung verschiedene Möglichkeiten, die wiederum diese Codes für die praktischen Anwendungen besonders interessant erscheinen lassen.

Betrachten wir ein Codewort als n-Tupel $\boldsymbol{a} = (a_0, a_1, \ldots, a_{n-1})$, dann soll der zyklisch verschobene n-Tupel $\boldsymbol{a}^{(1)}$ durch eine Verschiebung aller Komponenten von $\boldsymbol{a}$ nach rechts gebildet werden:

$$\boldsymbol{a} = (a_0, a_1, \ldots, a_{n-1}) \quad \Longleftrightarrow \quad \boldsymbol{a}^{(1)} = (a_{n-1}, a_0, a_1, \ldots, a_{n-2}). \tag{5.56}$$

Die Komponente a_{n-1}, die durch die Rechtsverschiebung aus den n-Tupel herausfällt, wird durch die zyklische Verschiebung in die erste Stelle des Vektors überführt. Entsprechend lautet dann ein i-fach zyklisch verschobenes n-Tupel:

$$\boldsymbol{a}^{(i)} = (a_{n-i}, a_{n-i+1}, \ldots, a_{n-1}, a_0, a_1, \ldots, a_{n-i-1}). \tag{5.57}$$

Eine n-fache Verschiebung von $\boldsymbol{a}$ ergibt wieder den ursprünglichen Vektor: $\boldsymbol{a}^{(n)} = \boldsymbol{a}^{(0)} = \boldsymbol{a}$. Für eine einfache mathematische Darstellung eines n-Tupels $\boldsymbol{a}$ ist es sinnvoll, eine Polynomschreibweise $a(x)$ einzuführen:

$$a(x) = a_0 + a_1 x + \cdots + a_{n-1} x^{n-1}.$$

Die Koeffizienten a_i von $a(x)$ entsprechen hierbei den Komponenten a_i des n-Tupels $\boldsymbol{a}$. Das zu $\boldsymbol{a}^{(i)}$ gehörige Polynom lautet dann:

$$
\begin{aligned}
a^{(i)}(x) &= a_{n-i} + a_{n-i+1}x + \cdots + a_{n-1}x^{i-1} + a_0 x^i + \cdots + a_{n-i-1}x^{n-1} \\
&= a_0 x^i + a_1 x^{i+1} + \cdots + a_{n-i-1}x^{n-1} + a_{n-i} + \cdots + a_{n-1}x^{i-1} \\
&= x^i \cdot a(x) \bmod (x^n - 1). \tag{5.58}
\end{aligned}
$$

Die Schreibweise $\bmod(x^n - 1)$ bedeutet, ganz ähnlich wie bei der $\bmod 2$ Rechnung, dass die Potenz x^n der Potenz x^0 entspricht: $x^n = x^0 \bmod (x^n - 1)$. Dies erklärt, warum in Gleichung 5.56 die herausgeschobene Komponente, die ja die n-te Stelle einnehmen würde, in die 0-te Stelle des Vektors gelangt. Die Bedeutung dieses Sachverhalts für zyklische Codes wird in der folgenden Definition zusammengefasst.

Definition 5.13 *Ein linearer $(n, k) - Code$ C wird* ZYKLISCH *genannt, wenn jede Verschiebung (Shift) eines Codewortes $c \in C$:*

$$x^j \cdot c(x) = \tilde{c}(x) \bmod (x^n - 1) \quad \text{mit} \quad \tilde{c} \in C,$$

wieder ein Codewort in C ist.

Beispiel 5.14 *Ein zyklischer $(n = 7, k = 4)$ Code soll ausgehend von dem Codewort:*

$$c = (c_0, c_1, \ldots, c_6) = (1101000) \quad \Longleftrightarrow \quad (c(x) = 1 + x + x^3)$$

gebildet werden. Das Nullwort c_0 ist immer ein Codewort eines linearen Codes, deswegen ist das Generatorcodewort in der Tabelle 5.5 das zweite Codewort.

Index i	Verschiebung	Codewort c_i	$w(c_i)$
0	Nullwort	0000000	3
1	Generatorcodewort c_1	1101000	3
2	1. Verschiebung	0110100	3
3	2. Verschiebung	0011010	3
4	3. Verschiebung	0001101	3
5	4. Verschiebung	1000110	3
6	5. Verschiebung	0100011	3
7	6. Verschiebung	1010001	3
8	$c_1 \oplus c_2$	1011100	4
9	1. Verschiebung	0101110	4
10	2. Verschiebung	0010111	4
11	3. Verschiebung	1001011	4
12	4. Verschiebung	1100101	4
13	5. Verschiebung	1110010	4
14	6. Verschiebung	0111001	4
15	$c_1 \oplus c_{10}$	1111111	7

Tabelle 5.5: Zyklischer (7,4)-Code erzeugt mit $g(x) = x^3 + x + 1$

Das Codewort c_1 kann durch sechs zyklische Verschiebungen sechs weitere Codeworte bilden. Mit der siebten Verschiebung wäre wieder das ursprügliche Codewort generiert.

Es sind jedoch noch nicht alle 2^k Codewörter erzeugt worden, deshalb kann ein neues Codewort durch Addition von $c_1 \oplus c_2$ erzeugt werden. Dieses Codewort c_8 kann wieder $n - 1$ mal verschoben werden. Das letzte Codewort wird durch $c_1 \oplus c_{10}$ erzeugt und bildet sich durch jede Verschiebung auf sich selber ab.

Eine Gewichtsbetrachtung des erzeugten Codes ergibt, dass das Mindestgewicht und damit auch die Mindestdistanz $d = 3$ ist. Ein großer Vorteil der zyklischen Codes liegt darin, dass der Code und seine Eigenschaften vollständig durch ein Polynom, dem Generatorpolynom, bestimmt sind.

5.3.1 Das Generatorpolynom zyklischer Codes

Aufgrund der im vorausgegangenen Abschnitt angegebenen mathematischen Struktur von zyklischen Codes ist es naheliegend die Bildung des Codes durch zyklische Verschiebungen und Addition von Codeworten auf ein bestimmtes Codewortpolynom, das Generatorpolynom $g(x)$, zurückzuführen. Nachfolgend sind die wichtigsten Aussagen zum Generatorpolynom, die hier ohne Beweis angegeben werden, zusammenfassend formuliert. In einem zyklischen $(n, k) - Code\ \mathcal{C}$, gibt es genau ein Codewortpolynom vom Grad $m = n - k$ der Form:

$$g(x) = 1 + g_1 x + g_2 x^2 + \cdots + g_{m-1} x^{m-1} + x^m \,. \tag{5.59}$$

Das Polynom $g(x)$ wird GENERATORPOLYNOM des Codes $\mathcal{C}$ genannt. Jedes zum Code gehörende Polynom $c(x)$ ist ein Vielfaches von $g(x)$, und jedes Polynom $c(x)$ mit Grad $c(x) \leq n - 1$ ist ein Codewortpolynom, wenn es ein Vielfaches vom Generatorpolynom $g(x)$ ist.

Diese Aussagen lassen noch die Erkenntnis vermissen, wie ein Generatorpolynom bestimmt wird. Ohne Herleitung wird hierfür ein wichtiger Zusammenhang dargestellt.

DAS GENERATORPOLYNOM $g(x)$ EINES ZYKLISCHEN $(n, k) - Codes\ \mathcal{C}$ IST EIN FAKTOR VON $x^n + 1$.

Zusammenfassend können wir festhalten, dass $g(x)$ das Generatorpolynom eines zyklischen (n, k)-Codes ist, wenn es den Grad $m = n - k$ besitzt und ein Faktor von $(x^n + 1)$ ist.

Beispiel 5.15 *Für die Konstruktion eines binären zyklischen Codes der Länge $n = 7$ zerlegen wir das Polynom $x^7 + 1$ in seine Faktoren (irreduziblen Polynome) mit Koeffizienten aus $GF(2)$:*

$$x^7 + 1 = (1 + x) \cdot (1 + x + x^3) \cdot (1 + x^2 + x^3) \,.$$

Die beiden Polynome vom Grad drei generieren einen zyklischen $(7, 4)$-Code.

Der in Tabelle 5.5 gegebene $(7, 4)$-Code kann mit dem Polynom $g(x) = 1 + x + x^3$ erzeugt werden. Die einfache Multiplikation von $i(x) = x^3 + x^2 + 1$ mit $g(x)$ liefert dann:

$$(x^3 + x^2 + 1) \cdot (x^3 + x + 1) = x^6 + x^5 + x^4 + x^3 + x^2 + x + 1$$

das Codewort c_{15} als Koeffizientenvektor des Codewortpolynoms.

Jedes der Polynome aus Beispiel 5.15 kann als Generatorpolynom eines zyklischen Codes der Länge $n = 7$ verwendet werden. Das Polynom $(1 + x^2 + x^3)$ erzeugt ebenfalls einen $(7, 4)$ Code. Das Polynom $(1 + x)$ hingegen erzeugt einen $(7, 6)$ Code. Die Prüfstelle ergänzt jede sechsstellige Information um ein Bit auf gerades Gewicht.

Ebenfalls sind Kombinationen der drei Polynome möglich. Das Polynom $(x^3 + x^2 + 1) \cdot (x^3 + x + 1) = x^6 + x^5 + x^4 + x^3 + x^2 + x + 1$ erzeugt einen $(7, 1)$ Code. Das eine Informationsbit wird sechsmal wiederholt, so dass ein Wiederholcode entsteht. Hierbei ist es besonders leicht zu erkennen, dass der entstehende Code zyklisch ist, da er nur zwei Codewörter besitzt. Die Multiplikationen $(1 + x) \cdot (1 + x + x^3)$ und $(1 + x) \cdot (1 + x^2 + x^3)$ erzeugen jeweils einen $(7, 3)$ Code.

5.3.2   Unsystematische Codierung

Entsprechend dem vorausgegangenem Abschnitt gilt für jedes Codewortpolynom $c(x)$ des Codes:

$$
\begin{aligned}
c(x) &= i(x) \cdot g(x) \\
&= (i_0 + i_1 x + i_2 x^2 + \cdots + i_{k-1} x^{k-1}) \cdot g(x)\,.
\end{aligned}
\tag{5.60}
$$

Der Koeffizientenvektor $i = (i_0, i_1, i_2, \cdots, i_{k-1})$ von $i(x)$ beinhaltet die zu übertragene Information während der Koeffizientenvektor $c = (c_0, c_1, c_2, \cdots, c_{n-1})$ von $c(x)$ das Codewort darstellt. Eine Möglichkeit die Codierung einfach darzustellen, besteht somit in der Multiplikation von Information und Generatorpolynom. Der Grad des Generatorpolynoms ist hierbei identisch mit der Anzahl der Prüfbits. Diese einfache Art der Codierung wird UNSYSTEMATISCH genannt, weil die Informationsbits noch erfolgter Codierung nicht mehr direkt aus dem Codwort ablesbar sind.

Beispiel 5.16 *Ausgehend von dem Generatorpolynom $g(x) = 1 + x + x^3$ kann nun, wie das Beispiel zeigt, durch Multiplikation der gleiche Code* (Tab. 5.6) *wie in Beispiel 5.14 erzeugt werden.*

Information		Codewort		Berechnung		
i_0	0000	c_0	0000000	$0 \cdot g(x)$	$\Rightarrow$	c_0
i_1	1000	c_1	1101000	$1 \cdot g(x)$	$\Rightarrow$	c_1
i_2	0100	c_2	0110100	$x \cdot g(x)$	$\Rightarrow$	c_2
i_3	0010	c_3	0011010	$x^2 \cdot g(x)$	$\Rightarrow$	c_3
i_4	0001	c_4	0001101	$x^3 \cdot g(x)$	$\Rightarrow$	c_4
i_5	1110	c_5	1000110	$(1 + x + x^2) \cdot g(x)$	$\Rightarrow$	$c_1 + c_2 + c_3$
i_6	0111	c_6	0100011	$(x + x^2 + x^3) \cdot g(x)$	$\Rightarrow$	$c_2 + c_3 + c_4$
i_7	1101	c_7	1010001	$(1 + x + x^3) \cdot g(x)$	$\Rightarrow$	$c_1 + c_2 + c_4$
i_8	1100	c_8	1011100	$(1 + x) \cdot g(x)$	$\Rightarrow$	$c_1 + c_2$
i_9	0110	c_9	0101110	$(x + x^2) \cdot g(x)$	$\Rightarrow$	$c_2 + c_3$
i_{10}	0011	c_{10}	0010111	$(x^2 + x^3) \cdot g(x)$	$\Rightarrow$	$c_3 + c_4$
i_{11}	1111	c_{11}	1001011	$(1 + x + x^2 + x^3) \cdot g(x)$	$\Rightarrow$	$c_1 + c_2 + c_3 + c_4$
i_{12}	1001	c_{12}	1100101	$(1 + x^3) \cdot g(x)$	$\Rightarrow$	$c_1 + c_4$
i_{13}	1010	c_{13}	1110010	$(1 + x^2) \cdot g(x)$	$\Rightarrow$	$c_1 + c_3$
i_{14}	0101	c_{14}	0111001	$(x + x^3) \cdot g(x)$	$\Rightarrow$	$c_2 + c_4$
i_{15}	1011	c_{15}	1111111	$(1 + x^2 + x^3) \cdot g(x)$	$\Rightarrow$	$c_1 + c_3 + c_4$

Tabelle 5.6: Unsystematischer (7,4)-Code, $g(x) = x^3 + x + 1$

Die ersten fünf Zeilen in Tabelle 5.6 sind leicht verständlich. Das Codewort c_5 in der sechsten Zeile ergibt sich durch die Summe von $(1 \cdot g(x) + x \cdot g(x) + x^2 \cdot g(x)) = c_1 + c_2 + c_3$. Die folgenden Zeilen ergeben sich ganz entsprechend.

Es stellt sich nun die Frage, wie der Nachteil der unsystematischen Codierung, dass die Information nicht direkt ablesbar ist, vermieden werden kann.

5.3.3 Systematische Codierung

Die systematische Codierung vermeidet den oben angesprochenen Nachteil. Für jede Information $i(x)$ gilt:

$$i(x) \quad = \quad i_0 + i_1 x + i_2 x^2 + \cdots + i_{k-1} x^{k-1} .$$

Die SYSTEMATISCHE CODIERUNG mit Hilfe des Generatorpolynoms erfolgt in drei Schritten:

1. Schritt Das Informationspolynom wird mit $x^m = x^{n-k}$ multipliziert:

$$i(x) \cdot x^{n-k} = i_0 x^{n-k} + i_1 x^{n-k+1} + \cdots + i_{k-1} x^{n-1} .$$

Dies bewirkt lediglich eine Verschiebung der Information in die höchsten Koeffizienten des Polynoms.

2. Schritt Das Polynom $i(x)x^{n-k}$ wird durch $g(x)$ dividiert:

$$\frac{i(x) \cdot x^{n-k}}{g(x)} \quad = \quad q(x) + \frac{r(x)}{g(x)}$$

$$i(x) \cdot x^{n-k} \quad = \quad q(x)g(x) + r(x) , \qquad\qquad (5.61)$$

wobei $q(x)$ das Vielfache der Division, und $r(x)$ den Rest der Division darstellt. Der Grad des Restpolynoms ist kleiner oder höchstens gleich $(n - k - 1)$, da der Grad von $g(x)$ $(n - k)$ beträgt:

$$r(x) = r_0 + r_1 x + \cdots + r_{n-k-1} x^{n-k-1} .$$

3. Schritt Umstellen der Divisionsgleichung ergibt:

$$-r(x) + i(x) \cdot x^{n-k} = q(x)g(x) = c(x) , \qquad\qquad (5.62)$$

so dass ein systematisches Codewortpolynom $c(x)$ gefunden wurde.

Das zugehörige Codewort c besitzt somit die Form:

$$c = (-r_0, -r_1, \ldots, -r_{n-k-1}, i_0, i_1, \ldots, i_{k-1}) . \qquad\qquad (5.63)$$

Die Informationsbits bleiben unverändert – sie sind lediglich in die höchsten Stellen verschoben worden. Die Prüfsymbole lassen sich durch eine einfache Division berechnen. Für binäre Codes bleibt auch das Minus Zeichen vor den Prüfbits ohne Relevanz.

Beispiel 5.17 *Für den $(7,4)$-Code mit $g(x) = 1 + x + x^3$ soll die Information $i = (1,1,0,0)$ systematisch codiert werden. $i(x) = 1 + x$, so dass gilt: $i(x)x^{n-k} = x^4 + x^3$. Die Division durch $g(x)$ ergibt:*

$$\frac{x^4 + x^3}{1 + x + x^3} \quad = \quad (x + 1) + \frac{x^2 + 1}{1 + x + x^3} ,$$

$$x^4 + x^3 \quad = \quad (x + 1) \cdot (1 + x + x^3) + x^2 + 1 .$$

Das Codewort gemäß Gleichung (5.63) lautet also:

$$c = (1, 0, 1, 1, 1, 0, 0)$$

Da es sich um einen zyklischen Code handelt, kann die Verschiebung der Information in die höchsten Stellen nach der Berechnung von c auch wieder rückgängig gemacht werden. Das Codewort, dass die Information $i(x) = 1 + x$ in den unteren Stellen trägt, lautet: $(1, 1, 0, 0, 1, 0, 1)$.

Beispiel 5.18 *Die nachfolgende Tabelle 5.7 zeigt noch einmal den $(7, 4)$ Code in der systematischen Form:*

Information		Codewort	
i_0	0000	c_0	000 0000
i_1	1000	c_1	110 1000
i_2	0100	c_2	011 0100
i_3	1100	c_3	101 1100
i_4	0010	c_4	111 0010
i_5	1010	c_5	001 1010
i_6	0110	c_6	100 0110
i_7	1110	c_7	010 1110
i_8	0001	c_8	101 0001
i_9	1001	c_9	011 1001
i_{10}	0101	c_{10}	110 0101
i_{11}	1101	c_{11}	000 1101
i_{12}	0011	c_{12}	010 0011
i_{13}	1011	c_{13}	100 1011
i_{14}	0111	c_{14}	001 0111
i_{15}	1111	c_{15}	111 1111

Tabelle 5.7: Systematischer (7,4)-Code mit $g(x) = x^3 + x + 1$

Die Berechnung der Codewörter wurde hierbei entsprechend dem Verfahren der systematischen Codierung durchgeführt.

5.3.4   Generatormatrix und Prüfmatrix zyklischer Codes

Unter der Generatormatrix verstehen wir die den Code erzeugende Matrix G:

$$c = i \cdot G, \tag{5.64}$$

wobei der Vektor $i = (i_0, i_1, \ldots, i_{k-1})$ die zu codierende Information enthält. Die Matrix G muss hierfür in k Zeilen linear unabhängige Code-Vektoren von $\mathcal{C}$ enthalten. In Abschnitt 5.3.1 haben wir gesehen, dass mit Hilfe des Generatorpolynoms $g(x) = 1 + g_1 x + g_2 x^2 + \cdots + x^m$ und den zyklisch verschobenen Polynomen $x g(x), x^2 g(x), \ldots, x^{k-1} g(x)$ möglich ist, den Code zu bilden. Schreiben wir die Koeffizientenvektoren (n-Tupel) dieser Polynome in eine $k \times n$-Matrix, so erhalten wir die Generatormatrix eines zyklischen (n, k)-Codes $\mathcal{C}$:

$$G = \begin{pmatrix} g_0 & g_1 & g_2 & \cdots & g_{n-k} & 0 & 0 & \cdots & 0 \\ 0 & g_0 & g_1 & g_2 & \cdots & g_{n-k} & 0 & \cdots & 0 \\ \vdots & & \ddots & & & & \ddots & & \vdots \\ 0 & 0 & \cdots & 0 & g_0 & g_1 & g_2 & \cdots & g_{n-k} \end{pmatrix} = \begin{pmatrix} g^{(0)} \\ g^{(1)} \\ \vdots \\ g^{(k-1)} \end{pmatrix} . \tag{5.65}$$

Für das Beispiel des $(7, 4)$-Codes, nach Tabelle 5.6, mit dem Generatorpolynom $g(x) = x^3 + x + 1$ lautet die Generatormatrix:

$$G = \begin{pmatrix} 1 & 1 & 0 & 1 & 0 & 0 & 0 \\ 0 & 1 & 1 & 0 & 1 & 0 & 0 \\ 0 & 0 & 1 & 1 & 0 & 1 & 0 \\ 0 & 0 & 0 & 1 & 1 & 0 & 1 \end{pmatrix}.$$

Diese Matrix kann durch elementare Zeilenumformungen in die systematische Form gebracht werden:

$$G_s = \begin{pmatrix} 1 & 0 & 0 & 0 & 1 & 1 & 0 \\ 0 & 1 & 0 & 0 & 0 & 1 & 1 \\ 0 & 0 & 1 & 0 & 1 & 1 & 1 \\ 0 & 0 & 0 & 1 & 1 & 0 & 1 \end{pmatrix}.$$

Diese systematische Generatormatrix erzeugt den selben Code (vgl. Tab. 5.7) wie die unsystematische Generatormatrix. Lediglich die Zuordnung von Information zum Codewort ändert sich.

In Abschnitt 5.3.1 wurde ausgeführt, dass $g(x)$ ein Faktor von $x^n + 1$ ist. Hieraus folgt:

$$g(x) \cdot h(x) = x^n + 1, \tag{5.66}$$

wobei $h(x)$ ein Polynom vom Grad k ist.

$$h(x) = 1 + h_1 x + h_2 x^2 + \cdots + h_{k-1} x^{k-1} + x^k$$

Es kann nun gezeigt werden, dass die Prüfmatrix H sich von dem Polynom $h(x)$ ableiten lässt. Für ein Codewort $c = (c_0, c_1, \ldots, c_{n-1}) \in \mathcal{C}$ gilt: $c(x) = a(x) \cdot g(x)$. Hieraus folgt:

$$\begin{aligned} c(x) \cdot h(x) &= a(x) \cdot g(x) \cdot h(x) \\ &= a(x)(x^n + 1) \\ &= a(x)x^n + a(x) \end{aligned}$$

Da der Grad von $a(x)$ kleiner gleich $k - 1$ ist, können die Potenzen: $x^k, x^{k+1}, \ldots, x^{n-1}$ in $a(x)x^n + a(x)$ nicht auftreten. Es gilt also:

$$\sum_{i=0}^{k} h_i \cdot c_{n-i-j} = 0 \quad \text{für } 1 \leq j \leq n - k.$$

Diese Gleichung lautet in Matrixschreibweise:

$$H \cdot c^{(T)} = 0, \tag{5.67}$$

wobei die Prüfmatrix H durch die Koeffizienten von $h(x)$ bestimmt ist:

$$H = \begin{pmatrix} h_k & h_{k-1} & h_{k-2} & \cdots & h_0 & 0 & 0 & \cdots & 0 \\ 0 & h_k & h_{k-1} & h_{k-2} & \cdots & h_0 & 0 & \cdots & 0 \\ \vdots & & \ddots & & & & \ddots & & \vdots \\ 0 & 0 & \cdots & 0 & h_k & h_{k-1} & h_{k-2} & \cdots & h_0 \end{pmatrix}. \tag{5.68}$$

Die Prüfmatrix H ist eine $(n - k) \times n$-Matrix mit der Eigenschaft (vgl. Gl. 5.67), dass jeder Zeilenvektor orthogonal zu jedem Codevektor ist. Vergleicht man die Prüfmatrix H, Gl. (5.68), mit der Generatormatrix, Gl. (5.65), so wird deutlich, dass sie die gleiche Struktur aufweisen. Die Prüfmatrix ist selber die Generatormatrix eines zyklischen $(n, n - k)$-Codes. Dieser Code $\mathcal{C}^{(d)}$ wird als der duale Code zum (n, k)-Code $\mathcal{C}$ bezeichnet, da alle Zeilen von G (sie enthalten ja Codewörter) orthogonal zu den Zeilen von H sind. Es gilt:

$$H \cdot G^{(T)} = 0 \,.$$

Interpretiert man die erste Zeile von H als Generatorpolynom $g^{(d)}(x)$ des dualen Codes, so gilt:

$$
\begin{aligned}
g^{(d)}(x) &= h_k + h_{k-1}x + h_{k-2}x^2 + \cdots + h_0 x^k \,, && (5.69)\\
&= x^k \cdot (h_k x^{-k} + h_{k-1} x^{1-k} + \cdots + h_1 x^{-1} + h_0) \,,\\
&= x^k \cdot h(x^{-1}), \quad \text{wobei } h(x) = \frac{x^n + 1}{g(x)} \,.
\end{aligned}
$$

Das Polynom $g^{(d)}(x) = x^k \cdot h(x^{-1})$ wird auch als Spiegelpolynom oder reziprokes Polynom von $h(x)$ bezeichnet.

Beispiel 5.19 *Betrachten wir noch einmal den zyklischen $(7,4)$-Code mit $g(x) = x^3 + x + 1$. Das Prüfpolynom $h(x)$ berechnet sich zu:*

$$h(x) = \frac{x^7 + 1}{g(x)} = x^4 + x^2 + x + 1 \,.$$

Für das Generatorpolynom des zum $(7,4)$-Code dualen Codes gilt:

$$
\begin{aligned}
g^{(d)}(x) &= x^4 \cdot (x^{-4} + x^{-2} + x^{-1} + 1) \,,\\
&= 1 + x^2 + x^3 + x^4 \,.
\end{aligned}
$$

Das Polynom $g^{(d)}(x)$ erzeugt einen zyklischen $(7,3)$-Code mit der Mindestdistanz $d = 4$. Er kann somit einen Fehler korrigieren bzw. zwei Fehler erkennen.

Ganz analog zur systematischen Codierung mit dem Generatorpolynom kann die Generatormatrix wieder in die bekannte systematische Form gebracht werden. Hierzu wird für die Anzahl der Informationsstellen $i = 0, 1, \ldots, k - 1$, x^{n-k+i} durch $g(x)$ dividiert und der Rest der Division $r_i(x)$ zu x^{n-k+i} addiert:

$$
\begin{aligned}
x^{n-k+i} &= q_i(x)g(x) + r_i(x) \,,\\
r_i(x) + x^{n-k+i} &= q_i(x)g(x)\\
\text{mit } r_i(x) &= r_{i0} + r_{i1}x + \cdots + r_{i,n-k-1}x^{n-k-1} \,.
\end{aligned}
$$

$r_i(x) + x^{n-k+i}$ ist dann ein Codewort mit einer Informationsstelle, die ungleich Null ist. Ordnet man die Polynomkoeffizienten in eine Matrix G_o an, so erhält man eine systematische Generatormatrix:

$$
G_o = \begin{pmatrix}
r_{00} & r_{01} & r_{02} & \cdots & r_{0,n-k-1} & 1 & 0 & 0 & \cdots & 0\\
r_{10} & r_{11} & r_{12} & \cdots & r_{1,n-k-1} & 0 & 1 & 0 & \cdots & 0\\
\vdots & \vdots & \vdots & & \vdots & & & & & \vdots\\
r_{k-1,0} & r_{k-1,1} & r_{k-1,2} & \cdots & r_{k-1,n-k-1} & 0 & 0 & 0 & \cdots & 1
\end{pmatrix} \,. \qquad (5.70)
$$

Benutzt man zur Codierung die Beziehung:

$$i \cdot G_o = c$$

so erhält man Codewörter, die die Information in den oberen Stellen von c, in $c_{n-k}, \cdots c_{n-1}$, tragen. Durch zyklische Verschiebung der Zeilen erhält man eine Matrix, die die Information in die unteren Stellen $c_0, \ldots, c_{k-1}$, des Codewortes legt:

$$G_u = \begin{pmatrix} 1 & 0 & 0 & \cdots & 0 & r_{00} & r_{01} & r_{02} & \cdots & r_{0,n-k-1} \\ 0 & 1 & 0 & \cdots & 0 & r_{10} & r_{11} & r_{12} & \cdots & r_{1,n-k-1} \\ & & & & \vdots & \vdots & \vdots & \vdots & & \vdots \\ 0 & 0 & 0 & \cdots & 1 & r_{k-1,0} & r_{k-1,1} & r_{k-1,2} & \cdots & r_{k-1,n-k-1} \end{pmatrix}. \qquad (5.71)$$

Diese Matrixform $G = (I_k, A)$ wurde bereits im vorangegangenen Abschnitt verwendet, so dass die zugehörige Prüfmatrix: $H = (A^{(T)}, I_{n-k})$ direkt angegeben werden kann:

$$H = \begin{pmatrix} r_{00} & r_{10} & r_{20} & \cdots & r_{k-1,0} & 1 & 0 & 0 & \cdots & 0 \\ r_{01} & r_{11} & r_{21} & \cdots & r_{k-1,1} & 0 & 1 & 0 & \cdots & 0 \\ \vdots & \vdots & \vdots & & \vdots & & & & & \vdots \\ r_{0,n-k-1} & r_{1,n-k-1} & r_{2,n-k-1} & \cdots & r_{k-1,n-k-1} & 0 & 0 & 0 & \cdots & 1 \end{pmatrix}. \qquad (5.72)$$

Beispiel 5.20 *Betrachten wir noch einmal den zyklischen $(7,4)$-Code mit $g(x) = 1 + x + x^3$. Codieren wir systematisch die Informationen $i(x) = 1, x, x^2$ und x^3, so erhalten wir:*

$$\begin{aligned} x^3 &= g(x) \cdot 1 + (x+1), \\ x^4 &= g(x) \cdot x + (x^2 + x), \\ x^5 &= g(x) \cdot (x^2 + 1) + (x^2 + x + 1), \\ x^6 &= g(x) \cdot (x^3 + x + 1) + (1 + x^2). \end{aligned}$$

Die vier gesuchten Codewörter lauten also:

$$\begin{aligned} c_0(x) &= 1 & + & \; x & & & + & \; x^3, \\ c_1(x) &= & & \; x & + & \; x^2 & & & + & \; x^4, \\ c_2(x) &= 1 & + & \; x & + & \; x^2 & & & & & + & \; x^5, \\ c_3(x) &= 1 & & & + & \; x^2 & & & & & & & + & \; x^6. \end{aligned}$$

Durch Anordnen der Polynomkoeffizienten in Matrixform erhält man schließlich:

$$G_{(7,4)}^{(o)} = \begin{pmatrix} 1 & 1 & 0 & 1 & 0 & 0 & 0 \\ 0 & 1 & 1 & 0 & 1 & 0 & 0 \\ 1 & 1 & 1 & 0 & 0 & 1 & 0 \\ 1 & 0 & 1 & 0 & 0 & 0 & 1 \end{pmatrix} \Longleftrightarrow H_{(7,4)}^{(u)} = \begin{pmatrix} 1 & 0 & 0 & 1 & 0 & 1 & 1 \\ 0 & 1 & 0 & 1 & 1 & 1 & 0 \\ 0 & 0 & 1 & 0 & 1 & 1 & 1 \end{pmatrix}.$$

Durch zyklisches Verschieben der Codewörter um k Stellen erhält man die andere Matrix:

$$G_{(7,4)}^{(u)} = \begin{pmatrix} 1 & 0 & 0 & 0 & 1 & 1 & 0 \\ 0 & 1 & 0 & 0 & 0 & 1 & 1 \\ 0 & 0 & 1 & 0 & 1 & 1 & 1 \\ 0 & 0 & 0 & 1 & 1 & 0 & 1 \end{pmatrix} \Longleftrightarrow H_{(7,4)}^{(o)} = \begin{pmatrix} 1 & 0 & 1 & 1 & 1 & 0 & 0 \\ 1 & 1 & 1 & 0 & 0 & 1 & 0 \\ 0 & 1 & 1 & 1 & 0 & 0 & 1 \end{pmatrix}.$$

5.3.5   Distanz in Generatormatrix und Prüfmatrix

In diesem Abschnitt werden noch einige ergänzende Bemerkungen zur Mindestdistanz eines linearen Codes formuliert. Die Mindestdistanz d eines linearen Codes entspricht der kleinstmöglichen Anzahl von Spalten der Prüfmatrix H, die eine Linearkombination bilden:

$$\underbrace{h_x + h_y + \cdots + h_z}_{d-Spaltenvektoren} = 0. \tag{5.73}$$

Diese Aussage ist einsichtig, denn für jedes Codewort gilt:

$$H \cdot c^{(T)} = 0.$$

Dies gilt auch für ein Codewort c_d mit minimalem Gewicht $w(c_d) = d$. Die Multiplikation von H mit einem Codewort $c_d^{(T)}$ vom minimalen Gewicht d lässt sich aber auch als Addition der d Spalten von H darstellen, in denen das Codewort nicht Null ist:

$$H \cdot c_d^{(T)} = \underbrace{h_x + h_y + \cdots + h_z}_{d-Spaltenvektoren} = 0.$$

Diese Addition muss in der Summe 0 ergeben:

Die Mindestdistanz d lässt sich in der Generatormatrix am Gewicht der Zeilenvektoren g_i nur dann feststellen, wenn einer von diesen von minimalem Gewicht $w^* = d$ ist. Hierbei muss also geprüft werden, ob durch Kombination von Zeilen das Gewicht verringert wird.

Beispiel 5.21 *Ein binärer $E = 2$ fehlerkorrigierender (15,7)-Code sei durch sein Generatorpolynom $g(x)$ gegeben:*

$$g(x) = 1 + x^4 + x^6 + x^7 + x^8.$$

Für die Generatormatrix in unsystematischer Form folgt:

$$G = \begin{pmatrix}
1 & 0 & 0 & 0 & 1 & 0 & 1 & 1 & 1 & 0 & 0 & 0 & 0 & 0 & 0 \\
0 & 1 & 0 & 0 & 0 & 1 & 0 & 1 & 1 & 1 & 0 & 0 & 0 & 0 & 0 \\
0 & 0 & 1 & 0 & 0 & 0 & 1 & 0 & 1 & 1 & 1 & 0 & 0 & 0 & 0 \\
0 & 0 & 0 & 1 & 0 & 0 & 0 & 1 & 0 & 1 & 1 & 1 & 0 & 0 & 0 \\
0 & 0 & 0 & 0 & 1 & 0 & 0 & 0 & 1 & 0 & 1 & 1 & 1 & 0 & 0 \\
0 & 0 & 0 & 0 & 0 & 1 & 0 & 0 & 0 & 1 & 0 & 1 & 1 & 1 & 0 \\
0 & 0 & 0 & 0 & 0 & 0 & 1 & 0 & 0 & 0 & 1 & 0 & 1 & 1 & 1
\end{pmatrix}.$$

Durch Zeilenadditionen folgt die Generatormatrix in systematischer Form:

$$G = \begin{pmatrix}
1 & 0 & 0 & 0 & 0 & 0 & 0 & 1 & 0 & 0 & 0 & 1 & 0 & 1 & 1 \\
0 & 1 & 0 & 0 & 0 & 0 & 0 & 1 & 1 & 0 & 0 & 1 & 1 & 1 & 0 \\
0 & 0 & 1 & 0 & 0 & 0 & 0 & 1 & 1 & 0 & 0 & 1 & 1 & 1 \\
0 & 0 & 0 & 1 & 0 & 0 & 0 & 1 & 0 & 1 & 1 & 1 & 0 & 0 & 0 \\
0 & 0 & 0 & 0 & 1 & 0 & 0 & 0 & 1 & 0 & 1 & 1 & 1 & 0 & 0 \\
0 & 0 & 0 & 0 & 0 & 1 & 0 & 0 & 0 & 1 & 0 & 1 & 1 & 1 & 0 \\
0 & 0 & 0 & 0 & 0 & 0 & 1 & 0 & 0 & 0 & 1 & 0 & 1 & 1 & 1
\end{pmatrix}.$$

Die Prüfmatrix lautet in systematischer Form:

$$H = \begin{pmatrix} 1 & 1 & 0 & 1 & 0 & 0 & 0 & 1 & 0 & 0 & 0 & 0 & 0 & 0 & 0 \\ 0 & 1 & 1 & 0 & 1 & 0 & 0 & 0 & 1 & 0 & 0 & 0 & 0 & 0 & 0 \\ 0 & 0 & 1 & 1 & 0 & 1 & 0 & 0 & 0 & 1 & 0 & 0 & 0 & 0 & 0 \\ 0 & 0 & 0 & 1 & 1 & 0 & 1 & 0 & 0 & 0 & 1 & 0 & 0 & 0 & 0 \\ 1 & 1 & 0 & 1 & 1 & 1 & 0 & 0 & 0 & 0 & 0 & 1 & 0 & 0 & 0 \\ 0 & 1 & 1 & 0 & 1 & 1 & 1 & 0 & 0 & 0 & 0 & 0 & 1 & 0 & 0 \\ 1 & 1 & 1 & 0 & 0 & 1 & 1 & 0 & 0 & 0 & 0 & 0 & 0 & 1 & 0 \\ 1 & 0 & 1 & 0 & 0 & 0 & 1 & 0 & 0 & 0 & 0 & 0 & 0 & 0 & 1 \end{pmatrix}.$$

Die Prüfmatrix wird durch ihre Spaltenvektoren h_j mit $j = 0, 1, \ldots, n - 1$ dargestellt:

$$H = (h_0, h_1, h_2, \ldots, h_{14}).$$

Wählen wir als Codewort mit minimaler Distanz $d = 5$ $c = (0, 0, 0, 0, 0, 0, 1, 0, 0, 0, 1, 0, 1, 1, 1)$ so gilt:

$$H \cdot c_d^{(T)} = h_6 + h_{10} + h_{12} + h_{13} + h_{14} = 0.$$

Bei dem Codewort c handelt es sich um den verschobenen Koeffizientenvektor g des Generatorpolynoms. Es gilt auch:

$$H \cdot g_d^{(T)} = h_0 + h_4 + h_6 + h_7 + h_8 = 0,$$

da c dem um sechs Stellen nach rechts verschobenen Generatorpolynom entspricht.

5.3.6 Realisierungen elementarer Rechenoperationen mit Schieberegistern

Für das Verständnis von Codierung und Decodierung kommt der Betrachtung von Schieberegisterrealisierungen eine besondere Bedeutung zu. Diese Bedeutung beruht weniger in der daraus resultierenden Möglichkeit einer Hardware-Realisierung, sondern vielmehr darin, einen Schritt von der abstrakten Beschreibung der Algorithmen hin zu einem vorstellbaren technischen Ablauf zu tun. Ein gutes Verständnis des technischen Ablaufes führt häufig auch zu Verbesserungen der Algorithmen.

In den folgenden Darstellungen sollen die Elemente der Schieberegister erläutert werden, die dann die elementaren Rechenoperationen der Multiplikation, Division und Transformation durchführen können.

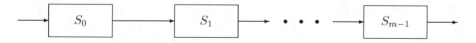

Der Inhalt einer Speicherzelle S_j wird mit einem Takt (i) zum Ausgang und damit zur nächsten Speicherzelle S_{j+1} weitergegeben. Es gilt also:

$$S_{j+1}(i + 1) = S_j(i).$$

Für Addition, Multiplikation und Skalierung werden die folgenden Symbole verwendet:

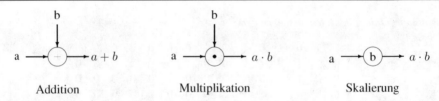

Addition   Multiplikation   Skalierung

Mit Hilfe dieser Elemente können nun Schieberegisterschaltungen angegeben werden, die elementare Rechenoperationen durchführen können. Die nachstehende Schaltung zeigt ein Schieberegister, das die Koeffizienten nicht rückkoppelt. Solche Schaltungen werden auch als FIR-Filter (finite-impulse-response) bezeichnet.

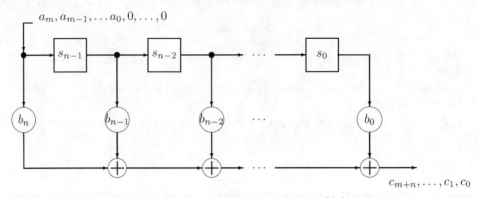

Die Struktur der Schaltung ist durch die Koeffizienten des Polynoms $b(x)$ festgelegt:

$$b(x) = b_0 + b_1 x + b_2 x^2 + \cdots + b_n x^n \,.$$

Die Koeffizienten von $a(x)$ gelangen, mit der höchsten Potenz beginnend, in das Schieberegister. Das Schieberegister muss zu Beginn der Rechnung mit Null initialisiert sein. Die Koeffizienten von $a(a)$ und $b(x)$ werden gefaltet, so dass gilt:

$$c_j = \sum_{i=0}^{n} b_i \cdot a_{j-i} \,.$$

Mit dieser Faltung werden die Koeffizienten des Polynoms $c(x) = a(x) \cdot b(x)$ berechnet. Im folgenden Beispiel wird diese Polynommultiplikation in Schaltung A durchgeführt. Die Schaltung B, die ebenfalls der Multiplikation dient, geht aus der Schaltung A durch Anwendung elementarer Schaltungsalgebra hervor.

Beispiel 5.22 *Multiplikation mit $x^8 + x^7 + x^4 + x^2 + x + 1$ in $GF(2)$:*

Schaltung A

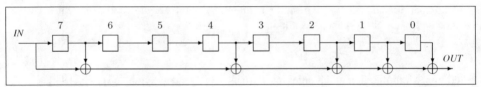

Die Multiplikation von $x^8 + x^7 + x^4 + x^2 + x + 1$ mit $x^3 + x^2 + 1$ für die Schaltung A ergibt:

i	IN	7	6	5	4	3	2	1	0	OUT
1	1	1	0	0	0	0	0	0	0	1
2	1	1	1	0	0	0	0	0	0	0
3	0	0	1	1	0	0	0	0	0	1
4	1	1	0	1	1	0	0	0	0	1
5	0	0	1	0	1	1	0	0	0	0
6	0	0	0	1	0	1	1	0	0	1
7	0	0	0	0	1	0	1	1	0	1
8	0	0	0	0	0	1	0	1	1	1
9	0	0	0	0	0	0	1	0	1	0
10	0	0	0	0	0	0	0	1	0	0
11	0	0	0	0	0	0	0	0	1	1
12	0	0	0	0	0	0	0	0	0	1

Das Polynom $x^3 + x^2 + 1$ besitzt, wenn mit der höchsten Potenz begonnen wird, die Binärdarstellung (1,1,0,1). Bereits nach dem vierten Takt ist das Bitmuster vollständig in das Schieberegister gelangt. Die Berechnung ist jedoch noch nicht abgeschlossen, denn $c(x)$ muss den Grad: $\mathrm{grad}\,a(x) + \mathrm{grad}\,b(x) = 8+3 = 11$ besitzen. Es werden solange Nullen nachgeschoben, bis der letzte Koeffizient a_0 von $a(x)$ das Schieberegister verlassen hat.

Schaltung B

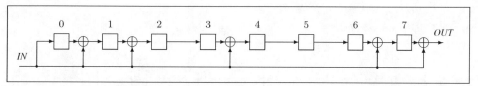

Die Multiplikation von $x^8 + x^7 + x^4 + x^2 + x + 1$ mit $x^3 + x^2 + 1$ für die Schaltung B ergibt:

i	IN	0	1	2	3	4	5	6	7	OUT
1	1	1	1	1	0	1	0	0	1	1
2	1	1	0	0	1	1	1	0	1	0
3	0	0	1	0	0	1	1	1	0	1
4	1	1	1	0	0	1	1	1	0	1
5	0	0	1	1	0	0	1	1	1	0
6	0	0	0	1	1	0	0	1	1	1
7	0	0	0	0	1	1	0	0	1	1
8	0	0	0	0	0	1	1	0	0	1
9	0	0	0	0	0	0	1	1	0	0
10	0	0	0	0	0	0	0	1	1	0
11	0	0	0	0	0	0	0	0	1	1
12	0	0	0	0	0	0	0	0	0	1

Zuerst wird wieder Polynom $x^3 + x^2 + 1$ beginnend mit der höchsten Potenz $(1,1,0,1)$ in das Register geschoben. Nach dem vierten Takt ist das Bitmuster anders als bei Schaltung A, nicht im Schieberegister zu erkennen. Es werden solange Nullen nachgeschoben, bis der letzte Koeffizient a_0 von $a(x)$ das Schieberegister verlassen hat. Die Ergebnisse der Multiplikation der Schaltungen A und B sind natürlich identisch.

Ein lineares, rückgekoppeltes Schieberegister kann auch für die Division eines Polynoms $a(x)$ durch ein Polynom $b(x)$ (siehe Abb. 5.6) verwendet werden. Es gelte $\mathrm{grad}\,a(x) = n$ und $b(x) = 1 + b_1 x + \cdots + x^m$, wobei $m \le n$ sein muss. Entprechend der normalen Polynomdivision wird in Abbildung 5.6 die höchste Potenz des dividierenden Polynoms $b(x)$ mit einem negativen Vorzeichen versehen. Anschließend werden dann die kleineren Potenzen von $b(x)$ zu dem Polynom $a(x)$ addiert. Sind die Polynomkoeffizienten aus $GF(2)$, so erfolgt die Addition modulo 2. Eine gewöhnliche Division besitzt die zwei Ergebnispolynome $q(x)$ und $r(x)$:

$$\frac{a(x)}{b(x)} = q(x) + \frac{r(x)}{b(x)} \Longleftrightarrow a(x) = q(x) \cdot b(x) + r(x).$$

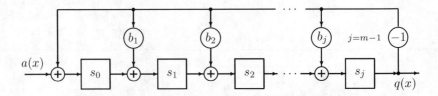

Abbildung 5.6: Polynomdivision mit LFSR

Das Vielfache $q(x)$ wird aus dem Schieberegister herausgeschoben, während der Divisionsrest $r(x)$ nach Beendigung der Rechnung in den Speichern $s_0, s_1, \ldots, s_{m-1}$ enthalten ist. Die Rechnung ist beendet, wenn der letzte Koeffizient a_0 von $a(x)$ in das Schieberegister gelangt ist.

Beispiel 5.23 *Division durch $x^8 + x^7 + x^4 + x^2 + x + 1$ in $GF(2)$:*

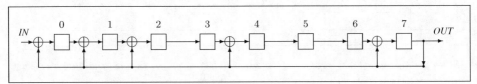

x^i	IN	0	1	2	3	4	5	6	7	OUT
x^{12}	1	1	0	0	0	0	0	0	0	0
x^{11}	0	0	1	0	0	0	0	0	0	0
x^{10}	0	0	0	1	0	0	0	0	0	0
x^9	0	0	0	0	1	0	0	0	0	0
x^8	0	0	0	0	0	1	0	0	0	0
x^7	0	0	0	0	0	0	1	0	0	0
x^6	0	0	0	0	0	0	0	1	0	0
x^5	0	0	0	0	0	0	0	0	1	0
x^4	0	1	1	1	0	1	0	0	1	1
x^3	0	1	0	0	1	1	1	0	1	1
x^2	0	1	0	1	0	0	1	1	1	1
x^1	0	1	0	1	1	1	0	1	0	1
x^0	0	0	1	0	1	1	1	0	1	0

Es wird die Division von x^{12} durch $x^8 + x^7 + x^4 + x^2 + x + 1$ in $GF(2)$ durchgeführt. Das Polynom x^{12} besitzt die Binärdarstellung $(1, 0, 0, 0, 0, 0, 0, 0, 0, 0, 0, 0, 0)$, beginnend mit der höchsten Potenz. An den Ausgang des Schieberegisters gelangt ein Bit erst mit einer Verzögerung von 8 Takten. Diese Verzögerung entspricht sowohl der Länge des Schieberegisters als auch der Gradreduzierung $12 - 8 = 4$ durch die Polynomdivision. Ist das Bitmuster vollständig in das Schieberegister gelangt, so ist die Berechnung abgeschlossen. Es gilt somit:

$$\frac{x^{12}}{x^8 + x^7 + x^4 + x^2 + x + 1} = (x^4 + x^3 + x^2 + x) + \frac{x^1 + x^3 + x^4 + x^5 + x^7}{x^8 + x^7 + x^4 + x^2 + x + 1},$$

$$x^{12} = (x^4 + x^3 + x^2 + x) \cdot (x^8 + x^7 + x^4 + x^2 + x + 1) + x^1 + x^3 + x^4 + x^5 + x^7.$$

Die beiden Ergebnispolynome der Division sind das Vielfache $q(x) = x^4 + x^3 + x^2 + x$ *und der Divisionsrest* $r(x) = x^1 + x^3 + x^4 + x^5 + x^7$.

5.4 Codierung und Decodierung von zyklischen Codes

In Abbildung 5.7 ist eine Schieberegisterschaltung dargestellt, die die drei notwendigen arithmetischen Operationen (vgl. Abschnitt 5.3.1) der systematischen Codierung eines zyklischen (n,k)-Codes durchführt.

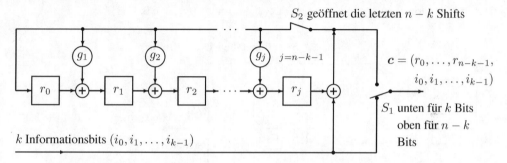

Abbildung 5.7: Systematische Codierung eines zyklischen (n,k)-Codes

Die Schaltungsbeschreibung kann in drei Schritten erfolgen:

Schritt A
- Zunächst werden die k Informationsbits $i_0, i_1, \ldots, i_{k-1}$ (oder in Polynomform: $i(x) = i_0 + i_1 x + \ldots + i_{k-1} x^{k-1}$) in das Schieberegister eingelesen: i_{k-1} ist hierbei das erste Bit. Der Schalter S_2 ist zunächst geschlossen – das Schieberegister somit rückgekoppelt.
- Durch das Einlesen von "Rechts" wird $i(x)$ automatisch mit x^{n-k} vormultipliziert.
- Sobald die k Informationsbits vollständig in das Schieberegister eingelesen sind, befindet sich der Rest $r(x)$ der Division von Gleichung (5.61) – der ja die zu berechnende Redundanz darstellt – in den $n - k$ Registern.

Schritt B
- Im zweiten Schritt muss nun der Rückkoppelungspfad durch das Gatter unterbrochen werden. S_2 wird geöffnet.

Schritt C
- Die $n - k$ Prüfbits $r_0, r_1, \ldots, r_{n-k-1}$ können jetzt ausgelesen werden und stellen zusammen mit den Informationsbits das vollständige Codewort $c = (r_0, r_1, \ldots, r_{n-k-1}, i_0, i_1, \ldots, i_{k-1})$ dar.

Beispiel 5.24 *In der nachstehenden Abbildung* 5.8 *ist die Schieberegisterschaltung für die Codierung des zyklischen* $(7, 4)$-*Codes dargestellt.*

j	Information	r_0	r_1	r_2	j-ter Shift
0		0	0	0	Grundzustand
1	$i_3 = 1$	1	1	0	1. Shift
2	$i_2 = 0$	0	1	1	2. Shift
3	$i_1 = 1$	0	0	1	3. Shift
4	$i_0 = 1$	0	0	0	4. Shift

Die Codierung erfolgt systematisch mit $g(x) = x^3 + x + 1$. *Die zu codierende Information sei* $i = (i_0, i_1, i_2, i_3) = (1, 1, 0, 1)$. *Das Schieberegister durchläuft nun folgende nebenstehende Zustände:*

Das Codewort lautet also: $c = (r_0, r_1, r_2, i_0, i_1, i_2, i_3) = (0, 0, 0, 1, 1, 0, 1)$

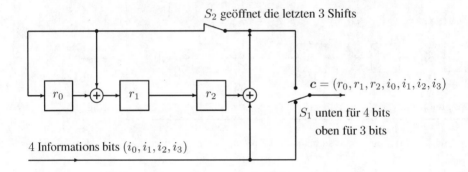

Abbildung 5.8: Systematische Codierung eines zyklischen (7,4)-Codes

5.4.1 Syndromberechnung bei zyklischen Codes

In den vorausgegangenen Abschnitten wurde bereits eine Möglichkeit angegeben, den Einfluss des Fehlers, der Syndrom genannt wird, zu bestimmen. Durch die Multiplikation mit der Prüfmatrix $s^{(T)} = H \cdot r^{(T)}$ kann das Syndrom berechnet werden. Gilt $s = 0$, so ist r ein Codewort, im anderen Fall ist r fehlerhaft. Für den empfangenen fehlerbehafteten Vektor $r = (r_0, r_1, \ldots, r_{n-1})$ gilt:

$$r = c + f \iff r(x) = c(x) + f(x), \qquad (5.74)$$

wobei $r(x)$ ein Polynom vom Grad kleiner gleich $n - 1$ ist. Für zyklische Codes kann die Berechnung des Syndroms auch durch die Division von $r(x)$ durch $g(x)$ erfolgen:

$$\frac{r(x)}{g(x)} = q(x) + \frac{s(x)}{g(x)} \iff r(x) = q(x) \cdot g(x) + s(x), \qquad (5.75)$$

denn gemäß der Codiervorschrift ergibt sich $s(x) = 0$ nur dann, wenn $r(x)$ ein Codewort und somit ein Vielfaches von $g(x)$ ist. Allgemein ist $s(x)$ ein Polynom vom Grad kleiner gleich $n - k - 1$. Die $n - k$ Koeffizienten von $s(x) = s_0 + s_1 x + \cdots + s_{n-k-1} x^{n-k-1}$ bilden das Syndrom $s = (s_0, s_1, \ldots, s_{n-k-1})$. Die Berechnung des Syndroms kann wieder mit Hilfe eines linearen rückgekoppelten Schieberegisters gemäß der Abbildung 5.9 erfolgen.

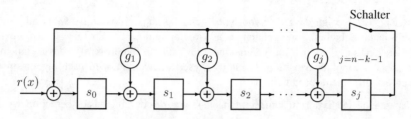

Abbildung 5.9: Syndromberechnung bei zyklischen (n,k)-Codes

Beispiel 5.25 *In der nachstehenden Abbildung 5.10 ist die Schieberegisterschaltung für die Syndromberechnung des zyklischen $(7,4)$-Codes mit $g(x) = x^3 + x + 1$ dargestellt.*

$$
\begin{aligned}
r^{(0)} &= (r_0, r_1, r_2, r_3, r_4, r_5, r_6) = (0,1,0,1,1,0,1), \\
r^{(1)} &= (r_6, r_0, r_1, r_2, r_3, r_4, r_5) = (1,0,1,0,1,1,0), \\
r^{(2)} &= (r_5, r_6, r_0, r_1, r_2, r_3, r_4) = (0,1,0,1,0,1,1).
\end{aligned}
$$

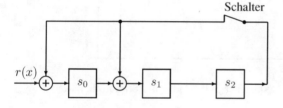

Abbildung 5.10: Syndromberechnung eines zyklischen (7,4)-Codes

Die Syndromberechnung soll für drei Empfangsvektoren durchgeführt werden, die jeweils um einen zyklischen Shift zueinander verschoben sind. Hierdurch ist auch der in $r^{(i)}$ enthaltene Fehlervektor $f^{(i)}$ um i Shifts verschoben. Das Schieberegister durchläuft die Zustände, die in der folgenden Tabelle angegeben sind.

r	Register			$r^{(1)}$	Register			$r^{(2)}$	Register			Shift
	0	0	0		0	0	0		0	0	0	Grundzustand
$r_6 = 1$	1	0	0	$r_5 = 0$	0	0	0	$r_4 = 1$	1	0	0	1. Shift
$r_5 = 0$	0	1	0	$r_4 = 1$	1	0	0	$r_3 = 1$	1	1	0	2. Shift
$r_4 = 1$	1	0	1	$r_3 = 1$	1	1	0	$r_2 = 0$	0	1	1	3. Shift
$r_3 = 1$	0	0	0	$r_2 = 0$	0	1	1	$r_1 = 1$	0	1	1	4. Shift
$r_2 = 0$	0	0	0	$r_1 = 1$	0	1	1	$r_0 = 0$	1	1	1	5. Shift
$r_1 = 1$	1	0	0	$r_0 = 0$	1	1	1	$r_6 = 1$	0	0	1	6. Shift
$r_0 = 0$	0	1	0	$r_6 = 1$	0	0	1	$r_5 = 0$	1	1	0	7. Shift
	0	0	1		1	1	0					8. Shift
	1	1	0									9. Shift

Das Syndrom s für den Empfangsvektor r lautet $s = (s_0, s_1, s_2) = (0,1,0)$, für $r^{(1)}$ $s^{(1)} = (s_2, s_0 \oplus s_2, s_1) = (0,0,1) = (\tilde{s}_0, \tilde{s}_1, \tilde{s}_2)$ und für $r^{(2)}$ schließlich $s^{(2)} = (\tilde{s}_2, \tilde{s}_2 \oplus \tilde{s}_0, \tilde{s}_1) = (1,1,0)$.

Das Beispiel 5.25 zeigt, dass die Syndromberechnung abgeschlossen ist, wenn alle $n-1$ Empfangsbits in das Schieberegister gelangt sind. Wird das Schieberegister bei geschlossenem Schalter weitergetaktet, so bildet sich mit jedem weiterem Takt ein Syndrom $s^{(i)}$, das zu einem zyklisch verschobenem Empfangsvektor $r^{(i)}$ gehört. Dieser Sachverhalt wird nachfolgend ohne Beweis noch einmal allgemein formuliert.

s ist das zugehörige Syndrom zum Empfangsvektor r, das durch Division berechnet werden kann:

$$r(x) = q(x) \cdot g(x) + s(x) \, .$$

Zu dem i-fach zyklisch verschobenen Empfangsvektor $r^{(i)}$ berechnet sich das Syndrom $s^{(i)}$ wie folgt:

$$x^i \cdot r(x) = \tilde{q}(x) \cdot g(x) + s^{(i)}(x) \quad \text{wobei } s^{(i)}(x) = x^i \cdot s(x) \bmod g(x). \qquad (5.76)$$

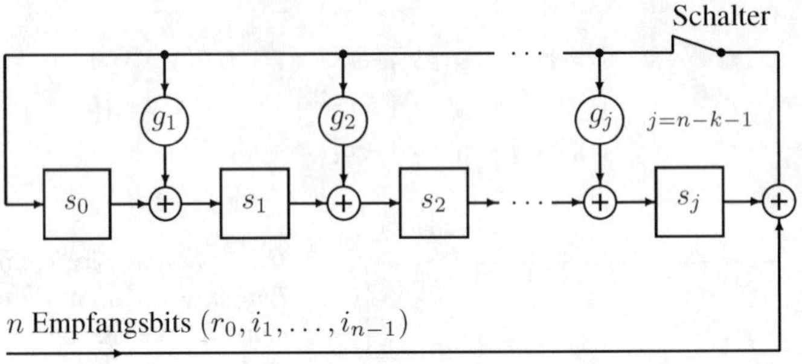

Abbildung 5.11: Syndromberechnung zyklischer (n,k)-Code mit Vormultiplizierung

Diese Aussage ist für die Syndromberechnung wichtig, um eine weitere Schieberegisterschaltung angeben zu können, die mit der Schieberegisterschaltung der systematischen Codierung strukturgleich ist. Wir erinnern uns, dass für die systematische Codierung die Information $i(x)$ mit x^{n-k} vormultipliziert wurde. Verfahren wir mit dem Empfangsvektor $r(x)$ in gleicher Weise, so erhalten wir die in Abbildung 5.11 dargestellte Schieberegisterschaltung, die zu r das Syndrom $s^{(n-k)}$ berechnet.

5.4.2   Decodierung von zyklischen Codes

Die Decodierung von zyklischen Codes erfolgt - ganz analog der Decodierung linearer Codes - durch drei notwendige arithmetische Operationen.

1. Schritt   Syndrombrechnung $s(x)$:

$$r(x) = q(x) \cdot g(x) + s(x)$$

$r(x)$ ist hierbei der fehlerbehaftete Empfangsvektor: $r(x) = c(x) + f(x)$, f(x) der Fehlervektor und das Syndrom $s(x)$ der Rest der Division von $r(x)$ durch das Generatorpolynom $g(x)$.

2. Schritt   Bestimmung des Fehlermusters f(x) aus s(x). Dies kann durch Tabellen (Standart Array) oder durch eine Logikschaltung erfolgen, die das Syndrom weiterverarbeitet.

3. Schritt Korrektur des Fehlers. Für binäre Codes kann dies durch einfache Exorverknüpfung des Empfangsvektors mit dem Fehlervektor erfolgen.

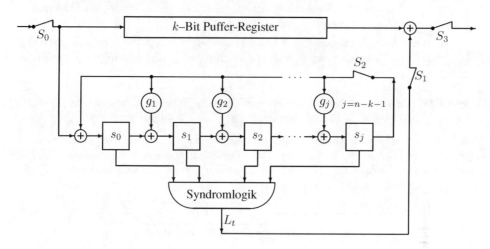

Abbildung 5.12: Decoder für einen zyklischen (n,k)-Code

Die Abbildung 5.12 veranschaulicht die Wirkungsweise des Decoders. Er besteht aus einem Speicherregister, in dem der Informationsteil von $r(x)$ während der Berechnung des Syndroms gespeichert wird. Die Berechnung des Syndroms erfolgt in dem bereits bekannten rückgekoppelten Schieberegister. Aufgabe der Syndromlogik ist es, aus dem Syndrom die Fehlerstelle zu bestimmen und durch Steuerung des Schalters S_1, die Fehler durch Addition zu beseitigen.

Die prinzipielle Funktion, dieser auch als Meggitt-Decoder bekannten Schaltung, wird im Folgenden beschrieben und anschließend anhand eines einfachen Beispiels verdeutlicht.

1. Schritt Zuerst gelangt $r(x)$ - mit dem höchsten Koeffizienten zuerst - vollständig in das rückgekoppelte Schieberegister, so dass anschließend das Syndrom berechnet ist. Die k Informationsbits gelangen gleichzeitig in das Puffer-Register und werden dort gespeichert.

2. Schritt Durch eine einfache Logik kann nun die Korrekturbedingung abgefragt werden. Diese Abfrage erfolgt nach jedem weiteren Takt des Schieberegisters solange, bis die Korrekturbedingung erfüllt ist, bzw. die Anzahl der Shifts die Codewortlänge n erreicht hat.

Die gesuchte Korrekturbedingung des Meggitt- Decoders ist dann erfüllt, wenn ein korrigierbares Fehlermuster derart gefunden wird, dass sich eines der Fehlerbits dieses Fehlermusters in der höchsten Position r_{n-1} des verschobenen Empfangsvektors $r^{(i)}$ befindet.

3. Schritt Wird z.B. die Korrekturbedingung für das erste berechnete Syndrom nicht erreicht, so bedeutet dies, dass das höchste Informationsbit $i_{k-1} = r_{n-1}$ fehlerfrei übertragen wurde und aus dem Puffer-Register ausgelesen werden kann. Die anderen Bits werden beginnend mit $r_{n-2} \rightarrow r_{n-1}^{(1)}$ nach rechts verschoben.

Wird die Korrekturbedingung für ein verschobenes Syndrom erreicht, so bedeutet dies, dass das im Puffer-Register rechts stehende Informationsbit fehlerhaft übertragen wurde. Über eine Steuerung des Schalters S_1, erfolgt die Korrektur des Fehlermusters durch einfache Exorverknüpfung.

Wenn die Bedingung innerhalb von n Takten, nachdem $r(x)$ vollständig in das rückgekoppelte Schieberegister gelangt ist, nie erfüllt wird, sind unkorrigierbar viele Fehler aufgetreten.

Beispiel 5.26 *In der nachstehenden Abbildung 5.13 ist die Schieberegisterschaltung für die Decodiertung des zyklischen $(7,4)$-Codes mit $g(x) = x^3 + x + 1$ dargestellt.*

Zunächst bestimmen wir die Syndrome aller korrigierbaren Fehlermuster. Hierzu ist es nicht notwendig diese Fehlermuster verschiedenen Codewörtern aufzuprägen, denn die Wahl des Codewortes hat keinen Einfluss auf das Syndrom. Gehen wir von $c = 0$ aus, so gilt: $r = f$. Der Empfangsvektor ist identisch mit dem Fehlervektor.

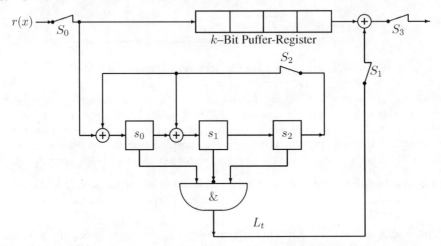

Abbildung 5.13: Decodierung eines zyklischen (7,4) Codes

	f	$s(x)$	s
$f_0 =$	$(1,0,0,0,0,0,0)$	$s(x) = 1$	$(1,0,0)$
$f_1 =$	$(0,1,0,0,0,0,0)$	$s(x) = x$	$(0,1,0)$
$f_2 =$	$(0,0,1,0,0,0,0)$	$s(x) = x^2$	$(0,0,1)$
$f_3 =$	$(0,0,0,1,0,0,0)$	$s(x) = 1 + x$	$(1,1,0)$
$f_4 =$	$(0,0,0,0,1,0,0)$	$s(x) = x + x^2$	$(0,1,1)$
$f_5 =$	$(0,0,0,0,0,1,0)$	$s(x) = 1 + x + x^2$	$(1,1,1)$
$f_6 =$	$(0,0,0,0,0,0,1)$	$s(x) = 1 + x^2$	$(1,0,1)$

Für die Bestimmung der Logik-Schaltung des Meggitt-Decoders wird das Syndrom ausgesucht, dessen korrespondierender Fehlervektor in der $n-1$-ten Stelle eine Eins besitzt. Der Fehlervektor ist f_6 und das zugehörige Syndrom ist $s(x) = 1 + x^2$.

Ist z. B. durch die Übertragung eines Codewortes die Stelle c_4 fehlerbehaftet, so hat das Syndromregister nach vollständigen Einlesen des Empfangsvektors das Syndrom $(0,1,1)$ berechnet. Die Korrekturbedingung ist nicht erfüllt, somit r_{n-1} nicht die gesuchte Fehlerstelle. $r_6 = i_3$ kann ausgelesen werden und $r_{n-2} = i_2$ rückt an die höchste Stelle. Das Syndromregister beinhaltet nach dem nächsten Takt $(1,1,1)$. Also kann auch i_2 ausgelesen werden.

Mit dem nun folgenden Takt enthält das Syndromregister das gesuchte Syndrom $(1,0,1)$. Jetzt schaltet die Syndromlogik den Schalter S_1 und korrigiert den Fehler in der richtigen Position.

5.4.3 Decodierung eines zweifehlerkorrigierenden Codes

Im Abschnitt 5.3.5 wurden im Beispiel 5.21 bereits Generator- und Prüfmatrix des zweifehler-korrigierenden (15,7) Codes angegeben. Für die Fehlerkorrektur von mehreren Fehlern $E > 1$ ist jedoch die Prüfmatrix weniger gut geeignet, denn zur Korrektur müsste überprüft werden, ob einer der n_E möglichen Spaltenkombinationen das Syndrom ergibt: $n_E = \binom{n}{0} + \binom{n}{1} + \cdots + \binom{n}{E}$. Für den zweifehlerkorrigierenden $(15, 7)$ Code würde dies bereits eine Überprüfung von maximal 121 Spaltenkombinationen bedeuten.

f_i	0	1	2	3	4	5	6	7	8	9	10	11	12	13	14	s_i
f_1	0	0	0	0	0	0	0	0	0	0	0	0	0	0	1	$s_1 = (00010111)$
f_2	0	0	0	0	0	0	0	0	0	0	0	0	0	1	1	$s_2 = (10011100)$
f_3	0	0	0	0	0	0	0	0	0	0	0	0	1	0	1	$s_3 = (01001011)$
f_4	0	0	0	0	0	0	0	0	0	0	0	1	0	0	1	$s_4 = (10101111)$
f_5	0	0	0	0	0	0	0	0	0	0	1	0	0	0	1	$s_5 = (01110000)$
f_6	0	0	0	0	0	0	0	0	0	1	0	0	0	0	1	$s_6 = (11011001)$
f_7	0	0	0	0	0	0	0	0	1	0	0	0	0	0	1	$s_7 = (00111001)$
f_8	0	0	0	0	0	0	0	1	0	0	0	0	0	0	1	$s_8 = (00010110)$
f_9	0	0	0	0	0	0	1	0	0	0	0	0	0	0	1	$s_9 = (00010101)$

Tabelle 5.8: Decodier-Syndrome eines zyklischen (15,7) Codes

Die Gleichung (5.76) und das Beispiel 5.25 legen nahe, die für die Decodierung abzuspeichernden Syndrome um diejenigen zu reduzieren, deren zugehöriges Fehlermuster durch einen i-fachen zyklischen Shift aus einem Fehlermuster hervorgeht, dessen Syndrom bereits gespeichert ist. Diese Aussage wird durch die Syndromtabelle 5.8 veranschaulicht. Das Fehlermuster f_9 lässt sich auf das Fehlermuster f_8 durch einen achtfachen zyklischen Shift zurückführen. Deshalb sind auch die Syndrome ineinander überführbar.

i	Syndrome
0	0 0 0 1 0 1 0 1
1	1 0 0 0 0 0 0 1
2	1 1 0 0 1 0 1 1
3	1 1 1 0 1 1 1 0
4	0 1 1 1 0 1 1 1
5	1 0 1 1 0 0 0 0
6	0 1 0 1 1 0 0 0
7	0 0 1 0 1 1 0 0
8	0 0 0 1 0 1 1 0

In der linksstehenden Tabelle ist in der oberen Zeile ($i = 0$) das Syndrom s_9 ($s(x) = x^3 + x^5 + x^7$) des Fehlervektors f_9 eingetragen. Wird s_9 nach rechts verschoben, so ergibt sich: $s^{(1)}(x) = x^4 + x^6 + x^8$. Wird dieses Syndrom modulo $g(x) = 1 + x^4 + x^6 + x^7 + x^8$ berechnet, so ergibt sich die nächste Zeile ($i = 1$):

$$s^{(1)}(x) \bmod g(x) = x^4 + x^6 + 1 + x^4 + x^6 + x^7 = 1 + x^7.$$

Nach insgesamt achtmaligem zyklischen Schieben modulo $g(x)$, ist das Syndrom s_9 in s_8 übergegangen.

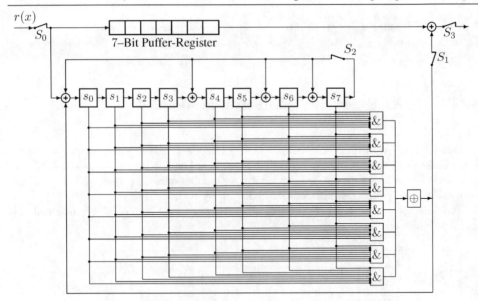

Abbildung 5.14: Decodierung eines zyklischen (15,7) Codes

Abbildung 5.14 zeigt eine Decodierschaltung für den $(15, 7)$ Code unter Verwendung der Decodiersyndrome aus Tabelle 5.8. Den Kern der Schaltung bildet das Syndromregister, das durch das Generatorpolynom des Codes festgelegt ist. Das 7-Bit Puffer-Register nimmt wieder die Information auf. Im Unterschied zur Abbildung 5.13 besteht die Syndromlogik aus acht &-Gattern, die den Decodiersyndromen entsprechen. Wird eines dieser Decodiersyndrome im Syndromregister generiert, nachdem der Empfangsvektor vollständig in das Schieberegister gelangt ist, so gibt das entsprechende &-Gatter eine *Eins* ab.

Ein wesentlicher Unterschied zur Decodierung nach Abbildung 5.12 besteht in der Rückführung dieser *Eins* in das rückgekoppelte Schieberegister. Hierdurch wird der Einfluss des jetzt korrigierten Fehlers auch im Syndromregister eliminiert. Der Sinn dieser Vorgehensweise wird besonders deutlich, wenn das Syndrom s_1 detektiert wird. Ohne die Rückführung der Korrektureins würde das Syndromregister durch die Rückkoppelung nach dem nächsten Takt noch eine Eins $(1, 0, 0, 0, 0, 0, 0, 0)$ enthalten. Genau diese verbliebene Eins wird durch die Rückführung der Korrektureins eliminiert, so dass das Syndrom $s(x) = 0$ wird.

Beispiel 5.27 *Die Decodierung des Empfangsvektors* $r = (000000000010001)$ *durch den* **Meggitt-Decoder** *wird nach Abbildung 5.14 durchgeführt.*

Ist der Empfangsvektor r vollständig in das Syndromregister gelangt: $i = 0$, so ist das Syndrom s_5 nach Tabelle 5.8 berechnet. Ein Fehler in der höchstwertigen Stelle r_{14} ist erkannt und wird korrigiert. Gleichzeitig gelangt eine Eins über die Rückführung in das Schieberegister, so dass sich $s = (10111000)$ für $i = 1$ ergibt.

Nach weiteren drei Takten $(i = 4)$ wird das Syndrom s_1 nach Tabelle 5.8 erkannt und die Stelle r_{10} korrigiert. Die Rückführung der Eins in das Syndromregister bewirkt, dass das Register nur noch Nullen aufweist und somit kein Fehler mehr in r enthalten ist. Der Empfangsvektor wird zum Nullcodewort $c = (000000000000000)$ hin korrigiert.

$Takt$				$Register$					$Syndrom$	Out
i	s_0	s_1	s_2	s_3	s_4	s_5	s_6	s_7		
0	0	1	1	1	0	0	0	0	s_5	$0 = r_{14} \oplus 1$
1	1	0	1	1	1	0	0	0		$0 = r_{13}$
2	0	1	0	1	1	1	0	0		$0 = r_{12}$
3	0	0	1	0	1	1	1	0		$0 = r_{11}$
4	0	0	0	1	0	1	1	1	s_1	$0 = r_{10} \oplus 1$
5	0	0	0	0	0	0	0	0		$0 = r_9$

5.4.4 Kürzen von zyklischen Codes

Ist in einem System die Codewortlänge durch die technischen Anforderungen vorgegeben, so kann häufig – aufgrund seiner festgelegten Länge – kein zyklischer Code verwendet werden. In diesem Abschnitt wird nun ein Verfahren beschrieben, wie ausgehend von einem zyklischen (n, k)-Code durch Kürzen von l Stellen ein linearer, nichtzyklischer $(n - l, k - l)$-Code vorgegebener Länge entsteht.

In Beispiel 5.18 wurde der zyklische, systematische $(7, 4)$-Code betrachtet. Er besitzt $2^4 = 16$ Codewörter, von denen genau die Hälfte, also 8, je in der höchstwertigen Informationsstelle eine Null aufweisen. Durch Kürzen dieser Informationsstelle entsteht (vgl. Beispiel 5.28) ein linearer $(6, 3)$-Code mit 8 Codewörtern, der nichtzyklisch ist.

Beispiel 5.28 *Die nachfolgende Tabelle 5.9 zeigt links noch einmal die ersten 8 Codewörter des* $(7, 4)$*-Code und rechts den vollständigen* $(6, 3)$*-Code in der systematischen Form:*

$(7, 4)$-Code				$(6, 3)$-Code			
i_0	0000	c_0	000 0000	i_0	000	c_0	000 000
i_1	1000	c_1	110 1000	i_1	100	c_1	110 100
i_2	0100	c_2	011 0100	i_2	010	c_2	011 010
i_3	1100	c_3	101 1100	i_3	110	c_3	101 110
i_4	0010	c_4	111 0010	i_4	001	c_4	111 001
i_5	1010	c_5	001 1010	i_5	101	c_5	001 101
i_6	0110	c_6	100 0110	i_6	011	c_6	100 011
i_7	1110	c_7	010 1110	i_7	111	c_7	010 111

Tabelle 5.9: (6,3)-Code als verkürzter zyklischer (7,4)-Code, $g(x) = x^3 + x + 1$

Der entstandene $(n-l, k-l)$-Code besitzt die gleiche Mindestdistanz d wie der ungekürzte (n, k)-Code und damit auch gleiche Korrektureigenschaften, denn durch Weglassen von Nullen kann sich das Mindestgewicht des Codes nicht verändern.

Ein Vorteil dieses Verfahren zur Codeverkürzung besteht darin, dass die Codierung genauso erfolgen kann wie beim ungekürzten Code. Da die Bits, um die der Code verkürzt wurde, nur Nullen

sind, ändern sie das Ergebnis der Division durch das Generatorpolynom nicht. Gleiches gilt für
die Realisierung der Codierung durch ein rückgekoppeltes Schieberegister. Weiterhin ist es vorteilhaft, dass es gelingt, die Decodierung mittels rückgekoppelter Schieberegister durchzuführen,
wenn diese geringfügig modifiziert werden. Diese notwendige Modifizierung wird im Abschnitt
5.4.6 Decodierung verkürzter Codes erläutert.

5.4.5 Generatormatrix und Prüfmatrix verkürzter Codes

Die Generatormatrix G eines um l Informationsstellen verkürzten $(n - l, k - l)$-Codes kann aus
der Generatormatrix des zyklischen (n, k)-Codes gebildet werden.

Von der Generatormatrix des zyklischen Codes werden nur die letzten $(k - l)$ Zeilen und die
letzten $(n - l)$ Spalten verwendet. Die Matrix G enthält dann $k - l$ linear unabhängige Code-
Vektoren von $\mathcal{C}$. Schreiben wir die Koeffizientenvektoren $((n - l)$-Tupel$)$ dieser Polynome in die
$(k - l) \times (n - l)$-Matrix, so erhalten wir die Generatormatrix eines $(n - l, k - l)$-Codes $\mathcal{C}$:

$$G = \begin{pmatrix} g_0 & g_1 & g_2 & \cdots & g_{n-k} & 0 & 0 & \cdots & 0 \\ 0 & g_0 & g_1 & g_2 & \cdots & g_{n-k} & 0 & \cdots & 0 \\ \vdots & & \ddots & & & \ddots & & & \vdots \\ 0 & 0 & \cdots & 0 & g_0 & g_1 & g_2 & \cdots & g_{n-k} \end{pmatrix} = \begin{pmatrix} g^{(0)} \\ g^{(1)} \\ \vdots \\ g^{(k-l-1)} \end{pmatrix}. \quad (5.77)$$

Für das Beispiel des $(6, 3)$-Codes, nach Tabelle 5.9, mit dem Generatorpolynom $g(x) = x^3 + x + 1$
lautet die Generatormatrix:

$$G_{(7,4)} = \begin{pmatrix} 1 & 1 & 0 & 1 & 0 & 0 & 0 \\ 0 & 1 & 1 & 0 & 1 & 0 & 0 \\ 0 & 0 & 1 & 1 & 0 & 1 & 0 \\ 0 & 0 & 0 & 1 & 1 & 0 & 1 \end{pmatrix} \implies G_{(6,3)} = \begin{pmatrix} 1 & 1 & 0 & 1 & 0 & 0 \\ 0 & 1 & 1 & 0 & 1 & 0 \\ 0 & 0 & 1 & 1 & 0 & 1 \end{pmatrix}$$

Diese Matrix kann durch elementare Zeilenumformungen in die systematische Form gebracht
werden:

$$G_{(7,4)}^{(u)} = \begin{pmatrix} 1 & 0 & 0 & 0 & 1 & 1 & 0 \\ 0 & 1 & 0 & 0 & 0 & 1 & 1 \\ 0 & 0 & 1 & 0 & 1 & 1 & 1 \\ 0 & 0 & 0 & 1 & 1 & 0 & 1 \end{pmatrix} \implies G_{(6,3)}^{(u)} = \begin{pmatrix} 1 & 0 & 0 & 0 & 1 & 1 \\ 0 & 1 & 0 & 1 & 1 & 1 \\ 0 & 0 & 1 & 1 & 0 & 1 \end{pmatrix}$$

Diese systematische Generatormatrix erzeugt denselben Code wie in Beispiel 5.28 (vgl. Tab. 5.9),
die unsystematische Generatormatrix. Lediglich die Reihenfolge von Information und Redundanz
ändert sich, da die Generatormatrix die Struktur $G = (I, A)$ und nicht (A, I) aufweist. Aus Abschnitt 5.3.4, Seite 386, ist aber bereits bekannt, dass durch zyklisches Verschieben der Zeilenvektoren die Generatormatrix des zyklischen Codes gefunden werden kann, die in den oberen Stellen
systematisch ist. Durch entsprechendes Kürzen formt sich die Generatormatrix des gekürzten Codes:

$$G_{(7,4)}^{(o)} = \begin{pmatrix} 1 & 1 & 0 & 1 & 0 & 0 & 0 \\ 0 & 1 & 1 & 0 & 1 & 0 & 0 \\ 1 & 1 & 1 & 0 & 0 & 1 & 0 \\ 1 & 0 & 1 & 0 & 0 & 0 & 1 \end{pmatrix} \implies G_{(6,3)}^{(o)} = \begin{pmatrix} 1 & 1 & 0 & 1 & 0 & 0 \\ 0 & 1 & 1 & 0 & 1 & 0 \\ 1 & 1 & 1 & 0 & 0 & 1 \end{pmatrix}.$$

Die Prüfmatrix des verkürzten Codes kann ganz entsprechend der Generatormatrix gebildet werden. Die Prüfmatrix H des zyklischen Codes ist eine $(n-k) \times n$-Matrix mit der Eigenschaft (vgl. Gl. 5.67), dass jeder Zeilenvektor orthogonal zu jedem Codevektor ist. Die Codeverkürzung erfordert hier lediglich die Streichung einer Spalte, da die Anzahl der Prüfbits $(n-k)$ gleich bleibt. Es entsteht eine $(n-k) \times (n-l)$-Matrix:

$$H = \begin{pmatrix} h_k & h_{k-1} & h_{k-2} & \cdots & h_0 & 0 & 0 & \cdots & 0 \\ 0 & h_k & h_{k-1} & h_{k-2} & \cdots & h_0 & 0 & \cdots & 0 \\ \vdots & & \ddots & & & \ddots & & & \vdots \\ 0 & 0 & \cdots & 0 & h_k & h_{k-1} & h_{k-2} & \cdots & h_0 \end{pmatrix} \begin{pmatrix} \boldsymbol{h}^{(0)} \\ \boldsymbol{h}^{(1)} \\ \vdots \\ \boldsymbol{h}^{(n-k-1)} \end{pmatrix}. \quad (5.78)$$

Die Koeffizienten von H sind durch das Prüfpolynom $h(x)$ festgelegt, für das gilt:

$$g(x) \cdot h(x) = x^n + 1 .$$

Hierbei ist $h(x)$ ein Polynom vom Grad k:

$$h(x) = 1 + h_1 x + h_2 x^2 + \cdots + h_{k-1} x^{k-1} + x^k .$$

Gegeben sei das Prüfpolynom $h(x) = x^4 + x^2 + x + 1$ eines zyklischen (7,4)-Codes bekannt. Für die Prüfmatrix gilt damit:

$$H_{(7,4)} = \left(\begin{array}{c|cccccc} 1 & 0 & 1 & 1 & 1 & 0 & 0 \\ 0 & 1 & 0 & 1 & 1 & 1 & 0 \\ 0 & 0 & 1 & 0 & 1 & 1 & 1 \end{array} \right) \implies H_{(6,3)} = \begin{pmatrix} 0 & 1 & 1 & 1 & 0 & 0 \\ 1 & 0 & 1 & 1 & 1 & 0 \\ 0 & 1 & 0 & 1 & 1 & 1 \end{pmatrix}$$

Diese Prüfmatrizen können durch elementare Zeilenumformungen in die systematische Form $H = (A, I)$ gebracht werden:

$$H_{(7,4)}^{(o)} = \left(\begin{array}{c|cccccc} 1 & 0 & 1 & 1 & 1 & 0 & 0 \\ 1 & 1 & 1 & 0 & 0 & 1 & 0 \\ 0 & 1 & 1 & 1 & 0 & 0 & 1 \end{array} \right) \implies H_{(6,3)}^{(o)} = \begin{pmatrix} 0 & 1 & 1 & 1 & 0 & 0 \\ 1 & 1 & 1 & 0 & 1 & 0 \\ 0 & 1 & 0 & 0 & 0 & 1 \end{pmatrix}$$

5.4.6 Decodierung verkürzter Codes

Für die Codierung und Decodierung verkürzter Codes mittels Generatormatrix und Prüfmatrix gilt gleiches wie für Codes, die nicht verkürzt sind. Das folgende Beispiel soll die Vorgehensweise noch einmal veranschaulichen.

Beispiel 5.29 *Es wird der gekürzte* $(6,3)$ *Code aus Abschnitt 5.4.5 betrachtet. Es gelte:* $\boldsymbol{i} = (111)$.

$$G_{(6,3)}^{(u)} = \begin{pmatrix} 1 & 0 & 0 & 0 & 1 & 1 \\ 0 & 1 & 0 & 1 & 1 & 1 \\ 0 & 0 & 1 & 1 & 0 & 1 \end{pmatrix}, \quad \boldsymbol{c} = \boldsymbol{i} \cdot G_{(6,3)}^{(u)} = (111001).$$

Empfangen wird der fehlerbehaftete Vektor $\boldsymbol{r} = (101001)$:

$$H_{(6,3)}^{(o)} = \begin{pmatrix} 0 & 1 & 1 & 1 & 0 & 0 \\ 1 & 1 & 0 & 0 & 1 & 0 \\ 1 & 1 & 1 & 0 & 0 & 1 \end{pmatrix}, \quad \boldsymbol{s}^{(T)} = H_{(6,3)}^{(o)} \cdot \boldsymbol{r}^{(T)} = \begin{pmatrix} 1 \\ 1 \\ 1 \end{pmatrix}.$$

Das Syndrom $s^{(T)}$ entspricht der zweiten Spalte der Prüfmatrix. Es ist damit ein Fehler in der zweiten Spalte des Empfangsvektors r lokalisiert.

Die Codierung und Decodierung verkürzter Codes kann auch durch dieselben rückgekoppelten Schieberegister erfolgen wie die Codierung und Decodierung der zyklischen Codes. Insbesondere bei der Decodierung würden in diesem Fall jedoch zusätzliche Shifts des Syndromregisters notwendig werden. Nachdem die $n - l$ Bits des Empfangsvektors r in das Schieberegister eingelesen worden sind, müssten noch weitere l Shifts erfolgen, um das entsprechende Syndrom für das zuerst eingelesene Bit r_{n-l-1} zu generieren. Dieser Vorgang wurde im Abschnitt 5.4.2 auf Seite 396 bis 398 beschrieben.

Im Folgenden sollen die notwendigen Modifikationen der Decodierung verkürzter Codes mit Hilfe von rückgekoppelten Schieberegistern erläutert werden, die den oben beschriebenen Nachteil vermeiden. Der Empfangsvektor r sei durch:

$$r(x) = r_0 + r_1 x + r_2 x^2 + \cdots + r_{n-l-1} x^{n-l-1} \tag{5.79}$$

gegeben. Wir nehmen an, dass der Empfangsvektor von rechts (siehe Abbildung 5.11) beginnend mit dem höchstwertigen Bit r_{n-l-1} in das Syndromregister eingelesen wird. Bedingt durch die Vormultiplizierung von $r(x)$ mit x^{n-k} durch das Einlesen von rechts, müsste für die Decodierung von r_{n-l-1} das Syndrom von $x^{n-k+l} \cdot r(x)$ verwendet werden.

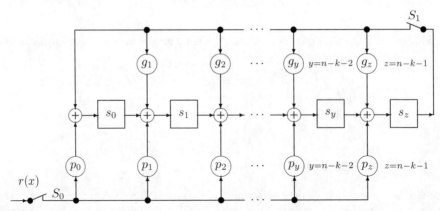

Abbildung 5.15: Schaltung zur Syndromberechnung verkürzter Codes

Nach Gleichung (5.76) gilt:

$$x^{n-k+l} \cdot r(x) \quad = \quad q_1(x) \cdot g(x) + s^{(n-k+l)}(x), \quad \text{wobei} \tag{5.80}$$
$$s^{(n-k+l)}(x) \quad = \quad x^{n-k+l} \cdot s(x) \bmod g(x). \tag{5.81}$$

Bezeichnet $p(x) = p_0 + p_1 x + p_2 x^2 + \cdots + p_{n-k-1} x^{n-k-1}$ den Rest der Division von x^{n-k+l} durch $g(x)$ so folgt:

$$x^{n-k+l} = q_2(x) \cdot g(x) + p(x) \iff p(x) = x^{n-k+l} + q_2(x) \cdot g(x). \tag{5.82}$$

Beide Seiten von Gleichung (5.82) werden nun mit $r(x)$ multipliziert und für $x^{n-k+l} \cdot r(x)$ die Gleichung (5.80) eingesetzt:

$$
\begin{aligned}
p(x) \cdot r(x) &= [x^{n-k+1} + q_2(x)g(x)] \cdot r(x), \\
&= [q_1(x) + q_2(x)r(x)] \cdot g(x) + s^{(n-k+l)}(x), \\
&= s^{(n-k+l)}(x) \bmod g(x).
\end{aligned}
\tag{5.83}
$$

Die Gleichung (5.83) zeigt einen interessanten Zusammenhang zwischen dem Empfangspolynom $r(x)$ und dem gesuchten Syndrom $s^{(n-k+l)}(x)$ auf. Das Syndrom kann nämlich durch eine einfache Vormultiplikation von $r(x)$ mit dem Polynom $p(x)$ gewonnen werden. Diese Vormultiplikation mit $p(x)$ kann gleichzeitig beim normalen Einlesen der empfangenen Bits in das Syndromregister stattfinden. Die Abbildung 5.15 zeigt eine vollständige Realisierungsmöglichkeit für die Syndromberechnung verkürzter Codes. Diese Schieberegisterschaltung zur Syndromberechnung ist im oberen Teil, der durch das Generatorpolynom $g(x) = 1 + g_1 x + \cdots + g_{n-k-1}x^{n-k-1} + x^{n-k}$ festgelegt ist, unverändert geblieben (vgl. Abb. 5.11). Im unteren Teil wurde die Schaltung durch die Vormultiplizierung mit $p(x) = p_o + p_1 x + \cdots + p_{n-k-1}x^{n-k-1}$ modifiziert. Im Folgenden wird die Verkürzung des zyklischen (7,4) Codes auf einen (6,3) Code als Beispiel gewählt.

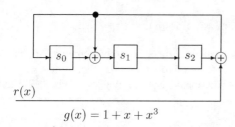

$$g(x) = 1 + x + x^3$$

Abbildung 5.16: Syndromberechnung des $(7,4)$ Codes mit Vormultiplizierung

$r = (0000001)$				
r_i	s_0	s_1	s_2	Shifts
	0	0	0	0. Shift
$r_6 = 1$	1	1	0	1. Shift
$r_5 = 0$	0	1	1	2. Shift
$r_4 = 0$	1	1	1	3. Shift
$r_3 = 0$	1	0	1	4. Shift
$r_2 = 0$	1	0	0	5. Shift
$r_1 = 0$	0	1	0	6. Shift
$r_0 = 0$	0	0	1	7. Shift
$s^{(7-4)} = s^{(3)} = (001)$				

In Abbildung 5.16 ist zunächst die Syndromberechnung für den ungekürzten (7,4) Code dargestellt. Im Unterschied zu den Beispielen 5.10 und 5.26 wurde hier die Syndromschaltung mit Vormultiplizierung mit x^{n-k} gewählt. Für das Fehlermuster $f = (0,0,0,0,0,0,1)$ ergibt sich das Syndrom $s = (0,0,1)$.

Nach Gleichung (5.82) kann das Polynom $p(x) = x^2 + x$ zur Vermeidung zusätzlicher Schiebeoperationen berechnet werden:

$$
x^{7-4+1} = x^4 \iff x^4 = x \cdot x^3 = x \cdot (x+1) \bmod g(x) = x^3 + x + 1.
\tag{5.84}
$$

Mittels des Polynoms $p(x) = x + x^2$ kann nun die Schaltung zur Syndromberechnung nach Abbildung 5.17 angegeben werden. Es ist deutlich erkennbar, dass das Syndrom trotz Verlagerung des Fehlers in die Stelle r_5 des Empfangsvektors gleich bleibt. Damit wird eine Änderung der Syndromlogik (s. Abb. 5.12) vermieden.

In Beispiel 5.26 erfolgte die zur Decodierung notwendige Syndromberechnung ohne Vormultiplizierung. Es stellt sich die Frage, ob auch für diesen Fall die Syndromberechnung so für den verkürzten Code modifiziert werden kann, dass die Syndromlogik unverändert bleibt.

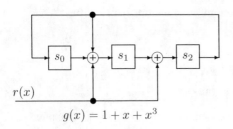

$r = (000001)$				
r_i	s_0	s_1	s_2	Shifts
	0	0	0	0. Shift
$r_5 = 1$	0	1	1	1. Shift
$r_4 = 0$	1	1	1	2. Shift
$r_3 = 0$	1	0	1	3. Shift
$r_2 = 0$	1	0	0	4. Shift
$r_1 = 0$	0	1	0	5. Shift
$r_0 = 0$	0	0	1	6. Shift
$s^{(n-k+l)} = (001)$				

Abbildung 5.17: Syndromberechnung des $(6,3)$ Codes

Eine Betrachtung der Herleitung (s. Gln. 5.80 bis 5.83) zeigt, dass es ebenfalls ausreichend ist, ein Polynom $p(x)$ zu berechnen:

$$p(x) = x^l \mod g(x), \qquad (5.85)$$

wobei l die Verkürzung des Codes angibt. Ist $l < \mathrm{grad}\ g(x)$, so gilt:

$$p(x) = x^l \quad \text{für } l < \mathrm{grad}\ g(x). \qquad (5.86)$$

Abbildung 5.18 zeigt für $l = 1$ die sehr einfache Schaltung zur Syndromberechnung. Auch mit der Verlagerung des Fehlers in die Stelle r_5 des Empfangsvektors bleibt das Syndrom $s = (1,0,1)$ (wie in Beispiel 5.26) gleich. Damit wird eine Änderung der Syndromlogik (s. Abb. 5.12) vermieden.

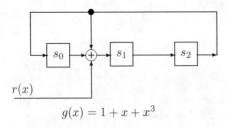

$r = (000001)$				
r_i	s_0	s_1	s_2	Shifts
	0	0	0	0. Shift
$r_5 = 1$	0	1	0	1. Shift
$r_4 = 0$	0	0	1	2. Shift
$r_3 = 0$	1	1	0	3. Shift
$r_2 = 0$	0	1	1	4. Shift
$r_1 = 0$	1	1	1	5. Shift
$r_0 = 0$	1	0	1	6. Shift
$s^{(l)} = (101)$				

Abbildung 5.18: Syndromberechnung des $(6,3)$ Codes

5.4.7 Decodierung durch Error Trapping

Der Error Trapping Decoder ist eine Spezialisierung des Meggitt–Decoders [13, S. 85 ff], der auf einem allgemeinen Decodierprinzip für zyklische Codes beruht. Das Trapping Verfahren ist für Codes, die nur wenige Einzel– oder Bündelfehler korrigieren sollen, sehr effektiv – hingegen für lange Codes, die viel Redundanz besitzen, ineffektiv. Kasami, Mitchell und Rudolph entwickelten unabhängig voneinander das Verfahren. Ihre Veröffentlichungen stammen aus den Jahren 1961 und 1962.

Im Folgenden werden die Verfahrensvoraussetzungen mathematisch formuliert und die Wirksamkeit des Verfahrens am Beispiel der Einzel- und Bündelfehlerkorrektur gezeigt.

Für das empfangene fehlerbehaftete Polynom $r(x)$ gelte:

$$r(x) = c(x) + f(x) \quad \Longleftrightarrow \quad \boldsymbol{r} = \boldsymbol{c} + \boldsymbol{f}.$$

Das Syndrom $s(x)$, also der Einfluß des Fehlers $f(x)$ auf $r(x)$, lässt sich allgemein (vgl. Abschnitt 5.4.1, Gl. 5.75) als Rest der Division von $f(x)$ durch $g(x)$:

$$f(x) = a(x) \cdot g(x) + s(x) \tag{5.87}$$

darstellen. Dies bedeutet, dass im fehlerfreien Fall $r(x) = c(x)$ auch $s(x)$ zu "Null" berechnet wird, da dann gerade $r(x)$ ein Vielfaches von $g(x)$ ist. Im Folgenden wird die Aussage von Gleichung (5.76), siehe Seite 396, benötigt:

$$x^i \cdot r(x) = v(x) \cdot g(x) + s^{(i)}(x), \tag{5.88}$$

die besagt, dass zu einem zyklisch verschobenen Empfangsvektor $\boldsymbol{r}^{(i)} \Leftrightarrow x^i \cdot r(x)$ ein verschobenes Syndrom:

$$s^{(i)}(x) = x^i \cdot s(x) \bmod g(x)$$

gehört. Für ein erfolgreiches Korrigieren von zufälligen Einzelfehlern mit dem Error Trapping Verfahren müssen folgende Voraussetzungen erfüllt werden:

1. Es wird ein zyklischer (n,k) Code verwendet, der maximal $E = \lfloor \frac{d-1}{2} \rfloor$ Fehler korrigieren kann.

2. Die Fehler liegen innerhalb von $n - k$ benachbarten Stellen von $\boldsymbol{r}$.

3. Die Anzahl der aufgetretenen Fehler ist $e \leq E$.

Zunächst soll angenommen werden, dass die Fehler in den höchsten $n - k$ Stellen von $r(x)$ aufgetreten sind, und dass $r(x)$ mit x^{n-k} vormultipliziert wird (vgl. Syndromberechnung Abb. 5.11):

$$
\begin{aligned}
f(x) &= f_k x^k + f_{k+1} x^{k+1} + \cdots + f_{n-1} x^{n-1}, \tag{5.89}\\
f^{(n-k)}(x) &= f_k + f_{k+1} x^1 + \cdots + f_{n-1} x^{n-k-1}. \tag{5.90}
\end{aligned}
$$

Der Rest der Division von $r^{(n-k)}(x)$ durch $g(x)$ muss demzufolge gleich $f^{(n-k)}(x)$ sein:

$$s^{(n-k)}(x) = f^{(n-k)}(x) = f_k + f_{k+1} x^1 + \cdots + f_{n-1} x^{n-k-1}. \tag{5.91}$$

Dies bedeutet, dass der verschobene Fehlervektor identisch mit dem verschobenen Syndrom ist, wenn die Fehler nur in den höchsten $n - k$ Stellen auftreten:

$$f(x) = x^k \cdot s^{(n-k)}(x) = x^k \cdot (f_k + f_{k+1} x^1 + \cdots + f_{n-1} x^{n-k-1}). \tag{5.92}$$

Nun soll die obige Annahme dahingehend erweitert werden, dass die Fehler in $n - k$ aufeinanderfolgenden Stellen:

$$x^j, x^{j+1}, \ldots, x^{n-k-1+j},$$

in einem beliebig zusammenhängenden Teil von $r(x)$ liegen. Mit eingeschlossen in diese Annahme ist der sogenannte *end around burst*, der Fehler sowohl im Anfangsteil als auch im Endteil von $r(x)$ enthält. Die weitere Vorgehensweise ist jetzt analog zur vorherigen Betrachtung. Eine zyklische Verschiebung von $r(x)$ nach rechts um $n-j$ Positionen bewirkt, dass der Fehler wieder in den Stellen $x^0, x^1, \ldots, x^{n-k-1}$ von $x^{n-j} \cdot r(x)$ steht. Das Syndrom $s^{(n-j)}(x)$ von $r^{(n-j)}(x)$ ist jetzt wieder identisch mit dem Fehler $f^{(n-j)}(x)$. Nun muss noch berücksichtigt werden, dass $r(x)$ beim Einlesen in das Schieberegister von rechts mit x^{n-k} vormultipliziert wird. Wie oben gezeigt, ist das berechnete Syndrom $s^{(n-j)}(x)$ nur dann identisch mit dem Fehlermuster, wenn die Fehler in den höchsten Stellen von $r(x)$ liegen. Ist dies nicht der Fall, so muss das Syndrom solange weitergeschoben werden, bis das Fehlermuster in die Falle geht. Das Schieberegister ist hierbei weiterhin rückgekoppelt. Von diesem Vorgehen leitet sich der Name des Verfahrens *error trapping* ab.

Im Folgenden soll noch gezeigt werden, dass das Fehlermuster genau dann im Syndromregister eingefangen wurde, wenn das Syndromgewicht und damit die Anzahl der Fehler kleiner gleich E ist. Das Fehlerpolynom $f(x)$ hat die Form:

$$f(x) = x^j \cdot f_u(x) \qquad \operatorname{grad} f_u(x) \leq n-k-1, \tag{5.93}$$
$$= a(x) \cdot g(x) + s(x), \tag{5.94}$$

wobei $f_u(x)$ weniger oder höchstens gleich E Koeffizienten $\neq 0$ besitzt und $s(x)$ das Syndrom des verschobenen Fehlerpolynoms darstellt. Die Summe $s(x)+x^j \cdot f_u(x)$ muss also ein Vielfaches von $g(x)$ und damit ein Codewort sein. Weiterhin kann das Gewicht $w(s(x))$ – also die Anzahl der von Null verschiedenen Koeffizienten von $s(x)$ – nicht kleiner gleich E sein, außer wenn gilt:

$$s(x) = x^j \cdot f_u(x). \tag{5.95}$$

Dies folgt aus der Konstruktionsbedingung für E fehlerkorrigierende Codes, die besagt, dass mit Ausnahme des Nullwortes jedes Codewort mindestens das Gewicht $2 \cdot E + 1$ besitzt, also auch $s(x) + x^j \cdot f_u(x)$. Die Gleichung (5.95) zeigt, dass das Syndrom unter den oben genannten Bedingungen gleich dem verschobenen Fehlerpolynom ist! Das nachfolgende Bild 5.19 veranschaulicht die Wirkungsweise des Error Trapping Decoders.

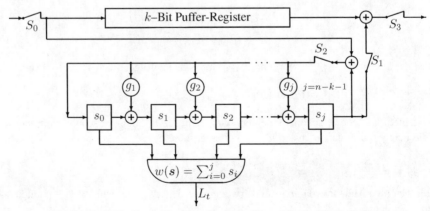

Abbildung 5.19: Error Trapping Decoder für zyklische (n,k) Codes

Schritt A Zuerst gelangt $r(x)$ vollständig in das rückgekoppelte Schieberegister, beginnend mit $r_{n-1}, r_{n-2}, \ldots$, so dass anschließend das erste Syndrom $s^{(n-k)}(x)$ berechnet ist. Die Informationsbits werden gleichzeitig im Puffer-Register gespeichert. Die Schalter S_0 und S_2 sind geschlossen, bzw. S_1 und S_3 sind geöffnet.

Schritt B Durch ein einfaches Und–Gatter kann nun das Gewicht des Syndroms abgefragt werden. Diese Abfrage erfolgt – wenn notwendig – nach jedem weiteren Takt des Schieberegisters solange, bis gilt: $w(s(x)) \leq E$.

  B_1 Wird das Fehlermuster sofort gefangen, so erfolgt über den Schalter S_1 die Korrektur der Informationsbits, die über S_3 ausgelesen werden.

  B_2 Wird das Fehlermuster erst nach dem l-ten Shift gefangen, mit $1 \leq l \leq k$, so sind die Bits $r_{n-1}, r_{n-2}, \ldots, r_{n-l}$ fehlerfrei und können über S_3 ausgelesen werden. Die anderen Bits im Puffer rücken nach. Wenn dies geschehen ist, werden die Syndrombits über S_1 zur Korrektur von $r_{n-l-1}, r_{n-l-2}, \ldots, r_{k-l}$ verwendet.

  B_3 Wird die Prüfbedingung innerhalb der ersten k Shifts nicht erreicht, so liegt ein end around burst oder ein nichtkorrigierbarer Fehler vor. Es wird nun weitergeschoben, so dass für die Anzahl l der Shifts gilt: $k + 1 \leq l \leq n$. Wird die Prüfbedingung erreicht, so liegt der around burst in den Stellen $r_{n+k-l}, r_{n+k-l+1}, \ldots, r_{n-1}, r_0, r_1, \ldots, r_{n-l-1}$ vor. Zur Korrektur werden nur die $l - k$ links im Register stehenden Bits verwendet, da die Prüfbits $r_0, r_1, \ldots, r_{n-l-1}$ nicht korrigiert werden. Deshalb werden alle Schalter geöffnet und der Registerinhalt $n - l$ mal weitergeschoben. Die dann rechtsstehenden Bits werden über S_1 zur Korrektur von $r_{n-1}, r_{n-2}, \ldots, r_{n+k-l}$ verwendet.

Schritt C Wenn die Bedingung $w(s(x)) \leq E$ innerhalb von n Takten, nachdem $r(x)$ vollständig in das rückgekoppelte Schieberegister gelangt ist, nie erfüllt wird, sind entweder unkorrigierbar viele Fehler aufgetreten oder die Fehler liegen nicht in $n - k$ benachbarten Stellen.

Maximal benötigt das Decodierverfahren $2 \cdot n$ Schiebetakte. Die genaue Anzahl der Schiebetakte ist aber vom Fehlermuster abhängig. Wird für große Längen n und $n-k$ die Zeitverzögerung durch end around bursts, die die Decodierung benötigt, zu groß, so kann das Verfahren durch Weglassen der Vormultiplizierung (vgl. Syndromberechnung Abb. 5.9) modifiziert werden.

Zunächst soll angenommen werden, dass die Fehler in den unteren Stellen $r_0, r_1, \ldots$ von $r(x)$ aufgetreten sind:

$$f(x) = f_0 + f_1 x^1 + \cdots + f_{n-k-1} x^{n-k-1}. \tag{5.96}$$

Der Rest $s(x)$ der Division von $r(x)$ durch $g(x)$ muss demzufolge gleich $f(x)$ sein:

$$s(x) = f(x) = f_0 + f_1 x^1 + \cdots + f_{n-k-1} x^{n-k-1}. \tag{5.97}$$

Nun wird die obige Annahme dahingehend erweitert, dass die Fehler in $n - k$ aufeinanderfolgenden Stellen:

$$x^j, x^{j+1}, \ldots, x^{n-k-1+j},$$

in einem beliebigen zusammenhängenden Teil von $r(x)$ (end around burst eingeschlossen) liegen. Eine zyklische Verschiebung von $r(x)$ nach rechts um $n - j$ Positionen bewirkt, dass der Fehler

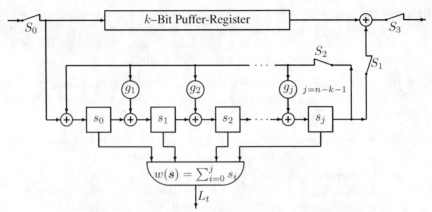

Abbildung 5.20: Error Trapping Decoder ohne Vormultiplizierung

wieder in den Stellen $x^0, x^1, \ldots, x^{n-k-1}$ von $x^{n-j} \cdot r(x)$ steht. Das Syndrom $s^{(n-j)}(x)$ von $r^{(n-j)}(x)$ ist jetzt wieder identisch mit dem Fehler $f(x)$.

Die einzelnen Schritte des Error Trapping Decoder nach Abbildung 5.20 werden im Folgenden beschrieben.

Schritt A Zuerst gelangt $r(x)$ vollständig in das rückgekoppelte Schieberegister, beginnend mit $r_{n-1}, r_{n-2}, \ldots$, so dass anschließend das erste Syndrom $s(x)$ berechnet ist. Die Informationsbits werden gleichzeitig im Puffer-Register gespeichert. Die Schalter S_0 und S_2 sind geschlossen, bzw. S_1 und S_3 sind geöffnet.

Schritt B Das Gewicht des Syndroms wird abgefragt.

B_1 Wird das Fehlermuster sofort gefangen, so ist keine Korrektur notwendig, da das Fehlermuster in den parity Bits $r_0, r_1, \ldots, r_{n-k-1}$ liegt. Die Informationsbits sind fehlerfrei und können ausgelesen werden.

B_2 Wird das Fehlermuster erst nach dem l-ten Shift gefangen, mit $1 \leq l \leq n - k$, so liegt ein end around burst in den Stellen $r_{n-l}, r_{n-(l-1)}, \ldots, r_{n-1}, r_0, \ldots, r_{n-k-l-1}$ vor. Dieser end around burst ist nun im Syndromregister eingefangen: $s_0 = f_{n-l}$, $s_1 = f_{n-(l-1)}$, $\ldots$, $s_{n-k-1} = f_{n-k-l-1}$. Weil keine Korrektur in den Prüfbits erfolgen soll, müssen die $n - k - l$ rechts im Syndromregister stehenden Bits herausgeschoben werden, ohne dass sich der übrige Registerinhalt ändert. Der Schalter S_2 wird also geöffnet, bis die Anzahl der Shifts $n - k$ erreicht. Dann wird S_1 geschlossen und die Informationsstelle r_{n-1} mit der Syndromkomponente s_{l-1} korrigiert, r_{n-2} mit der Syndromkomponente s_{l-2} korrigiert, usw. bis r_{n-l} mit der Syndromkomponente s_0 korrigiert wird.

B_3 Wird die Prüfbedingung $w(s(x)) \leq E$ innerhalb der ersten $n - k$ Shifts nicht erreicht, so liegt kein end around burst vor und es kann mit dem Auslesen des höchstwertigen Informationsbits r_{n-1} begonnen werden. Mit jedem weiteren Shift, bei dem die Prüfbedingung nicht erfüllt ist, wird ein weiteres Informationsbit ausgelesen. Sobald aber $w(s(x)) \leq E$ gilt, wird die Rückkoppelung über

S_2 geöffnet, S_1 geschlossen und das Fehlermuster bitweise zu den Bits aus dem Puffer-Register addiert. Der Schalter S_3 öffnet sich, nachdem alle Informationsbits ausgelesen sind.

Schritt C Wenn die Bedingung $w(s(x)) \leq E$, innerhalb von n Takten, nachdem $r(x)$ vollständig in das rückgekoppelte Schieberegister gelangt ist, nie erfüllt wird, sind entweder unkorrigierbar viele Fehler aufgetreten oder die Fehler liegen nicht in $n - k$ benachbarten Stellen.

Maximal benötigt das Decodierverfahren ebenfalls $2 \cdot n$ Schiebetakte. Die genaue Anzahl der Schiebetakte ist aber ebenfalls vom Fehlermuster abhängig.

Nachfolgend wird als Beispiel die Error Trapping Decodierung für den zwei fehlerkorrigierenden $(15, 7)$ Code behandelt. Es werden drei prinzipiell unterschiedliche Korrekturfälle diskutiert. Zunächst wird ein Einzelfehler in den Informationsstellen angenommen, dann ein end arround burst korrigiert und schließlich das Deodierverhalten aufgezeigt, wenn die Fehler auf Informations- und Prüfteil verteilt sind.

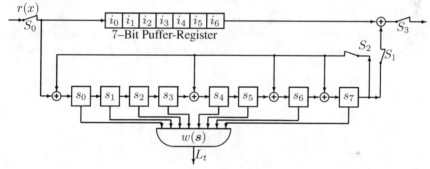

Abbildung 5.21: Decodierung eines zyklischen (15,7) Codes

l	Syndrom
0	0 0 0 1 0 1 1 1
1	1 0 0 0 0 0 0 0
2	0 1 0 0 0 0 0 0
⋮	usw.
8	0 0 0 0 0 0 0 1

In der linksstehenden Tabelle ist in der ersten Zeile $l = 0$ das Syndrom $s(x)$ eines Empfangsvektors $r(x)$ gegeben, der in der Stelle r_{14} fehlerbehaftet ist. Nach dem Weiterschieben ergibt sich sofort für $l = 1$: $w(s) = 1 \leq E$. Das Fehlermuster ist eingefangen, S_2 wird geöffnet und das Schieberegister weitergetaktet bis $l = n - k = 8$ erreicht ist. Dann schließt S_1 und durch gleichzeitiges Schieben beider Register wird der Fehler korrigiert.

l	Syndrom
0	0 1 1 1 1 1 0 0
1	0 0 1 1 1 1 1 0
2	0 0 0 1 1 1 1 1
3	1 0 0 0 0 1 0 0
⋮	usw.
8	0 0 0 0 0 1 0 0

In der linksstehenden Tabelle ist in der ersten Zeile $l = 0$ das Syndrom $s(x)$ eines Empfangsvektors $r(x)$ gegeben, der in den Stellen r_{12} und r_2 fehlerbehaftet ist. Nach dem Weiterschieben ergibt sich für $l = 3$: $w(s) = 2 \leq E$. Das Fehlermuster ist eingefangen, S_2 wird geöffnet und das Schieberegister weitergetaktet bis $l = n - k = 8$ erreicht ist. Dann schließt S_1 und durch gleichzeitiges Schieben beider Register wird der Fehler korrigiert.

l	Syndrom	Out
0	1 0 0 1 1 0 1 1	
1	1 1 0 0 0 1 1 0	
2	0 1 1 0 0 0 1 1	
3	1 0 1 1 1 0 1 0	
4	0 1 0 1 1 1 0 1	
5	1 0 1 0 0 1 0 1	
6	1 1 0 1 1 0 0 1	
7	1 1 1 0 0 1 1 1	
8	1 1 1 1 1 0 0 0	$\rightarrow r_{14}$
9	0 1 1 1 1 1 0 0	$\rightarrow r_{13}$
10	0 0 1 1 1 1 1 0	$\rightarrow r_{12}$
11	0 0 0 1 1 1 1 1	$\rightarrow r_{11}$
12	1 0 0 0 0 1 0 0	$\rightarrow r_{10}$
13	0 1 0 0 0 0 1 0	$\rightarrow r_9$
14	0 0 1 0 0 0 0 1	$\rightarrow r_8$

In der linksstehenden Tabelle ist in der ersten Zeile $l = 0$ das Syndrom $s(x)$ eines Empfangsvektors $r(x)$ gegeben, der in den Stellen r_8 und r_3 fehlerbehaftet ist. Nach dem Weiterschieben ergibt sich bis $l = n - k = 8$, niemals $w(\boldsymbol{s}) = 2 \leq E$. Nach dem 8. Takt kann mit dem Auslesen der Information (r_{14}) begonnen werden. Nach dem 9. Takt kann r_{13} ausgelesen werden. Nach dem 12. Takt ist die Prüfbedingung erfüllt, das Fehlermuster ist somit eingefangen. S_2 wird geöffnet, S_1 geschlossen. Nach dem 14. Takt ist dann r_8 korrigiert. Es wird deutlich, dass auch r_3 korrigiert werden könnte, wenn die Prüfbits auch gespeichert worden wären.

Die Decodierung von zyklischen Codes durch Error Trapping ist ein sehr einfaches Verfahren. Es zeichnet sich insbesondere durch geringen Implementierungsaufwand aus. Es kann jedoch nur $e \leq E$ Fehler korrigieren, wenn sie in $n - k$ benachbarten Stellen des Empfangswortes liegen.

Das Error Trapping Verfahren kann zur Decodierung von zyklischen Codes genutzt werden, die einen Bündelfehler der maximalen Länge:

$$l \leq \left\lfloor \frac{n-k}{2} \right\rfloor$$

korrigieren können.

5.4.8   Die Golay Codes

Der ($n = 23, k = 12$) Golay Code ist der einzige bisher bekannte binäre Code, der mehrere Fehler korrigieren kann und perfekt (siehe Def. 5.6) ist. Dieser Golay Code kann eine beliebige Kombination von $e \leq 3$ Fehlern innerhalb von 23 Bits korrigieren. Der Golay Code wurde bereits 1949 von Golay entdeckt[7] und aufgrund seiner besonderen algebraischen Strukturen zum Studienobjekt vieler Mathematiker und theoretisch interessierter Codierer. In dem grundlegenden Buch von MacWilliams und Slone [35] werden die Golay-Codes ausführlich behandelt. Den Golay-Codes und ihren mathematischen Strukturen ist dort ein ganzes Kapitel gewidmet.

Zu den Golay-Codes gehören die zwei binären Codes $\mathcal{G}_{23} = \mathcal{C}(n = 23, k = 12, d = 7)$ und $\mathcal{G}_{24} = \mathcal{C}(n = 24, k = 12, d = 8)$ sowie die ternären Codes $\mathcal{G}_{11} = \mathcal{C}(n = 11, k = 6, d = 5)$ und $\mathcal{G}_{12} = \mathcal{C}(n = 12, k = 6, d = 6)$. Die binären Golay-Codes weisen symmetrische Gewichtsverteilungen auf.

---

[7]Golay, M.J.E.: *Notes on Digital Coding*, Proceedings IRE, 1949.

Code	$w(\boldsymbol{c}) = i$	0	7	8	11	12	15	16	23	24
$\mathcal{G}_{23}$	A_i	1	253	506	1288	1288	506	253	1	–
$\mathcal{G}_{24}$	A_i	1	–	759	–	2576	–	759	–	1

Tabelle 5.10: Gewichtsverteilungen binärer Golay-Codes

Die Golay-Codes sind zyklische Codes. Nach Abschnitt 5.3.1 bedeutet dies, dass das Generator-polynom $g(x)$ ein Faktor von $x^n - 1$ ist. Es gilt:

$$x^{23} - 1 \;=\; (1 + x) \cdot g_1(x) \cdot g_2(x), \tag{5.98}$$
$$g_1(x) \;=\; 1 + x^2 + x^4 + x^5 + x^6 + x^{10} + x^{11}, \tag{5.99}$$
$$g_2(x) \;=\; 1 + x + x^5 + x^6 + x^7 + x^9 + x^{11}. \tag{5.100}$$

Die beiden Polynome $g_1(x)$ und $g_2(x)$ sind Faktoren von $x^{23} - 1$ und generieren einen binären zyklischen ($n = 23, k = 23 - 11 = 12$) Code.

Zur Codierung kann ein LFSR mit den Rückkoppelungsverbindungen entsprechend der Generator-polynome verwendet werden (vgl. Abschnitt 5.3, Abb. 5.7). Die Decodierung mit einem einfachen Error Trapping Decoder (vgl. Abschnitt 5.4.7) wäre ungünstig, weil viele Fehlermuster nicht korrigiert werden könnten. So kann z.B. jeder Doppelfehler, dessen Fehlerabstand größer oder gleich 11 ist, nicht korrigiert werden: $f(x) = x^0 + x^{11}$, $f(x) = x^1 + x^{12}$, bis $f(x) = x^{22} + x^{10}$.

Von Kasami stammt eine modifizierte Variante des Error Trapping Decoding, die diesen Nachteil vermeidet.

5.5 Aufgaben und Lösungen zur Kanalcodierung

Die sehr kompakte Form dieser Aufgabensammlung wird an der Fachhochschule Wiesbaden in der Lehrveranstaltung *Kanalcodierung mit Praktikum* verwendet. Weitere Aufgaben befinden sich als ausführlich durchgerechnete Beispiele im Lehrbuch Kanalcodierung [24], das alle in der Lehrveranstaltung vorkommenden Sachgebiete ausführlich behandelt.

5.5.1 Einführende Aufgaben

Aufgabe 5.5.1
Gegeben sei ein linearer binärer (n, k)-Code mit einer Mindestdistanz d=2. Kann man durch ein zusätzliches Bit je Codewort, das die Quersumme gerade (oder ungerade) macht, erreichen, dass die Mindestdistanz auf d=3 erhöht wird?

Lösung:
Nein! Als Gegenbeispiel wird folgender Code betrachtet:
$C = \{000, 110, 101, 011\}$ $D(110, 101) = 2$,
aber auch $D(1100, 1010) = 2$.
Im Falle der ungeraden Parität verliert der Code seine Linarität.

Aufgabe 5.5.2
Bei einer Übertragung wurden die folgenden 5 Codewörter übertragen:

$$
\begin{array}{llllll}
1. & 0 & 0 & 0 & 1 & 1 \\
2. & 0 & 1 & 0 & 0 & 0 \\
3. & 1 & 1 & 0 & 0 & 0 \\
4. & 1 & 0 & 1 & 0 & 0 \\
5. & 0 & 0 & 0 & 1 & 1 \\
\end{array}
$$

Jedes Codewort enthält ein Prüfbit (gerade Parität). Das 5. Wort ist ein Prüfwort für die Spaltensumme. Bei der Übertragung ist ein Fehler entstanden. Korrigieren Sie diesen und geben Sie das richtige Codewort an.

Lösung:
Das 2. Codewort muss 01100 lauten.

Die Parität ist in der zweiten Zeile und in der dritten Spalte verletzt. Somit muss genau das Bit invertiert werden, das diese Position besitzt.

Aufgabe 5.5.3
Gegeben sei ein 7-stelliger binärer Code mit einer Mindestdistanz d=3.

a) Wieviele Fehler E je Codewort kann der Code korrigieren?

b) Wieviel Zeichen kann man mit diesem Code codieren?

Lösung:

a) Für die Anzahl E der korrigierbaren Fehler gilt:
$$E = \lfloor (d-1)/2 \rfloor = 1,$$

b) Aus der Hamming Ungleichung erhät man: $k = 4$. Der Code besitzt somit 16 Zeichen. $C = $ (n=7,k=4)-Code.

Aufgabe 5.5.4
Gegeben ist ein Code mit $n = 15$ Stellen, der zwei Fehler je Codewort korrigieren kann.

a) Wie groß muß die Mindestdistanz dieses Codes sein und wieviele Informationen können mit diesem Code maximal codiert werden?

b) Berechnen Sie die Wahrscheinlichkeiten $P(e)$ dafür, dass bei der Übertragung eines Codewortes kein Fehler, ein Fehler und zwei Fehler auftreten. Die Bitfehlerwahrscheinlichkeit hat den Wert $p = 10^{-4}$.

c) Wieviele Fehler treten im Mittel je Codewort auf? Wie groß ist die Standardabweichung?

d) Ermitteln Sie die Wahrscheinlichkeit dafür, dass der gegebene Code, trotz Korrekturmöglichkeit von 2 Fehlern, ein Codewort falsch überträgt. Bei der Rechnung kann vorausgesetzt werden, dass es sich um einen dichtgepackten Code handelt.

Lösung:

a) Für $E = 2$ benötigt man eine Mindestdistanz von $d = 5$. Aus der Hamming Ungleichung erhät man: $k = 8$. Somit können 2^8 Nachrichten codiert werden.

b) $P(0) = (1-p)^{15} = 0.9985$,
$P(1) = 15 \cdot p \cdot (1-p)^{14} = 1.498 \cdot 10^{-3}$,
$P(2) = 15 \cdot 7 \cdot p^2 \cdot (1-p)^{13} =$
$= 1.05 \cdot 10^{-6}$.

c) $\bar{e} = 15 \cdot p = 0.0015$, $\sigma_e = 0.0387$.

d) $P_f = 1 - (P(0) + P(1) + P(2)) =$
$= 19.5 \cdot 10^{-7}$.

Aufgabe 5.5.5
Suchen Sie mit Hilfe der Hamming-Ungleichung die kleinste Länge n eines Codes mit $k = 2$ Informationsstellen, der zwei Fehler je Codewort korrigieren kann.

a) Versuchen Sie mit den ermittelten Parametern einen Code zu finden, d.h. geben Sie die Codewörter an.

b) Welche Schlüsse ziehen Sie aus diesem Versuch?

c) Geben Sie einen Code ($k = 2, E = 2$) mit kleinstmöglicher Länge an.

Lösung:
$n = 7$, denn $1 + n + (n \cdot (n-1)/2 \leq 2^{n-k})$ ist erfüllt.

a) Information: 00,10,01,11. Wird z.B. $c_1 = (10, 11110)$ gewählt, damit $w(c_1) = 5$ gilt, so erkennt man, dass $c_2 = (01, 01111)$ aber $c_3 = c_1 + c_2 = (1110000)$ nur das Gewicht drei hat.

b) Es gibt keinen Code mit den Parametern $n = 7, k = 2, d = 5$.

c) Man findet $n_{min} = 8$, z.B.
$c_0 = (00, 000000)$
$c_1 = (01, 111100)$
$c_2 = (10, 101011)$
$c_4 = (11, 010111)$

Aufgabe 5.5.6
Von einem linearen Blockcode sind die beiden Codewörter (00111) und (10011) bekannt. Geben Sie zwei weitere Codewörter des Codes an. Die Lösungen sind zu begründen.

Lösung:
Nullwort: (00000), Summe: (00111) + (10011) = 10100. Diese drei Codewörter gehören aufgrund der Linearität zum Code.

Aufgabe 5.5.7

Ein Code zur Erkennung eines Fehlers kann durch Anfügen einer Prüfstelle realisiert werden. Begründen Sie, dass lediglich die Festlegung einer geraden Parität zu einem linearen Blockcode führt.

Lösung:

Das Nullwort muss ein Codewort eines jeden linearen Blockcodes sein. Das Nullwort besitzt gerade Parität.

Aufgabe 5.5.8

Kann ein 15-stelliger Code konstruiert werden, der $2^{11} = 2048$ Nachrichten codieren kann und bei dem vier Fehler je Codewort erkannt werden können? (Die Antwort ist zu begründen!)

Lösung:

Bei $S = 4$, also $E = 2$ sind nach der Hamming-Schranke mindestens $m = 7$ Prüfstellen erforderlich, $k = 8$ Stellen ergeben nur 256 verschiedene Codewörter.

Aufgabe 5.5.9

Ein zyklischer Hamming-Code wird mit dem Generatorpolynom $g(x) = x^5 + x^2 + 1$ konstruiert.

a) Wieviele Nachrichtenstellen weist dieser Code auf?

b) Wie groß ist die Wahrscheinlichkeit P_f dafür, dass ein Codewort dieses Codes falsch (oder nicht) decodiert wird, wenn die Bitfehlerwahrscheinlichkeit $p = 10^{-4}$ beträgt?

Lösung:

a) $\mathrm{grad}(g(x)) = 5 = m)$, $2^m - 1 = n = 31$, $k = n - m = 26$,

b) $P_f = 4.64 \cdot 10^{-6}$.

Aufgabe 5.5.10

Ein Blockcode wird durch die folgende Prüfmatrix H beschrieben:

$$H = \begin{pmatrix} 0 & 0 & 1 & 1 & 1 & 1 & 0 & 0 & 0 \\ 1 & 1 & 0 & 1 & 1 & 0 & 1 & 0 & 0 \\ 0 & 1 & 1 & 0 & 1 & 0 & 0 & 1 & 0 \\ 1 & 1 & 0 & 0 & 0 & 0 & 0 & 0 & 1 \end{pmatrix}$$

a) Begründen Sie, dass es sich bei diesem Code um einen systematischen Code handelt und stellen Sie die Generatormatrix für diesen Code auf.

b) Zeigen Sie, dass dieser Code eine Mindestdistanz von 3 besitzt.

c) Geben Sie 6 Codewörter dieses Codes an.

Lösung:

a) Systematischer Code, da die letzten 4 Spalten der Prüfmatrix eine Einheitsmatrix bilden. $H = (A | I_m)$, $G = (I_k | A^{(T)})$

b) Der Nullvektor ist nicht Prüfvektor und alle Prüfvektoren sind unterschiedlich, daher $d \geq 3$, da z.B. $h_0 + h_1 = h_7$ ist, muss $d < 4$ sein und damit ist $d = 3$.

c) Generatormatrix aufstellen, die 5 Generatorworte sind Codeworte, zusätzlich das Nullwort:
$(10000\,1110)$, $(01000\,1100)$,
$(00100\,1010)$, $(00010\,0111)$,
$(00001\,0101)$, $(00000\,0000)$.

Aufgabe 5.5.11

Gegeben sei ein zyklischer Hamming-Code mit dem Generatorpolynom $g(x) = x^5 + x^4 + x^2 + x + 1$.

a) Wieviele Nachrichten kann man mit diesem Code codieren?

b) Geben Sie die beiden ersten Zeilen der Generatormatrix für diesen Code an. Wieviele Zeilen hat die Generatormatrix?

c) Geben Sie vier Codewörter des Codes an. Diese Codewörter sollen nicht mit Hilfe des Polynoms $g(x)$ berechnet werden. Vielmehr soll auf Ergebnisse früherer Fragen zurückgegriffen werden und auf allgemeine Eigenschaften solcher Codes. Es ist anzugeben, wie die Codewörter zu finden sind.

Lösung:

a) Der Code kann 2^{26} Nachrichten darstellen.

b) $(g_0, g_1, \ldots) = (1110110\ldots0)$,
$(0, g_0, g_1, \ldots) = (01110110\ldots0)$,
Jede Zeile der Generatormatrix besitzt 31 Stellen.
$(1110110000000000000000000000000)$,
$(0111011000000000000000000000000)$,
Die Generatormatrix besitzt insgesamt 26 Zeilen.

c) Nullwort, die beiden ersten Zeilen von $g(x)$, die Summe der beiden Zeilen.
$(1110110000000000000000000000000)$,
$(0111011000000000000000000000000)$,
$(1001101000000000000000000000000)$,
$(0000000000000000000000000000000)$.

Aufgabe 5.5.12

Über einen gestörten Binärkanal sollen 128 unterschiedliche Zeichen (z.B. ASCII) übertragen werden. Die *Bitfehlerwahrscheinlichkeit* bei dem Kanal hat den Wert $p = 10^{-4}$.

a) Zunächst wird ein redundanzfreier Code $d = 1$ zur Codierung der Zeichen verwendet. Gesucht ist die Restfehlerwahrscheinlichkeit, also die Wahrscheinlichkeit dafür, dass ein Codewort fehlerhaft übertragen wird.

b) Da die Übertragungsart nach Punkt a zu keiner ausreichend kleinen Restfehlerwahrscheinlichkeit geführt hat, soll nun ein Code verwendet werden, bei dem ein Fehler je Codewort erkannt werden kann. Es wird angenommen, dass die bei einem erkannten Fehler durchgeführte Wiederholung der Übertragung des Codewortes fehlerfrei erfolgt. Ermitteln Sie die Restfehlerwahrscheinlichkeit.

Lösung:

a) $n = 7$, $P_f = 6.999 \cdot 10^{-4}$,

b) $n = 8$, $P_f = 2.798 \cdot 10^{-7}$.

Aufgabe 5.5.13
Begründen Sie, dass die Codewörter 000000
und 001010 nicht zu einem Code gehören
können, der ein Fehler je Codewort korrigieren kann.

Lösung:
Die Codewortdistanz ist 2, daher gilt: $d < 3 \Leftrightarrow$
$E < 1$.

Aufgabe 5.5.14
Ein zyklischer Hamming-Code besitzt das Generatorpolynom: $g(x) = x^4 + x + 1$.

 a) Wieviele Informations- und Prüfstellen
    hat dieser Code?

 b) Berechnen Sie das Codewort, dessen
    letzte Informationsstelle i_{k-1} eine '1'
    enthält und alle anderen (Informations-)
    Stellen eine '0'. Als Informationsstellen
    werden die ersten k Stellen des Code-
    wortes bezeichnet.

Lösung:

 a) $n = 2^4 - 1$, $k = 15 - 4 = 11$, $m = 4$,

 b) $i(x) \cdot x^4 = x^{14}$, $r(x) = x^3 + 1$, $c =$
    (100100000000001).

Aufgabe 5.5.15
Jedes Codewort $c = (i_0, i_1, i_2, i_3, p_0, p_1, p_2)$
eines linearen binären Blockcodes besteht aus
je 4 Informationszeichen (i_0, i_1, i_2, i_3) und 3
Prüfzeichen (p_0, p_1, p_2). Es gilt:

$$p_0 = i_0 + i_2 + i_3$$
$$p_1 = i_1 + i_2 + i_3$$
$$p_2 = i_0 + i_1 + i_2$$

 a) Bestimmen Sie bitte die Prüfmatrix **H**
    und die Generatormatrix **G** dieses Co-
    des in systematischer Form.

 b) Bestimmen Sie bitte die Codeparameter
    n,k,d und E. Wieviele Codewörter be-
    sitzt dieser Code?

 c) Bestimmen Sie bitte die Codewörter zu
    $i_1 = (1, 0, 1, 0)$ und $i_2 = (0, 1, 0, 1)$.

 d) Ein Empfänger empfängt die Vekto-
    ren $r_1 = (1, 0, 1, 0, 1, 0, 1)$ und $r_2 =$
    $(0, 1, 0, 1, 0, 1, 0)$. Prüfen Sie, ob die-
    se Vektoren Codewörter sind und korri-
    gieren Sie, wenn möglich, aufgetretene
    Fehler.

Lösung:

 a)
$$H = \begin{pmatrix} 1 & 0 & 1 & 1 & 1 & 0 & 0 \\ 0 & 1 & 1 & 1 & 0 & 1 & 0 \\ 1 & 1 & 1 & 0 & 0 & 0 & 1 \end{pmatrix}$$

$$G = \begin{pmatrix} 1 & 0 & 0 & 0 & 1 & 0 & 1 \\ 0 & 1 & 0 & 0 & 0 & 1 & 1 \\ 0 & 0 & 1 & 0 & 1 & 1 & 1 \\ 0 & 0 & 0 & 1 & 1 & 1 & 0 \end{pmatrix}$$

 b) $m = 3$ und $k = 4$ ist durch das Glei-
    chungssystem vorgegeben. $n = k + m =$
    7. Aus der Hamming-Ungleichung findet
    man $E = 1$

 c) $c_1 = (1010010)$, $c_2 = (0101101)$

 d) Korrektur durch Syndromberechnung,
    Empfangswort 1:

$$s_1^{(T)} = \begin{pmatrix} 1 \\ 0 \\ 1 \end{pmatrix} + \begin{pmatrix} 1 \\ 1 \\ 1 \end{pmatrix} + \begin{pmatrix} 1 \\ 0 \\ 0 \end{pmatrix} + \begin{pmatrix} 0 \\ 0 \\ 1 \end{pmatrix}$$

$s_1 = (111) \Rightarrow$ 3. Position, vgl. **H**

Empfangswort 2: $s_2^{(T)} = \begin{pmatrix} 1 \\ 1 \\ 1 \end{pmatrix} = h_3$

Die 3. Codewortstelle ist falsch.

Aufgabe 5.5.16

Die Prüfmatrix eines Codes hat die Form:

$$H = \begin{pmatrix} 0 & 0 & 0 & 0 & 1 & 1 & 1 & 1 & 1 \\ 0 & 1 & 1 & 1 & 0 & 0 & 1 & 1 & 1 \\ 1 & 0 & 1 & 1 & 1 & 1 & 0 & 0 & 1 \\ 1 & 1 & 0 & 1 & 0 & 1 & 0 & 1 & 1 \end{pmatrix}.$$

a) Wie groß ist die Mindestdistanz dieses Codes? Wieviele Prüf- und Informationsstellen besitzt der Code?

b) Begründen Sie, dass der durch H gegebene Code nicht systematisch ist.

c) Ändern Sie die Prüfmatrix an möglichst wenigen Stellen so ab, dass ein systematischer Code mit gleichen Parametern (n, k, d) entsteht und geben Sie G an.

d) Mit welcher Wahrscheinlichkeit erfolgt mit dem Code eine fehlerfreie Übertragung, wenn die Bitfehlerwahrscheinlichkeit den Wert $p = 2 \cdot 10^{-3}$ hat?

Lösung:

a) $d = 3$, drei Spaltenvektoren von H sind linear abhängig, z.B.:

$$h_0 + h_6 = h_8\,,$$

$n = 9, m = 4, k = 5$.

b) Die letzten 4 Spalten bilden keine Einheitsmatrix.

c)

$$H = \begin{pmatrix} 0 & 0 & 0 & 0 & 1 & 1 & 0 & 0 & 0 \\ 0 & 1 & 1 & 1 & 0 & 0 & 1 & 0 & 0 \\ 1 & 0 & 1 & 1 & 1 & 0 & 0 & 1 & 0 \\ 1 & 1 & 0 & 1 & 0 & 0 & 0 & 0 & 1 \end{pmatrix}$$

$$G = \begin{pmatrix} 1 & 0 & 0 & 0 & 0 & 0 & 0 & 1 & 1 \\ 0 & 1 & 0 & 0 & 0 & 0 & 1 & 0 & 1 \\ 0 & 0 & 1 & 0 & 0 & 0 & 1 & 1 & 0 \\ 0 & 0 & 0 & 1 & 0 & 0 & 1 & 1 & 1 \\ 0 & 0 & 0 & 0 & 1 & 1 & 0 & 1 & 0 \end{pmatrix}$$

d) Fehlererkennung:
$P_r = P(0) + P(1) + P(2) =$
$= (1-p)^9 + 9p(1-P)^8 + \binom{9}{2}p^2(1-p)^7$
$= 0.99999933$,
Fehlerkorrektur:

$$P_r = P(0) + P(1) = 0.999857\,.$$

Aufgabe 5.5.17

Ein Blockcode wird durch die folgende Prüfmatrix H beschrieben:

$$H = \begin{pmatrix} 0 & 0 & 1 & 1 & 1 & 1 & 0 & 0 & 0 \\ 1 & 1 & 0 & 1 & 1 & 0 & 1 & 0 & 0 \\ 0 & 1 & 1 & 0 & 1 & 0 & 0 & 1 & 0 \\ 1 & 1 & 0 & 0 & 0 & 0 & 0 & 0 & 1 \end{pmatrix}$$

a) Begründen Sie, dass es sich bei diesem Code um einen systematischen Code handelt und stellen Sie die Generatormatrix für diesen Code auf.

b) Zeigen Sie, dass dieser Code eine Mindestdistanz von 3 besitzt.

c) Geben Sie 6 Codewörter dieses Codes an.

Lösung:

a) Systematischer Code, da die letzten 4 Spalten der Prüfmatrix eine Einheitsmatrix bilden: $H = (A|I_m)$, $G = (I_k|A^{(T)})$.

b) Der Nullvektor ist nicht Prüfvektor und alle Prüfvektoren sind unterschiedlich, daher $d \geq 3$, da z.B. $h_0 + h_1 = h_7$ ist, muss $d < 4$ sein und damit ist $d = 3$.

c) Generatormatrix aufstellen, die 5 Generatorworte sind Codeworte, zusätzlich das Nullwort.

Aufgabe 5.5.18

Von einem linearen, zyklischen binären Code, der aus Codewörtern der Länge $n = 7$ besteht, ist das Generatorpolynom $g(x)$ bekannt:

$$g(x) = x^3 + x^2 + 1.$$

a) Codieren Sie $i(x) = x^2 + x^3$ systematisch mit $g(x)$.

b) Geben Sie die Generatormatrix G an und systematisieren Sie $G \Rightarrow G_u$.

c) Codieren Sie $i = (0, 0, 1, 1)$ systematisch mit G_u.

d) Bestimmen Sie die Prüfmatrix H.

e) Korrigieren Sie mit Hilfe der Prüfmatrix H die Empfangsvektoren $r_1 = (1, 0, 1, 0, 1, 0, 1)$ und $r_2 = (0, 1, 0, 1, 0, 1, 0)$, wenn diese fehlerhaft sind.

Aufgabe 5.5.19

Gegeben ist ein zyklischer Code mit dem Generatorpolynom $g(x) = x^3 + x + 1$.

a) Beweisen Sie, dass $c = (c_0, c_1, c_2, c_3, c_4, c_5, c_6) = (1, 0, 0, 1, 0, 1, 1)$ ein zulässiges Codewort ist. Ein Hinweis auf eine Tabelle der Codewörter für den vorliegenden Code wird nicht als Lösung anerkannt.

b) Berechnen Sie die Restfehlerwahrscheinlichkeit bei einem Kanal mit der Bitfehlerwahrscheinlichkeit $p = 10^{-3}$, wenn der Code (mit den gleichen Parametern) als fehlerkorrigierender Code verwendet wird.

Aufgabe 5.5.20

Ein Code mit 10 Informationsstellen soll so konstruiert werden, dass je Codewort 4 Fehler erkennbar sein sollen. Wie groß muss die Codewortlänge mindestens sein?

Lösung:

a) $c(x) = 1 + x^2 + x^5 + x^6$.

b)

$$G = \begin{pmatrix} 1 & 0 & 1 & 1 & 0 & 0 & 0 \\ 0 & 1 & 0 & 1 & 1 & 0 & 0 \\ 0 & 0 & 1 & 0 & 1 & 1 & 0 \\ 0 & 0 & 0 & 1 & 0 & 1 & 1 \end{pmatrix},$$

$$G_u = \begin{pmatrix} 1 & 0 & 0 & 0 & 1 & 0 & 1 \\ 0 & 1 & 0 & 0 & 1 & 1 & 1 \\ 0 & 0 & 1 & 0 & 1 & 1 & 0 \\ 0 & 0 & 0 & 1 & 0 & 1 & 1 \end{pmatrix}.$$

c) $i \cdot G_u = (0, 0, 1, 1, 1, 0, 1)$.

d)

$$H = \begin{pmatrix} 1 & 1 & 1 & 0 & 1 & 0 & 0 \\ 0 & 1 & 1 & 1 & 0 & 1 & 0 \\ 1 & 1 & 0 & 1 & 0 & 0 & 1 \end{pmatrix}.$$

e) $r_1 \Rightarrow c_1 = (1, 0, 0, 0, 1, 0, 1)$,
$c_1(x) = 1 + x^4 + x^6$,
$r_2 \Rightarrow c_2 = (0, 1, 1, 1, 0, 1, 0)$,
$c_2(x) = x + x^2 + x^3 + x^5$.

Lösung:

a) $(x^6 + x^5 + x^3 + x^0)$ ist durch $(x^3 + x + 1)$ ohne Rest teilbar.

b) $P_f = 1 - P(0) - P(1) = 2.093 \cdot 10^{-5}$.

Lösung:

Aus $S = 4$ folgt: $d = 5$, $E = 2$, $k = 10$,

$$m \geq \mathrm{ld}\left(1 + n + \frac{n(n-1)}{2}\right) \quad \text{mit } n = k + m,$$

mit $m = 8$ ist Bedingung erfüllt, also n=18 Stellen.

Aufgabe 5.5.21

Warum kann das Polynom $P(x) = x^3 + x^2 + x + 1$ (mit Koeffizienten aus $\{0, 1\}$) kein irreduzibles Polynom sein? Im vorliegenden Fall kann diese Frage ganz einfach beantwortet werden, weil ein einfaches notwendiges Kriterium nicht erfüllt ist. Wie wäre der Beweis zu führen, wenn das angesprochene Kriterium aber zutreffen würde?

Lösung:

Das Polynom ist reduzibel (teilbar), weil $P(x = 1) = 0$ ist. Im anderen Fall müssten die Reste der Rechnung x^i modulo $P(x)$ untersucht werden. Wenn ein irreduzibles Polynom mit grad $P(x) = k$ die maximale Periode $2^k - 1$ hat, nennt man es primitives Polynom.

Aufgabe 5.5.22

Gegeben ist folgende Generatormatrix eines systematischen Codes:

$$G = \begin{pmatrix} 1 & 0 & 0 & 0 & 0 & 0 & 0 & 0 & 0 & 1 & 1 \\ 0 & 1 & 0 & 0 & 0 & 0 & 0 & 1 & 0 & 1 & 0 \\ 0 & 0 & 1 & 0 & 0 & 0 & 0 & 1 & 0 & 1 & 1 \\ 0 & 0 & 0 & 1 & 0 & 0 & 0 & 1 & 1 & 0 & 0 \\ 0 & 0 & 0 & 0 & 1 & 0 & 0 & 1 & 1 & 0 & 1 \\ 0 & 0 & 0 & 0 & 0 & 1 & 0 & 1 & 1 & 1 & 0 \\ 0 & 0 & 0 & 0 & 0 & 0 & 1 & 1 & 1 & 1 & 1 \end{pmatrix},$$

a) Beweisen Sie, dass es sich hier um die Generatormatrix eines Codes mit der Mindestdistanz $d = 3$ handelt.

b) Berechnen Sie das Codewort dessen Informationsstellen alle '1' sind.

c) Berechnen Sie die Wahrscheinlichkeit P_f dafür, dass ein Codewort dieses Codes falsch übertragen wird, wenn die Bitfehlerwahrscheinlichkeit den Wert $p = 0.01$ hat.

Lösung:

a) Die Prüfmatrix hat die Form:

$$H = \begin{pmatrix} 0 & 1 & 1 & 1 & 1 & 1 & 1 & 1 & 0 & 0 & 0 \\ 0 & 0 & 0 & 1 & 1 & 1 & 1 & 0 & 1 & 0 & 0 \\ 1 & 1 & 1 & 0 & 0 & 1 & 1 & 0 & 0 & 1 & 0 \\ 1 & 0 & 1 & 0 & 1 & 0 & 1 & 0 & 0 & 0 & 1 \end{pmatrix},$$

$d = 3$, denn drei Prüfvektoren sind linear abhängig, z.B.:

$$h_0 + h_3 + h_6 = 0.$$

b) $c = (11111110010)$,

c) $P_f = 0.00518$.

5.5.2   Lineare und zyklische Codes

Aufgabe 5.5.23

Ein linearer binärer $(n = 7, k)$-Code ist durch sein Generatorpolynom definiert:

$$g(x) = x^4 + x + 1 \, .$$

Berechnen bzw. ermitteln Sie bitte:

a) Die Anzahl der möglichen Codewörter.

b) Die Generatormatrix und das unsystematische Codewort zu $i(x) = x + x^2$.

c) Die Prüfmatrix in systematischer Form.

d) Die Fehlerstellen in den Empfangsvektoren $r_1 = (1, 0, 0, 1, 0, 0, 0)$ und $r_2 = (1, 0, 1, 1, 0, 0, 0)$.

Lösung:

a) $grad\{g(x)\} = n - k = 4, k = 3, 2^k = 8$ Codeworte.

b),c) $c(x) = i(x) \cdot g(x) = (x + x^3 + x^5 + x^6)$.

$$G = \begin{pmatrix} x^0 & x^1 & x^2 & x^3 & x^4 & x^5 & x^6 \\ 1 & 1 & 0 & 0 & 1 & 0 & 0 \\ 0 & 1 & 1 & 0 & 0 & 1 & 0 \\ 0 & 0 & 1 & 1 & 0 & 0 & 1 \end{pmatrix}$$

$$G_s = \begin{pmatrix} 1 & 0 & 0 & 1 & 1 & 1 & 1 \\ 0 & 1 & 0 & 1 & 0 & 1 & 1 \\ 0 & 0 & 1 & 1 & 0 & 0 & 1 \end{pmatrix}$$

$$H = \begin{pmatrix} 1 & 1 & 1 & 1 & 0 & 0 & 0 \\ 1 & 0 & 0 & 0 & 1 & 0 & 0 \\ 1 & 1 & 0 & 0 & 0 & 1 & 0 \\ 1 & 1 & 1 & 0 & 0 & 0 & 1 \end{pmatrix}$$

d) $s_1 = (0, 1, 1, 1)$ nicht korrigierbar, $s_2 = (1, 1, 1, 0)$ nicht korrigierbar.

Aufgabe 5.5.24

Ein linearer, zyklischer Binär-Code $(n = 15, k)$ ist durch sein Generatorpolynom definiert:

$$g(x) = 1 + x + x^4 \, .$$

a) Wieviele Codewörter besitzt der Code?

b) Überprüfen Sie mit der Hamming-Ungleichung, ob der Code 2 Fehler korrigieren kann.

c) Bestimmen Sie das systematische Codewort $c(x)$ zu $i(x) = 1 + x^3 + x^6$.

d) Geben Sie die beiden ersten Zeilen und die letzte Zeile der Generatormatrix an.

e) Geben Sie eine mögliche Schaltung zur Syndromberechnung an und berechnen Sie damit das Syndrom zu $r(x) = x^{14}$

f) Bestimmen Sie mit $g(x) = 1 + x + x^4$ das Generatorpolynom eines zyklischen Codes der Länge $n = 15$, der nur 16 Codeworte besitzt.

Lösung:

a) $k = 15 - 4 = 11$,
$2^{11} = 2048$ Codeworte,

b) Nein, nach der Hamming-Ungleichung ermittelt man $E = 1$.

c) $\tilde{i}(x) = i(x) \cdot x^4$,
$(x^{10} + x^7 + x^4) \div g(x)$,
$c(x) = x^{10} + x^7 + x^4 + x^3 + x^2 + x + 1$

d)

$$\begin{aligned} g^{(0)} &= (1, 1, 0, 0, 1, 0 \ldots 0), \\ g^{(1)} &= (0, 1, 1, 0, 0, 1, 0 \ldots 0), \\ g^{(k-1)} &= (0 \ldots 0, 1, 1, 0, 0, 1). \end{aligned}$$

e) $S = (1, 0, 0, 1)$.

f) $(x^{15} + 1) \div g(x) =$
$= x^{11} + x^8 + x^7 + x^5 + x^3 + x^2 + x + 1$.

Aufgabe 5.5.25

Das Generatorpolynom $g(x) = 1 + x^2 + x^5$ eines linearen binären (9,4) Codes definiert die Generatormatrix G:

$$G = \begin{pmatrix} 1 & 0 & 1 & 0 & 0 & 1 & 0 & 0 & 0 \\ 0 & 1 & 0 & 1 & 0 & 0 & 1 & 0 & 0 \\ 0 & 0 & 1 & 0 & 1 & 0 & 0 & 1 & 0 \\ 0 & 0 & 0 & 1 & 0 & 1 & 0 & 0 & 1 \end{pmatrix}$$

a) Bestimmen Sie die systematische Generatormatrix G_u und die Prüfmatrix H.

b) Codieren Sie $i(x) = 1 + x^2$ systematisch und bestimmen Sie das Codewort.

c) Wie groß ist die Mindestdistanz des Codes?

d) Korrigieren Sie (wenn nötig) mit Hilfe der Prüfmatrix H den Empfangsvektor $r_1 = (0,1,0,1,0,1,0,1,0)$

e) Geben Sie die Gleichungen zur Bestimmung der Prüfbits p_j in Abhängigkeit von den Informationsbits an: $p_j = fkt(i_0, i_1, i_2, i_3)$ für $j = 0, 1, \ldots, 4$.

Lösung:

a)

$$G_u = \begin{pmatrix} 1 & 0 & 0 & 0 & 1 & 1 & 0 & 1 & 0 \\ 0 & 1 & 0 & 0 & 0 & 1 & 1 & 0 & 1 \\ 0 & 0 & 1 & 0 & 1 & 0 & 0 & 1 & 0 \\ 0 & 0 & 0 & 1 & 0 & 1 & 0 & 0 & 1 \end{pmatrix}$$

$$H = \begin{pmatrix} 1 & 0 & 1 & 0 & 1 & 0 & 0 & 0 & 0 \\ 1 & 1 & 0 & 1 & 0 & 1 & 0 & 0 & 0 \\ 0 & 1 & 0 & 0 & 0 & 0 & 1 & 0 & 0 \\ 1 & 0 & 1 & 0 & 0 & 0 & 0 & 1 & 0 \\ 0 & 1 & 0 & 1 & 0 & 0 & 0 & 0 & 1 \end{pmatrix}$$

b) $i \cdot G_u = (1,0,1,0,0,1,0,0,0)$.

c) $d = 3$, da mindestens 3 Spalten von H eine Linearkombination bilden.

d) $H \cdot r_1^{(T)} = s_1^{(T)}$ mit $s = (0,1,1,1,0)$ nicht korrigierbar.

e)
$p_0 = i_0 + i_2,$
$p_1 = i_0 + i_1 + i_3,$ $\qquad p_2 = i_1,$
$p_3 = i_0 + i_2,$
$p_4 = i_1 + i_3.$

Aufgabe 5.5.26

Ein linearer, zyklischer Binär-Code ($n = 15, k$) ist durch sein Generatorpolynom definiert:

$$g(x) = 1 + x^4 + x^6 + x^7 + x^8.$$

a) Wieviele Codewörter besitzt der Code? Überprüfen Sie mit der Hamming-Ungleichung, ob der Code 2 Fehler korrigieren kann.

b) Bestimmen Sie das systematische Codewort $c(x)$ zu $i(x) = x^5 + 1$.

c) Geben Sie die beiden ersten Zeilen und die letzte Zeile der Generatormatrix an.

d) Geben Sie eine mögliche Schaltung zur Syndromberechnung an und berechnen Sie damit das Syndrom zu:
$r(x) = x^8 + 1$

Lösung:

a) Es gilt: $\text{grad } g(x) = n - k, k = 15 - 8 = 7,$
Der Code besitzt damit 128 Codewörter.
Die Hamming-Ungleichung:
$(16 + 7 \cdot 15) \leq 2^8$ ist erfüllt: $E = 2$.

b) $c = (10100101\,1000010),$
$c(x) = 1 + x^2 + x^5 + x^7 + x^8 + x^{13}.$

c) $g_0 = (111010001000000),$
$g_1 = (011101000100000),$
$g_6 = (000000111010001).$

d) Im vorletzten Schritt gelangt die Eins von x^8 an das Ende des Schieberegister:
14. [00000001].
Durch die Rückkoppelung entsteht im letzten Schritt das Syndrom:
15. [00001011].

Aufgabe 5.5.27

Ein linearer, binärer, fehlerkorrigierender (10,5)-Code ist durch sein Prüfpolynom $h(x) = 1 + x^2 + x^5$ definiert:

$$H = \begin{pmatrix} 1 & 0 & 0 & 1 & 0 & 1 & 0 & 0 & 0 & 0 \\ & & & & & & & & & \\ & & & & & & & & & \\ & & & & & & & & & \\ & & & & & & & & & \end{pmatrix}$$

a) Vervollständigen Sie die Prüfmatrix H.

b) Systematisieren Sie die Prüfmatrix in der Form: $H = (A|I)$.

c) Geben Sie die Generatormatrix G in systematischer Form an.

d) Geben Sie die Codeparameter n,k,d und E an (Begründung).

e) Bestimmen Sie die Codevektoren zu $i_1 = (1,0,1,0,1)$ und $i_2 = (1,1,0,0,1)$.

f) Korrigieren Sie (wenn nötig) mit Hilfe der Prüfmatrix H die Empfangsvektoren $r_1 = (1,0,0,1,1,0,1,0,1,1)$ und $r_2 = (1,0,0,1,1,1,0,0,1,0)$.

Aufgabe 5.5.28

Ein linearer, zyklischer Binär-Code ($n = 15, k$) ist durch sein Generatorpolynom definiert: $g(x) = 1 + x + x^2 + x^4 + x^8$.

a) Wieviele Codewörter besitzt der Code? Überprüfen Sie mit der Hamming-Ungleichung, ob der Code 3 Fehler korrigieren kann.

b) Bestimmen Sie das systematische Codewort $c(x)$ zu $i(x) = 1 + x^5$.

c) Geben Sie die beiden ersten Zeilen und die letzte Zeile der Generatormatrix (nichtsystematisch) an.

d) Geben Sie eine mögliche Schaltung zur Syndromberechnung an und berechnen Sie damit das Syndrom zu: $r(x) = x^9 + 1$.

Lösung: a), b) und c)

$$H = \begin{pmatrix} 1 & 0 & 0 & 1 & 0 & 1 & 0 & 0 & 0 & 0 \\ 0 & 1 & 0 & 0 & 1 & 0 & 1 & 0 & 0 & 0 \\ 0 & 0 & 1 & 0 & 0 & 1 & 0 & 1 & 0 & 0 \\ 0 & 0 & 0 & 1 & 0 & 0 & 1 & 0 & 1 & 0 \\ 0 & 0 & 0 & 0 & 1 & 0 & 0 & 1 & 0 & 1 \end{pmatrix}$$

$$H^{(o)} = \begin{pmatrix} 1 & 0 & 0 & 1 & 0 & 1 & 0 & 0 & 0 & 0 \\ 0 & 1 & 0 & 0 & 1 & 0 & 1 & 0 & 0 & 0 \\ 1 & 0 & 1 & 1 & 0 & 0 & 0 & 1 & 0 & 0 \\ 0 & 1 & 0 & 1 & 1 & 0 & 0 & 0 & 1 & 0 \\ 1 & 0 & 1 & 1 & 1 & 0 & 0 & 0 & 0 & 1 \end{pmatrix}$$

$$G^{(u)} = \begin{pmatrix} 1 & 0 & 0 & 0 & 0 & 1 & 0 & 1 & 0 & 1 \\ 0 & 1 & 0 & 0 & 0 & 0 & 1 & 0 & 1 & 0 \\ 0 & 0 & 1 & 0 & 0 & 0 & 0 & 1 & 0 & 1 \\ 0 & 0 & 0 & 1 & 0 & 1 & 0 & 1 & 1 & 1 \\ 0 & 0 & 0 & 0 & 1 & 0 & 1 & 0 & 1 & 1 \end{pmatrix}$$

d) $d = 3$, da mindestens 3 Spalten von H eine Linearkombination bilden.

e) $i_1 \cdot G^{(u)} = (1,0,1,0,1,1,1,0,1,1)$,
   $i_2 \cdot G^{(u)} = (1,1,0,0,1,1,0,1,0,0)$.

f) $H^{(o)} \cdot r_1^{(T)} = s_1^{(T)}$, mit
   $s_1 = (0,0,0,1,0)$.
   $r_1 \Rightarrow c_1 = (1,0,0,1,1,0,1,0,0,1)$,
   $H^{(o)} \cdot r_2^{(T)} = s_2^{(T)}$, mit
   $s_2 = (1,1,0,1,1)$ ist nicht korrigierbar.

Lösung:

a) Es gilt: grad $g(x) = n - k$, $k = 15 - 8 = 7$, Der Code besitzt damit 128 Codewörter. Mit der Hamming-Ungleichung folgt: $E = 2$.

b) $c = (10011011, 1000010)$.

c) $g_0 = (100010111000000)$,
   $g_1 = (010001011100000)$,
   $g_6 = (000000100010111)$.

d) $S(x) = 1 + x + x^2 + x^3 + x^5$.

Aufgabe 5.5.29

Jedes Codewort:

$c = (i_0, i_1, i_2, i_3, p_0, p_1, p_2, p_3)$ eines linearen, binären Blockcodes besteht aus je 4 Informationszeichen (i_0, i_1, i_2, i_3) und 4 Prüfzeichen (p_0, p_1, p_2, p_3). Es gilt:

$$
\begin{aligned}
p_0 + p_1 &= i_1 \\
p_1 + p_2 &= i_0 + i_1 \\
p_2 &= i_0 + i_2 + i_3 \\
p_3 &= i_0 + i_1 + i_3
\end{aligned}
$$

a) Bestimmen Sie bitte die Prüfmatrix H und die Generatormatrix G dieses Codes in systematischer Form.

b) Bestimmen Sie bitte die Codewörter zu $i_1 = (1, 1, 0, 1)$ und $i_2 = (0, 1, 1, 0)$.

c) Ein Empfänger empfängt die Vektoren $r_1 = (1, 1, 1, 0, 1, 0, 1, 0)$ und $r_2 = (1, 1, 0, 1, 0, 1, 0, 1)$. Prüfen Sie, ob diese Vektoren Codewörter sind und korrigieren Sie, wenn möglich, aufgetretene Fehler.

Aufgabe 5.5.30

Ein linearer, zyklischer Binär-Code $(n = 15, k)$ ist durch sein Generatorpolynom definiert:

$$g(x) = 1 + x + x^2 + x^4 + x^5 + x^8 + x^{10}.$$

a) Wieviele Codewörter besitzt der Code? Überprüfen Sie mit der Hamming-Ungleichung, wieviele Fehler der Code maximal korrigieren kann.

b) Bestimmen Sie das systematische Codewort $c(x)$ zu $i(x) = 1 + x^4$.

c) Geben Sie die Generatormatrix (nichtsystematisch) an.

d) Geben Sie eine mögliche Schaltung zur Syndromberechnung an und berechnen Sie damit das Syndrom zu $r(x) = x^{11} + 1$.

Lösung:

a)

$$
\begin{aligned}
p_0 &= i_2 + i_3 \\
p_1 &= i_1 + i_2 + i_3 \\
p_2 &= i_0 + i_2 + i_3 \\
p_3 &= i_0 + i_1 + i_3
\end{aligned}
$$

$$
H^{(o)} = \begin{pmatrix}
0 & 0 & 1 & 1 & 1 & 0 & 0 & 0 \\
0 & 1 & 1 & 1 & 0 & 1 & 0 & 0 \\
1 & 0 & 1 & 1 & 0 & 0 & 1 & 0 \\
1 & 1 & 0 & 1 & 0 & 0 & 0 & 1
\end{pmatrix}
$$

$$
G^{(u)} = \begin{pmatrix}
1 & 0 & 0 & 0 & 0 & 0 & 1 & 1 \\
0 & 1 & 0 & 0 & 0 & 1 & 0 & 1 \\
0 & 0 & 1 & 0 & 1 & 1 & 1 & 0 \\
0 & 0 & 0 & 1 & 1 & 1 & 1 & 1
\end{pmatrix}
$$

b) $c_1 = (1101\,1001)$,
   $c_2 = (0110\,1011)$.

c) $r_{1korr} = (1, 1, 0, 1, 0, 0, 0, 0)$ und
   r_2 ist nicht korrigierbar.

Lösung:

a) $\mathrm{grad}\,g(x) = 10 = m, k = n - m = 5$,
   Daraus folgt, es gibt: $2^k = 32$ Codeworte,
   $2^{n-k} = 1024 \leq (1 + 15 + 15 \cdot 7 + 5 \cdot 7 \cdot 13) = 576, E = 3$.

b) $x^{14} + x^{10} \div g(x)$,
   $c = (0011100111\,10001)$.

c) $g_0 = (11101100101\,0000)$,
   $g_1 = (0\,11101100101\,000)$,
   $g_2 = (00\,11101100101\,00)$,
   $g_3 = (000\,11101100101\,0)$,
   $g_4 = (0000\,11101100101)$,

d) $s = (1111011001)$.

Literaturverzeichnis

[1] **Achilles, D.:** *Die Fourier-Transformation in der Signalverarbeitung*, Springer-Verlag, Berlin, 1985

[2] **Beutelspacher, A., Zschiegner, M.** *Diskrete Mathematik für Einsteiger* Vieweg Verlag, Braunschweig/Wiesbaden, 2004

[3] **Blahut, R. E.:** *Theory and Practice of Error Control Codes*, Addison–Wesley, Reading u.a., 1987

[4] **Böge, Wolfgang:** *Formeln und Tabellen der Elektrotechnik*, Vieweg Verlag, Wiesbaden, 2006

[5] **Bose, R.C., Ray–Chaudhuri, D.K., Hocquenghem, A.:** *On a Class of Error-Correcting Binay Group Codes*, Inf. and Control 3, 1960, S. 68–79, S. 279–290

[6] **Bossert, M.:** *Kanalcodierung*, Teubner Verlag, Stuttgart, 1992

[7] **Brigham, E.O.:** *FFT, Schnelle Fourier-Transformation*, Oldenbourg-Verlag, München, 1995

[8] **Chang, S.C., Wolf, J.K.:** A simple proof of the MacWilliams identity for linear Codes, *IEEE Transactions on Information Theory*, 1980.

[9] **Fricke, Klaus:** *Digitaltechnik*, 4. Aufl. Vieweg Verlag, Wiesbaden, 2005

[10] **Gallager R. G.:** *Information Theory and Reliable Communication*, John Wiley, New York, 1968

[11] **Glaser, W.:** *Von Handy, Glasfaser und Internet. So funktioniert die moderne Kommunikation* Vieweg Verlag, Braunschweig/Wiesbaden, 2001

[12] **Henze, Norbert:** *Stochastik für Einsteiger* Vieweg Verlag, Braunschweig/Wiesbaden, 2004

[13] **Lin, S., Costello, J.:** *Error Control Coding*, Prentice-Hall, New York, 1983

[14] **Lochmann, D.:** *Digitale Nachrichtentechnik: Signale, Codierung, Übertragungssysteme, Netze*, Verlag Technik, Berlin, 1997

[15] **Marinescu, M., Winter, J.:** *Basiswissen Gleich- und Wechselstromtechnik*, Vieweg Verlag, Wiesbaden, 2004

[16] **Mildenberger, O. (Hrsg.):** *Informationstechnik kompakt,* Vieweg Verlag, Wiesbaden, 1999

[17] **Mildenberger, O.:** *Informationstheorie und Codierung,* Vieweg Verlag, Wiesbaden, 1992

[18] **Mildenberger, O.:** *System- und Signaltheorie,* Vieweg Verlag, Wiesbaden, 1995

[19] **Papoulis, A.:** *Probability, Random Variables and Stochastic Processes,* MacGraw-Hill, New York, 1965

[20] **Papula, Lothar:** *Mathematik für Ingenieure und Naturwissenschaftler, Anwendungsbeispiele,* 5. Aufl. Vieweg Verlag, Wiesbaden, 2004

[21] **Papula, Lothar:** *Mathematische Formelsammlung,* 9. Aufl. Vieweg Verlag, Wiesbaden, 2004

[22] **Proakis, J.G..:** *Digital Communication,* MacGraw-Hill, New York, 2000

[23] **Salomon, D.:** *Data Compression - A complete reference,* Springer-Verlag, 1997

[24] **Schneider-Obermann, Herbert:** *Kanalcodierung,* Vieweg Verlag, Wiesbaden, 1998

[25] **Shannon, C.E.:** *"A Mathematical Theory of Communikation",* Bell Syst. J., 27 pp. 379–423 (Part I), 623–656 (Part II), July 1948

[26] **Strutz, T.:** *Bilddatenkompression,* 3. Aufl. Vieweg Verlag, Wiesbaden, 2005.

[27] **Unbehauen, R.:** *Systemtheorie,* Oldenbourg-Verlag, München, 1993

[28] **Urbanski, K., Woitowitz, R.:** *Digitaltechnik,* Springer Verlag, Berlin 2004.

[29] **Vary, P., Heute, W.** *Digitale Sprachsignalverarbeitung,* Teubner Verlag, Stuttgart 1998

[30] **Vömel, M., Zastrow, D.:** *Aufgabensammlung Elektrotechnik 1,* 3. Aufl. Vieweg Verlag, Wiesbaden, 2005

[31] **Werner, Martin:** *Signale und Systeme,* 2. Aufl. Vieweg Verlag, Wiesbaden, 2005

[32] **Werner, Martin:** *Information und Codierung,* Vieweg Verlag, Wiesbaden, 2002

[33] **Werner, Martin:** *Digitale Signalverarbeitung mit MATLAB,* 3. Aufl. Vieweg Verlag, Wiesbaden, 2006

[34] **MacWilliams, F. J. A.:** *A theorem on the distribution of weights in a systematic code,* Bell Systems Technical Journal, 1969

[35] **MacWilliams, F. J., Sloane, N. J. A.:** *The Theory of Error–Correcting Codes,* North–Holland, Amsterdam, 1977

Sachwortverzeichnis

abgeleitete Einheiten, 2
Abhängigkeitsnotation, 154
Abtasttheorem, 220, 221
Addierschaltung, 85
Additionsgesetz, 285
Admittanz, 40
ADU, *siehe* Analog-Digital-Umsetzung
äquivalenter Tiefpass, 258
Äquivocation, 310
Aliasing-Fehler, 232
Amplitude, 27
   komplexe, 38
Analog-Digital-Umsetzung, 180
Analysemethoden, 20
Analyseverfahren, 1
Anti-Aliasing-Tiefpass, 232
Antivalenz, 111
Aquivocation, 311
Arbeit
   Gleichstrom, 13
ASCII-Code, 107
Atom, 3
Atomkerne, 3
Aufladevorgang, 29
Augendiagramm, 263
   horizontale Augenöffnung, 265
   vertikale Augenöffnung, 265
Ausblendeigenschaft, 186
Ausgleichsvorgang, 30
Auslöschungen, 319
Autokorrelationsfunktion
   von Energiesignalen, 181
   von Leistungssignalen, 184
AWGN-Kanal, 322

B-Komplement, 106
bandbegrenzt, 322
Bandbreite, 219

Bandpass, 50, 250
   äquivalenter Tiefpass, 258
   allgemeiner, 254
   idealer, 250
   Impulsantwort, 251
   symmetrischer, 254
Bandsperre, 51
Basisbandsignal
   digitales, 260, 263
Bauelemente, 28, 75
   Kondensator, 28
   Spule, 33
BCD-Codes, 106
   (8421)-Code, 106
   3-Exzess-Code, 106
   Aiken-Code, 106
   Gray-Code, 106
Bedingte Entropien, 303
bedingte Wahrscheinlichkeiten, 286
belastungsabhängig, 11
Betrag, 46
Bewertungskriterium, 323
Bezugsfrequenz, 3
Bildbereich, 223
Bindungsenergie, 3
Blindleistung, 52
Borelscher Mengenkörper, 282
Brücke, 18
BSC, 313

Code
   Schranken, 366
     Hamming, 366
     Singleton, 366
Code-Umsetzer, 124
Codebäume, 324, 325
Codes
   Block, 351

Golay, 412
Hamming, 372
Lineare, 360
Perfekte, 367, 412
Repetition, 350, 366
Schieberegister, 389
Simplex, 376
Zyklische, 379
dualer, 368
kürzen von zyklischen, 401
parity-check, 350, 365
selbstdual, 368
selbstorthogonal, 368
Codewort
Aufbau, 349
Codierung
systematische, 383, 393
unsystematische, 382
zyklischer Codes, 393
Codierverfahren, 323
$\cos^2$-Impuls, 262

D/A-Umsetzer, 85
Dämpfung, 46, 246
DAU, *siehe* Digital-Analog-Umsetzung
De Morgan'sche Theorem, 110
Decodierung
Minimum Distance, 362
Schieberegister, 389
zyklischer Codes, 396
Demultiplexer, 124
DFT, *siehe* diskrete Fourier-Transformation
Dichtefunktion, 288
Dielektrizitätskonstante, 29
Differentialgleichung, 30, 198
Zusammenhang mit der Über-
tragungsfunktion, 198
Differenzengleichung, 204
rekursive Lösung, 204
Zusammenhang mit der Über-
tragungsfunktion, 204
Digital-Analog-Umsetzung, 180
digitales System, 200
Digitaltechnik, 99
Diode, 26, 76
Dirac-Impuls, 185
diskrete Fourier-Transformation, 234

Eigenschaften, 236–237
Faltung von Spektralfolgen, 237
Faltung von Zeitfolgen, 237
Linearität, 236
Verschiebung der Spektralfolge, 237
Verschiebung der Zeitfolge, 236
Diskrete Informationsquellen, 294
diskrete Kanäle, 308
diskrete Zufallsgrößen, 288
Distanz, 352
Distribution, 185
Dreiecksschaltung, 18
Dualer Code, 377
dualer Code, 368
Dualsystem, 104
negative Zahlen, 105
Durchlassbereich, 51

Effektivwert, 37, 183, 190
Effektivwerte, 39
Eingangsimpedanz, 60
Einheit, 1
Einheitenkontrolle, 3
Einheitsimpuls, 186
Einschwingzeit, 248
elektrisches Feld, 3
Elektrofilter, 5
Elektronen, 3
Elektronik, 1
Elektrostatische Wirkungen, 5
Elektrotechnik, 1
Elementarereignis, 281
Elementarsignal, 178, 185
Emitterschaltung, 77
Empfangsvektor, 349
Energie, 2, 180
Energiesignal, 180
Energiespeicher, 33
Energietechnik, 15
Entropie, 298
Entscheidungsgehalt, 295
Ereignismenge, 281
Ereignisse
sichere, 282
unmögliche, 282
unvereinbare, 282
zusammengesetzte, 282

Ersatzspannungsquelle, 13, 22
Ersatzstromquelle, 13
Erwartungswerte, 292
Euler'sche Gleichung, 35
EXOR, 111

Faltungsintegral, 194
Faltungssumme, 201
Faltungssymbol, 194
feedback register, 404
Fehler
    Erkennnung, 363
    Korrektur, 363
Fehlervektor, 349
Fehlerwahrscheinlichkeit, 357
FFT, *siehe* schnelle Fourier-Transformation
Filterschaltungen, 46
Flipflops, 136
Formelzeichen, 2
Fourier-Reihe
    diskrete Fourier-Reihe, 191
Fourier-Reihen, 49
Fourier-Transformation, 207
    Differentiation im Frequenzbereich,
        210
    Differentiation im Zeitbereich, 210
    diskrete, 234
    Eigenschaften, 209
    Frequenzverschiebungssatz, 210
    Integration im Zeitbereich, 210
    Linearität, 209
    schnelle, 234
    Symmetrie, 210
    Verhalten bei hohen Frequenzen, 212
    zeitdiskrete, 229
    Zeitverschiebungssatz, 210
Fragestrategie, 299
Frequenz, 3
Frequenzteiler, 143

Galois Feld, 349
Gauß-Impuls, 218
Gedächtnis, 294
Generatormatrix
    Distanz , 388
    Hamming-Codes, 373
    verkürzte Codes, 402
    verkürzter Codes, 402

zyklischer Codes, 384, 385, 387
Generatorpolynom
    Zyklische Codes, 381
Geschwindigkeit, 1
Gesetz der großen Zahlen, 284
Gewicht, 352, 377
    Hamming, 360
Gewichtsfunktion, 377
Gewichtsverteilung, 364
Gleichanteil, 183
Gleichverteilung, 290
Golay Code, 412
Größengleichungen, 2
Graph, 9
große Zahlen, 284
Grundbegriffe, 348
Grundeinheiten, 2
Grundlagen
    Elektronik, 1
    Elektrotechnik, 1
Gruppenlaufzeit, 246, 251

Halbaddierer, 127
Halbleiter, 75
Hamming
    Distanz, 361
    Gewicht, 360
    Schranke, 366
Hamming-Distanz, 352
Hertz, 27
Hochpass, 50
Hurwitzpolynom, 198

idealer Tiefpass, 246
    Einschwingzeit, 248
    Impulsantwort, 247
    Sprungantwort, 248
    vereinfachte Sprungantwort, 248
Imaginärteil, 35
Impedanz, 40
Impedanzmatrix, 57
Impulsantwort, 194, 201
Impulsbreite, 219
Impulsdiagramm, 147
Informationsübertragung, 293, 308
Informationsübertragungsmodell, 308
Informationsfluss, 309–312
Informationsgehalt, 295

Informationsquelle, 298
Innenwiderstand, 23
Integralsinus, 248
Intersymbol-Interferenzen, 263
Irrelevanz, 311

Joul'sche Gesetz, 13
Joule, 2

Kanäle, 308
Kanalfehlerwahrscheinlichkeit, 314
Kanalkapazität, 312, 319
Kaskaden, 113
Kausalität, 192, 200
    Bedingung, 194
Kettenmatrix, 58
Kirchhoff'sche Sätze, 7
Klirrfaktor, 49
Knoten, 8
Knotengleichung, 10
Knotengleichungen, 8
Knotenpunktanalyse, 20
Komparator, 123
komplexe Amplitude, 190
komplexe Rechnung, 34
komplexe Zahlen, 34
    Addition, 34
    Multiplikation, 34
Kondensator, 28
    Durchschlagsspannung, 44
    Ersatzschaltung, 42
Konforme Terme, 122
Konstruktionsverfahren, 324, 326
kontinuierliche Zufallsgrößen, 290
Korrekturfähigkeit, 356
Kraft, 2
Kreisfrequenz, 27
Kupfer, 4
KV-Tafeln, 116

Länge, 2
Längenänderungen, 369
Ladungen, 3
    gleichartige, 3
    negative, 3
    positive, 3
Laplace-Transformation, 222
    Anfangswert-Theorem, 225

Differentation im Frequenzbereich, 225
Differentation im Zeitbereich, 225
Eigenschaften, 225
einseitige, 223
Endwert-Theorem, 225
Faltung im Zeitbereich, 225
Grundgleichungen, 223
Konvergenzbereich, 223
Linearität, 225
rationale Laplace-Transformierte, 226
Zeitverschiebungssatz, 225
Zusammenhang   zur   Fourier-
    Transformation, 223
zweiseitige, 223
Leerlaufspannung, 11
Leistung
    Gleichstrom, 13
    mittlere, 37
Leistungsanpassung, 14, 55
    Wechselstrom, 55
Leistungsfaktor, 52
Leistungssignal, 183, 212
Leitung, 66
    verlustfreie, 67
Leitwert, 6
    differentieller, 7
LFSR, 404
Lineare Codes, 360
Linearität, 192, 200
Linearkombination, 360
Logik, 83

MacWilliams-Identität, 377
Markhoff'sche Entropie, 305
Masche, 9
Maschenanalyse, 20
Maschengleichung, 9
Masse, 2
maximale Transinformation, 318
maximaler Informationsfluss, 312
Maximalwert, 300
maximum distance separable, 366
Maxterme, 115
MDS, 366
Mealy-Automat, 135
Messung, 15
    spannungsgenau, 15

stromgenau, 15
Mindestdistanz, 361
Mindestgewicht, 360, 361
Minimalformen, 114
Minterme, 115
Mittelwert, 183, 292
mittlere Codewortlänge, 323
mittlere Fragezahl, 299
mittlere Leistung, 183
mittlere Zeichenlänge, 323
mittlerer Informationsgehalt, 298
MKSA, 2
Multiplexer, 124
Multiplikationsgesetz, 286

Nachrichtenkanals, 293
Nachrichtenstrecke, 348
NAND-Technik, 114
Netzwerk, 9
Netzwerke
    nichtlineare, 26
Newton, 2
nichtbinärer Code, 328
Nichtleiter, 3
nichtzyklische Codes, 401
NOR-Technik, 114
Normalformen, 114
Normalverteilung, 291
normierte Größe, 2
Normierung, 178
Nullphasenwinkel, 27
Nyquistbedingung, 261, 263
    erste, im Zeitbereich, 263
    zweite, 265

ODER-Schaltung, 84
Ohm, 2
Ohm'sche Gesetz, 10
Operationsverstärker, 69
Optimalcodes, 323

Parallelschaltung, 10
Parallelschwingkreis, 45
Parallschaltung
    Stromquellen, 22
Parity-Check, 350
Phase, 27, 246
Phasenlaufzeit, 246, 251

Physikalische Größen, 1
Plattenkondensator, 29
PN-Schema, 226, 239
Pol-Nullstellenschema, siehe PN-Schema
Potential, 6
Prüfmatrix
    Beispiel, 353
    Distanz , 388
    Hamming-Codes, 373
    nichtzyklischer Codes, 403
    verkürzte Codes, 402
    verkürzter Codes, 403
    zyklischer Codes, 384, 385, 387
Prefix-Bedingung, 324, 328
Pseudozustände, 120
Pufferregister, 150

Quadrinärecode, 329, 331
Quadrinärecodes, 334
Quellcodierung, 323
Quellcodierung nach Fano, 329
Quellcodierung nach Huffman, 332
Quellcodierung nach Shannon, 327
Quellenspannung, 9
Quellfluss, 311

Radix, 326
Rauschmatrix, 313, 318
Read Only Memorys, 132
Realteil, 35
Rechteckfunktion, 217
Redundanz, 298
Redundanzen, 120
Reihenschaltung, 10
    Energiequellen, 12
    Spannungsquellen, 12
Reihenschwingkreis, 42
Relative Häufigkeit, 284
relative Häufigkeit, 283
Resonanzfrequenz, 43, 45

Satz von Shannon, 326
Schaltalgebra, 108, 109
    NICHT, 109
    ODER, 109
    UND, 109
Schaltungssynthese, 131
Schaltwerke, 133

Scheinleistung, 52
Schieberegister, 150, 389
    rückgekoppelte, 153
schnelle Fourier-Transformation, 234
Schranken, 366
    Hamming, 366
    Singleton, 366
selbstdual, 368
selbstorthogonal, 368
selbstreziprok, 218
si-Funktion, *siehe* Spaltfunktion
Signal
    kausales, 211
    rechtsseitiges, 211
    Zerlegung in einen geraden und unge-
       raden Teil, 211, 234
Signum-Funktion, 187
Simplex-Code, 376
Singleton-Schranke, 366
Sinusschwingung, 28
Spaltfunktion, 217
Spannung, 6
Spannungsquelle
    Belastungsbereich, 11
Spannungsteiler, 16
Spannungsteilerregel, 17
Spektrum, 207, 215
    Amplitudenspektrum, 208
    Linienspektrum, 207
    periodischer Signale, 206
    Phasenspektrum, 208
Sperrbereich, 51
spezifischer Leitwert, 3
Sprungantwort, 193, 201
Sprungfolge, 189
Sprungfunktion, 187
Spule, 33
Stabilität, 192
    Bedingung, 194, 198, 201, 202, 243
Standardsignal, 185
stationär, 298
stationären Informationsquelle, 294
statistische Abhängigkeit, 303
Stern-Dreieck-Transformation, 18
Sternschaltung, 18
Streuung, 65, 292
Strom, 2

Stromdichte, 5
Stromkreis, 5
Stromquelle, 11
Stromrichtung, 4
Stromstärke, 2
Stromteilerregel, 18
Stromteilung, 17
Symmetrieüberlegungen, 22
Syndrom, 370
Syndromberechnung, 394, 405, 406
System, 191, 200
    digitales, 200
    gedächtnisloses, 193
    kausales, 192, 200
    lineares, 192, 200
    physikalisch realisierbares, 192
    reelles, 199
    stabiles, 192, 201
    zeitdiskretes, 200
    zeitinvariantes, 192, 200
    zeitkontinuierliches, 191
Systemfunktion, 198, 202, 243

Taylorreihe, 36
Teilquellen, 301
Temperatur, 2
Temperaturabhängigkeit, 3
Tiefpass, 47, 246
    -RC, 48
    idealer, 48, 246
Transformator, 14
    realer, 64
Transformators, 62
Transinformation, 310, 317
Transinformation , 314
Transistor, 77
    Kleinsignal, 80

Übertragungsfunktion, 197, 202
Überlagerungsfehler, *siehe* Aliasing-Fehler
Übertrager, 62
    idealer, 62
Übertragungsfunktion, 46, 50
Übertragungskanäle, 313
Übertragungskanal, 309
UND-Schaltung, 83
Ungleichung von Kraft, 326
Unschärferelation, 219

unsymmetrische Störung, 318
Ursachen, 3
Urstrom, 11

verallgemeinerte Funktion, *siehe* Distributi-
    on
Verbundentropie, 302
Verbundquellen, 301
Verbundwahrscheinlichkeit, 286
Verbundwahrscheinlichkeiten, 302
verkürzte Codes, 401
verkürzte Codes, 402
verkürzter Code, 405, 406
Verstärker, 68
    -Trenn, 73
Verteilungsfunktion, 288
verzerrungsfreie Übertragung, 245
Volladdierer, 128
Vormultiplizierung, 396

Würfel, 294
Wahrheitstabelle, 115
Wahrscheinlichkeit, 282
    Axiome, 282
    totale, 287
Wahrscheinlichkeiten
    bedingte, 286
Wahrscheinlichkeitsdichtefunktion, 288
Wahrscheinlichkeitsfeld, 294
Wahrscheinlichkeitsrechnung, 281
Wahrscheinlichkeitsverteilungsfunktion,
    288
Wechselgröße, 27
    sinusförmigen, 27
Wechselstromtechnik, 27
Wellenwiderstand, 60, 66
Wertigkeit, 326
Wheatstonesche Brücke, 18
Widerstand
    komplexer, 40
    ohmsch, 2
Wirkleistung, 52
Wirkungen, 3
Wirkungsgrad, 14

z-Transformation, 237
    Anfangs- und Endwertsatz, 239
    Eigenschaften, 238–239

Faltungssatz, 239
Konvergenzbereich, 237
Linearität, 238
Multiplikation der Zeitfolgen, 239
rationale z-Transformierte, 239
Verschiebungssatz, 239
Zusammenhang zur zeitdiskreten
    Fourier-Transformation, 237
Zahlencodes, 100
Zahlensysteme, 100
    polyadische, 101
Zahlenwert, 1
Zahlenwertgleichungen, 2
Zahler
    asynchrone, 150
    synchrone, 150
Zeit, 2
zeitdiskrete Fourier-Transformation, 229
    Differentation im Frequenzbereich, 233
    Eigenschaften, 233–234
    Eigenschaften bei reellen Signalen, 233
    Faltung im Frequenzbereich, 233
    Faltung im Zeitbereich, 233
    Frequenzverschiebungssatz, 233
    Linearität, 233
    Zeitverschiebungssatz, 233
    Zusammenhang mit der Fourier-
        Transformation, 231
zeitdiskretes System, 200
Zeitinvarianz, 192, 200
Zenerdiode, 26
zufällige Ereignisse, 281
Zufallsexperiment, 281, 284
Zustandstabelle, 147
Zweierkomplement, 106
Zweipole, 56
Zweipolquellen, 11
Zweispeicher-FF, 142
Zweitor, 56
    Pfeilung, 56
Zyklische Codes, 379
zyklische Verschiebung, 379

Weitere Titel zur Informationstechnik

Fricke, Klaus
Digitaltechnik
Lehr- und Übungsbuch für
Elektrotechniker und Informatiker
4., akt. Aufl. 2005. XII, 313 S. mit
205 Abb. u. 100 Tab. Br. € 26,90
ISBN 3-528-33861-X

Heuermann, Holger/
Mildenberger, Otto (Hrsg.)
Hochfrequenztechnik
Lineare Komponenten hochintegrierter
Hochfrequenzschaltungen
2005. XII, 319 S. mit 296 Abb.
(Studium Technik) Br. € 24,90
ISBN 3-528-03980-9

Küveler, Gerd / Schwoch, Dietrich
**Informatik für Ingenieure und
Naturwissenschaftler 1**
Grundlagen, Programmieren mit
C/C++, Großes C/C++-Praktikum
5., vollst. überarb. u. akt. Aufl. 2006.
X, 337 S. (Viewegs Fachbücher der
Technik) Br. € 29,90
ISBN 3-8348-0035-X

Werner, Martin
**Nachrichten-
Übertragungstechnik**
Analoge und digitale Verfahren mit
modernen Anwendungen
2006. X, 313 S. mit 269 Abb. u. 40
Tab. (Studium Technik) Br. € 24,90
ISBN 3-528-04126-9

Strutz, Tilo
Bilddatenkompression
Grundlagen, Codierung, Wavelets,
JPEG, MPEG, H.264
3., akt. u. erw. Aufl. 2005. XII, 311 S.
mit 164 Abb. u. 69 Tab. Geb. € 36,90
ISBN 3-528-23922-0

Werner, Martin
**Digitale Signalverarbeitung mit
MATLAB**
Grundkurs mit 16 ausführlichen
Versuchen
3., vollst. überarb. u. akt. Aufl. 2006.
XII, 263 S. mit 159 Abb. u. 67 Tab.
(Studium Technik) Br. € 24,90
ISBN 3-8348-0043-0

vieweg

Abraham-Lincoln-Straße 46
65189 Wiesbaden
Fax 0611.7878-400
www.vieweg.de

Stand Juli 2006.
Änderungen vorbehalten.
Erhältlich im Buchhandel oder im Verlag.